"十四五"时期国家重点出版物出版专项规划项目

材料先进成型与加工技术丛书

申长雨　总主编

磁性材料与器件成型技术
（下）

张怀武　张岱南　李　颉　著

科学出版社

北　京

内 容 简 介

本书为"材料先进成型与加工技术丛书"之一。全书以应用于电子信息领域的铁氧体磁性材料和磁芯器件设计、成型、测试、分析为主体进行论述。本书上册按软磁尖晶石锰锌晶系、尖晶石镍锌晶系、平面六角晶系、铁电/铁磁晶系和等磁介晶系依次进行磁性材料晶格理论设计、配方优化、制备工艺和磁芯器件成型技术的介绍，每章末均给出一种软磁铁氧体最新器件设计和成型制造方法。下册，介绍了不同微波/毫米波频段旋磁铁氧体的材料制备和磁芯器件成型技术方法，尤其是最新的低温共烧陶瓷（LTCC）成型技术，包括石榴石 YIG 旋磁、尖晶石 NiCuZn 旋磁、平面六角钡铁氧体旋磁、复合介电-旋磁和尖晶石 LiZn 旋磁体系的低温共烧结制备技术，并在每章末给出一个典型微带集成器件的理论设计及 LTCC 成型技术的实例。

本书覆盖了软磁铁氧体和旋磁铁氧体的最新技术内容，包含了晶格和配方优化设计思路、最新 LTCC 成型技术以及最新 LTCC 集成器件的研制方法，对材料学、磁性材料、材料成型领域的科研人员、相关高校的师生具有一定的参考价值。

图书在版编目（CIP）数据

磁性材料与器件成型技术. 下 / 张怀武, 张岱南, 李颉著. -- 北京：科学出版社, 2025. 6. -- (材料先进成型与加工技术丛书 / 申长雨总主编).
ISBN 978-7-03-082633-6

Ⅰ. TM271；TN6

中国国家版本馆 CIP 数据核字第 2025B31G05 号

丛书策划：翁靖一
责任编辑：翁靖一 / 责任校对：杜子昂
责任印制：徐晓晨 / 封面设计：东方人华

科学出版社 出版
北京东黄城根北街 16 号
邮政编码：100717
http://www.sciencep.com

北京中科印刷有限公司印刷
科学出版社发行　各地新华书店经销
*

2025 年 6 月第　一　版　　开本：720×1000　1/16
2025 年 6 月第一次印刷　　印张：30 1/4
字数：627 000
定价：298.00 元
（如有印装质量问题，我社负责调换）

材料先进成型与加工技术丛书

编委会

学术顾问：程耿东　李依依　张立同

总 主 编：申长雨

副总主编（按姓氏汉语拼音排序）：

　　韩杰才　贾振元　瞿金平　张清杰　张　跃　朱美芳

执行副总主编：刘春太　阮诗伦

丛书编委（按姓氏汉语拼音排序）：

　　陈　光　陈延峰　程一兵　范景莲　冯彦洪　傅正义

　　蒋　斌　蒋　鹏　靳常青　李殿中　李良彬　李忠明

　　吕昭平　麦立强　彭　寿　徐　弢　杨卫民　袁　坚

　　张　荻　张　海　张怀武　赵国群　赵　玲　朱嘉琦

材料先进成型与加工技术丛书

总　序

核心基础零部件（元器件）、先进基础工艺、关键基础材料和产业技术基础等四基工程是我国制造业新质生产力发展的主战场。材料先进成型与加工技术作为我国制造业技术创新的重要载体，正在推动着我国制造业生产方式、产品形态和产业组织的深刻变革，也是国民经济建设、国防现代化建设和人民生活质量提升的基础。

进入 21 世纪，材料先进成型加工技术备受各国关注，成为全球制造业竞争的核心，也是我国"制造强国"和实体经济发展的重要基石。特别是随着供给侧结构性改革的深入推进，我国的材料加工业正发生着历史性的变化。**一是产业的规模越来越大**。目前，在世界 500 种主要工业产品中，我国有 40% 以上产品的产量居世界第一，其中，高技术加工和制造业占规模以上工业增加值的比重达到 15% 以上，在多个行业形成规模庞大、技术较为领先的生产实力。**二是涉及的领域越来越广**。近十年，材料加工在国家基础研究和原始创新、"深海、深空、深地、深蓝"等战略高技术、高端产业、民生科技等领域都占据着举足轻重的地位，推动光伏、新能源汽车、家电、智能手机、消费级无人机等重点产业跻身世界前列，通信设备、工程机械、高铁等一大批高端品牌走向世界。**三是创新的水平越来越高**。特别是嫦娥五号、天问一号、天宫空间站、长征五号、国和一号、华龙一号、C919 大飞机、歼-20、东风-17 等无不锻造着我国的材料加工业，刷新着创新的高度。

材料成型加工是一个"宏观成型"和"微观成性"的过程，是在多外场耦合作用下，材料多层次结构响应、演变、形成的物理或化学过程，同时也是人们对其进行有效调控和定构的过程，是一个典型的现代工程和技术科学问题。习近平总书记深刻指出，"现代工程和技术科学是科学原理和产业发展、工程研制之间不可缺少的桥梁，在现代科学技术体系中发挥着关键作用。要大力加强多学科融合的现代工程和技术科学研究，带动基础科学和工程技术发展，形成完整的现代科学技术体系。"这对我们的工作具有重要指导意义。

过去十年，我国的材料成型加工技术得到了快速发展。**一是成形工艺理论和技术不断革新**。围绕着传统和多场辅助成形，如冲压成形、液压成形、粉末成形、注射成型，超高速和极端成型的电磁成形、电液成形、爆炸成形，以及先进的材料切削加工工艺，如先进的磨削、电火花加工、微铣削和激光加工等，开发了各种创新的工艺，使得生产过程更加灵活，能源消耗更少，对环境更为友好。**二是以芯片制造为代表，微加工尺度越来越小**。围绕着芯片制造，晶圆切片、不同工艺的薄膜沉积、光刻和蚀刻、先进封装等各种加工尺度越来越小。同时，随着加工尺度的微纳化，各种微纳加工工艺得到了广泛的应用，如激光微加工、微挤压、微压花、微冲压、微锻压技术等大量涌现。**三是增材制造异军突起**。作为一种颠覆性加工技术，增材制造（3D打印）随着新材料、新工艺、新装备的发展，广泛应用于航空航天、国防建设、生物医学和消费产品等各个领域。**四是数字技术和人工智能带来深刻变革**。数字技术——包括机器学习（ML）和人工智能（AI）的迅猛发展，为推进材料加工工程的科学发现和创新提供了更多机会，大量的实验数据和复杂的模拟仿真被用来预测材料性能，设计和成型过程控制改变和加速着传统材料加工科学和技术的发展。

当然，在看到上述发展的同时，我们也深刻认识到，材料加工成型领域仍面临一系列挑战。例如，"双碳"目标下，材料成型加工业如何应对气候变化、环境退化、战略金属供应和能源问题，如废旧塑料的回收加工；再如，具有超常使役性能新材料的加工问题，如超高分子量聚合物、高熵合金、纳米和量子点材料等；又如，极端环境下材料成型问题，如深空月面环境下的原位资源制造、深海环境下的制造等。所有这些，都是我们需要攻克的难题。

我国"十四五"规划明确提出，要"实施产业基础再造工程，加快补齐基础零部件及元器件、基础软件、基础材料、基础工艺和产业技术基础等瓶颈短板"，在这一大背景下，及时总结并编撰出版一套高水平学术著作，全面、系统地反映材料加工领域国际学术和技术前沿原理、最新研究进展及未来发展趋势，将对推动我国基础制造业的发展起到积极的作用。

为此，我接受科学出版社的邀请，组织活跃在科研第一线的三十多位优秀科学家积极撰写"材料先进成型与加工技术丛书"，内容涵盖了我国在材料先进成型与加工领域的最新基础理论成果和应用技术成果，包括传统材料成型加工中的新理论和新技术、先进材料成型和加工的理论和技术、材料循环高值化与绿色制造理论和技术、极端条件下材料的成型与加工理论和技术、材料的智能化成型加工理论和方法、增材制造等各个领域。丛书强调理论和技术相结合、材料与成型加工相结合、信息技术与材料成型加工技术相结合，旨在推动学科发展、促进产学研合作，夯实我国制造业的基础。

本套丛书于 2021 年获批为"十四五"时期国家重点出版物出版专项规划项目，具有学术水平高、涵盖面广、时效性强、技术引领性突出等显著特点，是国内第一套全面系统总结材料先进成型加工技术的学术著作，同时也深入探讨了技术创新过程中要解决的科学问题。相信本套丛书的出版对于推动我国材料领域技术创新过程中科学问题的深入研究，加强科技人员的交流，提高我国在材料领域的创新水平具有重要意义。

最后，我衷心感谢程耿东院士、李依依院士、张立同院士、韩杰才院士、贾振元院士、瞿金平院士、张清杰院士、张跃院士、朱美芳院士、陈光院士、傅正义院士、张荻院士、李殿中院士，以及多位长江学者、国家杰青等专家学者的积极参与和无私奉献。也要感谢科学出版社的各级领导和编辑人员，特别是翁靖一编辑，为本套丛书的策划出版所做出的一切努力。正是在大家的辛勤付出和共同努力下，本套丛书才能顺利出版，得以奉献给广大读者。

中国科学院院士
工业装备结构分析优化与 CAE 软件全国重点实验室
橡塑模具计算机辅助工程技术国家工程研究中心

前　言

磁性材料与器件是现代电子信息技术的基础，其设计、制备和加工正在促进电子信息技术、绿色能源技术、人工智能和机器人技术、数字家电技术、物联网和互联网技术的快速发展。磁性材料（亚铁磁铁氧体磁芯）制备技术起源于20世纪初，50~80年代在欧洲、美国和日本得以大力发展，尤其是以日本TDK株式会社为代表的跨国公司垄断了国际磁芯市场。80年代后期，由于彩色电视机制造技术在中国的蓬勃发展，带动了国内铁氧体磁芯材料及器件的研究与制备进程，经过40多年在铁氧体材料设计和磁芯制备技术方面的不懈努力，中国目前已成为软磁铁氧体和旋磁铁氧体磁芯与器件的世界加工中心，产量占全球80%，在质量和数量上是真正铁氧体磁性材料制造大国。

本书正是基于作者及团队40多年来在铁氧体磁芯材料和器件方向的研究成果和制备技术积累撰写而成。尤其侧重了近20年在复合多元软磁铁氧体和旋磁铁氧体设计、材料、磁芯、器件制备方面的内容。书中以作者及所带10位博士研究生学位论文为主要线索，介绍了新型第五代铁氧体磁性材料的设计方法和设计思想，揭示了不同晶型的铁氧体晶格掺杂和替代对电负性、晶格能、键能和带隙的影响，进而达到调控铁氧体磁性能的目的。将高通量材料制备思想、遗传算法配方、流体力学低温共烧陶瓷（LTCC）浆料配方等方法应用到铁氧体磁性材料及器件制备中，也针对不同晶系铁氧体磁芯材料给出特征器件的设计和制备方法，既可验证研发的新材料，又可指导新器件的设计与制备。

本书分为上下两册，前五章为上册，主要涉及软磁铁氧体材料和磁芯制备。根据射频域软磁铁氧体应用，按尖晶石MnZn铁氧体、尖晶石NiCuZn铁氧体、平面六角Co_2Z铁氧体、铁电/铁磁复合材料、等磁介铁氧体-复合软磁分为五章。后五章为下册，主要涉及旋磁铁氧体和磁芯器件制备，根据微波/毫米波频域旋磁铁氧体的应用划分为：石榴石YIG旋磁、尖晶石NiCuZn旋磁、钡铁氧体旋磁、复合介电-旋磁和尖晶石LiZn旋磁。每章均给出该晶系材料设计思想、材料配方、掺杂方法、材料制备方法、磁芯器件设计、磁芯器件的集成制备工艺、测试方法等。

本书立意新颖，以铁氧体磁性材料及器件的制备技术为主线，详细叙述不同晶系铁氧体磁芯的应用背景和对材料性能的要求，给出铁氧体晶格第一性原理计算模型，优化设计出不同铁氧体的掺杂配方以及 LTCC 复合浆料配方，研究了各种低温共烧制备工艺技术，提出集成磁芯器件和 LTCC 基微带线器件的设计理论，给出不同无源集成器件的 LTCC 工艺流程，搭建了不同铁氧体材料的磁性能和微波响应性测试分析平台。书中介绍的磁芯制备工艺方法、磁芯材料配方，还有 LTCC 制备工艺及磁芯集成器件设计方法，均是作者及团队多年的研究和实验经验的积累，可为从事电子信息材料和器件研究，尤其是磁性材料和磁芯器件研究的科研人员提供参考，也可为整个磁性材料和器件行业提供生产指导和借鉴。

本书由电子科技大学张怀武教授主持撰写并统稿，张岱南教授、姬海宁副教授、李颉副教授参与撰写。在本书的立项和撰写过程中，得到国内外众多院士和专家的支持、鼓励和帮助。"材料先进成型与加工技术丛书"编委会总主编申长雨院士、武汉理工大学张清杰院士、南京大学都有为院士、清华大学朱静院士、美国东北大学哈瑞斯教授等专家为本书提出了宝贵意见。本书的完成也离不开多年来实验室多位博士和硕士研究生的不懈努力，特别是苏桦、贾利军、凌味未、甘功雯、贾宁、杨燕、郑宗良、王雪莹、解飞、雷奕达等博士的实验数据和测试分析方面的贡献。书中也引用了一些参考文献中的图、表、数据等，在此向相关作者表示感谢。衷心感谢科学技术部国家重点研发计划项目（编号：2022YFB3608300）、国家自然科学基金面上项目（编号：52272137、62271106）、国家重大科研仪器研制项目（编号：5182780081）等提供的资金资助。

尽管作者多年来从事磁性材料与器件理论探索和应用技术研究，但对其中的很多问题也处于不断认知的过程中，书中难免有疏漏或不妥之处，恳请读者批评并不吝指正。

张怀武

2025 年 3 月

目 录

总序

前言

（上）

第1章　MnZn 功率铁氧体磁芯制备 ································· 1

1.1　绪论 ··· 1
　　1.1.1　引言 ··· 1
　　1.1.2　MnZn 系功率铁氧体发展历程和国内外研究进展 ············ 2
　　1.1.3　MnZn 铁氧体磁芯制备工艺研究 ························· 8
1.2　宽温度低损耗 MnZn 系功率铁氧体研制方案 ··················· 9
　　1.2.1　研制方案 ·· 9
　　1.2.2　工艺流程 ··· 13
　　1.2.3　分析表征 ··· 14
1.3　MnTiZn 和 MnSnZn 四元系功率铁氧体材料研究 ············ 15
　　1.3.1　研究方案 ··· 15
　　1.3.2　MnTiZn 四元系功率铁氧体材料研究 ····················· 15
　　1.3.3　MnSnZn 四元系功率铁氧体材料研究 ····················· 26
1.4　MnTiSnZn 和 MnCoTiZn 五元系功率铁氧体材料研究 ······· 29
　　1.4.1　引入五元系 ··· 29
　　1.4.2　MnTiSnZn 五元系功率铁氧体材料研究 ··················· 29
　　1.4.3　MnCoTiZn 五元系功率铁氧体材料研究 ··················· 35
1.5　宽温度低损耗 MnCoTiZn 功率铁氧体材料添加剂技术研究 ··· 38
　　1.5.1　添加剂引入 ··· 38
　　1.5.2　Ta_2O_5 对 MnCoTiZn 功率铁氧体性能的影响 ············ 39
　　1.5.3　Nb_2O_5 对 MnCoTiZn 功率铁氧体性能的影响 ············ 43
　　1.5.4　ZrO_2 对 MnCoTiZn 功率铁氧体性能的影响 ············· 47
1.6　宽温度低损耗 MnZn 系功率铁氧体材料工艺技术研究 ········ 50

1.6.1 MnZn 系工艺引入 ·· 50
1.6.2 预烧温度的研究 ·· 51
1.6.3 二次球磨时间的研究 ·· 56
1.6.4 烧结温度的研究 ·· 62
1.7 宽温度低损耗 MnCoTiZn 功率铁氧体应用研究 ···························· 64
1.7.1 磁芯变压器制备 ·· 64
1.7.2 开关电源变压器的原理及组成 ··································· 65
1.7.3 开关电源变压器的优化设计 ····································· 70
1.7.4 开关电源变压器的研制与应用 ··································· 79
参考文献 ··· 80

第2章 NiCuZn 铁氧体制备研究 ··· 83

2.1 绪论 ·· 83
2.1.1 研究的背景和意义 ··· 83
2.1.2 低温烧结铁氧体材料技术要求 ·································· 85
2.1.3 低温烧结 NiCuZn 铁氧体降温途径 ······························ 86
2.1.4 低温烧结 NiCuZn 铁氧体的制备方法及研究进展 ·············· 87
2.1.5 叠层片式电感器件发展趋势及对 LTCF 材料提出的要求 ······ 90
2.2 低温烧结 NiCuZn 铁氧体关键特性参数的理论分析 ······················· 91
2.2.1 NiCuZn 铁氧体材料特点 ·· 91
2.2.2 关键特性参数的理论分析 ······································· 93
2.3 氧化物法制备低温烧结 NiCuZn 铁氧体材料研究 ························ 109
2.3.1 氧化物法制备 NiCuZn 铁氧体工艺流程 ······················· 109
2.3.2 低温烧结 NiCuZn 铁氧体配方影响研究 ······················· 110
2.3.3 氧化物法制备工艺对低温烧结 NiCuZn 铁氧体影响研究 ····· 116
2.3.4 掺杂方案对低温烧结 NiCuZn 铁氧体性能影响研究 ·········· 121
2.4 采用遗传算法进行氧化物法材料配方设计研究 ·························· 130
2.4.1 引入的意义 ·· 130
2.4.2 遗传算法概述 ··· 130
2.4.3 遗传算法基本过程 ·· 131
2.4.4 遗传算法在低温烧结 NiCuZn 材料配方设计中的应用 ········ 133
2.4.5 程序设计 ·· 141
2.5 溶胶-凝胶法及复合法制备低温烧结 NiCuZn 铁氧体 ··················· 143
2.5.1 溶胶-凝胶法概述 ··· 143
2.5.2 制备工艺流程 ··· 144
2.5.3 合成粉末的相结构 ·· 144

2.5.4　样品烧结性能及磁性能 145
　　2.5.5　复合法的提出 147
　　2.5.6　复合法实验过程及分析 147
2.6　片式电感结构优化设计和制备工艺研究 151
　　2.6.1　材料器件一体化制备技术 151
　　2.6.2　Ansoft HFSS 仿真软件简介及设计过程 153
　　2.6.3　片式电感结构设计及优化 155
　　2.6.4　实际片式电感制备工艺过程 164
　　2.6.5　片式电感性能分析 166
参考文献 169

第3章　高频 Co_2Z 型六角铁氧体材料 171

3.1　绪论 171
　　3.1.1　引言 171
　　3.1.2　国内外研究现状 173
　　3.1.3　实验合成方法 180
3.2　Z 型六角铁氧体的固相反应合成 183
　　3.2.1　Z 型六角铁氧体引入 183
　　3.2.2　固相反应法制备 Z 型六角铁氧体的相转变过程分析 185
　　3.2.3　工艺条件对 Z 型六角铁氧体微观结构和磁性能的影响 189
3.3　Z 型六角铁氧体的掺杂改性 200
　　3.3.1　掺杂改性引入 200
　　3.3.2　Y_2O_3 掺杂对 Z 型六角铁氧体微观结构和电磁性能的影响 201
　　3.3.3　Nb_2O_5 掺杂对 Z 型六角铁氧体微观结构和电磁性能的影响 205
　　3.3.4　PZTS 掺杂对 Z 型六角铁氧体微观结构和电磁性能的影响 212
3.4　Z 型六角铁氧体的低温液相烧结 217
　　3.4.1　低温液相烧结引入 217
　　3.4.2　Bi_2O_3 助熔 Z 型六角铁氧体材料的微观结构及电磁性能 218
　　3.4.3　Bi_2O_3-SiO_2 助熔 Z 型六角铁氧体材料的微观结构及电磁性能 232
3.5　Z 型六角铁氧体的软化学合成 236
　　3.5.1　软化学合成引入 236
　　3.5.2　溶胶-凝胶法合成 Z 型六角铁氧体 237
　　3.5.3　纳米-微米颗粒组配工艺制备低温烧结 Z 型六角铁氧体 238
参考文献 241

第4章 铁电/铁磁复合材料 ·· 243

4.1 绪论 ·· 243
4.1.1 引言 ··· 243
4.1.2 高性能铁电/铁磁复合材料 ······································ 244
4.1.3 低温共烧陶瓷技术 ··· 247

4.2 低温烧结 $BaTiO_3(CaTiO_3)$/NiCuZn 铁氧体复相陶瓷研究 ·············· 253
4.2.1 两种复相陶瓷的制备 ··· 253
4.2.2 相组成、烧结性能与微结构分析 ································· 254
4.2.3 磁性能研究 ·· 257
4.2.4 介电性能研究 ·· 268

4.3 化学合成 $BaTiO_3$ 对低温烧结铁电/铁磁复相陶瓷性能的影响 ············ 274
4.3.1 铁电/铁磁复相陶瓷的制备 ····································· 274
4.3.2 相组成、烧结性能与微结构分析 ································· 275
4.3.3 磁性能研究 ·· 279
4.3.4 介电性能研究 ·· 284

4.4 低温烧结多元氧化物掺杂铁电/铁磁复相陶瓷性能研究 ·················· 286
4.4.1 Li_2CO_3-V_2O_5 对 $BaTiO_3$ 微结构和性能的影响 ···················· 286
4.4.2 Bi_2O_3-Li_2CO_3-V_2O_5 掺杂铁电/铁磁复相陶瓷性能研究 ············ 288

4.5 低温烧结铁电/铁磁/玻璃复合材料性能研究及器件制作 ·················· 296
4.5.1 BBSZ 玻璃对铁电/铁磁复相陶瓷性能的影响 ······················ 296
4.5.2 LTCC 低通滤波器的设计与制作 ································· 303

4.6 低温烧结 $Bi_4Ti_3O_{12}$/NiCuZn 铁氧体复相陶瓷性能研究 ·················· 314
4.6.1 $Bi_4Ti_3O_{12}$ 掺杂 NiCuZn 铁氧体性能研究 ························· 314
4.6.2 $Bi_4Ti_3O_{12}$/NiCuZn 铁氧体复相陶瓷性能研究 ····················· 320

参考文献 ·· 323

第5章 等磁介铁氧体-复合软磁 ·· 326

5.1 绪论 ·· 326
5.1.1 研究背景 ·· 326
5.1.2 磁介铁氧体材料发展现状 ······································ 327
5.1.3 低温共烧陶瓷/铁氧体技术以及甚高频微带天线 ················· 333

5.2 Cd^{2+} 取代对 Mg 和 Mg-Co 铁氧体结构及磁介性能的影响 ················ 337
5.2.1 Cd^{2+} 取代的意义 ·· 337
5.2.2 Mg-Cd 铁氧体制备及性能研究 ·································· 339
5.2.3 Mg-Cd-Co 铁氧体制备及性能研究 ······························ 349

5.3 Sm^{3+}取代对 Mg-Cd 铁氧体结构及磁介性能的影响 ·············· 356
    5.3.1 Sm^{3+}取代的意义 ·············· 356
    5.3.2 Mg-Cd-Sm 铁氧体制备及性能研究 ·············· 357
5.4 Ga^{3+}取代对 Mg-Cd 铁氧体结构及磁介性能的影响 ·············· 364
    5.4.1 Ga^{3+}取代的意义 ·············· 364
    5.4.2 Mg-Cd-Ga 磁性铁氧体制备及性能研究 ·············· 365
    5.4.3 Mg-Cd-Ga 铁氧体在不同合成温度下的制备及性能研究 ······ 371
5.5 基于磁介材料的宽频带圆极化微带天线研究 ·············· 377
    5.5.1 磁介材料微带天线的优点 ·············· 377
    5.5.2 磁介材料生瓷料带及铁氧体基片工艺制备研究 ·············· 379
    5.5.3 基于磁介材料的圆极化微带天线的设计加工与测试 ·············· 382
参考文献 ·············· 391

关键词索引 ·············· 393

（下）

第 6 章 低温共烧石榴石 YIG 铁氧体磁芯-旋磁 ·············· 395

6.1 绪论 ·············· 395
    6.1.1 研究背景和意义 ·············· 395
    6.1.2 YIG 铁氧体的研究历史和现状 ·············· 396
    6.1.3 YIG 旋磁铁氧体及 LTCC 技术在微波器件上的研究和应用 ··· 402
6.2 低温烧结 YIG 旋磁铁氧体理论与技术路线 ·············· 406
    6.2.1 YIG 的晶体结构 ·············· 406
    6.2.2 YIG 的主要性能参数 ·············· 408
    6.2.3 YIG 材料的磁性来源 ·············· 413
    6.2.4 铁氧体粉料合成技术 ·············· 415
    6.2.5 晶体结构的缺陷 ·············· 417
6.3 BBSZ 助烧掺杂 YIG 铁氧体材料研究 ·············· 419
    6.3.1 引言 ·············· 419
    6.3.2 BBSZ 玻璃相助烧剂的制备和研究 ·············· 419
    6.3.3 BBSZ 玻璃相助烧剂掺杂 YIG 铁氧体材料测试结果分析 ······ 420
    6.3.4 BBSZ 在液相烧结中的作用 ·············· 426
6.4 Bi^{3+}取代 YIG 降温烧结研究 ·············· 429
    6.4.1 BBSZ 助烧剂低温烧结 Bi:YIG ·············· 429
    6.4.2 Bi^{3+}取代 YIG 铁氧体材料研究 ·············· 431

6.4.3 铁磁共振线宽的准确拟合表达 ·· 439
6.5 Bi^{3+} 取代 YIG 的缺铁配方研究 ·· 441
 6.5.1 Bi^{3+} 取代 YIG 的缺铁配方 ·· 441
 6.5.2 缺铁配方的 Bi:YIG 铁氧体实验研究 ·· 442
 6.5.3 Bi:YIG 的烧结过程和原子迁移 ·· 450
6.6 分步烧结 Bi:YIG 铁氧体研究 ·· 461
 6.6.1 引言 ·· 461
 6.6.2 Bi:YIG 铁氧体的低温分步烧结研究 ·· 463
 6.6.3 分步烧结在固相法烧结铁氧体中的作用 ··································· 470
参考文献 ··· 471

第 7 章 低温共烧尖晶石 NiCuZn 铁氧体磁芯-旋磁 473

7.1 绪论 ·· 473
 7.1.1 研究背景和意义 ·· 473
 7.1.2 NiCuZn 铁氧体研究情况 ·· 476
 7.1.3 NiCuZn 铁氧体应用的研究状况和发展趋势 ······························ 485
7.2 Bi^{3+} 取代的 NiCuZn 铁氧体的低温烧结和性能研究 ·························· 494
 7.2.1 NiCuZn 旋磁铁氧体低温烧结 ·· 494
 7.2.2 离子取代相关理论 ··· 495
 7.2.3 Bi^{3+} 取代 NiCuZn 铁氧体的制备和性能研究 ···························· 496
7.3 低温烧结 Mn^{3+} 取代 NiCuZn 铁氧体研究 ·· 510
 7.3.1 研究意义 ·· 510
 7.3.2 Mn^{3+} 取代 NiCuZn 铁氧体研究 ··· 510
7.4 MnO_2-Bi_2O_3 复合掺杂 NiCuZn 铁氧体研究 ······································ 520
 7.4.1 MnO_2-Bi_2O_3 复合掺杂 NiCuZn 铁氧体 ···································· 520
 7.4.2 MnO_2-Bi_2O_3 复合掺杂 NiCuZn 铁氧体的制备和性能研究 ············ 521
 7.4.3 瞬态烧结的 MnO_2-Bi_2O_3 复合掺杂 NiCuZn 铁氧体的研究 ·········· 533
7.5 Bi_2O_3-Nb_2O_5 复合掺杂 NiCuZn 铁氧体研究 ····································· 542
 7.5.1 Bi_2O_3-Nb_2O_5 复合掺杂 NiCuZn 铁氧体 ···································· 542
 7.5.2 Bi_2O_3-Nb_2O_5 复合掺杂 NiCuZn 铁氧体的制备和性能研究 ············ 542
 7.5.3 烧结温度和时间对 Bi_2O_3-Nb_2O_5 复合掺杂 NiCuZn 铁氧体的
    影响 ·· 551
7.6 基于 NiCuZn 铁氧体材料的 X 波段移相器研究 ································ 560
 7.6.1 NiCuZn 铁氧体基 X 波段移相器 ·· 560
 7.6.2 铁氧体移相器实现原理 ·· 562
 7.6.3 铁氧体中微波传播原理 ·· 562

      7.6.4　微带线传输理论⋯⋯⋯⋯⋯⋯⋯⋯⋯⋯⋯⋯⋯⋯⋯⋯⋯⋯⋯⋯⋯⋯⋯ 565

      7.6.5　微带线移相器设计与实现⋯⋯⋯⋯⋯⋯⋯⋯⋯⋯⋯⋯⋯⋯⋯⋯⋯ 568

　参考文献⋯⋯⋯⋯⋯⋯⋯⋯⋯⋯⋯⋯⋯⋯⋯⋯⋯⋯⋯⋯⋯⋯⋯⋯⋯⋯⋯⋯⋯⋯⋯ 576

第 8 章　低温共烧平面六角钡铁氧体磁芯-旋磁　　　　　578

　8.1　绪论⋯⋯⋯⋯⋯⋯⋯⋯⋯⋯⋯⋯⋯⋯⋯⋯⋯⋯⋯⋯⋯⋯⋯⋯⋯⋯⋯⋯⋯⋯ 578

      8.1.1　引言⋯⋯⋯⋯⋯⋯⋯⋯⋯⋯⋯⋯⋯⋯⋯⋯⋯⋯⋯⋯⋯⋯⋯⋯⋯⋯⋯ 578

      8.1.2　环行器概述⋯⋯⋯⋯⋯⋯⋯⋯⋯⋯⋯⋯⋯⋯⋯⋯⋯⋯⋯⋯⋯⋯⋯ 580

      8.1.3　BaM 铁氧体的研究状况⋯⋯⋯⋯⋯⋯⋯⋯⋯⋯⋯⋯⋯⋯⋯⋯⋯ 582

      8.1.4　LTCC 技术及铁氧体陶瓷低温烧结⋯⋯⋯⋯⋯⋯⋯⋯⋯⋯⋯⋯ 586

　8.2　低温烧结 M 型钡铁氧体基本理论及工艺⋯⋯⋯⋯⋯⋯⋯⋯⋯⋯⋯⋯⋯ 587

      8.2.1　低温烧结 M 型钡铁氧体⋯⋯⋯⋯⋯⋯⋯⋯⋯⋯⋯⋯⋯⋯⋯⋯⋯ 587

      8.2.2　BaM 铁氧体的基本结构及离子取代理论⋯⋯⋯⋯⋯⋯⋯⋯⋯ 588

      8.2.3　BaM 铁氧体低温烧结理论及合成工艺⋯⋯⋯⋯⋯⋯⋯⋯⋯⋯ 592

　8.3　单离子取代对 BaM 铁氧体性能的影响与分析⋯⋯⋯⋯⋯⋯⋯⋯⋯⋯⋯ 595

      8.3.1　单离子取代 BaM 铁氧体⋯⋯⋯⋯⋯⋯⋯⋯⋯⋯⋯⋯⋯⋯⋯⋯⋯ 595

      8.3.2　Ga^{3+} 取代对 BaM 铁氧体的影响⋯⋯⋯⋯⋯⋯⋯⋯⋯⋯⋯⋯⋯ 596

      8.3.3　Al^{3+} 取代对 BaM 铁氧体的影响⋯⋯⋯⋯⋯⋯⋯⋯⋯⋯⋯⋯⋯ 607

　8.4　多离子取代对 BaM 铁氧体性能的影响与分析⋯⋯⋯⋯⋯⋯⋯⋯⋯⋯⋯ 616

      8.4.1　多离子取代 BaM 铁氧体⋯⋯⋯⋯⋯⋯⋯⋯⋯⋯⋯⋯⋯⋯⋯⋯⋯ 616

      8.4.2　Bi^{3+} 取代对 $Ba(CoTi)_{1.2}Fe_{9.6}O_{19}$ 铁氧体的影响⋯⋯⋯⋯⋯⋯⋯ 617

      8.4.3　烧结温度对 $BaBi_{0.45}(CoTi)_{1.2}Fe_{9.15}O_{19}$ 铁氧体的影响⋯⋯⋯⋯ 626

　8.5　氧化物添加剂对 BaM 铁氧体性能的影响与分析⋯⋯⋯⋯⋯⋯⋯⋯⋯⋯ 635

      8.5.1　氧化物添加剂 BaM 铁氧体⋯⋯⋯⋯⋯⋯⋯⋯⋯⋯⋯⋯⋯⋯⋯⋯ 635

      8.5.2　单氧化物 V_2O_5 掺杂对 BaM 铁氧体的影响⋯⋯⋯⋯⋯⋯⋯⋯ 636

      8.5.3　复合氧化物 Bi_2O_3-Nb_2O_5 掺杂对 BaM 铁氧体的影响⋯⋯⋯ 645

　8.6　环行器的设计与实现⋯⋯⋯⋯⋯⋯⋯⋯⋯⋯⋯⋯⋯⋯⋯⋯⋯⋯⋯⋯⋯⋯ 658

      8.6.1　BaM 铁氧体基环形器⋯⋯⋯⋯⋯⋯⋯⋯⋯⋯⋯⋯⋯⋯⋯⋯⋯⋯ 658

      8.6.2　环行器的工作原理⋯⋯⋯⋯⋯⋯⋯⋯⋯⋯⋯⋯⋯⋯⋯⋯⋯⋯⋯ 658

      8.6.3　铁氧体微带环行器的计算⋯⋯⋯⋯⋯⋯⋯⋯⋯⋯⋯⋯⋯⋯⋯⋯ 660

      8.6.4　铁氧体微带环行器的仿真设计⋯⋯⋯⋯⋯⋯⋯⋯⋯⋯⋯⋯⋯⋯ 662

      8.6.5　铁氧体微带环行器的制备与测试⋯⋯⋯⋯⋯⋯⋯⋯⋯⋯⋯⋯⋯ 663

　参考文献⋯⋯⋯⋯⋯⋯⋯⋯⋯⋯⋯⋯⋯⋯⋯⋯⋯⋯⋯⋯⋯⋯⋯⋯⋯⋯⋯⋯⋯⋯ 664

第 9 章　低温共烧介电-旋磁复合材料磁芯-旋磁　　　　　667

　9.1　绪论⋯⋯⋯⋯⋯⋯⋯⋯⋯⋯⋯⋯⋯⋯⋯⋯⋯⋯⋯⋯⋯⋯⋯⋯⋯⋯⋯⋯⋯⋯ 667

  9.1.1 引言 ··· 667
  9.1.2 铁氧体磁介材料的研究现状 ··· 669
  9.1.3 铁氧体磁介材料在微波器件中的应用现状及发展趋势 ············ 680
 9.2 铁氧体磁介材料基本特性参数与相关基础理论 ································ 683
  9.2.1 基本特性参数 ·· 683
  9.2.2 相关基础理论 ·· 691
 9.3 NiZn 尖晶石/BaCo-Z 六角复合铁氧体高频磁介性能研究 ··················· 698
  9.3.1 NiZn 尖晶石/BaCo-Z 六角复合铁氧体 ····························· 698
  9.3.2 NiZn 铁氧体基的 NiZn/BaCo-Z 复合铁氧体 ······················ 699
  9.3.3 BaCo-Z 基的 BaCo-Z/NiZn 复合铁氧体 ·························· 710
  9.3.4 磁性复合与非磁性复合的比较 ······································· 714
  9.3.5 基于 NiZn/BaCo-Z 复合铁氧体的等磁介材料 ···················· 717
 9.4 纳米晶植入的铁氧体磁介材料及 UHF 频段等磁介实现 ····················· 723
  9.4.1 纳米晶植入 ·· 723
  9.4.2 添加纳米 $ZnAl_2O_4$ 的 NiZn 铁氧体性能研究 ······················ 723
  9.4.3 添加纳米 $ZnAl_2O_4$ 的 BaCo-Z 平面六角铁氧体性能研究 ······· 732
 9.5 低温烧结 BaM 六角铁氧体毫米波 K_a 波段磁介性能研究 ··················· 738
  9.5.1 低温烧结 BaM 六角铁氧体 ··· 738
  9.5.2 低温烧结 Bi_2O_3/BaM 铁氧体的制备与表征 ······················· 739
  9.5.3 成相与微结构分析 ·· 741
  9.5.4 K_a 波段的磁导率 ··· 743
  9.5.5 K_a 波段的介电常数 ··· 744
 9.6 X 波段/K_a 波段全自动铁磁共振线宽测试系统搭建 ························ 746
  9.6.1 铁磁共振线宽测试系统搭建 ··· 746
  9.6.2 铁氧体的旋磁性与铁磁共振线宽的测试 ···························· 747
  9.6.3 波导谐振腔测试夹具的仿真与制作 ································· 755
  9.6.4 测试平台的设计与组合 ·· 759
  9.6.5 测试系统的整合与自动化测试的实现 ······························ 762
  9.6.6 测试系统的使用流程与测试结果分析 ······························ 765
 参考文献 ··· 766

第 10 章 LiZn 旋磁铁氧体磁芯-旋磁 768

 10.1 绪论 ··· 768
  10.1.1 引言 ··· 768
  10.1.2 Li 系铁氧体 ··· 771
  10.1.3 移相器 ··· 777

10.2　旋磁铁氧体的制备方法及基础理论 ································ 781
　　10.2.1　制备方法 ·· 781
　　10.2.2　旋磁铁氧体的特性参数 ······································ 784
　　10.2.3　液相烧结 ·· 787
10.3　低软化温度玻璃掺杂 LiZnTiMn 铁氧体的低温烧结研究 ·········· 789
　　10.3.1　玻璃掺杂 LiZnTiMn 铁氧体 ································· 789
　　10.3.2　V_2O_5-ZnO-B_2O_3 玻璃掺杂 LiZnTiMn 铁氧体的性能研究 ······ 790
　　10.3.3　Bi_2O_3-ZnO-B_2O_3 玻璃掺杂 LiZnTiMn 铁氧体的性能研究 ······ 798
　　10.3.4　Li_2CO_3-B_2O_3-SiO_2 玻璃掺杂 LiZnTiMn 铁氧体的性能研究 ··· 808
10.4　复合氧化物掺杂 LiZnTiMn 铁氧体的低温烧结研究 ·············· 813
　　10.4.1　复合氧化物掺杂 LiZnTiMn 铁氧体 ························ 813
　　10.4.2　V_2O_5-CuO 复合助剂掺杂 LiZnTiMn 铁氧体的性能研究 ······ 813
　　10.4.3　Bi_2O_3-CuO 复合助剂掺杂 LiZnTiMn 铁氧体的性能研究 ······ 821
　　10.4.4　Bi_2O_3-Li_2CO_3 复合助剂掺杂 LiZnTiMn 铁氧体的性能研究 ··· 827
10.5　LiZn 铁氧体的纳米晶植入及制备工艺优化 ······················· 831
　　10.5.1　纳米晶植入及制备工艺 ······································ 831
　　10.5.2　纳米晶植入 LiZnTi 铁氧体的性能研究 ··················· 832
　　10.5.3　不同预烧温度 LiZnTiMn 铁氧体的性能研究 ············ 837
　　10.5.4　不同烧结保温时间 LiZnTiMn 铁氧体的性能研究 ······· 841
10.6　旋磁生瓷料带的工艺制备及 LTCF 移相器的设计与实现 ········ 844
　　10.6.1　LTCF 移相器的设计 ·· 844
　　10.6.2　旋磁生瓷料带及铁氧体基片工艺制备研究 ·············· 844
　　10.6.3　LTCF 铁氧体移相器设计原理及工艺实现 ··············· 849
参考文献 ··· 855

关键词索引 ·· 858

第6章 低温共烧石榴石 YIG 铁氧体磁芯-旋磁

6.1 绪论

6.1.1 研究背景和意义

伴随着信息产业和通信技术的发展，人们的生活水平提高，对通信需求越来越高，小型化、集成化、高频化及便捷化成为发展的趋势。相应地，元器件和系统为了满足需求，需要做到更小的尺寸、更好的兼容性、更高的频率、更好的稳定性、更复杂的结构、更高的安全性。这就要求从基础的材料角度突破，使其能够满足各种应用的需求。最近几十年，大量电子元器件的封装整合系统相继涌现，如低温共烧陶瓷（LTCC、LTCF）技术、多芯片组件（MCM）技术等。其中，LTCC技术的出现为元器件和系统的封装和制备工艺提供了新的思路。这种技术在低成本、高集成度和高稳定性等特点上具备极大的优势，尤其是在陶瓷器件、微波/毫米波通信器件等的加工制造中的显著特点使其成为现在微波器件制造方式的主流，在当代通信电子雷达移动通信上得到广泛应用。同时 LTCC 独特的加工方式使其能够实现传统加工工艺不能实现的三维结构，突破平面的限制，能够制造更加复杂、小巧的系统结构。

现代人类社会已经离不开移动通信网络，手机、无线 Wi-Fi、车载、机载等电子设备要求的传输速率和频率越来越高，需要在 X 波段以上实现器件的集成化、小型化。5G 基站的建设已经开展，网络的应用优势已经开始逐步展现，未来需要建设更多的基站和更好的移动通信设备。在军事上，能否拥有相控阵雷达是衡量一个国家军事水平的重要标志。在电子对抗、信息的收集和处理上，相控阵雷达相比普通雷达具有极大的优势。传统工艺制造的常规相控阵雷达收发单元体积庞大，造价高昂，利用 LTCC 技术制造高集成、小尺寸、低损耗的相控阵雷达成为新一代武器装备的重要研究方向，各个发达国家纷纷在此领域进行研制和装备。我国在 20 世纪 70~80 年代也开始研制，追赶世界先进武器装备发展的步伐。现在相控阵雷达已经在导弹、坦克、卫星通信、舰艇等领域逐步应用，成为海陆空电网一体化的网络节点，为我军信息化、现代化建设铺平了道路。这就对高性能低损耗微波旋磁材料的发展提出了进一步的需求，使材料上的进步带动一系列微波器件单元的发展。

YIG（yttrium iron garnet，钇铁石榴石）是一种低损耗微波旋磁材料，广泛应用于滤波器、振荡器、环行器等领域，也在谐波发生器、倍频器、接收组件上得到了大量应用。YIG 材料的研究主要针对三种结构：单晶、多晶和准单晶，这三种结构的材料特点各有不同。总体上讲，这种材料具有极高的无载品质因数 Q 值（1000~8000），并且能够随频率的增加而增加；有很宽的调谐频率范围，在 2~26.5GHz 之间能够连续工作；同时有良好的线性调谐和温度特性以及高的调谐速率等。然而 YIG 粉体材料作为铁氧体（ferrite）中的一种，却不能像其他铁氧体材料（如镍锌铁氧体、锰锌铁氧体等）能够应用于 LTCC 技术中，原因是超高的烧结温度限制了它的应用。YIG 粉体的烧结温度一般在 1450℃，远远超出了 LTCC 的加工温度上限。因此，要实现在低温下烧结并同时保持良好的旋磁性能，是迫切需要解决的问题。本章就 YIG 的低温烧结进行了重点介绍[1]。

6.1.2　YIG 铁氧体的研究历史和现状

铁氧体材料的研究在国内外有着比较长的历史，自从这种材料被发现以来，各个国家的科研人员进行了大量研究。20 世纪早期，由于技术的局限，材料应用的频率较低，开始得到应用的主要是锰锌铁氧体和镍铁氧体系列，通过不同的取代或者掺杂，获得了非常好的性能，满足了低频微波波段的应用需求，广泛应用于微波移相器、磁芯和计算机磁性存储领域。1956 年，Bertaut 和 Forrat 报道了 YIG 的结构和磁性相关的性能。由于该材料晶体结构中不存在空位，铁离子全部为三价态，拥有高达 $10^9\Omega\cdot cm$ 以上的电阻率，矫顽力在 1Oe 以下，多晶铁磁共振线宽在 2Oe 左右，单晶甚至在 0.2Oe 以下。优异的电磁和旋磁性能使其有极大的潜力能够应用在高频微波、磁光器件中。但是 YIG 铁氧体饱和磁化强度较低，低于绝大多数同类型铁氧体，不适于应用在移相器中。同时，YIG 材料也有一些问题，首先是稀土元素包括钇元素在地球中含量很少，成本高。但是我国属于稀土储量大国，稀土元素储量占世界的 60% 以上，因此我国发展稀土铁氧体有得天独厚的优势。

对于 YIG 以及相关掺杂或取代石榴石相产物，国际科研工作者对此进行了大量研究。首先,学者们对 YIG 的各种磁性能、磁光特性、旋磁理论和磁性结构进行了逐步探索。1958 年,Dillon[2]首先发现 YIG 铁氧体材料的光特性,介绍了 YIG 在红光与近红光的光波范围内的法拉第旋光效应和光吸收特性。20 世纪下半叶,对稀土石榴石的研究进入了快速发展时期。Espinosa 于 1962 年具体研究了稀土石榴石的晶体结构[3]。1962 年和 1965 年,Pearson 和 Geller 等在晶体结构基础上分别研究了稀土石榴石的磁各向异性、磁性结构和磁性行为[4,5]。1964 年,Seiden 对稀土石榴石的铁磁共振散射进行了研究。1967 年,Lida 研究了不同温度下稀土石榴石的磁致伸缩系数[6]。1969 年,稀土石榴石的发现者 Dillon 还深入研究了 YIG 铁氧体材料的旋磁光效应的原理和应用,提出了含稀土元素的 YIG 铁氧体磁光器件的工作原理[7]。70 年代初,Vella 对稀土石榴石中磁畴的流动性进行了研究,发现畴壁运动的阻尼系数随掺杂含量的变化规律,描述了一种根据射频(RF)磁化率谱的测量确定样品中畴壁迁移率的方法。与此同时,Patton 于 1970 年测试了多晶 YIG 铁氧体材料中平均晶粒直径和有效铁磁共振线宽之间的关系。Hansen 研究了不同离子取代的 YIG 铁氧体的铁磁共振线宽。1975 年,Belov 总结了 YIG 的磁各向异性和磁致伸缩系数之间的关系。Gruevich 等研究了 YIG 的内禀自旋波进动。

除此之外,YIG 铁氧体材料的各种结构、温度、压力、磁性能和微波性能都得到了大量研究[8-13]。20 世纪末期,大量的研究成果表明这种材料在高频微波通信领域的重要价值。1976 年,Berdennikova 等[14]分别对稀土石榴石的分子场和 YIG 铁氧体结构的次晶格对法拉第效应的贡献进行了研究。1980 年,Guillot 等提出了石榴石材料中的法拉第旋转源于磁性次晶格的电子和偶极子贡献,稀土石榴石的电偶极子系数与温度之间有非常大的关系[15]。1981,Geller 研究了 Ga、Al 和 Sc 等取代的 YIG 中饱和磁化强度之间的关系,从 Neel 分子场理论的拟合数据确定了 $T=0K$ 处的磁矩和分子场系数对次晶格位置上的非磁性离子的依赖性。日本科学家也同时研究了钇铝石榴石中 Co^{2+} 的自旋共振,发现了 3 种 Co^{2+} 自旋位点。大多数 Co^{2+} 占据八面体位置,其中朗德(Landé)因子 $g_{//}$=6.470 且 $g_{\perp}$=3.050,并且还发现四面体位点旋转,其中 $g_{//}$=2.446 且 $g_{\perp}$=2.176。1982 年,Pauthenet 发现石榴石作为内部磁场的函数的磁化值满足 Holtstein-Primakoff 测试,给出了确定自发磁化的方法。研究表明磁化曲线可以通过自旋波理论来解释,并确定了镍和铁的叠加敏感性。1984 年,Velleaud 研究了 YIG 基于外加电场的磁性能,在宏观模型的基础上证明了饱和磁化强度和温度之间的函数关系。1985 年,Mckinstry 在 9.5GHz 和室温条件下在 YIG 的球形单晶样品中观察到铁磁共振(FMR)吸收[16]。对于相对于晶轴的不同静态场方向,获得了共振吸收曲线作为微波功率水平和占空比的函数。Gornakov 在 1986 年首次总结了 YIG 一维畴壁形成的条件,并对其动态特性进行了研究。Studer 等在 1986 年根据穆斯堡尔谱观察到国家重离子大型加速器(GANIL)中的高能重离子在 YIG 中产生的辐照损伤,在低能量范围(E<0.9GeV),通过将温度降低至 4.2K,观察到磁矩平滑过渡到受抑制的磁性顺序,

在高能量范围（$E>0.9GeV$），电子迁移过程的贡献可以解释 $Y_3Fe_5O_{12}$ 的非晶化速率[17]。Toulemonde 于 1987 年根据穆斯堡尔谱在 YIG 中观察到 Ar 辐射的分布是各向同性的。1988 年，Kalinina 研究了 YIG 作为磁性半导体时的光诱导磁性和电子传导特性。Novák 等利用 Bi 和 La 元素取代的多晶 YIG 的核磁共振波谱，研究了铁氧体中元素的超交换作用[18]。1991 年，Deeter 研究了基于石榴石的法拉第磁场传感器，表明 YIG 适用于需要高灵敏度、高空间分辨率或高速度的磁力测量的应用，发现镓取代的 YIG 晶体的灵敏度是纯 YIG 的六倍。测得该材料样品的噪声等效磁场约为 100pT/THz。Moskvin 对 YIG 光学和磁光谱的分析表明，在 2～6eV 宽能量范围内的所有特性都可以通过氧-铁电荷转移（CT）跃迁来解释。

八面体和四面体是 YIG 中的主要磁光中心，得到了八面体和四面体配合物中 CT 状态的有效轨道 Landé 因子和自旋轨道耦合常数的值。1993 年，Mirza 研究了在 YIG 和 PZT 型压电陶瓷的基础上，外部电场对复合铁氧体-铁电材料中铁磁共振谱主线的影响。1994 年，Donnerberg 报道了关于在 YIG 晶体中掺入外在缺陷的原子模拟研究的结果，计算了缺陷形成能量，确定了 YIG 中最有利的杂质掺入机制。1995 年，Lataifeh 和 Al-Sharif 确定了石榴石的补偿温度随着稀土离子（Ho^{3+} 或 Gd^{3+}）含量的增加而增加，与在多晶样品上进行的磁化测量以及基于等结构钬镓石榴石（HoGG）的晶体场参数的计算非常一致[19]。Murumkar 在 1997 年研究发现了多晶钇铝铬铁石榴石饱和磁化强度（$4\pi M_s$）线性减小的现象。1998 年，Cho 采用溶胶-凝胶法合成了 Si 和 Mn 共掺杂的非化学计量[3mol%（摩尔分数，后同）缺铁]YIG，并系统研究了其微观结构特征和高功率微波磁性能。通过添加 0.6wt%（质量分数，后同）SiO_2，自旋波线宽度从 3.1Oe 增加到 12.6Oe。Vaqueiro 等在 77～725K 温度范围和 100Hz～1MHz 频率范围内测量了单晶 YIG 的介电性质[20]。2002 年，Sanchez 使用溶胶-凝胶法制备细粉末，获得粒度范围为 45～450nm 的样品，观察到由于表面自旋效应的增强，随着颗粒尺寸减小，饱和磁化强度降低。2004 年，Kum 等研究了 Ce 取代的 YIG 粉末的磁性能，表明退火温度的升高导致矫顽力降低，饱和磁化强度表现出相反的变化趋势[21]。Zhao 研究了 Bi 取代对 YIG 介电性能的影响。实验结果表明，Bi 取代降低了 YIG 相的形成和烧结温度。由于铁价态变化的限制，电子载流子浓度急剧下降，随着 Bi 的加入，介电常数（ε_r）和损耗角（$tan\delta$）降低。2006 年，Joseyphus 等将 YIG 粉末研磨到纳米尺寸后，发现铁氧体分解成稀土正铁氧体及其他稀土和氧化铁相[22]。Chen 通过固态反应技术制备多晶 Al-YIG 化合物，分析确定立方晶胞参数和微晶尺寸，并使用透射电镜（TEM）研究样品的形状、尺寸和结晶度。2006 年，Cheng 采用溶胶-凝胶法制备了 Dy^{3+} 取代的石榴石纳米颗粒，颗粒的饱和磁化强度不仅明显低于纯 YIG，而且随着 Dy^{3+} 浓度的线性增加而减小。同时，观察到随着表面自旋效应的增强，饱和磁化强度随着粒径增加而升高。Xu 采用溶胶-凝胶法制备了 Ce-YIG 纳米颗粒，发现饱和磁化强度随 Ce 含量的增加、Bi 浓度的降低、粒度的增大而增大。2007

年，Wu 在宽温度和频率范围内研究了 YIG 陶瓷的介电响应，在 125～620K 温度范围内鉴定出三种介电弛豫。

　　Kim 研究了磁性氧化物纳米颗粒，阐明纳米级有限尺寸对颗粒磁性行为的影响。通过共沉淀合成的 YIG 纳米颗粒在室温下显示出超顺磁性，饱和磁化强度随着粒径的减小而降低并接近零。在磁铁矿和 YIG 纳米颗粒中发现的结果表明，由于存在自旋无序表面层，在磁性氧化物纳米颗粒中通常可以观察到磁化强度的减小。Zhao 等通过实验和模拟证明了由 YIG 板和金属线能够组成可磁化的左手材料（LHM）。通过施加的磁场，可以在宽频率范围动态和连续地通过 LHM 的左手通带调谐。通带的可调性归因于 YIG 板中由铁磁共振引起的负磁导率。他们提出了一种方便的方法来设计基于铁磁性材料的可调谐 LHM，作为可调谐开环谐振器的替代方案[23]。2008 年，Lamastra 等通过金属硝酸盐的反向共沉淀制备了 Gd 取代的 YIG 化学计量粉末。在热重分析-差热分析法（TGA/DTA）分析的基础上，发现在约 700℃非晶共沉淀物在立方石榴石相中与少量 $YFeO_3$ 和 $\alpha-Fe_2O_3$ 一起结晶。根据成分和微观结构，共振线宽介于 4352.9A/m 和 4392.7A/m 之间[24]。Ponhan 使用聚乙烯基吡咯烷酮（PVP）作为稳定剂，以 Cu 和 Fe 的硝酸盐作为金属源，通过静电纺丝法制备了四方铜铁氧体（$CuFe_2O_4$）纳米纤维。当煅烧温度从 500℃增加到 700℃，该纳米纤维中包含的纳米颗粒的微晶尺寸从 7.9nm 增加到 23.98nm。室温磁化结果显示了煅烧的 $CuFe_2O_4$ 样品的铁磁行为，在 500℃、600℃和 700℃下煅烧的样品的特定饱和磁化强度分别为 17.73emu/g、20.52emu/g 和 23.98emu/g。2009 年，Motlagh 通过机械化学方法制备了多晶 YIG 化合物，发现单相样品的居里温度随着 Al 浓度增加而降低，并讨论了不同温度范围内的传导性质。2010 年，Niyaifar 报道了单相铟取代钇铁石榴石（In-YIG）纳米颗粒的结构和磁性，铟取代导致磁超精细场（MHF）的大小减小。此外，由于用非磁性 In^{3+} 代替 Fe^{3+}，观察到样品饱和磁化强度的上升趋势。Zhang 等通过快速化学共沉淀法与反向撞击操作合成了 YIG 纳米颗粒，发现煅烧可使四方 YIG 在 750℃完全转变为立方相，微晶尺寸约从 22nm 生长到 50nm，在不同温度下煅烧后样品的室温饱和磁化强度显示出从 0.24emu/g 到 24.54emu/g 的非线性增加[25]。2012 年，Nguyet 等通过柠檬酸盐前驱体凝胶形成石榴石相，并随后进行热处理合成了 YIG 纳米颗粒，发现有效各向异性常数 K_{eff} 为 $2.0\times10^4 erg/cm^3$ [26]。2015 年，Sun 通过原位合成工艺制备的铜/钇铁石榴石（Cu/YIG）复合材料观察到类似 Fano 共振，并且介电常数从负变为正，亚铁磁 YIG 粒子的磁共振和电流回路的反磁响应相互作用在高频下产生负的磁导率。2018 年，Sharma 使用常规固态方法合成稀土石榴石铁氧体，随着稀土掺杂，Fe^{2+} 和 Fe^{3+} 之间的交换相互作用增加。对于饱和磁化强度，从 Yd 掺杂 YIG 样品的 24.42emu/g 增加到 Nd 掺杂 YIG 样品的 26.23emu/g。2019 年，Cheng 通过原位氧化聚合方法制备掺有 YIG 颗粒的聚吡咯（PPy）复合材料，系统研究了 YIG 含量对 YIG/PPy 复合材料射频（RF）电磁特性的影响。

其次，科学家探索了许多不同合成方法对 YIG 结构和性能的影响。1985 年，Naziripour 描述了一种简单的热压系统，能够常规地生产少量的多晶 YIG，使其具有高密度、非常低的第二相含量和可控的晶粒尺寸。它们的磁性能与通过常规烧结制备的类似多晶材料相比有较大优势。通过压制条件的简单改变，可以以受控的方式改变样品孔隙率。同年，Roy 等通过非晶柠檬酸盐方法合成了 YIG，针对各种热处理时间研究了它们的结构和磁性，并且讨论了非晶态和晶态样品的结果，发现石榴石相的体积分数随着热处理温度的升高而增加，微结构特性与磁性相关[27]。1990 年，Sankaranarayanan 和 Gajbhiye 通过柠檬酸盐前驱体稀土铁石榴石（RIG）的热分解制备超细稀土铁石榴石，获得具有 10～35nm 粒度的粉末，观察到结晶过程中的晶间键断裂导致整体结构形成[28]。Young 研究了影响 YIG 反应烧结过程（RSP）致密化和微观结构发展的因素，发现使用 Fe_2O_3-$YFeO_3$ 体系的 RSP 对于随着石榴石形成的反应发生的膨胀致密化具有有益效果。1991 年，Matsumoto 研究了溶胶-凝胶法制备铋取代钇铁石榴石（$Y_{3-x}Bi_xFe_5O_{12}$，Bi:YIG）粉末的合成温度和铋含量，其中使用了由金属离子构成的柠檬酸盐的硝酸盐的凝胶反应。Veitch 通过有机溶液技术使用新型有机前驱体制备了多晶 YIG。通过热分析、X 射线衍射和傅里叶变换红外光谱（FTIR）[包括漫反射 FTIR（DRIFT）]研究了前驱体的热分解和随后的石榴石相的形成。YIG 的前驱体分解，使石榴石相在 800℃时成为主要成分，还存在 $YFeO_3$ 和 Fe_2O_3，并且在较高温度下反应产生 YIG。2011 年，Xu 通过气溶胶喷雾热解技术制备 $Gd_3Fe_5O_{12}$，通过改变初始溶液浓度获得 0.05～0.8μm 的平均晶粒直径，通过热处理引起烧结和颗粒聚结，产生大约 95%的石榴石相。1997 年，Vaqueiro 使用基于柠檬酸盐凝胶法的低温方法合成了 YIG 颗粒。通过透射 ^{57}Fe 穆斯堡尔光谱测定法和直流磁测量法研究了磁性能对退火温度的依赖性，发现制备的颗粒表现为非晶结构，退火处理导致颗粒的聚集和结晶，提出 YIG 颗粒的纳米结构行为，获得 50～700nm 范围内不同尺寸的 YIG 纳米结构颗粒。同时，他还研究了一种使用微乳液生产 YIG 超细前驱体的新技术。在 W/O 微乳液介质中进行氢氧化物或碳酸盐前驱体的共沉淀，当加热到 700℃以上时，这些前驱体（大小约 3nm）转变成 YIG 相。使用两种不同的络合剂（柠檬酸和丙二酸）并添加两种不同的醇（乙二醇和甘油），提出了用于合成 $Y_3Fe_5O_{12}$ 的溶胶-凝胶技术的系统研究，从凝胶获得 YIG。Pal 和 Chakravorty 在 1999 年通过溶胶-凝胶合成纳米晶 YIG，发现有效各向异性常数的增加导致了更高的矫顽力[29]。2003 年，Tsay 等在 YIG 材料中加入 Ca、V 和 Bi 元素，显著降低了材料致密化所需的烧结温度[30]。2007 年，Xu 通过溶胶-凝胶技术合成了掺杂氧化铒的 YIG，研究了 pH、柠檬酸的量和溶液初始浓度对最终产物的影响。2006 年，Ganne 发现 Cu 取代时能够显著降低石榴石的烧结温度。2011 年，Yu 通过低温固态反应制备了纳米晶 YIG 粉末，粒径为 20～40nm。在 1280℃下烧结后，从与常规陶瓷工艺相比，较低的烧结温度合成的粉末中获得理论密度约为98%的致密陶瓷。2012年，Nazlan 等采用高能球磨技术合成了多晶 YIG 粉末[31]。2016 年，Akhtar 等采用微乳液法合成了 YIG 和钇铝铁石榴石（YAIG）纳米铁氧体样品，观察到磁参数如饱和磁化强度、矫顽力和起始磁导率受到温度升高的强烈影响。YIG 和 YAIG 纳米铁氧体的饱和磁化强度和矫顽力分别为 11.56emu/g、19.92emu/g 和 7.30Oe、87.70Oe，在 1100℃下烧结的 YIG 和 YAIG 可用于更宽频率的应用[32]。

  YIG 由于具有出众的低旋磁损耗性能以及频率较高、磁性能可调、热稳定性高等优势，尤其适合环行器的制造。1965 年，Simon 使用 YIG 铁氧体开发出宽带环行器，确定了带宽标准，讨论了饱和磁化强度、铁磁共振线宽、传输线参数和磁偏置场的影响[33]。1967 年，Hershenov 介绍了在石榴石基板上制作的微带环行器，简要讨论了对微波集成电路的影响。1997 年，Oliver 通过将 100μm 厚的单晶 YIG 薄膜黏合到硅上，然后除去钆镓石榴石基板，制造了单片 Y 结环行器，在 9.5GHz 上拥有 1GHz 的带宽，最小插入损耗接近 1dB。2002 年，Fujita 等报道了基于聚合物的平面干涉仪和铈取代钇铁石榴石（Ce-YIG）薄膜进行高效法拉第旋转的集成光学隔离器和环行器[34]。2005 年，Zheng 提出了一种由 2D 光子晶体中的磁光腔形成的光环行器，利用磁畴结构的空间设计，制造不同频率且具有完全隔离的理想三端口环行器。2005 年，Wang 和 Fan 在绝缘体硅基上制备了经典的三端口光学环行器[35]，使用薄的黏合剂黏合层将具有磁光铈掺杂的钇铁石榴石（Ce:YIG）层的石榴石模具黏合在 Mach-Zehnder 干涉仪电路的顶部。2016 年，Zhang 在不同的外部磁场下使用三维有限元方法进行研究，设计和优化了 YIG 微带环行器的调谐特性。通过调整铁氧体磁盘平面内的直流磁场，可以将中心频率从 8.93GHz 调整到 12.04GHz 甚至达到双频带，最大隔离度为−29dB。

  现在，国际上许多公司开发了石榴石多晶铁氧体。表 6-1 列出了国内外主要公司生产的石榴石多晶材料。

表 6-1　YIG 多晶材料性能

公司	牌号	$4\pi M_s(\pm 5\%)$/mT	铁磁共振线宽 $\Delta H(\pm 25\%)$/(kA/m)	损耗角正切 $\tan\delta/10^{-4}$	介电常数 ε	居里温度 T_c/℃
中国西南应用磁学研究所	X16G	160	0.8	2	14.0	235
	X12G	120	0.8	2	13.5	215
	X8G	80	0.8	2	13.2	172
美国 Trans-Tek 股份有限公司	TTVG-1600	160	0.8	2	14.6	220
	TTVG-1200	120	0.8	2	14.4	208
	TTVG-880	80	1.2	2	13.9	192
美国 EMS	G2400	120	2.0	2	14.3	230
	G2410	90	2.0	2	14.0	230

续表

公司	牌号	$4\pi M_s(\pm 5\%)$/mT	铁磁共振线宽 $\Delta H(\pm 25\%)$/(kA/m)	损耗角正切 $\tan\delta/10^{-4}$	介电常数 ε	居里温度 T_c/℃
法国 Temex-Ceramics 公司	Y216	160	0.8	2	14.8	218
	Y212	120	0.8	2	14.5	209
	Y208	80	0.8	2	14.0	177
俄罗斯 Domen	NG-160	160	0.96	2	14.8	220
	NG-120	120	0.8	2	14.5	215
	NG-80	80	0.8	2	13.9	120
英国 SJ Technologie 微波元件公司	CG-1200CV	120	0.8	2	14.4	210
	CG-800CV	80	0.8	2	13.9	190

经过半个多世纪的发展，国内外众多研究人员在 YIG 铁氧体的制备、生产、改性和器件等领域进行了大量研究，为铁氧体在微波通信领域的应用奠定了基础。

6.1.3　YIG 旋磁铁氧体及 LTCC 技术在微波器件上的研究和应用

微波器件是工作在微波波段（频率为 300MHz～300GHz）的一系列相关器件的统称，如连接元件、终端元件、匹配元件、滤波元件等。通过具体的设计，能够将这些器件组合成各种有特定功能的微波电路。微波器件和微波电路共同构成了微波系统。微波器件的制造主要使用的是金属和介质材料，体积较大且成本高昂。发射、接收、天线、雷达等系统以微波器件为核心，通常会令其比较笨重，质量和体积巨大，封装困难，难以满足市场对现在电子元器件的多输入/输出接口的要求，限制了其大规模应用。随着技术的进步，这些传统的微波器件越来越难以满足现代社会对通信设备的小型化、便携化、多功能化和低成本的要求。同时，巨大的微波器件会造成功率增大，电磁损耗增大，不利于保持信号的稳定，也不利于节约能源。另外，人们的需求越来越丰富，消费品级的通信设备经历了从功能性、实用性到便携性、安全性甚至社交性的转变。除此之外，智能制造、区域无线网络技术、物联网技术等新兴工业类型蓬勃发展，这些都客观上要求电子设备的体积越来越小、功能越来越丰富、性能越来越高、可模块化设计越来越强，如图 6-1 所示。

图 6-1　社会发展对通信及技术的需求

1982年，休斯飞机公司采用粉状陶瓷原料，将其制备成密度较高且厚度均匀的生瓷料带，使用裁切、激光打孔、填孔、印刷并叠加成片的工艺对生瓷料带进行进一步加工，将导电金属（金、银、铜等）印刷到生瓷料带之间，互相联通形成电路器件，同时在叠加成片的生瓷料带之间埋入无源或者有源的器件，在导电金属的熔点之下烧结，成功制备了具有三维结构的电路，这便是新的令人瞩目的革命性技术——低温共烧陶瓷（low temperature co-fired ceramic，LTCC）技术。如今该技术已经成为无源集成技术的主流，是国际器件集成领域内新的经济增长点和新的发展方向，如图6-2所示。该技术综合了金属电极和多层陶瓷，做成LTCC模块，可以解决传统微波器件设计、制造中的难点与缺陷。经过几十年的发展，各种模块都有LTCC技术应用其中，获得了很好的性能和产业价值。LTCC技术相较于传统的集成封装工艺，有着众多鲜明的优点：①陶瓷材料频率高、传输速率快，并且具有灵活的宽通带特性。LTCC材料的介电常数可以根据配方的不同在相当大的范围内进行调节，同时内部的导体材料使用了具有较高电导率的金属材料，极大提升了器件和系统的品质因数，使电路的设计更加灵活。②热传导性非常优异，比普通的PCB（印刷电路板）电路基板高很多，并且由于材料在高温烧结制备，可以耐受极高的温度，因此可以适应大电流的要求，简化系统的散热性设计，可靠性高，恶劣环境的适应性好。③可以运用层压技术做出多层结构，把多个无源器件埋入多层结构中，在一定程度上降低了封装成本，简化了系统结构。通过特殊的设计，能够集成多种无源和有源的器件，进一步减小体积和质量，有效增加集成度和密度。④技术的兼容性好，与其他布线技术结合能够实现多种组件的混合。⑤能够在生产过程中的每一步进行检查，属于非连续工艺，有利于提高成品率，降低生产风险，提高生产效率。⑥在节能环保和降低能耗方面能够紧跟技术发展的潮流，节约原料，降低对环境的影响。

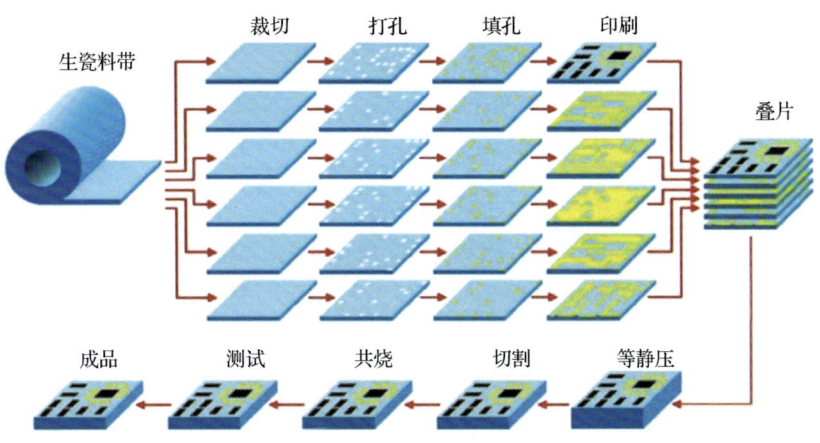

图6-2 LTCC生瓷料带技术工艺流程

到目前为止，学者们开发了多种体系的 LTCC 材料，总体上可分为以下几种：非晶玻璃类[36]、黑白陶瓷类[37]、陶瓷玻璃复合类等。其中，陶瓷类材料根据材料颜色的不同大体可分为黑瓷和白瓷，主要的研究热点是白色微波介质陶瓷，重点是介电性能，如 $(Mg,Ca)TiO_3$、$Bi_2Mo_2O_9$、$CaWO_4$ 等。同时性能重点在磁性能的黑色铁氧体陶瓷也有很多在 LTCC 技术中得到成功应用，包括 MgCuZn 铁氧体、NiCuZn 铁氧体、MnZn 铁氧体、M 型 Ba 铁氧体等。由于现阶段能够实现 LTCC 技术的铁氧体大多数频率较低，工作在 3GHz 以下，不符合高频率大容量的发展趋势，因此未来能够应用在更高频率的铁氧体的研究非常迫切。国际上一些研究所和企业相继在 LiZn 材料、YIG 材料、Ba 铁氧体材料等方面进行深入研究，但是对于 YIG 的低温降烧部分一直是国内外的研究难点。

目前 LTCC 技术仍然存在很多技术难题，其中最为关键的问题是，陶瓷材料如介电陶瓷（白瓷）和磁性铁氧体陶瓷（黑瓷）的最佳烧结温度差异非常大。表 6-2 列出了一些 LTCC 陶瓷材料的烧结温度。

表 6-2　部分 LTCC 组分烧结温度表

编号	材料	烧结温度/℃	ε_r	Q	f/GHz	ε_f /(ppm/K)
1	$Li_3AlB_2O_6$	650	4.2	12460	16.8	−290
2	$CaO\text{-}B_2O_3\text{-}SiO_2(29.3：9.3：61.4)$	900	3.9	1800	9.9	—
3	μ-董青石+$B_2O_3\text{-}P_2O_5$	860	5.8	3000	—	−55
4	$K_{0.9}Ba_{0.1}Ga_{1.1}Ge_{2.9}O_8$	990	5.9	94100	12	−25
5	$Li_3AlB_2O_6$	700	4.9	12609	16.9	−201
6	$NaAlSi_3O_8$	1205	5.5	11200	—	−5
7	$KGaGe_3O_8$	970	6.2	19800	12	−21
8	$AlSbO_4$	1100*	6.3	3200	4	—
9	$Mg_3(VO_4)_2$	1050	9.4	65500	—	−90
10	$LaBO_3$	1150	12.5	53000	—	99

* 烧结时间为 3h。

注：ε_r 表示相对介电常数；Q 表示品质因数；f 表示频率；ε_f 表示特定频率下的介电常数。

从表中可以看出，各种材料的烧结温度各不相同，差异在 500℃以上。这么巨大的温度差是现如今对 LTCC 技术研究的主要难题。这个问题对 LTCC 工艺的影响主要有以下几点：第一，陶瓷材料在烧结过程中会在三个自由度方向出现不同程度的收缩，收缩率在 5%～20%不等。当几种不同的陶瓷材料一起烧结时，收缩率的不同会导致材料的翘曲、开裂，严重的会断裂。第二，烧结过程主要是粉料颗粒的生长和致密化过程，如果温度较低，会使材料的结晶度、均匀性、致密化不够，造成严重的损耗，超出一定范围则会导致材料无法使用。第三，某些陶瓷材料分子中包含低熔点阳离子（如锂离子、磷离子、硼离子等），这些离子在高温下会获得能量，如果能量过高会超出分子对离子的束缚能从分子中游离出来并挥发，甚至会发生相变，转变成其他杂质，对性能产生不利影响。更为重要的是，LTCC 技术需要材料和金属电极一起共烧形成层状三维结构，但是很多陶瓷材料的烧结温度远远超出了普遍使用的银电极的熔点（961℃），温度过高会使银电极熔化，产生漏电、短路、断路等问题。这些问题是目前 LTCC 技术面临的主要挑战，有待进一步的研究解决。

因此，如何找到解决方案让各种不同的陶瓷材料合理共烧，成为国内外学者竞相研究的重点。对于铁氧体，由于普遍烧结温度较高，最主要的研究方向是低温烧结，即降低各种材料的烧结温度，在较低温度（<960℃）下让粉料颗粒致密生长，微观上获得均匀的晶粒，性能上获得极大改善。自从 LTCC 技术出现到现在的三十多年以来，许多方法得到应用，如今比较成熟的方法有低熔点氧化物掺杂法、玻璃相掺杂法、粉料纳米化法、水热法、溶胶-凝胶法等。而其中最广泛的方法是低熔点氧化物掺杂法，还有玻璃相掺杂法。应用的原理是，低熔点氧化物降低了反应物的活化能，在低温条件下有助于突破能量势垒，加速反应进行。玻璃相掺杂主要是在晶界处形成液相环境，促使粉料分子离子化，促进反应物相变的进行。常用的玻璃相掺杂物和低熔点氧化物分别由表 6-3 和表 6-4 列出。

表 6-3 LTCC 技术常用玻璃相掺杂物

成分（玻璃相）	密度/(g/cm^3)	T_s/℃	$T_{crystal}$/℃	T_g/℃
ZnO-B$_2$O$_3$（50∶50）	3.65	582	817	—
BaO-ZnO-B$_2$O$_3$（10∶45∶45）	3.85	552	622	—
ZnO-B$_2$O$_3$（71∶29）	2.19	567	—	—
BaO-ZnO-B$_2$O$_3$（40∶30∶30）	4.42	480	532	—
La$_2$O$_3$-B$_2$O$_3$-ZnO（1∶3∶0.5）	—	640	750	—
SiO$_2$-B$_2$O$_3$-Al$_2$O$_3$（Asahi K801）	—	640	—	—
Li$_2$O-B$_2$O$_3$-SiO$_2$（51.3∶36.53∶12.1）	2.38	422	—	403
Li$_2$O-B$_2$O$_3$-SiO$_2$-CaO-Al$_2$O$_3$（25∶30∶33∶5∶7）	2.42	484	—	470
ZnO-B$_2$O$_3$-SiO$_2$（60∶20∶20）	—	604	—	—
BaO-B$_2$O$_3$-SiO$_2$（42∶45∶13，体积比）	2.71	—	—	623

注：T_s 表示软化温度；$T_{crystal}$ 表示结晶温度；T_g 表示玻璃化转变温度。

表 6-4 LTCC 技术常用低熔点氧化物

名称	化学式	熔点/℃	沸点/℃	密度/(g/cm^3)
三氧化二硼	B$_2$O$_3$	445	1500	1.85
五氧化二磷	P$_2$O$_5$	340	360（升华）	2.39
五氧化二钒	V$_2$O$_5$	690	1750（分解）	3.35
二氧化锰	MnO$_2$	500~600（分解）	—	4.5
三氧化二镍	Ni$_2$O$_3$	600（分解）	—	—
三氧化二砷	As$_2$O$_3$	312	457.2	3.86

续表

名称	化学式	熔点/℃	沸点/℃	密度/(g/cm³)
三氧化二锑	Sb_2O_3	655	1425	5.67
二氧化碲	TeO_2	733	1260	5.66
氧化铅	PbO	888	1535	9.53
三氧化二铋	Bi_2O_3	820	1900	8.9

表中的玻璃相掺杂物和氧化物都是可以用在 LTCC 技术的材料低温降烧中，利用低温下形成液相环境或者降低反应物的活化能来促进反应的进行和晶粒的生长。

6.2 低温烧结 YIG 旋磁铁氧体理论与技术路线

6.2.1 YIG 的晶体结构

稀土铁石榴石（rare-earth-iron garnet, RIG）是一种含稀土的铁氧体，又称为磁性石榴石，分子式一般可写为 $R_3Fe_5O_{12}$，空间群为 $Ia3d$。其中 R 代表不同的稀土元素，当 R=Rr、Sm、Eu、Gd、Tb、Dy、Ho、Er、Tm、Yb 等，可以单相的 RIG 存在；当 R=La、Pr、Nd 时，以混晶系存在。钇铁石榴石（YIG）铁氧体是稀土铁石榴石材料中非常重要的一种，化学式中 R=Y，即 $Y_3Fe_5O_{12}$，具有多项磁特性，常用以调节激光。YIG 铁氧体具有铁磁共振线宽较小、饱和磁化强度低、介电损耗低、密度高等特点。多晶 YIG 可用一般陶瓷工艺制得，单晶 YIG 常用熔盐法制取。单晶 YIG 薄膜材料可用液相外延法或气相外延法制取。它们已作为微波铁氧体器件的原料得到广泛应用，是重要的环行器、调制器、移相器、滤波器、开关隔离器等器件的基础材料。YIG 优良且比较单纯的磁性能，在量子旋磁进动方面有非常明显的效应，因此对研究量子理论有非常广阔的前景。各国研究人员都对这种材料进行了非常广泛且深入的研究，这种材料也被许多国家列为国防军事保密材料。表 6-5 列出 YIG 的部分属性，其中 M_s 为饱和磁化强度，a 为晶格常数，ΔH 为铁磁共振线宽，ε 为介电常数，$\tan\delta$ 为损耗角正切，T_c 为居里温度，ρ 为电阻率，d_x 为密度。

表 6-5 室温下多晶 YIG 的部分物理性能

指标	数值	指标	数值	指标	数值
$M_s / \left(\dfrac{10^3}{4\pi} A/m \right)$	1800	$\tan\delta$	约 10^{-4}	ε	约 15
$a/10^{-10}$m	12.376	T_c/K	550	$d_x/(10^3 kg/m^3)$	5.17
$\Delta H / \left(\dfrac{10^3}{4\pi} A/m \right)$	15	$\rho/(\Omega \cdot m)$	>10^8		

YIG 作为石榴石铁氧体材料,其分子式可以表示为$(Y_2O_3)_3 \cdot (Fe_2O_3)$,从合成角度讲主要由两种离子氧化物通过化学反应结合而成。从晶体结构上分析,YIG 属于立方晶系,由 8 个 $Y_3Fe_5O_{12}$ 分子组成一个晶胞,如图 6-3(a)和(b)所示。中心离子和配位氧离子按照中心原子的不同组成次晶格结构,共有三种间隙位置(图 6-4):①16 个八面体位(a 位,也称为 16a 位):以 Fe^{3+} 为中心,被 6 个氧离子包围,形成八面体结构;②24 个四面体位(d 位,也称为 24d 位):以 Fe^{3+} 为中心,被 4 个氧离子包围,形成四面体结构;③24 个十二面体位(c 位,也称为 24c 位):以 Y^{3+} 为中心,被 8 个氧离子包围,形成十二面体结构。

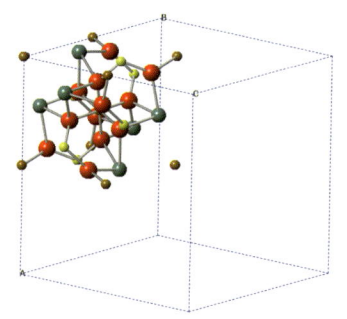
(a)一个YIG分子的晶体结构

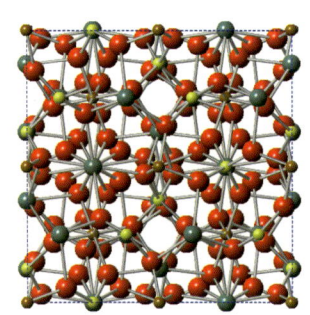
(b)单晶胞YIG晶体结构,a轴方向

图 6-3 YIG 铁氧体的晶体结构

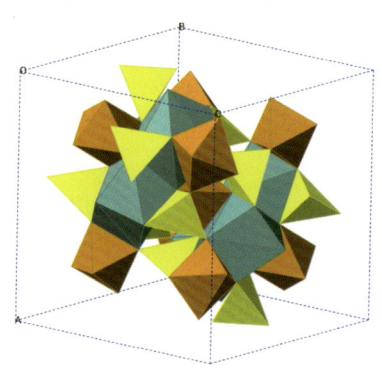

图 6-4 YIG 的次晶格结构,包含三种:16 个 a 位八面体,24 个 d 位四面体,24 个 c 位十二面体

其中位于三种不同位置的金属阳离子是可以被取代且有一定的趋向性,在实际研究过程中,通常会通过对三种次晶格位置的离子进行取代,从而对材料进行各种改性,以满足各种不同的需求。其取代的趋势由离子半径决定。不同于其他类型的铁氧体,稀土石榴石铁氧体的结构是不存在额外空位的。在晶体内部,所有离子都只能存在于次晶格的多面体之内。这意味着配方的计算需要极其准确,偏分化学式会在内部造成空位和缺陷,但并不是所有缺陷都是不利的。例如,由

于游离的离子键没有配对离子,有可能会增加晶粒的表面活性,从而降低晶粒生长所需要的能量,在实际应用中对降温烧结有一定的促进作用。

6.2.2 YIG 的主要性能参数

经过半个多世纪的研究,研究者陆续发现了多种微波铁氧体的类型,应用于多种器件,所对应的性能参数需求又各不相同。总体上讲,现代的微波器件对铁氧体材料的基本参数需求包括:宽频带范围、高功率负荷、低损耗(磁损耗、介电损耗)、高频率上限等。

1. 磁滞、磁滞回线、饱和磁化强度和矫顽力

磁滞现象最早由 James Ewing 观察并研究。图 6-5 为软磁磁性材料的磁化过程。磁性材料样品从外加磁场即 $M=0$ 开始,增大磁场的强度 H,磁化强度 M 将会沿图中 OAB 曲线增加,一直到状态 B 达到饱和。此时 H 增大,磁化强度变化不大,在 BC 段几乎平行于 H 轴。磁化强度有一个最大值 M_s,此时的磁场强度 H 用 H_s 表示。这条曲线 OAB 也被称为起始磁化曲线。

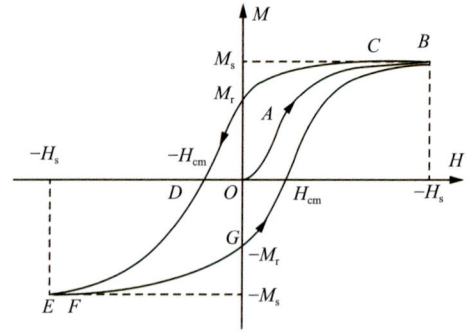

图 6-5 磁滞回线示意图

达到饱和状态后减小磁场强度,磁化强度从 B 点开始减小,但是不会沿原来的曲线 OAB 回到原点,这被称为磁滞现象。当 H 减小到零时,M 并不为零,而是等于剩余磁化强度 M_r。要使 M 减小到零,继续向相反方向增加磁场强度,而当反向磁场强度达到 $-H_{cm}$ 时,M 才为零,$-H_{cm}$ 称为矫顽力。

如果反向磁场强度继续增大到 $-H_s$,样品的磁化强度将沿反方向到达饱和状态 E,相应的磁化强度为 $-M_s$。E 点和 B 点相对于原点对称。

此后若使反向磁场强度减小到零,然后又沿正方向增加,样品磁化状态将沿曲线 $EGCB$ 回到正向饱和磁化状态 B。EGB 曲线与 BDE 曲线也相对于原点 O 对称。由此看出,当磁场强度由 H_s 变到 $-H_s$,再从 $-H_s$ 变到 H_s 反复变化时,样品的磁化状态变化经历着由 $BDEGB$ 闭合回线描述的循环过程,这个曲线称为磁滞回线。

2. 矫顽力

上面提到的矫顽力属于不可逆磁化,来源于材料的微观结构因素,主要受以下三种现象的影响。

(1) 不可逆磁畴转动:阻力来源于应力、磁晶和形状等的各向异性,可由式(6-1)描述:

$$H_c \approx a \frac{K_1}{\mu_0 M_s} + b \frac{\lambda_s \sigma}{\mu_0 M_s} + c M_s \tag{6-1}$$

其中,M_s 为饱和磁化强度;K_1 为磁晶各向异性常数;λ_s 为饱和磁致伸缩系数;σ 为应力;μ_0 为真空磁导率;a、b 和 c 为系数。决定不可逆磁畴的磁阻现象一般出现在晶粒较小的材料中。

(2) 反磁化核的生长:多晶铁氧体材料中一般会存在大量的空隙、缺陷和应力,这些会使不同区域之间的磁极不同,当外加磁场逐渐减小时,易生成反磁化核,在反磁化过程中形成畴壁。由此产生的矫顽力由式(6-2)描述:

$$H_c \approx \frac{1}{6} \pi M_s (\cos\theta_1 - \cos\theta_2)^2 \tag{6-2}$$

(3) 不可逆的畴壁位移:杂质和应力起伏可以产生不可逆畴壁位移,杂质引起的矫顽力如式(6-3)所示:

$$H_c \propto \frac{\beta^{\frac{2}{3}} K_1}{\mu_0 M_s} \tag{6-3}$$

应力引起的矫顽力如式(6-4)所示:

$$H_c \propto \frac{\lambda_s \sigma}{\mu_0 M_s} \tag{6-4}$$

其中,β 和 σ 分别为杂质浓度和应力分布平均值。

3. 铁磁共振线宽

1911 年,V. K. Arkadyev 在铁磁性材料中观察到超高频(UHF)辐射的吸收时发现了铁磁共振。Ya 提出了 FMR 的定性解释,并与 V. K. Arkadyev 结果进行关联性分析。G. Dorfman 在 1923 年提出由塞曼分裂引起的光学跃迁,为另一种研究铁磁结构的方法提供了依据。

Lev Landau 和 Evgeny Lifshitz 在 1935 年发表的一篇论文预测了拉莫尔进动的铁磁共振的存在,这在 1946 年由 J. H. E. Griffiths 和 E. K. Zavoiskij 进行的实验中得到独立验证。FMR 源于在外加磁场 H 中,铁磁性材料的磁子 M 的进动运动。磁场在样品磁化上施加转矩,导致样品中的磁矩旋转进动。磁化的进动频率取决于材料的取向,磁场的强度以及样品的宏观磁化强度;铁磁体的有效进动频率远低于在电子顺磁共振(EPR)中观察到的自由电子的进动频率。而且,吸收峰的线宽由于受到交换展宽(量子)和偶极变窄效应而受到影响。此外,在 FMR 中观察到的并不是所有吸收峰都是由铁磁体中的电子磁矩进动引起的。

作为一种在通信系统中广泛使用的磁性材料，钇铁石榴石（YIG）铁氧体最大的应用优势就是在较高频率下保持非常小的旋磁损耗。铁磁共振线宽（linewidth，ΔH）是描述旋磁材料旋磁损耗的物理量。在一定频率（9.5GHz）下，单晶YIG铁氧体的铁磁共振线宽可以达到0.3~0.5Oe，在目前所有铁氧体材料中是最小的。因此，YIG特别适合作为环行器应用在雷达的收发元件中。

首先来看什么是共振。当磁性材料或器件放置在均匀磁场 $\boldsymbol{B}_0$ 中时，若施加另外一个确定频率的磁场时，会吸收电磁辐射能量。

$$\nu_0 = \frac{\omega_0}{2\pi} \tag{6-5}$$

其中，ν_0 为初始频率；ω_0 为初始角频率。这种现象与磁矩的拉莫尔进动有关。为了观察这种现象，需要施加横穿整个实验构型的磁场，在 z 方向是均一稳定场 B，在平面内是一个高频交变场：

$$\boldsymbol{b}_x = 2\boldsymbol{b}_1\cos(\omega t) \tag{6-6}$$

同时可认为

$$\boldsymbol{b}_x = \boldsymbol{b}_1(\mathrm{e}^{\mathrm{i}\omega t} + \mathrm{e}^{-\mathrm{i}\omega t}) \tag{6-7}$$

当进动与顺时针或者逆时针过程同步时，便发生了共振。需要注意的是，当磁场 $\boldsymbol{b}_1$ 平行于 $\boldsymbol{B}_0$ 时，由于没有水平分量，便没有共振发生。

也就是说，当电子磁矩或核磁矩的量子化系统的能级被均匀磁场分割时，系统以一定的频率从振荡磁场中吸收能量，对应于能级之间的跃迁，共振就产生了。经典理论认为，共振是以拉莫尔进动（Larmor precession）的频率发生在横向交流场中。共振方法在研究固态磁性材料的性质和结构中有着极其重要的作用。共振包括电子顺磁共振（electron paramagnetic resonance，EPR）、核磁共振（nuclear magnetic resonance，NMR）和铁磁共振（ferromagnetic resonance，FMR）。

考虑与电子角动量 $\hbar S$ 相关的单离子磁矩 m，根据旋磁比 γ：

$$\boldsymbol{m} = h\gamma\hbar\boldsymbol{S} \tag{6-8}$$

其中，γ 单位是 $\mathrm{s}^{-1}\cdot\mathrm{T}^{-1}$；$S$ 无量纲；$\boldsymbol{m}$ 和 $\boldsymbol{S}$ 都是矢量算符。在稳定磁场 $\boldsymbol{B}_0$ 中，沿竖直向上的 O_z 方向的塞曼相互作用 $\boldsymbol{m}\cdot\boldsymbol{B}_0$ 以汉密尔顿算符表示为

$$H_z = -\boldsymbol{m}\cdot\boldsymbol{B}_0 = -\gamma\hbar B_0 S_z \tag{6-9}$$

其特征值是一系列的等间距能级：

$$\varepsilon_i = -\gamma\hbar B_0 M_\mathrm{s} \tag{6-10}$$

其中，$M_\mathrm{s} = S, S-1, \cdots, -S$。

能级差为

$$\Delta\varepsilon = \gamma\hbar B_0 \tag{6-11}$$

相邻能级之间磁极子跃迁，能量以角频率 ω_0 辐射，在这里

$$\Delta\varepsilon = \hbar\omega_0 \tag{6-12}$$

因此共振条件可表示为：

$$\omega_0 = \gamma B_0 \tag{6-13}$$

从此公式可看出条件中并不包含普朗克常数，因此可由经典理论而非量子理论推导出同样的结果。注意，由于电子带电荷为负，因此 $M_s = -S$ 是最低的能级。而在磁场 $\boldsymbol{B}_0$ 中，磁矩的扭矩是 $\boldsymbol{\Gamma} = \boldsymbol{m} \times \boldsymbol{B}_0$。这等价于角动量的变化率 $\mathrm{d}(\hbar S)/\mathrm{d}t$，因此运动方程的表达式是：

$$\frac{\mathrm{d}\boldsymbol{m}}{\mathrm{d}t} = \gamma \boldsymbol{m} \times \boldsymbol{B}_0 \tag{6-14}$$

现在磁矩 $\boldsymbol{m}$ 在很短间隔时间 $\mathrm{d}t$ 内变化了 $\mathrm{d}\boldsymbol{m}$，是一个同时垂直于磁矩 $\boldsymbol{m}$ 和磁场 $\boldsymbol{B}_0$ 的矢量，因此磁矩围绕着磁场进动，并以角频率：

$$\omega_0 = \gamma B_0 \tag{6-15}$$

这便是当磁场为 b_1 时以拉莫尔频率 ω_0 发生的经典拉莫尔进动和共振过程。额外提供的磁场 b_1 与 B_0 互相垂直的要求也适用于量子力学理论，这里不再赘述。

当铁磁性材料处在微波频率范围内的均匀场 $\boldsymbol{B}_0$ 和横向高频交变场 $\boldsymbol{b}_1$ 中，共振也同样会发生，这就是铁磁共振。在无阻尼的情况下，动力方程为：

$$\frac{\mathrm{d}\boldsymbol{M}}{\mathrm{d}t} = \gamma(\boldsymbol{M} \times \boldsymbol{B}_0') \tag{6-16}$$

磁场围绕着 z 轴以拉莫尔频率 $f_L = \omega_0/2\pi$，这里 $\omega_0 = \gamma B_0$ 作用于磁矩。由于外加磁场磁化之后，铁磁磁化强度远远大于电子的自旋磁矩，因此旋磁比：

$$\gamma \approx -(e/m_e) \tag{6-17}$$

其中，e 为元电荷；m_e 为电子质量。另外，在亚铁磁材料中，需要区分外部磁场 $\boldsymbol{H}' = \boldsymbol{B}'/\mu_0$ 和内禀磁场 $\boldsymbol{H} = \boldsymbol{H}' + \boldsymbol{H}_d$。退磁场 $\boldsymbol{H}_d = -N\boldsymbol{M}$，在这里退磁因子张量为：

$$\boldsymbol{N} = \begin{bmatrix} N_x & 0 & 0 \\ 0 & N_y & 0 \\ 0 & 0 & N_z \end{bmatrix} \tag{6-18}$$

由于外加磁场 $b_1 \ll B_0$，因此磁场大约为：

$$\boldsymbol{M} \approx M_s \boldsymbol{e}_z + \boldsymbol{mt} \tag{6-19}$$

其中：

$$\boldsymbol{mt} = \boldsymbol{m}_0 \mathrm{e}^{\mathrm{i}\omega t} \tag{6-20}$$

是平面内的小分量成分。退磁场可以表示为：

$$\boldsymbol{H}_d = -\mu_0 \left[N_x m_x \boldsymbol{e}_x + N_y m_y \boldsymbol{e}_y + N_z (m_z + M_s \boldsymbol{e}_z) \right] \tag{6-21}$$

水平方向内的平面磁场的变化成分 $\boldsymbol{m} = \boldsymbol{m}_0 \mathrm{e}^{\mathrm{i}\omega t}$ 在 x,y 方向上的分量分别为：

$$\frac{\mathrm{d}m_x}{\mathrm{d}t} = \mu_0 \gamma \left(m_y H_z - M H_y \right) = \mu_0 \gamma \left[H_0' + \left(N_y - N_z \right) M \right] m_y \tag{6-22}$$

$$\frac{\mathrm{d}m_y}{\mathrm{d}t} = \mu_0\gamma(-m_x H_z - MH_x) = -\mu_0\gamma\left[H_0' + (N_x - N_z)M\right]m_x \quad (6\text{-}23)$$

这里 $M_z = M$。外部磁场 $B_0' = \mu_0 H_0'$ 沿垂直的 z 方向。由上式可知,当:

$$\begin{vmatrix} \mathrm{i}\omega & \mu_0\gamma\left[H_0' + (N_y - N_z)M\right] \\ -\mu_0\gamma\left[H_0' + (N_x - N_z)M\right] & \mathrm{i}\omega \end{vmatrix} = 0 \quad (6\text{-}24)$$

此方程的解存在。这样就求出了基特尔对共振频率的方程:

$$\omega_0^2 = \mu_0^2\gamma^2\left[H_0' + (N_x - N_z)M\right]\left[H_0' + (N_y - N_z)M\right] \quad (6\text{-}25)$$

分析此方程,有以下几种特殊情况:

(1) 对于球体,三个方向上的退磁因子 $N_x = N_y = N_z = \frac{1}{3}$,$\omega_0 = \gamma\mu_0 H_0'$。

(2) 对于平面薄膜,外部磁场 H_0' 垂直于平面,此时:$N_x = N_y = 0$,$N_z = 1$,因此 $\omega_0 = \gamma\mu_0(H_0' - M)$。

(3) H_0' 存在于平面内,$N_y = N_z = 0$,$N_x = 1$,则:$\omega_0 = \gamma\mu_0[H_0'(H_0' + M)]^{\frac{1}{2}}$。

如果想对 YIG 的铁磁共振线宽进行测试,可以根据以上理论条件进行实验设计。YIG 铁氧体的晶体结构是立方晶系,而样品是多晶粉体,微观结构上,它的磁畴是无序的,在宏观上表现出各向同性。测试过程需要排除形状各向异性对样品的影响,这样可以在保证测试准确的情况下降低测试难度。因此,先将样品剪成小块,在特制的金刚石砂碗中用持续的空气吹动,使得样品在砂碗内壁滚动,持续一段时间后样品棱角就会被磨平,变成标准的小球,直到直径达到 1mm 左右。如有必要,还可以准备多种粒径尺寸的金刚石砂碗,进一步打磨抛光,排除粗糙表面对性能的影响。为了使样品在饱和磁化之后形成一定频率的驻波共振,需要将小球放置在直波导的中央位置。直波导在距中心对称位置放置滤波片,滤波片中心安置小孔,用以滤波。这样就形成了谐振腔室,电磁场可以以一定频率形成驻波共振,创造铁磁共振的条件。把小球黏在聚乙烯螺杆顶端,沿着波导侧面的小孔放进去。在小球的位置,通过上下两个电磁铁产生的均一稳定的静磁场 B_0 来使样品饱和磁化,即所有磁畴磁矩指向同一方向。在波导左右通以一定频率的交变磁场 $2b_1\cos(\omega t)$,样品在此频率下形成了铁磁共振,通过软件可以监测到能量的吸收峰,这个吸收峰的半高宽便是铁磁共振线宽 ΔH。

在实际测量时发现了一个现象。理论上,铁磁共振的吸收峰是一个轴对称的洛伦兹曲线,因此在处理曲线数据时,通常以洛伦兹曲线作拟合。此方法在样品线宽非常小时曲线和测试数据比较吻合,但是当样品的线宽比较大时,测试数据变成了非轴对称的曲线。同时,随着磁场强度的增大,吸收曲线数值的纵坐标逐渐减小。这说明理论与实际出现了差异。经过仔细的思考发现,误差出现在使用的波导上。事实上,测试的数值是矢量网络分析仪的 S_{21} 参数,随着垂直方向上磁场强

度 B 的增加,以及水平方向上磁场频率的变化,S_{21} 参数在波导内部也存在着损耗。损耗的程度取决于波导的品质因数,以及测试参数铁磁共振吸收的范围(磁场强度的大小)。因此,便出现了这样一种现象,在测试夹具不变的情况下,当线宽小时,由于开始共振吸收的范围窄,因此偏离中轴线不明显,洛伦兹曲线便很好地拟合了实验数据,但是当线宽较大时,洛伦兹拟合就不能符合实际情况了。因此,需要提出另外一种拟合方法,来确保能够在线宽从小变大的过程中,都能很好地拟合实验数据。

法诺拟合(Fano fit)就是这样一种拟合方法。这种拟合考虑了非对称的情况,增加了非对称因数,因此比洛伦兹拟合更能贴近实际情况,排除理论和实测数据的误差。6.4 节分析了法诺拟合和洛伦兹拟合的表达式,从数据统计的角度,分析几个不同测试数据来展示两种拟合曲线的优劣。

4. 磁各向异性场

磁各向异性场是一种等效场,是当磁化强度偏离易磁化轴方向时好像受到沿易于磁化方向的一个磁场作用,使它倾向于恢复到易磁化轴方向。

在化学键中,电子在原子核周围或原子间运动,形成微观电流,从而生成磁场,并影响邻近的氢核,尤其是 π 键影响最大。当电子云分布呈现非球形对称形状时,在化学键周围也会产生不对称的影响。在与外加磁场方向一致的地方,会使外加磁场强度增大,该处的氢核共振峰将会向磁场强度低的方向移动,被称为负屏蔽效应(deshielding effect),化学位移增大;在与外加磁场方向相反的地方,将会减小外加磁场的强度,在该处氢核共振峰向磁场强度较高的方向移动,被称为正屏蔽效应(shielding effect),化学位移减小。这种磁场方向不同的效应称为磁各向异性效应。磁各向异性效应与局部屏蔽效应不同的是,局部屏蔽效应是通过化学键起作用,而磁各向异性效应是通过空间起作用。磁各向异性效应具有方向性,其大小和正负与距离和方向有关。

每种铁磁体的微观结构中都存在一个所需磁晶能最小和最大的方向,最小的称为易磁化方向,最大的称为难磁化方向。当外力作用于铁磁体时,磁弹性效应、体内应力和形状改变的各向异性会导致磁各向异性。对于非球形对称的物体,磁化在不同方向时,退磁场及退磁场能不同,称为磁形状各向异性。

6.2.3 YIG 材料的磁性来源

关于固体的磁性,很多文献给出了比较详细的阐述。具体是由外层电子特别是过渡金属离子以及这些外层电子和近邻离子的电子相互作用引起的。大多数铁磁性材料(Fe、Ni 等)的磁性来源是原子(离子)磁矩,其中起主要作用的是电子自旋磁矩。而对于 YIG 这种亚铁磁性材料,磁性来源同样是磁性离子的相互作用。不同的是,由于 YIG 微观晶体结构中磁性离子 Fe^{3+} 存在于次晶格中,不存与之相邻的磁性离子。Fe^{3+}之间由非磁性离子O^{2-}隔开，形成如下的结构：

$$Fe^{3+}\text{-}O^{2-}\text{-}Fe^{3+}$$

这种结构不能用直接交换模型解释，可以利用超交换作用模型来进行分析。也就是说石榴石铁氧体晶体中的O^{2-}作为媒介进行磁性离子之间的相互作用。YIG晶体中存在着三种次晶格结构，其中的八面体和四面体结构包含了所有的磁性离子Fe^{3+}。由于存在不同的Fe—O间距和夹角，因此超交换作用结构可以总结为6种类型，根据离子键的长度和夹角的不同共有11种，如表6-6所示。

表6-6　YIG晶体中的6种超交换作用类型

M^{3+}（晶格）（距离/Å）O^{2-}（距离/Å）M^{3+}（晶格）	离子键夹角$\left/\left(\dfrac{\pi}{180}\text{rad}\right)\right.$
Fe^{3+}(a) (2.00) O^{2-}(1.88) Fe^{3+}(d)	126.6
Fe^{3+}(a) (2.00) O^{2-}(2.43) Fe^{3+}(c)	102.8
Fe^{3+}(a) (2.00) O^{2-}(2.37) Fe^{3+}(c)	104.7
Fe^{3+}(d) (1.88) O^{2-}(1.88) Fe^{3+}(c)	122.2
Fe^{3+}(d) (1.88) O^{2-}(1.88) Fe^{3+}(c)	92.2
Fe^{3+}(c) (2.37) O^{2-}(1.88) Fe^{3+}(c)	104.7
Fe^{3+}(a) (2.00) O^{2-}(1.88) Fe^{3+}(a)	147.2
Fe^{3+}(d) (1.88) O^{2-}(1.88) Fe^{3+}(d)	86.6
Fe^{3+}(d) (1.88) O^{2-}(1.88) Fe^{3+}(d)	78.8
Fe^{3+}(d) (1.88) O^{2-}(1.88) Fe^{3+}(d)	74.7
Fe^{3+}(d) (1.88) O^{2-}(1.88) Fe^{3+}(d)	74.6

这样，一个Fe-O-Fe离子组便形成了一个磁矩。而一般认为，超交换作用随离子距离的增加而减小，随离子键相对氧离子夹角的增大（从90°到180°）而增大。形成磁矩之后，由于次晶格a离子和d离子的磁矩是反向平行排列，c离子和d离子的磁矩也是反向平行排列，而每个Fe^{3+}的磁矩为$5\mu_B$，这样对于一个$8\{Y_3^c\}[Fe_2^a](Fe_3^dO_{12})$晶胞来说，总磁矩为

$$M = 8(m_c + m_a - m_d) = 8[3\mu_c - (3\mu_d - 2\mu_a)] = |24m_c - 40\mu_B| \quad (6\text{-}26)$$

其中，m_a、m_c、m_d分别为次晶格离子磁矩；μ_B为玻尔磁子。

由于YIG的c位十二面体次晶格的中心离子是Y^{3+}，是非磁性离子，因此m_c为0。而且石榴石的结构除了电子自旋的贡献外，还有一定的自旋-轨道耦合，因此实际的磁矩更加难以估计。在YIG晶体中存在的化学键主要是离子键，O^{2-}的电子组态由于2p壳层填满电子，呈现Ne的惰性化学性质。由于两个Fe^{3+}与中心的O^{2-}相连，按照洪德定则，Fe^{3+}的5个3d电子都是平行排列的，而O^{2-}的6个2p离子组成三对，分别反向平行排列，自旋磁矩相互抵消。处于激发态时有一个p电子暂时变为Fe^{3+}的d电子，与原来Fe^{3+}的磁矩反向排列。电子的整个迁移变化过程如下：

$Fe^{3+}(3d^5)$　　$O^{2-}(2p^6)$　　$Fe^{3+}(3d^5) \longrightarrow Fe^{3+}(3d^5)$　　$O^{2-}(2p^5)$　　$Fe^{3+}(3d^6)$

↓↓↓↓↓　　↑↓↑↓↑↓　　↓↓↓↓↓　　↓↓↓↓↓　　↓↑↓↑↓　　↑↓↓↓↓↓

6.2.4　铁氧体粉料合成技术

经过 30 多年的发展，科研人员已经研究出了多种 LTCC 技术发展所需粉料的合成方法用以生产生瓷料带，包括固相反应法（solid state reaction method）、溶胶-凝胶法（sol-gel method）、旋涂法、水热反应法（hydrothermal method）、共沉淀化学法（coprecipitation chemical method）等。其中应用最广的是固相反应法，是一种最适用于工业化的方法。该方法最大的优点是生产工艺简单，使用金属氧化物为初级原料，可以大规模、重复性生产；配方准确，对生产的环境和场地要求不高。因此，本书所应用的制备方法重点是固相反应法。下面介绍该工艺的具体过程。

1）选取原料

原料是进行反应的直接成分，原料选取环节在材料制备中起至关重要的作用，关系到最终产物的品质和性能。通常选取相应成分的氧化物或者碳酸盐原料。金属或非金属氧化物中只含有所需的成分，因此不会引入多余杂质。碳酸盐在高温下会裂解或者被氧化成氧化物，同样会保证反应物的纯度。根据实际情况也可以选择硝酸盐、草酸盐、有机酸盐等。选择原料时，也要注意纯度和活性，例如，氧化铁存在 α、β、γ、ε 等相，其活性和化学、物理性质都不相同，通常选用最常见的 α-Fe_2O_3，存在广泛，活性也很高。

2）配料

制备材料的性能受配方影响非常大，有时候百分之零点几的杂质也会对电磁性能产生巨大影响。这也是掺杂改性的基础。尤其是对于钇铁石榴石而言，晶体结构中的离子占位是饱和的，如果原料的计算有偏差，对晶粒的微观结构也有很大影响。因此，计算称量原料的成分要求精准。

3）一次球磨

在原料烧结之前，需要将称量好的粉末充分混合，这样在烧结过程中氧化物或碳酸盐之间才能充分反应。如果粉末不充分混合，由于聚集作用，原料只会在两相交界处反应，然后向内部扩散，这样反应不均匀，导致实验失败。由于是初始原料混合，进行的球磨过程被称为一次球磨。球磨过后放入烘箱烘干水分，获得混合好的初级粉料。需要注意的是，如果原料包含几种分子量差异较大的物质，静置烘干时会造成分子量较大物质沉底形成分层，因此需要尽量缩短烘干过程。

实验采用行星式球磨机（南京大学仪器厂，QM-3SP2），磨球和罐体材质为铁合金，用去离子水作为介质进行湿磨。选取原料、大球、小球、水的质量比为 1∶1∶2∶1.2，这是进行过多次实验的最佳配比，能保证最高的球磨效率。球磨机转速为 250r/min，球磨时间为 12h。时间过短达不到充分混合的效果，时间过长效果不明显，造成浪费。

4）预烧

获得烘干的粉料后将其放入马弗炉腔内升温烧结，进行预处理的过程称为预烧。预烧的温度设定为比最终烧结成块材低，通常低 200～400℃，作用是让原料初步成相，保证实验的精确，便于进行中间测试以保证实验的成功。另外由于温度较低，晶粒没有过多生长，仍然呈现松散的粉末状，可以进行压制成型。同时由于晶粒较小，比较面积较大，仍然保持较高的化学活性，这样最终烧结的材料的表面均匀有层次，获得最佳的结晶度，有利于保证较好的性能。由于烧结过程排出了内部空气孔隙，收缩率很大，因此预烧也可以减小块材在最终烧结的收缩率，避免块材由于内部应力不均造成开裂、断层。

5）二次球磨

预烧后获得预烧料，颜色通常发生改变，体积缩小，松散的粉末开始板结，证明出现了物相的变化。然后重复进行一次球磨，将预烧料中的晶粒破碎变细，增加烧结活性。可以在二次球磨时加入一定的助烧剂，降低最终产物的烧结温度。还可以将其他材料混合其中制备复合材料，如尖晶石铁氧体材料、白瓷介电材料、石墨烯导电材料、合金材料等。实验过程同一次球磨。

6）造粒

二次球磨烘干之后，板结的粉料变细、可塑性较差、无粘连性，无法进行压制成型，所以需要和黏合剂进行混合使其变成具有一定黏度的颗粒。这个过程称为造粒。目前使用最多的黏合剂是聚乙烯醇（PVA），它具有粘连性好、吸水性强的特点，也能在烧结升温过程中较早的燃烧挥发，不会对产物造成影响。造粒时留 40～80 目筛之间的颗粒，均匀有序。较大的颗粒由于黏合剂过多，过度板结硬度大；较小的颗粒没有挂胶，黏合剂少，不利于压制。

7）压制成型

为了便于测试以及生产出需要的形状，需要将造粒后的颗粒放入一定形状的模具中加压形成坯件，即压制成型。实验室一般使用两种模具供测试使用，一种是圆片式，直径 18mm；一种是环形式，内径 8mm，外径 18mm。

8）烧结

烧结是整个材料制备过程的最后一步，烧结条件的控制对于材料的最终成型有决定性作用。良好的烧结过程可使块材致密均匀坚硬，不开裂、不翘曲，没有断层，没有孔隙。通过对升温速率、保温温度时长、降温速率、气氛等条件的控制，可以对材料的性能进行进一步调节，获得更好的产品。烧结方式也有很多，包括普通马弗炉、微波烧结炉、管式炉等，各有优缺点，通常根据实际情况进行调整。整个烧结过程具体包括升温、保温、降温的过程。

9）测试

测试是针对研究的特定性能使用不同手段对材料的性能进行检测。性能包括宏观性能和微观性能。需要根据检测的要求，制备不同的样品。对于微波旋磁铁氧体，主要测试的是磁性能，另外需要根据微观形貌进行分析，以便于找到原因进行改进。

10）总结与反思

这是整个实验流程的最后一步，也是非常重要的一步。对测试完毕之后获得的实验数据和结果进行总结，才能更有针对性的在接下来的实验中进行提高。理论的提高来源于有效的思考，善于反思总结才能透过表面看到本质，发现新的规律。要做到有效的总结，首先观察剔除明显错误和异常数据，如错误的实验步骤造成的实验失败，不正确的测试方法等造成采集数据的错误等。然后将正常变化的数据统计作图，找到连续数据点变化产生的曲线，从宏观和微观角度思考这种变化的原因，查找文献对产生变化的原因进行分析。在一点一滴的思考中便会不断进步，纠正错误，发现新的规律，找到新的方法，达到最终实验目的。

6.2.5 晶体结构的缺陷

1. 几种不同的缺陷类型

6.2.1节介绍的YIG晶体结构是一种理想结构。对于实际工业化生产过程中，多晶铁氧体粉体的晶格微观结构中肯定会存在大量的偏离理想状态的结构不完整性。这种不完整性指的是晶体的缺陷。在本书只讨论原子级别的缺陷，包括原子的空位、间隙或者置换，还有整体位错的线缺陷。而铁氧体的晶体被称为固溶体。第一种缺陷的类型是离子从正常位置脱离，运动到间隙的位置，如图6-6（a）和（b）所示。这种缺陷在晶格内部造成的从整体上统计空位的浓度与理想状态是相同的，称为弗伦克尔缺陷。第二种缺陷是离子从正常位置运动到理想晶格的表面，造成空穴浓度增大，这种缺陷称为肖特基缺陷。还有一种缺陷是某种溶质离子可以取代在正常晶格位置的基质离子，称为置换型缺陷；或者出现在基质原子点阵结构中的空隙位置，称为填隙型缺陷，分别如图6-6（c）和（d）所示。这就是四种不同的晶体自缺陷方式。

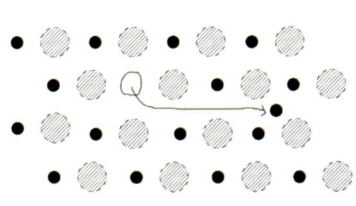 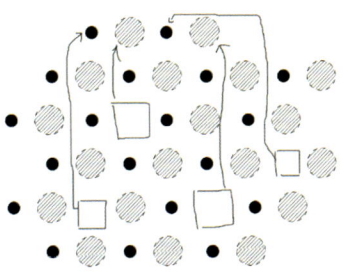

(a) 弗伦克尔缺陷：离子离开正常位置成为充填隙离子，并留下一个空位

(b) 肖特基缺陷，产生相等的阳离子和阴离子空位

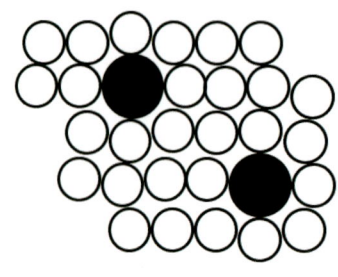
（c）置换型缺陷

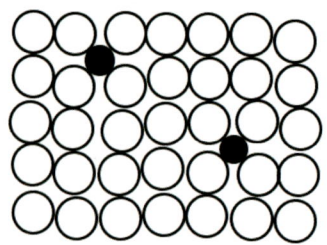
（d）填隙型缺陷

图 6-6　四种缺陷类型

2. 固溶体

在非理想晶体结构中，最简单的是基体中夹杂有外来原子或离子。这些外来的原子或离子能够改变晶格体系的能量。如果烧结过程中结晶造成能量显著增加，那么外来的杂质离子就不会与原有晶格体系相容，被晶体抛弃。如果能以规则的方式进入基体结构中导致系统能量大大降低，那么杂质离子与原有晶格体系相容形成新的晶格结构。然而，对于多晶体掺杂或者取代，更多的是以一种无规则形式进入晶格与理想晶格体系相适应，那么晶胞尺寸会随着不同杂质离子或原子组成而变化。在这种情况下，费伽德定律指出，晶胞尺寸能够随取代离子的浓度呈现线性变化，表现为晶格常数的线性变化。

晶体结构成分的变化必然导致体系能量的变化。当自由能低于取代离子在有序位置形成的新结构的自由能时，固溶体是稳定的，也就是说，能够获得稳定的产物。自由能的表示方式为：

$$G = E + PV - TS \tag{6-27}$$

其中，G 为吉布斯自由能；E 为体系的能量；P 为压强；V 为晶格体积；T 为温度；S 为熵。如果无规则地增加原子，就会引入局部应变、键合失衡和缺陷，从而导致体系能量升高。那么，固溶体将变得不稳定，倾向于分解析出两种晶体结构，形成第二相。如果结构出现变化，如加入外来原子，化学式配方中人为缺失部分离子，导致结构能降低，系统就趋于形成稳定的晶体结构。另一方面，如果能量变化较小，熵由于无序度的增加，也会形成稳定的固溶体结构。本书讨论的一个重要固溶体结构是置换型固溶体，即产生了离子的取代，实验过程和详细分析见 6.4 节。几个因素决定 YIG 固溶体的置换程度，反映了包括自由能在内的若干项的变化。①尺寸。当两种置换离子的尺寸差小于 15% 时对形成置换型固溶体来说比较有利。如果相差大于 15%，置换几乎不会发生，也就是倾向性很小。②价态。如果外加离子的原子价与基质原子不同，置换有可能发生，但是会产生结构上的变化以保持电中性。对于 YIG，尽量不选用化合价不同的外加离子，因为大多数结构上的变化会引起性能上的恶化。③化学亲和性。两种材料之间越能发生化学反应，固溶度就会越小，这是因为产生新产物的能量更小更稳定。④结构类型。只有相似结构的晶体才能发生置换形成稳定的固溶体，这是因为不同结构会导致键能的变化形成新相。

6.3　BBSZ 助烧掺杂 YIG 铁氧体材料研究

6.3.1　引言

制备的铁氧体陶瓷是一种多晶体，在微观上具有一定的立方晶体结构。但是与此同时，有很多非晶材料对传统陶瓷的制备和改性也同样非常重要。BBSZ 玻璃是一种非晶玻璃相物质，也是一种重要的助熔掺杂物，对氧化物具有极强的腐蚀性和溶解性。同时，玻璃态物质在烧结过程中可以有效降低陶瓷材料的烧结温度，包括铁氧体陶瓷材料和微波白瓷材料等。它也是几种不同的氧化物和酸盐组成的复合材料，只不过在形成过程中，从高温状态直接导入水中淬火，形成玻璃相的物质，使用 XRD 测试衍射峰会发现没有明显的尖峰，是一种非晶材料。具体成分是 Bi_2O_3、H_3BO_3、SiO_2、ZnO，质量比为 30∶25∶10∶35。本小节实验通过 BBSZ 不同含量掺杂对 YIG 多晶粉体材料的助熔效果进行探索，探究玻璃态掺杂物对降温烧结的作用，以及对相应产物的物相、微观结构和磁性能进行研究，并尝试从机制上进行解释。

6.3.2　BBSZ 玻璃相助烧剂的制备和研究

制备 BBSZ 玻璃的过程要求很严格，对制备的环境和器材的敏感性非常高，同时效果的好坏因制备过程的细微区别而有所差异。将上述物质的粉料加水后用锆球球磨，烘干后得到淡黄色的混合粉。用坩埚盛取后放入炉子里升温到 1000℃，会形成黏稠的熔融态物质，然后迅速拿出倒入冷的蒸馏水中淬火，在水底形成透明玻璃状的颗粒，这就是非晶玻璃。注意如果使用氧化铝刚玉坩埚，必须迅速拿出，以防坩埚内壁被熔融腐蚀，引入新的杂质。将淬火后的玻璃态物质砸碎、研磨过筛成细粉，这就是用来掺杂的助烧剂。

本小节实验按照 YIG 的正比配方 $Y_3Fe_5O_{12}$，即 Y_2O_3、Fe_2O_3 的摩尔比为 3∶5 合成。称取对应质量的分析纯粉末共 100g，同大约 120mL 去离子水添加进钢罐中，球磨 12h，球磨转速 250r/min。将磨好的粉料倒出，在 100℃的烘箱内烘干 24h，在 1100℃下预烧，保温 3h。预烧后得到土黄色预烧料，然后按照一定的质量比（x=0.50wt%、0.75wt%、1.00wt%、1.25wt%、1.50wt%）添入 BBSZ 玻璃助烧剂，球磨 12h 后再次烘干。将混合的复合粉料加入 10%左右的 PVA 黏合剂，过 40~80 目筛造粒，得到均匀的球状颗粒。然后在 10MPa 下压制成环形样品，内外直径分别为 Φ8mm 和 Φ18mm，高大约 8mm。最后在一定温度（T=1200℃、1300℃、1400℃）下烧结，并各保温 2h，得到 YIG 样品。样品的相结构是通过 X 射线衍射仪的 Cu K_α 射线测定，扫描速率为 2°/min，步长为 0.02°，测试范围为

10°≤2θ≤70°。样品的微观形貌通过扫描电镜（SEM，JEOL JSM-6490LV）测试。样品的密度通过阿基米德排水法测得。饱和磁化强度和矫顽力通过振动样品磁强计（vibrating sample magnetometer，VSM）测得，外加磁场范围为–2500～2500Oe。磁滞回线同样由 VSM 测得。铁磁共振线宽是将样品吹磨成直径为 1mm 的小球，放置在 TE_{106} 波导的谐振腔中心位置，垂直方向加偏置磁场使样品达到饱和，水平方向加频率为 9.55GHz 的交变磁场，采用微扰法测得。

6.3.3　BBSZ 玻璃相助烧剂掺杂 YIG 铁氧体材料测试结果分析

图 6-7 为 YIG 样品的 XRD 图谱，分为三组，图 6-7（a）、(b)、(c) 分别对应三个温度点 1200℃、1300℃、1400℃，每组有多个 BBSZ 含量（x=0.50wt%～1.50wt%）。从图中可以看出，所有样品的衍射峰都呈现单一的石榴石相，并没有其他杂相。由此说明 YIG 铁氧体在 BBSZ 掺杂含量低于 1.50wt%条件下，晶体结构保留完好。另外，同一张图上每条衍射峰的间隔相同，单位长度也都相同。通过对比发现，随着掺杂含量的提高，峰强先增大后略微减小。这说明 BBSZ 的添加对结晶度产生影响。在 x=0.50wt%～1.25wt%时，随着 BBSZ 含量的增加，结晶度增加，晶粒生长更加完善，缺陷更少，更加有利于保证更高的性能。这在接下

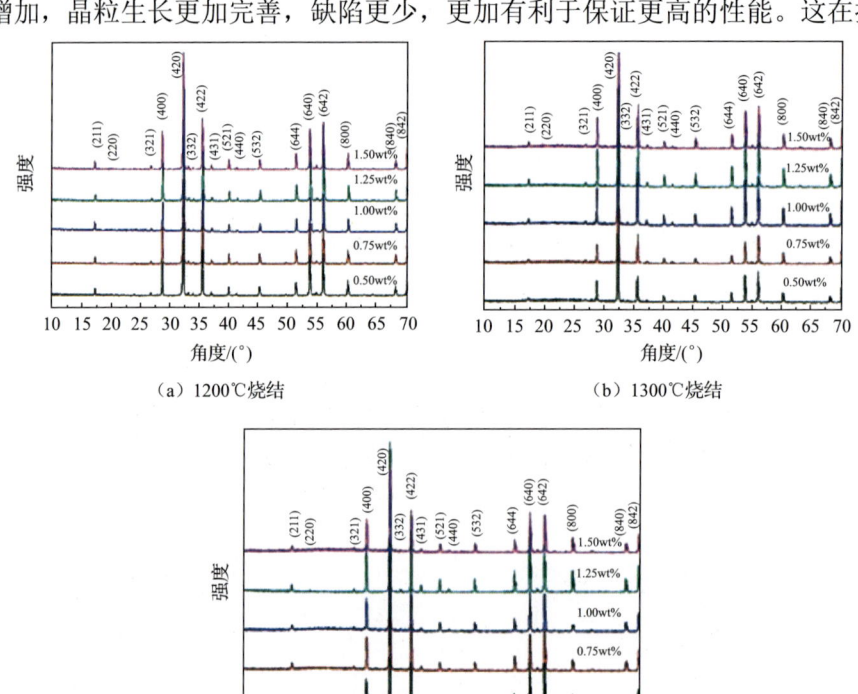

图 6-7　不同温度和 BBSZ 含量下 YIG 铁氧体样品的 XRD 图谱

来的性能部分有进一步的展现。但是超过 1.25wt%的含量，峰强和结晶度反而下降。这可能是由于晶粒之间太多杂质的进入反而限制了晶粒的生长。

图 6-8、图 6-9、图 6-10 为在不同温度下，不同 BBSZ 掺杂含量的 YIG 样品的断面扫描电镜图。首先纵观所有形貌图可以看出，温度对晶粒的生长起决定性作用。如图所示，在温度过低（1200℃）的情况下，晶粒生长不够完全，呈现小的颗粒状团聚，而且孔隙率非常高，尤其在含量 x=0.50wt%和 0.75wt%时最为明显。放大来看，在温度低、BBSZ 含量低的情况下，颗粒与颗粒之间的交界面积非常小，而随着 BBSZ 含量增加，交界面积变大，基本上结合到一起呈现蔓延交织连片的情况，孔隙率逐渐减小。这说明在温度较低时，晶粒生长状况非常不理想。BBSZ 的作用之一就是液化后将附近的颗粒拉近，增大颗粒的接触面积然后促进相近颗粒的融合，对性能有一定的提升。当将温度升高到1300℃烧结，总体上看断面处的晶粒由球状颗粒变成了棱角分明的多边形颗粒，说明结晶化程度上升，已经基本烧熟。由此得到结论，样品成熟的转变温度在 1300℃左右。在 x=0.50wt%～1.25wt%时，颗粒大小还不是很均匀，存在较大的颗粒和较小的颗粒，还有少量的非晶体杂质，是 BBSZ 降温凝结的产物。在含量为 1.50wt%时，晶粒均匀，而且尺寸较大达到了 10μm，孔隙率非常小，孔洞基本上只存在于大颗粒上，或者在多个颗粒的交界处。当温度继续升高到1400℃时，全部样品都是连片的大晶粒，总体上看孔隙率都非常小。这说明当温度升高到一定程度，BBSZ 的助烧作用对于晶粒生长的作用可忽略不计。而由于结晶度比较高，在样品夹断时有晶粒整颗脱落出现较大的孔洞，另外样品在收缩过程中有部分空气无法完全排出，导致有小的孔洞出现。

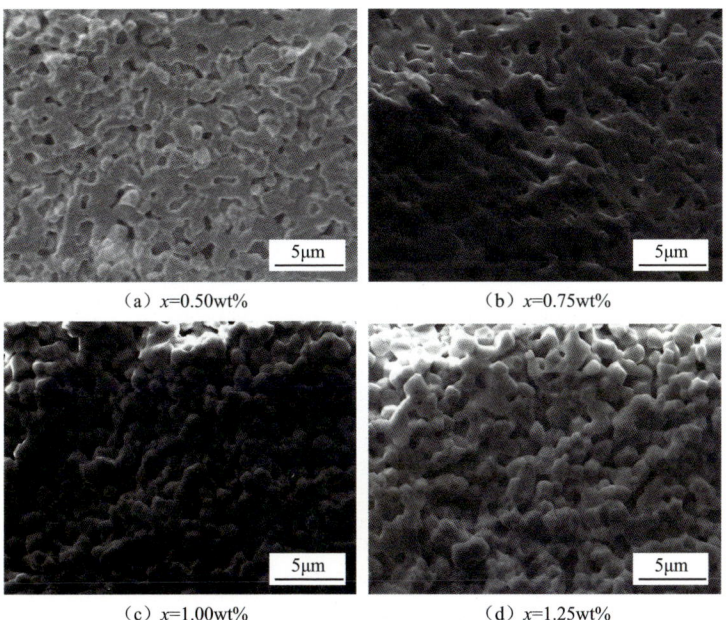

(a) x=0.50wt%　　　　　　　　(b) x=0.75wt%

(c) x=1.00wt%　　　　　　　　(d) x=1.25wt%

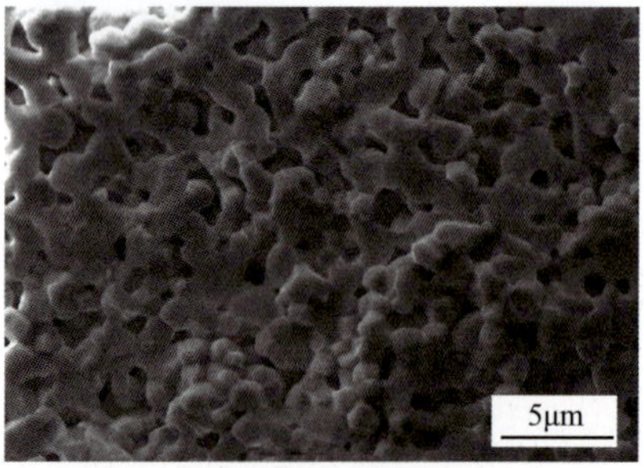

（e）x=1.50wt%

图 6-8　1200℃下不同 BBSZ 含量的 YIG 铁氧体样品的 SEM 断面图

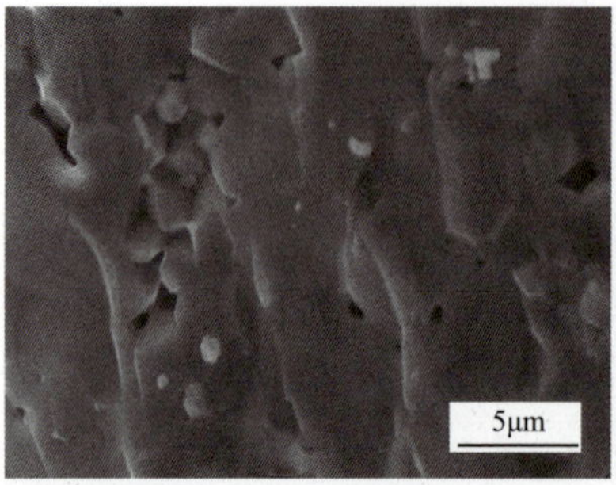

（a）x=0.50wt% 　　　　　　　　　（b）x=0.75wt%

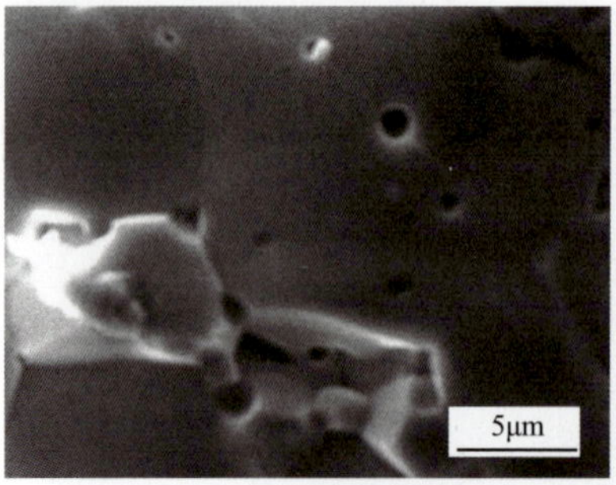

（c）x=1.00wt% 　　　　　　　　　（d）x=1.25wt%

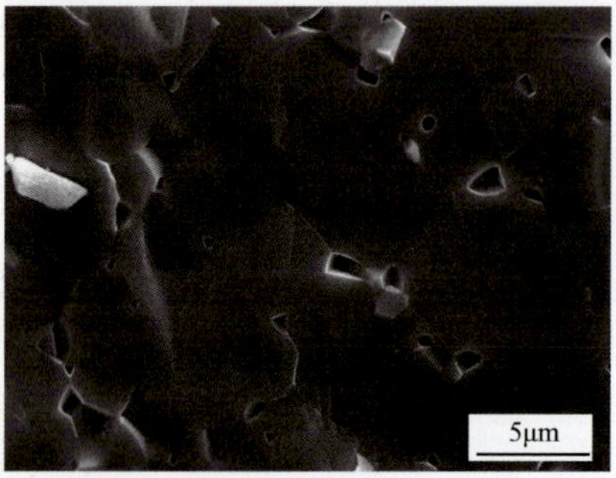

（e）x=1.50wt%

图 6-9　1300℃下不同 BBSZ 含量的 YIG 铁氧体样品的 SEM 断面图

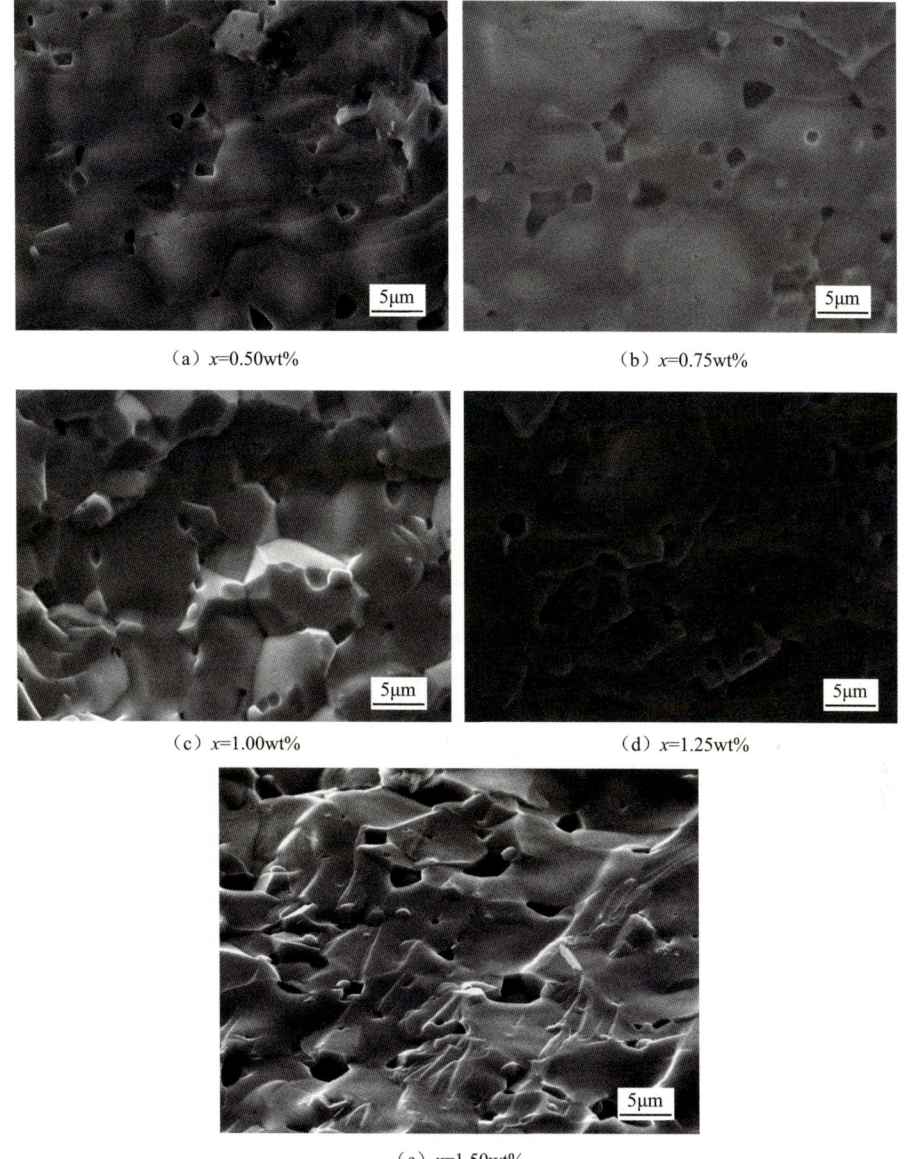

图 6-10 1400℃下不同 BBSZ 含量的 YIG 铁氧体样品的 SEM 断面图

图 6-11 是样品密度随 BBSZ 含量和不同温度的变化曲线。从图中可以看出，所有数据大致可以分为两组，一组是成熟样品，包括 1300℃和 1400℃烧结的样品；另一组是未成熟样品，包括 1200℃烧结的样品。成熟样品的密度都达到了 5g/cm³ 以上，接近于 YIG 的理论密度并且变化非常小，曲线的变化范围在 1%之内，基本属于测试方法的误差。在 1200℃下未成熟样品的密度较小，并且变化非常大，

有先上升后下降的趋势,在 BBSZ 含量为 0.50wt%时只有 4.65g/cm³,随着含量增加到 1.25wt%,密度增加到 4.9g/cm³,然后下降到 4.8g/cm³。这说明 BBSZ 的掺杂对 YIG 的助烧作用在较低温度下非常明显。温度较低时能量不够,晶粒无法靠外界提供的能量生长,BBSZ 的添加显然对其具有促进作用。然而在烧结温度较高时,高温的能量带给样品晶粒生长的动力已经超出结晶的阈值,不需要额外助力便可自行结晶生长,排出空气,此时 BBSZ 的作用有限。在 1200℃烧结时的曲线先上升后下降,这说明掺杂物对晶粒的生长并不是完全有益的。当 BBSZ 的含量较低时确实有促进作用,这是由于液化的掺杂物浸润样品与样品的间隙,在表面张力作用下拉近晶粒之间的距离促进生长。若含量较高,液化的掺杂物可能在晶粒之间形成屏障,由于掺杂物并不是反应物,反而会阻碍晶粒的生长,如图 6-12 所示。换句话讲,温度是决定样品晶粒生长的首要因素,这个因素取决于反应物的成分、含量、结构、元素等,属于内禀因素。BBSZ 属于外禀因素,能够起到的作用有限。因此,考虑超高的降温要求(1450℃ ⟶ 950℃以下),就需要考虑怎样从内在条件的角度改变反应合成路径,才能从根本上解决这一问题。

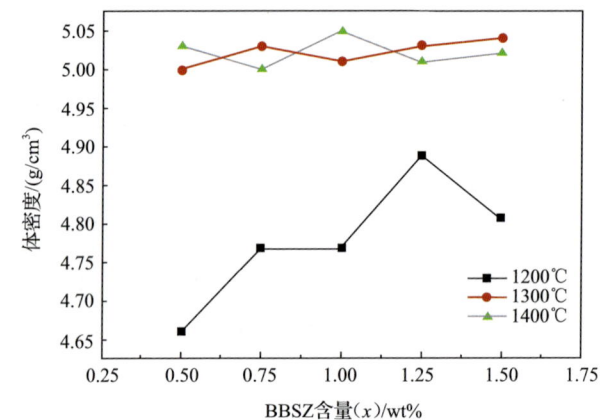

图 6-11　样品密度随 BBSZ 含量和烧结温度变化的曲线

图 6-12　液化 BBSZ 在颗粒间不同作用的示意图

图 6-13 为不同温度下的铁磁共振线宽 ΔH 随 BBSZ 含量变化曲线。如图所示,样品仍然分为两组:一组为 1200℃的未成熟样品,另一组为 1300℃和 1400℃的

成熟样品。从图中可以看出,与密度变化趋势完全相反,整体上铁磁共振线宽的变化是先下降后上升。未成熟时线宽非常大,变化范围也非常大,随着掺杂含量的增加,从650Oe左右下降到400Oe,在1.25wt%时达到最低点。成熟时铁磁共振线宽非常小。1300℃烧结的样品铁磁共振线宽为100~150Oe,1400℃时为30~90Oe。这也说明温度对旋磁损耗的影响非常大,在样品未成熟时,BBSZ的添加对旋磁损耗有显著的降低作用,在含量为1.25wt%时达到最小,继续增加掺杂物的含量则会对线宽造成不利影响。

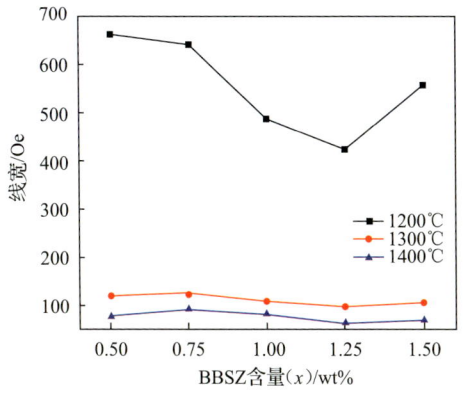

图 6-13 不同 BBSZ 含量时铁磁共振线宽的变化

由于多晶铁磁共振线宽 ΔH 的来源主要有三个方面:

$$\Delta H_{pol} = \Delta H_i + \Delta H_a + \Delta H_p \tag{6-28}$$

其中,ΔH_{pol} 为总线宽;ΔH_i 为内禀线宽,由晶体结构决定;ΔH_a 为各向异性致宽,由各向异性场贡献。各向异性导致的展宽公式可由式(6-29)表示:

$$\Delta H_a = \frac{K_1}{\mu_0 M_s} \tag{6-29}$$

实际上,YIG 是一种立方晶系的多晶铁氧体,晶格各向异性场较弱,晶粒间的磁偶极矩耦合作用比较强。各向异性场展宽可以表示为

$$\Delta H_{各向异性} = \frac{2.07}{M_s} \left(\frac{K_1}{\mu_0 M_s} \right)^2 G\left(\frac{\omega}{\omega_m} \right) \tag{6-30}$$

其中,G 为频率和 M_s 的函数因子。ΔH_p 为多晶孔隙导致的线宽,由孔隙率决定。对于 YIG 铁氧体,ΔH_i 非常小,单晶 YIG 的铁磁共振线宽只有零点几奥斯特,而立方晶系的 ΔH_a 也非常小,剩下的绝大部分是由孔隙致宽 ΔH_p 决定的。根据 SEM 图显示,烧结温度低的样品孔隙率非常大,相对密度非常小;烧结温度高的样品孔隙率小,相对密度大,这决定了成熟样品的线宽小,未成熟样品的线宽非常大。再者,BBSZ 的添加有利于增加晶体的结晶度,使晶粒的尺寸增加,晶粒形状引

起的各向异性场 ΔH_a 减小。掺杂物的液化也有利于离子的规则排列，使得晶体的结构缺陷变少。因此，随着 BBSZ 掺杂含量的增加，线宽减小。但是超过一定的含量（1.25wt%）之后，由于 BBSZ 是一种非磁性物质，反而会对自旋波的传导起阻碍作用。而且液化之后的 BBSZ 随机分布在晶粒之间，有可能导致晶粒的不均匀生长，反而不利于自旋波的传导，最终导致总体铁磁共振线宽的增加。

6.3.4　BBSZ 在液相烧结中的作用

BBSZ 是一种玻璃态物质，在结构上与液体和晶体具有明显区别，也与温度无关。这从晶体、液体和玻璃的比体积随温度的变化能够体现，如图 6-14 所示，其中 T_g 代表玻璃态转变温度，T_{mp} 为晶体熔点。体积的变化在烧结过程中也起到至关重要的作用。

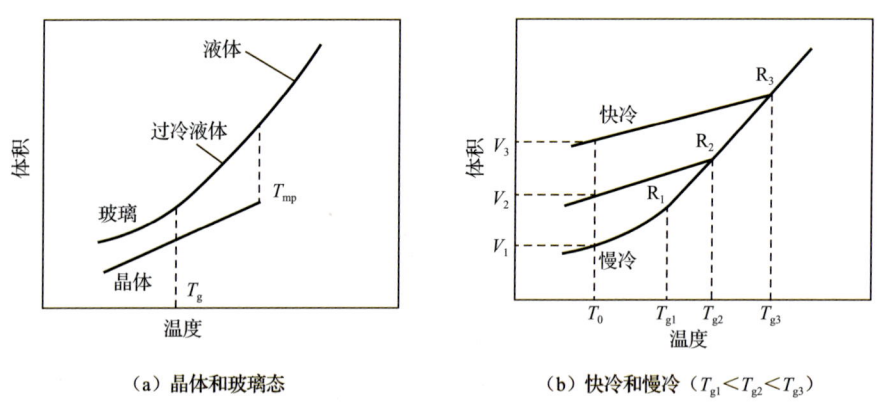

图 6-14　体积和温度的关系示意图

(a) 晶体和玻璃态　　(b) 快冷和慢冷（$T_{g1} < T_{g2} < T_{g3}$）

晶体降温后结晶，在熔点处有不连续的体积变化率。如果不发生结晶，那么冷却时在熔点处的体积变化率不同。当不发生结晶时，玻璃态液体的体积以同样的速率继续变小，直到达到被称为玻璃转变区的温度范围（$T_g < T < T_{mp}$），膨胀系数开始降低，如图 6-14（a）所示。在这个温度范围以内，玻璃结构在这个冷却速率下不再弛豫，玻璃态的膨胀系数与固态晶体的膨胀系数大致相同。两种不同的冷却速率可以得到密度不同的玻璃，如图 6-14（b）所示。本小节实验在高温下快冷，烧结前后不同密度的玻璃态掺杂物会对毛细管力作用起到增强效果来加快晶粒的熟化。在较高温度 $T_{g3}=1000℃$ 下快速淬火，玻璃的体积为 V_3 较大。重新烧结时温度小于 1000℃，玻璃重新熔化，然后以较慢的速率 2℃/min 降低，慢冷后的体积为 V_1。由于 $V_3 > V_1$，因此晶粒之间的空隙由前后体积的减小从而拉近变小，增加了毛细管力作用。

BBSZ 玻璃在晶粒之间由于熔化形成液相，产生弯曲表面，表面内外压差造成液面上升，这就是毛细管力作用。这种弯曲表面的压差造成了表面和界面的许

多影响。表面张力的移动所做的功 w_γ 为

$$w_\gamma = \gamma \mathrm{d}A \quad (6\text{-}31)$$

其中，γ 为张力；A 为体积。根据热力学第一和第二定律，体系从一种平衡状态转变到另一种平衡状态时，内能 E 或吉布斯自由能 G 的变化分别为

$$\mathrm{d}E = T\mathrm{d}S - P\mathrm{d}V + \gamma \mathrm{d}A + \sum \mu_i \mathrm{d}n_i \quad (6\text{-}32)$$

$$\mathrm{d}G = -S\mathrm{d}T - V\mathrm{d}P + \gamma \mathrm{d}A + \sum \mu_i \mathrm{d}n_i \quad (6\text{-}33)$$

在烧结过程中，BBSZ 玻璃在晶粒之间发生熔化体积改变，那么形成凹液面的能量平衡时膨胀功和表面能的关系为

$$\Delta P \mathrm{d}v = \gamma \mathrm{d}A \quad (6\text{-}34)$$

$$\mathrm{d}v = 4\pi r^2 \mathrm{d}r \quad (6\text{-}35)$$

$$\mathrm{d}A = 8\pi r \mathrm{d}r \quad (6\text{-}36)$$

因此

$$\Delta P = \gamma \frac{\mathrm{d}A}{\mathrm{d}v} = \gamma \frac{8\pi r \mathrm{d}r}{4\pi r^2 \mathrm{d}r} = \gamma \left(\frac{2}{r} \right) \quad (6\text{-}37)$$

对于铁氧体的烧结，表面一般是不对称球形，导出

$$\Delta P = \gamma \left(\frac{1}{r_1} + \frac{1}{r_2} \right) \quad (6\text{-}38)$$

其中，r_1、r_2 为曲率的半径。正是这种压强差 ΔP 导致了晶粒之间空隙的玻璃相液面上升，如图 6-15 所示，将附近的晶粒拉近。

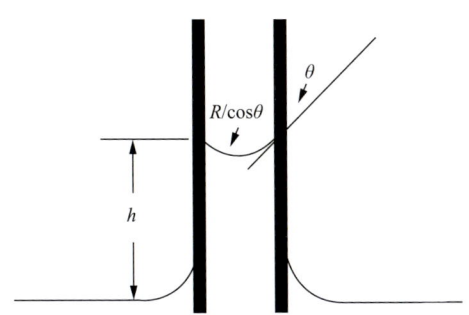

图 6-15　毛细管力作用中的液面上升现象

当处于平衡状态时，有

$$\Delta P = \gamma \left(\frac{2}{r} \right) = \gamma \left(\frac{2\cos\theta}{R} \right) = \rho g h \quad (6\text{-}39)$$

其中，θ 为接触角；h 为液面上升高度；$2R$ 为晶粒之间间隔；$R/\cos\theta$ 为曲率半径。

如果考虑 BBSZ 玻璃在固体表面形成的稳定状态，平衡态的总界面能应为最小，如图 6-16 所示，固体表面有少量液体，外面是气体。若固-液界面能 γ_{SL} 高，则倾向于形成表面积最小的球形，代表表面不能被液相物质湿润，如图 6-16（a）

所示。若固-气界面能 γ_{SV} 高，液体区域扩散以消除这个界面，如图 6-16（b）所示。介于两者之间的情况如图 6-16（c）所示，代表表面能够被液相物质湿润。固体表面与接触点上液体表面的切线之间的夹角（接触角）在 0°到 180°之间变化。确定的最低能量条件为：

$$\gamma_{LV}\cos\theta = \gamma_{SV} - \gamma_{SL} \tag{6-40}$$

其中，γ_{LV}、γ_{SV} 和 γ_{SL} 分别为各相之间的界面能，决定了铁氧体烧结过程中晶界之间形成平衡的构型方式。两个晶粒之间的界面在高温下烧结足够长的时间，原子迁移完全，在平衡时分两种情况：只有固态晶粒和气孔的情况和含有 BBSZ 液相玻璃的情况。第一种情况如图 6-17（a）所示，平衡公式为：

$$\gamma_{SS} = 2\gamma_{SV}\cos\frac{\varphi}{2} \tag{6-41}$$

第二种情况如图 6-17（b）所示，平衡公式为：

$$\gamma_{SS} = 2\gamma_{SL}\cos\frac{\varphi}{2} \tag{6-42}$$

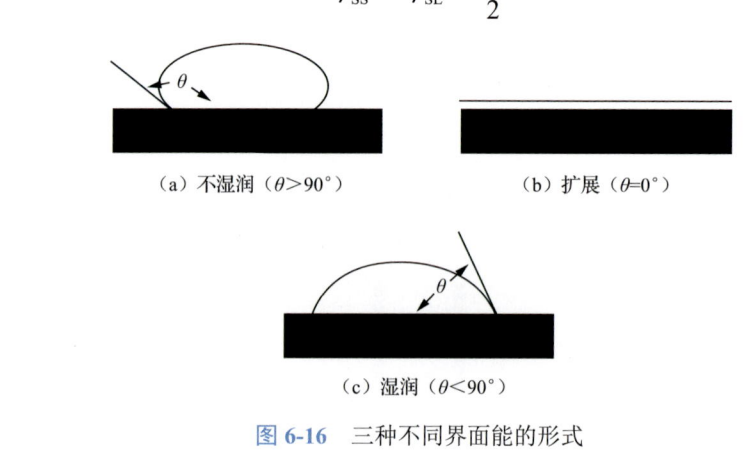

图 6-16　三种不同界面能的形式

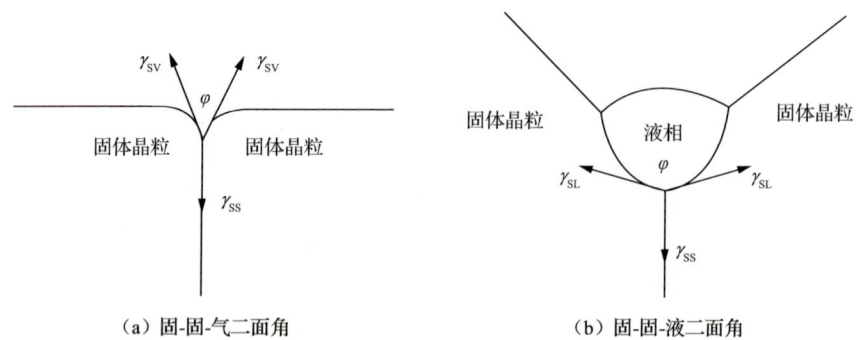

图 6-17　两种平衡状态的晶界处二面角

其中，φ 为两种情况下的二面角。在 BBSZ 掺杂情况下，二面角取决于界面能与晶界能之间的关系：

$$\cos\frac{\varphi}{2} = \frac{1}{2}\frac{\gamma_{SS}}{\gamma_{SL}} \quad (6-43)$$

界面能和晶界能的关系分为几种情况。若界面能 γ_{SL} 大于晶界能 γ_{SS}，φ 大于 120°，从而在晶粒交界处形成弧形的液相聚集区域，如图 6-17（b）所示。若两者比值介于 1 和 $\sqrt{3}$，二面角介于 60°和 120°之间，液相在晶粒交角处渗透。若两者比值大于 $\sqrt{3}$，二面角小于 60°，液相在交界处形成三角形的棱柱体。当两者比值大于 2 时，二面角小于零，此时液相蔓延到晶粒表面，对晶粒形成包裹。通过观察晶粒断面 SEM 图，可以明显观察到 BBSZ 对晶粒生长的作用。在较低温度（1200℃）烧结的情况下，晶粒获得的热能不足，纵然有助烧剂的添加，但还是无法做到晶粒的完全熟化。但是由于 BBSZ 添加量的增加，晶粒的形貌从球状的团聚黏结，逐渐向棱角分明的多面体形状转变。此时温度较低，液相的表面能相比于界面能较小，倾向于蔓延在晶粒表面。温度上升到 1300℃和 1400℃，表面能 γ_{SS} 与界面能 γ_{SL} 的数值发生了变化，比值变小，于是在晶粒交角处形成了类似图 6-17（b）的孔洞。但是总体上讲，BBSZ 的添加对晶粒的生长和致密化具有一定作用。经过同类的实验研究后发现，如果更进一步在 950℃情况下使晶粒完全致密化和形成完全成熟的晶粒，BBSZ 的添加量需要增加到 20%以上。此时可称之为玻璃-铁氧体复合材料而不是 YIG 微波旋磁材料。玻璃相助烧剂完全包裹在晶粒周围，隔绝了拉莫尔旋磁进动，使其磁性能和微波旋磁性能急剧恶化，铁磁共振线宽甚至达到了 2000Oe 以上，以致完全无法使用。因此，BBSZ 只能在一定小幅度范围内进行降温烧结，如需从根本上克服温差的鸿沟，还需从另外角度进行探索。

6.4　Bi^{3+} 取代 YIG 降温烧结研究

6.4.1　BBSZ 助烧剂低温烧结 Bi:YIG

6.3 节探索了 BBSZ 玻璃相掺杂对 YIG 铁氧体材料的低温烧结作用，并对其在三个温度点和不同掺杂含量时样品的物相、微观结构、密度、旋磁性能等进行了测试和分析。通过对反应过程和机制的探讨，得出一个初步结论，BBSZ 具有促进烧结的作用，并且有助于优化材料的性能，在含量为 1.25wt%时具有最好的性能和最佳的微观形貌，如最大的饱和磁化强度 M_s、最小的矫顽力 H_c 和铁磁共振线宽 ΔH。过低的 BBSZ 含量不能有效促进晶粒的生长，过高的 BBSZ 含量对性能反而有损害。但是这种作用并不能抵消烧结温度过低产生的负面影响。BBSZ

的添加只能降低烧结温度大约150℃，距离与银共烧的目标还有很大距离。因此，对于YIG的低温烧结还需要探索新的道路。BBSZ玻璃相助烧剂改变的是烧结过程中颗粒周围的反应环境。未添加助烧剂时晶粒与晶粒之间接触面积小，必须依靠高温提供的能量来进行扩散作用，材料才能从松散的粉末状结合成坚硬的粉体块材。从微观方面是离子的扩散，从宏观角度是晶界的扩散。这就从本质上解释了为什么在温度较低时能够发生氧化物（Fe_2O_3和Y_2O_3）之间化学反应生成想要的物质，却不能成为能够应用在微波通信上的器件。因此，为了实现真正的降温烧结，必须从本质的化学反应角度来寻找新的方法。

考虑反应过程的方程式：

$$Y_2O_3 + Fe_2O_3 \longrightarrow Y_3Fe_5O_{12} \tag{6-44}$$

反应物是两种金属离子氧化物。两种离子氧化物的反应过程本质上是离子键断裂和重新组合的过程。反应过程的离子形式共分为三步：

$$M_2O_3 \rightleftharpoons M^{3+} + O^{2-} \tag{6-45}$$

$$Fe^{3+} + Y^{3+} + O^{2-} \rightleftharpoons YFeO_3 \tag{6-46}$$

$$YFeO_3 + Fe^{3+} \rightleftharpoons Y_3Fe_5O_{12} \tag{6-47}$$

这里使用可逆方程，因为在达到反应条件之后，左右方向的反应活性都很高，两边物质都可以作为反应物和生成物，根据具体条件不同会达到一个动态平衡。温度下降后，反应会向右移动生成需要的产物。因此，反应达到的第一个条件就是氧化物的离子化。这个过程所需的能量巨大并且变化范围非常大，直接决定了反应的难易程度。因此，选择较易离子化的反应物作为中间媒介，来促使反应的进行，进而降低烧结温度。它的作用类似于作为反应物的催化剂。最直观的判断方法就是离子氧化物的熔点，由表6-7列出，因为氧化物的熔点代表了离子键完全断裂的难易程度。

表6-7　部分氧化物的熔点、沸点、密度和毒性

名称	化学式	熔点/℃	沸点/℃	密度/(g/cm³)	毒性
三氧化二砷	As_2O_3	312	457.2	3.86	剧毒
五氧化二磷	P_2O_5	340	360（升华）	2.39	有毒
三氧化二硼	B_2O_3	445	1500	1.85	—
三氧化二锑	Sb_2O_3	655	1425	5.67	有毒
二氧化碲	TeO_2	733	1260	5.66	—
五氧化二钒	V_2O_5	690	1750（分解）	3.35	剧毒
三氧化二铋	Bi_2O_3	820	1900	8.9	—
氧化铅	PbO	888	1535	9.53	—
三氧化二锰	Mn_2O_3	1080	—	4.5	有毒
二氧化锡	SnO_2	1127	1800	6.38～6.58	有毒

续表

名称	化学式	熔点/℃	沸点/℃	密度/(g/cm^3)	毒性
氧化钨	WO_3	1473	—	7.16	—
氧化铜	CuO	1326	—	6.3～6.9	有毒
三氧化二铁	Fe_2O_3	1565	3414	5.24	—
氧化锂	Li_2O	1567	2600	2.013	—
四氧化三铁	Fe_3O_4	1594.5	—	5.18	—
二氧化钛	TiO_2	1640	—	4.29	有毒
氧化镓	Ga_2O_3	1740	—	—	有毒
五氧化二钽	Ta_2O_5	1800	—	8.2	—
氧化钡	BaO	1923	2000	5.72	—
氧化锌	ZnO	1975	—	5.606	有毒
氧化镍	NiO	1980	—	6.67	—
三氧化二铝	Al_2O_3	2054	2980	3.5～3.9	—
三氧化二镧	La_2O_3	2217	4200	6.51	—
氧化钐	Sm_2O_3	2262	—	8.347	—
氧化铈	CeO_2	2397	3500	7.3	有毒
氧化钪	Sc_2O_3	2403	—	3.864	—
三氧化二钇	Y_2O_3	2410	4300	5.01	—
氧化锶	SrO	2430	—	4.7	—
三氧化二铬	Cr_2O_3	2435	4000	5.21	有毒

从表中可以看出，YIG 铁氧体的纯相反应物 Y_2O_3 和 Fe_2O_3 的熔点都非常高（Fe_2O_3：1565℃，Y_2O_3：2410℃），相对应的材料烧结需要的温度也非常高。相应地，其他类型的铁氧体的烧结温度也与之相关，如锂锌铁氧体 1100℃、钡铁氧体 1400℃、锰锌铁氧体 900℃等。然而熔点较低的氧化物大多数较活泼，部分有毒，如三氧化二砷；部分温度太高会出现升华，不适用于高温反应，如五氧化二磷；部分化合价不符，产物不能配平，如氧化碲；还有部分氧化物能变价，产物不稳定，如五氧化二钒。符合反应条件的最好的是三氧化二铋，因此将其作为理想的实验原料。

6.4.2　Bi^{3+} 取代 YIG 铁氧体材料研究

1. 铁氧体的制备和表征

实验使用的氧化铋是作为取代物，利用 Bi^{3+} 取代 YIG 铁氧体中十二面体次晶格中心位置的 Y^{3+}。所以需要计算的化学方程式是 $Y_{3-x}Bi_xFe_5O_{12}$，其中 x=0.5，0.6，0.7，0.8，0.9，1.0，1.1，1.2。按照计算结果，称取相应的 Fe_2O_3、Y_2O_3 和 Bi_2O_3 原料共 100g，全部放入球磨罐中加去离子水 120mL 球磨 12h 后烘干。然后预烧，以 2℃/min 的升温速率升高到 880℃保温 2h，自然冷却到室温得到 YIG 的预烧料。

随后将预烧料继续球磨 12h，与 PVA 混合造粒，过 40～80 目筛得到大小均匀的混合颗粒。使用环形模具（内径 Φ8mm，外径 Φ18mm）压环，并进行二次烧结，同样以 2℃/min 的速率升温，并在 200℃保温排水 0.5h，在 500℃保温排胶 0.5h，在最终烧结温度 950℃保持 3h，得到最终样品。本小节实验样品的物相分析采用 X 射线衍射仪测定，Cu K_α 辐射，λ=1.5406Å，扫描速率 2°/min，步长 0.02°，扫描范围 10°≤2θ≤80°。密度使用阿基米德排水法测试。样品的微观结构使用扫描电镜（JEOL JSM-6490LV）表征。磁性能，包括磁滞回线及饱和磁化强度和矫顽力等通过 VSM 测定。铁磁共振线宽通过 TE_{106} 的波导谐振腔在 9.55GHz 下测定。

2. 实验结果和分析

图 6-18 显示的是不同 Bi^{3+} 取代量时 YIG 的 XRD 图谱，其中图 6-18（a）为 x=0.5～0.8，图 6-18（b）为 x=0.9～1.2，并在上方标注各个衍射峰的索引峰位，下方分别标注标准衍射卡片（PDF#43-0507）的衍射峰 2θ 角度的位置。从 XRD 图谱中可以看出，样品呈现非常好的完整的石榴石相，几乎没有杂相。这说明晶体结构完整，Bi^{3+} 取代 Y^{3+} 成功。在 x=0.9 时，峰强度最高，说明结晶度最高。

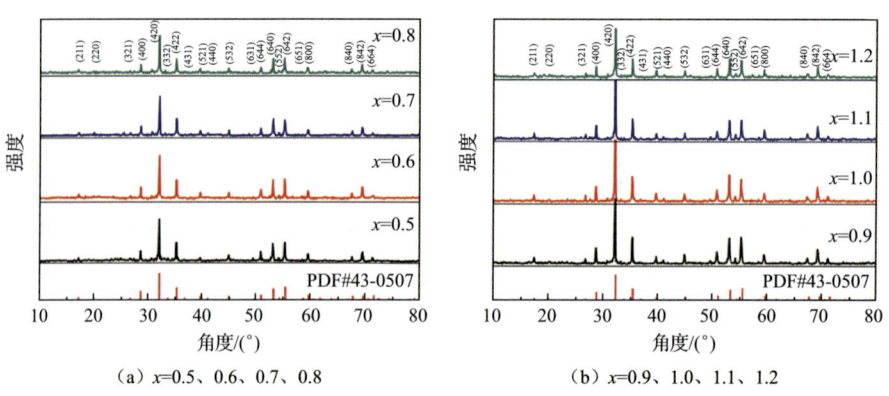

(a) x=0.5、0.6、0.7、0.8 　　　　　(b) x=0.9、1.0、1.1、1.2

图 6-18　不同取代量 x 的 YIG 的 XRD 图谱

图 6-19 显示的是不同 Bi^{3+} 取代量下晶格常数的变化，通过对 XRD 图谱中的低角度主峰[(400)、(420)、(422)]由 Cohen 正则方程计算得出。计算公式为：

$$\sum a\delta = A\sum a^2 + C\sum a\delta \qquad (6-48)$$

$$\sum \delta^2 = A\sum \delta + C\sum \delta^2 \qquad (6-49)$$

其中，δ 为角度偏移；$A = \dfrac{\lambda}{4a_0^2}$；$a = h^2+k^2+l^2$；$C = D/\sin^2\theta$；$D$ 为系统误差修正项；λ=1.5406Å，为 Cu K_α 射线波长。

如图 6-19 所示，晶格常数变化随 Bi^{3+} 取代量的增加而增加，并且呈线性变化。这说明 Bi^{3+} 成功取代了原 Y^{3+} 的位置。前面提到过，离子取代有一定的规律性。离子的半径大小与次晶格中心位置空穴的大小关系直接决定了能否成功进行取代。表 6-8 显示的是离子半径和配位数的关系。从表中可以看出，相同配位数时，

三种离子中 Fe^{3+} 的半径最小,而且与另外两种离子的差距非常大。根据前面可知,YIG 的石榴石相有三种次晶格结构:四面体、八面体和十二面体。它们的配位数分别是Ⅳ、Ⅵ和Ⅷ。四面体中心的中心位置是最小的,只能由 Fe^{3+} 占据,八面体的空间次之,十二面体的空间最大,可以容纳 Bi^{3+} 和 Y^{3+}。Bi^{3+} 和 Y^{3+} 的离子半径接近,Bi^{3+} 的离子半径稍大。因此,本应由 Y^{3+} 占据的十二面体可由 Bi^{3+} 占据,造成的结果是体积被撑大,导致晶格常数变大。

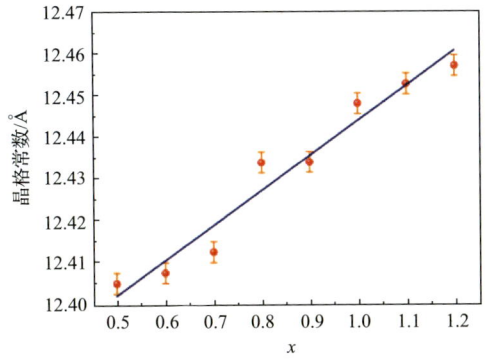

图 6-19　YIG 晶格常数随 Bi^{3+} 取代量 x 的变化

表 6-8　离子半径和配位数的关系

离子名称	化合价	自旋态	配位数	离子半径/Å	备注
Bi^{3+}	3	—	Ⅴ	0.96	C
		—	Ⅵ	1.03	R*
		—	Ⅷ	1.17	R
Fe^{3+}	3	高	Ⅳ	0.49	*
		—	Ⅴ	0.58	
		低	Ⅵ	0.55	R
		高	Ⅵ	0.645	R*
		高	Ⅷ	0.78	
Y^{3+}	3	—	Ⅵ	0.9	R*
		—	Ⅶ	0.96	
		—	Ⅷ	1.019	R*
		—	Ⅸ	1.075	R

注:关于半径的计算来源:C 表示根据键长-键强度曲线计算;R 表示根据半径-体积曲线计算;*表示最可靠。

图 6-20 为不同 Bi^{3+} 取代量的 YIG 的微观形貌。从图中可以看出,随着 Bi^{3+} 取代量的增加,晶粒的形貌发生了较为明显的变化。在 $x=0.5 \sim 0.8$ 时,晶粒的形状从球形逐渐变为棱角分明的多面体,晶粒尺寸也随之变大。晶粒的平均统计直径从 1μm 上升到大约 1.2μm。同时晶粒周围的空气逐渐被排出,孔隙率逐渐变小,整体致密程度上升。从 $x=0.8$ 开始,表面晶粒开始粗化,可以观察到非常明显的晶界。这说明 Bi^{3+} 的取代改善了晶粒的生长环境,对晶粒生长具有非常明显的促

进作用。从 $x=0.9$ 开始，晶粒完全熟化，晶界明显，颗粒较大，孔隙率非常小。这说明当取代量超过一定值时，对于晶粒的生长促进作用相比较而言就不会非常明显。同时，与 6.3 节中 BBSZ 掺杂后的 SEM 图（图 6-8、图 6-9、图 6-10）相比，在同样的晶粒熟化之后的情况下，晶粒更加均匀，最重要的是，没有观察到小的杂质颗粒。这说明离子取代对于微观形貌的影响远远小于掺杂。

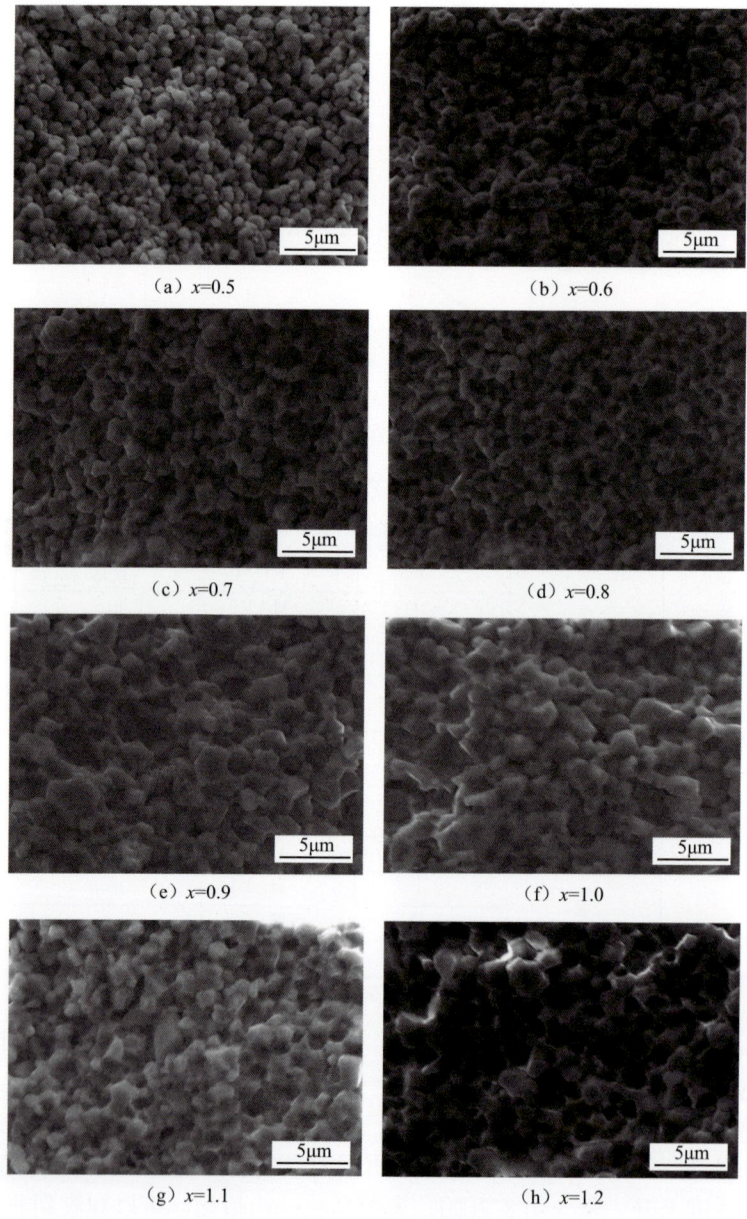

图 6-20 不同 Bi^{3+} 取代量的 YIG 铁氧体样品的 SEM 图

图 6-21 统计了晶粒的平均尺寸随 Bi^{3+} 取代量变化的曲线。该曲线显示,随着 x 的增大,晶粒的平均尺寸随之增大,在 $x<0.8$ 和 $x>0.9$ 时,分别呈现线性变化,变化率相近。当 x 从 0.8 增加到 0.9 时有一个非常大的上升,从 1.3μm 突变到 2.1μm。这有可能是因为 $x=0.9$ 的点超出了温度限制,极大加速了 M—O 离子键的断裂和新键的生成,促进了晶粒的融合生长。这种阶跃性的变化说明在反应过程中,取代量的影响并不完全是线性的。

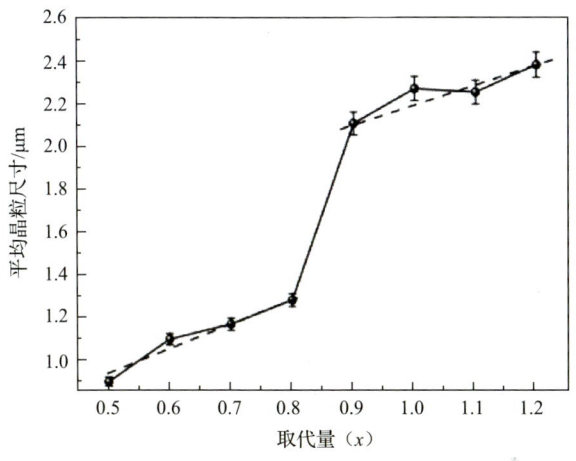

图 6-21　不同 Bi^{3+} 取代量的 YIG 样品的平均晶粒尺寸

图 6-22 显示的是扫描量热曲线,取代量 $x=0.5$、1、1.5、2。从图中可以看出,

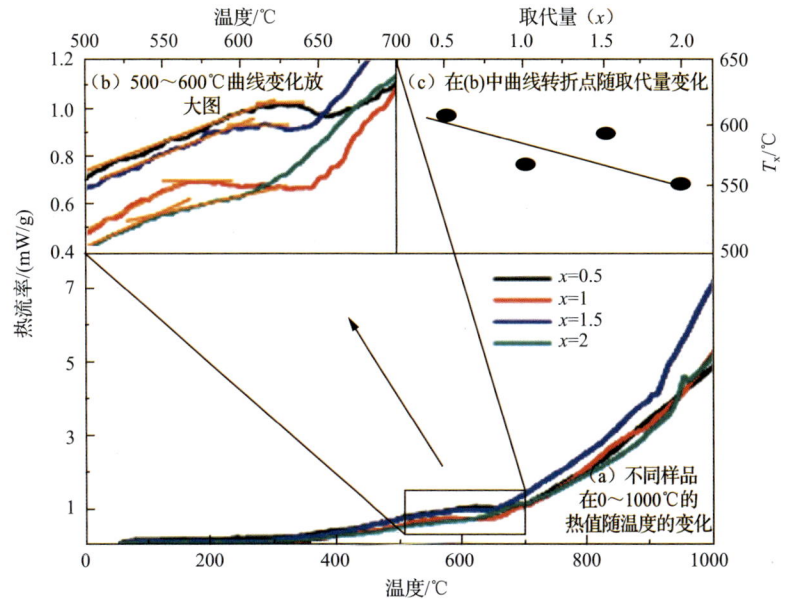

图 6-22　不同 Bi^{3+} 取代量的 YIG 样品的 DSC 曲线

在 0～400℃ 范围内，样品从炉腔内吸收热量，上升极为缓慢。从大约 400℃ 开始，上升速率开始加快，说明样品大量吸收热量，离子键吸热断裂的速度开始加快，开始进行初步的化学反应。在 500～600℃ 之间曲线下降，说明样品出现大量放热现象，有可能是新的离子键开始大量合成。超过大约 630℃，曲线陡然上升，速率非常快，这个阶段晶粒开始融合生长。

从图 6-22 可以定性总结反应的过程。离子键的断裂吸收热量，新键的形成释放热量。当温度达到 400℃ 左右，Bi—O 离子键首先开始吸热断裂，出现游离的 Bi^{3+}，即：

$$Bi_2O_3 \rightleftharpoons Bi^{3+} + O^{2-} \quad (6-50)$$

这个阶段的温度虽然低于 Bi_2O_3 的熔点，但是从热力学统计角度讲，由于样品内部吸收热量的不均匀，而且是由外向内传导，氧化物表面局部吸收能量的离子化现象仍然存在。继续升温，离子化的速率加快，吸热量加大，此时另外两种离子氧化物的部分外层离子键也开始吸热发生断裂，即：

$$Fe_2O_3 \rightleftharpoons Fe^{3+} + O^{2-} \quad (6-51)$$

$$Y_2O_3 \rightleftharpoons Y^{3+} + O^{2-} \quad (6-52)$$

当温度继续上升，游离的三种离子增多，达到了反应的阈值开始结合生成中间相：

$$Fe^{3+} + Y^{3+} + O^{2-} \rightleftharpoons YFeO_3 \quad (6-53)$$

$$Fe^{3+} + Bi^{3+} + O^{2-} \rightleftharpoons BiFeO_3 \quad (6-54)$$

这个结合过程需要放出热量，当释放的热量超出吸收的热量，便出现了 DSC 峰的拐点。不同的 Bi^{3+} 取代量，导致温度拐点不同。从 $x=0.5$ 到 $x=2$，拐点发生的温度点下降，说明 Bi^{3+} 的存在有利于反应的提前进行，即降低了烧结温度。当 $x=2$ 时，Bi^{3+} 含量非常多，持续吸收的热量仍然大于释放的热量，曲线不会下降，只是斜率减小。然后，中间相继续和游离的离子结合形成最终产物 $Y_{3-x}Bi_xFe_5O_{12}$。继续升温，晶粒开始融合生长，需要吸收更多的热量，曲线急剧上升。

Bi^{3+} 取代 YIG 样品随 x 变化的磁滞回线如图 6-23（a）所示。当磁场强度沿垂直方向增加，样品的磁化方向与磁场方向相同，磁化强度逐渐增加，增加到大约 9000e 时，样品逐渐饱和；增加到 10000e 以上，样品完全饱和。反向减小磁场强度到 0 并继续增加，样品的磁化方向反转并达到饱和，同正方向的数值一致。整个曲线关于原点中心对称，表现出良好的软磁特性，矩形度较好。

将磁滞回线拟合，经过计算之后得到各个样品的饱和磁化强度 M_s，如图 6-23（b）所示。从图中可以看出，随着 Bi^{3+} 取代量的增加，样品的饱和磁化强度先上升后下降，在 $x=0.8$ 时达到最高点，约为 15.2emu/g。在 $x=0.9$ 时仍然保持较高的饱和磁化强度，随后迅速下降，到 $x=1.2$ 时降低到大约 12.8emu/g。这是因为在取代量较小（$x<0.8$）时，晶粒生长的动能不足，形成的磁畴结构不完全，晶体结构缺陷

较多,并且晶粒生长熟化不够,导致整体饱和磁化强度小。随着 x 增加,晶粒的熟化度增加,饱和磁化强度上升。但是当 $x>0.8$ 之后,晶粒生长达到极限,磁畴结构的完整度也达到极限(并非理论极限,而是当下温度点的极限)。但是非磁性的 Bi^{3+} 的摩尔质量(M=208.98g/mol)远大于 Y^{3+} 的摩尔质量(M=88.91g/mol),其取代量的增加导致样品的密度增加。Fe^{3+} 作为提供磁矩的唯一离子,单位质量的数目下降,导致磁矩密度下降,因此饱和磁化强度就会下降。

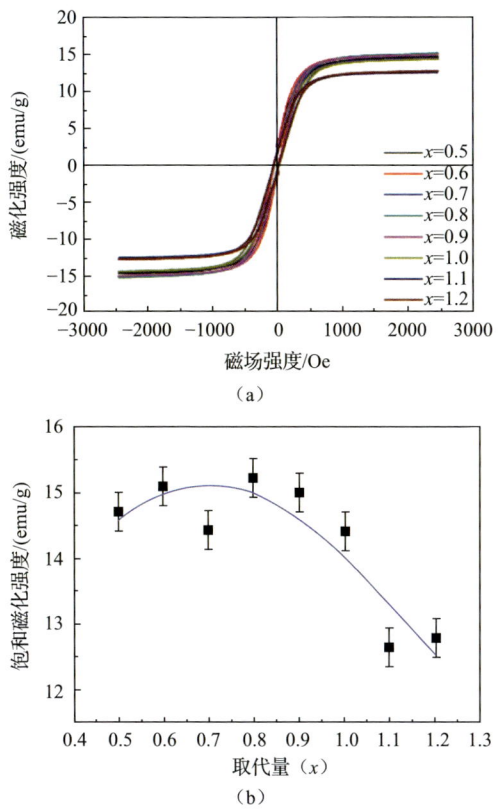

图 6-23 Bi^{3+} 取代 YIG 块材样品随取代量 x 不同的磁滞回线(a)和饱和磁化强度变化曲线(b)

图 6-24(a)为 Bi^{3+} 取代 YIG 样品的矫顽力随取代量的变化曲线。从图中可以看出,忽略实验误差,总体上样品的矫顽力随 x 的增加而增加,当 $x>0.9$ 时几乎稳定在大约 41Oe。这是由于 Bi^{3+} 取代量增加促进了晶粒结晶度的提高,磁畴的各向异性场增加。但是取代量超过 0.9,晶粒的生长几乎停滞,矫顽力不再上升。同时,图 6-24(b)展示了样品的密度与矫顽力之间的关系。密度与矫顽力之间呈现线性相关,密度较大的样品矫顽力也较大。

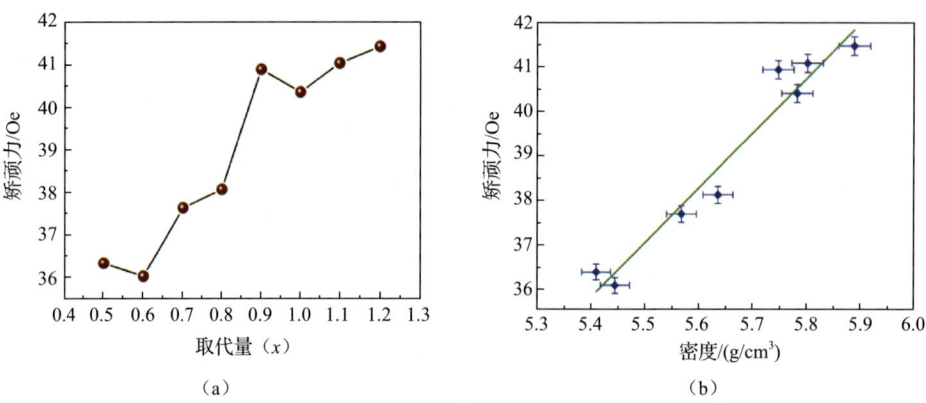

图 6-24　Bi^{3+} 取代 YIG 样品的取代量与矫顽力曲线（a）和密度与矫顽力曲线（b）

图 6-25 显示的是 YIG 样品的铁磁共振线宽和密度随 Bi^{3+} 取代量的变化曲线。首先，随着 x 增加，YIG 的密度增大，两者呈线性相关。从 $x=0$ 开始，也就是未掺杂的时候，样品的密度大约为 $5.05g/cm^3$，相对密度为 97%。当增加到 $x=0.9$ 时，密度增加到 $5.74g/cm^3$；当 $x=1.2$ 时，密度增大到 $5.9g/cm^3$。可以看出，Bi^{3+} 对 Y^{3+} 的取代对密度的影响非常大。也间接证明了所有 Bi^{3+} 都进入到原来 Y^{3+} 的晶格中，形成完整的石榴石相，不会产生另相，这是因为如果形成过多的杂相，密度的变化率会随之改变而不会产生线性变化。结合图 6-23（b），可以更好地理解饱和磁化强度随 Bi^{3+} 取代量变化的原因。图 6-25 也表示了铁磁共振线宽 ΔH 随取代量 x 的变化曲线。从图得知，随着 Bi^{3+} 取代量的增加，铁磁共振线宽呈现先减小后增大的趋势。当 $x=0$ 时，线宽大约为 2000Oe。随着 Bi^{3+} 取代量的增加，线宽逐渐减小。一直到 $x=0.9$ 时，线宽达到最小值，大约为 254.5Oe。当 $x>0.9$ 时，线宽逐渐增大，直到 $x=1.2$ 时，线宽为 370.9Oe。根据图 6-25 可以得出结论，在低温烧结条件下，Bi^{3+} 取代对 YIG 铁氧体旋磁损耗的降低起到非常明显的作用。这是因为

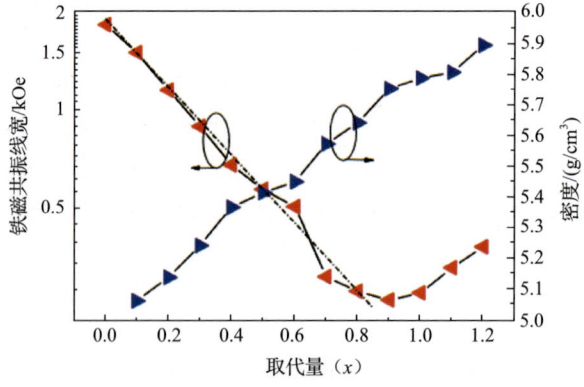

图 6-25　不同 Bi^{3+} 取代量的 YIG 样品的铁磁共振线宽 ΔH 和密度

从 1450℃的烧结温度到 950℃，降低了三分之一，如此巨大的温度差异使得纯的 YIG 铁氧体晶粒的生长受到严重限制，孔隙率极高，如图 6-20 所示。当 Bi 取代量过小时，块材粉体未完全被晶化，根据式（6-28），铁磁共振线宽巨大。

孔隙率和晶粒尺寸是影响铁磁共振线宽 ΔH 最为重要的因素。Bi^{3+} 对 Y^{3+} 的取代可以大幅改善晶粒生长的形貌和尺寸，改善了最主要的影响。然后在特定温度下，Bi^{3+} 的取代量越高，晶粒的总体活性越高，开始进行反应和晶粒生长的时间越早，时间越长的离子热运动可以帮助克服晶体缺陷，提高晶粒的熟化度。同时，晶粒与晶粒之间的晶界也会越薄。以上因素综合影响，导致样品的铁磁共振线宽 ΔH 减小。直到当 $x=0.9$ 时，晶粒的生长达到极限，此时晶粒尺寸和熟化度都达到极限，增长程度有限，孔隙率的改善也有限。此时铁磁共振线宽的主要影响因素是内禀线宽 ΔH_i 和各向异性场贡献展宽 ΔH_a。当 $x>0.9$ 时，Bi^{3+} 取代量的增加可能会使晶粒生长的不均匀性增加，各向异性场 H_a 增加会对这两个因素产生不利影响。同时从图 6-23（b）得到饱和磁化强度在 $x>0.9$ 时下降，也可导致各向异性场贡献展宽 ΔH_i 增大。因此，当 $x=0.9$ 时，样品获得最低的铁磁共振线宽（$\Delta H=254.5Oe$），是最佳取代点，样品的旋磁损耗最小。从图中还可以看出，在 $x<0.9$ 时，铁磁共振线宽的减小呈现出对数下降的变化。忽略内禀线宽和各向异性场贡献展宽的因素，铁磁共振线宽的值可以用以下公式表示：

$$\lg(\Delta H) \propto A - Bx \tag{6-55}$$

6.4.3 铁磁共振线宽的准确拟合表达

在拟合铁磁共振（FMR）数据的过程中，根据原理，拟合所使用的是洛伦兹公式，原始通式表达如下：

$$F(x) \propto \frac{A}{B^2 + x^2} \tag{6-56}$$

其中，A、B 为拟合常数项。这个公式是一个轴对称方程，对称轴当 $x=0$ 时得到。

通过波导谐振腔微扰法测试得出的铁磁共振线宽吸收曲线如图 6-26 所示，它并不是一条左右对称的曲线。通过对称的洛伦兹公式拟合得到的曲线与实际情况有比较大的差异，尤其是线宽较大时，差异更加明显。这是由于测试时考虑到需要将样品放置在波导谐振腔中央位置，吸收曲线不仅包括样品共振吸收，还包括了夹具对高频信号吸收的干扰因素。随着垂直方向外加磁场的逐渐增大，谐振腔的磁损耗也同样加大。影响因素与谐振腔的品质因数 Q 有关。因此，洛伦兹曲线并不能很好地应对测试的实际情况，需要引入非对称因子才能更好地拟合数据，得到更加准确的数值。多年来，洛伦兹公式被认为是共振的基本线形。但是这种谱线特征经常被不同物理因素导致的几个独立共振所修正。1961 年，在对原子自电离状态的量子力学研究中，Ugo Fano 发现了一种新型的共振现象，以他的名字命名为法诺共振。与洛伦兹共振相比，法诺共振呈现出明显的非对称形状。非对称法诺共振自发现以来一直是相互作用量子系统的一个特征。该谐振曲线的形状与传统的对称谐振曲线有明显不同。最近，在等离子体纳米颗粒、光子晶体和电磁超材料中均发现了法诺共振。它的非对称特性在传感器、激光、开关、非线性和慢光器件中有广泛的应用前景。法诺共振的基本形式为：

$$I \propto \frac{(F\gamma + \omega + \omega_0)^2}{(\omega - \omega_0)^2 + \gamma^2} \tag{6-57}$$

其中，ω_0 和 γ 分别为位置和共振宽度的常数；F 为法诺常数，描述了非对称度。在量子系统中，人们对法诺共振的起源进行了大量研究，认为它是由具有宽谱线或连续谱的窄离散共振的结构干涉和破坏性干涉引起的。在铁磁共振线宽测试系统中，夹具系统对样品高频磁场的吸收也同样对结果有干涉。因此，法诺曲线被认为能够更好地拟合铁磁共振线宽的吸收曲线。

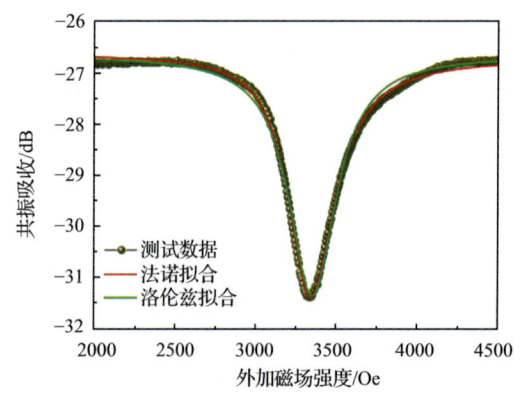

（a）测试数据点和两种拟合曲线的示意图

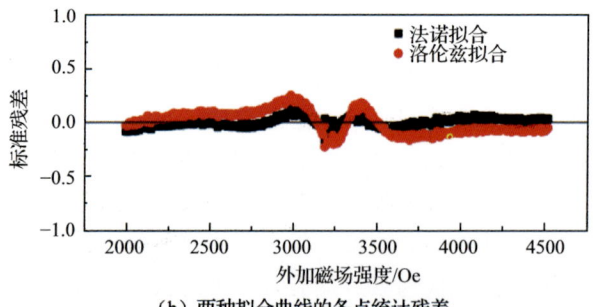

（b）两种拟合曲线的各点统计残差

图 6-26　取代量 x=0.9 时 YIG 样品铁磁共振线宽吸收曲线

使用两种拟合曲线，对取代量 x=0.9 的 YIG 样品铁磁共振线宽吸收曲线进行拟合，如图 6-26（a）所示。表 6-9 列出两种曲线的拟合结果。由两种曲线参照，可以很明显地看出测试数据的非对称性。法诺拟合的曲线更加接近实际测试结果，同时峰尖位置更加接近实际数据。

表 6-9 洛伦兹曲线和法诺曲线的拟合结果

拟合曲线	洛伦兹拟合	法诺拟合
方程式	$y = y_0 + \dfrac{2A}{\pi} \dfrac{w}{4(x-x_0)^2 + w^2}$	$y = A + F \cdot \dfrac{[q + 2(H-H_0)/\Delta H]^2}{1 + [2(H-H_0)/\Delta H]^2}$
线宽 ΔH 值	258.3	254.5
均方差	4.8144	2.0923
修正 r^2	0.99216	0.99658

从表中可以看出，法诺拟合比洛伦兹拟合的线宽值更小，达到 254.5Oe。均方差和修正 r^2 均表示曲线的拟合度。均方差小的更符合实际曲线，修正 r^2 越接近 1 说明曲线拟合度更高。这两个重要参数都显示法诺拟合更加适用于铁磁共振线宽的拟合。同时图 6-26（b）显示了两种曲线与测试点残差的离散度。从图中可以看出，法诺曲线的残差在±0.15 之间，而洛伦兹曲线的残差在±0.3 之间，说明法诺曲线的离散度更小。另外，法诺拟合方程中的参数 F，也就是非对称因子，用来描述曲线的非对称度。数值正负代表了曲线的左右偏移。当 $x=0.9$ 时，$F=1.57$，表明曲线向右偏移，与实际情况相符。

6.5 Bi^{3+} 取代 YIG 的缺铁配方研究

6.5.1 Bi^{3+} 取代 YIG 的缺铁配方

在通信技术日益发展的今天，铁氧体材料作为微波器件和系统的重要组成部分，技术难度和生产成本方面的优势使其在军事、民用等领域的作用日益凸显。经过几十年的发展，各种新型材料如电磁波超材料、等磁介材料、石墨烯材料、有机复合材料、超导材料、合金材料不断涌现，铁氧体的改性和应用也已经越来越成熟。它在各种环行器、移相器、调制器、滤波器、振荡器等微波射频通信器件中的地位仍然无法替代，是微波-毫米波电子信息通信设备和系统中必不可少的元器件，在雷达、通信、人造卫星、导弹、电子对抗等系统中仍有广泛应用。特别是近年来新结构新体系的微波铁氧体的研究，以及 MMIC 集成电路方面的技术发展使其焕发了新的活力。此外，低温共烧陶瓷（LTCC）技术的发展，在小型化、高集成化、多功能化、稳定性和可靠性方面给铁氧体材料的应用提供了更加广阔的舞台。同时，创新性的三维集成电路概念随 LTCC 技术的发展应运而生，给当代通信技术的发展提供了新思路。

使用 Bi^{3+} 取代与置换 YIG 铁氧体中 Y^{3+} 的方法来降低烧结温度。这种方法通过引入低熔点氧化物 Bi_2O_3 作为中间物质，改变反应路径从而使得反应的难度大幅度降低。它的作用与催化剂类似，通过改变体系的活化能，显著降低反应所需要吸收的能量。但与催化剂不同的是，Bi_2O_3 是一种反应物，Bi^{3+} 进入次晶格十二面体的中心位置，不会像 BBSZ 助烧剂存在于晶粒之间，有杂质残留，而是能够使产物具有完整的纯相。这种离子的置换可以大幅改善在 950℃低温烧结条件下，由热量不足导致的晶粒熟化生长程度不够的问题。除此之外，经过对反应过程的进一步思考和探索，结合前人对铁氧体晶粒生长过程的研究成果，在整个反应过程中，不能用简单的化学反应和分步过程来解释，还包括离子的扩散以及晶界的形成、晶体的缺陷和反应能量变化等细节。设计进一步的实验，尝试使用更好的理论模型来分析 Bi^{3+} 取代 YIG 在热力学和反应过程中与纯 YIG 相烧结的区别，解释低温降烧 YIG 的内在原因。本小节实验改变反应物 Fe_2O_3 的含量，即缺铁配方的 Bi:YIG，通过观察在缺少相应离子的情况下样品的晶体结构、密度、形貌、磁性能等方面的变化，来探讨降温烧结与离子热运动之间的关系。

6.5.2 缺铁配方的 Bi:YIG 铁氧体实验研究

1. 缺铁配方的 Bi^{3+} 取代 YIG 铁氧体样品的制备和表征

本小节实验采用固相法合成缺铁配方的 Bi:YIG 样品。根据缺铁含量的不同，化学式为 $Y_{2.1}Bi_{0.9}Fe_{5-x}O_{12-1.5x}$($x$=0，0.1，0.2，0.3，0.4，0.5)，用分析纯级别的 Fe_2O_3(99.9%)、Bi_2O_3(99.8%)、Y_2O_3(99.9%)作为原料合成 Bi:YIG 铁氧体。首先根据化学式计算出不同含量下反应物的质量（总量为 100g），与 120mL 去离子水一并倒入钢罐。使用两种不同直径的钢球，大球直径 10mm 共 100g，小球直径 6mm 共 200g，通过 250r/min 的行星式球磨机球磨 12h，使几种原料充分细磨混合。球磨过后的悬浊液在 100℃的烘箱中充分烘干，研碎后倒入刚玉坩埚，在空气中预烧。预烧过程升温速率为 2℃/min，在 800℃保温 2h，自然冷却到室温。预烧后得到预烧粉，继续使用相同球磨机和钢球并加去离子水球磨 12h，随后烘干。将烘干后的粉料加入大约 10wt%的 PVA 造粒，过 40~80 目筛得到均匀的混合颗粒。将 2.5g 左右的混合颗粒装入环形模具（内径 Φ8mm，外径 Φ18mm），使用油压机在 10MPa 压强下压成环状坯料。最后在空气中进行烧结。烧结速率为 2℃/min，分别在 200℃和 500℃保温 0.5h 用以排水和排胶。在最终烧结温度 950℃保温 5h，接着以 1℃/min 的速率降温到 600℃后自然冷却到室温。制备成功的样品使用 X 射线衍射仪测试，Cu K_α 辐射，λ=1.5406Å，扫描速率为 2°/min，扫描范围 10°≤2θ≤80°，步长为 0.02°。微观形貌通过隧道扫描电镜（JEOL JSM-6490LV）测得。晶格常数通过计算 XRD 衍射峰的主峰位置和角度关系获得。样品的密度通过阿基米德排水法，用水煮过后冷却到室温测得。饱和磁化强度 M_s 和矫顽力 H_c 通过振动样品磁强计（VSM）获得。铁磁共振线宽的测试是将样品剪成小块，用金刚石砂碗通过吹风磨成直径 1mm 的小球，放置在谐振腔的正中央位置，使用 TE_{106} 的谐振腔通过微扰法在 9.55GHz 条件下测得。

2. 缺铁配方的 Bi:YIG 铁氧体的实验结果和分析

图 6-27（a）为在 950℃低温烧结条件下 Bi:YIG 铁氧体 $Y_{2.1}Bi_{0.9}Fe_{5-x}O_{12-1.5x}$ 随 x 变化的 XRD 图谱。最下方是标准衍射卡片 ICSD 编号 98-005-3764s 显示的纯 YIG 相的衍射峰中心位置和相对高度，上面是测试图谱。图谱显示，所有样品都具有比较纯的石榴石相，只是在 2θ 大约为 23°和 31°的箭头所示位置有一些小的杂峰。在 23°处的杂峰强度随着缺铁量 x 的增加逐渐上升，而且当 $x=0.3$ 时，样品的物相结构是最纯的，杂峰最少。这说明随着样品缺铁量的增加，逐渐出现

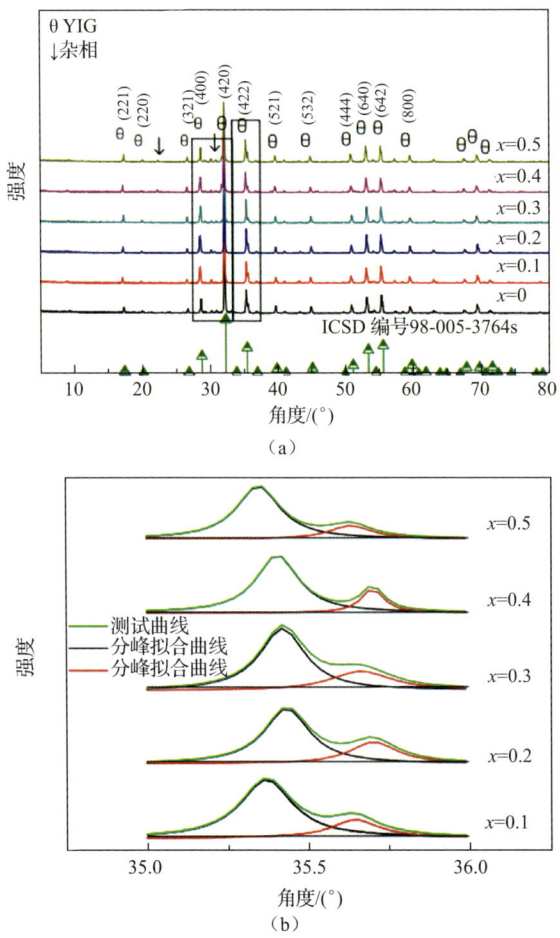

图 6-27 （a）不同缺铁量的 Bi:YIG 样品的 XRD 图谱；（b）(422)XRD 峰在 35°～36°附近的布拉格衍射劈裂，测试数据与单峰拟合曲线

了第二另相。同时观察到，在大约 35°的(422)单峰的位置，出现了副峰，也就是出现了峰的劈裂。XRD 图谱在 35°～36°处的放大图如图 6-27（b）所示，从下到上度差都在 0.27°左右。考虑到与纯 YIG 相比，本小节实验使用的 Bi:YIG 取代量为 0.9，化学式为 $Y_{3-x}Bi_xFe_5O_{12}$。而 Y^{3+} 与 Bi^{3+} 含量的比值大约为 2.1/0.9=2.33，与峰强比值（表 6-10）非常接近。超出的部分可能是由于多晶铁氧体晶粒的晶体结构毕竟不完整，晶粒内部的三种次晶格结构能够组成完整的石榴石相，但是表面的次晶格结构只能组成完整晶胞的一部分，因此存在峰强上的差别。这种差别在所有样品的衍射图谱中都有所体现。虽然随着缺铁量的不同，峰强有差别，但是(422)峰出现的劈裂峰主峰和副峰的角度都相差大约 0.27°。这是因为在单一晶胞中包含 24 个十二面体次晶格，其中有部分中心位置由 Y^{3+} 占据，部分由 Bi^{3+} 占据。由于离子半径略有差别，Bi^{3+} 的半径大于 Y^{3+}，引起次晶格大小的不同。因此，在晶胞内部，出现了两种不同大小次晶格的间隔排列，其结果是改变了其他两种四面体和八面体次晶格所成空间角度，形成了(422)晶面，也出现了角度的变化，如图 6-28（b）所示。经过计算，前后的角度差异大约为 0.27°。这正说明了 Bi^{3+} 进入晶格结构，参与整个反应过程，在不改变石榴石相的情况下引起晶体结构的细微变化。

表 6-10　缺铁配方 Bi:YIG 的(422)劈裂峰主峰和副峰峰强比值和角度差

x	峰强比值	劈裂峰角度差/(°)
0.1	3.14	0.27
0.2	2.53	0.24
0.3	3.20	0.30
0.4	2.43	0.27
0.5	3.99	0.27

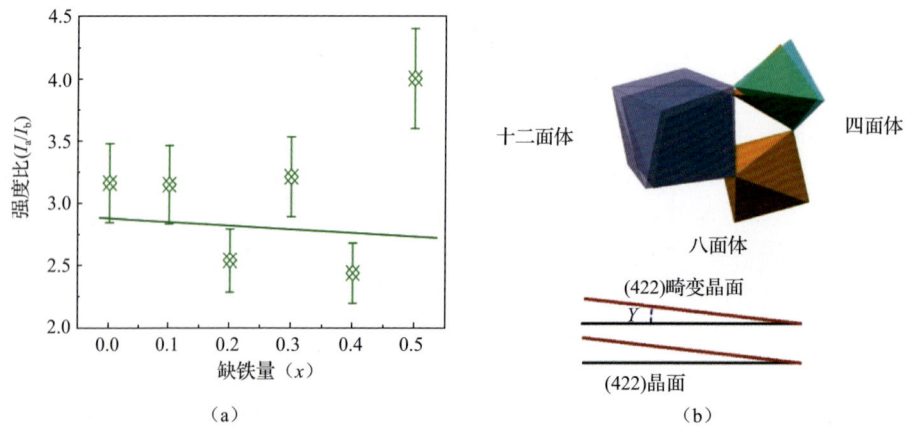

图 6-28　(a) 劈裂峰的双峰强度比值；(b) 劈裂峰的次晶格示意图

图 6-29 显示的是晶格常数随 Bi:YIG 缺铁量变化的曲线,由式(6-48)、式(6-49) 所示的 Cohen 正则公式计算得到。结合图 6-27(b),(422)峰的左右移动位置同样表明了晶格常数的变化,左移增大,右移减小,与计算得到的结果相一致。在含铁量 100%时晶格常数大约为 12.35Å,随着缺铁量的增加,晶格常数先增大到大约 12.47Å 后逐渐减小。由于 YIG 的石榴石相中不含空穴位置,因此正常的石榴石晶体结构中所有的次晶格中心位置都由金属阳离子占据。以八面体为例,6 个 O^{2-} 包围在 Fe^{3+} 周围,离子所带相反的库仑电荷将它们紧紧拉在一起。如果中心离子缺失,电性为负,O^{2-} 之间所带的负电荷形成库仑斥力,将离子互相推开,八面体的体积增大,造成了晶格常数的增大。如果缺铁量继续增加,晶格结构的缺陷过大,热运动导致结构塌陷,晶格常数反而会回到原来的水平。同时晶格常数的变化不仅能够反映晶格结构的变化,也能反映样品磁性能变化,下面将详细论述。

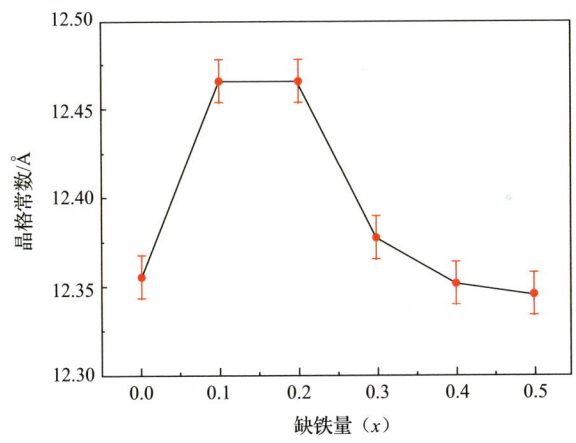

图 6-29 Bi:YIG 的晶格常数随缺铁量 x 的变化

样品的 SEM 图如图 6-30 所示。随着缺铁量 x 的增加,样品的微观形貌有比较明显的变化。总体上看,所有样品断面绝大部分晶粒都是棱角分明的多面体形状,晶界明显,说明 950℃ 已经达到了 Bi:YIG 晶粒熟化的温度。但是当 x=0.1 和 0.3 时,晶粒表面出现了大量的直径为 0.1μm 的伴生小晶粒;当 x=0.2、0.4 和 0.5 时,小晶粒大部分消失,同时晶粒的平均尺寸增大,直径大约为 2μm。这表明由于缺铁量的变化,化学组成的不同对反应产物微观形貌的影响也不同。同时孔隙率的变化也能在图中直观展现。随着缺铁量 x 的增加,孔隙率有减小的趋势,在 x=0.1 时孔隙率最大。

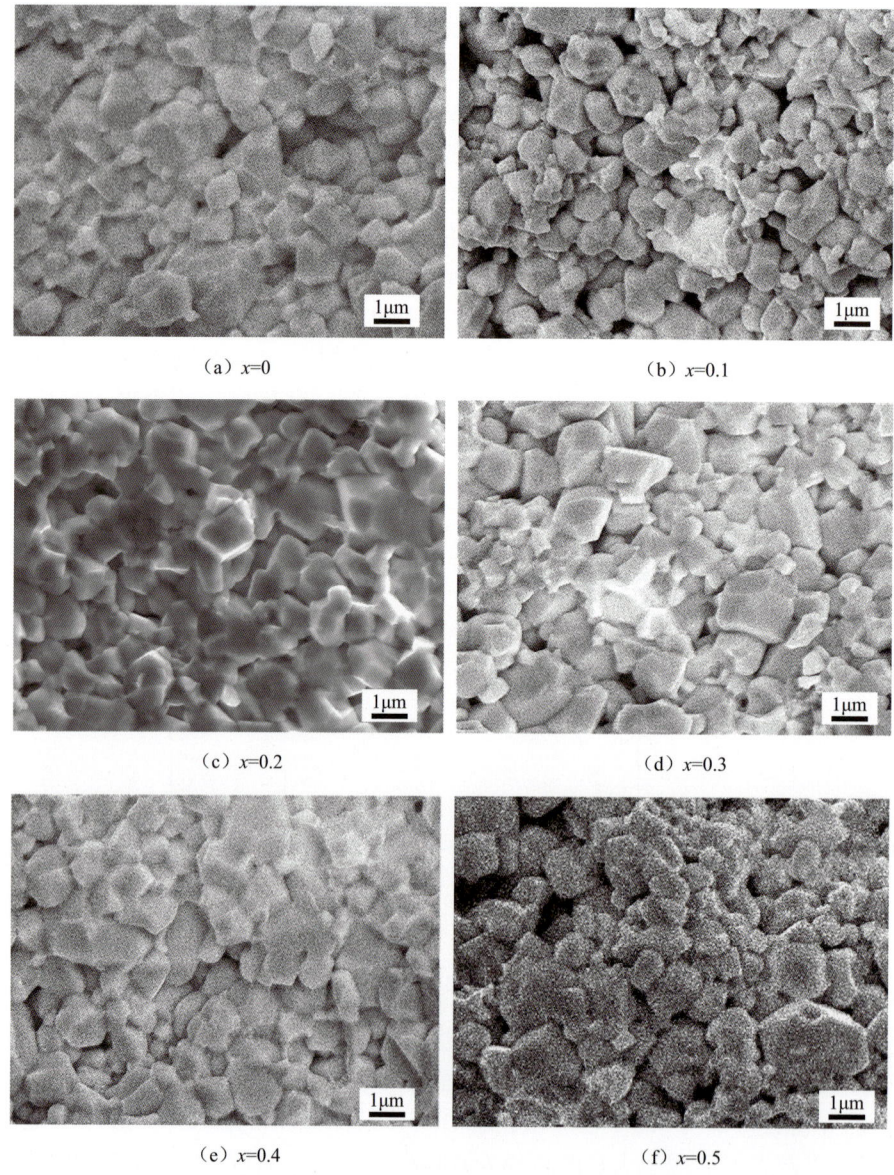

图 6-30　Bi:YIG 样品随 x 变化的断面 SEM 图

样品的密度通过阿基米德排水法测得。具体方法是先称取样品的空重 M_1，然后将样品放入 100℃沸腾水中煮 6h，冷却至室温，直接浸没在水中测试样品的质量 M_2。这样可以将样品内部孔洞中的空气尽可能完全排出。测试的密度即样品的实际密度，计算公式为：

$$\rho = \frac{M_1}{M_1 - M_2} \cdot \rho_{水} \qquad (6\text{-}58)$$

计算结果如图 6-31（a）所示。从图中可以看出，随着缺铁量 x 的增加，样品的密度呈现先增大后减小的趋势。当缺铁量 $x=0$ 时，样品的密度为 $5.4g/cm^3$ 左右。当缺铁量 $x=0.2$ 时，样品的密度增加到最大，为 $5.7g/cm^3$ 左右。然后随着缺铁量的继续增加，样品的密度减小，直到 $x=0.5$ 时密度降低到大约 $5.4g/cm^3$。理论上缺铁配方是在晶体的内部缺少了部分离子，样品的化学式成分部分缺失，密度应该减小，但出现了增大的情况，说明晶粒的生长更加致密化，晶格内部的空间更加紧密。这是因为 Bi:YIG 的缺铁配方造成了反应产物缺陷的增加，降低了反应焓变，使晶粒生长所需要的能量降低，有助于晶粒相互融合生长。950℃烧结时 Bi:YIG 样品的磁滞回线随 x 的变化如图 6-31（b）所示。从图中可以看出，所有样品具有良好的软磁特性。随着磁场强度的增加，磁化强度逐渐增大，直到外加磁场强度增加到大约 500Oe 时，磁化率逐渐减小。当磁场强度增加到大约 1000Oe 时外加磁场与磁化方向变为一致，磁化强度趋于饱和。随后所有磁矩的磁化方向都与磁场的方向一致，磁化强度不再增加，达到完全饱和。

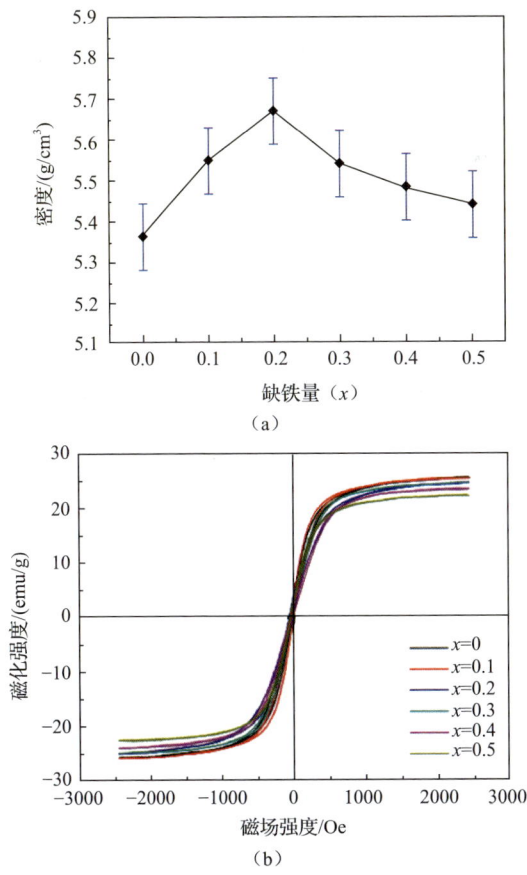

图 6-31　（a）Bi:YIG 样品随 x 变化的密度曲线；（b）Bi:YIG 样品的磁滞回线

将得到的950℃烧结样品的磁化强度数据点连线并计算后，曲线与 H 轴的交点得出矫顽力 H_c 如图6-32（a）中曲线所示，其中各个点使用矫顽力的倒数表示。发现样品矫顽力的倒数随着缺铁量的增加呈现先增大后减小的趋势。当 $x=0$ 未缺铁时，样品的矫顽力倒数大约为 $0.0042Oe^{-1}$。当缺铁量 $x=0.2$ 时，矫顽力倒数最大达到 $0.005Oe^{-1}$，随后缺铁量增加，矫顽力倒数减小到 $0.0038Oe^{-1}$。这说明 Fe^{3+} 的部分缺失对矫顽力的影响较大。图6-32（a）同样展示了晶格常数随缺铁量的变化曲线。从图中可以看出，晶格常数、矫顽力具有相同的变化趋势，都是先上升后下降。将这两条曲线放在一个图中作对比，能够更好地解释变化产生的原因。矫顽力首先减小的原因可能是 Fe^{3+} 部分缺失，导致经过烧结后的样品的平均晶粒尺寸略有增加。不完整的四面体和八面体结构的不均匀分布，引起各向异性场的增加。

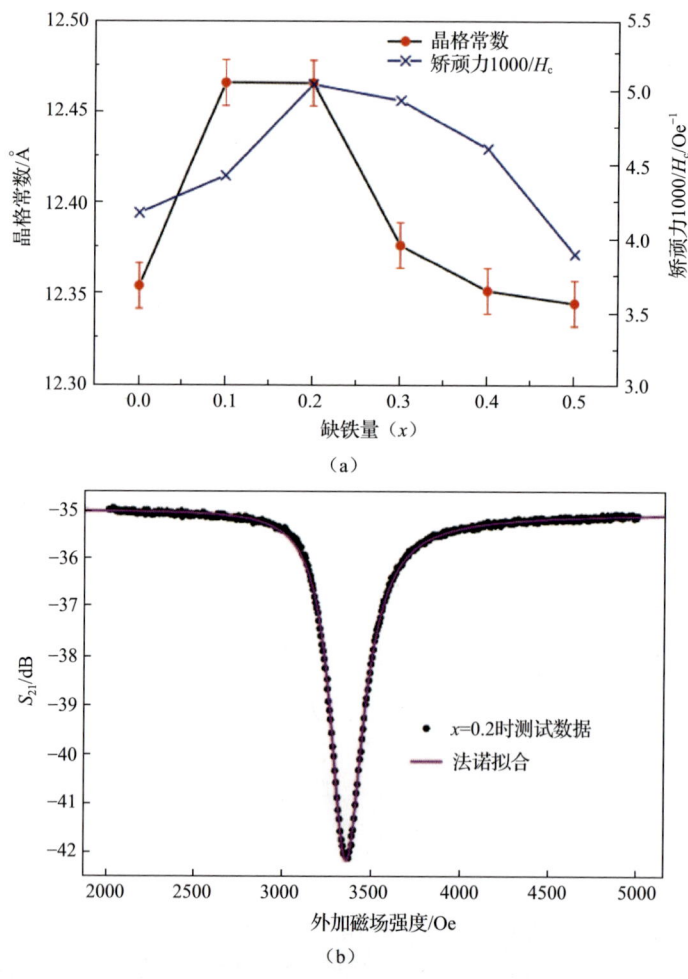

图 6-32　（a）Bi:YIG 样品的晶格常数和矫顽力的倒数随 x 的变化曲线；（b）Bi:YIG 样品的铁磁共振线宽测试值与法诺拟合曲线

矫顽力后减小的原因可能是晶粒生长达到极限，进一步熟化的过程中晶粒尺寸变化并不大，晶界处的不完整次晶格结构导致畴壁钉扎效应加大。同样通过计算得到的饱和磁化强度如图 6-33（b）所示。当缺铁量 x 为 0～0.2 时，饱和磁化强度大约从 26.6emu/g 增加到 27.5emu/g。随后随着缺铁量的增加，饱和磁化强度迅速下降到大约 25.5emu/g。矫顽力的倒数和饱和磁化强度两条曲线的变化趋势相同，都是以缺铁量 $x=0.2$ 为界，先增大后减小。

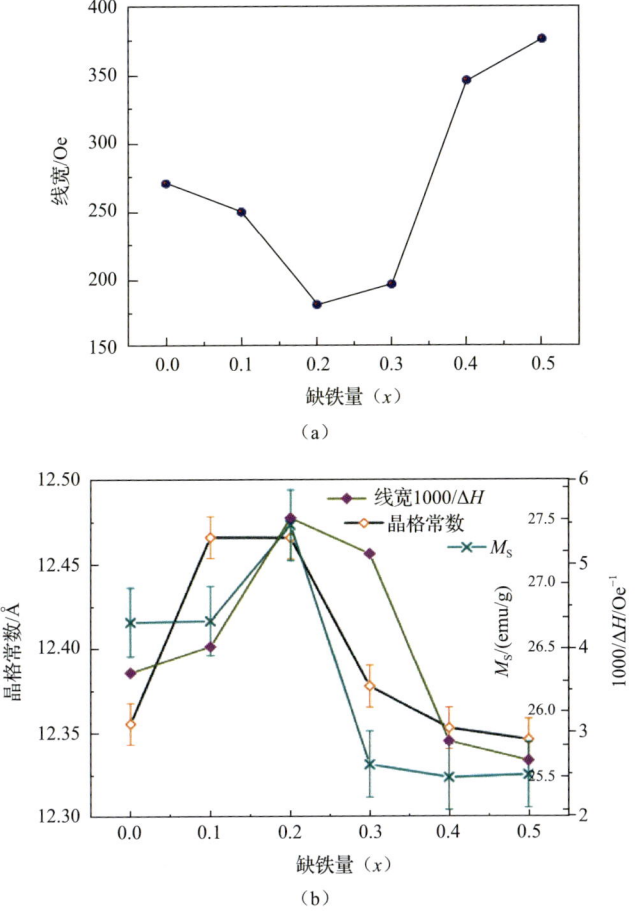

图 6-33 不同缺铁量的 Bi:YIG 样品的铁磁共振线宽 ΔH（a）以及晶格常数、饱和磁化强度和铁磁共振线宽倒数（b）

此现象同样说明饱和磁化强度的变化与晶格常数有关。其中一个原因是超交换作用部分受到晶格畸变的影响，晶格畸变会引起阳离子-阴离子-阳离子（cation-anion-cation，C—A—C）角度的变化。前面分析，YIG 铁氧体内的磁矩来源于 Fe—O—Fe 之间的超交换作用。根据 Goodenough-Kanamori-Anderson 规则，这种 C—

A—C 角度的变化改变了定义交换能的重积分。接近 180°的 C—A—C 角对应强交换能，而接近 90°的 C—A—C 角导致弱交换。随着晶格常数的变化，饱和磁化强度的变化与 C—A—C 角导致的交换能的变化完全一致。但是晶格常数变化范围较小，只有 2%左右的幅度，C—A—C 角改变超交换作用的变化其实比较小。考虑到饱和磁化强度的变化范围较大，接近 10%，因此根本上的原因其实是磁矩数量的变化。但是随着缺铁量的增加，总磁矩的数量并不会发生线性变化。YIG 晶格结构中正负磁矩的形成是由于以 Fe^{3+} 为中心离子的四面体和八面体次晶格结构结合，并同以 Y^{3+} 和 Bi^{3+} 为中心的十二面体形成完整的石榴石晶格。而四面体和八面体中，Fe^{3+} 的电子自旋方向反向平行但是并不一致，因此 Fe^{3+} 在晶粒生长过程中有一定的优先顺序，缺失部分 Fe^{3+} 会造成部分方向的磁矩消失，造成总磁矩的差异。磁矩的形成顺序将在 6.5.3 节具体阐述。图 6-32（b）表示的是当缺铁量 x=0.2 时，Bi:YIG 样品铁磁共振线宽的测试数据和法诺拟合的曲线。拟合方程为：

$$f(H) = A + F \cdot \frac{[q + 2(H - H_0)/\Delta H]^2}{1 + [2(H - H_0)/\Delta H]^2} \quad (6\text{-}59)$$

其中，H 为垂直方向施加的磁场强度；A 和 F 为系数；q 为非对称因子；H_0 为最大共振点所需要的磁场强度；ΔH 为铁磁共振线宽。从图中可以看出，拟合曲线同样品的测试数据匹配得非常好，体现了因谐振腔干涉导致的非对称性。所有样品的拟合计算结果如图 6-33（a）所示。从图中可以看到，随着缺铁量的增加，铁磁共振线宽同样呈现先减小后增大的趋势，在 x=0.2 时达到最小，为 180.3Oe。

这说明 Fe^{3+} 的部分缺失反而有利于旋磁性能的提升。产生的原因是，本小节实验在钢罐中使用钢球进行球磨，12h 的时长造成钢罐和钢球中部分铁元素作为杂质进入了反应体系，在高温下被氧化作为氧化物参与反应，破坏了晶格结构，对旋磁进动造成不利影响，同时也增加了各向异性场 H_k 使矫顽力增大，因此少量缺铁量会使矫顽力和铁磁共振线宽减小。但是过多的缺铁量起到了相反的作用，造成部分中心位置离子的缺失，破坏了内部结构，使矫顽力和铁磁共振线宽增大。

6.5.3　Bi:YIG 的烧结过程和原子迁移

YIG 的烧结过程发生的是化学反应，伴随着微观结构的变化。反应的本质是原子或离子获得能量，从反应物晶体中脱离重新结合形成新的产物。这个过程使原子从正常位置移动到相邻的空位上。从统计学角度讲，在绝对零度以上时，每种晶体中都会存在空位。由这种过程引起的原子扩散速率取决于原子从正常位置移动到空位的难易程度，同时也取决于空位的浓度。这种空位机制的迁移是烧结过程中最普遍的过程。本小节的内容就反应的过程和能量的变化现象，从微观粒子和宏观晶粒的角度，解释次晶格形成和晶粒生长过程。

1. 活化能和正态分布

正态分布（normal distribution），又称为高斯分布（Gaussian distribution），是一种连续概率分布，广泛存在于自然界和社会科学中，在统计学中具有十分重要的地位，经常用来代表一个不明的随机变量。假设随机变量是一个位置参数和尺度参数分别为 μ、σ 的正态分布，记为：

$$X \sim N(\mu, \sigma^2) \tag{6-60}$$

则其概率密度函数为：

$$f(x) = \frac{1}{\sigma\sqrt{2\pi}} e^{-\frac{(x-\mu)^2}{2\sigma^2}} \tag{6-61}$$

概率随随机变量 x 变化而变化，其函数图像如图 6-34（a）所示。

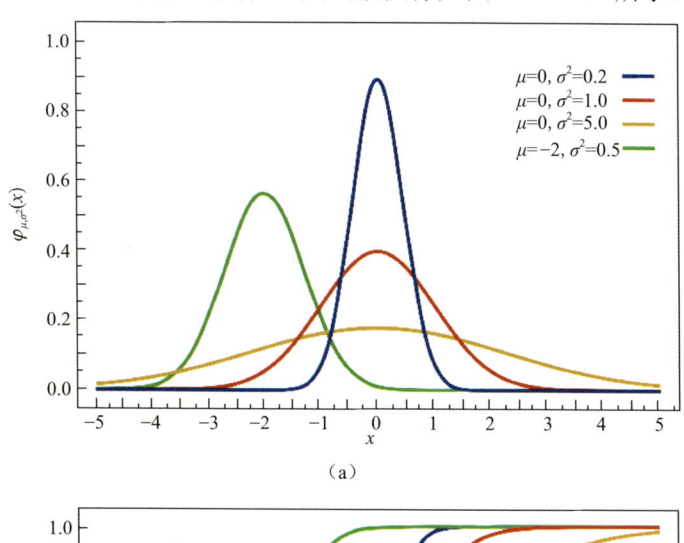

(a)

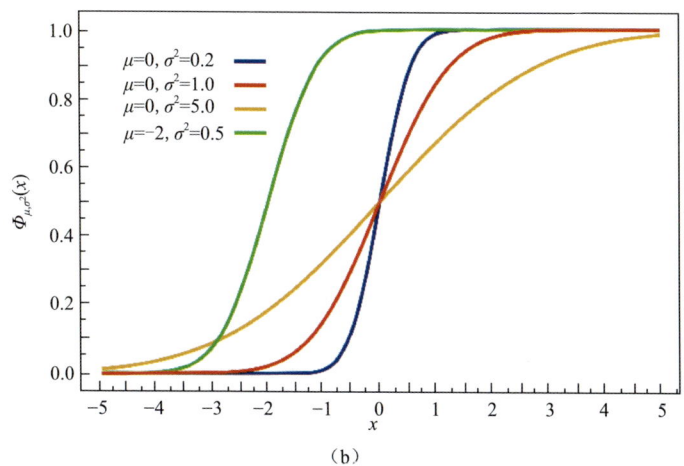

(b)

图 6-34　（a）正态分布函数；（b）累积分布函数

正态分布函数的数学期望为 μ，其数值与位置参数相同，对曲线的中心位置起到决定性的作用；方差 σ^2 等于尺度参数，其大小能够改变曲线的高度。正态分布是一个统计意义上的简化模型，能够定性解释自然科学和社会科学中的现象。对于大量的物理现象和行为现象等如光子计数、热力学统计，被发现都会近似地服从正态分布。有时候各种现象尽管无法从根本上解释其形成的原因，但理论上可以证明如果是具有多种因素影响的变量，那么这个变量近似地服从正态分布。正态分布出现在许多统计领域。例如，采样分布均值是近似正态的，即使被采集的样本的原始群体分布服从正态分布。另外，正态分布信息熵在所有已知均值及方差的分布中最大，这使得它作为一种均值及方差已知的分布的自然选择。正态分布是在统计及许多统计测试中应用最广泛的一类分布，在解释 YIG 反应过程中粒子的行为具有重要作用。通过对概率分布正态分布函数定积分，可以得到累积分布函数，指的是随机变量 X 小于或者等于 x 的概率，表示为：

$$F(x;\mu,\sigma) = \frac{1}{\sigma\sqrt{2\pi}} \int_{-\infty}^{x} \exp\left[-\frac{(t-\mu)^2}{2\sigma^2}\right] dt \qquad (6-62)$$

累积分布函数也可以由误差函数来表示：

$$\Phi(x) = \frac{1}{2}\left[1 + \mathrm{erf}\left(\frac{x-\mu}{\sqrt{2}\sigma}\right)\right] \qquad (6-63)$$

累积分布函数的曲线如图 6-34（b）所示。

正态分布有许多数学上的性质，但是在本小节对其讨论集中在热力学统计方面。在特定条件下，粒子的微观物理和化学行为趋向于正态分布，这就是中心极限定理，粒子行为的分布概率统计上同样符合正态分布。对于铁氧体的烧结来说，能量在晶体内部的传导、离子热运动等都服从统计上的正态分布。通常 μ 代表了统计量的平均值。

活化能是一个化学名词，又称为阈能，被阿伦尼乌斯在 1889 年提出，用来描述在一个化学反应中，反应过程能够发生所需要克服多大的能量障碍。反应需要在某种条件下获得能量，超过某一阈值才能进行，然后体系的总体能量下降。活化能代表了一个化学反应过程能够发生所需要吸收的最小能量，因此活化能越小，发生反应的困难度越低，反应更加容易发生。反应的活化能通常表示为 E_a，单位是 kJ/mol。活化能可以被认为是势能势垒（有时也称为能量势垒）的大小，它将初始和最终热力学状态相关的极小值分离开来。为了使化学反应或分裂以合理的速率进行，系统的温度应该足够高，以存在相当数量的分子，其平均动能等于或大于活化能，这个分子的数量就需要考虑到热力学统计中随机量的正态分布。1889 年，阿伦尼乌斯方程给出了活化能和反应速率之间关系的定量基础，如式（6-64）所示。由方程可知，通过关系式可以求出活化能：

$$k = A e^{\left(\frac{-E_a}{RT}\right)} \tag{6-64}$$

或者可以表示成:

$$\ln k = \left(\frac{-E_a}{RT}\right) + A \tag{6-65}$$

其中，A 为反应的前指因子；R 为摩尔气体常数；T 为热力学温度（K）；k 为反应速率系数。这个公式的一个重要结论是即使不知道参数的具体值，也可以通过观察反应速率的变化作为温度的函数来分析整个反应过程。其中，最重要的是阿伦尼乌斯方程中的活化能项指示出了反应速率对温度的敏感性。从微观上看，将活化能和能否发生反应的条件联系起来有两个基本的事实。首先，单个反应步骤是否发生通常是无法确定的，在所有基本过程中的反应阈值障碍几乎没有理论意义。其次，即使反应过程是非常基本的情况，过程中涉及十亿百亿量级的微观粒子时，单个粒子的反应过程也是不同的，有部分发生反应，有部分没有，概率分布也服从正态分布。

根据阿伦尼乌斯方程，如果想要加快反应的速率，或者提前反应的进行，可以通过减小活化能 E_a 的值来进行。最有效的方法是使用催化剂，或者通过改变反应条件。但是催化剂只适用于不同状态的产物，例如，液相反应中使用固相催化剂以利于催化剂能够与反应产物分离避免产生杂质。在本小节实验中，严格意义上的催化剂无法使用，因为会残留在晶粒之间。改变活化能的方法是使用低熔点氧化物，使能量势垒减小，反应速率加快，达到同催化剂一样的效果。图 6-35 表示了不同反应路径对反应过程能量变化的影响。

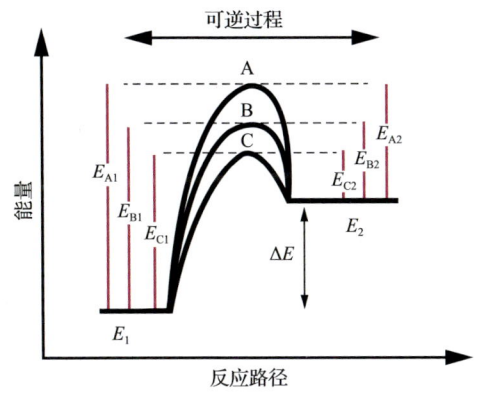

图 6-35 反应过程中反应物和生成物能量变化示意图

假设某个反应过程的初始反应物的能量和最终产物的体系能量分别为 E_1 和 E_2，如果二者状态不发生改变，这两个值就不会发生改变，前后的能量差为：

$$\Delta E = E_2 - E_1 \tag{6-66}$$

有三种反应路径 A、B 和 C 可以实现整个反应过程，其中纯相 YIG 的反应路径是 A，通过添加助烧剂的反应路径是 B，使用催化剂（低熔点氧化物）的反应路径是 C。可以看到，使用低熔点氧化物需要克服的能量势垒大大低于纯相 YIG，也低于使用助烧剂的。注意，低熔点氧化物的使用也改变了体系能量 E_1 和 E_2，但是差值改变不大，这里作近似处理来反映三者之间的对比。因此，提高反应速率使其能够在较低温度条件下发生反应。另外其他路径也是行之有效的，如使用微波烧结法、化学合成法等，但是效果较使用低熔点氧化物的差。当粒子的迁移率能够超过如上定义的能量势垒时，石榴石结构就会形成。Pladino 等通过跟踪稳定同位素 ^{18}O，报道了氧在陶瓷烧结过程中的扩散，发现 ^{18}O 主要沿着晶界的方向扩散。结果表明，离子在晶体中的电离和扩散行为是由高温加热时获得的热能和活化能之间的关系决定的。

2. 标准摩尔生成焓和晶格束缚能

确定活化能减小的另一个重要依据是反应焓变。标准生成焓或标准生成热是在标准状态［1atm（=101325Pa），25℃］下，在形成 1mol 物质时反应过程中能量的变化。Hess 定律指出，对于一个反应体系，一个反应过程可以表示成多种简单反应的总和，无论是真实的反应还是虚构的步骤，任意数量的步骤也同样适用。这也是对热力学第一、第二定律的应用。因此，可以根据 Hess 定律来分析一个复杂反应的能量变化，即复杂的反应步骤焓变等于单独反应过程的焓变总和，并且正向和逆向的过程数值相同，符号相反。这是由于焓是一个状态函数，其整体过程的值只取决于初始和最终状态，而不取决于任何中间状态。因此可以分步来分析低熔点氧化物降低活化能的原因。烧结反应是一种化学反应，反应的第一步是离子化。氧化物的离子化是一个可逆的过程。在一定温度条件下，氧化物的离子化可以表示为：

$$M_xO_y \rightleftharpoons xM + yO \tag{6-67}$$

离子化的过程和温度等条件有关，根据正态分布，温度较低条件下离子化的粒子很容易释放能量重新回到原来晶格中，或者进入另外的晶格。对于纯相 YIG 和 Bi:YIG，前者只含有两种反应物，Y_2O_3 和 Fe_2O_3；后者含有三种，Y_2O_3、Fe_2O_3 和 Bi_2O_3。这几种氧化物的标准摩尔生成焓分别为：

$$\Delta_f H_m^\ominus (Bi_2O_3, \ cr) = -573.88 kJ/mol \tag{6-68}$$

$$\Delta_f H_m^\ominus (Fe_2O_3, \ cr) = -824.2 kJ/mol \tag{6-69}$$

$$\Delta_f H_m^\ominus (Y_2O_3, \ cr) = -1905.31 kJ/mol \tag{6-70}$$

可以看出，生成 Bi_2O_3 的焓变远远高于 Y_2O_3。根据 Born-Haber 循环理论，反应前后的能量变化和反应过程无关，因此氧化物的离子化能量变化和标准摩尔生成焓一致，离子化的难易程度如下：

$$\alpha(Bi_2O_3) > \alpha(Fe_2O_3) > \alpha(Y_2O_3) \tag{6-71}$$

因此 Bi 取代的 YIG 由于含有 Bi_2O_3，反应的第一步离子化进一步提前。另一方面，标准摩尔生成焓代表离子化的难易程度，离子化所需要的能量并非由温度提供的能量达到生成焓时才能达到。根据正态分布函数和累积分布函数，稳定的晶体中离子受到晶格束缚能的影响，Born-Landé 公式描述了晶格能量，公式如下：

$$E = -\frac{N_A M z^+ z^- q_e^2}{4\pi\varepsilon_0 r_0}\left(1 - \frac{1}{n}\right) \qquad (6-72)$$

其中，N_A 为阿伏伽德罗常数；M 为 Madelung 常数，与晶体的几何结构有关；z^+ 为阳离子所带电荷；z^- 为阴离子所带电荷；q_e 为元电荷，1.6022×10^{-19}C；ε_0 为真空介电常数，8.854×10^{-12}C^2/(J·m)；r_0 为最近离子的距离；n 为 Born 指数，介于 5 到 12 之间，由测试固体样品的压缩率或者理论推导获得。从公式中可以得到的重要结论之一是，晶粒表面的离子束缚能较小，获得相同的能量更容易脱离晶格的束缚成为游离的离子，因此纳米颗粒的化学活性更高，或者正如在许多文献报道中针对烧结过程指出，使用高能球磨获得更细的反应物颗粒或通过化学法合成纳米晶颗粒能够降低烧结温度。

低熔点氧化物的离子束缚能小代表相同温度下可以游离的离子更多，因此从本质上为低温烧结提供了可能性。标准摩尔生成焓的值是完全离子化的数值，这在烧结过程中并非硬性标准。事实上根据前面可知，离子获得的能量由于热运动的非均匀性、随机性和传导性，在数量统计上服从正态分布，即使在温度非常低的情况下也会存在，只是在数量上非常少，如图 6-36 所示。随着烧结过程中温度上升，正态分布曲线向右移动，能够离子化的离子数量增多，达到在时间上可观察尺度内足够多的离子获得的能量超过束缚能 E 时，部分离子游离出来形成自由离子。因此，越高的温度游离离子越多，越能发生化学反应。

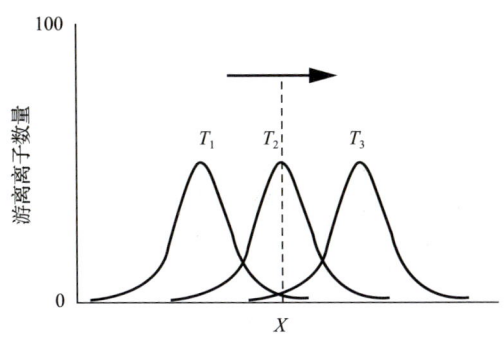

图 6-36 一定温度下游离离子数量随温度变化的正态分布图

温度 $T_1 < T_2 < T_3$，虚线左边为不能游离，右边为能够游离

通过总结一系列铁氧体的烧结温度，氧化物烧结成铁氧体的温度与上述因素有直接关系，总结的经验公式可以表示如下：

$$\frac{1}{D}\frac{f(S)}{T_s} = \sum_{i=1}^{N} \frac{f(i)}{T_m} \qquad (6\text{-}73)$$

其中，D 为铁氧体的相对密度；$f(i)$ 为联合系数，与反应物和产物的状态，氧化物的晶格结构、标准摩尔生成焓，气相环境，湿度和球磨度等相关；T_s 为烧结成相温度；T_m 为氧化物的熔点。这是一个根据氧化物作为反应物生成铁氧体材料的经验公式，具体数值见表 6-11 和表 6-12。从表中可以看到，氧化物的熔点、标准摩尔生成焓与铁氧体的成相温度具有很大相关性，低熔点氧化物烧结生成的铁氧体成相温度更低。当然，晶体结构、化学式等也是重要的影响因素。

表 6-11 部分氧化物的熔点和标准摩尔生成焓

氧化物	Bi_2O_3	Fe_2O_3	Y_2O_3	BaO	ZnO	Li_2O	CuO	NiO
熔点/℃	820	1565	2410	1923	1975	1567	1326	1980
$\Delta_f H_m^\ominus$/(kJ/mol)	−573.88	−824.2	−1905.31	−548.1	−348.0	−597.9	−155.2	−244.3

表 6-12 铁氧体烧结成相温度

铁氧体	YIG	LiZnO	MnZnO	NiZnO	BaM	BaZ
成相温度/℃	1250	750	1050	1100	1200	1250

3. 离子的扩散运动与 YIG 相的形成

在凝聚相内发生微观结构变化或进行化学反应，是在晶态或非晶态固体中离子或原子化学键断裂，粒子移动，新键形成。有三种基本的形式：一是两个原子的直接交换。这种仅仅两个原子的直接交换在能量上是不可能的，因为需要很高的能量，特别是在离子型固体中。二是原子从正常的位置移动到相邻的空位上。如前所述，温度在绝对零度时，每种晶体固体中都有空位。这种过程引起的原子扩散取决于原子从正常位置移动到空位的难易程度。这种空位机制可能是原子移动最普遍的过程，相当于空位向相反方向移动，因此称为空位扩散。三是原子在间隙位置上的运动。类似弗伦克尔缺陷，离子化的原子容易穿过晶格移动，这是本书讨论的主要离子扩散形式。图 6-37 以微观尺度表示出离子迁移和扩散的过程。

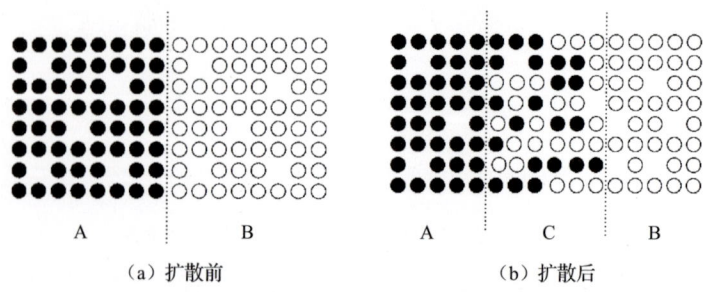

图 6-37 粒子扩散的微观过程

A、B 两种晶体接触在一起形成混合物时，离子的热运动使得部分离子游离。这个过程在绝对零度之上都会发生，只是根据正态分布，温度较低时数量极少，随着温度上升，数量增多，离子化速率加快，扩散加快。此时形成中间的部分 C，如果能够发生反应形成新的化合物，那么这一反应的继续进行要求 A、B 的离子透过中间层 C 进行扩散。许多其他因素也影响了这个过程，包括氧化、气体渗透、材料的腐蚀、异相的生成等。Einstein 指出，作用在一个扩散着的原子或离子的虚力，即化学势或偏摩尔自由能的负梯度，扩散系数和原子迁移率成比例：

$$J_i = -\frac{RT\mathrm{d}c_i}{N_A \mathrm{d}x}B_i \quad (6\text{-}74)$$

$$D_i = k_B T B_i \quad (6\text{-}75)$$

其中，c 为单位体积浓度；x 为扩散方向；J 为流量，D 为扩散系数；k_B 为玻尔兹曼常量；B 为化学势梯度引起的漂移速度。式（6-74）和式（6-75）就是 Nernst-Einstein 关系式。离子扩散过程中吸收能量克服活化能 E_a 发生化学反应，不仅与离子的能量和发生化学反应的焓变有关，也与氧化物的类别有关，总体上低熔点的氧化物更容易发生反应。扩散过程可以看成是一个溶质原子由正常的稳定的位置到相邻的空位或间隙位置达到另一个稳定状态的运动，其实质是原子的跳跃。假设一个离子具有很高的动能，在运动到晶格间隙时，突破晶格束缚能进入晶格，由于电荷之间的库仑力排斥，此时吉布斯自由能的变化如图 6-38（a）所示，具有一个与距离有关的单峰。

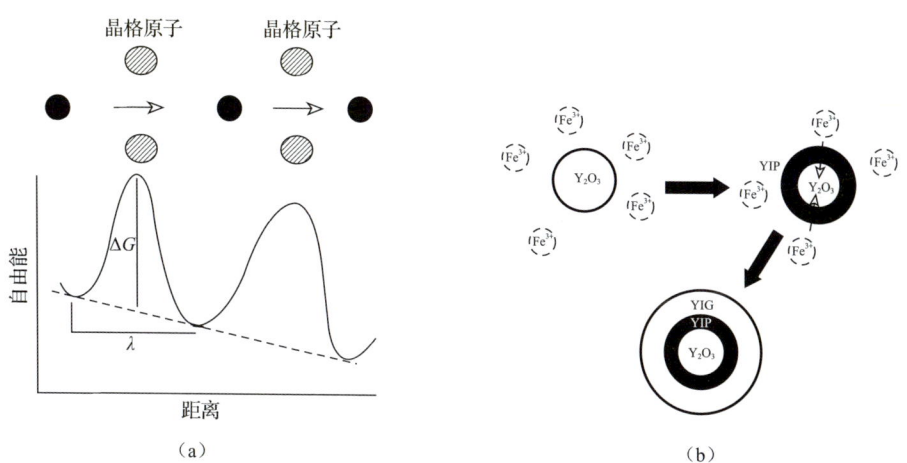

图 6-38　（a）离子扩散时自由能的变化，λ 为跳跃距离，ΔG 为活化能；（b）YIG 成相的反应过程

图 6-38（a）中距离是指离某一空穴或间隙的距离，自由能是化学势能量，也是在晶格之间移动所需要的能量。由于相互作用的距离越来越远，自由能具有减小的趋势。可以看出，离子在晶格之间的跳跃运动，只有突破活化能的界限才能

在晶格之间移动。因此，在晶格束缚能和活化能减小的情况下，需要的能量减少，更有利于低温烧结。Wan 和 Mohamadariff 经过大量实验，测定了反应过程中出现的晶格结构变化和能量变化，总结了 Y_2O_3 和 Fe_2O_3 粉料混合烧结的动力学和反应机制。他们采用 XRD 精修，对 YIG 铁氧体中的各个成分含量进行定性和定量估计。经过对五个著名的固体反应模型方程的拟合分析后发现，YIG 相的形成很好地符合了 GBH 模型，表示为：

$$\left[1-\frac{2}{3}\alpha-(1-\alpha)^{2/3}\right]=kt \tag{6-76}$$

其中，α 为反应的分数；k 为反应速率常数，与活化能有关；t 为反应时间。这个反应模型为更好地描述 YIG 反应过程中离子的扩散和相的形成提供了依据，描述了成相过程。实验结果表明，在形成 YIG 相之前，更倾向于形成 YIP（$YFeO_3$）相，如图 6-38（b）所示：①石榴石陶瓷的反应扩散方向是单向的，即只有 Fe^{3+} 能够发生扩散，原因是 Y^{3+} 的扩散速率非常小。②Fe^{3+} 浓度是形成 YIG 相的限制因素。③结合形成新的产物的顺序是由离子化难易程度决定的。④YIG 的形成是在 YIP 形成之后才开始的。YIP 转化为 YIG 的成相温度在 1200℃左右。⑤纯相 YIG 的分步反应化学方程式为：

$$Y_2O_3 + Fe_2O_3 = 2YFeO_3 \tag{6-77}$$

$$3YFeO_3 + Fe_2O_3 = Y_3Fe_5O_{12} \tag{6-78}$$

因此，可以通过以上结论总结 Bi:YIG 的烧结过程，整个过程如图 6-39 所示，右边为离子的微观视角，左边为分子视角或晶粒变化视角。首先是球磨好的混合粉料各个成分互相接触，随着温度从室温开始升高，离子热运动加剧，部分离子尤其是表面离子键断裂开始有了离子化的趋势。从宏观角度，没有明显变化，只有多相混合的晶粒团聚。接着离子化到一定程度，游离的金属离子沿着晶粒之间的间隙扩散移动。此时离子的含量为 $Bi^{3+}>Fe^{3+}>Y^{3+}$。分为两种情况：第一种是 Bi^{3+} 和 Fe^{3+} 形成新的化合物 $BiFeO_3$；第二种是 Bi^{3+} 和 Y^{3+} 互相扩散形成如图 6-37 所示的混合结构。游离的离子在晶粒间逐渐形成晶界包裹较难离子化的氧化物原料晶粒，转变成核-壳结构。最后，包裹的离子穿过晶界逐渐向晶粒内部渗透扩散，最终形成 Bi:YIG 的石榴石相。温度进一步升高，晶界处的离子互相融合重新排列，缺陷减少，晶格取向逐渐一致，晶粒生长形成多面体的形貌。整个化学反应过程的分步方程式可以表示为：

$$Bi_2O_3 + Fe_2O_3 \longrightarrow BiFeO_3 \tag{6-79}$$

$$BiFeO_3 + Y_2O_3 \longrightarrow YBiFeO \tag{6-80}$$

$$YBiFeO + Fe_2O_3 + Y_2O_3 \longrightarrow Y_{3-x}Bi_xFe_5O_{12} \tag{6-81}$$

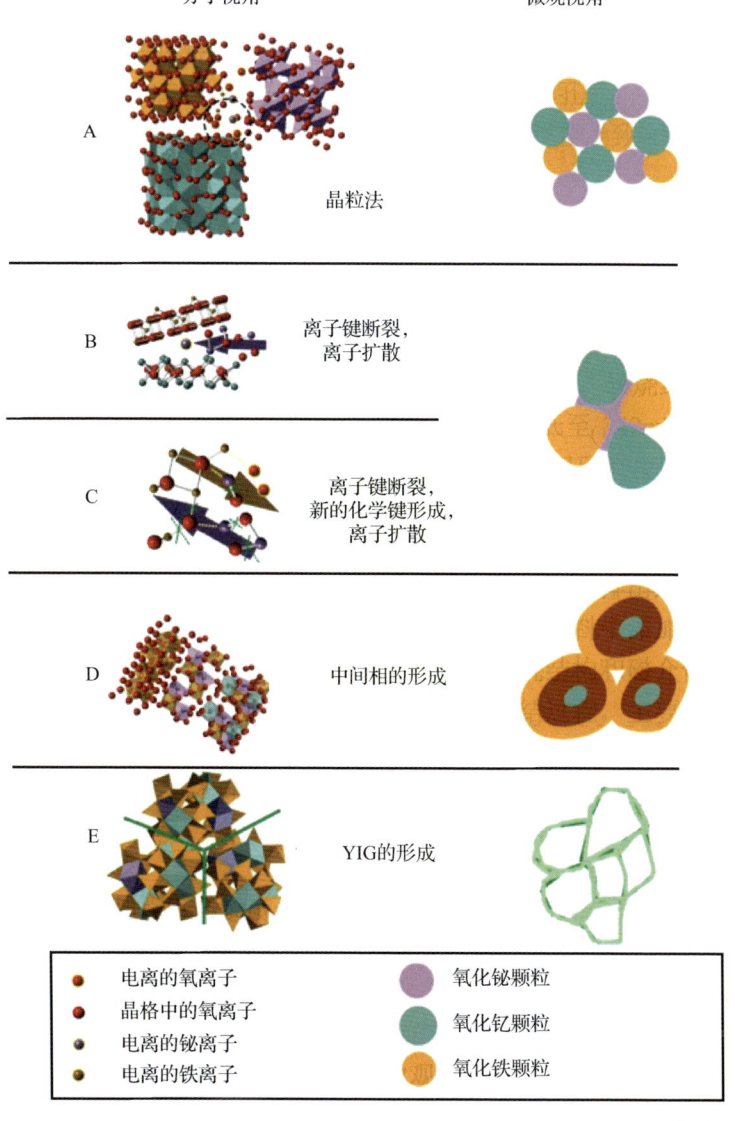

图 6-39 反应的微观离子热运动过程和宏观晶粒生长过程

4. 磁矩的生成顺序

根据前面分析,离子扩散并且发生化学反应,在两相的扩散处逐渐融合生成中间相。在这个过程中,Fe^{3+} 会与 O^{2-} 结合形成四面体和八面体的次晶格结构,这种次晶格结构互相运动,逐渐转变成特定的构型角度,然后形成石榴石相。如 6.2.3 节所述,在石榴石晶体结构中,Fe^{3+} 和 O^{2-} 形成 Fe^{3+}-O^{2-}-Fe^{3+} 的离子结构。由于 Bi:YIG 铁氧体中,Y^{3+} 由 Bi^{3+} 部分取代,这两种离子都是非磁性离子,因此取代量对于铁氧体的磁矩结构不会产生影响。铁氧体产生的磁性全部来源于 Fe^{3+}。所

以根据超交换作用的解释模型,任意含量的样品,每个晶胞具有的总磁矩为 $|24m_c - 40\mu_B|$。但是根据测试结果,如图 6-33(b)所示,饱和磁化强度从缺铁量 $x=0.2$ 到 $x=0.3$ 之间有明显下降,幅度超过了 10%。而取代量和测试误差的因素并不能造成如此大的差别,因此分析认为是 Fe^{3+} 的部分缺失造成了铁氧体晶体磁矩结构的变化。根据前面分析可知,YIG 相的形成是分步的,根据温度的不同,形成中间相然后再形成最终结构。由此得到结论,Fe^{3+} 的部分缺失导致次晶格结构形成的过程出现了改变。因此,可以根据饱和磁化强度的变化来分析四面体和八面体结构的形成顺序。Bi:YIG 中各离子的磁矩贡献如表 6-13 所示。从表中可以看出,八面体位(a 位)的 Fe^{3+} 电子磁矩自旋向上,四面体位(d 位)的 Fe^{3+} 电子磁矩自旋向下,总磁矩自旋向下。一个晶胞内的总自旋磁矩为:

$$m = \left|\frac{1}{8}(24m_c + 16m_a - 24m_b)\right| \qquad (6\text{-}82)$$

表 6-13 Bi:YIG 中 $Y_{2.1}Bi_{0.9}Fe_5O_{12}$ 不同离子磁矩贡献

次晶格	离子贡献	磁矩方向
24c	16.8Y^{3+}	$+m_c$
24c	7.2Bi^{3+}	$+m_c$
16a	16Fe^{3+} ↑	$+m_a$
24d	24Fe^{3+} ↓	$-m_b$

假设四面体和八面体次晶格的形成是同时的,那么 Fe^{3+} 的部分缺失不会产生饱和磁化强度先上升后下降的变化,只能随着缺铁量的增加呈现线性减小的趋势。因此,在形成四面体和八面体的过程中必然存在一定的顺序。这种先上升后下降的变化说明形成八面体的优先级高于形成四面体,这样在缺失部分 Fe^{3+} 的情况下,造成{16a}位八面体的比例增大,[24d]位四面体的比例减小。随着 Fe^{3+} 缺失量增加,晶格缺陷达到一定程度,稳定的晶格结构不能维持,此时八面体开始减少,总磁矩下降。缺铁量继续增加,四面体和八面体的比例如上变化,使在 $x=0.4$ 和 $x=0.5$ 时饱和磁化强度较小。

形成四面体和八面体的优先顺序也可以从晶格束缚能的角度来解释。八面体以铁离子为中心,周围由 6 个氧离子包围;四面体中铁离子周围有 4 个氧离子包围。因此同样的能量,八面体对铁离子的束缚能力大于四面体,较容易形成。另外,根据烧结过程中的核-壳理论,离子从表面逐渐向中心扩散才能形成石榴石晶体结构,因此形成 YIG 相是层层形成。离子向内部扩散,在达到烧结条件的前提下,内部的晶体结构保持相对完整。因为单个离子在晶格之间迁移的过程中,向内迁移的离子较向外迁移的离子稳定。这主要是因为根据式(6-72),表面的晶格束缚能较小,不利于游离离子位置的固定。表面的离子相对活泼,因此缺铁引起的四面体、八面体的结构缺陷主要存在于晶粒表面。在缺铁量变化较小（$x<0.2$）的情况下，磁矩增加的幅度大约为 2%，与缺铁量差别不大。但是当缺铁量超过 0.3 时下降幅度增大为 10%左右，大于缺铁量，这是因为在表面的离子向晶格能量最低的趋势运动，导致次晶格的重新排列，造成饱和磁化强度的急剧下降。

6.6 分步烧结 Bi:YIG 铁氧体研究

6.6.1 引言

现代通信技术发展进程日渐加快，各种器件的发展也日新月异，尤其是移动通信技术飞速发展，《纽约时报》评论称 4G 改变生活，5G 改变社会。基于 5G 的物联网、网络直播、无线区域网络技术、自动驾驶、智能家居、虚拟现实等技术逐渐成熟，将会深刻改变社会的生产方式和面貌，如图 6-40 所示。

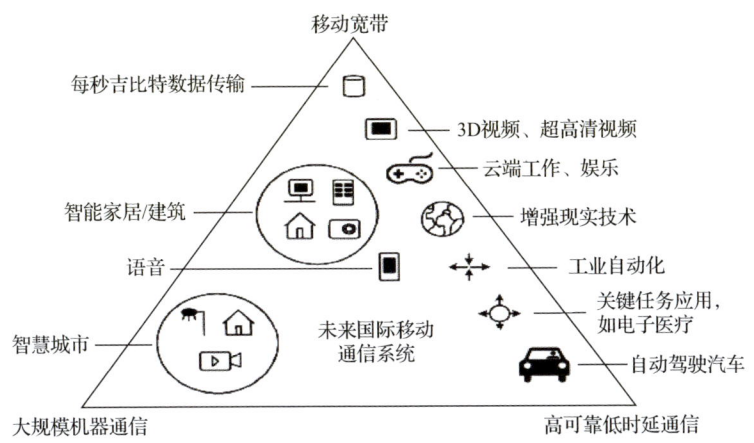

图 6-40　5G 应用场景

近些年来各个国家在 5G 领域不断加大投入，抢占新一代移动通信技术的制高点。三星电子于 2013 年 5 月 13 日宣布，首个基于 5G 核心技术的移动传输网络已经建成，在 2020 年之前进行商业化的 5G 网络推广。2018 年 4 月 3 日，国内首个基于 3GPP R15 标准的电话在广州成功打通，由中兴通讯股份有限公司联合中国移动通信集团广东有限公司实施，意味着端到端的 5G 商业化运行成功实现。2018 年 7 月 23 日，高通公司（Qualcomm）推出了面向智能手机或其他移动终端的全球首款 5G 集成射频模组。这也成为业内第一个将高速网络频谱与移动电话配合使用的天线模块。其毫米波技术提供了更快的速度，以及更小巧的外形。同年 11 月，华为技术有限公司（以下简称华为）发布了第一款 5G 芯片基带巴龙 5000，集成在 7nm 芯片麒麟 990 上，让中国在 5G 芯片技术上实现了弯道超车。2019 年，三星电子和华为相继发布了第一部 5G 手机，并且实现了折叠屏手机的量产化。与此同时，各个国家将 5G 的标准和市场视为重大利益，在此领域的博弈和争夺日趋白热化。如何能够在这新一轮的电子信息技术中领先世界，是企业和国家正在面临的迫切需求。2018 年 6 月 13 日，在 3GPP 第 80 次 TSG RAN 会议正式完成了使用 3GPP 5G NR 标准的 SA（standalone，独立组网）方案并发布，这标志着首个真正完整意义的国际 5G 标准正式出炉。标准的建立只是开始，将标准技术转化成市场成为新的焦点。未来几年，中国将建立大约 600 万个通信基站，遍布大中小城市，甚至偏远山区、边疆、人迹罕至的沙漠戈壁。无论是 5G 手机还是基站，低温共烧低旋磁损耗 YIG 铁氧体是其中的关键组件，系统必需的环行器、隔离器、滤波器都需要 YIG 铁氧体来实现。YIG 低温共烧铁氧体在 LTCC 技术上的应用，实现三维集成电路印制，成为高频微波器件应用的关键方向之一，具有生产消耗低、成本低、性能优良、抗干扰、抗形变的优良特性。因此，如何进一步改善铁氧体的性能和生产条件，成为新一轮磁性能材料研究领域的热点。

在 6.4 节，尝试使用 BBSZ 玻璃态液相助烧剂降低 YIG 铁氧体的烧结温度，发现助烧效果完全不能实现 YIG 在 950℃下的低温烧结。当温差大于 200℃或者过度的掺杂，会导致性能急剧下降。想要将在 1450℃才能烧结晶化的 YIG 铁氧体在 950℃以下烧结，单纯的外在条件的改变无力逾越如此巨大的温差鸿沟，只能通过改变内禀条件，改变反应路径才能实现 YIG 的低温降烧。因此，通过低熔点氧化物 Bi_2O_3 取代 YIG 铁氧体反应物中的高熔点氧化物 Y_2O_3，实现了在 950℃下的降温烧结，取得了良好的效果。在一系列样品中，获得了烧熟的样品，并获得了良好的磁性能及旋磁性能。通过一系列的测试，改进了实验数据的拟合方法，获得了更准确的数据。随后研究了缺铁配方的 Bi:YIG 的一系列性能，从能量的角度，分析和解释了低温烧结的原因，并探索了离子的迁移扩散过程和磁矩形成的顺序。根据前面的分析从本质上理解了铁氧体低温烧结的原理，有助于开展接下来的研究。有了降低烧结温度的前置条件，才能够在此基础上通过改变外部环境等因素，进一步提升铁氧体的性能。

通常来讲，通过其他手段合成铁氧体也可以有效改善铁氧体的性能。例如，采用化学法（如共沉淀法、溶胶-凝胶法、水热反应法等）合成，或者使用纳米晶技术，细化前驱体颗粒到纳米级别，增加晶粒表面化学活性，进而增加离子的迁移速率，在一定温度下可以使晶粒融合速率加快以促进晶粒的生长，有效消除晶界缺陷，改善旋磁性能。还有微波烧结法，使用微波能量给予晶粒接触点更高的能量，促使离子活性增加，加快晶粒的生长。但是以上几种方法都面临着工艺复杂、成本过高的问题而不利于工业化生产。铁氧体在 LTCC 技术上的大规模应用依赖于其低成本和生产工艺简单的特点，与工业化思路相违背，不利于推广。在固相法烧结的条件下改进性能是现阶段生产环境的要求，从这个思路出发才能够制造出适应市场化的产品。

温度条件是烧结的最关键因素。在烧结过程中，高温炉腔不仅能够给样品提供提高离子活性的能量，还能改变样品内部的热应力和热压力。当温度出现一定程度的改变时，这种由高温引起的内部应力的变化可以在一定程度上使晶体的微观结构发生变化，有助于控制内部缺陷，使结构更加均匀。Li、Xu、Wang 等做出的研究发现了这一点。

6.6.2 Bi:YIG 铁氧体的低温分步烧结研究

1. Bi:YIG 铁氧体材料分步烧结的制备和表征

本小节实验中使用固相法合成 Bi:YIG，化学式为 $Y_{2.1}Bi_{0.9}Fe_5O_{12}$。使用高纯度的氧化物原料 Y_2O_3（99.9%）、Bi_2O_3（99.8%）和 Fe_2O_3（99.9%）作为反应物。首先按照化学式配比称取反应物共 100g。将原料与 120mL 去离子水加入到钢罐中，并加入两种直径的钢球，大球直径 10mm 共 100g，小球直径 6mm 共 200g。使用行星式球磨机以 250r/min 的速率球磨 12h，将原料充分研细并混合。球磨后得到原料的混合悬浊液，在 100℃的烘箱中烘干，接着在空气条件下预烧。预烧的升温速率为 2℃/min，在 850℃下保持 2h 得到预烧料。在预烧料中加入 10wt% PVA 进行造粒，过 40 目与 80 目筛，保留中间的均匀颗粒。然后称取 2.5g 混合颗粒倒入圆形模具（Φ18mm）经过 10MPa 的压强压制成型。最后，圆片样品在空气中采用分步烧结法进行烧结，具体升温曲线如图 6-41 所示。升温速率为 2℃/min，在温度达到 200℃和 500℃时分别保温 30min，用于排出水分和排胶。所有的样品分为四个模式，将最高烧结温度设定在 950℃，该温度点称为高温点（high-temperature point，HTP）。在烧结温度达到最高点后保温一段时间，称为分步保温时间（step constant temperature，SCT）。然后烧结炉停止工作，降温到一个温度点并维持该温度，保温时间和高温点一样。将这个过程称为一个保温阶段，即分步烧结中的一步。降温并保温的温度点称为低温点（low-temperature point，LTP）。在模式一（M1-A）中，高温点为 950℃，只有一个保温阶段，保温时间 4h，然后以 2℃/min 的速率降温到 650℃并自然冷却。设置一个对比状态（M1-B），保温 2h 之后降温到 900℃再升温到 950℃继续保温 2h。在模式二（M2）、模式三（M3）、模式四（M4）中，高温点为 950℃，低温点分别为 900℃（A）、850℃（B）、800℃（C）。区别是，模式二为两步烧结，有两个保温阶段，保温时间为 2h；模式三为四步烧结，有四个保温阶段，保温时间为 1h；模式四为八步烧结，有八个保温阶段，保温时间为 0.5h。经过实际测试，烧结炉在 950℃到 850℃的高温情况下，断电降温的速率为 80～100℃/min，实际降温时间小于 1min，因此温度曲线基本符合设定曲线，降温过程对实验结果影响较小。

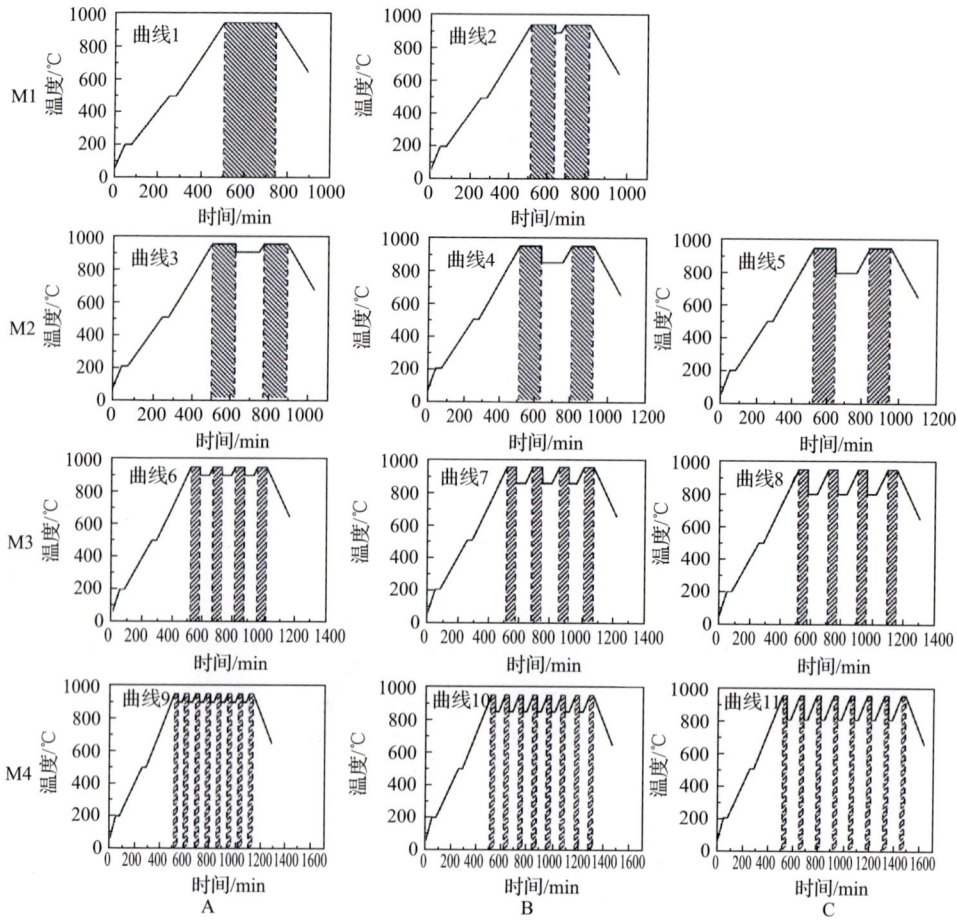

图 6-41　分步烧结曲线温度变化示意图

M1-A：一步烧结，高温点 950℃，无低温点；M1-B：一步烧结对比实验；M2-A～M2-C：两步烧结，高温点 950℃，低温点分别为 900℃（A）、850℃（B）、800℃（C），保温时间 2h；M3-A～M3-C：四步烧结，高温点 950℃，低温点分别为 900℃（A）、850℃（B）、800℃（C），保温时间 1h；M4-A～M4-C：八步烧结，高温点 950℃，低温点分别为 900℃（A）、850℃（B）、800℃（C），保温时间 0.5h

所有样品的物相测试使用 X 射线衍射仪，辐射射线为 Cu K$_\alpha$（λ=1.5406Å），扫描的步长为 0.02°，速率为 2.4°/min，扫描范围为 10°≤2θ≤80°。样品的断面形貌通过隧道扫描电镜（JEOL JSM-6490LV）测得。晶格常数通过计算 XRD 峰的主峰位置和角度关系获得。晶粒尺寸通过挑选每个 SEM 图上的 20 个晶粒，统计平均直径得到。样品的密度通过阿基米德排水法，用水煮过后冷却到室温下测得。饱和磁化强度 M_s 和矫顽力 H_c 通过振动样品磁强计（VSM）获得。铁磁共振线宽的测试是将样品剪成小块，用金刚石砂碗通过吹风磨成直径 1mm 的小球，放置在谐振腔的正中央位置，使用 TE_{106} 的谐振腔通过微扰法在 9.55GHz 下测得。

2. Bi:YIG 铁氧体材料分步烧结测试结果分析

图 6-42 为 Bi:YIG 铁氧体材料的 XRD 图谱。上半部分为测试结果，下半部分为 XRD 图谱的标准衍射卡片，峰的位置和相对峰强如图所示。从图中可以看出，烧结成型的样品具有纯的石榴石相，测试数据峰的位置和标准衍射卡片一一对应。其中有一些杂峰属于测试背底，可以忽略。这说明分步烧结并不改变样品的晶体结构，因为本小节实验的分步烧结只改变了低温点，不改变元素含量和其他烧结条件，能够获得钇铁石榴石样品。同时，通过式（6-48）和式（6-49）计算得到晶格常数为 12.433Å，与 6.4 节得到的样品具有一样的数值。

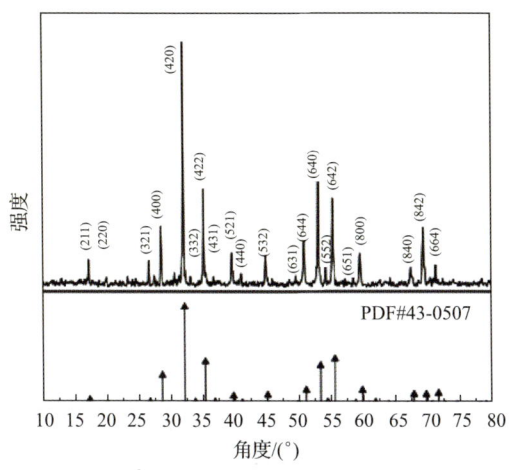

图 6-42 分步烧结 Bi:YIG 铁氧体材料的 XRD 图谱

图 6-43 为分步烧结各个模式下 Bi:YIG 铁氧体样品的断面 SEM 图。其中图 6-43（a）～（k）分别代表从 M1-A 到 M4-C 几种不同的烧结曲线的 SEM 图。从图中可以看出，所有样品的微观形貌都非常致密成熟，晶粒呈现比较好的多面体菱形外观，晶界明显，晶粒尺寸均匀，同时气孔较少，致密性较高。从图的左上角到右下角，晶粒尺寸逐渐增大，具体数值如图 6-44（a）所示。从图中可以看出，总体上样品的晶粒尺寸随着分步烧结的步数增多而增加，这与 SEM 图上显示的整体形貌趋势相一致。平均晶粒尺寸在 1.48～1.56μm 之间，尺寸变化不是很大。同时发现，在低温点为 900℃（A）和 850℃（B）时，随着分步烧结步数的增多，到四步烧结时平均晶粒尺寸增加达到最大，八步烧结的晶粒生长较四步烧

结而言停滞。在低温点为 800℃（C）时，两步烧结和四步烧结的晶粒尺寸较低温点 850℃（B）稍有减小，但八步烧结时晶粒继续增大。这说明分步烧结对于晶粒的生长具有一定改善作用，步数越多，晶粒的增加越明显。同时低温点也对晶粒生长具有一定的影响。

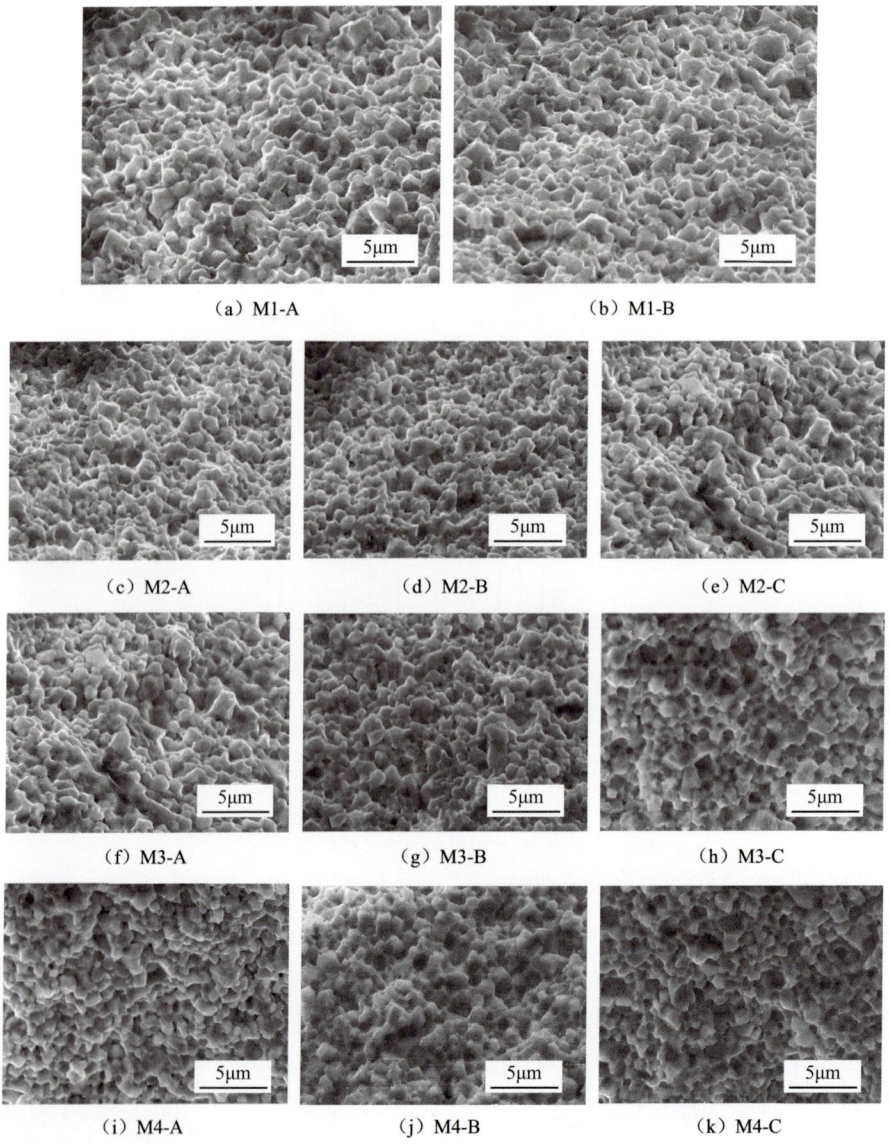

图 6-43 分步烧结四种模式下 Bi:YIG 铁氧体材料的断面 SEM 图

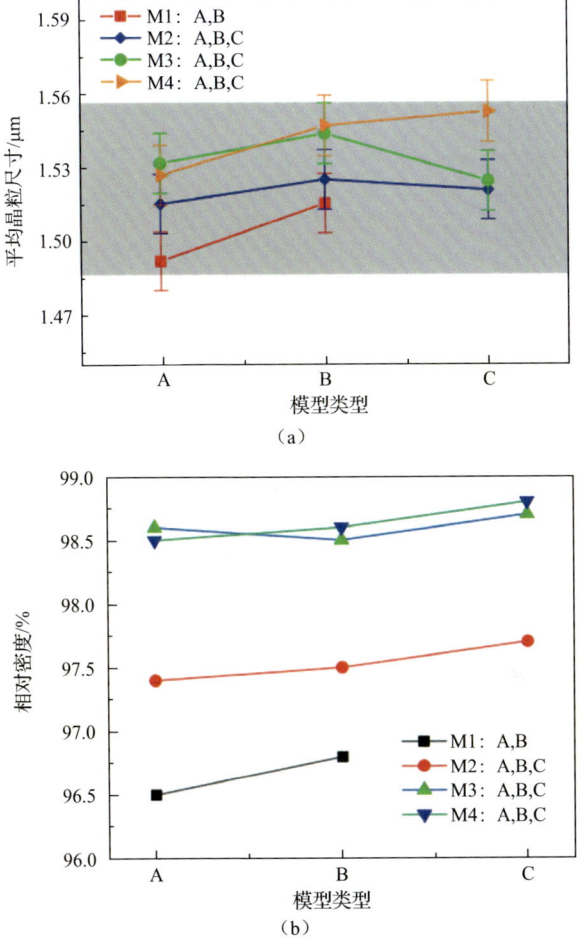

图 6-44 分步烧结 Bi:YIG 铁氧体的平均晶粒尺寸统计（a）和相对密度（b）

图 6-44（b）表示的是不同烧结模式的 Bi:YIG 铁氧体样品相对密度的变化趋势。数据根据纯相 YIG 的理论数据计算，由于 Y^{3+} 被部分替换为 Bi^{3+} 并且晶格常数增大，计算得出化学式为 $Y_{2.1}Bi_{0.9}Fe_5O_{12}$ 的 Bi:YIG 的理论密度 ρ_1，经过测试得到的密度为 ρ_2，计算公式为

$$\rho_R = \frac{\rho_2}{\rho_1} \times 100\% \tag{6-83}$$

从图中可以看出随着分步烧结步数的增加，样品的相对密度增加，从 96.5%增加到 98.7%。一直到四步烧结时最大，达到 98.5%~98.7%，再增加到八步烧结，对相对密度几乎没有影响。同时随着低温点从 900℃ 降低到 800℃，样品的相对密度同样有增大的趋势。这与晶粒的平均尺寸变化趋势相同。说明分步烧结能够在一定程度上同时增加晶粒的平均尺寸和相对密度，晶粒之间的孔隙减少，有利于样

品烧结成更好的微观形貌及更紧密的内部结构,对性能会产生有利的影响。引起这种现象的原因是在高温情况下,晶粒热活性增大,同时固体物质的体积会随着温度增加而有一定程度的膨胀,温度降低体积会收缩。造粒后的样品内部疏松,存在大量的孔隙并且孔隙互相连通,多个晶粒相互独立。升温到晶粒互相融合生长的温度点之后,随着晶粒的生长,有可能出现多个晶粒将少量空气包裹形成的空腔。同时从活化能和正态分布的角度讲,有大量离子在迁移运动,相当于"流体"的运动,在离子间张力的作用下形成墙壁,这样内部孔隙中的空气无法排出,阻隔了晶粒的进一步生长。

但是稍稍降低烧结温度之后,晶粒由于温度降低,体积会收缩,同时降低了离子活性,部分可迁移"流动"的离子在晶粒表面固化在晶格中,墙壁打开,在部分晶粒之间尚未融合的点形成开口,有利于空气的排出,如图 6-45 所示。再在温度升高到高温点之后,这样排出空气的孔隙部分没有了空气的阻隔,相互之间继续进行离子的扩散融合形成更大的晶粒。因此,分步烧结便出现了随步数增多晶粒的尺寸和相对密度增大的现象。但是增加到四步以上,晶粒之间易于排出空气的孔隙减少,因此继续增加步数不能继续增加晶粒尺寸和相对密度。同时步数的增加使得每一个保温阶段的保温时间减少,每一步的晶粒生长程度减小,尺寸和相对密度不会继续增大。

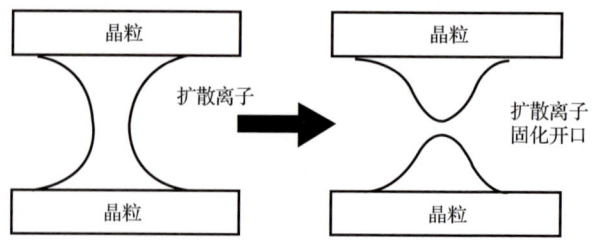

图 6-45　晶粒间扩散离子开口示意图

图 6-46(a)和(b)分别为不同分步烧结模式的 Bi:YIG 样品的磁滞回线和饱和磁化强度 M_s 的变化。如图所示,所有样品具有良好的矩形比和软磁特性。当外加磁场强度增加到大约 500Oe 时,磁化方向和外加磁场方向逐渐一致,磁化强度逐渐达到饱和。当磁场强度增大到 1000Oe 以上,磁化方向与外加磁场方向完全一致,磁化强度完全饱和。通过连接曲线得到分步烧结模式的饱和磁化强度,如图 6-46(b)所示。从图中可以看出,随着步数的增加,饱和磁化强度会随之减小,从一步烧结 M1-A 的 28.4emu/g 降低到八步烧结 M4-A 的 25.5emu/g,降低幅度大约为 12%。而相同步数,不同低温点的样品也同样有饱和磁化强度下降的趋势。其中,一步烧结的对比实验 M1-B 从 M1-A 的 28.4emu/g 降低到 24.9emu/g,降低幅度最大;其他模式也有同样趋势的下降,降低幅度相近,为 10%～15%。产生这样的现象是因为分步烧结改善了晶粒表面的磁性结构。

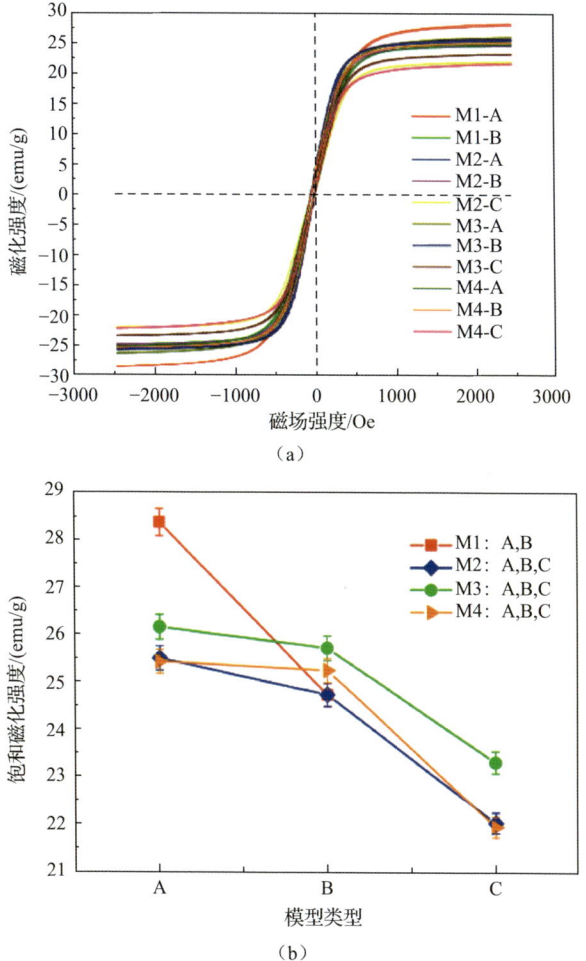

图 6-46 （a）Bi:YIG 样品的磁滞回线；（b）Bi:YIG 样品的饱和磁化强度变化

前面讨论了缺铁配方由于 Fe^{3+} 的部分缺失引起饱和磁化强度变化的现象，得到结论：四面体和八面体在形成过程中有一定的先后顺序。铁氧体的软磁性能来源于四面体和八面体中心的 Fe^{3+} 与共用 O^{2-} 的超交换作用。在晶粒表面和晶粒内部存在两种不同的晶体结构，一种是内部完整的石榴石结构，一种是表面部分不完整的石榴石结构。内部结构是较为理想的状态，形成较为均匀的磁畴结构。而表面受石榴石晶格结构的束缚较小，更容易形成的是不规则的磁畴结构。表面磁畴结构在磁场作用下有更多的磁矩被拉到与磁场相同的方向，获得较大的饱和磁化强度。但是分步烧结由于不断的从低温到高温往复循环，提供一个动态促进的能量，促使离子的重新排列，形成更为均匀的表面晶格结构，相当于将游离的磁矩固定在晶粒中，这时由于超交换作用，总磁矩反而更小。由此可以看出，分步烧结有利于离子重新向晶格结构中规则排列。尤其是对于石榴石结构，晶粒结构的完整性非常重要，对旋磁损耗也有有利影响。

图 6-47（a）和（b）为不同烧结模式下 Bi:YIG 铁氧体样品的铁磁共振线宽变化。从图中可以看出，随着分步烧结步数的增加和低温点的降低，铁磁共振线宽有下降的趋势。其中，低温点为 900℃（A）的模式下，随着分步烧结步数的增多，铁磁共振线宽先减小后增大，一步和八步数值近似都为 267Oe，四步烧结最低为 258Oe。八步烧结线宽降低最为明显，从低温点为 900℃（A）的 267Oe 降低到低温点为 850℃的 232Oe。此结果说明了分步烧结有利于提高旋磁性能。产生的原因是一方面分步烧结能够获得更大的晶粒尺寸和更高的相对密度，如图 6-43 和图 6-44 所示，微观结构更加均匀和致密，孔隙引起的旋磁损耗更低。这种现象可以由式（6-28）解释。同时前面分析到分步烧结使离子结构在晶粒表面更加均匀统一，烧结步数越多，界面离子的不规则排列产生的缺陷对旋磁波在晶粒之间的传播阻碍更小，有利于旋磁波的旋磁进动。

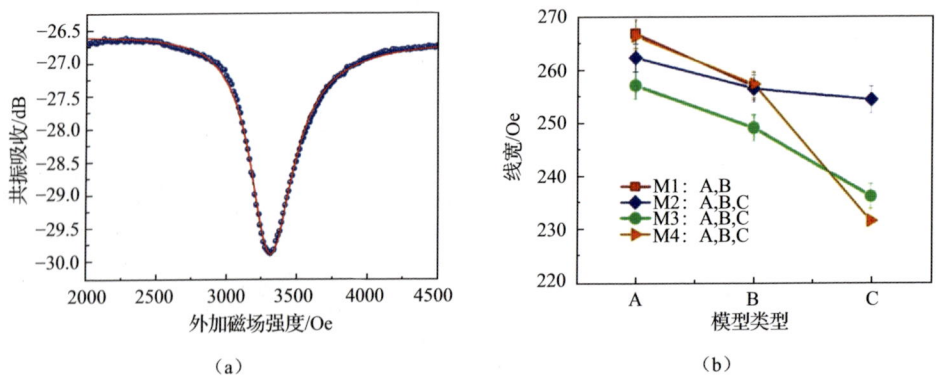

图 6-47　（a）法诺拟合分步烧结 Bi:YIG 铁氧体的 FMR 曲线，模式为 M4-C；（b）不同烧结模式下 Bi:YIG 铁氧体样品铁磁共振线宽的变化

6.6.3　分步烧结在固相法烧结铁氧体中的作用

晶体材料的热力学平衡状态是单晶态，但是在常规烧结过程得不到单晶态而只能得到多晶块材材料，晶粒生长到一定程度便不会继续生长，除非超出了温度的限制将反应物完全熔化然后冷却结晶。通常将晶粒生长的阻力归因于溶质阻力，但是即使在高纯度材料中也会发生晶粒生长停滞的现象。大量研究表明，晶界出现了与迁移率变化有关的突然的热粗糙度变化。因此在典型的退火温度下，多晶体表面包含平滑的慢边界和粗边界。正是这种界面粗糙度的变化阻碍了晶粒的生长。

晶粒之间交界的界面有两种，一种是粗（快）晶界，一种是细（快）晶界，这两种晶界是共生的，大量存在于晶粒之间。粗晶界指的是晶粒和晶界的晶格结构不匹配，有较大的取向夹角，离子键向外开放，迁移率高；细晶界取向夹角小，离子键向内闭合，迁移率低。在一定温度保温的情况下，粗细晶界的平均含量是固定的，而这个固定值决定了晶粒最终的生长尺度，由式（6-84）描述：

$$\frac{D_\text{p}}{D_\text{o}} = f_0^{-0.8} \quad （6-84）$$

其中，D_p 为最终生长晶粒的平均直径；D_o 为初始直径；f_0 为细晶界比例。因此细晶界越少，晶粒尺寸能够生长得较大。而分步烧结由于温度在一定范围内反复变化，能够促使离子的重新排布，因此能够将细晶界转化为粗晶界，促进晶粒生长。另外，离子在晶粒之间扩散重新融合的过程需要吸收能量和放出能量。升温过程有利于离子的扩散，降温过程有利于晶格固定形成稳定物相，二者相结合，便出现了分步烧结促进晶粒生长的现象。

参 考 文 献

[1] 贾宁. 微波/毫米波复合 YIG 低温共烧技术及应用基础研究. 成都: 电子科技大学, 2019.
[2] Dillon J F. Optical properties of several ferrimagnetic garnets. J Appl Phys, 1958, 29(3): 539-541.
[3] Espinosa G P. Crystal chemical study of the rare-earth iron garnets. J Chem Phys, 1962, 37(10): 2344-2347.
[4] Pearson R. Magnetocrystalline anisotropy of rare-earth iron garnets. Proceedings of the Seventh Conference on Magnetism and Magnetic Materials, 1962: 1236-1242.
[5] Geller S, Remeika J, Sherwood R, et al. Magnetic study of the heavier rare-earth iron garnets. J Phys Rev, 1965, 137(3A): A1034-A1038.
[6] Iida S. Magnetostriction constants of rare earth iron garnets. J Phys Soc Japan, 1967, 22(5): 1201-1209.
[7] Crossley W, Cooper R, Page J, et al. Faraday rotation in rare-earth iron garnets. J Phys Rev, 1969, 181(2): 896.
[8] Green J J, Sandy F, Techniques. A catalog of low power loss parameters and high power thresholds for partially magnetized ferrites. IEEE Trans Microwave Theory Tech, 1974, 22(6): 645-651.
[9] Dionne G. Temperature and stress sensitivities of microwave ferrites. IEEE Trans Magn, 1972, 8(3): 439-443.
[10] Hansen P, Tolksdorf W, Krishnan R. Anisotropy and magnetostriction of cobalt-substituted yttrium iron garnet. Phys Rev B, 1977, 16(9): 3973-3976.
[11] Nicolas J. Microwave ferrites. Handb Ferromagn Mater, 1980, 2: 243-296.
[12] Inui T, Ogasawara N. Grain-size effects on microwave ferrite magnetic properties. IEEE Trans Magn, 1977, 13(6): 1729-1744.
[13] Bullock D C, Epstein D J. Negative resistance, conductive switching, and memory effect in silico-doped yttrium iron garnet crystals. Appl Phys Lett, 1970, 17(5): 199-201.
[14] Berdennikova E, Pisarev R. Sublattice contributions to the Faraday effect in rare-earth iron garnets. Sov Phys: Solid State, 1976, 18(1): 1569-1579.
[15] Guillot M, Marchand A, Gall H L, et al. Correlation of spontaneous Faraday rotation with sublittices magnetization in some rare earth garnet RIG (R=Tb, Dy, Ho, Er). J Magn Magn Mater, 1980, 15: 835-836.
[16] Mckinstry K D, Patton C E, Kogekar M. Low power nonlinear effects in the ferromagnetic resonance of yttrium iron garnet. J Appl Phys, 1985, 58(2): 925-929.

[17] Studer F, Nguyen N, Fuchs G, et al. Ferrimagnetic-paramagnetic transitions induced by heavy ion irradiation: a Mössbauer investigation. Hyperfine Interact, 1986, 29(1-4): 1287-1291.

[18] Novák P, Englich J, Lütgemeier H. Enhancement of exchange interactions in Bi- and La-substituted $Y_3Fe_5O_{12}$. Phys Rev B, 1988, 37(16): 9712-9718.

[19] Lataifeh M, Al-Sharif A. Magnetization measurements on some rare-earth iron garnets. Appl Phys A: Mater, 1995, 61(4): 415-418.

[20] Vaqueiro P, López-Quintela M A, Rivas J. Synthesis of yttrium iron garnet nanoparticles via coprecipitation in microemulsion. J Mater Chem A, 1997, 7(3): 501-504.

[21] Kum J S, Kim S J, Shim I B, et al. Magnetic properties of Ce-substituted yttrium iron garnet ferrite powders fabricated using a sol-gel method. J Magn Magn Mater, 2004, 272: 2227-2229.

[22] Joseyphus R, Narayanasamy A, Nigam A, et al. Effect of mechanical milling on the magnetic properties of garnets. J Magn Magn Mater, 2006, 296(1): 57-64.

[23] Zhao H, Zhou J, Zhao Q, et al. Magnetotunable left-handed material consisting of yttrium iron garnet slab and metallic wires. Appl Phys Lett, 2007, 91(13): 131107.

[24] Lamastra F R, Bianco A, Leonardi F, et al. High density Gd-substituted yttrium iron garnets by coprecipitation. Mater Chem Phys, 2008, 107(2-3): 274-280.

[25] Zhang W, Guo C, Ji R, et al. Low-temperature synthesis and microstructure-property study of single-phase yttrium iron garnet (YIG) nanocrystals via a rapid chemical coprecipitation. Mater Chem Phys, 2011, 125(3): 646-651.

[26] Nguyet D T T, Duong N P, Satoh T, et al. Temperature-dependent magnetic properties of yttrium iron garnet nanoparticles prepared by citrate sol-gel. J Alloys Compd, 2012, 541: 18-22.

[27] Roy D, Bhatnagar R, Bahadur D. Magnetic behaviour and microstructural properties of amorphous and crystallized $Y_{3-x}Gd_xFe_5O_{12}$ prepared by the amorphous citrate process (x= 0, 0.5 and 3). J Mater Sci, 1985, 20(1): 157-164.

[28] Sankaranarayanan V K, Gajbhiye N S. Low-temperature preparation of ultrafine rare-earth iron garnets. J Am Ceram Soc, 1990, 73(5): 1301-3007.

[29] Pal M, Chakravorty D. Synthesis of nanocrystalline yttrium iron garnet by sol-gel route. Physica E, 1999, 5(3): 200-203.

[30] Tsay C Y, Liu C Y, Liu K S, et al. Low temperature sintering of microwave magnetic garnet materials. Mater Chem Phys, 2003, 79(2-3): 138-142.

[31] Nazlan R, Hashim M, Abdullah N H, et al. Influence of milling time on the crystallization, morphology and magnetic properties of polycrystalline yttrium iron garnet. Adv Mater Res, 2012, 11: 324-328.

[32] Akhtar M N, Sulong A B, Khan M A, et al. Structural and magnetic properties of yttrium iron garnet (YIG) and yttrium aluminum iron garnet (YAIG) nanoferrites prepared by microemulsion method. J Magn Magn Mater, 2016, 401: 425-431.

[33] Simon J. Broadband strip-transmission line Y-junction circulators. IEEE Trans Microwave Theory Tech, 1965, 13(3): 335-345.

[34] Fujita J, Gerhardt R, Eldada L A. Hybrid-integrated optical isolators and circulators. Optoelectron Interconnect, Integr Circuits Packag, 2002, 46(52): 77-86.

[35] Wang Z, Fan S. Optical circulators in two-dimensional magneto-optical photonic crystals. Opt Lett, 2005, 30(15): 1989-1991.

[36] Heffernan M J, Aquilino S A, Diaz-Arnold A M, et al. Relative translucency of six all-ceramic systems. Part II : core and veneer materials. J Prosthet Dent, 2002, 88(1): 10-15.

[37] Barath V S, Faber F J, Westland S, et al. Spectrophotometric analysis of all-ceramic materials and their interaction with luting agents and different backgrounds. Adv Dent Res, 2003, 17(1): 55-60.

第7章 低温共烧尖晶石 NiCuZn 铁氧体磁芯-旋磁

7.1 绪论

7.1.1 研究背景和意义

近年来,随着现代电子信息和 5G 通信技术的飞速发展,电子器件,小到电阻、电容、电感,大到滤波器、移相器等均朝着小型化、轻便化、高频化、高性能化和多功能化方向发展与壮大。因此,磁性材料作为电子元件的重要基础材料之一,从传统的磁性材料向新一代磁性材料过渡,将迎来更大的变化和挑战[1]。这使得新型磁性材料不仅要具备多样化的性能,而且还应具备集成化、小型化、宽频化和高频化等新的特点[2]。磁性材料的小型化、集成化和高性能化一直是当今便携式电子器件的研究热点和待解决问题。近些年,逐渐出现的小型化、集成化器件技术包括多芯片组件技术、薄膜技术、多层片式化工艺技术和低温共烧陶瓷(LTCC)技术等。其中,LTCC 技术凭借高集成度、高性能、低成本等优点在国际上占有重要地位。此外,在满足小型化同时,材料的性能多样化也是解决当今器件应用多样化的基础,包括电容、多层电感、滤波器、小型化天线、环行器和移相器等多方面的应用。其次,探索磁性材料更高频率的应用具有重要意义,尤其是在 5G 信息技术的当代,对电子元件在更高频率、更宽频带的应用需求日益增加。因此,为加快发展我国高性能、高集成的电子技术和通信技术,开展对磁性材料的低温共烧技术和实现材料的高性能、高频化、多样化应用具有广泛而深远的战略意义。LTCC 技术是国际上实现小型化、集成化和高性能的热门技术[3]。LTCC 技术最早出现于 20 世纪 80 年代中期,是一种新型多层基板工艺技术。其将多层印制电路的陶瓷薄片叠层、定位、内部埋置各种被动元器件，并在800～950℃的烧结炉共烧后形成功能陶瓷基板电路模组。由于磁性材料的烧结温度一般都高于1000℃，而LTCC技术又需要和银电极共烧，因此材料的烧结温度必须低于约961℃（银的熔点）。然而，低的烧结温度通常会给材料制备带来很多弊端，如晶粒增长不充分，材料的低密度和多孔隙等问题，从而造成材料磁性能急剧下降，进而限制其应用[4]。因此，如何实现低温烧结的磁性材料同时获得很好的磁性能是近二十年来研究的热点问题，也是实现电子器件小型化的重要基础。

在现代雷达系统、电子信息系统、通信系统和5G通信技术不断发展趋势下，在满足小型化的基础上，电子模块的匹配以及高频应用是待解决的关键问题。电子系统中电子模块里的元器件已经不再局限于如电容和电感等单一元器件。滤波器、环行器、移相器等整机电子系统的需求和发展对于材料的功能多样化提出了新的要求。这些需求都是目前单一材料实现多功能化所面临的巨大难题。加之，整机模块中无论是多层片式电感（MLCI）还是滤波器、天线等器件，均朝着更高频率方向发展，如数百兆赫兹甚至吉赫兹。而雷达系统、通信系统模块中的环行器和移相器微波器件更是朝着更高的微波段频率方向应用。因此，实现低温烧结NiCuZn铁氧体的性能多样化及高频化是解决当今电子模块匹配和模块集成的关键因素。铁氧体磁性材料，早在20世纪30年代末开始已经被研究了几十年，是射频及微波领域最具吸引力的材料之一。采用铁氧体磁性材料制备的电子器件对电路系统实现发送、接收和电磁信号的处理起着至关重要的作用。尖晶石铁氧体作为铁氧体材料的典型代表，具备合适的磁导率、介电常数和低的损耗，从而得到国内外广泛关注。其中，NiCuZn铁氧体是尖晶石铁氧体的一种，具备自身更为独特的优势，如高磁导率，合适的介电常数，较高的截止频率，低磁损耗、介电损耗，高电阻率和工艺合成简单等[5]，成为电容、电感、滤波器、磁珠、多层片式电感、移相器、环行器等诸多电子元器件和电子通信系统中的佼佼者。然而，如图7-1所示，目前NiCuZn铁氧体应用最广泛之一的多层片式电感、电容，是手机、摄像机、平板计算机、笔记本计算机、硬盘等新一代产品的重要组成部分，也面临着新的机遇和挑战。例如，对NiCuZn铁氧体材料的小型化、高频化和高性能化设计提出了更为苛刻的要求。而采用LTCC工艺是解决电子元器件小型化的有效方法，但LTCC工艺的前提是在低温烧结下（小于961℃：与Ag电极共烧）获得致密均匀的铁氧体。另外，在解决NiCuZn铁氧体低温烧结问题的同时，如何使其应用在更高的频率（>10MHz）范围且同时具备优异的磁性能是有待攻克的技术难点。到目前为止，国内外采用很多方法来降低铁氧体的烧结温度，从而改善低温下NiCuZn铁氧体的微结构均匀化和致密化，但是在对拓展其工作频率，保证在射频领域的应用还存在很大的研究空间。实际上，当晶粒尺寸在一定范围内时，由于Snoek定律限制，高的磁导率必将导致低的截止频率，严重限制了电子器件高频化方向发展[6]。因此,在实现 NiCuZn 铁氧体低温烧结的同时,使其具备高截止频率、尽可能高的磁导率、低损耗的性能也一直是国内外探索的热点问题。

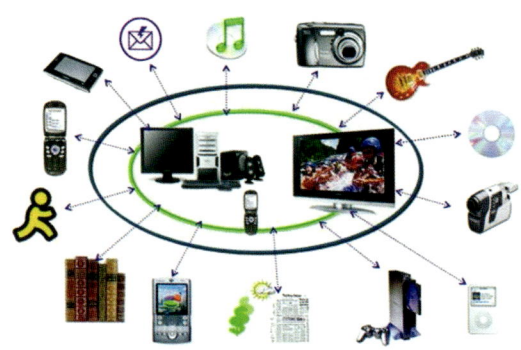

图 7-1　NiCuZn 铁氧体材料应用在电子设备

此外,除了满足 NiCuZn 铁氧体在传统射频域具备更高应用需求外,探索其在微波段应用,进而满足 NiCuZn 铁氧体更为广泛、更为宽频和更低损耗的应用是一个重要的研究难题。目前,利用铁氧体的旋磁特性及非线性效应等特性制备的多种微波铁氧体器件,包括隔离器、移相器、环行器等,很大程度依赖于铁氧体材料的选择和特殊性能的研究。尤其是移相器,作为实现新一代相控阵雷达操控阵列天线的关键器件(图 7-2),在现代军事雷达、电子对抗、人工智能、卫星通信及空间通信等领域有着极其广泛的应用,成为新世纪雷达技术发展的重要驱动力,直接关系着一个国家的军事水平。因此,移相器的小型化、高频化、高性能化发展也已迫在眉睫。衡量移相器好坏的直接因素是具备良好的旋磁性能,包括高饱和磁化强度,窄铁磁共振线宽和低损耗。因而,具备旋磁性能的铁氧体(又称旋磁铁氧体)在微波技术中有着广泛应用并占有重要地位。在铁氧体材料中,仅仅用于微波段的材料有很多种,例如,钇铁石榴石 $Y_3Fe_5O_{12}$(YIG)铁氧体具有较窄的铁磁共振线宽,但其饱和磁化强度较低[7]。加之,由于 YIG 铁氧体应用于环行器时需外加磁场,且所加磁场大小正比于应用频率,即频率越高所加磁场越大,为其提供偏置场的永磁体体积则越大,不利于小型化设计[8,9]。Li 系铁氧体由于在微波段具有较高的饱和磁化强度和居里温度优点,也被大量研究[10,11]。但 Li 系铁氧体具备高的矫顽力和较大的铁磁共振线宽,会导致微波器件工作频率缩短和插入损耗增大[12-14]。相比而言,NiCuZn 铁氧体具有较小的磁晶各向异性常数 K_1、较高的电阻率 ρ、较高的密度 d、更小的矫顽力 H_c,以及最为重要的是拥有更窄的铁磁共振线宽 ΔH,具备很大的潜在价值。就目前情况来看,国内外对于 NiCuZn 铁氧体材料的研究基本局限于低频段。例如,日本 TDK 株式会社对低温烧结 NiCuZn 铁氧体进行低频(<10MHz)磁谱研究,主要应用在多层片式电感中。

然而近几年，NiCuZn 铁氧体在微波器件的应用逐渐得到关注。郭荣迪系统地研究了 NiCuZn 铁氧体在 K_a 波段的旋磁性能，包括添加 Bi_2O_3 氧化物降低烧结温度、增加致密度，并修正 NiCuZn 配方的多种磁性离子，最终得到了窄铁磁共振线宽、低矫顽力和高饱和磁化强度的 NiCuZn 铁氧体。贾立军等研究了应用于微波器件的旋磁特性，发现添加优化的 Bi_2O_3-ZnO-B_2O_3 玻璃有助于减小 NiCuZn 铁氧体的铁磁共振线宽，是移相器、环行器和隔离器等微波器件的可选材料之一[15]。这充分说明 NiCuZn 铁氧体在微波段具备良好的旋磁特性，是微波器件材料候选之一。加之，实验研究者在 LiZn 铁氧体旋磁性能的研究上做了大量工作，但对于 NiCuZn 铁氧体的研究基本局限于射频段。实验研究者也逐渐开始在已有的科研平台上挖掘 NiCuZn 铁氧体应用于微波段的旋磁性能[16]。因此，追求 NiCuZn 铁氧体材料在射频段具备更好的软磁性能，同时，进一步探究其在微波段的旋磁性能，开拓单一材料的宽频域、低损耗以及性能多样化的需求是极有意义的。同时，近些年国内外对 NiCuZn 尖晶石铁氧体在宽频段的低温共烧技术、高磁性能和高旋磁性能等仍然是急需解决的关键问题。本章主要以电子信息领域急需且瓶颈材料技术，尤其是 NiCuZn 铁氧体磁性材料拓宽频域、降低损耗和集成化关键技术展开研究，这恰恰是当前电子器件集成化、多样化的发展对 NiCuZn 铁氧体材料的新要求。

图 7-2　F-22 装配的 APG-77 多功能有源相控阵火控雷达配备的移相器

基于以上论述和需求，这里以 NiCuZn 铁氧体作为研究对象，旨在调控低温烧结条件下 NiCuZn 铁氧体的软磁、旋磁性能，尤其研究其在微波段具备更小的铁磁共振线宽等优良的旋磁特性。通过不同氧化物复合掺杂、金属离子取代的方法来改良 NiCuZn 铁氧体的微结构、低温烧结致密性和磁性能，从而开发出具有更宽频段的优良低温烧结 NiCuZn 铁氧体材料，实现多样化的应用需求。这对于现代电子信息技术向小型化、高频化、多功能化和集成化发展具有深远意义。

7.1.2　NiCuZn 铁氧体研究情况

1. LTCC 技术对 NiCuZn 铁氧体的要求

随着电子技术和通信技术的迅猛发展，LTCC（低温共烧陶瓷）技术是目前主流的实现电子元件小型化、多功能化、高性能化和高可靠性工艺技术，适于无源集成的叠层片式器件与无源集成基板批量制作,已经成为大规模生产紧凑、轻量化电子元器件的一种好方法。该技术采用多层叠层拓扑结构,能够提供优良的元件精度,可以实现高密度的多层布线和无源元件的基片集成,并能够将多种集成电路和元器件集成在一个封装里,实现二维和三维电路布局,非常适合高速、射频、微波等系统的高性能集成化与小型化。图 7-3 为基于 LTCC 技术的无源基板。具体地,LTCC 技术是利用低温共烧材料,通过流延、切片、打孔、填孔、丝印、叠层、等静压、切割、排胶、烧结、电镀等工艺环节进行生产制备。LTCC 技术实现的关键在于低温烧结材料与器件的设计。LTCC 技术在国外研究比较成熟,例如,美国 PPT 公司、日本 TDK 株式会社等都研发和生产了多种 LTCC 工艺技术的电子元器件。而国内在这一方面技术还很落后,主要包括材料和工艺设备的落后。由于采用 LTCC 技术需要和 Ag 电极共烧,然而 Ag 的熔点为 961℃,因此要求 LTCC 材料的收缩率和 Ag 基本一致,热膨胀系数也要尽量匹配。首先要实现铁氧体材料的低温烧结,这是研究 NiCuZn 铁氧体需要解决的关键问题。然而,低温烧结 NiCuZn 铁氧体会带来一系列问题,如晶粒增长不充分而产生很多孔隙,或是晶粒增长受限导致晶粒不均匀,从而严重恶化材料的磁特性。

图 7-3　LTCC 无源基板

基于 LTCC 技术的 NiCuZn 铁氧体在实现低温烧结同时,需要具备良好的高频磁特性。针对 NiCuZn 铁氧体的不同小型化应用场合,如高磁导率的多层片式电感应用场合、高截止频率的射频电路应用场合、高饱和磁化强度和窄铁磁共振线宽的微波器件应用场合等,需要 NiCuZn 铁氧体在满足低温烧结的基础上,调控不同应用需求的磁性能以满足更广泛的应用场合。实际上,实现低温烧结 NiCuZn 的方法主要包括化学合成法,制备纳米尺寸的 NiCuZn 铁氧体,但是其合成方法复杂,成本高,且不易控制。采用化学合成法可以达到良好效果,但真正满足商业应用的却非常少[17]。另外一种则是通过固相反应方法,但是需要进一步地在 NiCuZn 铁氧体中加入低熔点氧化物或者通过离子取代方法达到降低烧结温度功效,这种方法简单、经济且易实现。采用低熔点的金属氧化物掺杂来降低烧结温度实际上是利用液相烧结原理。通过液相产生的毛细管力可以促进晶粒生长,过多的液相能抑制晶粒生长,通过研究不同熔点的金属氧化物添加剂,调控助烧剂的比例,实现低温烧结条件下制备出均匀、致密的 NiCuZn 铁氧体。采用这种方法来降低 NiCuZn 铁氧体的烧结温度在国内外研究的很多[18-21]。但是,大多数研究仅仅将一种低熔点氧化物掺杂至 NiCuZn 铁氧体,多种氧化物的复合掺杂报道却很少。并且,在降低烧结温度基础上可以同时提高高频磁性能的研究仍然很欠缺,也一直是 NiCuZn 铁氧体的热点研究话题。另外,还可以采用低熔点的金属离子（如 V^{5+}）取代调控 NiCuZn 铁氧体活化能，促进晶粒生长和致密，增加 NiCuZn 铁氧体的磁性能。在 NiCuZn 铁氧体预烧成相过程中，通过添加不同的金属氧化物来降低 NiCuZn 铁氧体的反应活化能，实现其在低温烧结条件下的晶粒生长。

因此，为了满足小型化、集成化和高性能化的电子元器件发展需求，采用 LTCC 工艺是对 NiCuZn 铁氧体的基本要求，通过氧化物掺杂和离子取代改善材料的各向异性与磁性能，优化选择助烧剂来实现铁氧体的低温烧结、控制烧结过程的致密化过程与收缩率等方面展开研究。同时，解决低温烧结条件下具备高性能、高频化和多样化性能的 NiCuZn 铁氧体的技术难题，满足当今电子元器件小型化、多功能化的迫切需求，提高该产品的性能与竞争力。

2. 氧化物掺杂的 NiCuZn 铁氧体研究状况

为了满足 NiCuZn 铁氧体在低频、高频甚至微波频段的广泛应用，同时实现器件的小型化、集成化需求，单一的 NiCuZn 铁氧体已经无法满足当今电子元器件飞速发展的新要求。因此，添加氧化物至 NiCuZn 铁氧体，调节微结构，促进晶粒的致密化，进而增强其磁特性，是一种有效的方法。选择氧化物掺杂至 NiCuZn 铁氧体，一方面，可以通过氧化物的不同特性调节 NiCuZn 铁氧体的微结构和磁性能；另一方面，采用添加氧化物至 NiCuZn 铁氧体的方法降低其烧结温度，满足 LTCC 工艺，进而实现小型化的发展需求。掺杂氧化物是在 NiCuZn 铁氧体已经初步烧结成相后再添加低熔点金属氧化物，然后进行二次烧结成型，最终获得低温烧结下 NiCuZn 铁氧体的磁介性能。掺杂氧化物至 NiCuZn 铁氧体的方法很早就开始探索了。华南理工大学何新华等早在 1999 年将 Bi_2O_3 作为烧结促进剂，并进一步分析了 Bi_2O_3 的低温烧结机制，发现加入 Bi_2O_3 可有效降低 NiCuZn 铁氧体的烧结温度，但当 Bi_2O_3 含量增加到大于 4.0wt%时，烧结温度不再降低，并且产生的二相化合物 $Bi_{36}Fe_2O_{57}$ 有效抑制了晶粒长大，适用于多层片式电感器件。Sea-Fue Wang 等在 2000 年采用固态混合法湿法化学涂层工艺，加入 1.5wt% Bi_2O_3 至 NiCuZn 铁氧体，可以获得 900℃烧结时最佳磁导率（约 191）和品质因数（约 68.2）[22]。Jaill Jeong 等同样在 2004 年为了获得低温（<900℃）烧结下均匀致密的 NiCuZn 铁氧体，探索 Bi_2O_3 对 NiCuZn 铁氧体微观结构的影响，同时研究微结构的变化对材料电磁性能的影响。实验结果是：当 Bi_2O_3 含量为 0.25wt%时获得均匀微结构的 NiCuZn 铁氧体，且此时获得最佳磁导率和品质因数。然而，当 Bi_2O_3 含量超过 0.5wt%时观察到异常颗粒，且相应的磁导率和品质因数也降低了。进一步地，2005 年 J. Mürbe 等为了获得高磁导率的 NiCuZn 铁氧体，使其应用于 MLCI 器件，添加了 0.0wt%～1.0wt%的 Bi_2O_3。结果是随着 Bi_2O_3 含量的增加，晶粒先增大后减小，且在 900℃烧结下得到致密和高磁导率（约 900）的 NiCuZn 铁氧体，促进了 MLCI 器件的发展。2009 年，电子科技大学刘颖力等加入 3.0wt%的 Bi_2O_3

至 NiCuZn 铁氧体，实现低温烧结，并获得很好的微波特性（M_s=337kA/m），以及较窄的铁磁共振线宽（ΔH=16kA/m）和低损耗（$\tan\delta_\varepsilon$=5.7×10^{-4}），是一种微波环行器材料。华中科技大学吴雨峰等在 2014 年研究了添加 Bi_2O_3 对 NiCuZn 铁氧体微结构、居里温度和磁导率的影响。结论是添加 1.0wt% Bi_2O_3 时，晶粒明显增大，且随着添加量增加，磁导率先升后降，材料的居里温度没有明显变化。2016 年，J. Hesse 等研究了 LTCC 工艺的 NiCuZn 铁氧体层，通过添加 0.5wt%的 Bi_2O_3 至 NiCuZn 铁氧体，采用 900～915℃共烧法制备了铁氧体和低介电常数 LTCC 层组成的多层膜，作为铁氧体层的掺杂 Bi_2O_3 的 NiCuZn 铁氧体具有高的磁导率（400～450）。郭栗等继而在 2019 年添加 1.0wt%～11.0wt%的 Bi_2O_3 至 NiCuZn 铁氧体，结果发现优化的 Bi_2O_3 含量可以增加 NiCuZn 铁氧体的致密度，在 1～10MHz 范围内磁导率达到 130,且具备低的磁损耗(约 0.026)和高的截止频率(约 100MHz)。证明这是实现 LTCC 的滤波器高频应用的不错选择。可见，将 Bi_2O_3 这种氧化物掺杂至 NiCuZn 铁氧体，不仅可以降低烧结温度，还有利于获得低温烧结条件下均匀致密的 NiCuZn 铁氧体，从而增强其磁性能，包括增加磁导率、降低磁损耗、提高品质因数及增加饱和磁化强度。因此，明显发现 Bi_2O_3 是一种极好的掺杂于 NiCuZn 铁氧体的氧化物助烧剂。

另外，除了 Bi_2O_3 掺杂外，S. H. Seo 等研究了将 MoO_3 掺杂至 NiCuZn 铁氧体。研究结果表明，掺杂 MoO_3 可以降低 NiCuZn 铁氧体的烧结温度（900℃）和磁损耗，且在 0.2wt%掺杂量时获得最佳磁导率（约 650），适合应用于 MLCI 器件。2004 年，苏桦等又进一步研究了掺杂 MoO_3 氧化物对 NiCuZn 铁氧体磁导率的影响，发现通过掺杂优化的 MoO_3 可以促进晶粒生长，增大晶粒从而提高 NiCuZn 铁氧体的磁导率。当 MoO_3 的含量为 0.08wt%时磁导率达到最大值（2810），随着 MoO_3 含量继续增加磁导率逐渐减小。但是 MoO_3 为非磁性物质，其掺杂降低了 NiCuZn 铁氧体的居里温度和饱和磁化强度。可见，掺杂 MoO_3 可以获得高磁导率的 NiCuZn 铁氧体。

为了降低烧结温度且获得更好的磁特性，钟慧等研究了将 WO_3 掺杂至 NiCuZn 铁氧体，发现体密度随着 WO_3 含量的增加明显增大，并从磁化机制方面分析了磁导率随着 WO_3 含量的变化。在低频下，畴壁运动磁化机制对磁导率的变化起主导作用。磁导率随着 WO_3 含量的增加而降低，降低的磁导率是由于 WO_3 添加后引起晶界增加，从而减小晶粒尺寸，对畴壁运动的阻力增加变得不可避免，最终导致磁导率降低，但其共振频率增加。介电常数随着 WO_3 含量增加而增大，分析其增大的原因是引入了 W^{6+}高价离子，更多的 Fe^{3+}向八面体位置移动，增加了 Fe^{2+}与 Fe^{3+}在八面体位置上的电子跳跃，因此导致介电常数增大。

为了实现 LTCC 工艺，满足低温烧结是实现其技术的重要指标。2014 年，Wei Shen 等报道了采用 B_2O_3 氧化物掺杂 NiCuZn 铁氧体，并在 850～950℃温度范围内烧结。结果发现，少量的 B_2O_3（0.05wt%）不仅提高了烧结性能，还在 925℃ 烧结时获得了高的磁导率（达到 826.41），高的饱和磁通密度（约为 341.8mT）和低的矫顽力（29.09A/m），非常适合多层电感和 LC 滤波器应用。然而，当 B_2O_3 含量大于 0.05wt%，通过微结构测试可以观察到更多的气孔和液相，从而恶化了磁性能。

继而在 2015 年，Sea-Fue Wang 等系统研究了 SnO_2、WO_3 和 ZrO_2 三种氧化物对 NiCuZn 铁氧体磁性能的影响。结果表明，三种物质均在 1075℃ 实现最佳致密的微结构形态，其中 WO_3 在一定程度上促进了晶粒增长，并产生少量的二相物质（$Cu_{0.85}Zn_{0.15}WO_4$）。优化的 ZrO_2 明显提高了 NiCuZn 铁氧体的磁导率，5.0wt%的 ZrO_2 掺杂使得磁导率从 356.9 增加至 588.4，但是降低了品质因数（约 56.6）。加入 SnO_2 降低了 NiCuZn 铁氧体的磁导率和品质因数。这三种氧化物掺杂不同程度地对 NiCuZn 铁氧体的微观结构、磁性能造成影响，对其磁性能的调控也都各有优缺点。但其缺点是 1075℃ 的烧结温度不能满足 LTCC 技术实现小型化电感器件的发展。

2019 年，Shuoqing Yan 等掺入 0.05wt%~3wt%的 V_2O_5 至 NiCuZn 铁氧体中，发现合适的 V_2O_5 有效降低了 NiCuZn 铁氧体的烧结温度至 920℃，并调整了 NiCuZn 铁氧体的晶粒尺寸，促进其致密性。进一步地，对掺杂后 NiCuZn 铁氧体的磁导率色散进行拟合分析，揭示了磁畴壁与自旋旋转的关系。研究结果表明，当 0.05wt%的 V_2O_5 氧化物掺杂时，磁导率从 109 增加至 199.92，达到该实验的最大值，且密度也大大提升至 5.31g/cm^3。但当 3.0wt%的 V_2O_5 掺杂时，磁导率迅速下降为 71.24，这是因为过量的 V_2O_5 使得样品的饱和磁化强度降低。同时还发现，添加 V_2O_5 有助于增强 NiCuZn 铁氧体磁导率的温度稳定性。研究的 V_2O_5 掺杂后 NiCuZn 铁氧体可以很好地应用于感应式无线充电系统。

随着电子器件不断发展更新，更高性能、更高工作频率、更多功能和更小型化成为新时代电子器件的必然趋势，带动着其基础电子材料朝着这一方向发展。单一的氧化物似乎已经不是很能满足当今电子材料的发展需求，且单一氧化物掺杂至 NiCuZn 铁氧体已经在近几十年研究得差不多了。因此，探索复合掺杂 NiCuZn 铁氧体将是一种可取的新思路。M. Yan 等将 CuO 和 V_2O_5 复合掺杂至 NiCuZn 铁氧体，获得了低温烧结下高磁导率的 NiCuZn 铁氧体材料。NiCuZn 铁氧体的起始磁导率越高，所需 MLCI 层越少，导致 MLCI 器件越小，非常有利于器件的小型化。具体结论为 10mol% CuO 和 0.2mol% V_2O_5 掺杂时起始磁导率达到最高，为 1417。Haikui Zhu 等采用传统的固相法，通过添加 B_2O_3-MoO_3 至 NiCuZn 铁氧体，在 925℃ 烧结时制备出均匀致密的铁氧体[23]。优化的复合掺杂提高了铁氧体的磁导率（高达 985.29，100kHz），并降低了矫顽力。2013 年，凌味未采用 2.0wt%的 Bi_2O_3 和 2.0wt%的 $Bi_4Ti_3O_{12}$ 复合掺杂至 NiCuZn 铁氧体，其磁导率从未掺杂的 20

增大至40,饱和磁化强度和矫顽力有所降低[24]。紧接着,Haikui Zhu 等将 B_2O_3-WO_3 复合氧化物掺杂至 NiCuZn 铁氧体,研究结果表明,过量的 B_2O_3-WO_3 掺杂会使 NiCuZn 铁氧体的磁性能变差[25]。同年,Yu Jin 等探索了不同含量的 Nb_2O_5-WO_3 复合氧化物掺杂,实现 NiCuZn 铁氧体的低温烧结[26]。研究发现,0.2wt% Nb_2O_5-0.5wt% WO_3 掺杂时能获得较好的磁性能:μ_i=674.81,B_s=142.48mT,H_c=31.39A/m,是很好的 MLCI 器件材料。Xiaohan Wu 等通过将 Co_2O_3-Bi_2O_3 复合掺杂至 NiCuZn 铁氧体,研究了掺杂主要对铁氧体晶粒大小和磁性能的影响[27]。一方面,降低了烧结温度,Bi_2O_3 在降低烧结温度方面起到主导作用。另一方面,通过 Co_2O_3 来细化晶粒,降低磁导率和磁损耗,增加高频下品质因数,使其在 13.56MHz 具有高的磁导率和品质因数,满足近场通信中屏蔽片材料应用需求。

上述研究情况表明添加氧化物方法有效降低了烧结温度,并调控了 NiCuZn 铁氧体的性能,使其满足 MLCI、滤波器、移相器和近场通信屏蔽片等诸多应用。显然,一元氧化物的添加基本已经研究很成熟了,但是复合氧化物掺杂至 NiCuZn 铁氧体对其高频率、高性能的开发探索还有很大空间,尤其是复合掺杂对 NiCuZn 铁氧体旋磁性能影响的研究更为缺乏。但复合氧化物掺杂在微波段性能的研究已经在国际上很多大公司逐步开始,因此具有很大的研究价值。总之,NiCuZn 铁氧体在低频和射频领域研究颇多,但是在微波段(如 X 波段)的研究空间和价值很大。

3. 离子取代 NiCuZn 铁氧体研究状况

NiCuZn 铁氧体的磁性能和介电性能都与组成该铁氧体的离子种类和结构分布息息相关。因此,采用离子取代置换的方法来调控 NiCuZn 铁氧体的磁电性能,同时满足 LTCC 工艺下的低温烧结是有效可行的方法。在实际生产和应用中,不断高要求的电子器件发展,使得单一 NiCuZn 铁氧体的电磁性能往往不能满足要求。因此,必须采用其他金属离子对 NiCuZn 铁氧体进行离子置换,得到性能优良的 NiCuZn 铁氧体。离子置换时,应该保证电磁性能符合要求,且满足占位相等和离子价数相等的原则。实际上,NiCuZn 铁氧体结合的化学键包括离子键和共价键,由于键能不同,影响到离子分布和晶格变化,进一步影响 NiCuZn 铁氧体的电磁性能。因此在对 NiCuZn 铁氧体进行离子取代时,需要了解 NiCuZn 铁氧体中化学键的性质,离子半径等相关因素,从本质上研究离子取代对其磁性能的影响具有深远意义。

近年来,为了探索离子取代 NiCuZn 铁氧体实现低温烧结,满足 LTCC 应用,添加低熔点金属离子来降低其烧结温度,使其在低温烧结下晶粒得到充分生长,具备良好的磁性能。Bi^{3+} 是降低 NiCuZn 铁氧体烧结温度的常见离子之一。贾丽军等将 Bi^{3+} 取代 NiCuZn 铁氧体,对低温烧结 NiCuZn 铁氧体微结构和性能影响进行研究[28]。结果发现 Bi^{3+} 能够进入铁氧体晶格,因此在烧结过程中,由于晶格的激活促进了晶粒增长和致密。另外，Bi^{3+}取代 NiCuZn 铁氧体的 Fe^{3+} 有助于降低烧结温度至 900℃。同时，能够提高 NiCuZn 铁氧体的磁导率（约 200，3.0wt% Bi_2O_3 取代）和品质因数（约 190，4.0wt% Bi_2O_3 取代）。还研究了 Bi^{3+} 取代对 NiCuZn 铁氧体功率损耗的影响，因为优化的离子取代导致均匀和致密的微结构形成，从而降低了铁氧体的功率损耗。他们还对比了 Bi_2O_3 离子取代和掺杂对磁导率、品质因数和功率损耗影响的不同，结果是 Bi_2O_3 取代比掺杂获得更致密、更高磁导率和品质因数、更低功率损耗的 NiCuZn 铁氧体。另外，Q. Lin 等采用溶胶-凝胶自蔓延高温合成法在 950℃制备了 $Ni_{0.6-x}Cu_{0.2}Zn_{0.2}Co_xBi_yFe_{2-y}$（$x=0\sim0.2, y=0\sim0.2$）铁氧体，研究 Co^{3+}、Bi^{3+} 取代对 NiCuZn 铁氧体微结构、形貌、电磁性能的影响[29]。结果发现，随着 Bi^{3+} 取代量增加，晶粒密度增大，过量的 Bi^{3+} 会造成异常的晶粒生长，使得微结构的均匀性恶化，晶粒密度也减小。最佳 Bi^{3+} 取代量为 0.1wt%。同时，对磁性能的研究发现，当 Co^{3+} 和 Bi^{3+} 取代量为 0.1wt%时，获得最佳饱和磁化强度（55emu/g）。当过量取代时，由超交换作用理论可知，取代使得 AB 超交换作用较大，使得 A 位 Fe^{3+} 还原导致 NiCuZn 铁氧体中 A 位磁矩减小，从而降低饱和磁化强度。

稀土元素由于熔点较低，可以用来降低 NiCuZn 铁氧体的烧结温度，并且它们可以增强磁性材料的磁性能。因此，学者们采用不同的稀土元素取代至 NiCuZn 铁氧体，研究其对 NiCuZn 微结构和磁性能的影响。例如，P. Venkata 等采用 Gd^{3+} 取代 $Ni_{0.5}Cu_{0.25}Zn_{0.25}Gd_xFe_{2-x}O_4$（$0.0 \leqslant x \leqslant 0.1$），使用草酸前驱体法合成的 Gd^{3+} 取代的 NiCuZn 铁氧体实现了低温烧结（烧结温度为 450℃）[30]。实验发现饱和磁化强度随 Gd^{3+} 含量的增加而增大，主要归因于 Gd^{3+} 磁矩为 $7\mu_B$，Fe^{3+} 的磁矩为 $5\mu_B$，因此随着 Gd^{3+} 数量的增加，铁氧体的饱和磁化强度增大。故 Gd^{3+} 掺杂对 NiCuZn 铁氧体的磁性能有积极影响。Q. Lin 等报道了通过溶胶-凝胶自蔓延高温法将 Ce^{3+} 取代至 $Ni_{0.6}Cu_{0.2}Zn_{0.2}Ce_xFe_{2-x}O_4$（$x=0.0\sim0.1$），在 950℃下烧结制备出符合 MLCI 器件应用的 NiCuZn 铁氧体[31]。研究结果表明，晶粒尺寸随 Ce^{3+} 含量增加先增加再降低，在 $x=0.05$ 时达到最大值；饱和磁化强度也随 Ce^{3+} 含量增加先增大后减小，当 $x=0.05$ 时达到最大值。李元勋等采用 La^{3+} 取代 $Ni_{0.3}Cu_{0.07}Zn_{0.63}Fe_{2-x}La_xO_4$（$0.0 \leqslant x \leqslant 0.04$）铁氧体中的 Fe^{3+}，结果表明产生了二相 $LaFeO_3$。另外，还发现磁导率随 La^{3+} 含量的增加而增加，在 $x=0.03$ 时取得最大值（333.5）。增加的磁导率主要是由于 La^{3+} 取代引起饱和磁化强度的增大。但是不能实现低温烧结，无法满足 LTCC 应用。继而，B. B. Patil 等采用草酸共沉淀法合成了 $Ni_{0.7}Cu_{0.1}Zn_{0.2}La_xFe_{2-x}O_4$（$x=0.0\sim0.035$），发现采用该化学方法制备的 La^{3+} 取代 NiCuZn 铁氧体实现了低温烧结（600℃），但饱和磁化强度和磁矩随着 La^{3+} 含量的增加而降低[32]。2019 年，S. M. Kabbur 等为了获得较高的电阻率和磁导率，采用甘氨酸辅助自燃法将 Tb^{3+} 取代 $Ni_{0.25}Cu_{0.3}Zn_{0.45}Fe_{2-x}Tb_xO_4$（$x=0.0wt\%\sim0.125wt\%$）铁氧体[33]。研究结果表明，

离子半径较大的 Tb^{3+} 取代较小的 Fe^{3+}，导致亚晶格上的阳离子分布产生磁化，获得高频下增加的电阻率和降低的介电损耗，并且该 NiCuZn 铁氧体适用于 MLCI 器件。除了稀土元素取代对 NiCuZn 铁氧体磁性能的影响外，Y. Slimani 等探讨了超声辐照纳米 $Ni_{0.3}Cu_{0.3}Zn_{0.4}Tm_xFe_{2-x}O_4$（$0.0wt\% \leqslant x \leqslant 0.1wt\%$）铁氧体结构、磁学、光学及阳离子分布。研究结果发现，Tm^{3+} 取代对 NiCuZn 铁氧体的磁性能影响很大。此外，Tm^{3+} 掺杂的纳米铁氧体对光性能影响结果表明，随着 Tm^{3+} 含量的增加，带隙值总体上增加，即从 1.78eV 增加至 1.94eV，符合其他尖晶石铁氧体体系中观察到类似的趋势。另外，饱和磁化强度、矫顽力、磁矩随着 Tm^{3+} 含量的增加而降低。因此，采用稀土元素实现低温烧结基本是采用化学合成法，但该方法制备复杂且成本高。而采用稀土元素在低温烧结下对磁性能的贡献基本只是停留在饱和磁化强度和矫顽力方面，对其他磁性能如磁导率的影响相关报道还很少。

为了促进 NiCuZn 铁氧体在微波领域的应用，M. A. Almessiere 等研究了同时采用稀土金属离子 La^{3+} 和 Y^{3+} 取代 $Ni_{0.3}Cu_{0.3}Zn_{0.4}La_xY_xFe_{2-2x}O_4$（$x=0.0wt\% \sim 0.1wt\%$）铁氧体，并研究了对其微波性能的影响。结果表明，$La^{3+}$ 和 Y^{3+} 取代 NiCuZn 铁氧体中 Fe^{3+} 降低了 A、B 位点的超精细场，导致饱和磁化强度和磁矩降低。其微波性能表明 La^{3+} 和 Y^{3+} 取代使 NiCuZn 铁氧体的回波损耗最小值移动到更高频率。此外，吸波带宽随着 La^{3+} 和 Y^{3+} 含量增加而增宽至 8.4GHz，且具有很好的微波性能，回波损耗为 -40dB，因此制备的 La^{3+} 和 Y^{3+} 取代的 NiCuZn 铁氧体可以很好地应用于 X 波段的雷达吸收材料。

为了满足低温烧结 NiCuZn 铁氧体具有更高的磁导率，采用 Mn^{2+} 调控 NiCuZn 铁氧体磁电性能是一种可行方法。J. H. Nam 等早在 1997 年采用 Mn^{3+} 取代 NiCuZn 铁氧体，系统地研究了不同含量的 Mn^{3+} 取代对 NiCuZn 铁氧体性能的影响。通过 Mn^{3+} 分别取代 Fe^{3+} 和 Ni^{2+}，研究结果表明，两种不同的取代对其磁导率的影响都是先增加再降低。当 Mn^{3+} 取代 NiCuZn 铁氧体的 Fe^{3+}，在 $x=0.04wt\%$，900℃烧结时获得最大磁导率。当 Mn^{3+} 取代 NiCuZn 铁氧体的 Ni^{2+}，在 $x=0.01wt\%$，900℃烧结时获得最大磁导率和最低矫顽力。另外，随着 Mn^{3+} 取代，两种取代方式的电阻率均下降，这主要是因为随着 Mn^{3+} 含量增加，晶粒尺寸增大，高电阻晶界分数的降低导致电阻率降低。继而，2001 年，Zhenxing Yue 等则通过溶胶-凝胶法将 $0 \sim 0.06$ 的 Mn^{2+} 取代 NiCuZn 铁氧体中的 Fe^{3+}。研究结果表明，在不添加助烧剂的情况下，采用该方法制备的 NiCuZn 铁氧体纳米颗粒实现了 900℃的低温烧结。虽然采用溶胶-凝胶法制备的 NiCuZn 纳米颗粒的方法没有传统方法制备的磁导率高，但是其可以不添加任何氧化物就能实现 NiCuZn 铁氧体的低温烧结。在实际 MLCI 应用中，由于铁氧体层较薄，需要细小均匀致密的颗粒。通过溶胶-凝胶法制备的 NiCuZn 纳米颗粒就很好地满足较薄的铁氧体层，加之，Mn^{2+} 取代改善了 NiCuZn 铁氧体纳米颗粒的磁特性。研究发现随着 Mn^{2+} 含量增加，磁导率增加，达到 503，但品质因数和电阻率随着 Mn^{2+} 含量增加而降低。进一步地，为了研究 Mn^{2+} 对 NiCuZn 铁氧体其他磁性能（如饱和磁化强度）的贡献，Sagar E. Shisath 等在 2014 年采用 Mn^{2+} 取代 NiCuZn 铁氧体的 Ni^{2+}，并加入 2.0wt% 的 Bi_2O_3 作为助烧剂，用以降低烧结温度。通过研究不同含量的 Mn^{2+} 取代对 NiCuZn 铁氧体的致密度、磁导率和居里温度的影响，发现采用该取代的 NiCuZn 铁氧体可以制备出高磁导率的 MLCI 器件。

Mg^{2+} 是取代 NiCuZn 铁氧体中 Ni^{2+} 的常用离子，因为 MgCuZn 铁氧体也属于尖晶石铁氧体，并且具有和 NiCuZn 铁氧体很多相似的磁特性。苏桦等为了降低 NiCuZn 铁氧体应用于 MLCI 器件的成本，将 Mg^{2+} 取代 NiCuZn 铁氧体的 Ni^{2+}，减少昂贵的 Ni^{2+} 而达到差不多效果的磁性能。他们采用传统的固相反应法，并在预烧后加入 1.5wt% 的助烧剂用以降低 NiCuZn 铁氧体的烧结温度至 950℃ 以下。研究结果表明，磁导率随着 Mg^{2+} 含量增加而增大，但品质因数、饱和磁化强度和矫顽力随 Mg^{2+} 含量的增加而减小。Ch. Sujatha 等则采用溶胶-凝胶法制备了 Mg^{2+} 取代的 NiCuZn 铁氧体。采用化学方法制备的纳米铁氧体在 950℃ 烧结时形成纳米 NiCuZn 颗粒，当 Mg^{2+} 含量 x=0.1 时，展现了更致密均匀的纳米铁氧体颗粒，且此时获得最大磁导率（约为 32）。同时发现随着 Mg^{2+} 含量增加，A-O-B 位置相互作用变弱，因此降低了饱和磁化强度。但 Mg^{2+} 含量增加降低了高频介电损耗，可以应用于更高频率的 MLCI 器件，但是磁导率却比较低，应用范围也将受到一定限制。

不难发现，关于离子取代 NiCuZn 铁氧体的报道大多数关注的是 100MHz 以下的磁特性，如磁导率、饱和磁化强度、介电常数、磁损耗、介电损耗、饱和磁通密度和矫顽力。但是，最近离子取代 NiCuZn 铁氧体的思路逐步走向微波器件应用，如环行器、移相器等。微波器件关注的是铁氧体的旋磁性能，包括高饱和磁化强度、小铁磁共振线宽、低磁损耗这些性能参数。孙科等探索了 NiCuZn 铁氧体在微波器件的应用，将 Co^{3+} 取代至 $Ni_{0.5-x}Co_xCu_{0.12}Zn_{0.4}Fe_{1.98}O_{4-\delta}$（$0.0wt\% \leqslant x \leqslant 0.015wt\%$）[34]。少量的 $CoFe_2O_4$ 可以补偿 $NiFe_2O_4$ 的负磁晶各向异性，从而使铁磁共振线宽减小。当 x=0.003wt% 时，得到最小铁磁共振线宽（9.87kA/m），高的饱和磁化强度（406kA/m）。这证明 Co^{3+} 取代的 NiCuZn 铁氧体很适合微波器件，开拓了 NiCuZn 铁氧体朝着更高频方向的应用。但是他们仅仅关注 Co^{3+} 对 NiCuZn 铁氧体旋磁性能调控方面，关于其低温烧结的实现尚未涉及。

可见，很多金属离子取代至 NiCuZn 铁氧体，从离子占位的变化来引起 NiCuZn 铁氧体微结构、致密度和相成分的变化，从而调控 NiCuZn 铁氧体的磁介性能。但单一的离子取代难以实现低温烧结，且对 NiCuZn 铁氧体的磁性能提升不是很大。这主要是由于离子取代对铁氧体占位机制有影响，且大多报道离子取代 NiCuZn 铁氧体采用化学方法制备纳米颗粒，用以达到低温烧结的效果，但是采用化学方法制备 NiCuZn 铁氧体纳米颗粒的成本高、制备方法复杂且产量低。因此，可以考虑采用固相法加入优化的助烧剂来实现离子取代对 NiCuZn 铁氧体磁介性能的调控。显然，离子取代调控 NiCuZn 铁氧体虽然也是一种可行手段，但是与掺杂氧化物调控 NiCuZn 铁氧体性能相比调控范围小很多。

7.1.3 NiCuZn 铁氧体应用的研究状况和发展趋势

1. NiCuZn 铁氧体主要应用状况

NiCuZn 铁氧体作为传统的磁性材料，在 20 世纪初得以发展和壮大。随着电子技术与通信技术的不断进步，NiCuZn 铁氧体凭借高电阻率、低成本、较高的磁导率和饱和磁化强度、低损耗和良好的化学稳定性等优势，广泛应用于 ICT（information & communication technology，信息与通信技术）、消费类电子、计算机、LED 照明、车载系统、智能安防、工业设备/能源、医疗设备/卫生保健等领域，如图 7-4 所示。尤其是在 5G 通信技术、便携式电子产品以及高性能要求的军事、航空航天和医疗领域，促使电子器件更小、更高频、更多功能及更集成化。而 NiCuZn 铁氧体凭借自己诸多优势，能够实现多样化应用，克服电子器件材料不匹配难题，实现不同器件高密度的集成和小型化。随着 20 世纪 NiCuZn 铁氧体被广泛应用于电感和磁珠元器件以来，在电子产品和信息技术日益发展的驱动下，具体应用主要包括电感、多层片式电感（multilayer chip inductor，MLCI）应用、滤波器、无线通信中的近场通信（NFC）技术应用、小型化天线基板材料应用、吸波材料应用、移相器和环行器等微波器件材料应用。因此，下面分别从这几大主要应用方面简要介绍 NiCuZn 铁氧体的研究现状。

信息通信技术

汽车电子

工业设备/能源

穿戴式设备

消费类电子产品

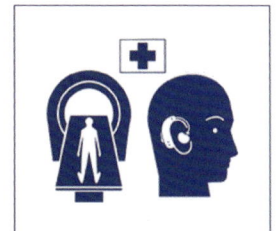

医疗设备/卫生保健

图 7-4 NiCuZn 铁氧体的应用领域

1) NiCuZn 铁氧体应用于绕线电感器件

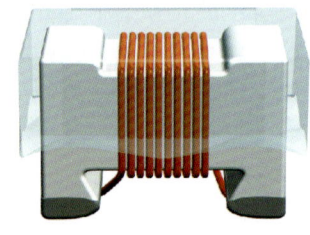

图 7-5 NiCuZn 铁氧体磁芯的绕线电感示意图

基于 NiCuZn 铁氧体磁芯的绕线电感如图 7-5 所示。其中,评价电感性能优劣的主要性能参数包括磁导率、磁损耗、矫顽力、工作频率及品质因数。不同的工作需求对某一性能参数的侧重点不同。例如,某些电源电路需要侧重高磁导率的电感,有些车载系统需要高品质因数的电感器件,有些电路系统则需要低磁损耗的电感,而一些射频设备需要高截止频率的电感器件等。针对不同的应用场合,不同性能参数的电感器件被广泛研究。例如,华中科技大学的刘峰等制备了 NiCuZn 铁氧体薄膜用于射频电感[35]。Hitoshi 等通过对 NiCuZn 铁氧体进行微波烧结来控制其晶粒生长,采用这种方法来优化微观结构,使得环形电感在微波加工下烧结而不引起裂纹或分层,并表现出好的磁特性[36]。同时,国内外公司也对电感器件研究逐渐成熟,并针对不同应用需求生产了不同的 NiZn 铁氧体基电感产品。表 7-1 列出了日本 TDK 株式会社采用 NiZn 铁氧体作为磁芯的不同型号的产品。明显地,根据不同的使用频率,设计了不同磁性能参数的电感器件,使其能够满足更广泛的应用。根据不同的应用场景,对性能指标参数的侧重点不同,例如,一些射频领域应用需要 NiCuZn 铁氧体的工作频率高,如 TDK 株式会社型号为 GT5 的产品。而某些电路系统应用场景希望电感值大,则需要考虑高磁导率的 NiCuZn 铁氧体磁芯的绕线电感,如 L8F。众所周知,由于 Snoek 定律限制,高的截止频率会导致低的磁导率,二者不可兼得[37]。因此,探索高频(如 RF 领域:几十兆赫兹至数百兆赫兹)下更好的磁特性(如高的磁导率、较低的磁损耗和较高的饱和磁化强度等)成为制约 NiCuZn 铁氧体发展的难题。

表 7-1 日本 TDK 株式会社 NiZn 铁氧体磁芯

型号	使用频率 /MHz	起始磁导率 μ_i	磁损耗 $\tan\delta/\mu_i\times10^{-6}$	饱和磁感应强度 B_s/mT	矫顽力 H_c/(A/m)	电阻率 ρ_v/(Ω·m)
L8F	0.01~0.5	1500±25%	<10(0.1MHz)	320(1.6kA/m)	30	10^5
GT2	0.1~2	250±25%	<60(2MHz)	310(1.6kA/m)	100	10^5
GT3	0.4~10	120±25%	<100(10MHz)	400(4kA/m)	350	10^5
GT4	0.5~20	70±25%	<350(20MHz)	360(4kA/m)	700	>10^5
GT5	3~80	25±25%	<470(80MHz)	300(2kA/m)	1100	>10^5
SY20	1~5	290±25%	<30(1MHz)	330(2kA/m)	110	10^5
SY22	5~15	80	<230(1MHz)	310(2kA/m)	370	>10^5
L20H	0.05~2	400±25%	<60(0.05MHz)	480(4kA/m)	50	>10^5

2) NiCuZn 铁氧体应用于 MLCI 器件

当今这个爆炸式的电子信息时代,便携式电子产品已经完全取代传统的庞大体积的电子产品,如便携式手机、便携式计算机、平板计算机等,因此国内外市场对电感器件产品的研发和改进不断刷新。进一步地,为了实现片式化的电感器件要求,采用 NiCuZn 铁氧体制备的多层片式电感(MLCI)广受青睐,有助于许多最新电子产品的小型化和集成化,是便携式计算机、手机、数码相机、平板计算机等电子设备的重要组成部分。图 7-6 为 NiCuZn 铁氧体制备的 MLCI 器件示意图,相比于绕线型片式电感,其工艺相对简单且集成度更高。MLCI 不需要绕线,采用多层陶瓷技术将铁氧体浆料和导体浆料交替印刷、叠层、烧结最后形成闭合磁路。由于 NiCuZn 铁氧体具有高磁导率、高饱和磁化强度、高电阻率和低磁损耗等显著优点,是 MLCI 器件目前的最佳铁氧体材料,通过铁氧体材料和银电极交替层来制造。由于 MLCI 器件要和银实现共烧,而银的熔点为 961℃,所以 NiCuZn 铁氧体的烧结温度需

图 7-6 NiCuZn 铁氧体制备的 MLCI 器件示意图

要低于 961℃。然而,NiCuZn 铁氧体的烧结温度一般在 1150℃左右,因此,要想实现 MLCI 器件,则需要实现 NiCuZn 铁氧体的低温烧结。在低温烧结的基础上同时需要具有优良的磁性能,是 NiCuZn 铁氧体应用于 MLCI 器件中的热点研究话题。显然,低温烧结 NiCuZn 铁氧体会带来一系列问题。例如,低温烧结所引起的晶粒不充分增长导致铁氧体致密性差且多孔隙,从而降低磁性能。为了实现在制造 MLCI 过程中与银电极共烧,且满足不同应用场合良好的磁性能,采用各种方法来提升低温下 NiCuZn 铁氧体的磁导率、饱和磁化强度,降低磁损耗和提高工作频率。例如,电路系统中需要高磁导率的 MLCI 器件,航天系统中需要低损耗的 MLCI 器件,射频电路中需要高频的 MLCI 器件,车载系统需要不同磁导率参数的 MLCI 器件,变压器需要高频、高磁导率的 MLCI 器件等。

针对低温烧结下 NiCuZn 铁氧体的诸多问题,国内外众多学者对其展开了广泛研究。清华大学李龙土等通过 Mn^{2+} 取代来细化微结构,同时加入 Bi_2O_3 作为助烧剂来降低 NiCuZn 铁氧体的烧结温度,实现低温烧结下较高的磁导率和电特性,同时获得较低的磁损耗和较高的工作频率(10~20MHz)[38]。M. Penchal Reddy 采用微波烧结的方法改良 NiCuZn 铁氧体在低温烧结下的微结构和磁特性,使其适用于高磁导率的 MLCI 应用,但是其具有较低的截止频率。电子科技大学苏桦等用 Mg^{2+} 取代 NiCuZn 铁氧体用以提高磁导率,适合高磁导率场合的 MLCI 应用。Wenli Zhang 等研究了低温烧结的不同 NiCuZn 铁氧体的磁导率、微结构及磁损耗,证明其可以制成 MLCI 器件集成至高频转换器中。尽管众多科研工作者针对低温烧结 NiCuZn 铁氧体磁性能的分析和改良做了大量研究,但是仍然在实际应用中存在诸多问题。如何做到更高频下高磁导率,更高频下低磁损耗是 MLCI 应用朝着高频化、小型化发展的至关重要因素。总之,NiCuZn 铁氧体自 MLCI 出现以来,

是最被重点关注的磁性材料，且一直也是目前国内外探索的热点。

进一步地，除了科研人员对 NiCuZn 铁氧体不断研究，旨在满足更为广泛、更高要求的应用需求，许多公司也在开发不同应用场合的基于 NiCuZn 铁氧体的 MLCI 器件。早在 1980 年，日本和美国为适应表面组装技术需要，开始了 MLCI 的研究开发，如今技术也相比国内成熟很多。目前国际上如日本 TDK 株式会社、株式会社村田制作所和美国 AEM 公司是生产 MLCI 器件的巨商。而国内的深圳顺络电子股份有限公司、南虹电子有限公司、中国电子科技集团公司第九研究所等企业和研究单位持续研究和开发 MLCI 器件，其需求量和性能要求日益激增。表 7-2 为深圳顺络电子股份有限公司 MLCI 器件部分产品。可见，基于 NiZn 系列的 MLCI 器件可以说衣食住行随处都需要，是电子世界和人类生活的重要元素。

表 7-2 深圳顺络电子股份有限公司 MLCI 产品

型号	使用频率/MHz	电感/nH	最小品质因数 Q	最大直流电阻/Ω
SDHL1005C1N0STDF	100	1.0±0.3	5	0.1
SDHL1005C1N2STDF	100	1.2±0.3	5	0.12
SDHL1005C1N5STDF	100	1.5±0.3	5	0.15
SDHL1005C1N8STDF	100	1.8±0.3	5	0.17
SDHL1005C2N2STDF	100	2.2±0.3	5	0.17
SDHL1005C2N7STDF	100	2.7±0.3	5	0.20
SDHL1005C3N3STDF	100	3.3±0.3	5	0.22
SDHL1005C3N9STDF	100	3.9±0.3	5	0.25
SDHL1608C10NJTDF	100	10±5	8	0.6
SDHL1608CR10JTDF	100	100±5	8	2.5

3）NiCuZn 铁氧体应用于 NFC 无线通信

近年来，随着无线通信技术的高速发展，近场通信（near field communication，NFC）是一种高频无线通信技术，可以使电子设备进行非接触式点对点数据传输和数据交换，是一种新兴技术，广泛应用于无线传输、智能手机、移动支付、电子票务、门禁、移动身份识别、防伪等。在 NFC 系统，要求其工作在 13.56MHz，通过在天线和金属外壳之间插入磁性铁氧体薄片，用以减少金属表面产生的涡流，并提高功率传输效率。因此，为了提高效率，需要一张高磁导率和低磁损耗的薄磁片。尤其是近年来手机的飞速发展，手机支付已经在中国极为普及，NFC 在手机支付方面发挥着巨大作用。手机里的 NFC 系统的天线安装在电池表面，如图 7-7 所示。由于系统的通信方式采用感应耦合，手机电池的金属外壳感应到一个抵消磁场的信号，将导致通信距离减小，甚至无效。同时，为了防止 NFC 天线由于其附近金属部件上的涡流而导致性能下降，在天线和电池之间插入一块电磁屏蔽片是一种有效且经济的解决方案。同样，该电磁屏蔽片需要在 13.56MHz 频率下具有高的磁导率和低的磁损耗。通常采用铁氧体作为电磁屏蔽片材料。图 7-7 为铁氧体片在 NFC 系统的作用，可以看出金属材料被铁氧体隔开，起到了很好的屏蔽作用。

图 7-8 展示了安装至手机的 NFC 天线。值得注意的是，NiCuZn 铁氧体因在高频下具备高磁导率、低损耗、高电阻率和良好的化学稳定性，在 NFC 应用中被认为是最具潜力的铁氧体材料之一。这是因为在 13.56MHz 附近越高的磁导率实部 μ'，通过材料的磁力线越多，则读写距离就越远；并且越低的磁导率虚部 μ''，磁力线损耗越低，则传输效率越高。然而，随着频率增加，磁导率虚部会

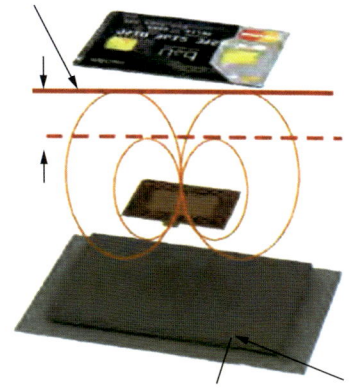

图 7-7 铁氧体片在 NFC 系统的作用

增大。在较高的频率下做到低磁损耗和高磁导率也是当今研究的热点和难点问题，是推进 NFC 应用的重要举措。Weihu Liu 等采用 Co_2O_3 和 Bi_2O_3 掺杂至 NiCuZn 铁氧体，低温烧结下通过细化晶粒来提高 NiCuZn 铁氧体在 13.56MHz 下的品质因数，从而很好地应用于 NFC 系统。Poonam Lathiya 等通过 Co^{3+} 取代 NiCuZn 铁氧体，并掺入不同含量的 Bi_2O_3 来降低磁导率和磁损耗，最终在 1100℃烧结时获得 13.56MHz 下的低磁损耗，但高温烧结不利于材料的小型化。Xiaohan Wu 等采用定量的 Co_2O_3 和 Bi_2O_3 掺杂至 NiCuZn 铁氧体，通过探索低温下不同烧结时间对晶粒尺寸的影响，从而获得 13.56MHz 下高品质因数、低磁损耗的 NiCuZn 铁氧体。结果表明，细化的微结构颗粒有利于降低磁损耗，获得高的品质因数，因而更好地适用于 NFC 系统。TDK 株式会社、WARUWA 株式会社、大同电子株式会社、Amotech 株式会社等对 NFC 用铁氧体材料也制作了很多产品，表 7-3 列出了其中部分常用 NFC 用铁氧体产品。

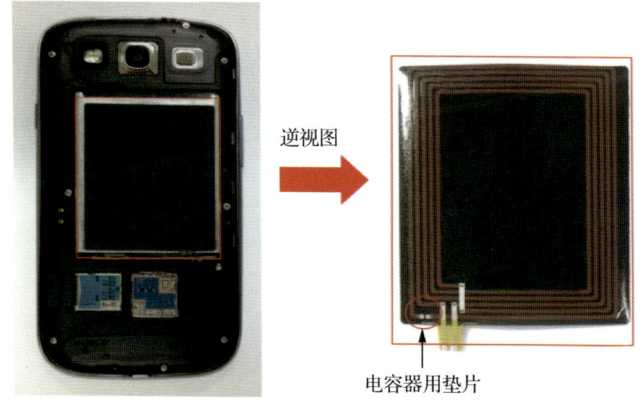

图 7-8 安装至手机的 NFC 天线

表 7-3　部分 NFC 用铁氧体产品

型号	公司	μ'	μ''	操作温度/℃
IRJ04	TDK	40	1	−40～+85
IFL04	TDK	45	1.3	−40～+85
IBF15	TDK	150	5	−40～+85
IBF10	TDK	105	4	−40～+85
IBF20	TDK	210	70	−40～+85
AFS150R10D	Amotech	150±20%	3±20%	−40～+85
IRJ04	Amotech	40	1	−40～+85

4）NiCuZn 铁氧体用作天线基板材料

由于地面数字多媒体广播（T-DMB）在移动通信技术的广泛使用，传统的低频、简单、大尺寸的 T-DMB 天线也不断朝着小型化和高频化方向发展。因此，研究者们一直致力于天线的尺寸、质量、体积和性能的研究。例如，采用不同铁氧体集成的 T-DMB 天线如图 7-9 所示，其具备较高的集成度且工作频率高达 210MHz。这主要是和基底铁氧体材料的低磁损耗和高磁导率有关。从理论上来讲，减小天线的物理维度主要是依靠小型化因子：$n \approx (\mu'\varepsilon')^{1/2}$，这里 n 表示小型化因子，μ' 表示材料的磁导率实部，ε' 表示材料的介电常数实部。可见，提高天线基底材料的磁导率实部和介电常数实部是有利于天线小型化的。然而，在实际应用中，单单提升磁导率实部和介电常数实部并不能满足天线的匹配特性，且用高介电常数材料会导致天线效率低、带宽窄。阻抗因子可表示为：

$$Z = \eta_0 \times (\mu'/\varepsilon')^{1/2} \tag{7-1}$$

其中，η_0 为自由空间阻抗。由式（7-1）可知，当 μ' 和 ε' 相等时，天线所用材料的阻抗与自由空间阻抗相同，则天线基底和自由空间没有相互反射。因此，需要铁氧体材料做到尽可能相等的磁导率和介电常数。此外，夏祺等报道了更低的磁损耗和介电损耗有利于提高天线效率。综上所述，在满足足够高的频率同时，还应具备良好磁特性（高磁导率、低磁损耗）及匹配的磁导率和介电常数，才能满足天线日益发展的需求。NiCuZn 铁氧体则具备这些优良磁特性且具有低的磁损耗，是天线基底材料的不错选择。为了进一步实现天线小型化和高性能，2013 年，苏桦等采用两步烧结工艺制备的天线用 NiCuZn 铁氧体，具备高的小型化因子和低的磁损耗、介电损耗，更重要的是，降低 NiCuZn 铁氧体磁损耗，获得高频下等磁介。证明了 NiCuZn 材料是一种很好的天线材料。继而，研究人员探索了 NiCuZn 铁氧体更高频的天线应用。Weihu Liu 等通过掺杂 Co_2O_3 至 NiCuZn 铁氧体，Co_2O_3 用以细化铁氧体晶粒，降低磁导率，所制备的单畴 NiCuZn 铁氧体有效增大了小型化因子，且获得了几乎相等的磁导率（μ'=14.05）和介电常数（ε'=14.12）。更重要的是，获得高频（约 200MHz）下的低磁损耗高匹配的 NiCuZn 铁氧体，在高性能的天线小型化方面有着巨大的应用价值。

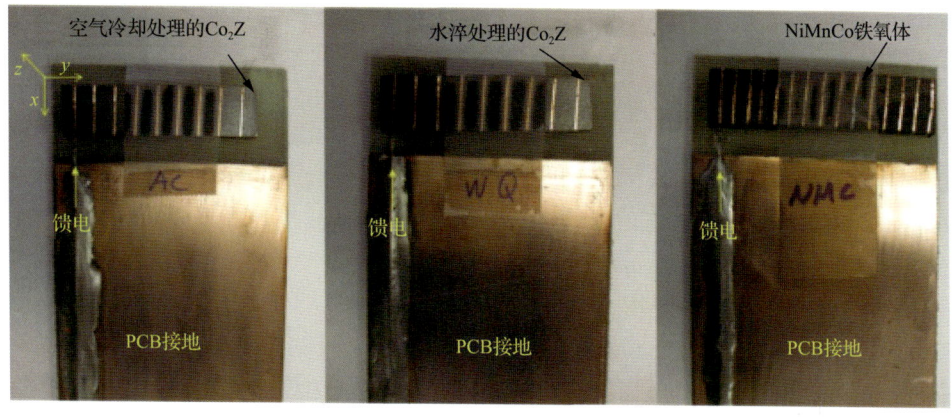

图 7-9 集成铁氧体的 T-DMB 天线

5）NiCuZn 铁氧体应用于吸波材料

吸波材料作为实现电磁屏蔽、微波暗室、雷达隐身、高频设备的关键材料，对军事和民用具有重大意义。铁氧体吸波材料主要吸收电磁波，当电磁波进入吸波材料内部时，通过衰减入射的电磁波，并将其电磁能转换成热能耗散。铁氧体具有优良的电损耗和磁损耗，因此具备很好的吸波性能，广泛应用于吸波材料中。铁氧体吸收器片是一种很有前途的产品，可以吸收附近设备产生的不理想的电磁波，以避免电磁干扰（EMI）问题。近些年，在铁氧体材料中，NiCuZn 铁氧体由于高饱和磁通量、高绝缘性和适当的磁导率而被认为是潜在的吸波材料，它可以降低涡流损耗，并将其 Snoek 极限扩展到千兆赫兹范围。事实上，评价吸波材料吸波性能主要包括复数磁导率、复介电常数、磁损耗、介电损耗和反射率等。吸波材料的反射率通常是负数，数值越小其反射电磁波能量越少，从而具备更好的吸收性能。吸波材料的反射率可表示为：

$$R = \frac{1 - \frac{Z}{Z_0}}{1 + \frac{Z}{Z_0}} \quad (7\text{-}2)$$

其中，对于式（7-2）而言，即：

$$Z_0 = \sqrt{\frac{\mu_0}{\varepsilon_0}}, \quad Z = \sqrt{\frac{\mu}{\varepsilon}} \quad (7\text{-}3)$$

由式（7-2）可以看出，当 $Z=Z_0$ 时，表示来自吸收器的零反射波，是一种理想的无线电波吸收器。其中，μ 和 ε 分别为吸波材料的磁导率和介电常数。因此，足够接近的 μ 和 ε 用以满足吸波材料的阻抗匹配要求。进一步地，大的磁导率虚部 μ'' 和介电常数虚部 ε'' 具备更好的吸波特性，即可以损耗和衰减更多的入射电磁波能量，也就没有能量再反射回来。除了满足更大的 μ'' 和 ε'' 之外，阻抗匹配也是需要考虑的重要因素。随着射频级别（RFID）技术及微波技术发展，吸波材料逐渐要求高频化。探索高频条件下 NiCuZn 铁氧体吸波性能，促进铁氧体吸波材料应用，研究人员采用多种方法来解决这些难点技术。例如，Shi-Yuan Tong 等研究镍填料对 NiCuZn 铁氧体微波吸收性能和磁导率的影响，结果表明通过添加镍填料对微波吸收性能有所提升，且具有较高的回波损耗、较低的匹配频率和较窄的吸收带宽。进一步地，为了研究更高频（>1GHz）的吸波特性，以及关注铁氧体颗粒的起始磁导率，根据 Ching-Chien Huang 等的研究，通过调节烧结温度，所制备的 NiCuZn 铁氧体可应用于宽频带的射频领域（3～30MHz）的吸波材料，如 RFID 标签。同时，四川绵阳市新欣电子有限责任公司所生产的 R3K 射频宽带 NiZn 系列铁氧体用于微波暗室，具备频带宽、吸波性能好、性价比高等优点，达到国际同类产品水平。总之，可以说 NiCuZn 铁氧体在吸波材料宽频率段方面应用广泛。

6）NiCuZn 铁氧体应用于微波器件-旋磁

自 20 世纪 50 年代起，微波器件如环行器、隔离器和移相器等的兴起，带动了铁氧体朝着微波段频率方向发展，因此微波铁氧体广受关注和研究。微波铁氧体在发送、接收和操作电磁信号跨越非常高的频率到准光频段的系统无处不在。在如环行器、移相器等微波器件中，微波磁性材料在自然共振附近工作。近些年，随着 5G 新兴技术的快速发展，通信系统中的收发模块必将朝着高频、集成化方向发展。图 7-10 为发送和接收模块中的移相器和环行器。

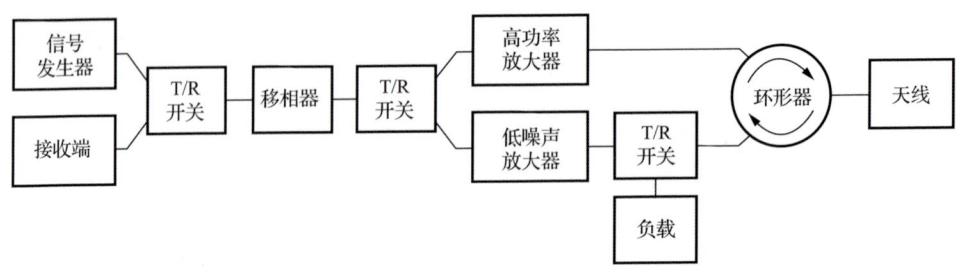

图 7-10　发送和接收模块的移相器和环行器

不仅如此，新一代雷达技术中的相控阵雷达，在现代军事雷达、电子对抗、人工智能、卫星通信及空间通信等领域有着极其广泛的应用。在相控阵雷达直径为几十米的圆形天线阵上，排列着上万个能发射和接收电磁波的天线单元，每个天线单元配有一个移相器，每个移相器都由电子计算机控制。当雷达工作时，电子计算机就通过控制这些移相器，来改变每个辐射器向空中发射电磁波的相位，从而使雷达波能像转动的天线一样完成对空搜索使命。因此，移相器作为实现新一代相控阵雷达操控阵列天线的关键器件，成为新世纪雷达技术发展的重要驱动力，直接关系到我国军事力量和军事格局。而作为移相器、环行器的材料研发是实现器件乃至整个通信系统或者雷达系统的根基。铁氧体移相器是依据铁氧体的旋磁特性制备的器件，具有插入损耗小、工艺成熟、可靠性高、功耗低、承受功率高和抗辐射能力优异等优点。NiCuZn 铁氧体材料，不仅能在射频领域有着诸多应用，在微波段凭借高的饱和磁化强度、较低的矫顽力，最重要的是小的铁磁共振线宽，是制备移相器、环行器等微波器件的理想铁氧体材料。而且基于 LTCC 技术的 NiCuZn 旋磁铁氧体是实现小型化和集成化的重要举措。

要想获得具有良好性能的微波器件，NiCuZn 铁氧体需要具备优良的旋磁性能，包括高的饱和磁化强度、小的铁磁共振线宽、高的电阻率和低的介电损耗。例如，刘颖力等报道了低温烧结 NiCuZn 铁氧体的微波旋磁特性，通过改变 Bi_2O_3 含量，得到了低温烧结下高饱和磁化强度、小铁磁共振线宽的 NiCuZn 铁氧体材料，适合用作微波器件的基板材料。郭荣迪等研究了 NiCuZn 铁氧体和 LiZn 铁氧体复合，减小铁磁共振线宽至 207Oe，同时介电损耗降低至 $2.61×10^{-4}$，但是没有实现低温烧结，不利于器件的小型化。孙科等通过对 NiCuZn 铁氧体中缺 Fe^{3+} 研究发现，缺铁可以加速铁氧体的生长和致密，并能降低 NiCuZn 铁氧体的磁晶各向异性常数，导致铁磁共振线宽减小。郑宇航等通过添加 BZB（Bi_2O_3-ZnO-B_2O_3）玻璃至 NiCuZn 铁氧体来控制和优化其晶粒增长，在低温下获得了具有较好旋磁性能的 NiCuZn 铁氧体。因此，开发 NiCuZn 铁氧体微波段优异的旋磁性能，对其更高频率的应用战略意义深远。

2. NiCuZn 铁氧体发展趋势

如今，新一代元器件朝着更小、更轻、更高频、更多功能和更佳性能的方向快速发展驱使着 NiCuZn 铁氧体材料的发展，也为 NiCuZn 铁氧体的研究和发展趋势指明了方向，具体如下。

1）小型化

实现器件的小型化是当今便携式电子产品的必要特点，LTCC 技术是一种很好的方法且广泛应用于 NiCuZn 铁氧体的小型化方面。LTCC 技术的前提是要实现 NiCuZn 铁氧体的低温烧结。而低温烧结对铁氧体的磁性能影响很大，因此，在实现小型化的同时需要满足 NiCuZn 铁氧体具备好的磁性能是 NiCuZn 铁氧体发展趋势之一。例如，当 NiCuZn 铁氧体应用于天线材料时，根据天线材料的小型化因子 $n=(\mu'\varepsilon')^{1/2}$ 得到，在满足阻抗匹配的同时，NiCuZn 材料在实现低温烧结同时还应具备更高的磁导率和介电常数，才更有助于天线的小型化、集成化。

2）高频化

5G 通信技术的快速崛起以及射频器件和微波器件的不断发展，带动着 NiCuZn 铁氧体材料的高频化。例如，应用于 MLCI 中的 NiCuZn 铁氧体，传统 10MHz 以下频率已经不足以满足现代电子器件需求。因此，在实现高磁导率、高饱和磁化强度的同时，需要将 NiCuZn 铁氧体的频率提升至上百兆赫兹来满足更广泛的射频电路系统应用。另外，虽然 NiCuZn 铁氧体在电感、滤波器、磁珠、电磁屏蔽片方面已经有很广泛的应用，且性能越来越好，工作频率也越来越高，

图 7-11　铁氧体移相器实物图

但在微波段的应用却研究较少。近些年，很多学者也不断挖掘 NiCuZn 铁氧体在微波段的应用。例如，铁氧体移相器在军用领域得以广泛应用。但由于微波器件中铁氧体移相器（图 7-11）结构更为复杂，以及实现移相器小型片式化、高性能化成为微波器件发展的技术难题，直接关系着我国军事力量。特别是，现代军事应用的相控阵雷达对移相器提出了更多新要求，包括：更小的铁磁共振线宽用来降低移相器的损耗，更高的饱和磁化强度使移相器具备更大的相移量。NiCuZn 铁氧体在 X 波段具有更小的铁磁共振线宽和较高的饱和磁化强度，是制备 X 波段移相器的极佳选择。这也是 NiCuZn 铁氧体接下来发展趋势的重点。因此，移相器用 NiCuZn 铁氧体高频化微波段应用研究，是一项非常迫切、极具实用价值的工作，为微波器件应用进一步发展提供新动力。

3）宽频化

现代电子材料只有满足足够宽频带的特点才具有不可取代性，NiCuZn 铁氧体无论应用在低频电感，还是射频滤波器、MLCI 器件，都承担着重要角色。近年来，NiCuZn 铁氧体在微波段的应用也逐渐引起关注。在微波段其具备较好的旋磁特性可以用来制备微波器件。因此，制备高性能的 NiCuZn 铁氧体材料，使其在不同应用频段都具备优良磁特性，实现 NiCuZn 铁氧体的宽频带应用至关重要。

4）多功能化

多功能化要求 NiCuZn 铁氧体具备多种性能，才能满足不同应用需求和应用场景。另一方面，多功能化是解决当今复杂电子电路或系统匹配问题的重要手段，很大程度实现了电路的高度集成化。实际上，NiCuZn 铁氧体根据不同的应用可将其磁性能划分为软磁性能（包括磁导率、品质因数、磁损耗、饱和磁化强度）和旋磁性能（铁磁共振线宽、$4\pi M_s$、电阻率和介电损耗）。实现 NiCuZn 铁氧体性能多样化，既具备低频段良好的软磁性能，又探索其在微波段优异的旋磁性能，才能满足更为广泛的电子器件应用，解决电子模块或系统整机组装的匹配问题，也是 NiCuZn 铁氧体具备多功能化发展的必然趋势。

7.2　Bi^{3+} 取代的 NiCuZn 铁氧体的低温烧结和性能研究

7.2.1　NiCuZn 旋磁铁氧体低温烧结

NiCuZn 铁氧体作为新一代便携式电子元器件材料，具备良好的应用前景。这是由于其具备高饱和磁化强度、较高磁导率和截止频率、高电阻率、优良的化学稳定性和电磁性能等优点。为了更好地迎合现代电子器件朝着小型化、高频化和多功能化方向发展，采用 LTCC 工艺是实现器件和电路系统小型化、高集成化和高性能化的重要手段。然而，LTCC 工艺对材料具有特殊要求，必须使 NiCuZn 铁氧体的烧结温度低于 960℃，这与 NiCuZn 铁氧体的烧结温度接近 1200℃左右背道而驰，因此会带来诸多问题，如晶粒生长不充分、多孔隙及分布不均匀等。因此，采用一些方法来降低 NiCuZn 铁氧体的烧结温度是不错的解决办法。NiCuZn 铁氧体在烧结过程中实际上是不同金属氧化物之间发生反应，而这种反应的本质实际上是离子键的断裂和重组的过程。当达到一定的烧结温度，反应活化能激活，最终达到动态平衡时，生成均匀致密的 NiCuZn 铁氧体，而反应的第一个步骤就是氧化物的离子化。因此，从离子取代角度解决 NiCuZn 铁氧体的低温烧结问题，并从本质上（包括晶粒生长、晶界形成、反应实质过程和机制）来研究离子取代对 NiCuZn 铁氧体微观结构、磁性能和旋磁性能的影响，进一步解释其实现低温烧结的内在原因，是一项极有意义的工作。特别是通过单一离子取代的方法对 NiCuZn 铁氧体占位影响而引起其旋磁性能变化的相关工作还比较欠缺。降低烧结温度仍然选取低熔点氧化物的思路，Bi_2O_3 恰恰是一种极佳的低熔点助烧剂。因此选择 Bi^{3+} 来取代 NiCuZn 铁氧体，同时分析 Bi^{3+} 取代对 NiCuZn 铁氧体晶相、微观结构和性能的影响。一方面，将 Bi_2O_3 作为易离子化的低熔点氧化物取代 NiCuZn 铁氧体，促使低温烧结下 NiCuZn 铁氧体的反应，从而降低其烧结温度。另一方面，通过 Bi^{3+} 取代来调控 NiCuZn 铁氧体的磁矩，进而影响其软磁和旋磁性能。然而，诸多研究却局限于将 Bi_2O_3 在二次球磨时掺杂至 NiCuZn 铁氧体，通过在晶界处形成液相，从而降低其烧结温度。却少有报道采用 Bi^{3+} 取代的方式来降低烧结温度，用以满足 LTCC 工艺要求。另外，通过 Bi^{3+} 调控低温烧结下 NiCuZn 铁氧体的微观结构、磁性能和旋磁性能，开发出具备多性能化和高频化的低温烧结 NiCuZn 铁氧体材料，满足更广泛的应用需求。

7.2.2 离子取代相关理论

NiCuZn 铁氧体是一种典型的尖晶石结构铁氧体，其晶体结构如图 7-12 所示。在图 7-12 中，NiCuZn 铁氧体的占位包括 A 位、B 位和 O^{2-} 位，其中单位晶胞有 8 个 A 位、16 个 B 位和 32 个 O^{2-} 位。NiCuZn 铁氧体中不同的金属离子占位不同，哪种离子占 A 位或者 B 位，直接影响其磁性能。不同金属离子倾向占位不同，具有一定的趋向性。常见的金属离子占位如图 7-13 所示，可以发现，Zn^{2+} 倾向占 A 位，Ni^{2+}、Cu^{2+} 倾向占 B 位，且 A 位、B 位的金属阳离子是可以被取代的。Fe^{3+} 是 NiCuZn 铁氧体磁性能的主要决定因素，因此研究对 Fe^{3+} 进行其他离子取代来调控磁性能是主要思路。同时，Ni^{5+} 也是磁性离子，采用其他离子取代它也是研究思路之一。

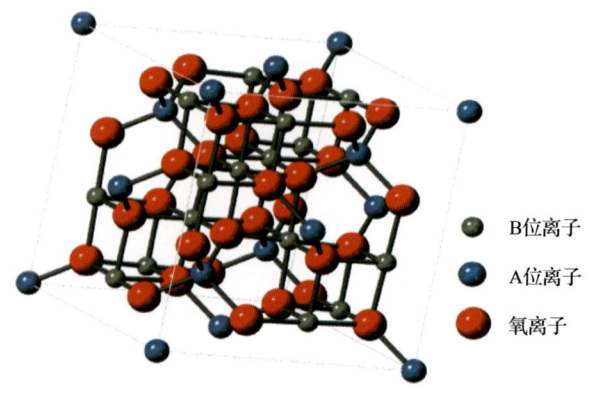

图 7-12　NiCuZn 铁氧体晶体结构

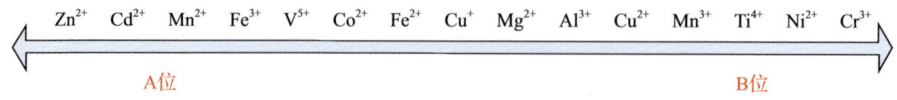

图 7-13　不同离子喜好占位情况

7.2.3　Bi^{3+} 取代 NiCuZn 铁氧体的制备和性能研究

1. Bi^{3+} 取代 NiCuZn 铁氧体的制备和表征

本小节主要描述了采用固相反应法制备的 NiCuZn 铁氧体的实验过程，以及其相成分、微观形貌和磁性能、介电性能、旋磁性能的测试详情。采用固相反应法合成 Bi^{3+} 取代的 NiCuZn 铁氧体，旨在通过 Bi^{3+} 取代的方法来降低 NiCuZn 铁氧体的烧结温度。根据 Bi_2O_3 取代 NiCuZn 铁氧体的化学计量式 $Ni_{0.58}Cu_{0.2}Zn_{0.22}Bi_xFe_{2-x}O_4$（$x$=0.0、0.025、0.05、0.075、0.1、0.15）称量所需要的高纯度氧化物原材料 NiO、CuO、ZnO、Bi_2O_3 和 Fe_2O_3。将称好的氧化物加入球磨罐，按照球∶料∶去离子水=5∶2∶3 来进行混合球磨 12h，球磨机的转速为 250r/min。随后，将球磨后的浆料取出（出料），放于 100℃烘箱对浆料进行烘干。接着，置于烧结炉中采用 880℃预烧结 3h，升温速率为 2℃/min，用以使 NiCuZn 铁氧体成相。接下来，将预烧好的粉料加入球磨罐，再按照球∶料∶去离子水=5∶2∶3 来进行混合球磨 12h。待烘干后，加入 10wt%的 PVA 进行造粒。采用压力强度为 10MPa 进行环形和片式样品压制。最终，在烧结炉中采用 900℃、925℃或 950℃，3h 进行烧结成型。制备离子取代 NiCuZn 铁氧体的工艺流程如图 7-14 所示。

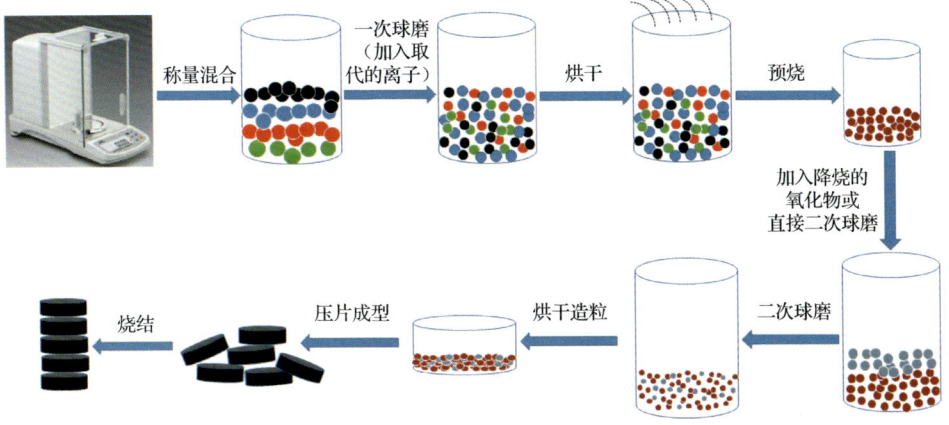

图 7-14 离子取代 NiCuZn 铁氧体的工艺流程

利用日本 Rigaku 株式会社的 X 射线衍射仪测试了 Bi^{3+} 取代的 NiCuZn 铁氧体样品。表面微结构采用扫描电镜（FEI Versa 3D）测得。磁滞回线（M-H）和饱和磁化强度（M_s）利用日本的振动样品磁强计（VSM, MODEL, BHL-525）进行测量，外加±5000Oe 的磁场。根据放大的扫描电镜图通过线性截距法，并采用式（7-4）计算出样品的平均晶粒尺寸 D：

$$D = 1.56 \frac{C}{MN} \tag{7-4}$$

其中，C 为扫描电镜图中的测量线长度；M 为样品的放大倍数；N 为扫描电镜图中的截面数。样品的晶粒分布采用软件 Nano Measurer 进行测量。采用阿基米德排水法测定样品的体密度，具体操作为：首先称量样品在空气中的质量 m_0，再将样品放入去离子水中浸泡一段时间后擦干，并在空气中称量的总质量记作 m_1，最后将样品完全浸泡去离子水中称量质量，记为 m_2。按照式（7-5）计算出体密度：

$$\rho = \frac{m_0 \rho_0}{m_1 - m_2} \tag{7-5}$$

其中，ρ_0 为室温下水的密度。利用阻抗分析仪（E4991B, Agilent）在 1MHz～1GHz 频带内测量了样品的复数磁导率和复介电常数。样品的铁磁共振线宽（ΔH）采用自行搭建的仪器（图 7-15）来测试。具体步骤为：首先将制备好的样品放入砂碗中，采用压缩空气在圆筒形金刚石砂碗中吹动小块状铁氧体方式，直到将铁氧体吹制成直径约为 1.0mm 的小球。接着对制备好的小球进行抛光，将抛光后的小球样品放置于 TE_{106} 谐振腔，通过微扰法测试频率为 9.55GHz 时的铁磁共振线宽。

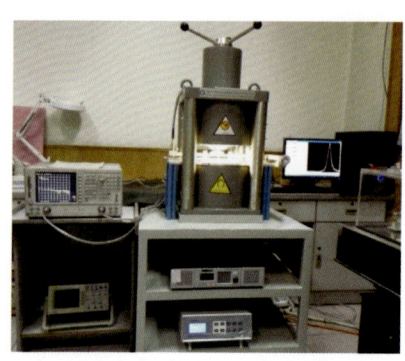

图 7-15 ΔH 测试系统图

2. Bi^{3+} 取代 NiCuZn 铁氧体的物相、微观结构和低温烧结模型分析

不同 Bi_2O_3 含量的 $Ni_{0.58}Cu_{0.2}Zn_{0.22}Bi_xFe_{2-x}O_4$（$x$=0.0、0.025、0.05、0.075、0.1、0.15）铁氧体在 900℃烧结的 XRD 图谱如图 7-16 所示。由图可见，当少量的 Bi_2O_3（x=0.025）取代至 NiCuZn 铁氧体时仍然呈现标准的尖晶石相，其衍射峰包括(220)、(311)、(400)、(422)、(511)、(440)、(620)、(533)，与 NiCuZn 铁氧体标准 JCPDS 数据库中的 PDF#42-0201 对应。然而，当进一步增大 Bi_2O_3 含量（x>0.05），发现出现了二相 $Bi_{24}Fe_2O_{39}$（BFO）。结果表明过量的 Bi^{3+} 取代会导致二相的出现，这会影响 NiCuZn 铁氧体的性能。不同 Bi_2O_3 含量的 NiCuZn 铁氧体的晶格常数变化曲线如图 7-17 所示。可以发现，晶格常数随着 Bi_2O_3 含量增加而增大。这样的结果主要是由于 Bi^{3+} 的离子半径为 1.08Å，大于 NiCuZn 铁氧体中其他离子半径（其中 Ni^{2+}：0.72Å，Cu^{2+}：0.72Å，Zn^{2+}：0.74Å，Fe^{3+}：0.67Å）。因此，适量的 Bi^{3+} 部分取代 Fe^{3+} 导致晶格常数增加。同时，图 7-16 中展示了最强衍射峰(311)峰的放大图，可以看出，随着 Bi_2O_3 含量增加，衍射峰往更低的角度偏移，这一现象与晶格常数的增加结果是一致的。

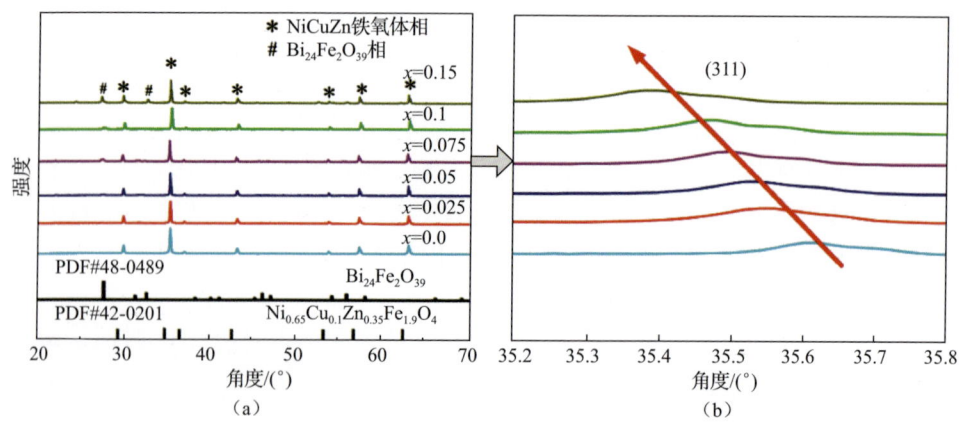

图 7-16 不同 Bi_2O_3 含量的 NiCuZn 铁氧体的 XRD 图谱

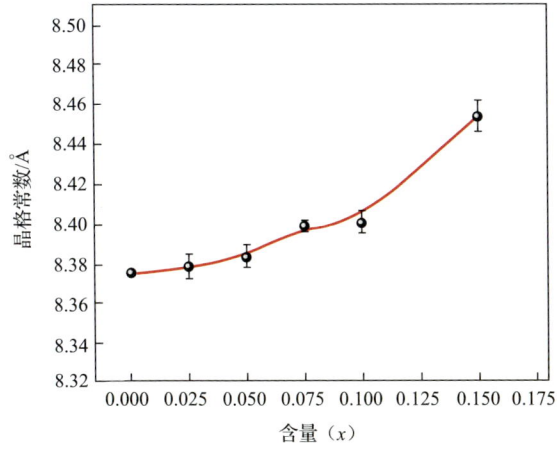

图 7-17　不同 Bi_2O_3 含量的 NiCuZn 铁氧体的晶格常数变化曲线

在 900℃烧结时，不同 Bi_2O_3 含量的 NiCuZn 铁氧体的表面微结构如图 7-18 所示。由图 7-18（a）可知，无 Bi^{3+} 取代的 NiCuZn 铁氧体在低温烧结下显然晶粒未充分生长，样品的晶粒非常小，70%的晶粒尺寸小于 0.4μm，且许多晶粒出现团聚现象，晶粒之间具有较多的气孔。这是因为在低温烧结下提供的较低烧结动力不足以驱动 NiCuZn 铁氧体在该温度下的充分生长。然而，当 x=0.025 时，样品的微观形貌发生了显著变化，如图 7-18（b）所示。显而易见，铁氧体的晶粒尺寸变大，平均晶粒尺寸从 0.24μm 增加到 0.97μm。这主要是由于 Bi^{3+} 的取代提供了足够的烧结能，进而促进 NiCuZn 铁氧体在低温烧结下的晶粒增长。更重要的是，少量的 Bi^{3+} 取代后，NiCuZn 铁氧体在 900℃烧结下微观结构变得更加均匀和致密，晶粒尺寸分布均匀（在 0.4~1.2μm 之间），即此时的微结构得以优化。这表明在合适的 Bi_2O_3 含量取代下，NiCuZn 铁氧体在满足获得好的晶粒生长同时，烧结温度也成功降低至 900℃。当进一步增加 Bi_2O_3 的取代含量，铁氧体晶粒尺寸继续增加，如图 7-18（c）和（d）所示，出现了大小不一的颗粒，均匀性和致密性开始变差，且出现部分较大的晶粒。这主要是由于较多的 Bi^{3+} 取代 NiCuZn 铁氧体打破了晶粒生长和致密化之间的平衡。继续增大 Bi_2O_3 的取代含量，晶粒尺寸进一步增大，出现了部分异常晶粒，大颗粒被小颗粒包围，均匀性严重恶化。这主要是因为过多 Bi^{3+} 取代 NiCuZn 铁氧体导致进一步的晶粒生长，晶粒的过生长使得样品的均匀性变差。总之，通过 Bi_2O_3 取代 NiCuZn 铁氧体的方式比将 Bi_2O_3 直接掺杂至 NiCuZn 铁氧体来降低烧结温度方式更难，且对微结构的调控更加精细。

图 7-18 在 900℃烧结的不同 Bi_2O_3 含量的 NiCuZn 铁氧体的 SEM 图

从内部机制来分析 Bi^{3+} 取代 NiCuZn 铁氧体降低了 NiCuZn 铁氧体材料的烧结温度,并进而对其微结构和磁性能的影响有着重要意义。由于 Bi_2O_3 为低熔点氧化物,当烧结温度达到 400℃左右,发生式(7-6)所示反应,游离态的 Bi^{3+} 出现,即:

$$Bi_2O_3 \longrightarrow Bi^{3+} + O^{2-} \tag{7-6}$$

这是由于 Bi—O 离子键吸收能量断裂而出现了离子化。不同含量的 Bi^{3+} 取代在烧结过程中所吸收的热量不同,因此所能降低 NiCuZn 铁氧体的烧结温度也不同,对样品晶粒的重组和致密化情况也存在差异。总体来讲,控制 Bi^{3+} 含量能够有效调控烧结温度及其性能。结合本小节实验,图 7-19 展示了 Bi^{3+} 取代 NiCuZn 铁氧体低温烧结下晶粒变化的理论模型。从图中可以看出,Bi^{3+} 取代 NiCuZn 铁氧体由简单的物质混合,到随着温度增加化学式开始离子化,继而出现了化学反应,晶粒重新排列,直至最后提供充足的活化能从而促进样品的致密化,实现低温烧结下充分反应的 NiCuZn 铁氧体。当 Bi-NiCuZn 铁氧体在温度大于 800℃下烧结,由于 Bi_2O_3 的取代,部分 Bi_2O_3 粉体在该温度下开始软化,同时晶粒开始重新排列,毛孔也开始被填充。当烧结温度继续升高时,晶粒逐渐开始生长,这是由于 Bi_2O_3 在晶界处形成的液相产生的毛细管力作用进一步促进了样品的晶粒增大,使得晶粒逐渐熟化。随着烧结温度进一步增加,也就是固态烧结的最后阶段,实现样品的致密化。致密化特征实际是位于晶粒角和连接处的孤立气孔的收缩,如图 7-19 所示。此刻,微观结构趋向于固-液最小能量配置,孔隙逐渐消除至接近理论密度的方向。由 Coble 的计算模型可以知道,致密化速率表示为:

$$\frac{d\rho}{dt} = -\frac{24}{4} J_{total} V_m \bigg/ \left(\frac{1}{6}\pi G^3\right) = \frac{288 D_l \gamma_s V_m}{RTG^3} \quad (7-7)$$

其中，J_{total} 为材料的总物质通量；γ_s 为比表面能；V_m 为摩尔体积；G 为晶粒尺寸；D_l 为晶格扩散系数；R 为摩尔气体常数；T 为热力学温度。由式（7-7）可以得出结论：致密化速率与晶粒尺寸的立方成反比，即晶粒尺寸越大，样品的致密化速率越慢、越难控制。因此，通过 Bi^{3+} 取代来调节 NiCuZn 铁氧体的晶粒尺寸，且部分液相在固相颗粒间产生的毛细管力能够进一步使得粉末快速致密化。少量 Bi^{3+} 取代 NiCuZn 铁氧体中的 Fe^{3+} 降低了反应活化能，调控铁氧体的晶粒分布，非常有利于 NiCuZn 铁氧体低温烧结下的致密化。

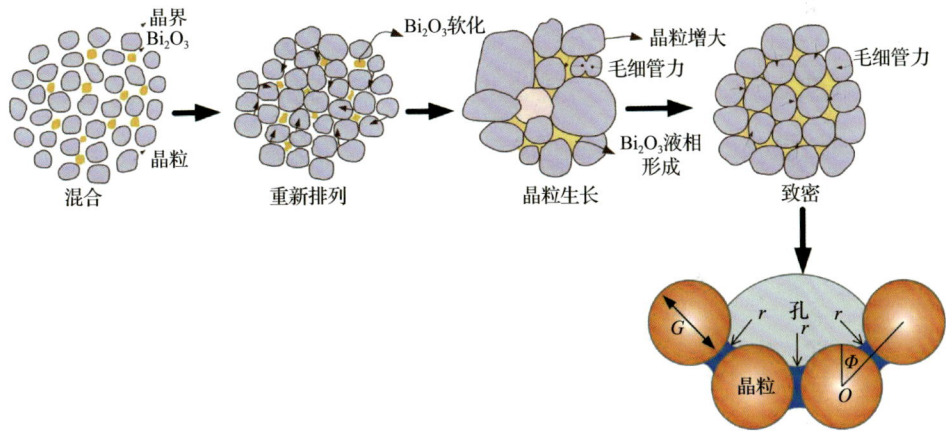

图 7-19　Bi^{3+} 取代 NiCuZn 铁氧体低温烧结晶粒变化的理论模型图

实际中，不同含量的 Bi_2O_3 取代，NiCuZn 铁氧体的晶粒生长情况和致密化存在差异。图 7-20 显示了 Bi^{3+} 取代 NiCuZn 铁氧体的微观结构和晶粒分布图。结合前面所述的低温烧结晶粒变化的理论模型，发现少量 Bi^{3+} 取代后对 NiCuZn 铁氧体的致密化有很大提升。当不添加 Bi_2O_3 时，晶粒颗粒很小（平均晶粒尺寸基本低于 0.4μm），且很多晶粒呈现团聚状态，晶界不清晰，如图 7-20（a）和（b）所示。相比而言，图 7-20（c）和（d）展示了铁氧体最佳致密、紧凑的微结构形态，平均晶粒尺寸基本分布在 0.5~1.1μm，并且没有极小或者异常大的晶粒出现。这主要是由于在该烧结温度下，优化量的 Bi_2O_3 取代提供了合适的活化能，增强了样品的致密性，有效抑制了异常晶粒的生长，最终形成晶粒大小分布均匀、致密紧凑的微观结构。进一步地，如图 7-20（e）和（f）所示，在 925℃烧结，$x=0.05$ 的 Bi_2O_3 取代下的微观结构分布均匀，没有太大或太小的晶粒出现，晶粒尺寸分布集中在 0.8~1.6μm。这说明 925℃烧结下 $x=0.05$ 的 Bi_2O_3 取代能够改善微观结构的均匀性和致密性，促进低温烧结下 NiCuZn 铁氧体的晶粒生长。

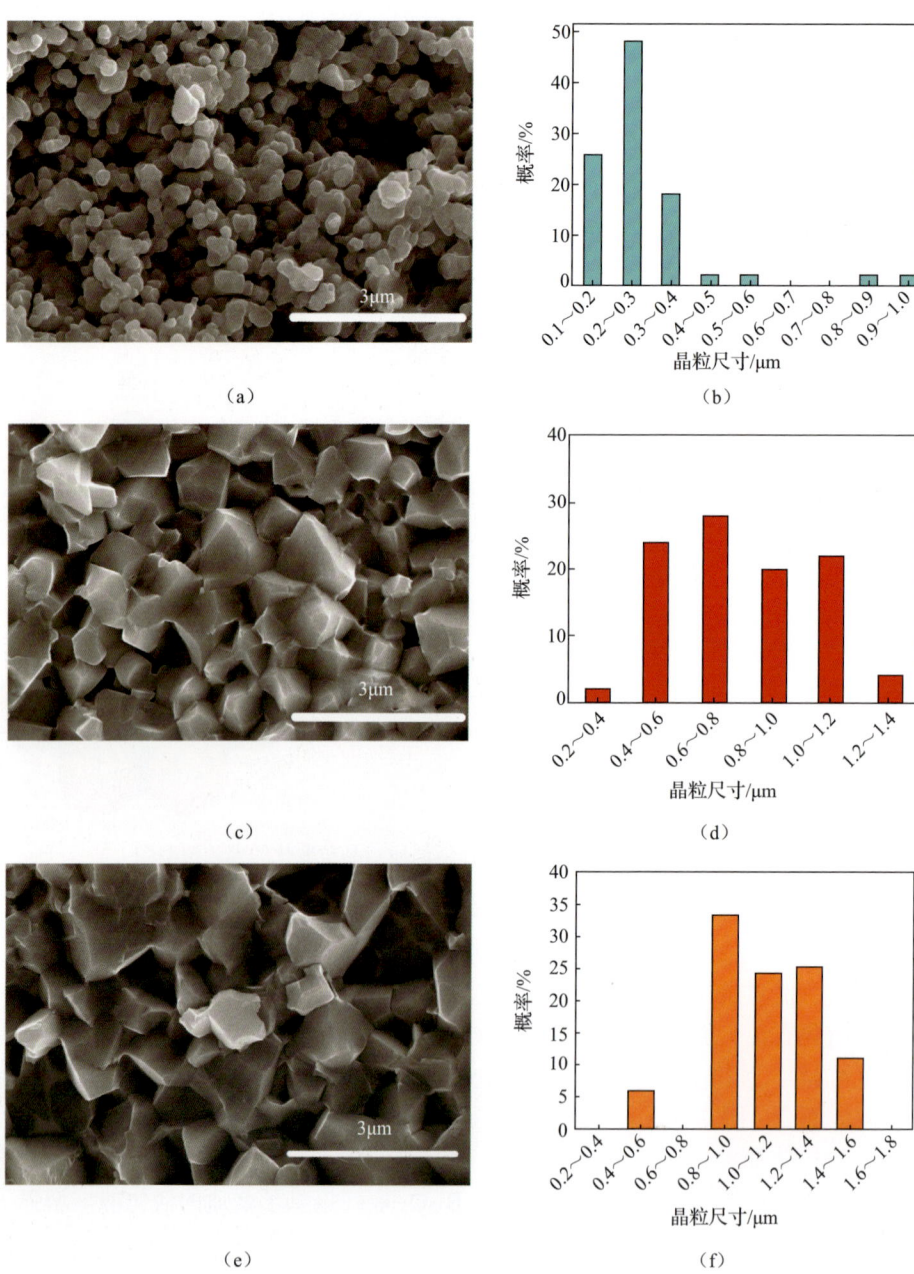

图 7-20 Bi^{3+} 取代 NiCuZn 铁氧体的 SEM 图和对应的颗粒尺寸统计分布图

(a) 和 (b) 900℃烧结，$x=0.0$；(c) 和 (d) 900℃烧结，$x=0.025$；(e) 和 (f) 925℃烧结，$x=0.05$

3. Bi^{3+} 取代 NiCuZn 铁氧体的软磁性能研究

首先对 Bi^{3+} 取代 NiCuZn 铁氧体的静态磁性能进行分析。在不同烧结温度下，

不同 Bi_2O_3 含量的 NiCuZn 铁氧体的磁导率实部和虚部如图 7-21 所示。由图可知，Bi_2O_3 的添加极大地影响了磁导率的变化。在不同烧结温度下，磁导率的实部随着不同含量的 Bi^{3+} 取代变化规律基本一致，基本都在 $x=0.05$ 时达到最大值。而且在不同烧结温度下，磁导率的增加值不同。前面章节已经解释过烧结温度对磁导率的影响，因此这里发现随着烧结温度增加，磁导率增大。相比于无 Bi^{3+} 的低温烧结 NiCuZn 铁氧体，采用少量的 Bi_2O_3（$x=0.025$）取代 NiCuZn 铁氧体，样品的磁导率快速增加。这主要是少量 Bi_2O_3 添加后，NiCuZn 铁氧体晶粒的快速增长（图 7-18）所致。当进一步增加 x 至 0.05，样品的磁导率达到最大值。产生这种现象的原因是平均晶粒的增大促进了磁导率的增加。另一方面，该取代条件下形成了均匀致密的 NiCuZn 铁氧体微观结构，可以增强样品的饱和磁化强度，从而对磁导率有着积极影响。然而，当 x 大于 0.05 时，晶粒继续增长，但是样品的均匀性明显变差，且出现了部分异常晶粒。加之，过多的非磁性物质对 Fe^{3+} 的取代会一定程度降低磁性能，最终导致样品的磁导率降低。众所周知，根据 Snoek 定律，增加磁导率会导致截止频率降低，可以由式（7-8）表示：

$$(\mu_s - 1) \times f_r = S \tag{7-8}$$

其中，μ_s 为静态磁导率；f_r 为截止频率；S 为常数。表 7-4 显示了 900℃烧结下，不同 Bi_2O_3 含量的 NiCuZn 铁氧体的磁导率实部和截止频率。

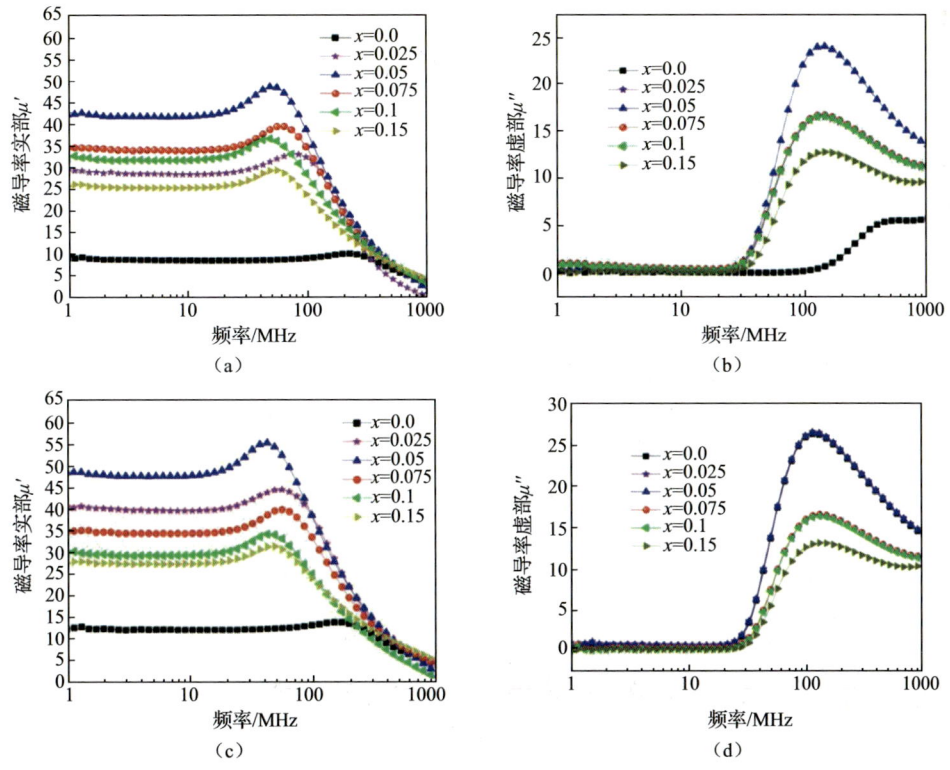

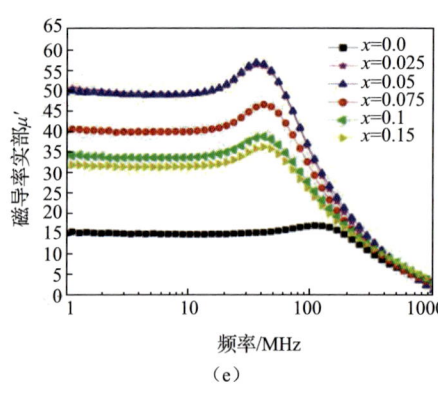
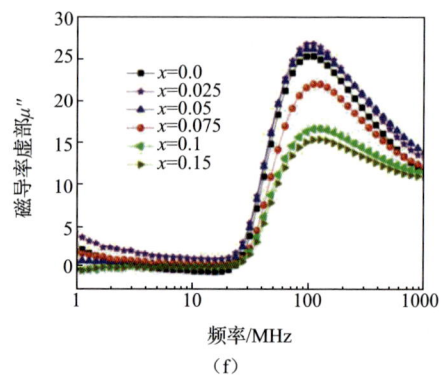

(e)　　　　　　　　　　　　　　　　(f)

图 7-21　不同烧结温度下样品的磁导率实部和虚部随频率的变化

900℃烧结下磁导率的实部（a）和虚部（b）；925℃烧结下磁导率的实部（c）和虚部（d）；
950℃烧结下磁导率的实部（e）和虚部（f）

表 7-4　Bi^{3+} 取代 NiCuZn 铁氧体在 900℃下烧结的磁导率和截止频率

Bi_2O_3含量	μ'(1MHz)	f_r/MHz	Bi_2O_3含量	μ'(1MHz)	f_r/MHz
0.0	9.2	615	0.075	34.7	168
0.025	29.3	200	0.1	32.1	160
0.05	42.3	140	0.15	25.9	195

因此，为了满足更高频率多层电感器件、滤波器、天线等应用，在磁导率与截止频率之间进行折中是很有必要的。可以发现，在 900℃烧结，采用 $x=0.025$ 的 Bi_2O_3 取代时，NiCuZn 铁氧体具备均匀、致密的微结构形貌。同时，样品具有高截止频率（高达 200MHz）和合适的磁导率（29.1），大大改善了低温烧结 NiCuZn 铁氧体的高频性能。图 7-21（b）、(d)、(f) 展示了不同烧结温度下磁导率虚部 μ'' 随频率的变化。可见，所有样品在较宽频率带范围内的 μ'' 值很低，且不同含量的 Bi^{3+} 取代对 μ'' 的影响波动很小。

接下来，研究 Bi^{3+} 取代 NiCuZn 铁氧体的磁损耗随着 Bi_2O_3 含量的变化情况。磁损耗是影响 NiCuZn 铁氧体应用的一个重要参数，尤其是在高频下带来大的磁损耗制约着其应用和发展。实际上，复数磁导率的损耗角正切为：

$$\tan\delta_\mu = \frac{\mu''}{\mu'} \tag{7-9}$$

$\tan\delta_\mu$ 用来表征交变磁场下 NiCuZn 铁氧体的磁损耗，在实际应用中，希望该值越小越好。由式（7-9）可知，降低 μ'' 和提高 μ' 都有利于获得低磁损耗的 NiCuZn 铁氧体。如图 7-22 所示，采用 Bi^{3+} 取代的样品在高频段仍然保持较低的值。例如，当 $x=0.025$ 时，900℃烧结的 NiCuZn 铁氧体的磁损耗值为：$\tan\delta_\mu=0.00853$（10MHz），$\tan\delta_\mu=0.20321$（50MHz），$\tan\delta_\mu=0.47372$（100MHz）。

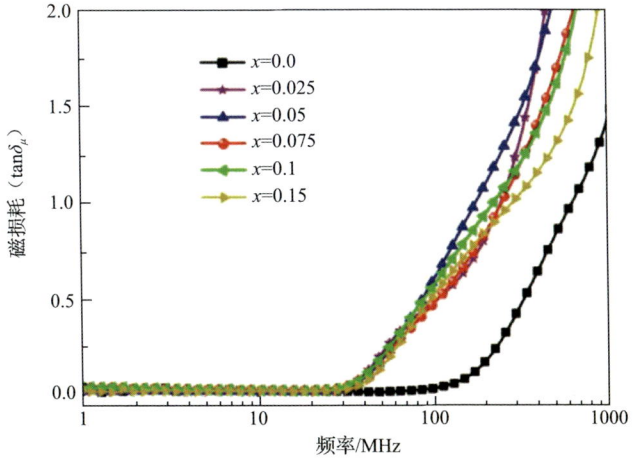

图 7-22　在 900℃烧结的不同 Bi_2O_3 含量的 NiCuZn 铁氧体的损耗角正切值变化

样品在 900℃烧结的饱和磁化强度 M_s 和体密度如图 7-23 所示。从图中可以看出,对于没添加 Bi_2O_3 的 NiCuZn 铁氧体的 M_s 和体密度都很低,这是低温烧结下晶粒生长不足造成的[图 7-18（a）]。之后,随着 Bi_2O_3 含量的增加,M_s 先增大再减小,在 $x=0.075$ 时达到最大值,为 53.38emu/g。体密度随着 Bi_2O_3 含量增加先增大再减小,在 $x=0.05$ 时达到最大值,为 5.1g/cm³。显然,适量的 Bi_2O_3 取代 NiCuZn 铁氧体可以加速固相反应,促进低温烧结下铁氧体的致密化,从而提高样品的体密度。同样,当添加过多的非磁性 Bi_2O_3 时,晶粒进一步增长,导致部分异常晶粒和气孔的存在,从而导致密度降低。周廷川等报道过饱和磁化强度主要与样品的密度和平均晶粒尺寸关系密切。通过 Bi^{3+} 取代增加了密度和平均晶粒尺寸是导致 M_s 增大的原因。然而过多的 Bi^{3+} 取代减小了 M_s,这是因为微量的非磁性 Bi^{3+} 在 B 位处取代 Fe^{3+},降低了 B 位中晶格离子的磁矩 m_B,并削弱了 A 位和 B 位之

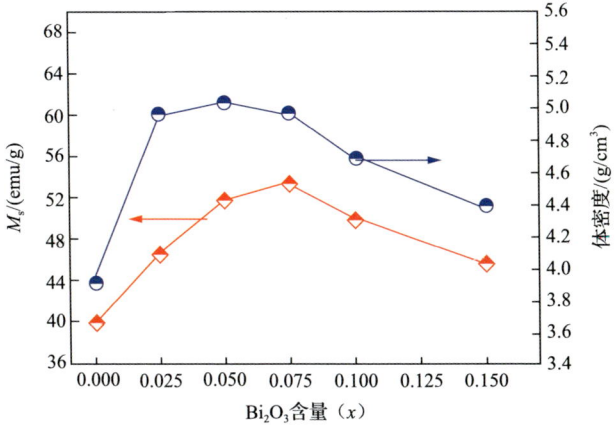

图 7-23　样品的 M_s 和体密度随 x 的变化曲线

间的超交换作用。分子磁矩 M 和饱和磁化强度 M_s 分别为：

$$M = |m_B - m_A| \quad (7\text{-}10)$$

$$M_s = \frac{8M}{a^3} \quad (7\text{-}11)$$

其中，m_A 为 A 位晶格的磁矩；m_B 为 B 位晶格的磁矩；a 为晶格常数。因此，饱和磁化强度 M_s 降低。

4．Bi^{3+} 取代 NiCuZn 铁氧体的介电性能研究

上述讨论的 Bi^{3+} 取代 NiCuZn 铁氧体的磁导率和截止频率，探索 NiCuZn 铁氧体在更高频率下的磁导率和磁损耗，发现在 900℃烧结，$x=0.025$ 时形成均匀致密的微观结构，是具备低磁损耗样品的一个重要因素。同时其截止频率高达 200MHz，起始磁导率为 29.3，是高频电感器件的不错选择。另外，NiCuZn 铁氧体的介电常数一般为 12～18。为了研究 Bi^{3+} 取代后的 NiCuZn 铁氧体是否可以进一步应用在高频天线基板材料，满足 NiCuZn 铁氧体除高频电感、滤波器等更广泛应用，接下来研究了不同含量的 Bi^{3+} 取代 NiCuZn 铁氧体的介电性能。需要 NiCuZn 铁氧体材料具备较高的阻抗匹配才能更好地应用于天线基板材料。对于天线应用，对其基板材料有了很多更为苛刻的要求，尤其是针对材料的磁导率和介电常数。由于微带天线的尺寸可定义为：

$$l_{\text{patch}} = \frac{c}{22 f_r \sqrt{\mu \varepsilon}} \quad (7\text{-}12)$$

其中，c 为常数；f_r 为材料的截止频率；μ 和 ε 分别为材料的磁导率和介电常数。显然，根据式（7-12）可知，提高截止频率、磁导率和介电常数有利于天线器件的小型化。另一方面，天线的阻抗匹配 $Z = \eta_0 (\mu'\varepsilon')^{1/2}$，$\eta_0$ 表示自由空间的阻抗，μ' 表示磁导率的实部，ε' 表示介电常数的实部。因此调节磁导率和介电常数的值，既要满足尽量使器件更小型化，还需要满足实现更佳的阻抗匹配。图 7-24 展示了不同烧结温度下，不同含量的 Bi^{3+} 取代的 NiCuZn 铁氧体 ε' 随频率的变化。由图可知，ε' 在宽频范围内保持着稳定的值，变化基本在 8～18 范围内，是典型的 NiCuZn

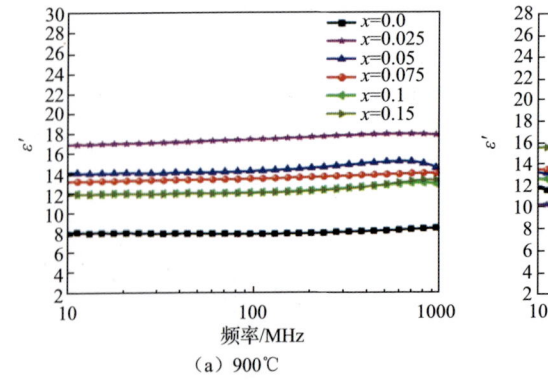
(a) 900℃

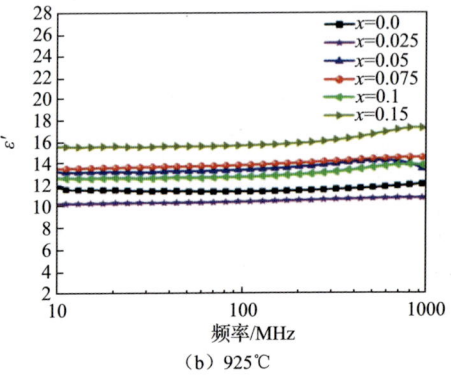
(b) 925℃

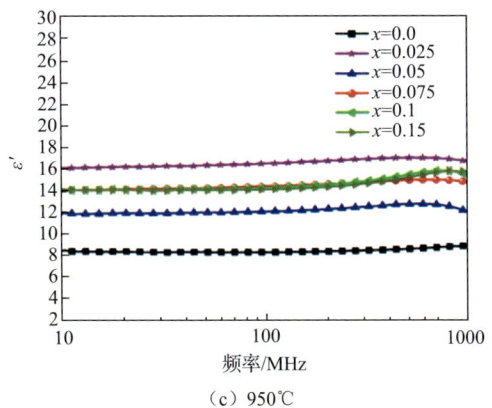

（c）950℃

图 7-24　不同烧结温度下 Bi^{3+} 取代 NiCuZn 铁氧体的 ε'

铁氧体介电行为。在 900℃、925℃ 和 950℃ 烧结，ε' 随 Bi_2O_3 含量增加而增大是因为晶粒增长和致密度的提高。另外，当添加更多的 Bi_2O_3 后，BFO 二相的存在增大了介电常数（BFO 本身具有强的介电性能）。

更重要的是，不同的烧结温度有效调控了 NiCuZn 铁氧体的介电常数，使其尽可能满足与磁导率匹配。表 7-5 为不同烧结温度下，不同含量的 Bi^{3+} 取代 NiCuZn 铁氧体的介电常数值。当在 900℃ 烧结，$x=0.025$ 时获得最佳的阻抗匹配（$Z=1.28$）。在此烧结温度下，进一步分析了不同含量的 Bi^{3+} 取代 NiCuZn 铁氧体的介电损耗，如图 7-25 所示。由于介电损耗角正切定义为 $\tan\delta_\varepsilon=(\varepsilon''/\varepsilon')$，因此降低介电常数虚部 ε'' 和增大介电常数实部 ε' 都是至关重要的。从图 7-25 中不难发现，Bi^{3+} 取代后的 NiCuZn 铁氧体在一定程度上降低了介电损耗，尤其是对于 $x=0.025$ 和 $x=0.05$ 的样品。例如，在 50MHz 时，x 从 0.025 增加到 0.05，$\tan\delta_\varepsilon$ 从 2.85×10^{-3} 降低到 1.94×10^{-6}。实际上，$\tan\delta_\varepsilon$ 可表示为：

$$\tan\delta_\varepsilon = (1-P)\tan\delta_0 + CP^n \tag{7-13}$$

其中，$\tan\delta_0$ 为致密结构材料的介电损耗；P 为孔隙率；C 为常数。因此，通过少量的 Bi_2O_3 取代 NiCuZn 铁氧体，调控其微结构（包括微结构的均匀化和少气孔化）是降低介电损耗的好方法。

表 7-5　不同含量的 Bi^{3+} 取代 NiCuZn 铁氧体在不同烧结温度下的介电常数

烧结温度/℃	含量					
	0.0	0.025	0.05	0.075	0.1	0.15
900	11.5	17.8	13.8	13.2	11.9	11.8
925	17.1	10.4	12.7	13.7	12.6	15.1
950	11.6	16.3	11.1	14.2	13.3	13.8

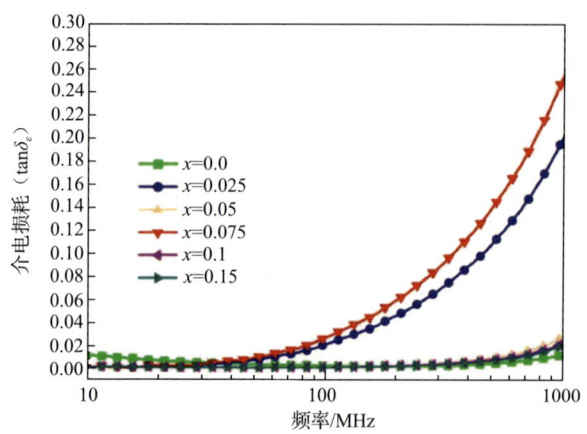

图 7-25　不同含量的 Bi^{3+} 取代 NiCuZn 铁氧体的介电损耗

5. Bi^{3+} 取代 NiCuZn 铁氧体的旋磁性能研究

同时，继续研究了 Bi^{3+} 取代 NiCuZn 铁氧体的旋磁性能，尤其是 Bi^{3+} 取代对低温烧结下 NiCuZn 铁氧体的铁磁共振线宽的影响。微波铁氧体是在微波频段用作旋磁介质的铁氧体，又称为旋磁铁氧体。而 $4\pi M_s$ 和铁磁共振线宽（ΔH）是微波铁氧体的重要旋磁性能参数，决定其是否应用于微波器件的主要性能表征。$4\pi M_s$ 关系到微波器件的低场损耗、频宽及功率承受能力。铁磁共振线宽是反映磁化强度 M 进动过程中所受到的阻尼的宏观物理量，关系到器件的正向损耗和工作宽带，是表征旋磁铁氧体材料磁损耗的重要指标，希望它越窄越好。7.1 节中已经阐述了应用于微波段的不同旋磁铁氧体材料，也论述了 NiCuZn 铁氧体是旋磁铁氧体材料的不错选择。基于此，图 7-26 展示了 925℃ 烧结温度下 Bi^{3+} 取代 NiCuZn 铁氧体的 $4\pi M_s$ 变化曲线。$4\pi M_s$ 的值是由样品的饱和磁化强度和密度共同决定。

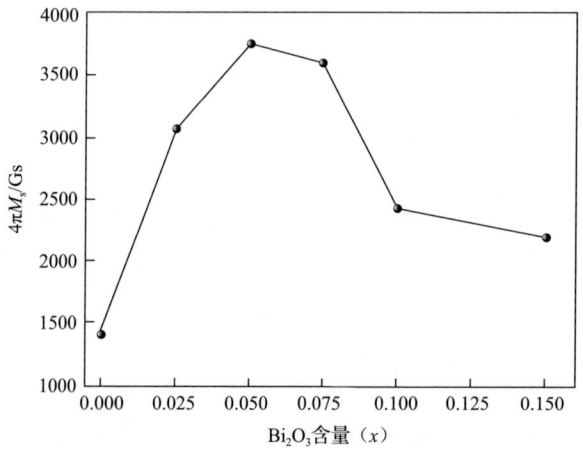

图 7-26　925℃ 烧结温度下样品的 $4\pi M_s$ 变化曲线

由图 7-26 可知，$4\pi M_s$ 先增大再减小，在 x 为 0.05 时达到最大值，为 3760Gs。少量增加的 Bi^{3+} 促进了低温烧结下 NiCuZn 铁氧体的晶粒生长，使得 M_s 和平均晶粒尺寸增大，最终带来的直接影响是样品的 $4\pi M_s$ 值增加。

铁磁共振线宽是表征 NiCuZn 铁氧体材料在微波器件中磁损耗的重要参数，决定其是否能良好地应用于微波器件领域。基于此，图 7-27 为 925℃烧结温度下，Bi^{3+} 取代 NiCuZn 铁氧体的铁磁共振线宽变化曲线。样品的铁磁共振线宽是通过测试得到的铁磁共振线宽谱经过洛伦兹拟合得到的。在图 7-27 中，显然没有 Bi^{3+} 取代的样品铁磁共振线宽值很大（1050Oe），这主要是因为在没有任何助烧剂条件下，NiCuZn 铁氧体在 925℃并没有烧结充分，导致样品的晶粒尺寸很小且气孔极多，极大地恶化了样品的铁磁共振线宽。但是当少量 Bi^{3+} 添加后，样品的铁磁共振线宽值急剧下降，当 $x=0.05$ 时达到最低值（248Oe）。该掺杂条件下的铁磁共振线宽谱如图 7-27（b）所示。从图中不难发现，$x=0.05$ 的 Bi^{3+} 取代 NiCuZn 铁氧体的线宽值很窄，且实验测试的数据和计算机经过洛伦兹拟合的数据保持高度吻合。随后，继续增大 Bi_2O_3 的含量，铁磁共振线宽开始呈现缓慢增加的趋势。理论上，铁磁共振线宽（ΔH）受到多方面的影响，具体可以归结为：

$$\Delta H = \Delta H_i + \Delta H_a + \Delta H_p = \Delta H_i + 2.07\left(\frac{H_a^2}{4\pi M_s}\right) + 1.5(4\pi M_s)P \qquad (7\text{-}14)$$

其中，ΔH_i 为材料的本征线宽；ΔH_a 为各向异性场致宽；ΔH_p 为气孔致宽；P 为孔隙率。ΔH_i 的变化很小，相比于 ΔH_a 和 ΔH_p 可以忽略不计。因此铁磁共振线宽主要受到 $4\pi M_s$ 和孔隙率 P 的影响。如图 7-26 所示，$4\pi M_s$ 先增大再减小，该变化趋势与随机各向异性场对铁磁共振线宽的影响一致。另外，孔隙率对铁磁共振线宽的影响也很大。当没有 Bi^{3+} 取代 NiCuZn 铁氧体时，晶粒生长不充分导致晶粒很小且多孔，使样品铁磁共振线宽很大；当 $x=0.05$ 时，样品在低温烧结下的微观结

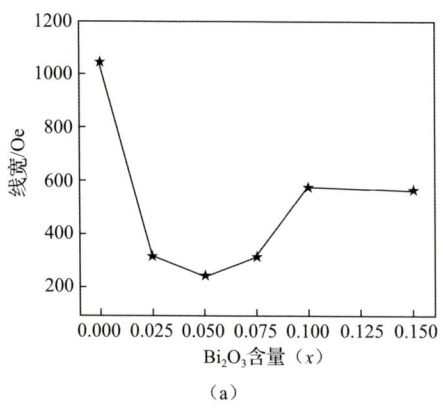
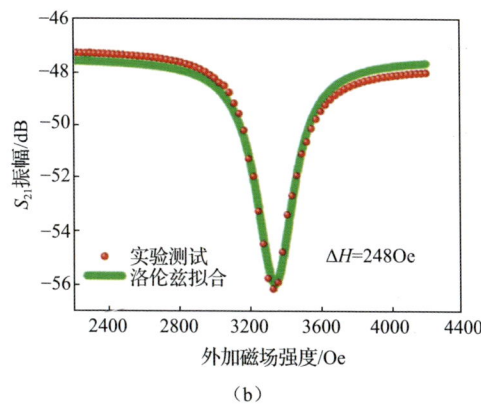

图 7-27　925℃烧结温度下 Bi^{3+} 取代 NiCuZn 铁氧体的铁磁共振线宽（a）和 $x=0.05$ 时的铁磁共振线宽谱（b）

构得到进一步优化，均匀致密少孔隙的微观结构大大减小了铁磁共振线宽。最终，在 925℃烧结温度，x=0.05 时能够得到小的铁磁共振线宽，大大开拓了 NiCuZn 铁氧体在 X 波段的应用。

7.3 低温烧结 Mn^{3+} 取代 NiCuZn 铁氧体研究

7.3.1 研究意义

显然，离子取代调控低温烧结下 NiCuZn 铁氧体的性能是可取方法，在 7.2 节中采用 Bi^{3+} 取代 NiCuZn 铁氧体，明显降低了 NiCuZn 铁氧体的烧结温度，并很好地控制了低温烧结下 NiCuZn 铁氧体的晶粒生长，获得均匀致密的微结构。同时，Bi^{3+} 很好地调控了低温烧结 NiCuZn 铁氧体的软磁、旋磁和介电性能，最终获得了多样化性能的 NiCuZn 铁氧体材料。然而，随着 5G 信息技术的飞速发展，对电子元器件的应用频率和性能有了更多更高的指标要求，这就给 NiCuZn 铁氧体在微波段方向的发展带来了许多新机遇和挑战。针对 7.2 节采用 Bi^{3+} 调控 NiCuZn 铁氧体的铁磁共振线宽问题，发现其值仍然偏大。因此，为了提高低温烧结下 NiCuZn 铁氧体的高频性能，尤其是进一步减小其在微波段的铁磁共振线宽，本节继续研究离子取代手段调控低温烧结 NiCuZn 铁氧体的性能。

本节采用磁性 Mn^{3+} 取代 NiCuZn 铁氧体，以期实现低温烧结下铁氧体更优的高频磁性能。详细研究了 Mn^{3+} 取代对 NiCuZn 铁氧体的相成分、微观结构变化、活化能、晶粒生长和致密化过程以及低温烧结下软磁性能和旋磁性能的影响。特别地，针对离子取代很难调控 NiCuZn 铁氧体的铁磁共振线宽的难题，更深入地研究 Mn^{3+} 取代对 NiCuZn 铁氧体铁磁共振线宽内在机制的影响。最终，成功制备了具有均匀致密的微观结构和小的铁磁共振线宽的低温烧结 NiCuZn 铁氧体，满足基于 LTCC 工艺的 X 波段移相器应用。

7.3.2 Mn^{3+} 取代 NiCuZn 铁氧体研究

1. Mn^{3+} 取代 NiCuZn 铁氧体的制备和表征

本小节主要描述了采用固相反应法制备的 Mn^{3+} 取代 NiCuZn 铁氧体的实验过程及其相成分、微观形貌和性能分析。按照 7.2 节所描述的工艺流程，根据化学计量式 $Ni_{0.28}Cu_{0.2}Zn_{0.52}Mn_nFe_{2-n}O_4$（$n$=0.000、0.250、0.375、0.500、0.750）称量所需要的高纯度氧化物原材料 NiO、CuO、ZnO、Mn_2O_3 和 Fe_2O_3。将配好的氧化物加入球磨罐，按照球：料：去离子水=5：2：3 来进行混合，将球磨机的转速设置为 250r/min，球磨 12h。随后，将球磨后的浆料取出，放置烘箱采用 100℃对浆料进行烘干。接着，置于烧结炉中采用 900℃进行预烧结 3h。接下来，将预烧好的粉料放入球磨罐，并加入 1.0wt%的 Mn_2O_3，再按照球：料：去离子水= 5：2：3 来进行混合球磨 12h。待烘干后，加入 10wt%的 PVA 进行造粒。采用压力强度为 10MPa 进行环形和片式样品压制。最终，在烧结炉中采用 880℃保温 3h 或者 900℃保温 3h 进行烧结成型。

制备好的 Mn^{3+} 取代 NiCuZn 铁氧体的测试与 7.2 节介绍的一致。

2. Mn^{3+} 取代 NiCuZn 铁氧体的相成分和微观结构分析

图 7-28 为 900℃烧结温度下，不同 Mn_2O_3 含量的 $Ni_{0.28}Cu_{0.2}Zn_{0.52}Mn_nFe_{2-n}O_4$（$n$=0.000、0.250、0.375、0.500、0.750）铁氧体的 XRD 图谱。如图 7-28 所示，尽管 NiCuZn 铁氧体的烧结温度低至 900℃，但所有样品已经良好结晶，具有标准的尖晶石相。不同含量的 Mn^{3+} 取代并未使 NiCuZn 铁氧体样品产生杂相。与 JCPDS 48-0489 的 PDF 卡片相比，衍射峰分别为(220)、(311)、(222)、(400)、(422)、(511)和(440)，证明其具有纯的 NiCuZn 铁氧体相。总之，少量的 Mn^{3+} 取代 NiCuZn 铁氧体的 Fe^{3+}，并未产生杂相。

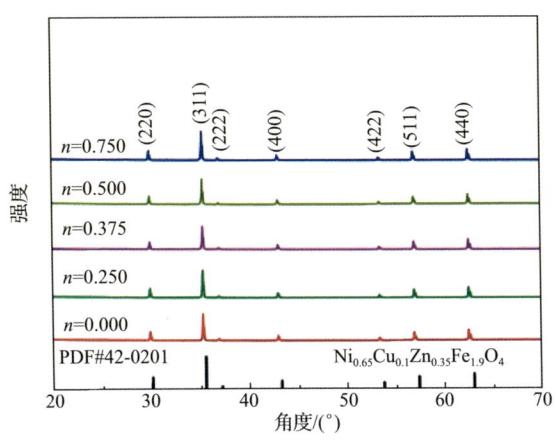

图 7-28 900℃烧结温度下 Mn^{3+} 取代 NiCuZn 铁氧体的 XRD 图谱

不同含量的 Mn^{3+} 取代 NiCuZn 铁氧体的 SEM 图和平均晶粒尺寸变化如图 7-29 所示。由图 7-29（a）可知，在没有添加 Mn_2O_3 时，样品的晶粒分布不够均匀，呈现大小不一的重叠态。然而，当 n=0.250 时，样品的均匀性和致密性得到明显改善，且平均晶粒尺寸略有增加。当继续增加 Mn_2O_3 含量时，微观结构的形貌均匀性变差，晶粒进一步生长，出现了很多大小不一的晶粒尺寸。尤其是当添加较多的 Mn_2O_3（n=0.750）时，如图 7-29（e）所示，样品的均匀性变得很差，出现了部分颗粒成块粘连，且有异常晶粒存在。

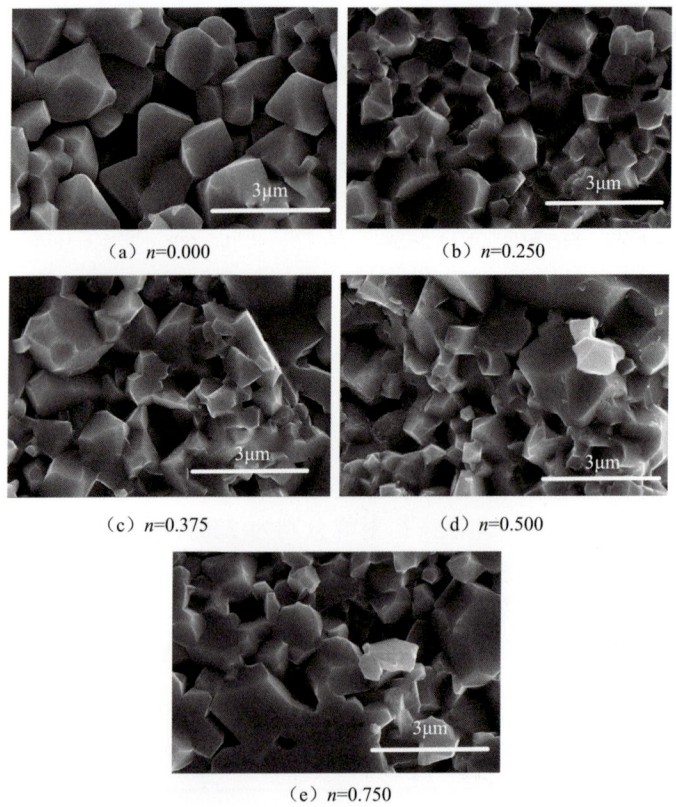

图 7-29 900℃烧结温度下 Mn^{3+} 取代 NiCuZn 铁氧体的 SEM 图

图 7-30 为 Mn^{3+} 取代 NiCuZn 铁氧体的体密度变化图。由图可知，在没有 Mn^{3+} 取代时，样品的体密度仅为 4.687g/cm³。当 $n=0.250$ 时，体密度迅速增加至 5.213g/cm³，

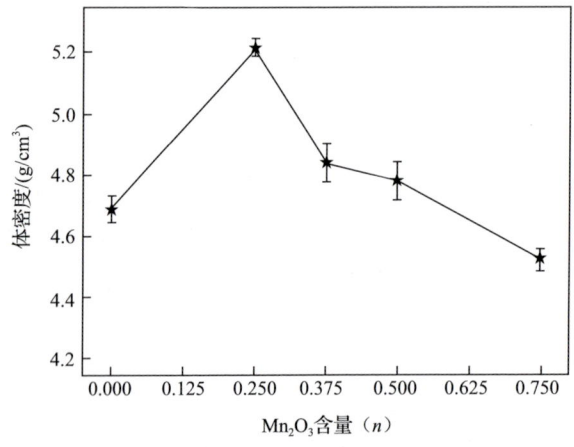

图 7-30 900℃烧结温度下 Mn^{3+} 取代 NiCuZn 铁氧体的体密度变化

达到最大值。这主要是因为在该含量的取代下,样品的微观结构发生明显变化,晶粒分布更加均匀和致密(图 7-29),从而导致 NiCuZn 铁氧体低温烧结下体密度的增大。随着 Mn_2O_3 含量增加,体密度逐渐减小,这种现象可以归因于过多的 Mn^{3+} 取代 NiCuZn 铁氧体,恶化了样品的晶粒生长和均匀性。

在 900℃烧结温度下,样品的孔隙率随 Mn_2O_3 含量的变化如图 7-31 所示。孔隙率的计算方法为:首先由 XRD 结果计算 $Ni_{0.28}Cu_{0.2}Zn_{0.52}Mn_nFe_{2-n}O_4$ 铁氧体的理论密度:

$$d_x = \frac{8M}{N_A V} \tag{7-15}$$

其中,M 为化学式的分子量;N_A 为阿伏伽德罗常数,V 为单胞的体积。接下来根据测试得到的密度 d 采用式(7-16)计算样品的孔隙率:

$$P = 100\% \times \left(1 - \frac{d}{d_x}\right) \tag{7-16}$$

从图 7-31 中不难看出,与没有 Mn^{3+} 的取代相比,当 n=0.250 时,孔隙率明显减小,这与图 7-29 中的微观结构结果是一致的。当继续增大 Mn_2O_3 含量,孔隙率逐渐上升,这主要是因为过多的 Mn^{3+} 取代 NiCuZn 铁氧体的 Fe^{3+},恶化了微观结构的均匀性,出现大小不一的晶粒分布和气孔,致密性变差,从而导致孔隙率上升。

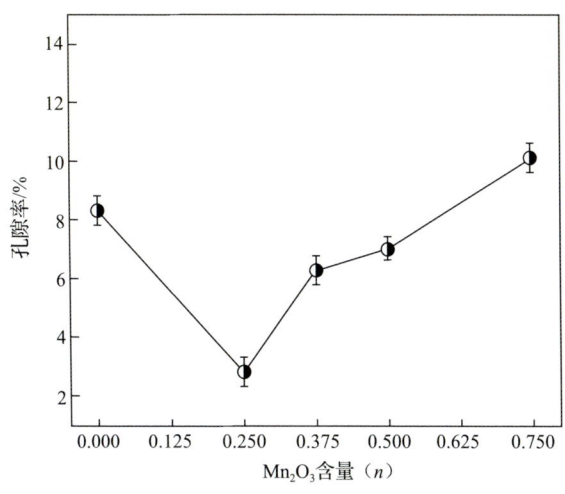

图 7-31 900℃烧结温度下样品的孔隙率随 Mn_2O_3 含量的变化

3. Mn^{3+} 取代 NiCuZn 铁氧体的软磁磁性能研究

900℃烧结温度下,不同含量的 Mn^{3+} 取代 NiCuZn 铁氧体的磁滞回线如图 7-32 所示。从图中可以看出,在外加磁场作用下,所有样品都表现出典型的磁滞行为,并在外加磁场强度为 4000Oe 时,NiCuZn 的磁化强度达到饱和。当 n=0.000 时,样品的饱和磁化强度(M_s)为 66.63emu/g,随着 n 增大,样品的饱和磁化强度降低。这说明 Mn^{3+} 取代 NiCuZn 铁氧体的 B 位 Fe^{3+}，降低了 B 位中晶格离子的磁矩 m_B，并削弱了 A 位和 B 位之间的交换力，最终导致 M_s 减小。

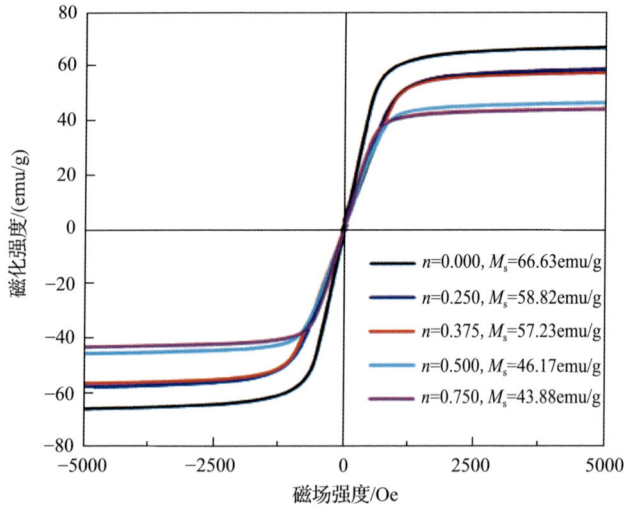

图 7-32　900℃烧结温度下 Mn^{3+} 取代 NiCuZn 铁氧体的磁滞回线

在不同烧结温度下，Mn^{3+} 取代 NiCuZn 铁氧体的磁导率实部随频率变化如图 7-33 所示。不难发现，900℃烧结的样品的起始磁导率高于 880℃烧结的，这是因为更高的烧结温度增加了样品的反应活化能，从而进一步促进晶粒增大，使得磁导率更高。实验研究发现，当 n=0.250 时，磁导率迅速增加，并达到最大值。当进一步增加 Mn_2O_3 含量 n 时，磁导率却逐渐降低。增加的磁导率是由样品的晶粒生长和致密性增加所导致。降低的磁导率是由在样品磁化过程中，降低的饱和磁化强度削弱了磁化机制中磁畴转动所造成。这说明适量的 Mn^{3+} 取代对样品的磁导率有着积极影响，但过量的 Mn^{3+} 取代恶化了样品的磁导率。

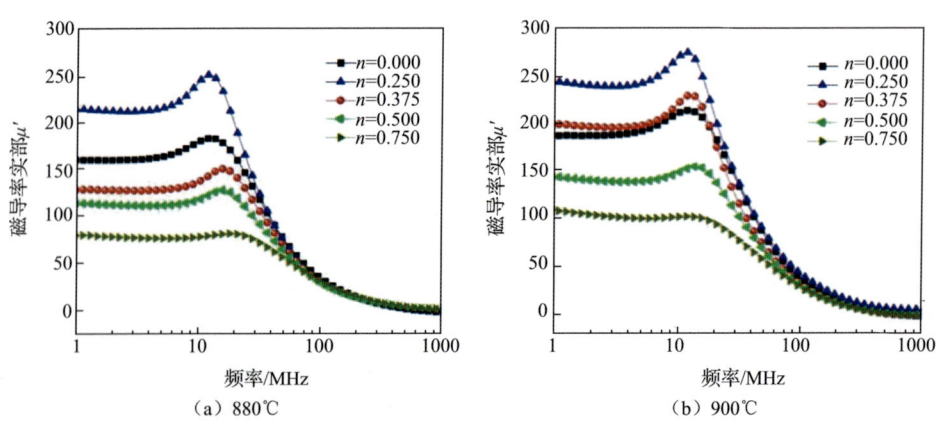

图 7-33　不同烧结温度下 Mn^{3+} 取代 NiCuZn 铁氧体的磁导率实部

对于 NiCuZn 铁氧体的软磁性能，磁导率和截止频率都是很重要的，而这两者却又是矛盾的。根据式（7-8）可知，适量的 Mn^{3+} 取代有助于提高 NiCuZn 铁氧体的磁导率，但降低了其截止频率。如图 7-34 所示，随着 n 的增加，样品的峰值往更低频率移动，当 $n>0.25$ 时，其峰值往高频增加，则说明截止频率增大。在实际应用中，合理地折中 NiCuZn 铁氧体的磁导率和截止频率的性能关系很重要。

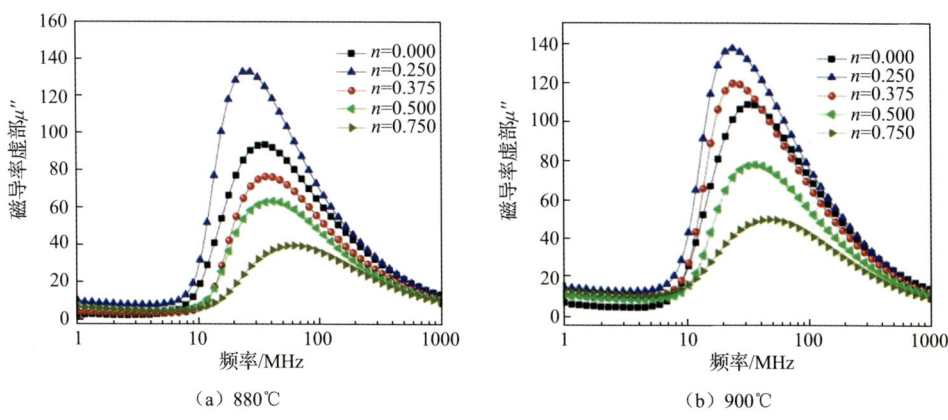

图 7-34 不同烧结温度下 Mn^{3+} 取代 NiCuZn 铁氧体的磁导率虚部

图 7-35 为不同烧结温度下 Mn^{3+} 取代 NiCuZn 铁氧体的饱和磁感应强度 B_s。由图可知，880℃ 和 900℃ 烧结下 B_s 的变化趋势相似，都是先增大再减小，并在 $n=0.250$ 时达到最大值。900℃ 烧结的样品具有更高的 B_s，这可以由较高的烧结温度提高了晶粒的活性，有利于晶界转变形成更大的晶粒来解释。当在 900℃ 烧结时，B_s 达到的最大值为 332.78 mT。B_s 的影响因素可以定义如下：

$$B_s = B_s(0) \cdot \frac{d_m}{d_x} \cdot \left(1 - \frac{T}{T_c}\right)^r \tag{7-17}$$

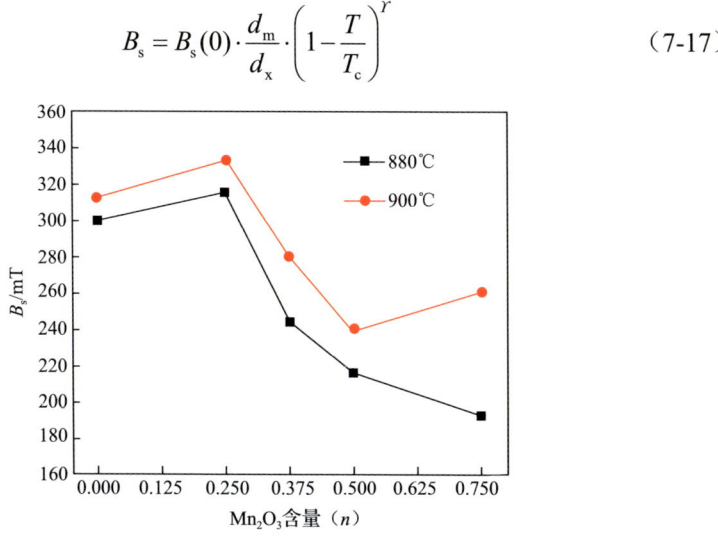

图 7-35 不同烧结温度下 NiCuZn 铁氧体饱和磁感应强度随 Mn_2O_3 含量的变化

其中，$B_s(0)$ 为绝对零度的磁感应强度；d_m 为材料的实际烧结密度；d_x 为材料的理论密度；T 为测试温度；γ 为常数。因此，增加的 B_s 是因为在 $n=0.250$ 时，样品的烧结密度大大增大，晶粒分布均匀致密，如图 7-29 和图 7-30 所示。总体来讲，添加优化的 Mn^{3+} 取代 NiCuZn 铁氧体有利于低温烧结下样品结晶度的增加，从而增大 B_s。但是，当继续增大 Mn_2O_3 含量时，B_s 逐渐降低，这是由于铁氧体样品的微结构中多孔的出现恶化了样品的 B_s。

4. Mn^{3+} 取代 NiCuZn 铁氧体的旋磁性能研究

不同烧结温度下，Mn^{3+} 取代 NiCuZn 铁氧体的矫顽力（H_c）变化曲线如图 7-36 所示。从图中不难发现，在 900℃烧结时，NiCuZn 铁氧体具有更小的矫顽力。在不同烧结温度下，随着 Mn_2O_3 含量的增加，矫顽力先减小再增大，在 $n=0.250$ 时达到最小值。矫顽力为：

$$H_c = 3\left(\frac{K_c T_c K_1}{a M_s}\right)\left(\frac{1}{D}\right) \tag{7-18}$$

其中，K_c 为有效各向异性能量密度；K_1 为磁晶各向异性常数；T_c 为居里温度；M_s 为饱和磁化强度；a 为晶粒常数；D 为平均晶粒尺寸。900℃烧结温度下，当 $n=0.250$ 时，样品晶粒进一步生长，平均晶粒尺寸略有增大。因此，根据式（7-18）得知，矫顽力降低至最低值（141Oe）。继续增加 Mn_2O_3 的含量，M_s 的降低最终导致 H_c 增加。由于材料的 H_c 关系到微波器件移相器的驱动电流，因此希望 H_c 要低。

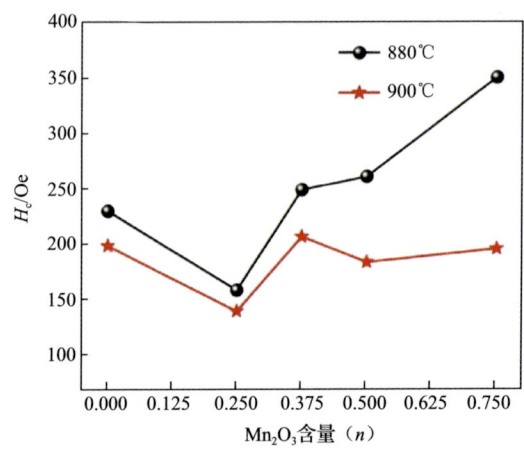

图 7-36 880℃和 900℃烧结温度下 NiCuZn 铁氧体矫顽力随 Mn_2O_3 含量的变化

微波器件中的移相器、开关等器件要求材料的磁滞回线具有良好的矩形度，即要求剩磁比高。Mn^{3+} 取代 NiCuZn 铁氧体的剩磁比变化如图 7-37 所示。从图中不难发现，采用 Mn^{3+} 取代 NiCuZn 铁氧体明显增加了剩磁比，在 $n=0.375$ 时达到最大值。这主要是由于采用少量的 Mn^{3+} 取代后，样品晶粒进一步增长和致密性逐渐变好，其平均晶粒尺寸缓慢增加。当 $n>0.375$ 时，剩磁比逐渐减小，由 SEM 图（图 7-29）可以观察到，晶粒均匀性明显变差，样品的缺陷增加，并出现少量气孔和异常晶粒，这些都不利于增加剩磁 B_r，从而导致剩磁比的下降。

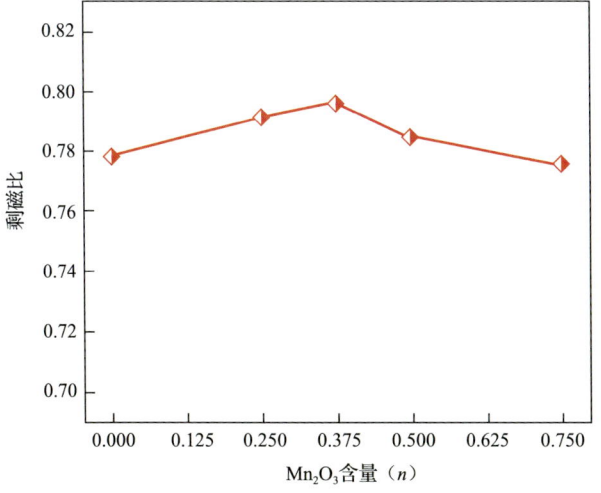

图 7-37　900℃烧结温度下 NiCuZn 铁氧体剩磁比随 Mn_2O_3 含量的变化

$4\pi M_s$ 作为表征旋磁性能的重要参数，主要由样品的烧结密度和饱和磁化强度 M_s 决定。900℃烧结温度下 Mn^{3+} 取代 NiCuZn 铁氧体的 $4\pi M_s$ 变化曲线如图 7-38 所示。Mn^{3+} 取代 NiCuZn 铁氧体的 Fe^{3+}，降低了 B 位中晶格离子的磁矩，导致 M_s 减小。因此随着 Mn_2O_3 含量增加，$4\pi M_s$ 逐渐减小。但是，由于当 $n=0.250$ 时样品的烧结密度显著增加，因此 $4\pi M_s$ 保持了较高的值，为 3872Gs。

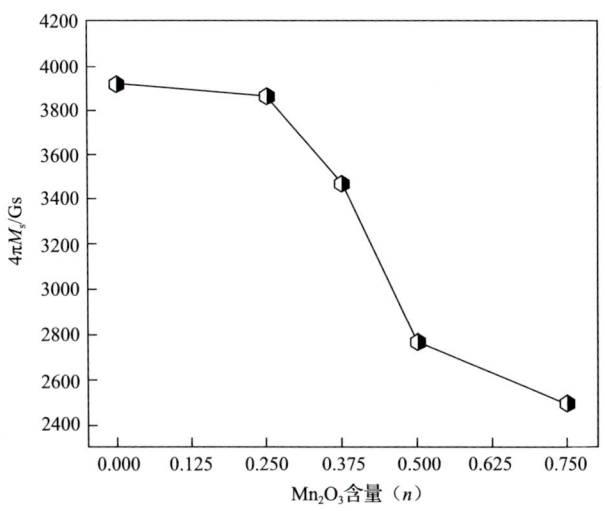

图 7-38　900℃烧结温度下 Mn^{3+} 取代 NiCuZn 铁氧体的 $4\pi M_s$ 变化

经过波导谐振腔微扰法测试得到的数据与洛伦兹拟合的数据的铁磁共振线宽谱如图 7-39 所示。有关报道中，当铁磁共振线宽（ΔH）较小时，采用洛伦兹拟

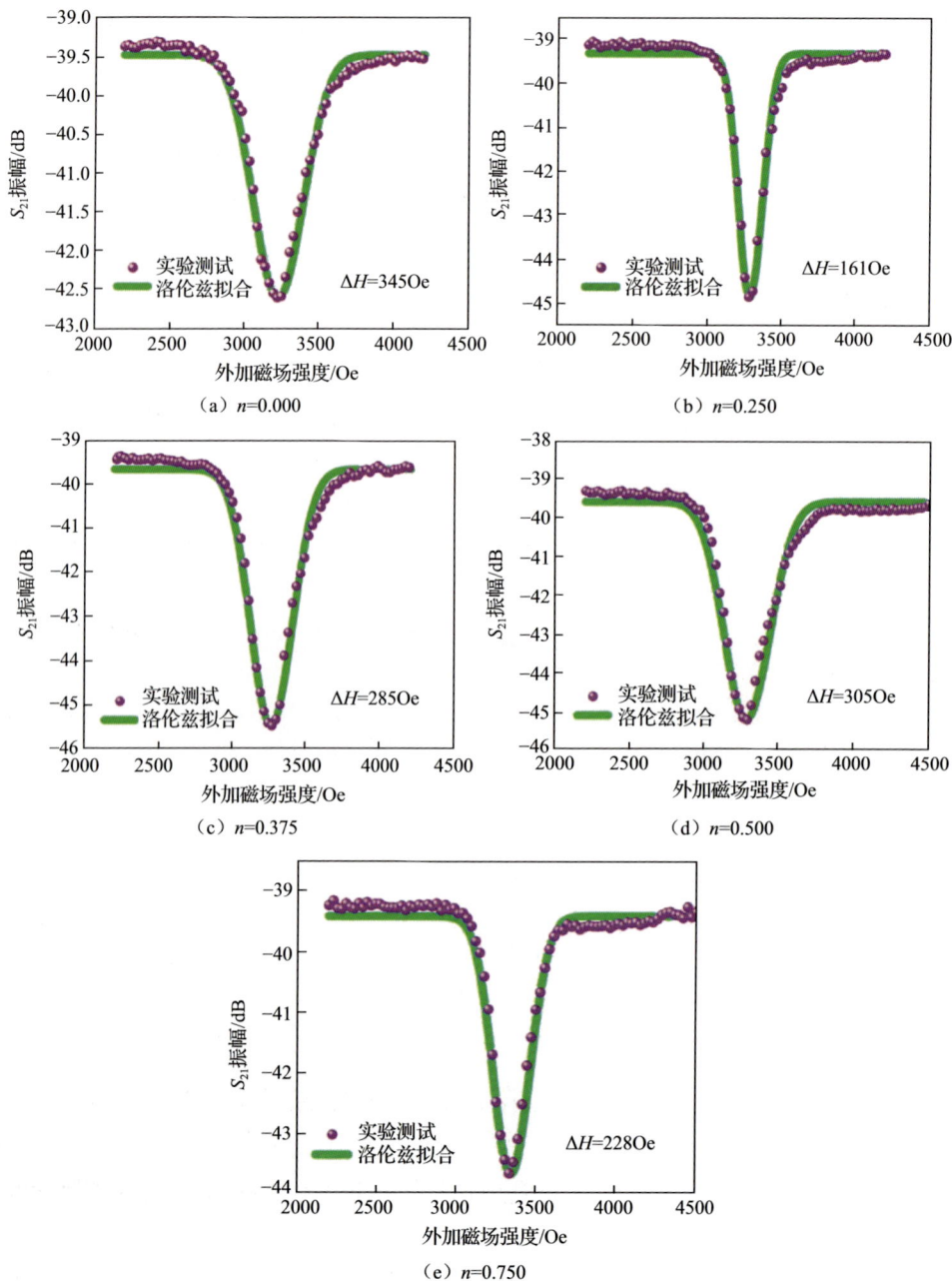

图 7-39 900℃烧结的 Mn^{3+} 取代 NiCuZn 铁氧体在 9.55GHz 下拟合的铁磁共振线宽谱

合得到的曲线与实际情况相接近。因此，本小节采用洛伦兹拟合来得到低温烧结下 Mn^{3+} 取代 NiCuZn 铁氧体的铁磁共振线宽。显然，从图中可以看出，实验数据和拟合数据基本吻合。在 $n=0.250$ 时，铁磁共振线宽谱最窄，其相应的铁磁共振线宽最小，仅为161Oe。当继而增大 Mn^{3+} 含量时，铁磁共振线宽谱逐渐增宽，其带来的直接结果就是铁磁共振线宽增大。

根据铁磁共振线宽谱拟合得到的不同烧结温度下 Mn^{3+} 取代 NiCuZn 铁氧体铁磁共振线宽（ΔH）变化曲线如图 7-40 所示。由图可见，在不同烧结温度下，ΔH 的变化趋势基本保持一致。900℃烧结时具有更小的 ΔH，这主要是因为 900℃烧结时，样品晶粒生长更充分，结晶度、致密性更佳。一开始，随着 Mn_2O_3 含量的增加，ΔH 显著减小，在 $n=0.250$ 时达到最小值。继而随着 Mn_2O_3 含量增加，ΔH 增大。由式（7-14）可知，减小的 ΔH 主要是因为当 $n=0.250$ 时，NiCuZn 铁氧体的微观结构均匀性和致密性明显变好，导致样品的气孔少（图 7-31）。因此，气孔致宽是影响 ΔH 的主要因素，则 ΔH 显著减小。之后，随着 Mn_2O_3 含量继续增加，样品晶粒的均匀性变差，且 $4\pi M_s$ 也减小，进而使得 ΔH 增大。因此，低温烧结 NiCuZn 铁氧体的 ΔH 很大程度是由气孔致宽所造成，控制好样品的微结构和减少气孔很有利于获得更小的 ΔH。总之，添加适量的 Mn_2O_3 进行取代时有助于减小低温烧结 NiCuZn 铁氧体的 ΔH，使得 NiCuZn 铁氧体能够更好地应用在微波器件领域。

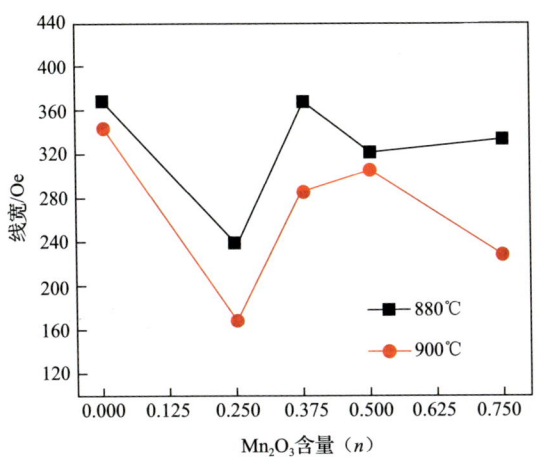

图 7-40 880℃和900℃烧结温度下 Mn^{3+} 取代 NiCuZn 铁氧体的铁磁共振线宽变化

7.4   MnO$_2$-Bi$_2$O$_3$ 复合掺杂 NiCuZn 铁氧体研究

7.4.1   MnO$_2$-Bi$_2$O$_3$ 复合掺杂 NiCuZn 铁氧体

7.3 节采用 Mn^{3+} 取代 NiCuZn 铁氧体改善其低温烧结下的磁性能，得到了具备良好软磁和旋磁性能的均匀致密 NiCuZn 铁氧体。然而，随着 5G 信息技术的飞速发展，电子器件不断朝着更高频、更宽频带、更多样化的应用方向变革。显然，相关研究已经报道 NiCuZn 铁氧体具备更高频率会恶化其磁性。可以说，NiCuZn 铁氧体具有优异的高频磁性能仍然是一个很大的挑战。同时，现有的研究很多局限于单一化的应用或者窄频带的应用，制备一种低温烧结 NiCuZn 铁氧体材料可以满足低频段、射频段及微波频段的应用仍然是一个值得深入研究的热点话题，尤其是探索 NiCuZn 铁氧体在微波段具有更小的铁磁共振线宽，有着很大的研究空间，也是新一代电子信息领域的迫切需求。在过去几十年，诸多学者采用一种低熔点氧化物添加至 NiCuZn 铁氧体的方法，来获得低温烧结下高磁导率、高饱和磁化强度、小矫顽力和低磁损耗的 NiCuZn 铁氧体，但其工作频率基本局限在 10MHz 以内。同时，采用一种氧化物添加剂大多数只是在降低 NiCuZn 烧结温度方面起到关键作用，而对其在射频段和微波段具备更优异的磁性能还远远不够。因此，近些年学者们开始采用复合氧化物掺杂的方法，以探究更高频、宽频带的低温烧结 NiCuZn 铁氧体材料。然而，此方法在探索 NiCuZn 铁氧体的旋磁性能方面几乎没有报道。因此，探索 NiCuZn 铁氧体在射频段更高磁特性的应用，同时挖掘其在微波段的应用，如图 7-41 所示。显然，采用不同氧化物的复合添加并不是盲目选择。一方面，要考虑降低烧结温度，增加 NiCuZn 铁氧体的致密度，获得均匀致密的低温烧结铁氧体。另一方面，在实现低温烧结的基础上要进一步调控 NiCuZn 铁氧体的高频磁性能。因此，本节采用 MnO$_2$-Bi$_2$O$_3$ 复合掺杂至 NiCuZn 铁氧体，详细研究了 MnO$_2$-Bi$_2$O$_3$ 复合掺杂在不同烧结温度下对 NiCuZn 铁氧体相成分、微结构、磁性能的影响。另外，探索了不同含量的 MnO$_2$-Bi$_2$O$_3$ 复合掺杂 NiCuZn 铁氧体在微波段的旋磁特性，发现通过该复合掺杂得到了具备优良软磁性能和旋磁特性的低温烧结 NiCuZn 铁氧体。选取最佳复合掺杂含量的 NiCuZn 铁氧体，通过改善不同的烧结方案对 NiCuZn 铁氧体晶粒生长进行严格控制，并详细讨论了烧结方案和微观结构之间的紧密关系，最终获得具有优良旋磁性能的低温烧结 NiCuZn 铁氧体。

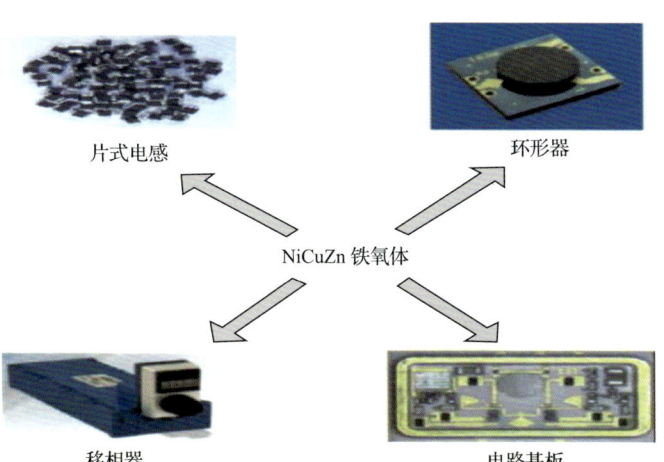

图 7-41　NiCuZn 铁氧体的多样化应用举例

7.4.2　MnO_2-Bi_2O_3 复合掺杂 NiCuZn 铁氧体的制备和性能研究

1. MnO_2-Bi_2O_3 复合掺杂 NiCuZn 铁氧体的制备和表征

本小节主要讨论了采用固相反应法制备 MnO_2-Bi_2O_3 复合掺杂的 NiCuZn 铁氧体,并详细阐述了其制备过程及分析了相成分、微结构和磁性能测试情况。采用的 NiCuZn 铁氧体的配方化学式为 $Ni_{0.2}Cu_{0.2}Zn_{0.6}Fe_2O_4$。首先,将分析纯级别的 NiO(99%)、CuO(99%)、ZnO(99%) 和 Fe_2O_3(99%) 按照 NiCuZn 铁氧体化学计量式配料,将称量的氧化物放置于球磨罐,按照球:料:去离子水=5:2:3 混合球磨 12h,其中,球磨机的转速为 250r/min。然后,将球磨后的浆料取出,放置于烘箱采用 100℃对浆料进行烘干。接着,在烧结炉中采用 800℃进行预烧结 3h,其升温速率为 2℃/min,用以使 NiCuZn 铁氧体初成相。将已经形成尖晶石结构的 NiCuZn 铁氧体预烧粉料按照 50g 分为六等分,用以进行不同的复合掺杂。每一等分预烧好的 NiCuZn 铁氧体分别与 0.5wt%的 MnO_2 和不同质量分数的 $x$wt% Bi_2O_3(x=0.0、0.5、1.0、1.5、2.0、3.0)进行复合掺杂。这里,MnO_2 和 Bi_2O_3 原料的纯度均大于 99%。将烧结好的 NiCuZn 铁氧体和复合掺杂氧化物放置于球磨罐,加入和混合料 1:1 的去离子水,继续在球磨机中以 250r/min 的转速球磨 8h,用以达到混合均匀的目的。待 8h 后,取出混合浆料,再分别放置烘干箱以 100℃的温度将其烘干。复合物烘干以后,加入 10.0wt% PVA 黏合剂对样品进行造粒,并采用 80 目筛完成所造粒样品的过筛。取 80 目筛以下的复合掺杂粉料,再在 12MPa 左右压强下形成复合掺杂 NiCuZn 铁氧体环形样品和片状样品。最终,将成型的不同样品在烧结炉中烧结,烧结温度分别为 900℃、925℃和 950℃,保温时间为 3h。

烧结好的 MnO_2-Bi_2O_3 复合掺杂 NiCuZn 铁氧体的相组成特征采用日本 Rigaku 株式会社的 X 射线衍射仪测试,表面微结构采用扫描电镜(JEOL JSM-6490LV)测得。采用阿基米德排水法测定样品的体密度,具体操作与 7.2.3 节相同。

MnO_2-$x$wt% Bi_2O_3 复合掺杂 NiCuZn 铁氧体的饱和磁感应强度(B_s)、剩磁比(B_r/B_s)和矫顽力(H_c)采用型号为 SY-8232 的 IWASTU B-H 分析仪在交流场 H=1600 A/m,频率为 1 kHz 条件下测试。磁滞回线(M-H)和饱和磁化强度(M_s)利用日本的振动样品磁强计(MODEL,BHL-525)进行测量,并且外加±5000Oe 的磁场。样品的铁磁共振线宽和晶粒分布按照 7.2.3 节所阐述的方法完成测试。

2. 物相及微观结构分析

不同含量的 MnO_2-Bi_2O_3 复合掺杂 NiCuZn 铁氧体在 950℃烧结温度下的 XRD 图谱如图 7-42 所示。从图中可以看出,复合掺杂 NiCuZn 铁氧体在低温(950℃)烧结下呈现尖晶石相,且随着复合掺杂含量增加,所有样品都为纯的尖晶石相。由此说明,MnO_2-Bi_2O_3 复合掺杂并未对 NiCuZn 铁氧体物相产生明显影响。同时,图中还标注了 MnO_2-Bi_2O_3 复合掺杂 NiCuZn 铁氧体的衍射峰,分别为(220)、(311)、(222)、(400)、(422)、(511)和(440)。这与纯 NiCuZn 铁氧体的 JCPDS 48-0489 卡片是一致的。此外,在图 7-42 中还给出了衍射峰(220)、(311)和(511)的放大图,不难发现其峰值移动至更低的角度。出现这种现象可能是因为 Bi_2O_3 含量增加导致铁氧体结晶度增加(Bi^{3+} 半径大于 $Ni_{0.2}Cu_{0.2}Zn_{0.6}Fe_2O_4$ 相的 Fe^{3+} 半径)。总之,MnO_2-Bi_2O_3 复合掺杂至 NiCuZn 铁氧体明显地降低了 NiCuZn 铁氧体的烧结温度,并且形成了标准的尖晶石纯相。

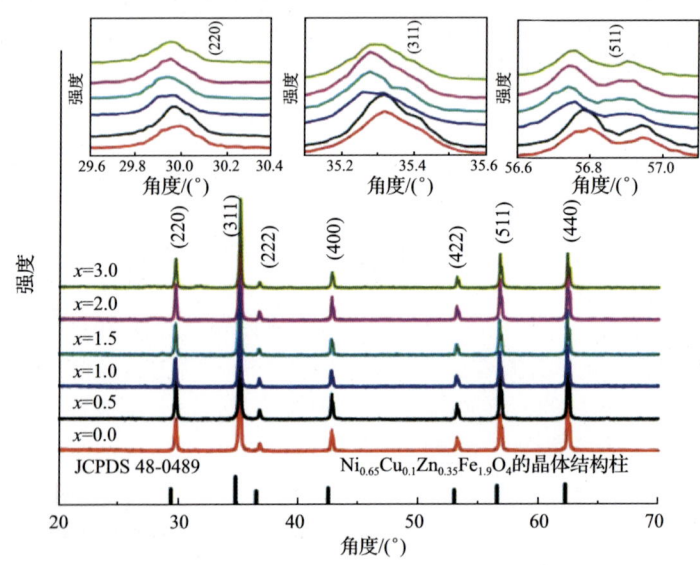

图 7-42 不同含量 MnO_2-Bi_2O_3 复合掺杂的 NiCuZn 铁氧体在 950℃烧结温度下的 XRD 图谱

为了探索不同含量 MnO_2-Bi_2O_3 复合添加对 NiCuZn 铁氧体微结构形态的影响，图 7-43 展示了 MnO_2-Bi_2O_3 复合掺杂 NiCuZn 铁氧体在 950℃烧结温度下的 SEM 图。如图 7-43（a）所示，当只有 0.5wt%的 MnO_2 掺杂时，NiCuZn 铁氧体的形貌都是簇拥而成的微小晶粒，呈现部分团聚和粘连现象。它们的平均晶粒尺寸只有 0.52μm，且存在很多不均匀的晶粒和气孔。由此可见，在没有添加 Bi_2O_3 时，NiCuZn 铁氧体在 950℃烧结时晶粒生长不充分，造成不均匀的晶粒分布。相比而言，当将 0.5wt%的 Bi_2O_3 引入 NiCuZn 铁氧体时，晶粒生长和致密化发生了一些细微变化，平均晶粒尺寸轻微增加（0.78μm），晶粒团聚和粘连现象明显减

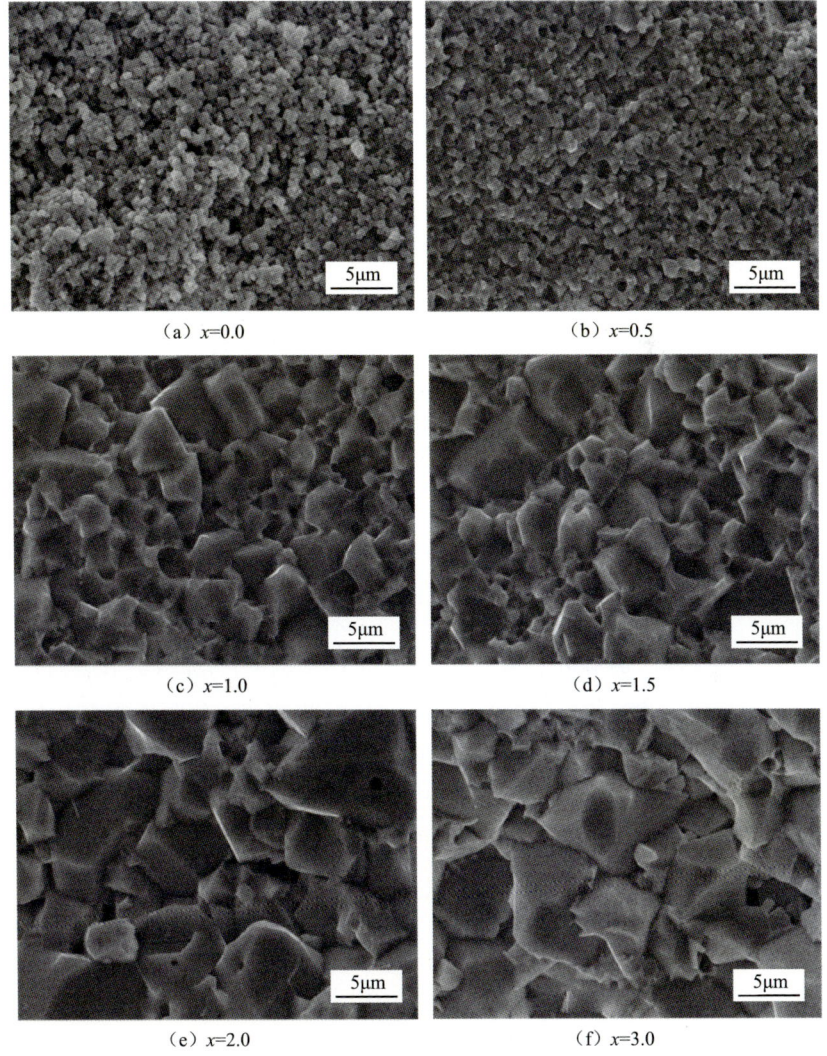

图 7-43　不同含量的 MnO_2-Bi_2O_3 复合掺杂 NiCuZn 铁氧体在 950℃烧结温度下的 SEM 图

少。然而，当 Bi_2O_3 添加剂的含量增加至 1.0wt%时，NiCuZn 铁氧体的微结构形貌发生了明显改变，晶粒得到充分生长，平均晶粒尺寸增加至 3.12μm，并且铁氧体的均匀性和致密性大大提升。因此，这说明当 0.5wt%MnO_2-1.0wt%Bi_2O_3 复合掺杂 NiCuZn 铁氧体时能够获得低温烧结下平均晶粒尺寸适中，均匀致密的微结构形态。这主要归因于 MnO_2-Bi_2O_3 的相互作用，一方面，少量的 MnO_2 可以在一定程度上促进晶粒的生长，起到增强 NiCuZn 铁氧体颗粒致密化作用；另一方面，1.0wt% Bi_2O_3 可以有效地在 NiCuZn 铁氧体 950℃烧结时形成液相填充在 NiCuZn 铁氧体晶界处，为烧结提供了额外的毛细管力驱动力，达到很好地促进晶粒生长的目的。因此，优化的 MnO_2-Bi_2O_3 复合掺杂可以加速 NiCuZn 铁氧体晶粒的重新排列，并通过填充晶粒间的间隙来促进其致密化。

当进一步增加 Bi_2O_3 含量时，如图 7-43（d）所示，即 $x=1.5$，NiCuZn 铁氧体的晶粒进一步增大，但其均匀性开始变差。这主要是由过量 MnO_2-Bi_2O_3 复合添加剂破坏了晶粒扩散和烧结能量之间的平衡引起的。随着 Bi_2O_3 含量继续增大，如图 7-43（e）和（f）所示，晶粒明显增大，平均晶粒尺寸分别增加至 5.03μm 和 5.45μm，相反，铁氧体的致密性和均匀性却恶化了。同时，一些异常晶粒和气孔已经逐渐在图 7-43（d）中出现，这可能导致 NiCuZn 铁氧体的磁性能降低。故 NiCuZn 铁氧体的材料形貌很大程度决定其性能，进而影响其在电子器件中的应用。最终可以获得均匀致密，且平均晶粒尺寸为 3.12μm 的 MnO_2-Bi_2O_3 复合掺杂 NiCuZn 铁氧体，这对后续的研究有着重要意义。

3. MnO_2-Bi_2O_3 复合掺杂 NiCuZn 铁氧体的性能测试和分析

不同含量的 MnO_2-Bi_2O_3 复合掺杂 NiCuZn 铁氧体的饱和磁化强度如图 7-44 所示。由图可知，MnO_2-Bi_2O_3 复合掺杂后的 NiCuZn 铁氧体的饱和磁化强度的范围为 42~67emu/g，说明在 MnO_2-Bi_2O_3 复合掺杂下形成了具有好的饱和磁化强度的铁氧体。显然，在不同烧结温度下，复合掺杂的 NiCuZn 铁氧体饱和磁化强度的变化趋势基本一致，都是随着 Bi_2O_3 含量的增加先增大，并在 $x=2.0$ 时达到最大值（67.03emu/g），然后再减小。NiCuZn 铁氧体材料的饱和磁化强度主要与其本身化学成分和金属阳离子在 A 位、B 位的磁矩差有关。同时还受到材料微观结构的影响，如致密度和晶粒尺寸。本小节实验中，所有样品采用相同的 NiCuZn 铁氧体配方，则它们的化学成分和 A 位、B 位的磁矩差是一致的。其饱和磁化强度的变化主要是由不同含量 MnO_2-Bi_2O_3 复合掺杂对 NiCuZn 铁氧体微观结构的影响。增加的饱和磁化强度主要归因于 Bi_2O_3 的添加促进了晶粒增长，增加了 NiCuZn 铁氧体的致密性和平均晶粒尺寸，且孔隙逐渐减小。然而，饱和磁化强度在 $x>2.0$ 时开始降低，主要是由 NiCuZn 铁氧体生长充分后，过多的非磁性物质 MnO_2-Bi_2O_3 引入导致的。

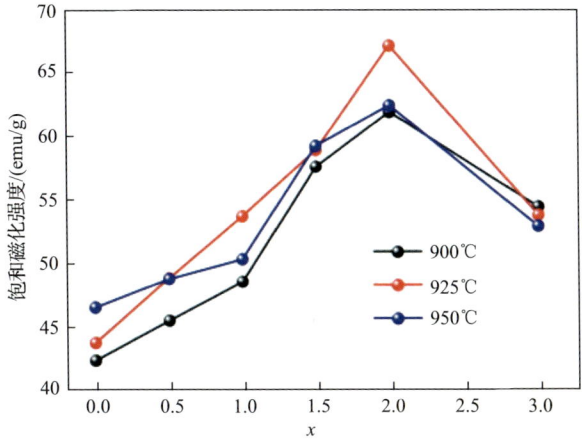

图 7-44　MnO_2-Bi_2O_3 复合掺杂 NiCuZn 铁氧体的饱和磁化强度

具备高频高磁导率的 NiCuZn 铁氧体一直是学者不断研究的热点问题。采用不同含量的 MnO_2-Bi_2O_3 复合掺杂 NiCuZn 铁氧体在不同烧结温度下的磁谱和品质因数如图 7-45 所示。磁导率是 NiCuZn 铁氧体作为软磁材料应用的一个重要磁性参数,也是表征其软磁性能好坏的重要指标。本小节实验同样分析了 MnO_2-Bi_2O_3 复合掺杂至 NiCuZn 铁氧体对磁导率的变化。通常 NiCuZn 铁氧体的磁谱是指其在弱交变磁场中的复数磁导率(包括磁导率的实部 μ' 和虚部 μ'')随频率变化的曲线。从图 7-45 中可以看出,所有样品的磁导率均呈典型的曲线形状,在一定频率以下 μ' 呈现稳定的较高值,随频率的增加而迅速下降。而 μ'' 最初保持在较低值,然后在更高频出现明显的峰值。并且不同含量的磁导率在不同烧结温度下变化规律基本保持一致。但可以明显地看出,随着温度升高,磁导率增大。这主要是由于复合掺杂 NiCuZn 铁氧体在烧结过程中,随着烧结温度升高,其活化能增加,进一步促进了 NiCuZn 铁氧体的晶粒生长,从而增大了磁导率。继而,可以观察

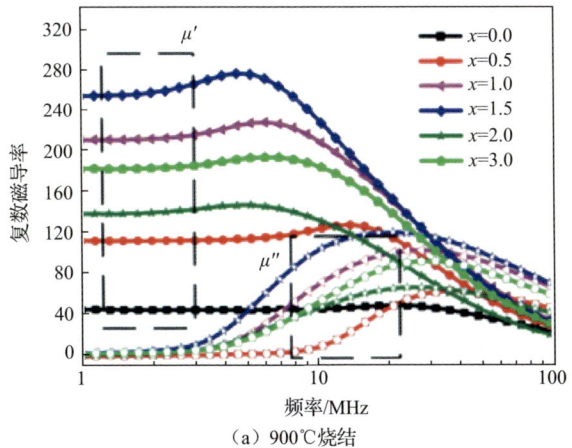

(a) 900℃烧结

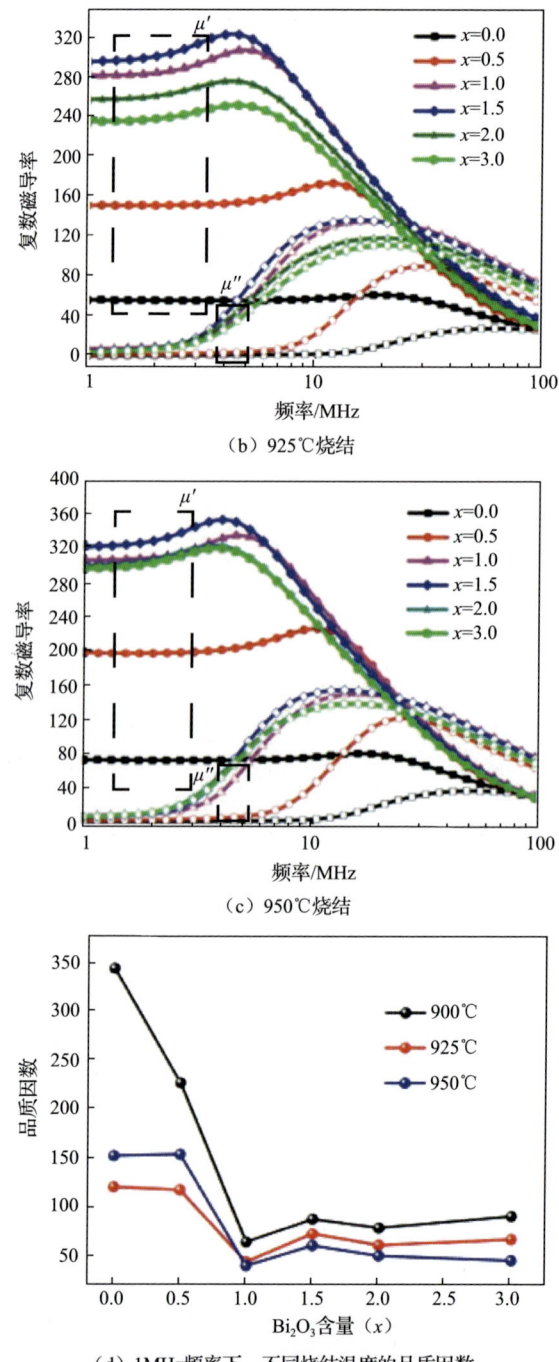

图 7-45 不同烧结温度下样品的磁谱和品质因数图

到不同含量的复合掺杂 NiCuZn 铁氧体的实部 μ'（频率为 1MHz）随着 Bi_2O_3 含量的增加先增大再减小，在 $x=1.5$ 时达到最大值。然而，可以观察到随着磁导率增加，样品的截止频率降低，这是由 Snoek 定律极限［式（7-8）］决定。

因此，要想获得高频高磁性能的 NiCuZn 铁氧体，需要进行折中考虑，平衡磁导率和截止频率之间的相对取舍关系。如图 7-45（b）所示，当在 925℃烧结时，0.5wt%MnO_2-1.5wt%Bi_2O_3 复合掺杂的 NiCuZn 铁氧体可以获得高的截止频率（18MHz）和较高的磁导率（297.97）。当进一步升至在 950℃烧结时，最大磁导率可以高达 322，但此时截止频率在 14MHz 以内，符合该频率段高磁导率应用需求。表 7-6 为 925℃烧结温度下，不同含量 MnO_2-Bi_2O_3 复合掺杂 NiCuZn 铁氧体的起始磁导率和截止频率。

表 7-6 不同含量 MnO_2-Bi_2O_3 复合掺杂 NiCuZn 铁氧体在 925℃烧结的起始磁导率和截止频率

指标	x					
	0.0	0.5	1.0	1.5	2.0	3.0
μ'（1MHz）	55.68	152.02	283.67	297.97	258.74	236.38
f_r/MHz	52	30	21	18	20	22

接下来，详细研究了不同含量的 MnO_2-Bi_2O_3 复合掺杂 NiCuZn 铁氧体在 925℃烧结时磁谱及其影响因素，从饱和磁化强度、微观结构等方面进行综合分析。根据文献可知，影响 NiCuZn 铁氧体磁导率的因素有很多，关键因素可以总结为如下几点：①饱和磁化强度 M_s；②磁晶各向异性常数 K_1 和磁滞伸缩系数 λ_0；③微观结构（气孔和晶粒大小）。起始磁导率、饱和磁化强度和晶粒尺寸之间的关系可以表示为：

$$\mu_i = \frac{M_s^2 D}{K_1} \tag{7-19}$$

其中，M_s 为材料的饱和磁化强度；D 为平均晶粒尺寸；K_1 为磁晶各向异性常数。由此可见，静态起始磁导率与饱和磁化强度的平方和平均晶粒尺寸成正比。而材料的饱和磁化强度与其化学配方息息相关，本小节实验采用 $Ni_{0.2}Cu_{0.2}Zn_{0.6}Fe_2O_4$ 的化学配方具有较好的饱和磁化强度。事实上，在实际情况中，NiCuZn 铁氧体的 M_s 值一般不可能变动很大，且提高 M_s 不一定能同时保持低的 K_1 值，如式（7-20）所示：

$$K_1 = \frac{M_s H_c}{0.96} \tag{7-20}$$

因此还可以通过减小 K_1 和 λ_0 来增加磁导率。如图 7-45（b）所示，当在 925℃烧结复合掺杂的 NiCuZn 铁氧体时，磁导率先从 55.68 增加至 297.97，然后下降至 236.38。由式（7-19）可知，引起磁导率变化主要与饱和磁化强度和平均晶粒尺寸相关。本小节实验通过添加 MnO_2-Bi_2O_3 复合氧化物对 NiCuZn 铁氧体微结构进行调控，从而实现对磁性能的控制。当只有 0.5wt% MnO_2 单独添加时，由于 NiCuZn 铁氧体在低温烧结下生长困难，其晶粒也很小，平均尺寸只有 0.69μm（表 7-7），故此时磁导率很低，截止频率为 52MHz。随着 Bi_2O_3 含量增加，由于液相烧结机制，促进了 NiCuZn 铁氧体在低温烧结下的晶粒增长，晶粒得到充分生长，且铁氧体均匀度和致密性都越来越好。最终，当 $x=1.5$ 时获得最优化微结构的低温烧结 NiCuZn 铁氧体。此时，复合掺杂样品在 925℃烧结温度下的 SEM 图和晶粒尺寸统计分布如图 7-46 所示。显然，在该温度下烧结，0.5wt%MnO_2-1.5wt%Bi_2O_3

表 7-7 不同含量 MnO_2-Bi_2O_3 复合掺杂 NiCuZn 铁氧体在 925℃烧结的起始磁导率和平均晶粒尺寸

指标	x					
	0.0	0.5	1.0	1.5	2.0	3.0
μ'（1MHz）	55.68	152.02	283.67	297.97	258.74	236.38
D/μm	0.69	0.97	4.91	5.19	3.88	4.03

(a)

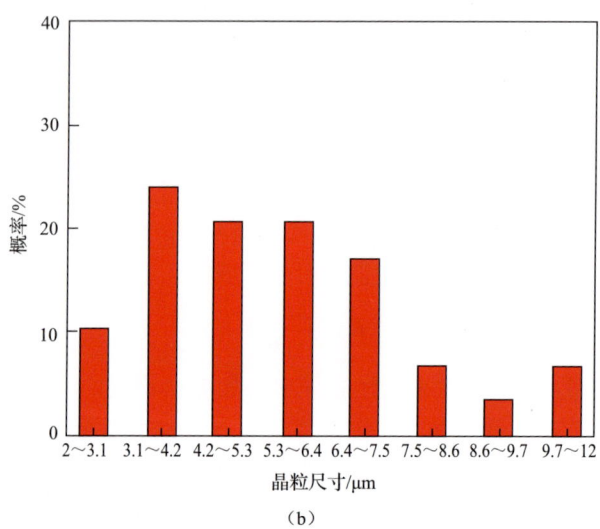

(b)

图 7-46 925℃烧结温度下 0.5wt%MnO_2-1.5wt%Bi_2O_3 复合掺杂的 NiCuZn 铁氧体的 SEM 图（a）和晶粒尺寸分布变化图（b）

复合掺杂 NiCuZn 铁氧体具有均匀紧密的微结构，晶粒尺寸分布也较均匀且气孔较少。这便给出了选择优化的 MnO_2-Bi_2O_3 复合添加剂就能够获得最佳磁导率（297.97）和较高的截止频率（18MHz）的原因。另一方面，如图 7-44 所示，增加的饱和磁化强度也是贡献于铁氧体磁导率增加的关键因素。当 x>1.5 时，较多的非磁性 Bi_2O_3 液相存在于 NiCuZn 铁氧体晶界处，抑制了晶粒生长，进而降低了磁导率，此时晶粒尺寸将是影响磁导率的主导因素。

图 7-45（d）展示了不同含量的 MnO_2-Bi_2O_3 复合掺杂 NiCuZn 铁氧体的品质因数。品质因数的定义如下：

$$Q = \frac{\mu'}{\mu''} \tag{7-21}$$

其中，μ' 为磁导率的实部；μ'' 为磁导率的虚部。由图 7-45（d）可见，复合掺杂对 NiCuZn 铁氧体品质因数的影响是很明显的。这主要是由于掺杂增大了材料的损耗，随着 Bi_2O_3 含量增加品质因数降低，但是为了平衡 NiCuZn 铁氧体的其他磁性能（如饱和磁化强度、磁导率）以及降低其烧结温度，Bi_2O_3 的作用不容忽视。对于 925℃烧结的试样，加入 1.5wt%的 Bi_2O_3，可获得较高的 Q 值（约 75）。这是由于优化的复合掺杂大大提高了低温烧结下样品的均匀性。总之，通过添加 0.5wt%MnO_2-1.5wt%Bi_2O_3 复合氧化物和调控铁氧体的烧结温度，有利于获得高磁导率、高频、均匀和致密微结构的 NiCuZn 铁氧体，促进了其更高需求的应用。

复合掺杂的 NiCuZn 铁氧体材料在不同烧结温度下的饱和磁感应强度 B_s 如图 7-47 所示。可以发现，不同烧结温度下 NiCuZn 铁氧体的饱和磁感应强度变化规律基本是一致的，都是随着 MnO_2-Bi_2O_3 含量的增加先增大后减小，并且烧结温度越高，饱和磁感应强度越大。在 x=1.5 处获得最大值，分别为 279.89（900℃）、

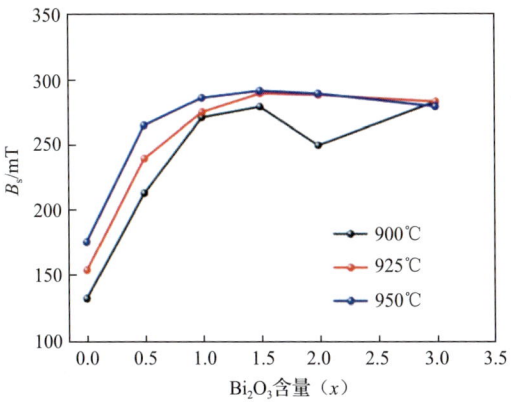

图 7-47　0.5wt%MnO_2-$x$wt%Bi_2O_3 复合掺杂的 NiCuZn 铁氧体的饱和磁感应强度

290.05（925℃）和 292.89（950℃）。饱和磁感应强度与饱和磁化强度之间存在如下关系：

$$B_s = \mu_0(H_0 + M_s) \tag{7-22}$$

其中，μ_0 为真空磁导率；H_0 为磁场强度（一般很小）。因此，饱和磁感应强度与饱和磁化强度成正比，同时还受到晶粒均匀性、气孔的影响。过多的非磁性物质 Bi_2O_3 的加入也会导致饱和磁感应强度的降低。因此，调整 Bi_2O_3 的含量有利于提高饱和磁感应强度。

为了进一步分析不同含量的 MnO_2-Bi_2O_3 复合掺杂对 NiCuZn 铁氧体微波段磁性能的影响，复合掺杂后的 NiCuZn 铁氧体在 950℃烧结温度下的磁滞回线和 $4\pi M_s$ 变化曲线如图 7-48 所示。从图中可以看出，样品在 4000Oe 的外加磁场强度下基本趋于饱和。由图 7-48（a）中的磁滞回线得到的 $4\pi M_s$ 的值如图 7-48（b）所示，显然，当 x 从 0.0 变化到 1.0 时，$4\pi M_s$ 从 3091.57Gs 显著增加至 3812.3Gs。这主要

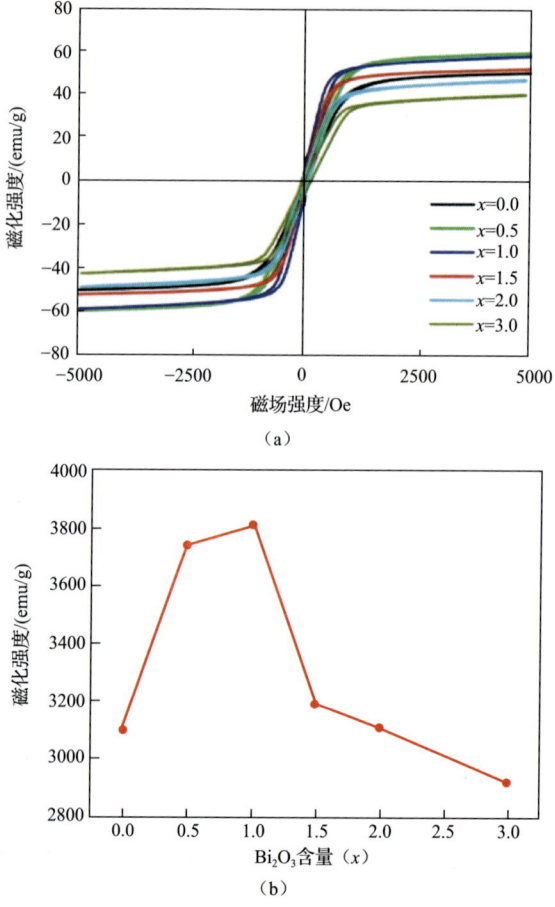

图 7-48　950℃烧结温度下样品的磁滞回线（a）和 $4\pi M_s$ 变化图（b）

是因为在 1.0wt% Bi_2O_3 助烧剂作用下，NiCuZn 铁氧体实现晶粒致密化生长，且具有较少的孔隙。当 $x>1.0$ 时，$4\pi M_s$ 降低，同样是因为添加过量的非磁性物质 Bi_2O_3 会导致饱和磁化强度降低。

为了进一步研究 MnO_2-Bi_2O_3 复合掺杂对 NiCuZn 铁氧体其他磁性能影响，不同含量的 MnO_2-Bi_2O_3 复合掺杂 NiCuZn 铁氧体的矫顽力（H_c）如图 7-49 所示。从图中可以发现，不同烧结温度下 H_c 的变化都是随着 Bi_2O_3 含量的增加先减小再增大（从 347.73Oe 降低至 84.93Oe），并在 $x=1.0$ 时取得最小值。实际上，H_c 的变化与饱和磁化强度、晶粒尺寸有关，见式（7-18）。

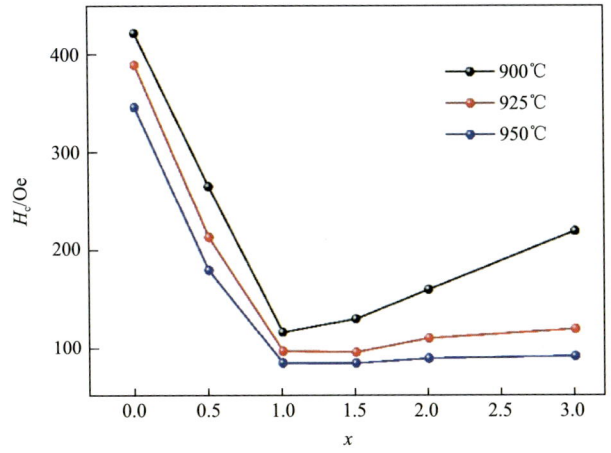

图 7-49　不同烧结温度下矫顽力随 Bi_2O_3 含量的变化

从式（7-18）可知，矫顽力的变化与饱和磁化强度和晶粒尺寸成反比。当 $x=1.0$ 时获得最低矫顽力，为 84.93Oe，是由晶粒尺寸和饱和磁化强度两者共同作用的结果。另外，更高的烧结温度下能获得更小的矫顽力，这是由于温度越高，增加了样品的活化能，从而促进了晶粒生长，增大晶粒尺寸。更大的晶粒尺寸能够带来更小的晶界，使得畴壁位移更容易，故矫顽力降低。因此，为了获得较小的矫顽力，合理地优化 Bi_2O_3 含量是关键所在。

在 950℃烧结温度下，MnO_2-Bi_2O_3 复合掺杂 NiCuZn 铁氧体的洛伦兹拟合的铁磁共振线宽谱如图 7-50 所示。从图中可以看出，在 $x=1.0$ 和 $x=1.5$ 的谱线宽较窄，这意味着其具有更窄的铁磁共振线宽。并且越窄的铁磁共振线宽，与洛伦兹拟合度就越高。因此，采用洛伦兹拟合得到的不同烧结温度下，MnO_2-Bi_2O_3 复合掺杂 NiCuZn 铁氧体的铁磁共振线宽的变化如图 7-51 所示。在图 7-51 中可以明显看到没有添加 Bi_2O_3 的 NiCuZn 铁氧体在低温烧结下的铁磁共振线宽高达近 493Oe。这主要是由于铁氧体在 950℃烧结，未能获得均匀致密的微结构，且存在较多的孔隙。然而，当少量的 Bi_2O_3（$x=0.5$）添加以后，铁磁共振线宽明显得到改善，开始逐渐减小。当优化量的 Bi_2O_3（$x=1.0$）添加后，获得最小铁磁共振线宽的低温烧结 NiCuZn 铁氧体。随后，随着 Bi_2O_3 含量进一步增加，铁氧体的铁磁共振线宽逐渐增大。结果表明，当复合掺杂含量为 $0.5wt\%MnO_2$-$1.0wt\%Bi_2O_3$ 时，大大减小了 NiCuZn 铁氧体的铁磁共振线宽。这与相关文献报道广泛应用于旋磁材料的 LiZn 系列铁氧体相比，铁磁共振线宽明显更小。这充分说明 NiCuZn 铁氧体可以应用至 X 波段的微波器件（如环行器、移相器）。下面将进一步分析 MnO_2-Bi_2O_3 复合掺杂对 NiCuZn 铁氧体铁磁共振线宽带来变化的原因。

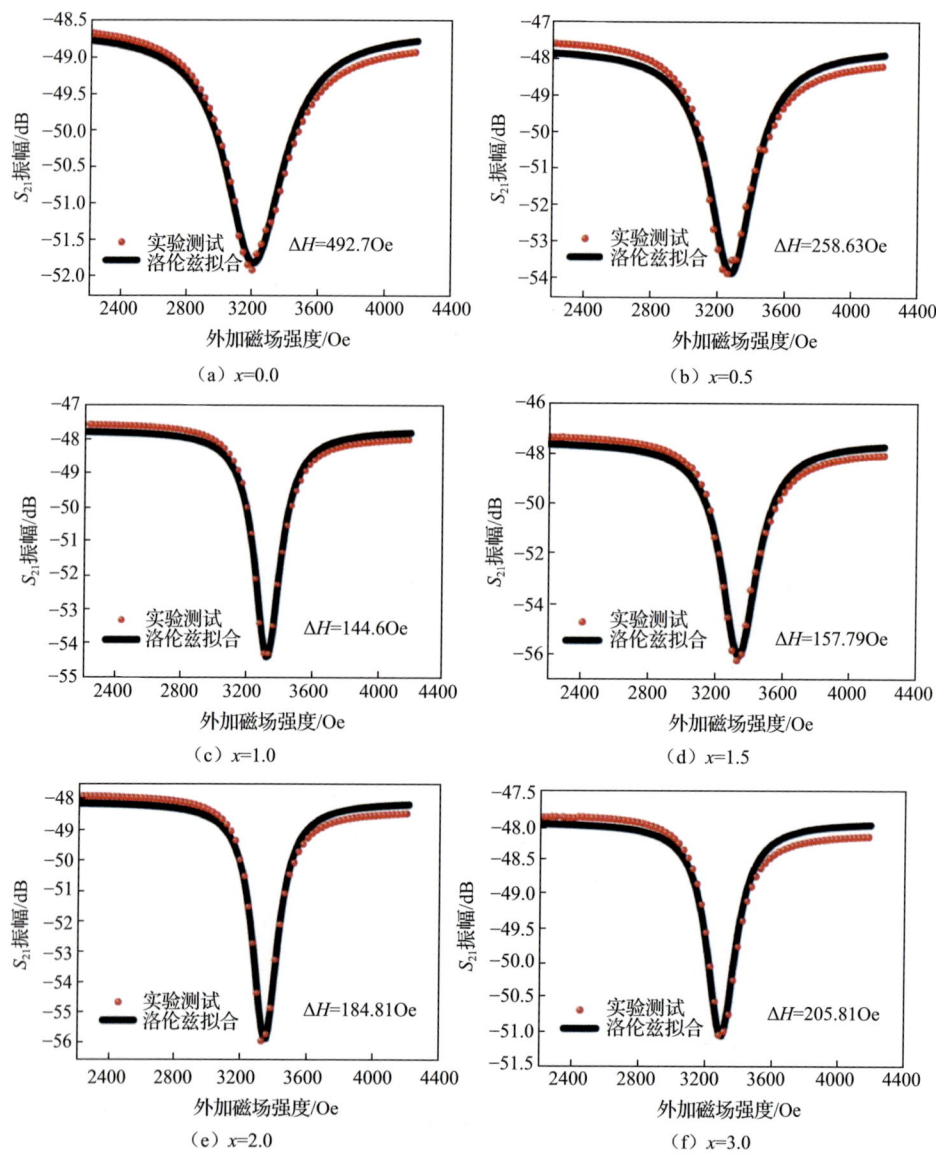

图 7-50　950℃烧结温度下样品在 9.55GHz 的洛伦兹拟合图谱

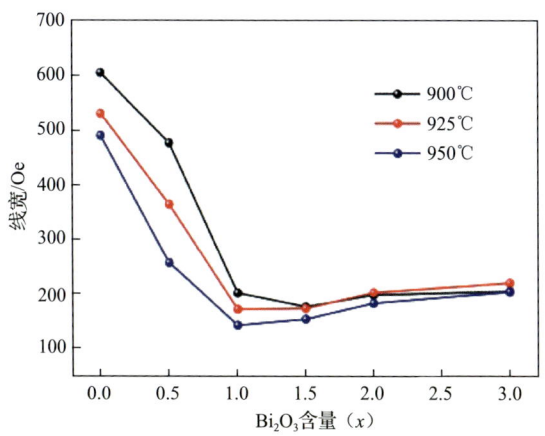

图 7-51　不同烧结温度下复合掺杂 NiCuZn 铁氧体铁磁共振线宽变化曲线

根据式（7-14）可知，当只有 MnO_2 添加时，NiCuZn 铁氧体在低温烧结下未能充分生长，导致颗粒微小，气孔多，从而严重恶化了铁氧体的旋磁性能，因而具有很大的铁磁共振线宽 ΔH。但随着 Bi_2O_3 含量的增加，ΔH 急剧减小，其原因主要是 NiCuZn 铁氧体微观结构的大大改善。同时，$4\pi M_s$ 的增加也有效减小了样品的 ΔH。最终，在 950℃下烧结，当 $x=1.0$ 时能够获得很小的 ΔH（144.6Oe）。这因为在该复合添加剂（0.5wt%MnO_2-1.0wt%Bi_2O_3）作用下，极大地促进了低温烧结下 NiCuZn 铁氧体的晶粒生长，优化了铁氧体的晶粒微结构，形成致密均匀的低温烧结样品，减少了样品的气孔，从而大大减小了气孔致宽。当 Bi_2O_3 含量进一步增加，晶粒继续增长，出现了一些异常晶粒，恶化了 NiCuZn 铁氧体微结构的均匀性，并且出现了少量气孔，从而使得 ΔH 逐渐增加。

总而言之，根据上述测试研究发现，通过添加 MnO_2-Bi_2O_3 复合氧化物至 NiCuZn 铁氧体，大大提升了其在低温烧结下的磁特性。一方面，复合掺杂促进了铁氧体低温烧结下晶粒均匀致密生长，获得了 925℃烧结温度下高磁导率、较高截止频率、高饱和磁化强度和高饱和磁感应强度的 NiCuZn 铁氧体。另一方面，在 950℃烧结温度下，0.5wt%MnO_2-1.0wt%Bi_2O_3 复合掺杂至 NiCuZn 铁氧体时，很大程度改善了其旋磁特性，获得了小的铁磁共振线宽（144.6Oe），高的 $4\pi M_s$（3812.3Gs）和低的矫顽力（84.93Oe）的 NiCuZn 铁氧体。

7.4.3　瞬态烧结的 MnO_2-Bi_2O_3 复合掺杂 NiCuZn 铁氧体的研究

在前面的实验中成功制备了 MnO_2-Bi_2O_3 复合掺杂 NiCuZn 铁氧体，使其具备较高频率的软磁性能和优良的旋磁性能，实现了制备的 NiCuZn 铁氧体材料能够很好地满足高频、多性能化的应用需求。特别是，探究了 NiCuZn 铁氧体材料在微波频段具有更优异的旋磁性能。实验证明，通过 MnO_2-Bi_2O_3 复合掺杂手段来调控 NiCuZn 铁氧体性能是一种可行的方法，且获得了较常用于微波段的 LiZn 铁氧体更小的铁磁共振线宽，是微波器件应用的不错选择。为了进一步探索低温烧结下 NiCuZn 铁氧体在微波段的旋磁性能，更深入地通过调控微观结构来分析对 NiCuZn 铁氧体旋磁性能的影响，尤其是调控细小晶粒分布的低温烧结 NiCuZn 铁氧体。接下来，旨在探索传统烧结方案的基础上，通过改变传统烧结方法，采用瞬态烧结来进一步控制低温烧结下 NiCuZn 铁氧体的晶粒生长，获得均匀致密的微结构，同时具备良好性能的 NiCuZn 铁氧体材料。

1. 样品的制备和测试

采用固相反应方法将 7.4.2 节制备好的纯的 $Ni_{0.2}Cu_{0.2}Zn_{0.6}Fe_2O_4$ 铁氧体在 880℃预烧，选取上述实验最佳旋磁性能的复合掺杂比例为 0.5wt% MnO_2 和 1.0wt% Bi_2O_3，添加至预烧好的 NiCuZn 铁氧体，然后放入球磨机进行二次球磨 12h 后烘干，经造粒后压制成圆环状。将压制好的圆环状 NiCuZn 铁氧体均分成 6 等份，对应采用以下 6 种烧结方案完成样品的烧结。

1）采用 OTSP 烧结

OTSP（one transient sintering pulse，一个瞬态烧结脉冲）烧结方案的波形图如图 7-52 所示。具体为将样品放置烧结炉中，先按照 2℃/min 的速率升温至 450℃烧结，在该温度下保温 2h，再以 2℃/min 的速率增至 860℃，然后经历一个瞬态烧结脉冲（即图中的 *CDE* 段，瞬态烧结的一个瞬态值为：最高温度和最低温度分别是 950℃ 和 860℃，且升温和降温速率为 12.86℃/min），温度降低至 860℃，并保温 115min。再降低温度至 600℃，最后自然降温，从而完成样品的烧结。

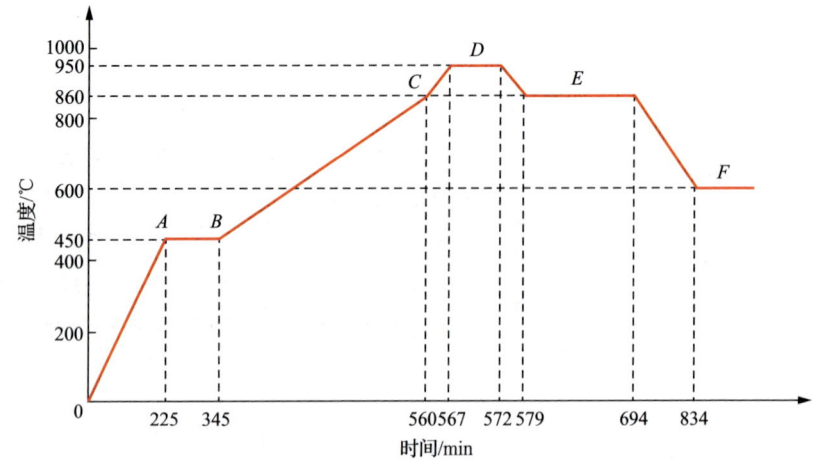

图 7-52　OTSP 烧结曲线

2）采用 TTSP 烧结

TTSP（两个瞬态烧结脉冲）烧结方案与 OTSP 烧结方案的不同点在于采用的是两个瞬态烧结脉冲，如图 7-53 所示。具体为：以 2℃/min 速率升至 450℃烧结，在该温度下保温 3h；以 10℃/min 速率升温至 950℃，在 950℃下保温 5min；再以 10℃/min 的速率降低温度至 860℃，此时完成第一个瞬态脉冲烧结（即图 7-53 中的 CD 段）。并在 860℃下保温 55min，之后以 10℃/min 速率升至 950℃，在该温度保持 5min 后，降低温度至 860℃，此时完成样品的第二个瞬态烧结脉冲（即图 7-53 中的 EF 段）。在 860℃下保温 55min 后，降低烧结温度至 600℃，最终自然降温，完成样品的 TTSP 烧结。

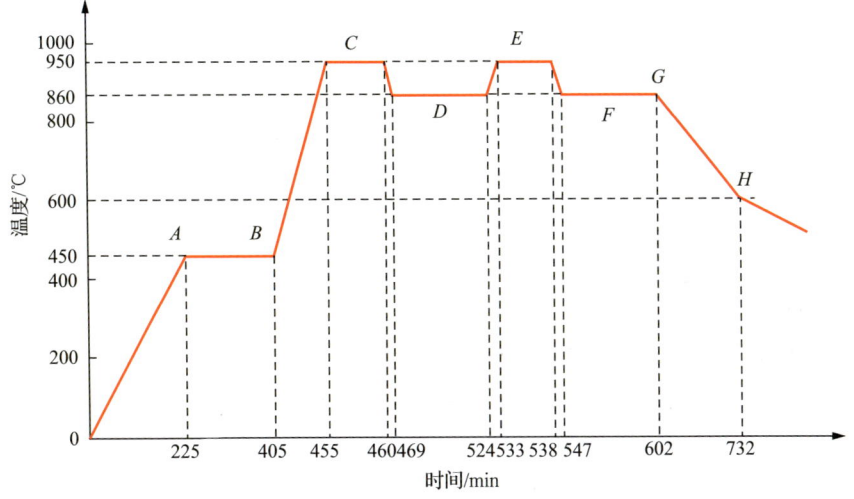

图 7-53　TTSP 烧结曲线

3）采用 NSP 烧结

常规烧结脉冲（NSP）烧结方案，以 2℃/min 速率升至 450℃烧结，在该温度下保温 2h 进行去胶处理，再以 2℃/min 的速率升温至 900℃，保温 2h 后，降低温度至 600℃，最终自然降温，完成 NSP 烧结。

4）采用 SOTSP 烧结

SOTSP 烧结方案如图 7-54 所示，即在 OTSP 的基础上再进行二次烧结。其中，二次烧结的具体方法为：以 10℃/min 速率升温至 950℃，保温 2h，最后自然冷却，完成烧结。

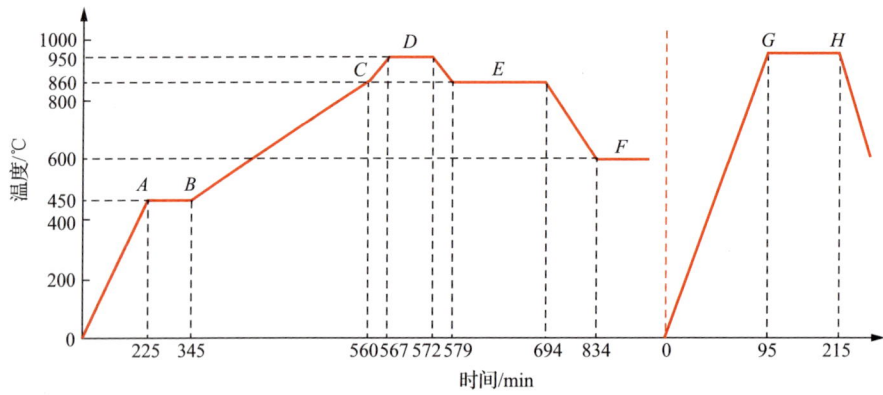

图 7-54 SOTSP 烧结曲线

5）采用 STTSP 烧结

STTSP 烧结方案是在 TTSP 基础上再进行二次烧结，且二次烧结方法与 SOTSP 的二次烧结方法一致，具体如图 7-55 所示。

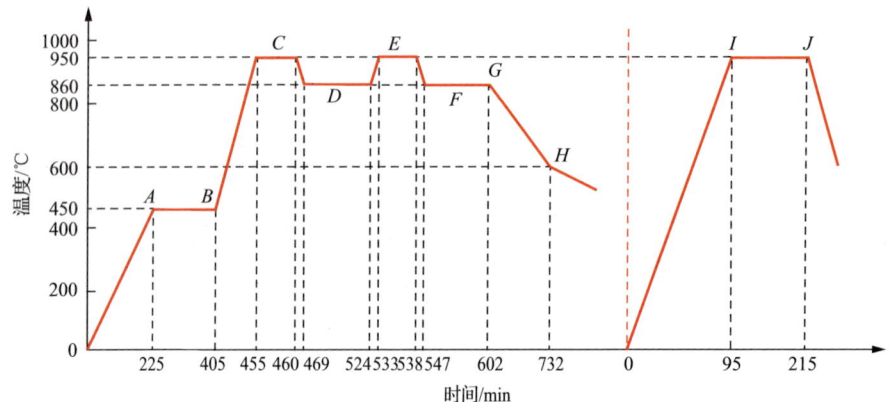

图 7-55 STTSP 烧结曲线

6）采用 SNSP 烧结

SNSP 的烧结方案是在 NSP 的基础上再进行二次烧结，二次烧结方法与 SOTSP 的二次烧结方法一致。完成烧结后的样品测试与在 7.2.3 节中描述的一致。

2. 物相及微结构分析

首先对不同烧结方案的样品进行物相分析，不同烧结方案下 0.5wt%MnO_2-1.0wt%Bi_2O_3 掺杂 NiCuZn 铁氧体的 XRD 图谱如图 7-56 所示。从图中可以观察到，所有样品均为典型的尖晶石结构，说明瞬态烧结策略并没有对 NiCuZn 铁氧体的尖晶石相造成影响。同时，可以看到特征峰(311)明显向左移动，这种现象可以解释为随着烧结温度的升高，晶粒的生长受到烧结温度的影响，在(311)晶格取向上出现不规则生长。这与表 7-8 列出的增加的晶格常数变化结果保持一致。

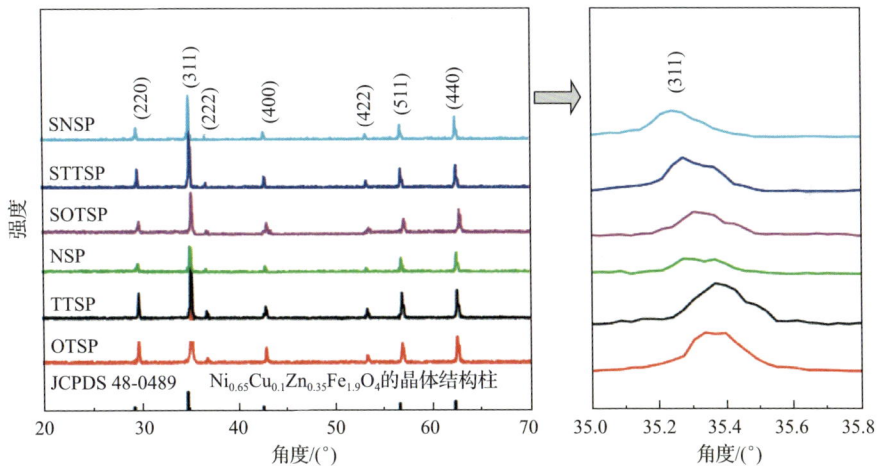

图 7-56　不同烧结方案的复合掺杂 NiCuZn 铁氧体 XRD 图谱

表 7-8　不同烧结方案的 MnO_2-Bi_2O_3 复合掺杂 NiCuZn 铁氧体的晶格常数

NiCuZn 样品烧结方案	晶格常数/Å	NiCuZn 样品烧结方案	晶格常数/Å
OTSP	8.4118	SOTSP	8.4266
TTSP	8.4136	STTSP	8.4275
NSP	8.4241	SNSP	8.4345

进一步通过 SEM 对不同烧结方案的 NiCuZn 铁氧体的断面微结构进行分析。图 7-57 展示了不同烧结方案下样品的 SEM 图。有趣的是，实验发现，通过瞬态烧结方法中的 OTSP 烧结可以获得细小晶粒且分布均匀。即在低温烧结下，NiCuZn 铁氧体获得均匀致密的微结构是通过抑制晶粒增长而得，其平均晶粒尺寸仅为 0.64μm。如图 7-57（a）所示，采用 NSP 常规传统烧结方式，平均晶粒尺寸较大，为 2.96μm，但是颗粒大小不一，分布不均匀。然而，当实施 OTSP 烧结方法后，微观结构发生了明显变化，如图 7-57（c）所示，晶粒尺寸大大减小，且分布均匀，致密性佳。相反，采用 OTSP 烧结的样品而并不像前面描述低温烧结下 NiCuZn 铁氧体晶粒不成型且有很多团聚结构。因此，该瞬态烧结方法通过在低温下抑制晶粒生长，可获得均匀致密的 NiCuZn 铁氧体，是打破传统低温烧结导致微结构不均匀、出现很多团聚的新的解决方法。OTSP 烧结方法促进了铁氧体的均匀性和致密性，主要原因在于采用该瞬态方法提供了 NiCuZn 铁氧体在低温烧结过程中适合的活化能使晶粒扩散，从而增强了其致密性。为了进一步分析瞬态烧结对掺杂后的 NiCuZn 铁氧体微观结构的影响，在图 7-57（e）中，明显发现采用两个瞬态烧结脉冲即 TTSP 方法使得铁氧体晶粒尺寸略有增大，但是晶粒之间很多粘连成一团，且开始出现大小颗粒不均匀。图 7-57（b）、（d）、（f）分别对 NSP、OTSP、TTSP 烧结方案进行二次烧结，样品颗粒明显增大。

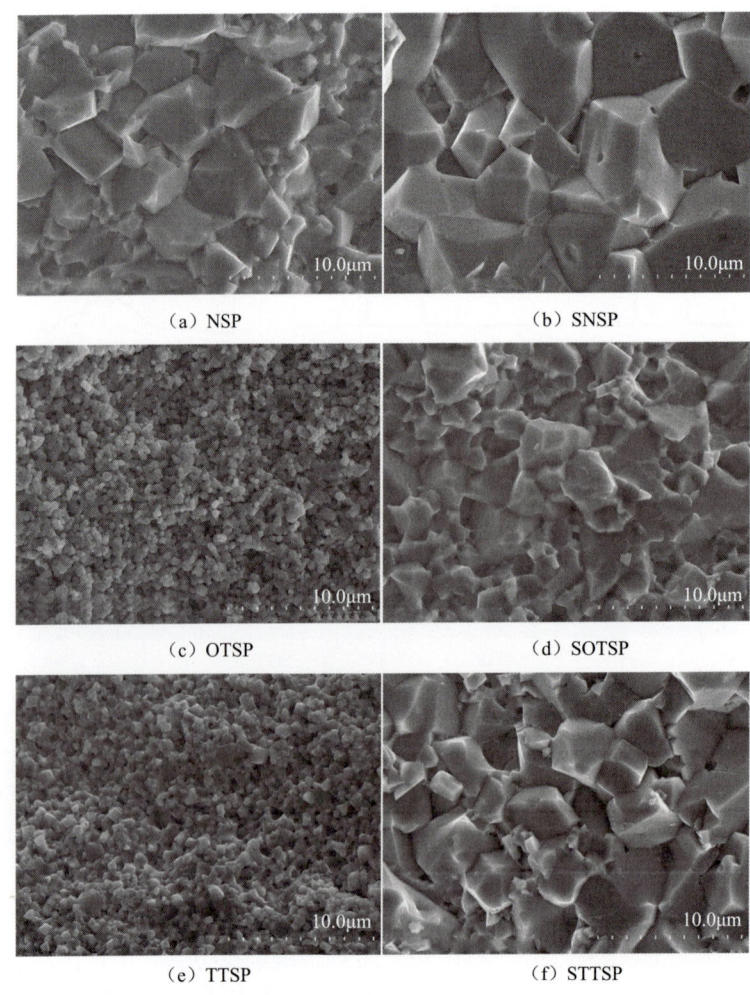

图 7-57　不同烧结方案的复合掺杂 NiCuZn 铁氧体 SEM 图

图 7-58 为不同烧结方案下样品的体密度和平均晶粒尺寸。由此可见，二次烧结提供了更大的烧结能，从而促进晶粒再增长。但是在均匀、致密性方面并没有太大改善，且二次烧结出现的部分孔隙也会对磁性能有所恶化。总而言之，采用 OTSP 方法能够通过在低温烧结下抑制晶粒生长来获得均匀致密的 NiCuZn 铁氧体陶瓷。

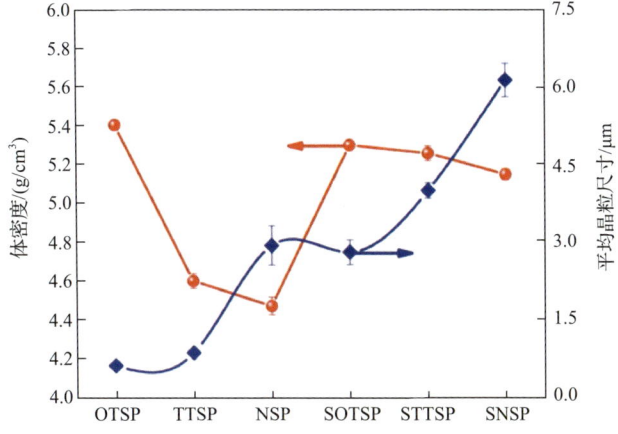

图 7-58　不同烧结方案下样品的体密度和平均晶粒尺寸

3. 磁性能分析研究

不同烧结方案下 0.5wt%MnO$_2$-1.0wt%Bi$_2$O$_3$ 复合掺杂 NiCuZn 铁氧体的磁滞回线如图 7-59 所示。根据磁滞回线得到的不同烧结方案样品的饱和磁化强度和 $4\pi M_s$ 变化曲线如图 7-60 所示。由图 7-59 和图 7-60（a）可知，对于非二次烧结的铁氧体样品（OTSP、TTSP 和 NSP），样品采用 NSP 烧结方式比采用 OTSP 烧结方式的饱和磁化强度大，从 57.55emu/g 增加至 67.51emu/g。另外，对于经过二次烧结后的样品（SOTSP、STTSP 和 SNSP），采用 SNSP 烧结的样品的饱和磁化强度大于采用 SOTSP 烧结的样品。增加的饱和磁化强度主要是由于二次烧结增大了样品的晶粒尺寸，这可以通过图 7-57 所示微观结构图观察到。从图 7-60（b）可以观察到，采用 OTSP 烧结策略提高了样品的 $4\pi M_s$。这主要归因于 OTSP 烧结有效控制了晶粒生长和提高了样品的致密性，从图 7-57 和图 7-58 可以观察到。明显地，二次烧结后的样品的 $4\pi M_s$ 增加，这与更高的烧结温度促进晶粒长大有关。总之，结果表明，采用 OTSP 烧结方法能在较低的烧结温度下获得高的 $4\pi M_s$、细小均匀晶粒分布的 NiCuZn 铁氧体。

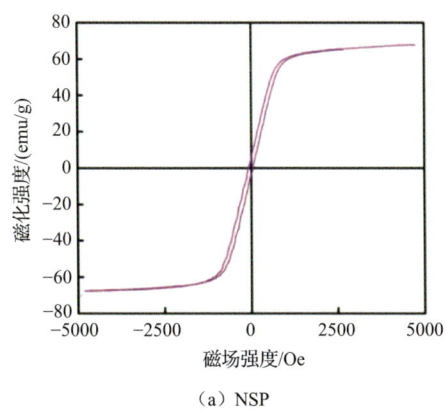

（a）NSP

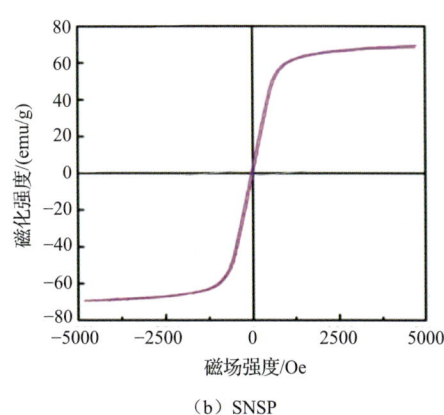

（b）SNSP

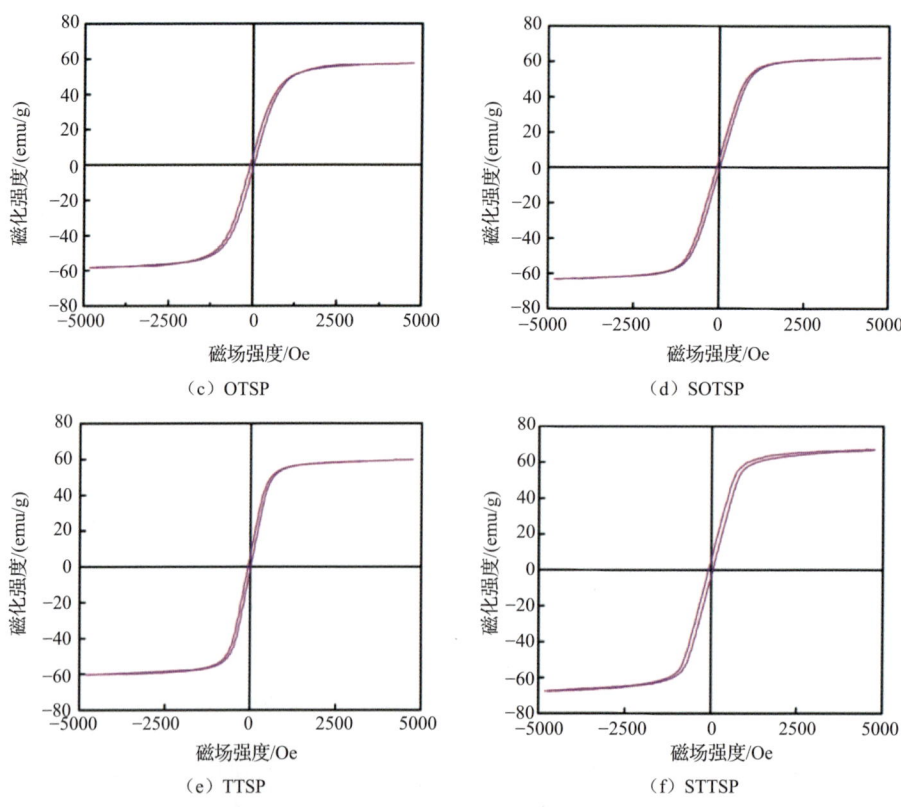

图 7-59 不同烧结方案的复合掺杂 NiCuZn 铁氧体磁滞回线变化曲线

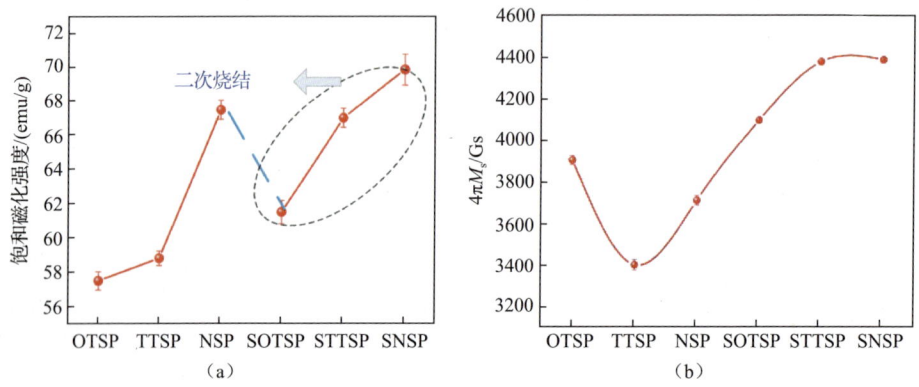

图 7-60 不同烧结方案的复合掺杂 NiCuZn 铁氧体的饱和磁化强度（a）和 $4\pi M_s$（b）变化曲线

图7-61给出了不同烧结方案下 0.5wt%MnO_2-1.0wt%Bi_2O_3 复合掺杂的 NiCuZn 铁氧体的铁磁共振线宽（ΔH）变化曲线。同样，该铁磁共振线宽值也是如 7.4.2 节所述采用洛伦兹拟合而得。表 7-9 展示出具体的铁磁共振线宽值。测试结果表明，采用 OTSP 法可以有效减小低温烧结下 NiCuZn 铁氧体的铁磁共振线宽。有

趣的是，还发现采用瞬态烧结方法（OTSP、TTSP、SOTSP 和 STTSP）烧结的样品的铁磁共振线宽明显小于 NSP 和 SNSP 烧结方法。最终可以获得在 9.55GHz 时最小的铁磁共振线宽为 170Oe。但进一步采用二次烧结 SOTSP 以及 TTSP、STTSP，铁磁共振线宽将逐步增加。由式（7-14）可知，NiCuZn 铁氧体铁磁共振线宽的减小主要是受到 $4\pi M_s$ 和气孔的影响。显然，上述讨论中，采用 OTSP 烧结很好地控制了低温烧结下 NiCuZn 铁氧体的晶粒生长，获得了细小、少孔隙和分布均匀的颗粒，进而增强了样品的致密性，最终导致样品的 $4\pi M_s$ 提高，以及有效减小了样品的铁磁共振线宽。

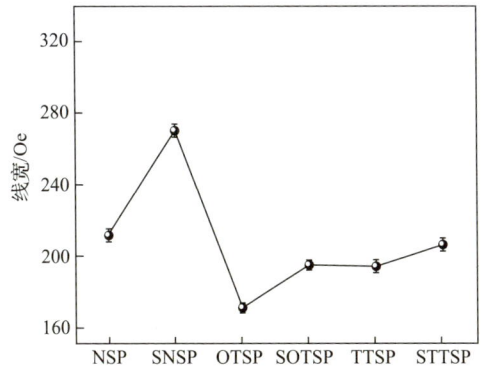

图 7-61　不同烧结方案的 ΔH 变化曲线

表 7-9　不同烧结方案下样品在 9.55GH 下的 ΔH 值

烧结方案	ΔH/Oe	烧结方案	ΔH/Oe
NSP	211	SNSP	270
OTSP	170	SOTSP	194
TTSP	193	STTSP	206

综上所述，通过 OTSP 烧结方案中的瞬态脉冲烧结法有效控制了低温烧结下 NiCuZn 铁氧体的微观结构，形成了均匀、致密的细小晶粒，并减少了气孔，从而有效减小了样品的铁磁共振线宽。而当实施两个瞬态脉冲（TTSP）对 NiCuZn 铁氧体烧结时，由于在较低温度（860℃）下保持的时间较长，故烧结过程中出现较多的晶粒粘连和气孔 [图 7-57（e）]，因而恶化了 NiCuZn 铁氧体的铁磁共振线宽性能，但相较于常规低温烧结方法（NSP 和 SNSP），其线宽值还是大大降低的。总之，一种新的瞬态烧结方法（OTSP）可以制备在 9.55GHz 下小的铁磁共振线宽的 NiCuZn 铁氧体，使其满足更宽频带的 LTCC 微波器件应用。

7.5　Bi_2O_3-Nb_2O_5 复合掺杂 NiCuZn 铁氧体研究

7.5.1　Bi_2O_3-Nb_2O_5 复合掺杂 NiCuZn 铁氧体

在 7.4 节讨论中，将 MnO_2-Bi_2O_3 复合掺杂至 NiCuZn 铁氧体，有效调控了样品的微观结构、磁性能，尤其是在旋磁性能的调控方面，大大减小了铁磁共振线宽，为射频器件及微波器件的制备提供良好的铁氧体候选材料，实现了 NiCuZn 铁氧体高频化、高性能化和多性能化的应用需求。并进一步基于该优化比例的复合掺杂 NiCuZn 铁氧体材料，对其实施瞬态烧结方法有效控制了样品晶粒生长，获得细小均匀颗粒下的高饱和磁化强度和小铁磁共振线宽的 NiCuZn 铁氧体。然而，一方面，根据 Snoek 定律限制可知，高的磁导率必然引起低的截止频率，且在低温烧结的 NiCuZn 铁氧体中由于晶粒不充分生长，带来晶粒不均匀和多气孔更是降低了其操作频率。另一方面，较差微结构的 NiCuZn 铁氧体在微波段应用中也会增加损耗，使得铁磁共振线宽大大增加。因此，如何更进一步有效控制 NiCuZn 铁氧体微观结构，控制收缩率，减少孔隙，增加致密度和均匀性，从而获得多样化高性能的 NiCuZn 铁氧体是有待进一步研究的。7.4 节采用 MnO_2-Bi_2O_3 复合掺杂主要调控较小晶粒的 NiCuZn 均匀性来优化铁氧体的磁性能，而要想获得高频下的更高磁导率还需要调控更大晶粒尺寸的 NiCuZn 铁氧体的均匀性和致密性。同时，还应兼顾较大晶粒对旋磁性能的影响。实际上，铁氧体更大晶粒的生长往往更难控制，如很容易出现晶粒异常生长（ACG）现象，从而严重恶化 NiCuZn 铁氧体的性能。因此，基于此研究背景，进一步采用氧化物复合掺杂方法来调控低温烧结下 NiCuZn 铁氧体的性能。基于 7.4 节中发现 Bi_2O_3 是一种很好的助烧剂，能够促进 NiCuZn 铁氧体在低温烧结下更充分的晶粒生长。同时，需要再添加另外一种氧化物来进一步调控其高频磁性能。因此，选取定量的 Bi_2O_3 作为降低烧结温度的助烧剂，并加入不同含量的 Nb_2O_5 来优化 NiCuZn 铁氧体材料在低温烧结下的磁性能。加之，通过控制烧结温度和烧结时间，来调控和优化铁氧体晶粒生长，获得均匀的晶粒结构，从而增加磁导率、减小磁损耗、降低矫顽力、提高饱和磁化强度和减小铁磁共振线宽，并对其中影响机制进行分析研究。

7.5.2　Bi_2O_3-Nb_2O_5 复合掺杂 NiCuZn 铁氧体的制备和性能研究

1. Bi_2O_3-Nb_2O_5 复合掺杂 NiCuZn 铁氧体的制备和表征

本小节主要论述了采用固相反应法制备低温烧结的 Bi_2O_3-Nb_2O_5 复合掺杂 NiCuZn 铁氧体的制备过程、相成分、微观结构和相关磁性能的表征。首先，根据

NiCuZn 铁氧体的化学计量式 $Ni_{0.22}Cu_{0.2}Zn_{0.58}Fe_2O_4$ 称量原料 NiO、CuO、ZnO 和 Fe_2O_3。接着，将称量好的原料与去离子水以质量比为 1∶1.5 混合后放入行星式球磨机中球磨 12h。然后取出混合料在 80℃的烘箱中烘干。将烘干后的样品放置烧结炉采用 800℃、3h 进行预烧结，以此获得尖晶石相的 NiCuZn 铁氧体。在进行二次球磨之前，将 1.0wt%Bi_2O_3-$y$wt%Nb_2O_5（其中，y=0.0、0.1、0.2、0.3、0.4 和 0.5）复合至 NiCuZn 铁氧体预烧粉中，并加入去离子水（混合料和去离子水质量比为 1∶1）放置球磨机，以转速为 250r/min 再次球磨 12h。之后将其取出烘干，加入 PVA 进行造粒。采用压力强度为 10 MPa 进行环形压制。最终，在烧结炉中采用 900℃，4h 进行烧结成型。

烧结好的 1.0wt%Bi_2O_3-$y$wt%Nb_2O_5 复合掺杂的 NiCuZn 铁氧体的相组成采用日本 Rigaku 株式会社的 X 射线衍射仪测试，表面微结构采用扫描电镜（JEOL JSM-6490LV）测得。采用阿基米德排水法测定样品的体密度。样品的饱和磁感应强度（B_s）、剩磁比（B_r/B_s）和矫顽力（H_c）采用型号为 SY-8232 的 IWASTU B-H 分析仪在交流场 H=1600A/m，频率为 1kHz 下测试。样品的磁滞回线（M-H）、饱和磁化强度（M_s）、铁磁共振线宽测试方法与 7.2.3 节介绍的一致。

2. Bi_2O_3-Nb_2O_5 复合掺杂 NiCuZn 铁氧体的物相及微观结构分析

不同含量的 1.0wt%Bi_2O_3-$y$wt%Nb_2O_5（y=0.0、0.1、0.2、0.3、0.4 和 0.5）复合掺杂至 NiCuZn 铁氧体的 XRD 图谱如图 7-62 所示，并在图中标注了其索引峰位。显然，从图中可以看出，当 y 从 0.0 到 0.5 变化时，得到了一种纯相的 NiCuZn 铁氧体，所有的衍射峰(220)、(311)、(222)、(400)、(422)、(511)、(440)都可以被索引到。这说明 NiCuZn 铁氧体晶体结构完整，Bi_2O_3-Nb_2O_5 复合掺杂成功制备了低温烧结下的 NiCuZn 铁氧体，且没有杂峰出现。总之，可以得出，Bi_2O_3-Nb_2O_5 复合添加剂是低温共烧 NiCuZn 铁氧体的合适烧结剂。

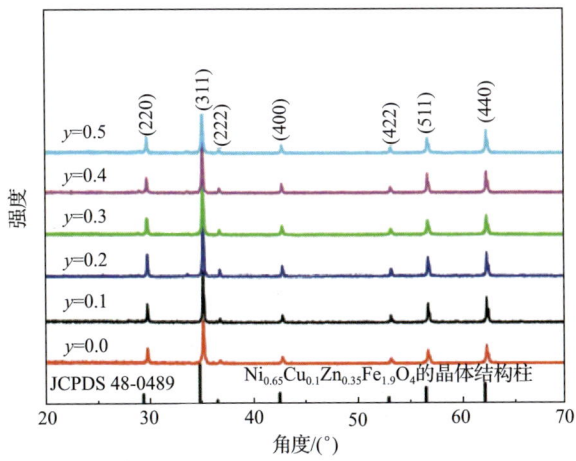

图 7-62 不同含量的 Bi_2O_3-Nb_2O_5 复合掺杂 NiCuZn 铁氧体的 XRD 图谱

图 7-63 显示了 1.0wt%Bi_2O_3-ywt%Nb_2O_5（0.0≤y≤0.5）复合掺杂的 NiCuZn 铁氧体的 SEM 图。从图中可以看出，所有样品形貌与立方颗粒相似。此外还发现，随着 Nb_2O_5 含量增加（0.1≤y≤0.4），晶粒生长加快，在 y=0.4 时达到最大值。然而，当 Nb_2O_5 含量超过 0.4wt%时，晶粒生长受到严重抑制，晶粒尺寸急剧减小。与只有 1.0wt%的 Bi_2O_3 掺杂至 NiCuZn 铁氧体相比，加入少量的 Nb_2O_5 后，铁氧体的晶粒尺寸有所增加，如图 7-63（b）和（c）所示。当 0.3wt%的 Nb_2O_5 添加至 NiCuZn 铁氧体时，如图 7-63（d）所示，微结构的晶粒大小在轻微增加下，前面那些细小的晶粒得到增大，也没有出现异常晶粒，其分布开始致密化和均匀化。此外，当继续增大 Nb_2O_5 含量（y=0.4）时，可以看到 NiCuZn 铁氧体的晶粒明显增大（平均晶粒尺寸从 4.52μm 增至 7.68μm），分布也很均匀。这主要是在 Bi_2O_3 和优化的 Nb_2O_5 共同作用下导致的。一方面，在 900℃烧结温度下，液相 Bi_2O_3 的毛细管力可以促进烧结过程中晶粒生长。另一方面，优化的 Nb_2O_5（y=0.4）可以进一步控制和影响晶粒生长，减少样品在生长过程中的异常晶粒和气孔，使微结构更加均匀化。因此，在图 7-63（e）中获得了较大颗粒下均匀紧凑的良好微结构的 NiCuZn 铁氧体。然而，当 y=0.5 时，晶粒生长受到严重限制。如表 7-10 所示，样品的平均晶粒尺寸由 7.68μm 急剧下降到 2.31μm。这种现象可以归因于晶界之间或者晶粒内可能存在过多的液相，以及过多的非磁性物质，从而明显阻碍了 NiCuZn 铁氧体的晶粒生长。因此，SEM 结果表明，Bi_2O_3-Nb_2O_5 复合掺杂对 NiCuZn 铁氧体晶粒生长有很大影响，尤其是在调控较大晶粒的均匀性方面有着积极作用。

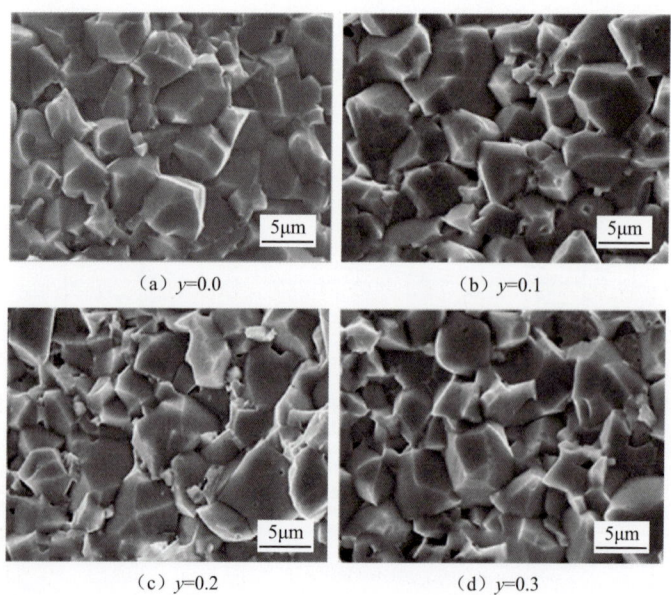

(e) $y=0.4$　　　　　　　　(f) $y=0.5$

图 7-63　1.0wt%Bi_2O_3-$y$wt%Nb_2O_5 复合掺杂 NiCuZn 铁氧体的 SEM 图

表 7-10　Bi_2O_3-Nb_2O_5 复合掺杂 NiCuZn 铁氧体的平均晶粒尺寸

y	平均晶粒尺寸/μm	y	平均晶粒尺寸/μm
0.0	4.05	0.3	4.52
0.1	4.41	0.4	7.68
0.2	4.32	0.5	2.31

3. Bi_2O_3-Nb_2O_5 复合掺杂 NiCuZn 铁氧体的性能研究

对不同含量的 Bi_2O_3-Nb_2O_5 复合掺杂 NiCuZn 铁氧体的磁谱进行分析。不同含量的 Bi_2O_3-Nb_2O_5 复合掺杂 NiCuZn 铁氧体在 900℃下烧结 4h 的磁谱如图 7-64 所示，其中，μ' 表示复数磁导率的实部，μ'' 表示复数磁导率的虚部。可见，Bi_2O_3-Nb_2O_5 复合掺杂在很大程度上影响了低温烧结下 NiCuZn 铁氧体的磁导率。与仅采用 Bi_2O_3 单独掺杂相比，少量 Nb_2O_5 的加入显著提高了样品的磁导率。例如，当 Nb_2O_5 含量为 0.1wt%～0.4wt%时，900℃烧结的 NiCuZn 铁氧体的磁导率明显增加，最大可高达 410（1.0MHz，$y=0.4$），且工作频率可以达到 1～10MHz。具体地，当 $y=0.1$ 和 0.2 时，μ' 缓慢增加。然后在 $y=0.3$ 时，μ' 大大增加至 352（1.0MHz），并在 $y=0.4$ 时达到了最大值，很好地满足了 NiCuZn 铁氧体应用于高磁导率高频的 MLCI 小型化需求。当然，不可避免地，磁导率的增加会对截止频率有所恶化。因此，需要尽量找到高截止频率下更大的磁导率这样一个临界点，而 1.0wt%Bi_2O_3 和 0.4wt%Nb_2O_5 复合掺杂时能够很好地满足这一需求。但是，当过多的 Nb_2O_5($y=0.5$) 添加至 NiCuZn 铁氧体时，μ' 又很快下降到 239（1.0MHz）。事实上，样品的磁导率是一个敏感的参数，它可以由密度、晶粒尺寸、孔隙率、杂质、磁晶各向异性和磁化强度等诸多因素决定。一方面，前面已然发现 Bi_2O_3 作为 NiCuZn 铁氧体最佳的烧结助剂之一，可以提高活化能，促进晶粒长大。另一方面，适量的 Nb_2O_5 加入可以促进晶粒生长，从而为液相的形成和晶界的运动做出进一步贡献。因此，烧结铁氧体的晶粒尺寸和晶粒均匀性得到增加（图 7-63），从而导致 $y=0.1$～0.4 时样品的 μ' 逐渐增加。然而，当铁氧体中加入过量的 Nb_2O_5($y=0.5$)时，平均晶粒尺寸极小，因此 μ' 急剧下降。导致磁导率大幅度下降的原因可以归结于剩余液相存在晶界、孔隙以及过量的非磁性添加剂。

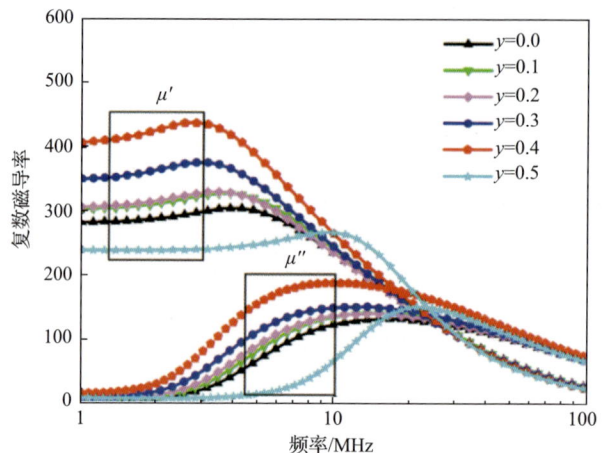

图 7-64　不同含量的 Bi_2O_3-Nb_2O_5 复合掺杂 NiCuZn 铁氧体的磁谱

进一步分析了 Bi_2O_3-Nb_2O_5 复合掺杂对 NiCuZn 铁氧体磁导率变化的内在影响机制。事实上，磁导率来源于两种磁化机制：磁畴转动和畴壁位移，即：

$$\mu = 1 + \chi_{spin} + \chi_{dw} \quad (7\text{-}23)$$

其中，χ_{spin} 和 χ_{dw} 分别为自旋旋转和畴壁转动。由表 7-10 可知，当 $y=0.0 \sim 0.4$ 时，NiCuZn 铁氧体具有足够大的晶粒，因此为多畴样品，畴壁位移对铁氧体的磁化机制做出主要贡献，则式（7-23）又可以表示为：

$$\mu \approx 1 + \chi_{dw} = 1 + \frac{3}{16} \cdot M_s^2 \cdot D / \gamma_w \quad (7\text{-}24)$$

其中，M_s 为饱和磁化强度；D 为平均晶粒尺寸；γ_w 为畴壁能。根据式（7-24），M_s 的增加和平均晶粒尺寸的增大能够促进铁氧体的畴壁位移，因此起始磁导率逐渐增加。但当 0.5wt% 的 Nb_2O_5 添加时，起始磁导率下降。根据 van der Zaag 报道，当 NiCuZn 铁氧体晶粒尺寸小于 $2 \sim 3\mu m$ 时达到单畴状态。显然，对于 $y=0.5$ 的样品（平均晶粒尺寸为 $2.31\mu m$）为单畴晶粒，因此对动态磁化的贡献主要由畴壁位移向磁畴转动转变。因此，式（7-23）可以简化如下：

$$\mu \approx 1 + \chi_{spin} = 1 + \frac{4\pi M_s}{H_d + H_a} \quad (7\text{-}25)$$

其中，M_s、H_d 和 H_a 分别为饱和磁化强度、退磁场和磁各向异性。不同含量的 Bi_2O_3-Nb_2O_5 复合掺杂 NiCuZn 铁氧体的饱和磁化强度如表 7-11 所示。由表可知，当 0.5wt% 的 Nb_2O_5 添加至 NiCuZn 铁氧体时，样品饱和磁化强度的减小是导致起始磁导率下降的原因。同时，正如 Rikukawa 所报道，H_d 与晶粒大小成反比。此外，孔隙率的增加也导致 H_d 增大。因此，磁导率的减小还与 H_d 增大有关。总之，通过 Bi_2O_3-Nb_2O_5 复合掺杂对 NiCuZn 铁氧体磁导率变化的内在因素主要有两种力来权衡。对于 $y=0.0 \sim 0.4$ 的样品，由于平均晶粒尺寸大于 $3\mu m$，磁导率的变化主要归因于畴壁位移。而对于 $y=0.5$ 的样品，NiCuZn 铁氧体磁化机制主要取决于磁畴转动。综上所述，在 1～10MHz 频率范围内，加入 $1.0wt\%Bi_2O_3$-$0.4wt\%Nb_2O_5$ 的 NiCuZn 铁氧体可以获得最高磁导率。

表 7-11 Bi_2O_3-Nb_2O_5 复合掺杂 NiCuZn 铁氧体的饱和磁化强度

y	M_s/(emu/g)	y	M_s/(emu/g)
0.0	42.68	0.3	54.39
0.1	49.09	0.4	54.98
0.2	52.44	0.5	46.40

不同含量的 Bi_2O_3-Nb_2O_5 复合掺杂 NiCuZn 铁氧体的磁滞回线变化如图 7-65（a）

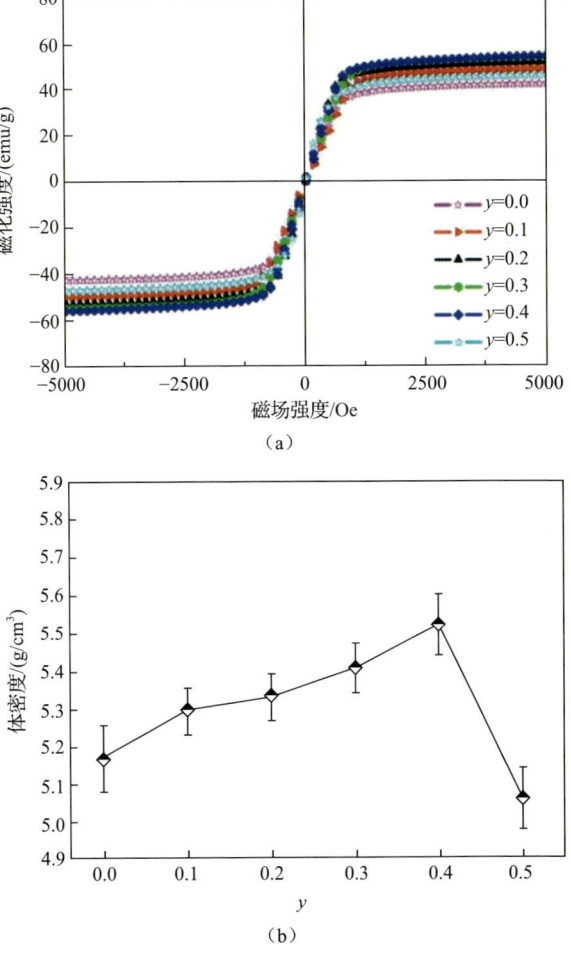

图 7-65 不同含量的 Bi_2O_3-Nb_2O_5 复合掺杂 NiCuZn 铁氧体的磁滞回线（a）和体密度（b）

所示。由图可以看出，所有样品在外加磁场下均表现为典型的磁滞行为，且矫顽力低。当 $y=0.4$ 时饱和磁化强度达到最大值（54.98emu/g），这主要是由 Bi_2O_3-Nb_2O_5 共同作用于 NiCuZn 铁氧体，实现了低温烧结下更均匀致密的生长，并具有较少的孔隙所致。

900℃烧结温度下 Bi_2O_3-Nb_2O_5 复合掺杂的 NiCuZn 铁氧体的体密度如图 7-65（b）所示。可以从图中明显看出，随着 Nb_2O_5 含量的增加，体密度逐渐增大，且在 $y=0.4$ 时达到最大值，约为 $5.52g/cm^3$。可以由在适量的 Bi_2O_3-Nb_2O_5 复合添加剂作用下，促进了 NiCuZn 铁氧体低温下的晶粒生长和致密化来解释增大的体密度。同时，高密度的 Bi_2O_3（$8.90g/cm^3$）也对增加的体密度有着积极作用。而过量的 Bi_2O_3-Nb_2O_5 复合添加剂阻碍了晶粒生长，同时气孔增多，从而减小了样品的体密度。

综上所述，通过 Bi_2O_3-Nb_2O_5 复合掺杂至 NiCuZn 铁氧体，在确保晶粒低温烧结的前提下，通过调控 Nb_2O_5 的添加量，在 900℃低温下获得了高磁导率、较高截止频率、高饱和磁化强度、优良的致密性和分布均匀的较大晶粒的 NiCuZn 铁氧体，是极好的应用于射频领域的软磁材料。

7.4 节中通过复合掺杂得到了优异的旋磁性能，开拓了 NiCuZn 铁氧体在微波器件的进一步应用，实现了 NiCuZn 铁氧体更多样化的性能，满足更高、更广泛的应用需求。下面更深入研究了 Bi_2O_3-Nb_2O_5 复合掺杂下 NiCuZn 铁氧体的旋磁性能，主要包括复合掺杂下的 $4\pi M_s$、H_c 和铁磁共振线宽（ΔH）。图 7-66（a）展示了不同含量 Bi_2O_3-Nb_2O_5 复合添加剂的 NiCuZn 铁氧体的 $4\pi M_s$。$4\pi M_s$ 的变化主要受到样品密度和 M_s 的影响。当对 NiCuZn 铁氧体进行复合掺杂后，低温烧结下 $4\pi M_s$ 的值得到明显提高，即从 2768.76Gs 快速增加至 3851.89Gs。增加的原因主要在于少量 Nb_2O_5 的添加促进了晶粒增长（图 7-63），增大的晶粒导致样品的饱和磁化强度增加。同时，优化的 Nb_2O_5（$y=0.4$）抑制了异常晶粒的形成和促进了样品低温烧结下的致密化（图 7-65）。这足以说明优化的 Bi_2O_3-Nb_2O_5 复合添加剂可以大大提高低温烧结下 NiCuZn 铁氧体的 $4\pi M_s$ 值。

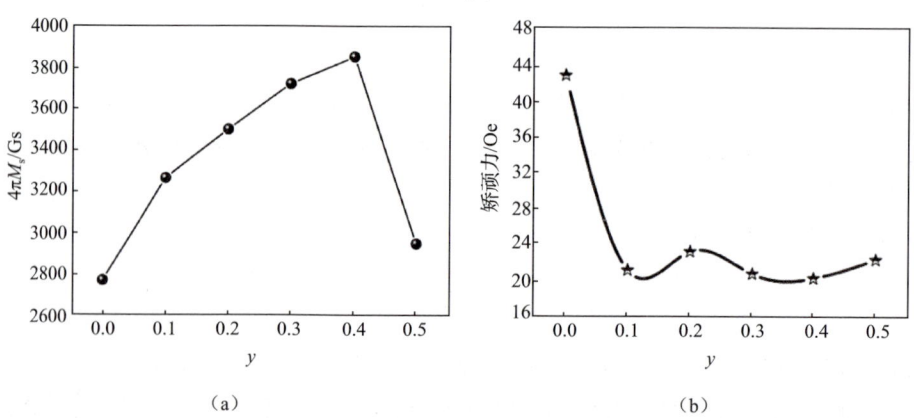

图 7-66　不同含量 Bi_2O_3-Nb_2O_5 复合掺杂 NiCuZn 铁氧体的 $4\pi M_s$（a）和矫顽力（b）

不同含量 Bi_2O_3-Nb_2O_5 复合掺杂 NiCuZn 铁氧体的矫顽力变化如图 7-66（b）所示。从图中可以观察到，添加复合氧化物后，NiCuZn 铁氧体的矫顽力并没有随着 y 的变化呈线性变化。但是，相比于无 Nb_2O_5 添加时，矫顽力由 42.9Oe 下降至 23.14Oe。因此，Bi_2O_3-Nb_2O_5 复合掺杂的 NiCuZn 铁氧体的矫顽力得到明显改善。这种趋势可以用式（7-18）来解释：

首先，从式（7-18）可以看出，矫顽力由于饱和磁化强度和平均晶粒尺寸的增加而降低。矫顽力随后略有增加，这是由于如表 7-10 所示，样品的平均晶粒尺寸减小［如图 7-63（c）所示的大晶粒包裹着小晶粒］。当 y=0.5 时，矫顽力进一步增大是由降低的饱和磁化强度和平均晶粒尺寸共同作用所致。

为了进一步研究不同含量的 Bi_2O_3-Nb_2O_5 复合掺杂 NiCuZn 铁氧体的旋磁性能，详细分析了其中尤为重要的关键参数铁磁共振线宽（FMR linewidth，ΔH）。铁磁共振线宽越窄，对应微波器件的磁损耗越低。因此，从这一观点考虑是希望铁磁共振线宽值小好。在 7.4 节介绍了影响铁磁共振线宽的因素基础上，深入研究影响铁磁共振线宽的内因，从根本上降低铁磁共振线宽值。更具体地，多晶铁氧体的铁磁共振线宽为：

$$\Delta H_{多晶} = \Delta H_{单晶} + \Delta H_{表面各向异性} + \Delta H_{磁晶各向异性} + \Delta H_{气孔} \quad (7-26)$$

对于 $\Delta H_{单晶}$ 而言，影响因素主要是从能量弛豫过程的两个方面考虑：①自旋-晶格弛豫过程是通过轨道的耦合以及轨道晶体场与角动量的耦合来实现。故该过程受到金属离子的影响。显然，绝大多数的稀土金属离子均具有很强的自旋-晶格耦合作用，因此会大大增大铁磁共振线宽。而由于本小节实验采用少量的 Bi_2O_3-Nb_2O_5 复合掺杂至 NiCuZn 铁氧体，对离子的影响是同样的，因此更要分析不同掺杂对铁氧体的均匀性、孔隙方面的影响。②自旋-自旋弛豫过程。此过程与自旋波存在有关，也就是与单晶铁氧体中存在的不均匀性有关。对于单晶铁氧体的不均匀性，主要是磁性离子在晶格中排列的不均匀性和样品表面粗糙度与晶体内部缺陷。这些不均匀性因素带来的直接结果就是增大样品的铁磁共振线宽。$\Delta H_{表面各向异性}$ 对于多晶铁氧体来说很小，通常可以忽略不计。

对于 $\Delta H_{磁晶各向异性}$，受到磁晶各向异性场 H_a 的影响。当 $H_a \gg 4\pi M_s$ 时，每一个颗粒都独立共振。因此，采用"独立晶粒"近似，各向异性展宽 $\Delta H_{磁晶各向异性}$ 可以表示为：

$$\Delta H_{磁晶各向异性} \approx \left| \frac{K_1}{\mu_0 M_s} \right| \quad (7-27)$$

然而，式（7-27）是在各晶粒之间没有相互作用基础上得来，实际中，各晶粒之间存在磁偶的相互作用。加之，根据自旋波理论中的弛豫现象，M_s 远远大于 H_a。

则晶粒之间磁偶的相互作用将特别明显,晶粒会产生集体共振。因此,"独立晶粒"近似模型不再适用,此时 $\Delta H_{磁晶各向异性}$ 应如下所示:

$$\Delta H_{磁晶各向异性} = \frac{2.07}{M_s}\left(\frac{K_1}{\mu_0 M_s}\right)^2 G\left(\frac{\omega}{\omega_m}\right) \tag{7-28}$$

其中, $G\left(\dfrac{\omega}{\omega_m}\right)$ 为依赖于频率的因子,在高频情况下 $G \approx 1$。基于此,Schloemann 发现偶极相互作用使线宽变窄。对于球形的样品,$\Delta H_{磁晶各向异性}$ 又可以表示为:

$$\Delta H_{磁晶各向异性} = 2.07\left(\frac{H_a^2}{4\pi M_s}\right) \tag{7-29}$$

其中,H_a 为各向异性场。

对于 $\Delta H_{气孔}$,对铁磁共振线宽的影响主要包括 NiCuZn 多晶铁氧体的孔隙率和致密性方面。更具体地,气孔致宽 $\Delta H_{气孔}$ 表示为:

$$\Delta H_{气孔} = 1.5(4\pi M_s)P \tag{7-30}$$

其中,P 为样品的孔隙率。样品中的气孔或者非磁性另相的存在,将在其表面产生局部磁场,导致样品各点的外加共振磁场不同,从而增大铁磁共振线宽。

综上分析,对于不同含量 Bi_2O_3-Nb_2O_5 复合掺杂的 NiCuZn 铁氧体来说,其铁磁共振线宽主要为各向异性展宽及气孔致宽。如图 7-67 所示,Bi_2O_3-Nb_2O_5 复合掺杂对 NiCuZn 铁氧体铁磁共振线宽还是有很大影响的,首先随着 y 的增加铁磁共振线宽明显减小,当 $y=0.2$ 时,铁磁共振线宽从 208.8Oe 降低至最小值(162.63Oe);当 $y>0.2$ 时,铁磁共振线宽逐步增大。基于上述铁磁共振线宽的内在机制影响因素,也很容易追踪该变化趋势的内在原因。铁磁共振线宽的减小归结于增加的饱和磁化强度和样品的体密度。显然,式(7-29)中各向异性场 H_a 可以通过如下公式计算:

$$H_a = \sqrt{\frac{105B}{2}} \tag{7-31}$$

$$B = \frac{8}{105}\frac{K_1^2}{M_s^2} \tag{7-32}$$

由式(7-31)和式(7-32)可知,增大的 M_s 对复合掺杂 NiCuZn 铁氧体的各向异性展宽起到负的作用。再者,随着 y 的增加,样品的体密度明显增大,气孔减少,对线宽的减小起到积极作用。随后,当 y 进一步增大,样品的铁磁共振线宽开始增大,这主要还是由于小晶粒的聚集和晶粒不均匀性增大各向异性场,以及气孔的增多。总之,对于 NiCuZn 铁氧体,孔隙率、微结构的均匀度控制对铁磁共振线宽的减小还有待更加深入的研究。

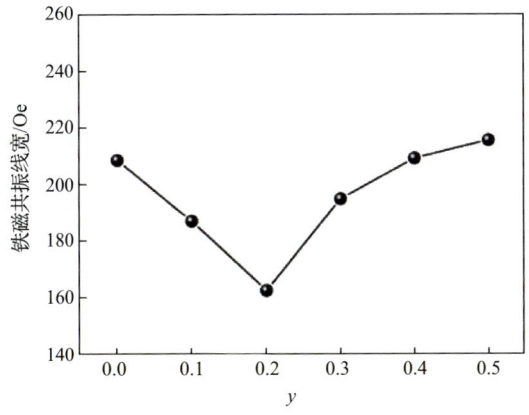

图 7-67　900℃烧结的样品在 9.55GHz 测试频率下的铁磁共振线宽变化

7.5.3　烧结温度和时间对 Bi_2O_3-Nb_2O_5 复合掺杂 NiCuZn 铁氧体的影响

7.5.2 节中研究了不同含量的 Bi_2O_3-Nb_2O_5 复合掺杂至 NiCuZn 铁氧体,实现了 900℃低温烧结下具备较好的软磁性能和旋磁性能。尤其是针对铁磁共振线宽这一应用于微波器件的重要参数的研究,更深入地分析了其影响的内在机制。值得注意的是,样品的微观结构,尤其是晶粒分布的均匀性、致密性和孔隙率方面的控制直接影响铁磁共振线宽,并且相关方面的研究较少。而这是从内部机制来减小 NiCuZn 铁氧体铁磁共振线宽的关键,对于更好地应用于微波器件具有重要意义。显然,温度是决定样品晶粒生长的首要因素,这个因素取决于反应物的成分、含量、结构和元素种类等。因此,NiCuZn 铁氧体从高温的烧结成型条件下到降温的转变(1200℃到 950℃以下),就需要进一步从内在机制的角度,改变烧结温度和烧结时间,进一步分析微观控制晶粒生长情况与旋磁性能之间的关系,从而从根本上解决这一关键问题。本小节研究了低温烧结 NiCuZn 铁氧体的晶粒生长与旋磁性能的关系。一方面,选定优化比例的 Bi_2O_3-Nb_2O_5 复合添加剂掺杂至 NiCuZn 铁氧体。另一方面,选择不同的烧结温度和烧结时间来进一步控制 NiCuZn 铁氧体的晶粒生长和致密化,从而得到可调的、更佳的旋磁性能。

1. 样品的制备和表征

Bi_2O_3-Nb_2O_5 复合掺杂 NiCuZn 铁氧体的制备与 7.5.2 节类似,所不同的是,此处选择 7.5.2 节中优化的复合氧化物比例,即 1.0wt%Bi_2O_3- 0.2wt%Nb_2O_5,并将复合掺杂 NiCuZn 铁氧体压制成圆环状样品(18mm×8mm)后,放置烧结炉中分别在 880℃、900℃和 920℃的空气氛围下烧结 1h、2h、3h、4h、6h。

烧结好的 1.0wt%Bi_2O_3-0.2wt%Nb_2O_5 复合掺杂 NiCuZn 铁氧体的表征方法同 7.5.2 节,样品的平均晶粒尺寸和晶粒尺寸统计分布采用 7.2.3 节所述方法得到。

2. 烧结时间对样品物相和微结构的影响

880℃和920℃烧结温度下不同烧结时间的 Bi_2O_3-Nb_2O_5 复合掺杂 NiCuZn 铁氧体样品的 XRD 图谱如图 7-68 所示。从图中可以发现，烧结温度和时间的变化对样品的衍射峰影响不大，且并未产生杂相。这表明烧结时间并未影响 NiCuZn 铁氧体尖晶石的纯相形成。因此，烧结温度和烧结时间对 NiCuZn 铁氧体的尖晶石相几乎没有影响，且优化的 Bi_2O_3-Nb_2O_5 是实现低温共烧 NiCuZn 铁氧体的合适烧结剂。

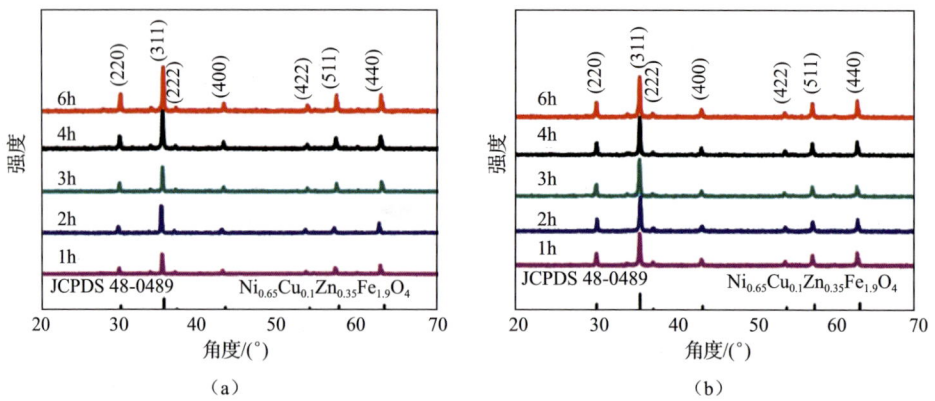

图 7-68 880℃（a）和 920℃（b）烧结温度下不同烧结时间样品的 XRD 图谱

进一步研究了不同烧结时间和温度下优化复合掺杂的 NiCuZn 铁氧体样品微观结构的变化。图 7-69 显示了在 880℃和 920℃的 NiCuZn 铁氧体的微观结构和形貌，包括其晶粒增长和致密性。可见，烧结时间不同，晶粒长大和致密化存在显著差异。在图 7-69 中，880℃下烧结 1h 的样品具有很小的晶粒和较多的孔隙，表明低烧结温度和较短的烧结时间不能提供足够的能量来促进铁氧体晶粒的生长。当烧结温度增加到 920℃（1h）时，晶粒生长有所改善，但均匀性却变差。如图 7-69（c）、（e）、（g）和（i）所示，随着烧结时间的增加，晶粒尺寸增大。当样品在 880℃下烧结 3h 时，可以获得更致密、更均匀的微观结构。然而，当烧结时间继续增加时，NiCuZn 铁氧体的致密性和均匀性都出现恶化。当烧结时间达到 6h 时，图 7-69（i）和（j）明显存在部分异常的晶粒生长。这足以证明在一定烧结温度下优化的烧结时间对于控制晶粒生长和致密是非常有效的。此外，可以发现当烧结温度从 880℃提高到 920℃时，晶粒尺寸明显增大。这可以由高温烧结加速晶界扩散，从而促进样品的晶粒生长来解释。当 NiCuZn 铁氧体在 920℃烧结时，形貌变化情况与 880℃烧结的样品相似。虽然平均晶粒尺寸随烧结时间的增加而增大，但在 920℃下烧结 3h 时仍然具有更致密、更均匀的微观形态。最终，样品在 880℃和 920℃下，3h 烧结时间可以认为是最佳点，能够合成一种分布均匀、致密性高的低温烧结 NiCuZn 铁氧体。总体来讲，NiCuZn 铁氧体晶体生长的微观结构变化很大程度受到烧结时间和温度的影响。

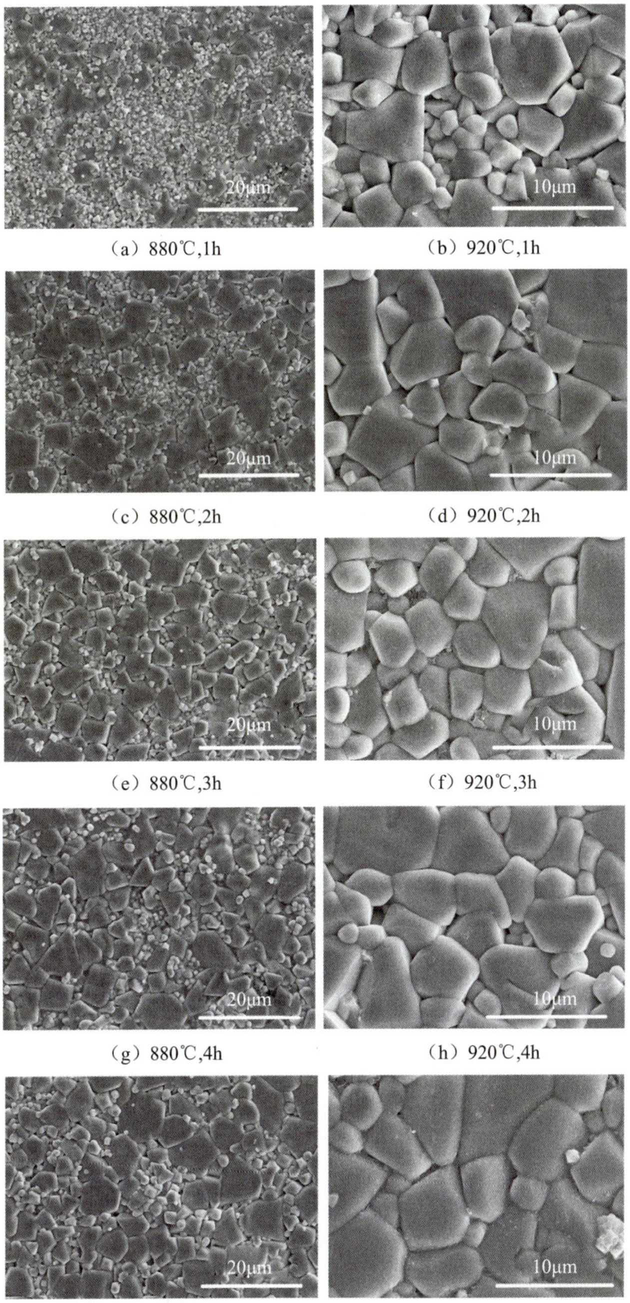

(a) 880℃,1h　　(b) 920℃,1h

(c) 880℃,2h　　(d) 920℃,2h

(e) 880℃,3h　　(f) 920℃,3h

(g) 880℃,4h　　(h) 920℃,4h

(i) 880℃,6h　　(j) 920℃,6h

图 7-69　880℃和920℃下不同烧结时间样品的 SEM 图

880℃和920℃下不同烧结时间样品的晶粒尺寸统计分布如图7-70所示。从图中可以进一步研究烧结时间和温度对NiCuZn铁氧体晶粒生长和分布的影响。同时，表7-12列出了具体的平均晶粒尺寸值。如图7-70（e）和（f）所示，相比

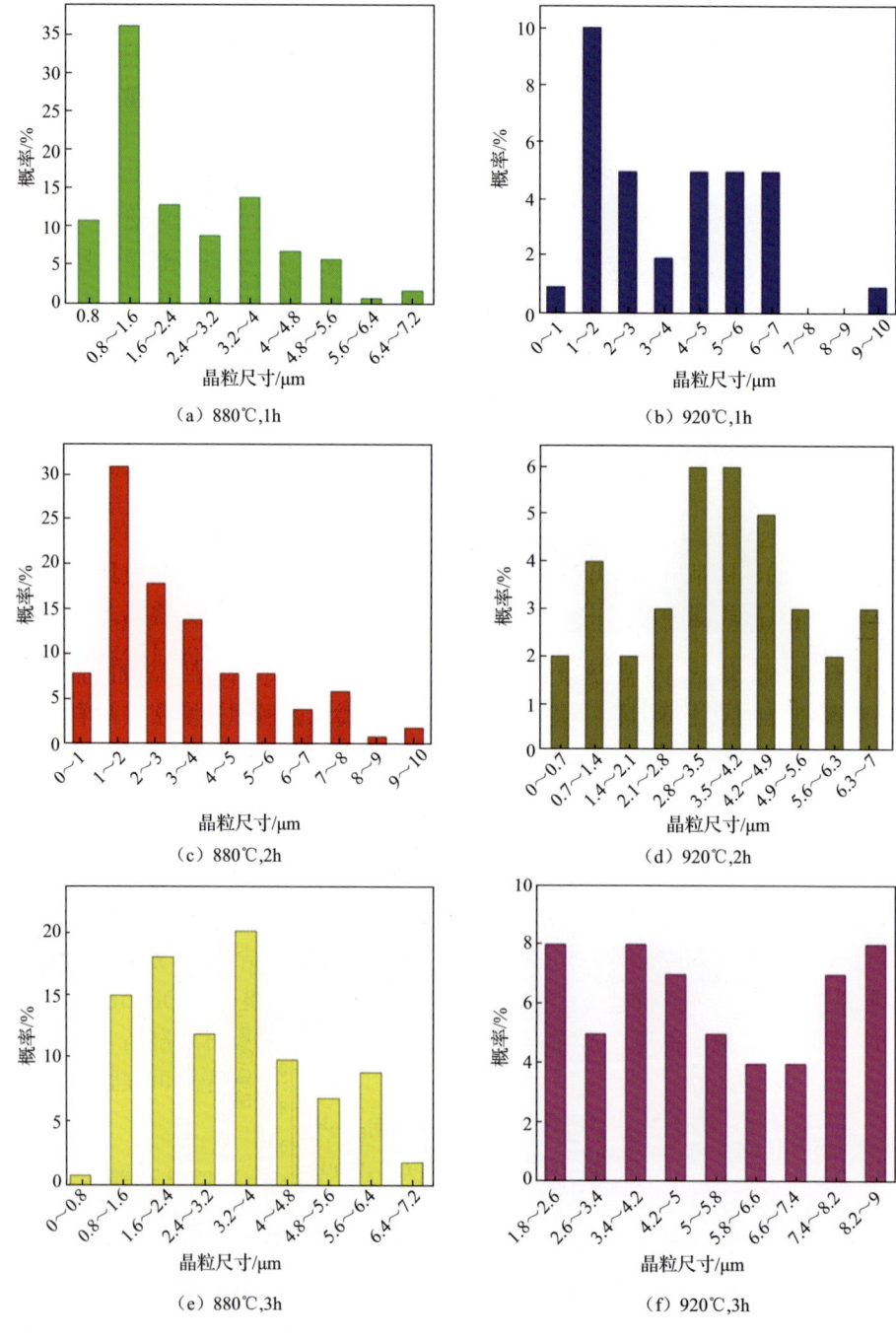

（a）880℃,1h
（b）920℃,1h
（c）880℃,2h
（d）920℃,2h
（e）880℃,3h
（f）920℃,3h

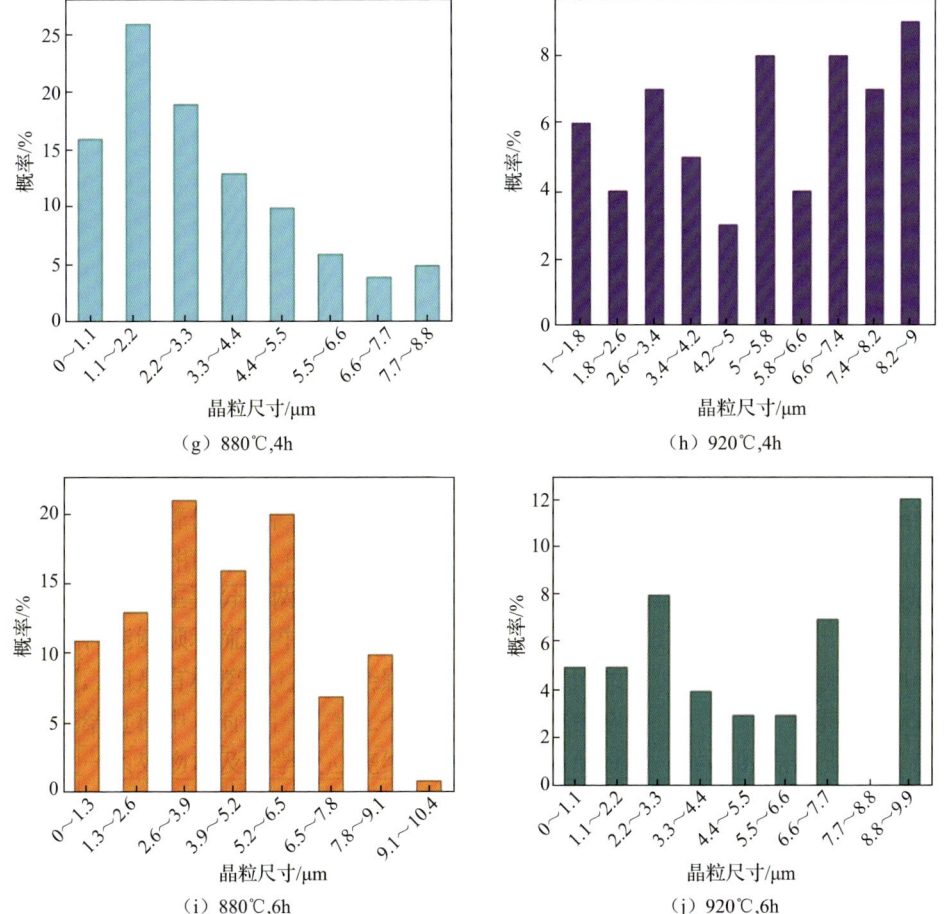

图 7-70　含有 1.0wt% Bi_2O_3 和 0.2wt% Nb_2O_5 复合助烧剂的 NiCuZn 铁氧体颗粒尺寸统计分布图

表 7-12　不同烧结时间和温度样品的平均晶粒尺寸

烧结时间/h	平均晶粒尺寸/μm		
	880℃	900℃	920℃
1	2.17	2.38	2.81
2	2.73	2.95	3.42
3	2.97	3.24	3.61
4	3.52	3.59	3.76
6	3.89	4.12	4.51

而言，铁氧体颗粒虽然不大，但是其粒径分布致密均匀（无异常晶粒和特别微小的晶粒包裹于样品中）。然而当烧结时间进一步增加，明显出现了一些异常晶粒的生长（达到约 8.6μm），故控制好烧结时间和温度对晶粒生长至关重要。

3. 烧结时间对样品性能的影响

图 7-71 给出了 880℃烧结时，不同烧结时间下 1.0wt%Bi_2O_3-0.2wt%Nb_2O_5 复合掺杂的 NiCuZn 铁氧体的磁滞回线和基于此计算的 $4\pi M_s$ 值。可以观察到，当外加磁场强度增加到 2000Oe 时，NiCuZn 铁氧体的磁化强度开始慢慢趋于饱和。同时，选择合适的烧结时间有效提高了 880℃烧结下 NiCuZn 铁氧体的饱和磁化强度。从 1h 到 3h 烧结的样品的饱和磁化强度从 44.03emu/g 增加至 52.52emu/g。增大的原因是当烧结时间为 3h 时，NiCuZn 铁氧体的致密性得到增强，从而进一步强化了磁性能。基于磁滞回线，进一步可以计算出样品的 $4\pi M_s$ 值。图 7-72 展示了不同烧结温度和时间样品的 $4\pi M_s$ 变化。在三种烧结温度下，$4\pi M_s$ 的变化趋势是一致的，均为先增大再减小，并在 3h 烧结时间下获得最大值。$4\pi M_s$ 的大小受到饱和磁化强度和致密度的影响，增大的 $4\pi M_s$ 由微观结构的均匀性和致密性来解释，这与图 7-69 的结果相对应。总之，选择合适的烧结时间和温度可以很好地控制 NiCuZn 铁氧体在低温烧结下的微观形貌，增加致密度和均匀度，最终增大了 $4\pi M_s$ 值。

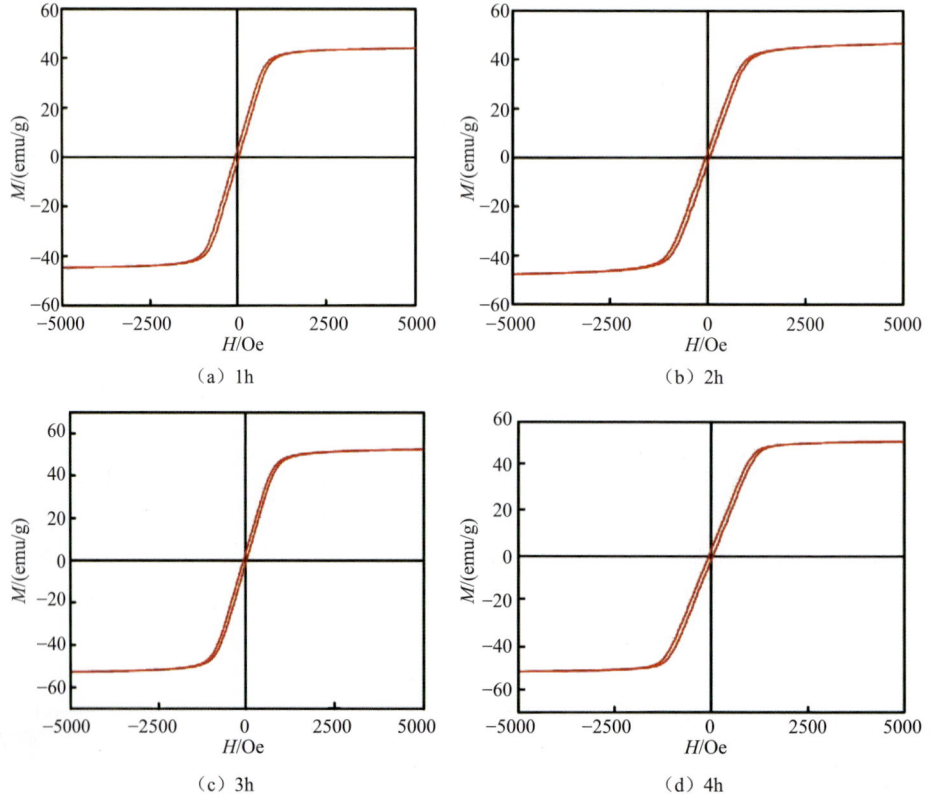

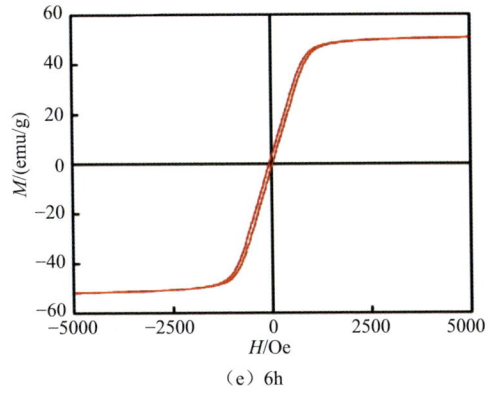

(e) 6h

图 7-71　880℃下不同烧结时间样品的磁滞回线变化图

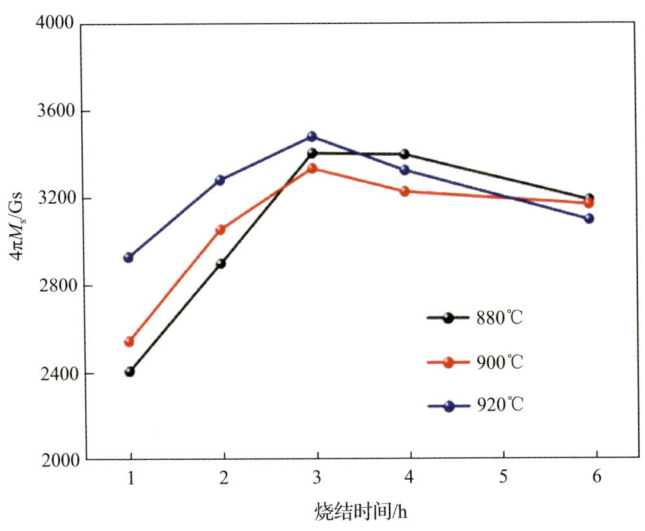

图 7-72　不同烧结温度和时间下样品的 $4\pi M_s$ 曲线

图 7-73 为 880℃烧结温度下不同 NiCuZn 球形样品铁磁共振线宽的测试数据和洛伦兹拟合的曲线。从图中可以看出，测试样品的铁磁共振吸收峰是一条轴对称的洛伦兹曲线，因此这里仍然采用的是洛伦兹拟合方式。不难发现，实验得到的数据很好地吻合了拟合出的数据。烧结时间不同程度地影响着 NiCuZn 铁氧体的线宽值，并且当烧结时间为 3h 时样品的铁磁共振线宽更窄。通过前面的分析已经知道，晶粒尺寸、微结构形态、致密度和气孔都密切影响着铁磁共振线宽。因此，铁磁共振线宽与晶粒大小和分布有着密切联系，控制好 NiCuZn 铁氧体的晶粒生长与分布有利于获得更窄的铁磁共振线宽。

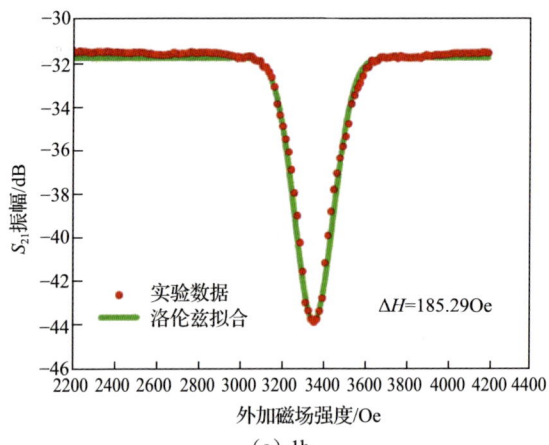

（a）1h

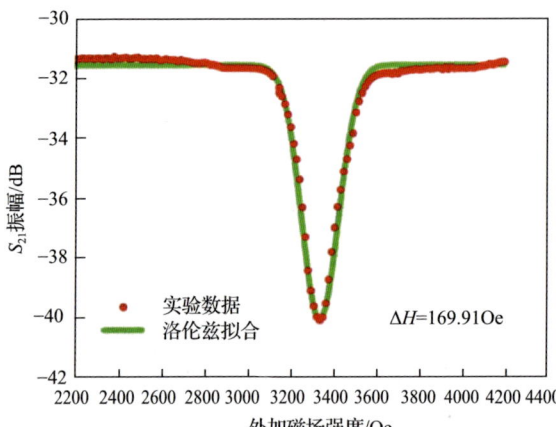

（b）2h

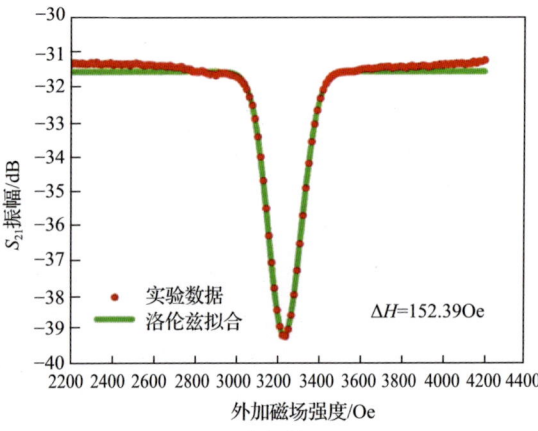

（c）3h

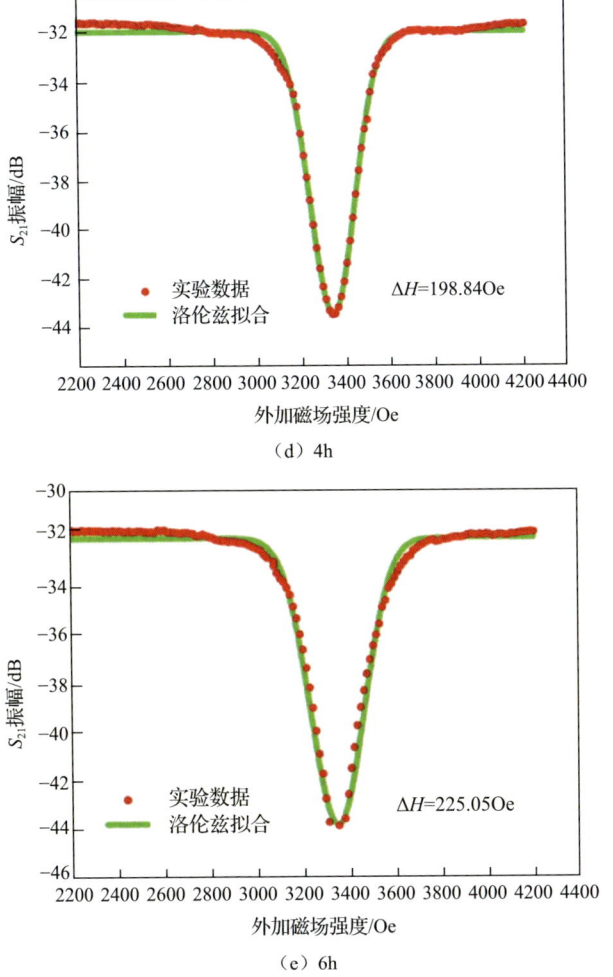

图 7-73　880℃ 烧结温度下样品在 9.55GHz 测试条件下拟合的铁磁共振线宽谱

为了进一步分析铁磁共振线宽，根据洛伦兹拟合计算出不同烧结温度和时间的 NiCuZn 铁氧体铁磁共振线宽（ΔH），如图 7-74 所示，其中插图表示不同烧结温度和时间的样品的体密度。从图 7-74 可以看出，随着烧结时间增加，铁磁共振线宽先减小再增大，并在 3h 时达到最小值。这主要是由于均匀致密的 NiCuZn 铁氧体微结构显著提高了旋磁性能（具有更小的铁磁共振线宽）。从图中还发现低温烧结条件下，升高烧结温度会增大 NiCuZn 铁氧体的铁磁共振线宽。这与之前许方等报道的细小且致密的铁氧体晶粒具有较小的铁磁共振线宽是一致的。这种现象可以归因于更高的烧结温度增大了 $4\pi M_s$。另外，当在 880℃烧结 3h 时，样品的铁磁共振线宽从 185.29Oe 减小至 152.39Oe。这种差异可以由均匀较小的晶粒尺寸分布增强了 NiCuZn 铁氧体的致密性来解释。同时，一方面，优化的 Bi_2O_3-Nb_2O_5

复合添加剂促进了 NiCuZn 铁氧体的低温生长。另一方面，不同的烧结温度和时间进一步控制了 NiCuZn 铁氧体在生长过程中形成均匀和致密的晶粒。由式（7-26）可知，减小的铁磁共振线宽可以由 $4\pi M_s$ 和 P 的变化来解释。因此，增加的 $4\pi M_s$ 使得各向异性展宽减小。加之，优化的烧结温度（880℃）和烧结时间（3h）下，减少了样品的气孔和增加了样品的体密度（图 7-74 中插图），是导致 NiCuZn 铁氧体铁磁共振线宽减小的另外一个重要原因。铁磁共振线宽随后增加的原因是大小不均匀的晶粒尺寸分布和孔隙率的增加引起气孔致宽的增加。

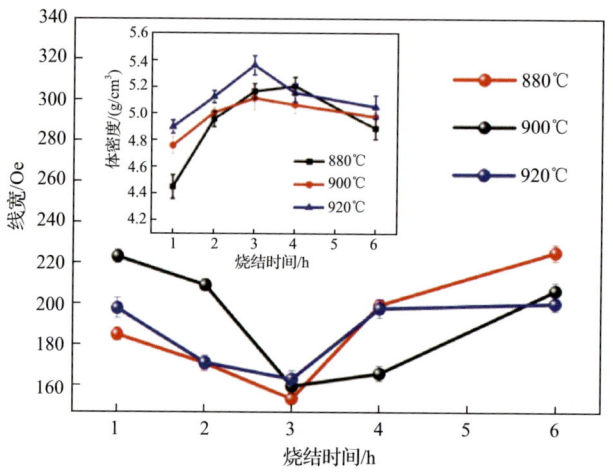

图 7-74　不同烧结温度下样品的铁磁共振线宽和体密度变化曲线

7.6　基于 NiCuZn 铁氧体材料的 X 波段移相器研究

7.6.1　NiCuZn 铁氧体基 X 波段移相器

结合前面可知，通过离子取代和复合掺杂方法制备的低温烧结 NiCuZn 铁氧体材料具有良好的磁性能。当在 925℃下烧结，将 0.5wt%MnO$_2$-1.5wt%Bi$_2$O$_3$ 复合掺杂至 Ni$_{0.2}$Cu$_{0.2}$Zn$_{0.6}$Fe$_2$O$_4$ 铁氧体时具备较好的软磁特性；在 950℃下烧结，0.5wt%MnO$_2$-1.0wt%Bi$_2$O$_3$ 复合掺杂时具备优良的旋磁特性。因此，首先针对软磁特性采用 HFSS 软件设计并仿真了电感器件，目的是确认研究的 NiCuZn 材料可作为基础性电感器件材料。结果表明，当电感值为 4000nH（18MHz）时具有较高的电感值，满足射频域电感的应用需求。

首先选取 925℃烧结温度下，0.5wt%MnO$_2$-1.5wt%Bi$_2$O$_3$ 复合掺杂的 NiCuZn 铁氧体作为电感器件的基体材料，选取的材料和器件参数如表 7-13 所示。然后用

HFSS 软件建模仿真并且优化,设计了基于 LTCC 工艺的叠层片式电感,仿真设计图如图 7-75 所示。

表 7-13　925℃烧结温度下 0.5wt%MnO_2-1.5wt%Bi_2O_3 复合掺杂的 NiCuZn 铁氧体基体参数

关键参数	参数值	关键参数	参数值
磁导率	298	器件尺寸/(mm×mm×mm)	30.5×10×0.5
介电常数	15	电感值(18MHz)/nH	≥4000

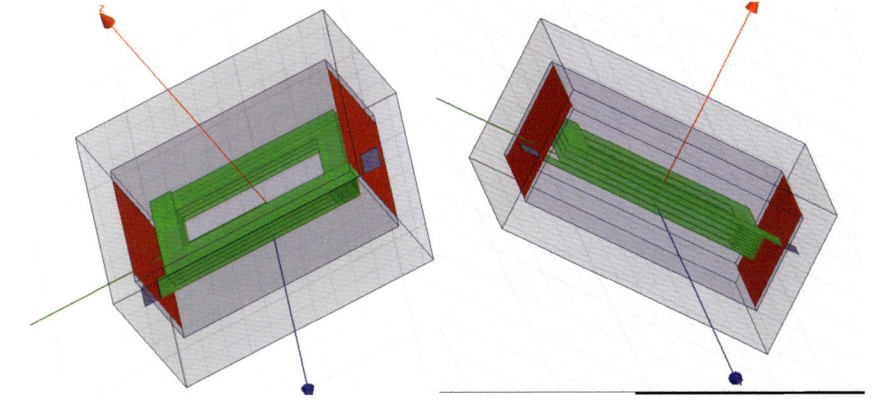

图 7-75　LTCC 叠层片式电感仿真 3D 模型图

通过 HFSS 计算可以得到 z 与 y 矩阵,由电感和阻抗之间的关系可以获得电感值。图 7-76 展示了所设计的电感器件的电感随频率变化的仿真图。通过对间距、线宽等参数的调整,得到当频率在 0~20MHz 范围内,电感为 5273~5692nH。显然,制备的以低温共烧 NiCuZn 铁氧体为基体材料的电感器件具有很好的应用。

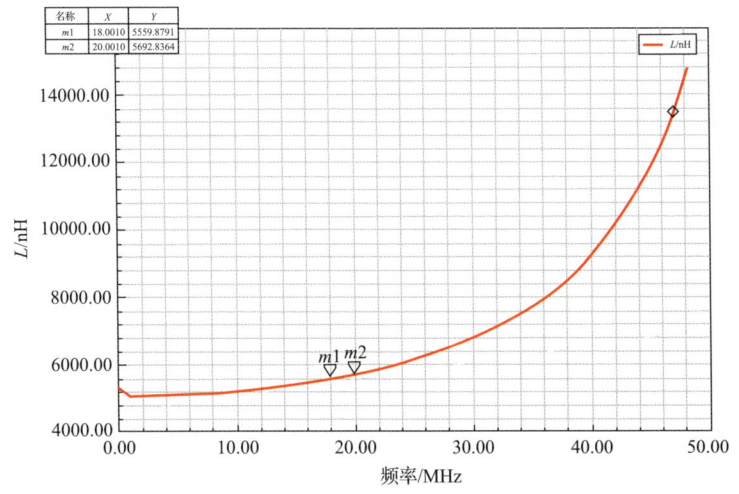

图 7-76　设计的电感器件的电感随频率的变化仿真图

另外，由于实验研究者对 LTCC 片式电感和电感器件研究多年，因此本小节未对电感器件进行实物制作。而针对 NiCuZn 铁氧体材料低温烧结旋磁特性的研究和验证却非常少，因此这里主要对 NiCuZn 铁氧体材料的旋磁特性进行验证。众所周知，铁氧体移相器作为铁氧体材料应用之一，具有相移值高、插入损耗低、应用频率范围宽、器件功耗低等优点，被广泛应用于相控阵雷达系统中。传统类型的铁氧体移相器基本都是波导型结构，在体积及质量上不能得到有效控制，使其应用场景被限制。因此，移相器件小型化及高性能设计将是研究重点。这里利用低温烧结技术，因为该技术具有应用成本低、频率高、集成度高等优势。首先采用 7.4 节制备的具有最佳旋磁性能的 MnO_2-Bi_2O_3 复合掺杂低温烧结 NiCnZn 铁氧体材料作为移相器的基体材料，其参数如表 7-14 所示。然后，基于表中的特征参数，设计微带线移相器，同时，本节利用双导线磁化铁氧体基片完成移相器的功能设计。

表 7-14　950℃烧结温度下 0.5wt%MnO_2-1.0wt%Bi_2O_3 复合掺杂的 NiCuZn 铁氧体的特征参数

特征参数	数值	特征参数	数值
ε_r	13.3	$4\pi M_s$/Gs	3812.23
$\tan\delta_\mu$	0.003	H_c/Oe	84.93
ΔH/Oe	144.6	尺寸/(mm×mm×mm)	3.7×3.15×0.5

7.6.2　铁氧体移相器实现原理

铁氧体移相器的原理是，当外加磁场作用于铁氧体时，铁氧体会表现出磁滞现象，即使去掉外加磁场，铁氧体中还存在剩磁，其方向与磁化方向一致。在铁氧体内部，磁偶极子绕着磁化方向做拉莫尔进动，铁氧体中会出现不同的磁化方向，而在对应磁化方向上的磁导率会发生变化，产生不同的相位常数，从而产生相位偏移值。

7.6.3　铁氧体中微波传播原理

铁氧体中的微波信号传播区别于常规传导介质，主要表现在铁氧体会因各向异性使其磁导率呈现张量形式。根据相关文献结论，铁氧体中 x、y、z 三个偏置方向上磁导率的表达形式如下：

$$[\mu] = \begin{bmatrix} \mu & j\kappa & 0 \\ -j\kappa & \mu & 0 \\ 0 & 0 & \mu_0 \end{bmatrix} \quad (z \text{ 方向偏置}) \qquad (7\text{-}33)$$

$$[\mu] = \begin{bmatrix} \mu & 0 & -j\kappa \\ 0 & \mu_0 & 0 \\ j\kappa & 0 & \mu \end{bmatrix} \quad (y \text{ 方向偏置}) \qquad (7\text{-}34)$$

$$[\mu] = \begin{bmatrix} \mu_0 & 0 & 0 \\ 0 & \mu & j\kappa \\ 0 & -j\kappa & \mu \end{bmatrix} \quad (x \text{ 方向偏置}) \tag{7-35}$$

其中，μ 和 κ 为张量因子，换算式表示如下：

$$\mu = \mu_0 \left(1 - \frac{\omega_0 \omega_m}{\omega^2 - \omega_0^2}\right) \tag{7-36}$$

$$\kappa = -\mu_0 \frac{\omega \omega_m}{\omega^2 - \omega_0^2} \tag{7-37}$$

$$\omega_0 = \mu_0 \gamma H_0 \tag{7-38}$$

$$\omega_m = \mu_0 \gamma M_s \tag{7-39}$$

其中，μ_0 为真空磁导率；M_s 为饱和磁化强度；γ 为旋磁比；ω_0 为铁磁谐振频率；H_0 为偏置磁场强度。当器件使用的材料确定后，即可根据材料的本征参数推导出以上参数。当电磁波在铁氧体中传播时，主要考虑两种典型的传播形式，即电磁波传播方向与铁氧体偏置磁场方向平行和垂直。图 7-77 为电磁波传播方向平行于铁氧体偏置磁场方向时的传播示意图。

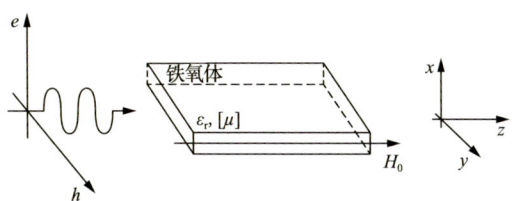

图 7-77 电磁波传播方向平行于铁氧体偏置磁场方向时的传播示意图

由图 7-77 可知，电磁波传播方向设定为 +z 方向，铁氧体偏置磁场 H_0，其方向也是 +z 方向。用铁氧体材料的张量磁导率替换掉麦克斯韦方程中的磁导率参数，则有：

$$\begin{cases} \nabla \times E = -j\omega[\mu]H \\ \nabla \times H = -j\omega\varepsilon_r E \\ \nabla \cdot D = 0 \\ \nabla \cdot B = 0 \end{cases} \tag{7-40}$$

再对式（7-40）进行求解，可有如下结果：

$$j\beta E_y = j\omega(-\mu H_x - j\kappa H_y) \tag{7-41}$$

$$j\beta E_x = j\omega(\mu H_y - j\kappa H_x) \tag{7-42}$$

$$0 = j\omega\mu_0 H_z \tag{7-43}$$

$$j\beta H_y = j\omega\varepsilon_r E_x \tag{7-44}$$

$$-j\beta H_x = j\omega\varepsilon_r E_y \tag{7-45}$$

$$0 = j\omega\varepsilon_r E_z \qquad (7\text{-}46)$$

由式（7-43）和式（7-46）可知 H_z 和 E_z。然后将 E_x、E_y 的表达式，即式（7-44）、式（7-45），分别代入式（7-41）、式（7-42）中，可得到一组微波场分量的方程式：

$$\begin{cases} j\omega^2\varepsilon_r\kappa E_x + (\beta^2 - \omega^2\mu\varepsilon_r)E_y = 0 \\ (\beta^2 - \omega^2\mu\varepsilon_r)E_x - j\omega^2\varepsilon_r\kappa E_y = 0 \end{cases} \qquad (7\text{-}47)$$

基于式（7-47），要保证 E_x 和 E_y 有非零解，电磁波才能在铁氧体中进行传播，则可设式（7-47）的行列式为零，再对式（7-48）方程组的行列式进行求解，得到电磁波的传播常数：

$$\beta_+ = \omega\sqrt{\varepsilon_r(\mu+\kappa)} \qquad (7\text{-}48)$$

$$\beta_- = \omega\sqrt{\varepsilon_r(\mu-\kappa)} \qquad (7\text{-}49)$$

将式（7-48）和式（7-49）代入式（7-47），得出满足要求的电场值：

β_+：
$$E_y = -jE_x \qquad (7\text{-}50)$$

β_-：
$$E_y = jE_x \qquad (7\text{-}51)$$

因为电磁波传播方向与磁场偏置方向平行，所以设定电磁波沿 $+z$ 方向传播，则电磁波的电场强度与磁场强度有：

$$E = E_m e^{-j\beta z} = (E_x + jE_y)e^{-j\beta z} \qquad (7\text{-}52)$$

$$H = H_m e^{-j\beta z} = (H_x + jH_y)e^{-j\beta z} \qquad (7\text{-}53)$$

然后，将电场值，即式（7-50），分别代入式（7-52）和式（7-53）后，电磁波的电场强度与磁场强度有：

$$E_+ = E_m(x - jy)e^{-j\beta_+ z} \qquad (7\text{-}54)$$

$$H_+ = E_m\sqrt{\frac{\varepsilon_r}{\mu+\kappa}}(jx + y)e^{-j\beta_+ z} \qquad (7\text{-}55)$$

再将式（7-51）代入式（7-52）和式（7-53）后，电磁波的电场强度和磁场强度变成：

$$E_- = E_m(x + jy)e^{-j\beta_- z} \qquad (7\text{-}56)$$

$$H_- = E_m\sqrt{\frac{\varepsilon_r}{\mu-\kappa}}(-jx + y)e^{-j\beta_- z} \qquad (7\text{-}57)$$

根据以上计算基础及相关理论推导可知，当电磁波的传播方向与铁氧体的磁场偏置方向一样时，电磁波呈圆极化，且右旋圆极化波和左旋圆极化波的传播常数不同。同理，当电磁波传播方向与铁氧体磁化方向平行，但方向相反时，将 $-H_0$、$-M_s$ 代入式（7-38）和式（7-39），可得到电磁波仍呈圆极化，但极化的方向是相反的。

设定电磁波传播方向为 z 轴正方向，但是铁氧体的磁化方向为 x 轴正方向，即电磁波传播方向与铁氧体磁化方向垂直。图 7-78 展示了偏置磁场垂直于电磁波传播方向示意图。

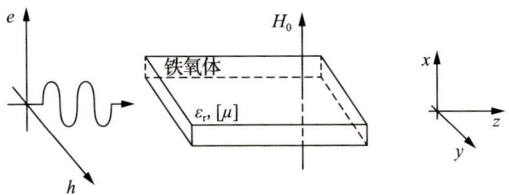

图 7-78 偏置磁场垂直于电磁波传播方向示意图

根据电磁波传播方向平行于铁氧体磁场偏置方向的推导过程，将铁氧体的张量磁导率，即式（7-35），代入微分麦克斯韦方程组中，可有：

$$\beta^2 E_y = \omega^2 \mu_0 \varepsilon_r E_y \tag{7-58}$$

$$\mu(\beta^2 - \omega^2 \mu \varepsilon_r) E_x = -\omega^2 \varepsilon_r \kappa^2 E_x \tag{7-59}$$

此时，要满足电磁波在铁氧体中传播，条件为 $E_x = 0$，$E_y \neq 0$，或者 $E_x \neq 0$，$E_y = 0$。当 E_y 有非零解时，得传播常数：

$$\beta_1 = \omega \sqrt{\mu_0 \varepsilon_r} \tag{7-60}$$

此时电磁波等效于在均匀的介质中进行传播，基电场强度和磁场强度分别为：

$$E_1 = y E_m e^{-j\beta_1 z} \tag{7-61}$$

$$H_1 = -E_m \frac{\omega \varepsilon_r}{\beta_1} x e^{-j\beta_1 z} \tag{7-62}$$

当 E_x 有非零解时，式（7-59）的另一个解为：

$$\beta_2 = \omega \sqrt{\frac{\mu^2 - \kappa^2}{\mu} \varepsilon_r} \tag{7-63}$$

根据之前的分析方法，β_2 的电场强度和磁场强度分别为：

$$E_2 = x E_m e^{-j\beta_2 z} \tag{7-64}$$

$$H_2 = E_m \frac{\omega \varepsilon_r}{\beta_2} \left(y + z \frac{j\kappa}{\mu} \right) e^{-j\beta_2 z} \tag{7-65}$$

综上分析，当电磁波在铁氧体中的传播方向与铁氧体的磁场偏置方向垂直时，电磁波的传播方式为线极化，且极化方向变化后，电磁波的传播常数也将发生变化。当电磁波的传播方向在 y 轴，而铁氧体的磁场偏置方向在 x 轴时，电磁波相当于在均匀介质中传播；当电磁波传播方向也在 x 轴时，电磁波的传播常数与铁氧体材料的有效磁导率强相关，可通过外加磁场对铁氧体的有效磁导率进行调制，磁导率既可为正值也可为负值。当磁导率为负值时，铁氧体会反射掉电磁波信号；当磁导率为正值时，铁氧体可以正常传播电磁波。由此可见，铁氧体可控制电磁波的传播方向。

7.6.4 微带线传输理论

当电磁波信号在微带传输线（简称微带线）上传播时，电场与磁场不仅仅只分布于微带线的垂直方向上,在微带线的边缘也分布着一定的电磁场。在实际传输场景中,多条微带线间距离缩小到一定程度时,微带线之间产生耦合效应。在有 N 条微带线的系统中,第 K 条微带线仅与其相邻的微带线间存在耦合关系,微带线自身有自阻抗和自导纳,与相邻微带线产生互阻抗和互导纳。现设定 N 条微带线的一段微元 δ_x,其单位的互导纳 Y_m、互阻抗 Z_m、自导纳 Y、自阻抗 Z,如图 7-79 所示。

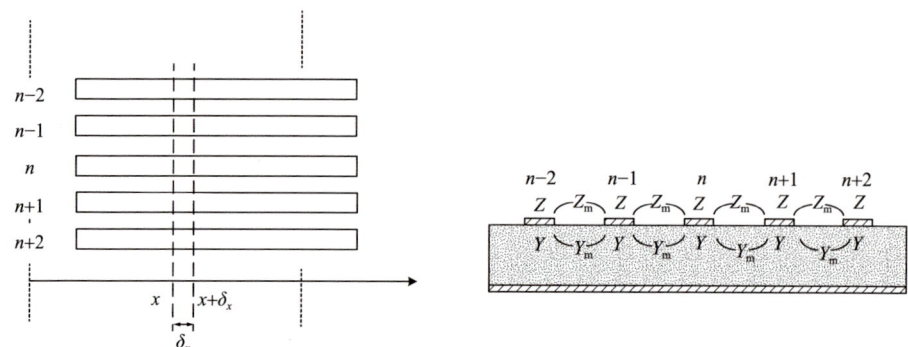

图 7-79 无限均匀耦合微带线模型图

根据基尔霍夫基本定律,可得到耦合微带线的基本方程式:

$$\begin{cases} \dfrac{\partial V_{n-1}}{\partial x} = -ZI_{n-1} - Z_m(I_{n-2} + I_n) \\[4pt] \dfrac{\partial I_{n-1}}{\partial x} = -(Y + 2Y_m)V_{n-1} + Y_m(V_{n-2} + V_n) \\[4pt] \dfrac{\partial V_n}{\partial x} = -ZI_n - Z_m(I_{n-1} + I_{n+1}) \\[4pt] \dfrac{\partial I_n}{\partial x} = -(Y + 2Y_m)V_n + Y_m(V_{n-1} + V_{n+1}) \\[4pt] \dfrac{\partial V_{n+1}}{\partial x} = -ZI_{n+1} - Z_m(I_n + I_{n+2}) \\[4pt] \dfrac{\partial I_{n+1}}{\partial x} = -(Y + 2Y_m)V_{n+1} + Y_m(V_n + V_{n+2}) \end{cases} \quad (7\text{-}66)$$

已有多位研究人员给出如下结论:在无限均匀的微带线系统中,存在奇偶模、奇奇模、偶偶模三种本征模。当系统微带线总长为 1/4 波长的偶数倍时,系统可同时传输奇奇模和偶偶模;当系统微带线总长为 1/4 波长的奇数倍时,只能传输奇偶模。奇偶模传输也是应用最广泛的传输形式。因此,本小节仅对奇偶模的传输特点进行分析。当微带线以奇偶模传输时,需要满足如下条件:

$$\begin{cases} V_{n-1} = \pm V_n \\ V_{n-1} = -V_{n+1} \\ I_{n-1} = \pm I_n \\ I_{n-1} = -I_{n+1} \end{cases} \quad (7\text{-}67)$$

此时，在相邻的微带线间出现了电壁和磁壁。图 7-80 为奇偶模传输模式下电壁和磁壁的示意图。

因为相邻微带线的传输情况相同，所以任选第 n 条和第 $n+1$ 条微带线，当二者的特征阻抗值为 Z_0，其他邻近微带线可近似当作是以 n 和 $n+1$ 微带线为中心，经过了多个 $\lambda/4$ 阻抗变换线后的整体。目前，双耦合微带线的理论分析已经非常成熟，采用变微分法、保角变换法、电容法都可以得到相似的结论。特征阻抗为：

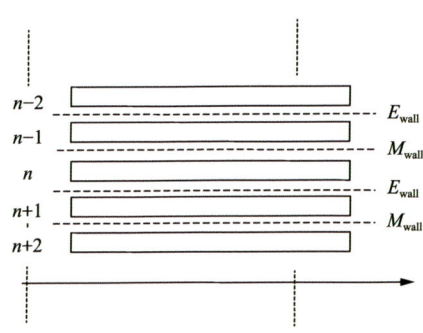

图 7-80　奇偶模传输模式下电壁和磁壁的示意图

$$Z_{oe} = \frac{Z_o}{(Z_1/Z_e)^2 + (Z_e - Z_o)/Z_o}\tag{7-68}$$

其中，Z_e 为偶模特征阻抗；Z_o 为奇模特征阻抗；Z_1 为单条微带线的特征阻抗。当信号源的特征阻抗等于 Z_g 时，不考虑所有的拐角影响，整个微带线长度为 $\lambda/4$ 的奇数倍时，边带端口的输入阻抗为 Z_m，即：

$$Z_m = \frac{Z_{oe}^2}{Z_g}\left[1 + j\frac{\pi}{2}\left(\frac{Z_g^2 - Z_{oe}^2}{Z_g Z_{oe}}\right)\left(\frac{\omega - \omega_0}{\omega_0}\right)\right]\tag{7-69}$$

同时，在移相器件电路中，耦合微带线间的连接线为蛇形线。图 7-81 为设计的耦合微带线移相器模型示意图。

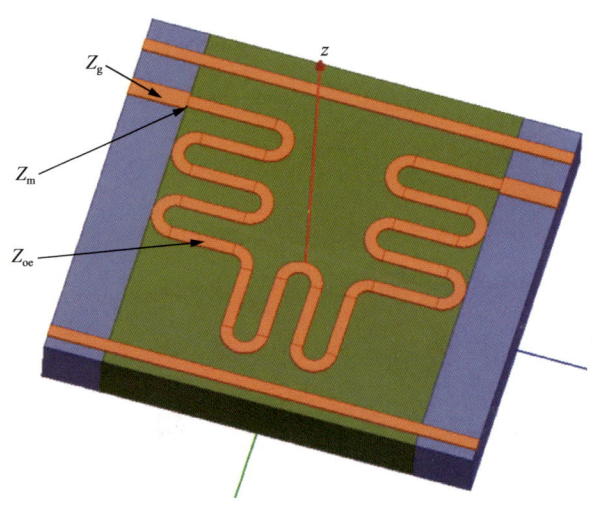

图 7-81　耦合微带线移相器模型示意图

7.6.5 微带线移相器设计与实现

当相邻微带线间的间距较小时，若微带线的两端进行了理想连接，即连接处的电流相反、电压相同，且各微带线呈蛇形结构分布，那么会有如图 7-82 所示的磁场分布。此时磁场间产生耦合，耦合位置在相邻两段微带线间的中点，方向垂直于铁氧体基板，并且在微带线的 $\lambda/4$ 处的中心位置上形成圆极化波，而相邻微带线间的中点的其他位置均呈现线极化波或者椭圆极化波。因此，以微带线的 $\lambda/4$ 位置为中心，会依次出现线极化波→椭圆极化波→圆极化波→椭圆极化波→线极化波。

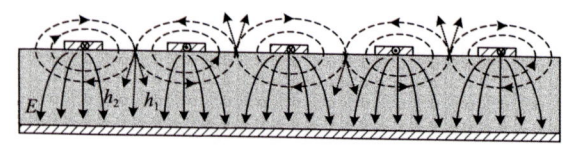

图 7-82 微带线间磁场分布示意图

1. 铁氧体相移量计算

在铁氧体移相器中，铁氧体基板的磁化方向不一样，其磁导率会发生变化，从而使移相器的相位发生变化。考虑到实际铁氧体基板的磁通量采用的是高斯单位，并且铁氧体基板仅会在剩磁或近剩磁状态下工作，因此移相器在实际工作时不会加入外场 H_0。那么，根据三种场景，可以得到新的磁导率计算方式，如下所示。

（1）微波信号传播方向（微带线）与磁化方向平行：

$$\mu_r = \mu_{//} = \frac{\mu^2 - \kappa^2}{\mu} \tag{7-70}$$

（2）微波信号传播方向（微带线）与磁化方向垂直：

$$\mu_r = \mu_\perp = \mu_d (1-R)^{\frac{5}{2}} \tag{7-71}$$

（3）当铁氧体处于退磁状态时：

$$\mu_r = \mu_d \tag{7-72}$$

其中，μ_d 可以根据归一化旋磁角频率 p 转换磁导率计算方式：

$$\mu_d = \frac{1}{3} + \frac{2}{3}\sqrt{(1-p^2)} \tag{7-73}$$

$$\mu = \mu_d + (1-\mu_d)^{\frac{5}{2}} \tag{7-74}$$

$$\kappa = pR \tag{7-75}$$

其中，R 为材料的剩磁比。p 与 R 均由铁氧体材料的本征参数决定，计算方式如下：

$$p = \frac{\gamma(4\pi M_s)}{\omega} \tag{7-76}$$

$$R = \frac{M_r}{M_s} \tag{7-77}$$

在实际的微带线铁氧体移相器中，微带线两端的连接并非理想的，也是由微带线完成连接，因此会导致移相器微带线的长度超过 $\lambda/4$，从而导致圆极化波位置发生偏移。如图 7-83 所示，圆极化波位置从 A 和 A' 偏移到 B 和 B'。

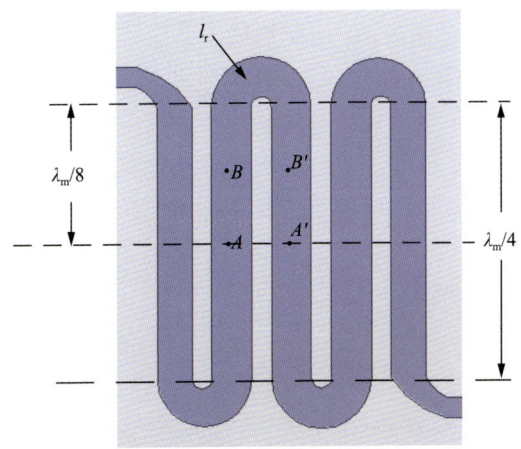

图 7-83　耦合微带线圆极化波位置变化示意图

因磁性材料耦合分析系统过于复杂，不能给出准确的相移计算方式，为了能设计出性能更优的移相器，在设计前需要移入一套定性的相移计算方式。设移相器有 N 条微带线，那么其相移量计算方式如下：

$$\phi = (N-1)k_h k_c (\beta_- - \beta_+) l \tag{7-78}$$

N 条微带线会形成 $N-1$ 个耦合关系，每两条相邻微带线的相移量为 $k_h k_c(\beta_- - \beta_+)l$，因此基于铁氧体基板形成的移相器总的相移量如式（7-78）所示。在该式中，l 为每条微带线的长度，$(\beta_- - \beta_+)$ 为非互易相移量，k_h 为圆极化相移系数，k_c 为微带线的耦合系数。同时，因传播常数表达式为：

$$\Gamma = \beta_m/\beta = \sqrt{\mu_{//}\varepsilon_r} \tag{7-79}$$

设定微带线长度为 $3\times\lambda_m/4$，故相移量变为：

$$\phi = \frac{\pi}{2}(N-1)k_h k_c \left(\sqrt{\mu+\kappa} - \sqrt{\mu-\kappa}\right)/\sqrt{\mu_{//}} \tag{7-80}$$

已有学者证明相邻耦合微带线间，非圆极化方式可当成是圆极化叠加形成。因此可将其当成圆极化波，故满足正弦分布，可以估算 k_h，即：

$$k_h = \int_0^l \sin\left(\frac{z}{l}\pi\right) \mathrm{d}\left(\frac{z}{l}\right) = \frac{1}{\pi}\int_0^\pi \sin\theta\,\mathrm{d}\theta = \frac{2}{\pi} \tag{7-81}$$

同时，根据相关实验可知，相移量与铁氧体基板厚度 h 成正比，与微带线间距 s 成反比，故可估算 k_c：

$$k_c = \frac{h}{s} \tag{7-82}$$

最终，由 N 段耦合弯曲的微带线构成的铁氧体移相器的相移量为：

$$\phi(\text{rad}) = (N-1)\frac{h}{s}\left(\sqrt{\mu+\kappa} - \sqrt{\mu-\kappa}\right)\Big/\sqrt{\mu_{//}} \tag{7-83}$$

实际上，圆极化波在铁氧体中传输时，最终形成的相移量需要有相移常数 q_a，并需要通过实验来确定 q_a 的值。

2. 双导线磁化铁氧体移相器设计与仿真

从前面的内容可知，当铁氧体基板的磁化方向平行或垂直于微带线时，会有非互易相移产生。最终，设计出来的铁氧体移相器需要同时满足小型化和相移量的需求。移相功能可由微带线或者带状线结构实现，其中带状线结构实现的移相器的模型如图 7-84 所示。

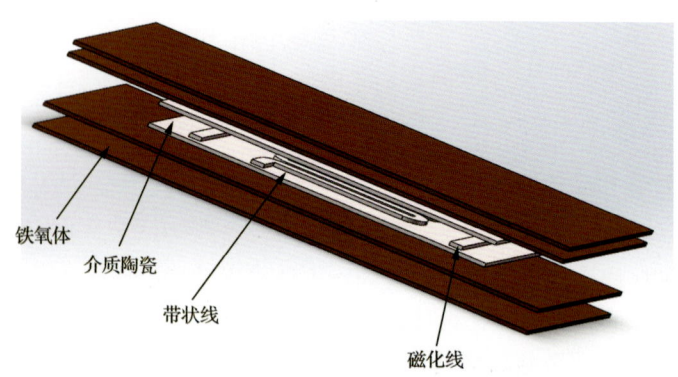

图 7-84　带状线移相器 LTCF 工艺下的模型图

虽然带状线结构的移相器具有更强的抗干扰性，但有研究人员证明介质陶瓷基板与铁氧体基板在 LTCC 工艺下可能存在物理和化学反应，导致烧结后的器件性能会更差，目前无有效的方法来应对。对于微带线结构的移相器，在烧结工艺中仅需要完成基板的低温烧结，然后经过切割、打磨、抛光、光刻等工艺后，即可完成移相器件的制备。所以，本小节采用的是微带线结构的移相器，仿真模型如图 7-85 所示。

图 7-85 所示移相器由低温烧结 NiCnZn 铁氧体基板、Si 基板、两条激励电流线和一条移相微带线构成。激励电流线设置在移相单元的上下平行方向上，当加入激励脉冲电流后，可磁化最底层 NiCnZn 铁氧体基板。移相微带线由三段蛇形微带线构成，用于传输微波信号。Si 基板用于承载输入输出微带线接口，并用于匹配微带蛇形线与外部 50Ω 阻抗。根据图 7-85 所示模型图，在 HFSS15.0 软件中进行移相器模型的建立及仿真。其中，铁氧体基板材料选择前面内容所研究的 0.5wt%MnO$_2$-1.0wt%Bi$_2$O$_3$ 复合掺杂，烧结温度为 950℃的 NiCuZn 铁氧体材料，其形成的器件仿真参数设置如图 7-86 所示。

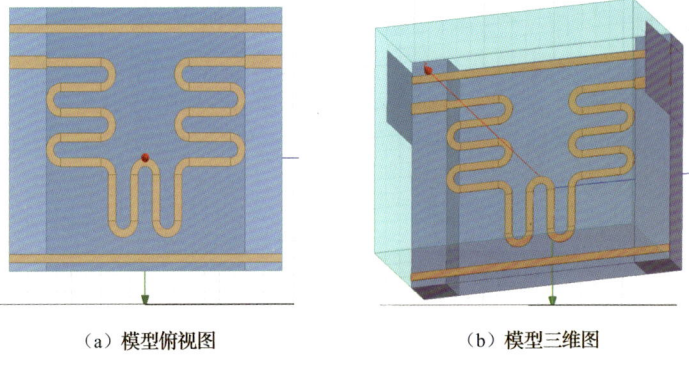

（a）模型俯视图

（b）模型三维图

图 7-85　微带线移相器 HFSS 仿真模型图

Name	Type	Value	Units
Relative Permittivity	Simple	13.3	
Relative Permeability	Simple	1	
Bulk Conductivity	Simple	0	siemens/m
Dielectric Loss Tangent	Simple	0	
Magnetic Loss Tangent	Simple	0.0003	
Magnetic Saturation	Simple	3812	gauss
Lande G Factor	Simple	2	
Delta H	Simple	144	Oe
- Measured Frequency	Simple	9.4e+009	Hz
Mass Density	Simple	0	kg/m^3

图 7-86　NiCuZn 铁氧体基板配置参数

结合图 7-86 给出的参数，并根据前面的理论推导，以 9.55GHz 为中心频率，扫频范围是 4～11GHz。对移相器模型内部参数进行定义来进一步仿真优化，即微带线宽度为 W 参数的值，微带线长度为 L 参数的值，铁氧体基板厚度为 h 参数的值，阻抗匹配输入/输出接口微带线长度为 L_0 参数的值，相邻微带线间距为 S 参数的值。再给出所有参数的初值，具体计算过程如下。

（1）首先确定微带线长度 L。根据微波在微带线中的传输理论，当 L 等于 λ_m 的奇数倍时只会传播奇偶模，使移相器系统具有更高可靠性。同时，微波波长会发生变化，其计算方程为：

$$\lambda = \frac{c}{\sqrt{\varepsilon_r \mu f}} \tag{7-84}$$

其中，ε_r 为铁氧体的介电常数值；c 为电磁波在真空中的传播速度；f 为电磁波的频率；μ 为铁氧体的磁导率，当电磁波为高频信号时，该值可等效于 1。由此可得到在中心频率为 9.55GHz，电磁波长 λ_m=8.66mm 时，L 的初始值为 0.46mm。

（2）然后确定 W、h、S、L_0 四个参数的初始值。为保证移相器与微波信号匹配且回波损耗尽量小，需要设定微带线的特征阻抗值为 50Ω。同时，根据 W 与 h 的关系，一般二者比例小于 2 时较好。W 与 S 参数的初始值分别为 0.2mm 与 0.3mm。边带 L_0 在 0.5～0.9 之间进行优化，铁氧体基板厚度 h 初始值设定为 0.5mm。

图 7-87 为所设计的微带线移相器基板磁激励偏置方向设定示意图。在仿真时，直接将基板的激励类型设定为磁激励。磁激励的偏置坐标在默认情况下，偏置方向和 z 轴坐标系正向重合。所以，要将磁激励偏置方向设定与微带线方向平行，需要在 HFSS 中将铁氧体基板的 "X angle" 设置为 270°。

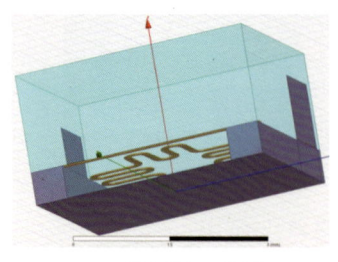 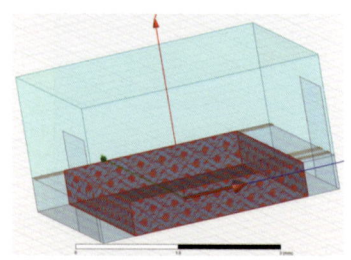

（a）模型常规三维图　　　　　　（b）加入磁激励图，方向平行于微波传输方向

图 7-87　微带线移相器基板磁激励偏置方向设定图

频率扫描的方式需要设定为离散型扫描。利用初始值进行仿真，结果发现回波损耗 $S_{11}<-10dB$，表明其回波损耗性能良好；但插入损耗 $S_{21}>-6dB$，在 9.55GHz 时，相移量仅有 120°，表明移相器性能不好。对各参数进行优化，确定最优参数为 $L=0.55mm$，$W=0.1mm$，$h=0.5mm$，$S=0.2mm$，$L_0=0.5mm$，仿真结果如图 7-88、图 7-89 和表 7-15 所示。在频率为 4～11GHz 之间，移相器的插入损耗 $S_{21}>-0.5dB$，回波损耗 $S_{11}<-20dB$，相移量为 216.44°（9.6GHz）、252.86°（9.0GHz）、273.66°（8.7GHz）。

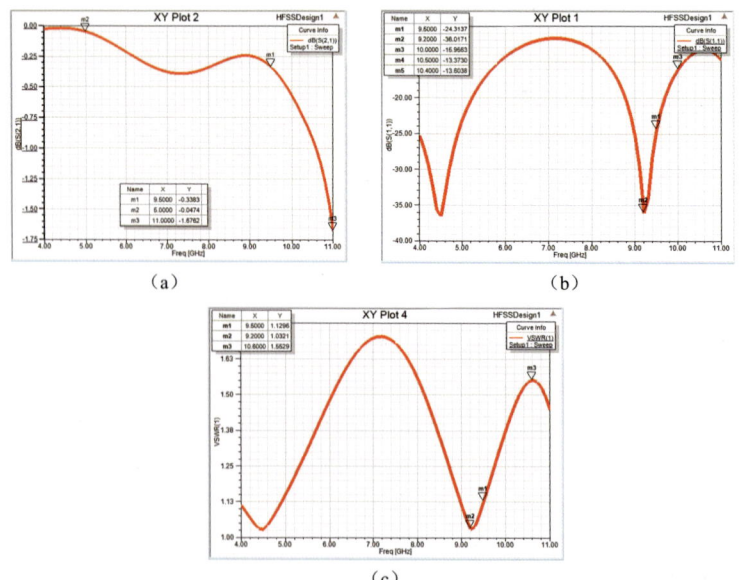

图 7-88　微带线移相器插入损耗（a）、回波损耗（b）和驻波比 VSWR（c）仿真结果

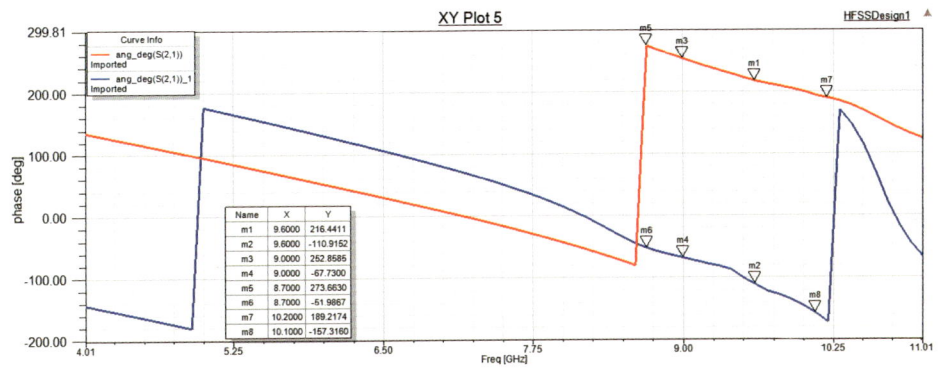

图 7-89 微带线移相器相移量仿真结果

表 7-15 微带线移相器的相移量仿真结果

标记	频率/GHz	相位/(°)	标记	频率/GHz	相位/(°)
m1	9.6	216.44	m5	8.7	273.66
m2	9.6	−110.92	m6	8.7	−51.99
m3	9.0	252.86	m7	10.2	189.22
m4	9.0	−67.74	m8	10.2	−157.32

根据在 HFSS 中仿真模型优化过程可以知道，相移量与铁氧体基板厚度 h 的关联性最强，即 h 值越大，相移量越大。但是，h 会直接影响 S_{21}，即 S_{21} 会随着 h 的增加而增加。另外，相邻微带线间距 S 与相移量成反比，即 S 越大，相移量越小。蛇形线拐角处的微带线的宽度越小，会让 S_{21} 减小，但也会将相移量减小。

3. 铁氧体移相器制备及测试

本小节设计的 X 波段移相器的制备流程如图 7-90 所示。

图 7-90 铁氧体移相器制备工艺流程图

如图 7-90 所示，制备工艺流程总体包括以下五个步骤。

（1）材料准备：选取 950℃烧结温度下，0.5wt%MnO_2-1.0wt%Bi_2O_3 复合掺杂的 NiCuZn 铁氧体为基板材料。

（2）低温烧结制备基板：制备基板方法及细节见 7.4.2 节。

（3）铁氧体基板切割：对烧结后的基板进行切割。因为移相器基板厚度是很薄的，与烧结出来的基板厚度不一致，所以需要对烧结后的基板进行切割。切割操作主要采用切割机进行，切割厚度为移相器基板厚度。

（4）切割后的基板打磨抛光：切割后的基板表面会不光滑，因此在刻制电路前要将基板打磨抛光。

(5) 在基板上光刻电路:主要利用光刻机进行光刻电路。因为所设计的移相器体积比较小,微带线宽度很小且对精度要求高,所以采用光刻工艺来制作微带线移相器电路。

低温烧制的基板经过切割机切割成厚度为 0.5mm,长宽分别为 500mm 和 500mm,如图 7-91 所示。

图 7-91　NiCnZn 铁氧体低温烧制的基板图

在图 7-91 所示的基板上,利用光刻技术将移相器电路光刻上去。因为实际的单个移相器电路尺寸较小,所以在整块基板上可以光刻出多组移相器电路,制备结果如图 7-92 所示。

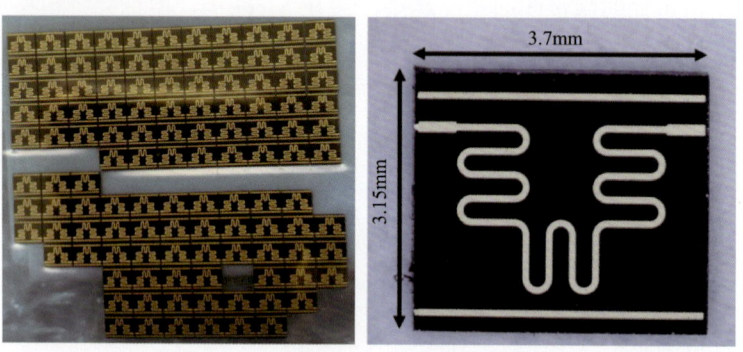

图 7-92　铁氧体移相器批量制备成品图

再将图 7-92 所示的多组移相器电路用切割机切分成单个移相器电路模块,铁氧体移相器尺寸为 3.7mm×3.15mm×0.5mm。随后,需要对器件输入/输出接口进行处理。因为微带线宽度很小,难以直接进行操作,所以在放大镜下利用三氧化二铝基板延长输入/输出接口,实际如图 7-93 所示。

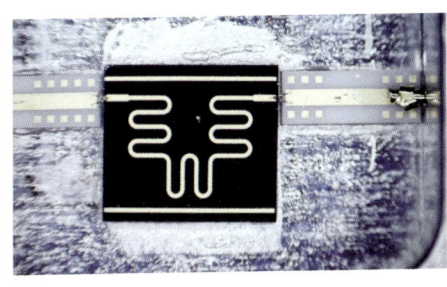
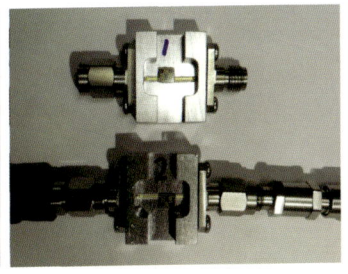

图 7-93 利用三氧化二铝基板延长移相器输入/输出接口和测试样品图

将移相器用导电胶粘到腔体测试夹具中,用陶瓷微带线将移相器和 SMA (subminiature version A,超小型 A 版)连接器互连起来,以便接入矢量网络分析仪中进行测试。同时为了防止器件实现过程产生误差导致测试结果不准,准备了两套样品进行对比测试。然后,将脉冲信号发生器信号线接入到移相器的激励电流微带线上,再将整个移相器接入 Rohde & Schwarz 矢量网络分析仪 ZNB40,整个测试系统如图 7-94 所示。

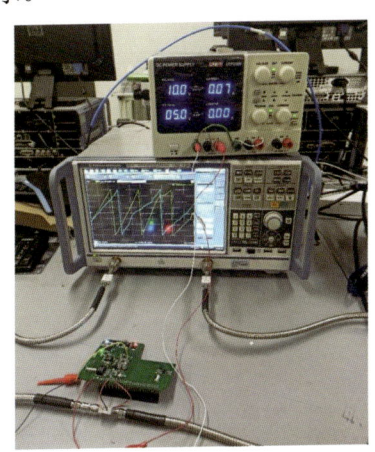

图 7-94 移相器测试系统整体图示

首先,对 1 号样品进行测试,在频率为 8～9.55GHz 范围内,插入损耗 S_{21}>−3.2dB,回波损耗 S_{11}<−18dB,且驻波比 VSWR<2.5。需要说明的是,三氧化二铝基板可能会引发输入/输出阻抗变化,导致 S_{11} 变大,实测回波损耗 S_{11} 在 1dB 左右。同时,与仿真结果相比,通带频率有所下降,且插入损耗稍微偏大。分析认为可能是因为:①传输线和接口处的损耗;②组装造成带状线的空隙过大而引起插入损耗偏高。

然后,再对样品 2 进行测试,发现其性能优于样品 1。当频率为 8.0～9.55GHz 时,插入损耗 S_{21}>−2.5dB,回波损耗 S_{11}<−15dB,驻波比 VSWR<1.5。相对于样品 1,插入损耗 S_{21} 与驻波比 VSWR 均更好,在频率为 9.55GHz 附近时,器件的性

能最好，S_{21}=−2.48dB，S_{11}=−19.31dB。在频率为 10～12.17GHz，插入损耗急剧增大。造成此现象的可能原因是微带线长度设计值不合适，不仅传输了奇偶模，还造成了奇奇模或偶偶模的传输。另一个原因可能是器件尺寸过小，导致焊接及组装时有操作上的误差，造成端口的不匹配度增大。

频率为9.55GHz，参考相位 φ=−134.54°，当给移相器施加不同宽度的反向脉冲电流时，相位 $\varphi(S_{21})$ 分别为94.66°、118.36°、−59.35°、−110.02°。所以可以得出，该移相器的最大相移量差为 $\Delta\varphi$=252°。与仿真结果相比，相移量差减小了约110°。在仿真过程中，铁氧体基板的磁化方向是按照理想的平行于微带线仿真的，而实际中的磁化方向呈椭圆形，并且基板边缘伴有较弱的退磁场，所以实际的相移量差小于仿真结果。

参 考 文 献

[1] 杨燕. 低温共烧 NiCuZn 铁氧体复合掺杂及离子调控研究. 成都: 电子科技大学, 2020.

[2] Harris Y G. Modern microwave ferrites. IEEE Trans Magn, 2012, 48(3): 1075-1104.

[3] Zhang H W, Li J, Su H, et al. Development and application of ferrite materials for low temperature co-fired ceramic technology. Chin Phys B, 2013, 22(11): 117504.

[4] Xu F, Liao Y L, Zhang D N, et al. Synthesis of highly uniform and compact lithium zinc ferrite ceramics via an efficient low temperature approach. Ceram Int, 2017, 56(8): 4512-4520.

[5] Luo Q, Su H, Tang X L, et al. Effects of Bi_2O_3 addition on power loss characteristics of low-temperature-fired NiCuZn ferrites. Ceram Int, 2018, 44: 16005-16009.

[6] Nakamura T. Snoek's limit in high-frequency permeability of polycrystalline Ni-Zn, Mg-Zn, and Ni-Zn-Cu spinel ferrites. J Appl Phys, 2000, 88: 348-353.

[7] Mahender C, Sumangala T P, Ade R, et al. Low-loss YIG thick films for microwave applications. Ceram Int, 2019, 45: 4316-4321.

[8] Niyaifar M, Beitollahi A, Shiri N, et al. Effect of indium addition on the structure and magnetic properties of YIG. J Magn Magn Mater, 2010, 322: 777-779.

[9] Oliver S A, Zavracky P M, McGruer N E, et al. A monolithic single-crystal yttrium iron garnet/silicon X-band circulator. IEEE Microw Guided W, 1997, 7: 239-241.

[10] Zhou T C, Zhang H W, Jia L J, et al. Enhanced ferromagnetic properties of low temperature sintering LiZnTi ferrites with Li_2O-B_2O_3-SiO_2-CaO-Al_2O_3 glass addition. J Alloys Compd, 2015, 620: 421-426.

[11] Xin L V, Tao L, Feng C, et al. Effects of La_2O_3-B_2O_3-ZnO glass additive on the gyromagnetic properties and microstructure of low temperature sintered LiZn ferrites. J Magn Mater Devic, 2019, 50(3): 33-40.

[12] Zhang D N, Wang X R, Xu F, et al. Low temperature sintering and ferromagnetic properties of $Li_{0.43}Zn_{0.27}Ti_{0.13}Fe_{2.17}O_4$ ferrites doped with BaO-ZnO-B_2O_3-SiO_2 glass. J Alloys Compd, 2016, 654: 140-145.

[13] Yang Q H, Zhang H W, Wen QY, Liu Y L, et al. Magnetic properties of lithium zinc ferrites synthesized by microwave sintered method. AIP Adv, 2016, 6(5): 055936.

[14] Liu C Y, Lan Z W, Jiang X N, et al. Effects of sintering temperature and Bi_2O_3 content on microstructure and magnetic properties of LiZn ferrites. J Magn Magn Mater, 2008, 320: 1335-1339.

[15] Zheng Y H, Jia L J, Xu F, et al. Microstructures and magnetic properties of low temperature sintering NiCuZn ferrite ceramics for microwave applications. Ceram Int, 2019, 45: 22163-22168.

[16] Yang Y, Li J, Zhang H W, et al. Enhanced gyromagnetic properties of NiCuZn ferriteceramics for LTCC applications by adjusting MnO_2-Bi_2O_3 substitution. Ceram Int, 2018, 44: 19370-19376.

[17] Mürbe J, Töpfer J. High permeability NiCuZn ferrites through additive-free low-temperature sintering of nanocrystalline powders. J Eur Ceram Soc, 2012, 32: 1091-1098.

[18] Antunen H, Rautioaho R, Uusimki A, et al. Compositions of $MgTiO_3$-$CaTiO_3$ ceramic with two borosilicate glasses for LTCC technology. J Eur Ceram Soc, 2000, 20: 2331-2336.

[19] Hesse J, Naghib-Zadeh H, Rabe T, et al. Integration of additive-free NiCuZn ferrite layers into LTCC multilayer modules. J Eur Ceram Soc, 2016, 36(8): 1931-1937.

[20] Hsu J Y, Ko W S. Effect of V_2O_5 on the sintering of NiCuZn ferrite. IEEE Trans Magn, 1995, 31: 3994-3996.

[21] Su H, Zhang H W, Tang X L, et al. Analysis of low-temperature-fired NiCuZn ferrites for power applications. Mat Sci Eng: B, 2009, 162(1): 22-25.

[22] Wang S F, Wang Y R, Yang T C K, et al. Densification and properties of fluxed sintered NiCuZn ferrites. J Magn Magn Mater, 2000, 217: 35-43.

[23] Zhu H K, Shen W, Zhu H O, et al. Influence of B_2O_3-MoO_3 addition on microstructure and magnetic properties of low-temperature-fired NiCuZn ferrites. Ceram Int, 2014, 40: 10985-10989.

[24] Ling W W. Microstructure and magnetic properties of low-fired NiCuZn ferrite with different dopants. IEEE Trans Magn, 2013, 50: 1-4.

[25] Zhu H K, Jin Y, Shen W, et al. Sintering, microstructures and magnetic properties of lowtemperature co-fired NiCuZn ferrites with B_2O_3 and WO_3 additions. Mater Res Bull, 2015, 61: 32-35.

[26] Jin Y, Zhu H K, Xu Y Q, et al. Effects of Nb_2O_5-WO_3 additive on microstructure and magnetic properties of low-temperature-fired NiCuZn ferrites. J Mater Sci: Mater El, 2015, 26: 2397-2402.

[27] Wu X H, Yan S Q, Liu W H, et al. Influence of particle size on the magnetic spectrum of NiCuZn ferrites for electromagnetic shielding applications. J Magn Magn Mater, 2016, 401: 1093-1096.

[28] Jia L J, Zhang H W, Wu X, et al. Microstructures and magnetic properties of Bi-substituted NiCuZn ferrite. J Appl Phys, 2012, 111: 3160.

[29] Lin Q, Ye Z, Lei C, et al. Microstructure and magnetic research of NiCuZn ferrite by Co, Bi compound doped. Mater Res Innovations, 2014, 17: 287-291.

[30] Rao P V S, Anjaneyulu T, Reddy M R, et al. Effect of Gd doping on the structural and magnetic properties of $NiCuZnFe_2O_4$. J Korean Phys Soc, 2019, 75: 304-308.

[31] Lin Q, Ye Z, Lei C, et al. Mössbauer spectrum of rare earth Ce^{3+} doping NiCuZn ferrite. Mater Res Innovations, 2013, 17: 255-259.

[32] Patil B B, Pawar A D, Bhosale D B, et al. Effect of La^{3+} substitution on structural and magnetic parameters of NiCuZn nano-ferrites. J Nanostruct Chem, 2019, 9: 119-128.

[33] Kabbur S M, Waghmare S D, Nadargi D Y, et al. Magnetic interactions and electrical properties of Tb^{3+} substituted NiCuZn ferrites. J Magn Magn Mater, 2019, 473: 99-108.

[34] Li K W, Sun K, Liu C C, et al. Tunable ferromagnetic resonance linewidth of cobalt-substituted NiCuZn ferrites. J Alloys Compd, 2018, 752: 395-401.

[35] Liu F, Ren T, Yang C, et al. NiCuZn ferrite thin films for RF integrated inductors. Mater Lett, 2006, 60: 1403-1406.

[36] Saita H, Fang Y, Nakano A, et al. Microwave sintering study of NiCuZn ferrite ceramics and devices. Jap J Appl Phys, 2014, 41: 86-92.

[37] Zheng Z L, Feng Q Y, Chen Y J, et al. High-frequency magnetic properties of Ca-substituted Co_2Z and Co_2W barium hexaferrite composites. IEEE Trans Magn, 2018, 54(6): 2800506.

[38] Yue Z X, Zhou J, Gui Z L, et al. Magnetic and electrical properties of low-temperature sintered Mn-doped NiCuZn ferrites. J Magn Magn Mater, 2003, 264(2): 258-263.

第8章

低温共烧平面六角钡铁氧体磁芯-旋磁

8.1 绪论

8.1.1 引言

随着21世纪科技的飞速发展,电子通信技术在20世纪有线通信的基础上快速走向高频化、集成化和小型化的无线通信应用进程。移动通信技术历经几十年的发展,已经从1G走向了5G通信时代,每一次代际的突破与跃迁,都意味着电子通信技术一次又一次的革新和进步,同时也意味着电子技术产业乃至社会经济发展一次又一次的升级与转变[1-3]。近年来,伴随着5G通信技术的崛起,人们对电子产品的性能要求日益增高,这就对电子行业的生产和研发有了更高的要求标准。因此,各类电子器件纷纷向着高频化、高性能化和小型化的方向不断靠拢。为了满足电子产品不断提升的要求,电子材料作为制备电子元器件的重要基础,其性能的提升和优化直接决定了电子元器件性能的好坏[4-6]。所以人们在不断优化电子元器件的基本结构之外,将大量的研究精力投向了电子材料的研发及其性能的调控中。

传统磁性材料性能不断提高,新型磁性材料不断出现,使得磁性材料成为支撑国民经济和电子通信技术发展的重要基础材料之一。作为一种新型的非金属材料,铁氧体磁性材料从20世纪40~50年代以来就得到了深入研究和广泛应用[7-10]。铁氧体材料无论是应用于高频领域,还是低频领域都具有独特的地位,良好地适应了不断发展的电子通信工程和高频无线电技术的迅速扩张和发展。在性能上,铁氧体同时具有优异的电性能和磁性能[11-13]。对于铁氧体材料的电性能而言,其电阻率比金属磁性材料大且具有较优异的介电性能。除此之外，在其磁性能方面也表现出较高的磁导率。与其他金属磁性材料如坡莫合金、铝硅铁合金等材料相比，铁氧体材料磁性能表现更加优异。在应用于器件制备的工艺生产方面，铁氧体的生产工艺与一般陶瓷工艺相似，操作简单且便于调控，能够很好地用于大批量的工业生产中[14-17]。所以，无论是材料本身的性能，还是生产与应用，铁氧体材料都具有良好的表现和适应性。因此，它从诞生之后就快速成为高频弱电领域内具有良好应用前景的非金属材料,广泛地应用于微波射频领域电子器件的制备。铁氧体材料一般是由铁和其他单一的一种或者多种金属组成的复合氧化物的统称。由于掺杂取代的金属离子种类不同，可以将铁氧体分为不同的类型，如 Mn^{2+} 取代 Fe^{2+} 成为锰铁氧体，Zn^{2+} 取代 Fe^{2+} 得到锌铁氧体等。通过两种或者多种金属离子取代也可以得到双组分铁氧体或者多组分铁氧体，如锰锌铁氧体、镍锌铁氧体等。根据生产与应用的实际情况，人们通常将铁氧体材料分为软磁、硬磁、旋磁、矩磁和压磁材料。除此之外，多晶铁氧体材料按照其晶体结构，又主要分为尖晶石型、石榴石型和磁铅石型三种主要的铁氧体。各类铁氧体陶瓷材料经过不断研究和优化，都已广泛应用于生产生活中，成为信息化时代中不可缺少的一种良好的磁性材料[18]。

磁性材料的不断发展和优化，除了在实现电子通信的代际更替上展露优势，同时也在现代军事作战方向上扮演着至关重要的角色。因为铁氧体陶瓷材料具有特殊的旋磁特性，所以当应用于制备环形器/隔离器器件时能够使其具有良好的非互易特性。以环行器为代表的射频微波旋磁器件，广泛应用于构建有源相控阵雷达单元。对于有源相控阵雷达，其中包含了数量庞大的收/发（T/R）组件。每一个 T/R 组件是整个相控阵雷达的核心元件，影响着每个天线单元的发射与接收性能。从图 8-1 所示 T/R 组件结构示意图中可以看出，环行器作为分路隔离信号的重要器件是连接各个模块的重要纽带，也是决定整个相控阵雷达系统可靠性和稳定性的关键因素。除此之外，环行器也隔绝了大功率信号对小功率信号接收通道组成部件的损害，保证整个 T/R 组件的正常运行和其他硬件的稳定性。因此，环行器的应用频率、尺寸及稳定性在很大程度上影响了 T/R 组件，乃至整个相控阵

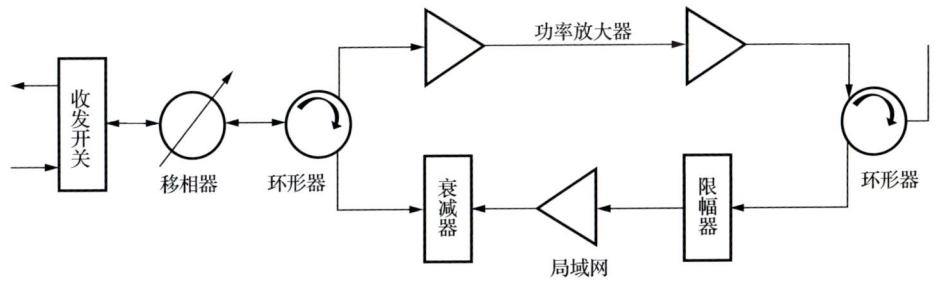

图 8-1　T/R 组件结构示意图

雷达模块的应用和发展。为了实现相控阵雷达在更高频率的应用，必须实现整个 T/R 模组的高频化和集成化。而环行器作为核心元件，提升环行器的应用频率和性能是实现相控阵雷达系统高频应用的必经之路。相较于带状线环行器和波导式环行器，铁氧体微带环行器结构紧凑并且成本低廉，更加适合应用于半导体混合集成电路中。

8.1.2 环行器概述

环行器作为一种被广泛使用的非互易器件，信号只能按照一定的方向传输。通过铁氧体旋磁材料（如 YIG、钡铁氧体等），在外加高频波场与恒磁场共同作用下，产生旋磁特性使得在铁氧体材料中传播的电磁波产生法拉第效应和铁磁共振现象，从而制备结型环行器或隔离器。这样的环行器或隔离器具有体积小、频带宽、损耗小的特点，因此在实际应用中可以广泛使用。

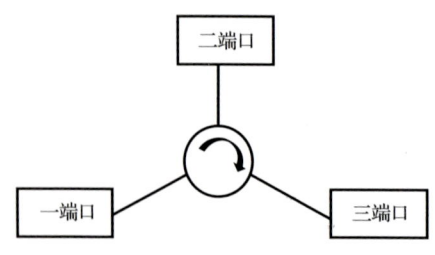

图 8-2　环行器信号传输方向示意图

环行器的工作原理决定了其至少有三个端口，而三端口环行器是最常见的环行器类型。从任一端口入射的入射波，按照由磁场确定的方向顺序传入下一个端口，其信号传播示意图如图 8-2 所示。信号只能从一端口传输至二端口，二端口的信号则只能传输至三端口。由于这种特殊的性质，能够起到良好的隔离作用，因此在接收发送天线信号、功率放大器输入输出以及多路技术信号处理中都有良好应用。

根据传输端口类型的不同，往往将结型环行器分为三种，包括波导式环行器、带状线环行器和铁氧体微带环行器。与带状线和波导式环行器相比，铁氧体微带环行器的结构紧凑且成本低廉，更加适合半导体混合集成电路的应用[19]。其主要的工作状态有两种，分别是固定偏置和开关偏置。常见的铁氧体微带环行器主要有两种不同的结构：一种是嵌入式，即将铁氧体圆盘嵌入非磁性陶瓷基片中；另一种是全铁氧体式，直接全部使用铁氧体基片，并且在基片上印制相应的图形。此外还可以通过沉积铁氧体薄膜的方法来制备铁氧体微带环行器。

铁氧体微带环行器主要是利用铁氧体良好的磁性能使电磁波按照某一方向环形传输从而实现环形功能。它不仅具有结构简单且紧凑、成本低廉、易于集成的优点，还具有良好的应用前景，因此广泛应用于微波系统中，如应用于雷达、通信、相控阵等领域中。目前已经有多种不同类型和规格的铁氧体微带环行器研究和开发出来，如单节微带环行器、双节微带环行器、Y 结微带环行器等。而铁氧体微带环行器的主要性能指标包括插入损耗、隔离度、回波损耗等[20]。近些年来，随着射频技术和系统的不断进步和发展，对铁氧体微带环行器也提出了更高要求，为了满足这些要求，研究人员也采用不同的技术方法进行改进和探索，如采用叠层片式结构、多节级联结构或表面组装技术等。在铁氧体微带环行器的设计和优化中，主要涉及铁氧体材料的选择和优化、基片结构设计等方面，而铁氧体材料的选择和优化在很大程度上影响了环行器的损耗大小与性能好坏[21]。

根据环行器的原理及制备方法，铁氧体材料成为影响环行器性能是否良好的关键因素之一[22]，因此选取合适的铁氧体材料是重要的一环。常见用于制备微带环形器的铁氧体有尖晶石铁氧体和石榴石铁氧体等。尖晶石铁氧体的结构为面心立方晶体，是应用最为广泛的一类铁氧体，主要包括 Mg 系、Ni 系和 Li 系等几大类，在微波领域中最早被研究发现和应用最广泛的一类铁氧体材料，在厘米波至毫米波范围皆有部分应用[23-25]。其中 Ni 系和 Li 系铁氧体由于较小的铁磁共振线宽，许多学者研究了其在 X～K_a 波段环行器中的应用。石榴石铁氧体与其他类型的铁氧体相比，是一种发展较晚的新型旋磁材料，其中钇铁石榴石（$3Y_2O_3·5Fe_2O_3$，YIG）铁氧体材料是典型的代表。与尖晶石晶体相比，石榴石型旋磁铁氧体材料的磁损耗和介电损耗较低，但是其饱和磁化强度 $4\pi M_s$ 较小，并且由于稀土元素氧化物价格昂贵，其生产制备成本也相应较高。在目前的生产和应用中，对于环行器往往采用的是 YIG 铁氧体材料及通过掺杂改性得到的衍生铁氧体材料。图 8-3 为由 YIG 材料作为基片制备的铁氧体微带环行器实物图，该环行器能够在以 5GHz 为中心频率的范围内工作。

图 8-3　YIG 铁氧体微带环行器

但是由于石榴石铁氧体材料的饱和磁化强度较低，通常情况下小于 2000Gs，因此在 K 波段频率范围以上的应用较为局限。而尖晶石铁氧体虽然有相对较高的饱和磁化强度，如 Ni 系铁氧体能够达到 4000Gs，但由于尖晶石晶体在实际应用中截止频率较低，所以更适合制备各类应用在较低频率范围内工作的微波器件。当这两类铁氧体材料应用于工作频率较高的环行器中时，所需的磁场和永磁体体积则会很大，不能满足在高频范围内 T/R 组件的小型化和轻量化的要求。而另一种磁铅石型铁氧体的出现，则为这一问题提供了良好的解决方案。

众所周知,频率越高时铁磁体发生铁磁共振所需的恒磁场强度也就越高。当电子器件的应用频率走进亚毫米波乃至毫米波时,所需的共振场强度已经超过10000Oe,所以需要利用铁氧体材料自身的内场(即各向异性等效场)产生共振。磁铅石型铁氧体材料的出现恰好满足这一特点和要求。这类铁氧体具有和天然矿物磁铅石相似的晶体结构,属于典型的六角晶系结构。其化学分子式可以表示为$MeFe_{12}O_{19}$,其中 Me 表示化合价为二价的金属离子,如 Ba^{2+}、Sr^{2+}、Pb^{2+}等。作为代表性的磁铅石型铁氧体材料,钡铁氧体($BaFe_{12}O_{19}$)已经存在了很多年,虽然它不含 Co 元素和 Ni 元素,但依旧具有良好的磁性。与其他类型的铁氧体材料相比,$BaFe_{12}O_{19}$具有较大的饱和磁化强度,并且各向异性场可以在一定范围内变化,可以良好地应用于微波频段隔离器、移相器、环行器、振荡器等器件的制备[26-29]。

对于$BaFe_{12}O_{19}$,通过部分二价金属离子如Mg^{2+}、Mn^{2+}、Fe^{2+}、Co^{2+}、Ni^{2+}等或者Li^+和Fe^{3+}组合置换$BaFe_{12}O_{19}$中的Ba^{2+},得到磁铅石型复合铁氧体。其晶格常数 $c>a$,并且由于O^{2-}层重复次数和Ba^{2+}层出现的间隔不同,结构上并不相同,所以既可以作为硬磁材料,又可以作为高频软磁材料。磁铅石型复合铁氧体主要分为 M、W、X、Y、Z、U 六大类,如表 8-1 所示。其中 X 型、Y 型、Z 型和 U 型具有平面各向异性,W 型具有单轴各向异性和平面各向异性。在毫米波段需要较强的内场,所以常常选择具有单轴各向异性的 M 型和 W 型铁氧体材料进行研究和应用。

表 8-1 磁铅石型复合铁氧体晶胞结构及晶格常数

型号	化学分子式	晶胞结构形式	每个晶胞氧离子层数	a/Å	c/Å
M	$BaFe_{12}O_{19}$	$(B_1S_4)_2$	5×2	5.88	23.2
W	$BaMe_2Fe_{16}O_{27}$	$(B_1S_6)_2$	7×2	5.88	32.8
X	$Ba_2Me_2Fe_{28}O_{46}$	$(B_1S_4S_1S_6)_3$	12×3	5.88	84.1
Y	$Ba_2Me_2Fe_{12}O_{22}$	$(B_2S_4)_3$	6×3	5.88	43.5
Z	$Ba_3Me_2Fe_{24}O_{41}$	$(B_2S_4B_1S_4)_2$	11×2	5.88	52.3
U	$Ba_4Me_2Fe_{36}O_{60}$	$(B_1S_4B_1S_4B_2S_4)$	16	5.88	38.1

M 型钡(M-type barium,BaM)铁氧体作为最典型的钡铁氧体磁性材料,相较于其他类型的铁氧体材料而言,具有较高应用频率、可调节的矫顽力、较高的饱和磁化强度和较低的损耗。除此之外,它还具有良好的稳定性、耐腐蚀性和可靠性,能够在各种高频率电子元器件中良好应用。这些优势符合铁氧体微带环行器的制备标准,更为实现环行器乃至整个 T/R 组件小型化并应用于高频范围的研发目标提供了极大的可能性。

8.1.3 BaM 铁氧体的研究状况

具有六角结构的钡铁氧体作为一种重要的铁氧体材料,已经被广泛研究和应用。在 20 世纪的发展过程中,西方国家对铁氧体陶瓷材料的研究起步较早,所以美国在六角铁氧体的研究领域占据着主导地位。自 21 世纪以来，中国和日本等一些亚洲国家在钡铁氧体方向的研究日益增多。另外，由于移动通信和国防需求的不断推动，中国、印度和巴西等新兴经济体正在成为六角铁氧体研究的重要一员，并且不断地革新和挑战传统技术更加先进的西方国家以及日本和韩国。对钡铁氧体的研究和发展极大迎合了科技发展的需求，图 8-4 为 2012～2021 年世界范围内关于钡铁氧体的出版物数量统计，数据来源于 Web of Science。从图中可以看出，有关钡铁氧体的出版物数量随着时间的推移稳步上升，2019 年之后由于全球疫情的影响，出版物数量有所回落。除此之外，M 型钡铁氧体作为钡铁氧体中最重要的一种类型，与其相关的研究占据了整体钡铁氧体研究中的重要一部分。

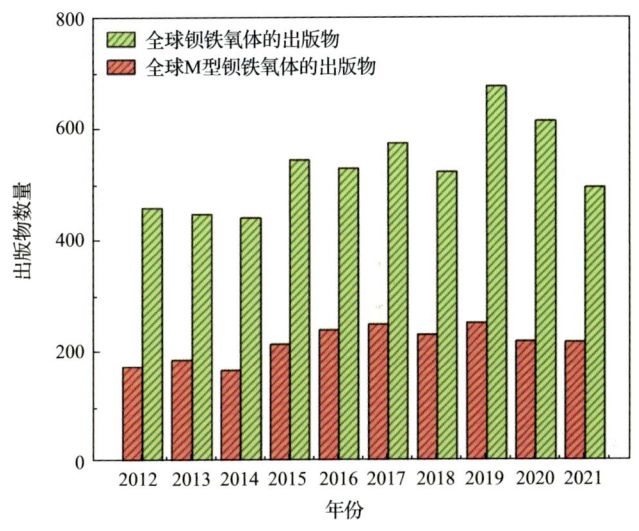

图 8-4 钡铁氧体材料相关出版物数据统计

M 型钡铁氧体在 20 世纪 50 年代由 Philips 公司首次提出化学式为 $BaFe_{12}O_{19}$，随后便吸引了大量学者的关注，并且在同一时段发现了其高频旋磁共振现象。20 世纪 60～70 年代，日本、苏联和美国等国家对 M 型钡铁氧体进行了大量基础和应用方面的研究，对其结构、物理性质、制备工艺和改性方法等进行了深入的理论和实验探索，并且开发出了多种不同的改性方法及相应的工艺技术。20 世纪 70 年代，随着垂直磁记录产品的出现，M 型钡铁氧体材料在录音、录像和磁盘等应用方向发挥了极大的作用。20 世纪 80～90 年代，中国、日本等国家也开始对 M 型钡铁氧体的离子取代、复合、低温共烧技术开始了系统性的学习和探索，并且提高了其在高频领域的应用水平。目前 M 型钡铁氧体依旧是一种十分重要的功能材料，在不同领域仍然有着十分广阔的应用前景。随着国内外铁氧体陶瓷技术的不断发展与应用，M 型钡铁氧体也逐渐应用于微波射频器件中，如隔离器、移相器、环行器、振荡器等。另外，M 型钡铁氧体材料随着电子信息领域的发展也被研究成为新型的吸波材料并推广到屏蔽应用技术方面。这是因为 M 型钡铁氧体具有较大的饱和磁化强度、可调节的矫顽力、优异的旋磁特性和稳定性，相比于其他类型的铁氧体材料如尖晶石铁氧体等，可以在高频范围进行研究和应用，满足现如今人们对 5GHz 乃至 6GHz 通信的应用需求。Vincent G. Harris 教授对应用于先进 5G 功能的射频磁性陶瓷的综合概述中阐述了 M 型钡铁氧体材料在高频甚至是超高频以上应用的可能性，如图 8-5 所示。从图中可以看出，$BaFe_{12}O_{19}$ 铁氧体在 8～75GHz，$BaFe(Ca,Al,Ga)_{12}O_{19}$ 材料在 75～170GHz 频率范围内都具有实际应用的预期性指标。这说明 M 型钡铁氧体无论在过去还是未来，都具有巨大的应用和发展潜力。

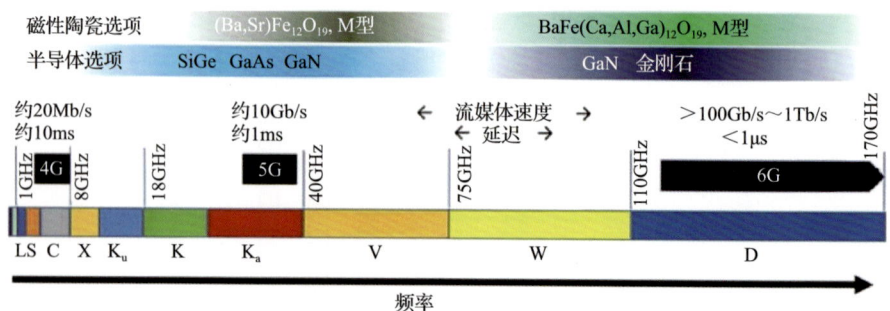

图 8-5　磁性陶瓷材料及半导体材料应用频段

M 型钡铁氧体陶瓷材料的磁性能与内含离子息息相关，所研究的合成方法主要包括离子取代、复合改性及低温共烧等，主要目的都是提高 M 型钡铁氧体材料的磁电性能从而适用于不同的应用需求[30-35]。在研究中，研究人员往往通过离子取代的方法对铁氧体材料的性能进行优化和改性，通过在不同位置引入不同的元素或同位素来改变和调节材料的晶格常数、饱和磁化强度、磁导率和介电常数等重要的性能参数。由于钡铁氧体特殊的六角空间结构，Ba^{2+}、Fe^{3+} 和 O^{2-} 占据所属的晶格位置对材料的结构与性能发挥着不同的作用。因此，离子掺杂取代对 M 型钡铁氧体材料性能的改变和调控提供了良好的方法。M 型钡铁氧体的取代方式主要有两种。一种是采用 3 价金属离子或者平均价态为 3 价的金属离子取代 Fe^{3+}，如用 Ga^{3+}、Al^{3+} 等 3 价离子进行取代，或是 Co-Ti、Zn-Ti 等共同取代[36,37]。除此之外，也有少部分研究者通过单一或者多种其他价态的金属离子对 Fe^{3+} 进行取代。对于铁氧体晶体而言，Fe^{3+} 是其磁性能的主要决定因素，所以对 Fe^{3+} 的取代，能够良好地改变 M 型钡铁氧体的磁性能。另一种方式是采用 3 价或者 2 价的金属离子对 Ba^{2+} 进行取代，有很多研究侧重于用稀土离子进行取代，如 La^{3+} 等[38]。当部分金属离子取代 Ba^{2+} 时，可能会导致部分晶格位置上的 Fe^{3+} 转变为 Fe^{2+}，晶位之间的超交换作用改变，从而改变其磁性能。

对于单一金属离子对 Fe^{3+} 的取代，1999 年，韩国国民大学的 Chul Sung Kim

等采用溶胶-凝胶法用 Cr^{3+} 取代 BaM 铁氧体中的 Fe^{3+}，得到了 $BaFe_{12-x}Cr_xO_{19}$ 铁氧体，研究表明 Cr^{3+} 不倾向于占据 $2b$ 和 $4f_1$ 亚晶格，而是趋向于占据八面体（$2a$、$12k$ 和 $4f_2$）位置，并且 Fe^{3+}-O^{2-}-Cr^{3+} 之间的超交换作用与 Fe^{3+}-O^{2-}-Fe^{3+} 之间的超交换作用相比较弱，所以 Cr^{3+} 的取代明显降低了 BaM 铁氧体的居里温度和磁化强度。2008 年，美国东北大学的 Aria Yang 等用单一 Sc^{3+} 对 BaM 铁氧体中的 Fe^{3+} 进行取代，即 $BaFe_{12-x}Sc_xO_{19}$，结果表明 Sc^{3+} 倾向于占据双锥体位置，随着取代量的增加 Sc^{3+} 开始占据自旋向上的 $12k$ 八面体亚晶格，而 Sc^{3+} 的加入使得磁化强度和各向异性场显著降低，除此之外饱和磁化强度也随之降低，表明掺钪的 BaM 铁氧体非常适合低频微波器件（如隔离器和环行器）的应用。2022 年，Jayashri Mahapatro 等合成了 M 型的 $BaFe_{12-x}Gd_xO_{19}$ 陶瓷，间接带隙值随着 Gd^{3+} 的取代而降低，介电常数提高了 4 倍，介电损耗值也大幅降低，能够良好地应用于各种微波器件。

两种金属离子共同对 Fe^{3+} 进行取代的研究也持续了多年，并且出现了许多学术性成果。1999 年，日本东北大学的 Satoshi Sugimoto 等研究了用 Mn-Ti 共同取代 BaM 铁氧体，发现样品的自然频率范围可以控制在 3.85～60.18GHz，并表明在该频率范围内被取代的 BaM 铁氧体可以作为一种吸波材料进行应用。2002 年，新加坡国立大学的 Z. W. Li 等合成了由 Co^{2+} 和 Zr^{4+} 共同取代的 $BaFe_{12-2x}Co_xZr_xO_{19}$ 样品，实验表明随着 Co-Zr 的取代各向异性场迅速降低，饱和磁化强度随着取代量的增加而降低，并根据微波测量的理论估计说明该材料可能是高频电磁兼容器件的良好材料。2015 年，中国电子科技大学的李颉等对 Co^{2+} 和 Ti^{4+} 共同取代进行了详细研究，发现被 Co-Ti 共同取代的 BaM 铁氧体矫顽力具有很宽的调节范围，由 4047Oe 降低至 171Oe，并且在 10MHz～1GHz 频率下测量得到实验样品的复数磁导率，其值远远高于未掺杂的钡铁氧体。随后在 2018 年，该团队的甘功雯进行了更进一步的研究，通过 LTCC 技术，在低温下合成了介电常数和磁导率相等的等磁介 $Ba(CoTi)_{1.2}Fe_{9.6}O_{19}$ 复合材料，该材料可用于高频天线的制备。2019 年，刘谦等通过平均价态为 3 价的两种金属离子 Zn^{2+} 和 Sn^{4+} 共同对 Fe^{3+} 进行取代，磁晶各向异性场显著降低，并且得到了较小的铁磁共振线宽（约为 667Oe）。

而对 Ba^{2+} 的取代也有许多研究。2008 年，Charanjeet Singh 等用 Sr^{2+} 取代 Ba^{2+} 得到 $Ba_{(1-x)}Sr_xFe_{12}O_{19}$ 铁氧体，并发现 Sr^{2+} 的取代导致了孔隙率的增加，介电常数和介电损耗均有所增加，当 x 为 0.6 时具有高频介电的应用潜力。2016 年，电子科技大学的邬传健等用 La^{3+} 取代了 Ba^{2+}，通过测试和计算分析出 La^{3+} 对 Ba^{2+} 的取代引起了在 $2a$ 和 $4f_2$ 晶格位置上的 Fe^{3+} 部分转变为 Fe^{2+}，并且随着取代量的增加各个晶位之间的超交换作用逐渐减弱。

除了金属离子对 $BaFe_{12}O_{19}$ 晶体进行取代之外，铁氧体陶瓷的制备工艺对其微观结构、磁性能和介电性能方面都有一定影响。相较于尖晶石晶体如 NiZn、NiCuZn 等铁氧体而言，钡铁氧体具有更复杂的晶体结构，在其制备过程中容易产生第二相或者其他杂相，所以在制备和生产过程中必须严加控制才能更好地合成纯相的钡铁氧体，并进一步调控其微观结构和性能。正确地选择烧结温度是钡铁氧体制备过程的关键因素，如表 8-2 所示，提高烧结温度能够大幅提升钡铁氧体实际的密度，剩余磁感应强度 B_r 也会因此升高。但是在实际制备和生产过程中不能依靠提高烧结温度来获得高密度的钡铁氧体。这是因为温度的提升会促使晶粒不断生长，而当晶粒尺寸超过其临界值（$d_0 \approx 1\mu m$）时，可能出现磁畴结构而影响钡铁氧体的磁性能。因此制备工艺对 M 型钡铁氧体来说也是重要的研究方向之一。

表 8-2 烧结温度对各向异性钡铁氧体的影响

烧结温度/℃	密度/(g/cm³)	$B_{r平行}$/Oe	$B_{r垂直}$/Oe	内禀矫顽力 H_c/Oe
1250	4.06	2700	1210	3210
1275	4.36	2920	1250	2850
1300	4.66	3260	1170	2470
1320	4.84	3620	720	1170
1340	4.88	3850	250	< 200

近年来，对于 BaM 铁氧体的制备工艺也有不少学者进行研究和探索。2016 年，中国电子科技大学的邬传健等研究了预烧工艺及球磨时间对六角钡铁氧体的影响。研究结果表明，预烧温度主要影响了钡铁氧体材料的活性，进而改变其微观结构和性能，而合适的二次球磨时间有利于提高样品的密度，优化其饱和磁化强度和剩余磁感应强度。研究发现对于 $Ba_{0.8}La_{0.2}Fe_{11.8}Cu_{0.2}O_{19}$ 铁氧体最佳的二次球磨时间为 14h。2020 年，美国东北大学的 Qifan Li 通过两步烧结（two-step sintering，TSS）技术合成了 BaM 铁氧体。该实验证明了 TSS 方法制备的 BaM 铁氧体晶体均匀且致密，具有更高的耐久性，在 100~400MHz 频率范围内具有更高的磁导率和更低的磁损耗。通过该实验表明 TSS 技术是制备具有高磁性能、低损耗的 BaM 铁氧体的有效工艺方法，并提出该烧结方法对 BaM 六角铁氧体材料在低损耗、宽带宽的超高频（UHF）通信设备中的应用有良好的可行性[39]。

8.1.4 LTCC 技术及铁氧体陶瓷低温烧结

近年来，随着低温共烧陶瓷（LTCC）技术广泛应用于高频片式元器件的制备[40]，许多学者将 M 型钡铁氧体与 LTCC 工艺相关联和结合，实现了 M 型钡铁氧体在 LTCC 高频片式器件中的应用。通过选择适量的助烧剂，并且调节配比和工艺参数实现了 M 型钡铁氧体材料与其他材料在高频器件制备和应用中的良好结合和性能匹配。这种工艺和技术手段不仅能够提高 M 型钡铁氧体材料的可靠性和稳定性，也为其在高频微波器件的应用开辟了重要途径，可以实现器件的小型化、高频化、集成化和低成本化。从 1982 年开始被提出和发展，时至今日 LTCC 仍然是现代和下一代信息通信发展的技术需求。与传统陶瓷制备技术相比，LTCC 作为一种制造具有三维集成结构的单片陶瓷器件和模块的技术，为无源集成和系统封装（SOP）提供了许多可能性，因此得到国内外学者广泛的研究和探索。LTCC 工艺往往有三种形式：第一种是将低温烧结的陶瓷粉末制备成生瓷料带，再通过丝网印刷、激光打孔等工艺印刷所需的电路图形，最后可以将多层生瓷料带叠压并烧结成片式器件。第二种则是把多个无源器件（如滤波器、电感或耦合器等）埋入支撑三维的多层陶瓷电路基板。第三种则是直接在烧结好的基板表面贴装 IC 和有源器件，制备成各种不同的无源或有源的集成功能模块。LTCC 技术已经广泛应用于基板制备、元件封装及微波器件制造等领域中，是未来电子元器件的集成化、模组化的首选方式之一，在如今的电子发展中具有重要价值。

对于 LTCC 技术而言，其印刷工艺过程中常常选择成本低廉、性能稳定且损耗小的 Ag 电极材料。由于 Ag 的熔点是 961℃，为了防止 Ag 电极在烧结过程中出现熔化或流动现象，对材料主要的要求是能够在较低温度（960℃以下）烧结成型。而大部分铁氧体陶瓷材料和介电陶瓷材料烧结成型的温度都远大于 960℃，尤其对于 BaM 铁氧体，其烧结温度约为 1250℃，与 LTCC 技术的应用温度要求还有很大距离。因此，陶瓷材料的低温烧结是实现 LTCC 技术的重要研究方向和有待解决并优化的问题。除此之外，为了最终将陶瓷材料通过 LTCC 技术应用于制备各种射频器件，在铁氧体材料满足低温烧结的基础上，还需要对其所具有的磁性能和介电性能进行调节和优化，以满足各类器件的应用需求。

对于钡铁氧体及大部分铁氧体陶瓷材料，通常采用固相反应法进行制备合成，为了实现其在低温条件下烧结的技术要求，研究者在此基础上提出采用液相烧结法来降低该类陶瓷材料的烧结温度。但在实际制备过程中，往往存在液相物质添加过量的情况，而过量液相物质的存在会使铁氧体材料的晶格结构恶化或引入杂质，对材料的微观结构和性能产生一定的负面影响。因此，液相物质引入的含量成为实现低温烧结过程的重要研究问题之一。通过这种方式降低铁氧体陶瓷材料的烧结温度是一种最有效、廉价并且应用最为广泛的方式。其主要的优势在于液相的存在加快了反应物分子或离子的迁移速率，降低反应颗粒之间的摩擦力，从而加快了材料进行化学反应和烧结的速率。除此之外，液相物质的存在能够促进晶粒生长，使材料晶粒的生长成为能够通过液相烧结参数加以控制的过程，从而使材料的部分磁性能和介电性能可以在一定范围内人为调节。

8.2 低温烧结 M 型钡铁氧体基本理论及工艺

8.2.1 低温烧结 M 型钡铁氧体

根据 8.1 节对钡铁氧体晶体的简单介绍可知，钡铁氧体具有特殊的六角空间结构,从而使得 Ba^{2+}、Fe^{3+} 和 O^{2-} 占据所属的晶格位置对材料的结构与性能发挥不同作用。所以离子掺杂取代对 BaM 铁氧体材料性能的改变和调控提供了良好的方法。除此之外,铁氧体的制备方法是合成纯相 BaM 铁氧体晶体的重要影响因素。通常情况下,合成铁氧体陶瓷的主要方法包括固相反应法、溶胶-凝胶法、水热合成法等,其中 BaM 铁氧体的制备常常采用固相反应法,所以本节所有实验均采用固相反应法。另外,使用了不同的测试表征方法来对合成的 BaM 铁氧体的微观结构、磁性能和介电性能进行测量和表征。本节将对 BaM 铁氧体材料的基本结构、离子取代理论、低温烧结原理和相应的制备工艺进行详细论述。

8.2.2 BaM 铁氧体的基本结构及离子取代理论

1. BaM 铁氧体的基本结构

M 型钡铁氧体通常可以简写为 BaM 铁氧体,化学式为 $BaFe_{12}O_{19}$,是一种旋磁材料,属于典型的磁铅石型铁氧体。其晶体结构为六角晶系,具有良好的六角对称性,空间群为 $D_{6h}4$($P6_3/mmc$)。BaM 铁氧体的晶体结构如图 8-6 所示。

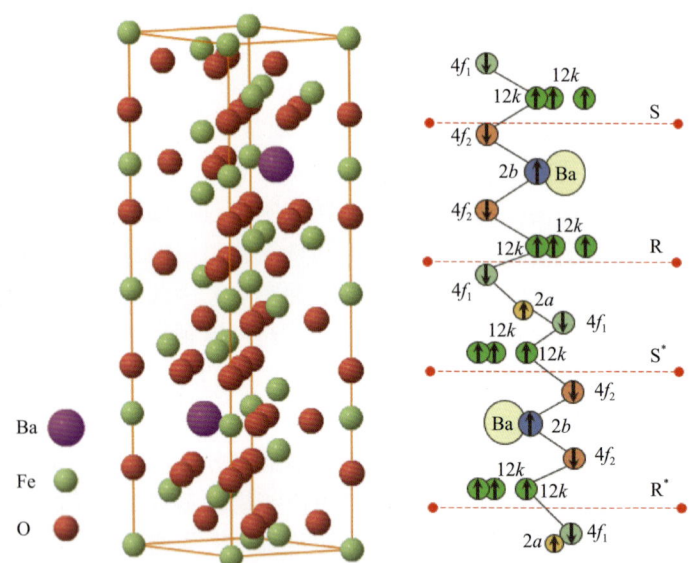

图 8-6 BaM 铁氧体晶体结构示意图

其中每个 BaM 铁氧体晶胞包括两个分子式,可以分成 10 个 O^{2-} 层。在 c 轴方向上,O^{2-} 的密堆积排列可以将晶格结构分为几层。其中包含 Ba^{2+} 的 O^{2-} 层称为 Ba 层,每个 Ba 层中间间隔着 4 个 O^{2-} 层,Fe^{3+} 存在于 O^{2-} 的空隙中,构成稳定的六面体结构。通常可以将 Ba 层以及上下两个 O^{2-} 层标注为 R 块,两个 R 块之间由 O^{2-} 和 Fe^{3+} 构成的密堆积结构标注为 S 块,S 块中包含两个 O^{2-} 层。因此,BaM 铁氧体晶体结构都是按照 R 块和 S 块交错堆叠而成,与 R 块相邻的两个 S 块以 c

轴形成 180°的镜面对称结构，整个晶胞形成对称的六角结构。除此之外，O^{2-}形成的不同空隙结构将其分成三种不同结构类型，分别为四面体、八面体和双锥体结构。而每一个分子中所包含的 12 个 Fe^{3+} 的占位方式也不完全相同，可以将这些不同的晶格位置分为五种类型，分别为 $12k$、$2a$、$2b$、$4f_1$ 和 $4f_2$。从表 8-2 可以看出，$12k$、$2a$ 和 $4f_2$ 占据八面体位置，$2b$ 占据双锥体位置，$4f_1$ 占据四面体位置。不同占位的 Fe^{3+} 数目之比为 $Fe^{3+}(12k):Fe^{3+}(2a):Fe^{3+}(2b):Fe^{3+}(4f_1):Fe^{3+}(4f_2)=$ 6：1：1：2：2。除此之外，由于 Fe^{3+} 的自旋性质，不同位置上的 Fe^{3+} 具有不同的自旋方向，如表 8-3 所示。

表 8-3　BaM 铁氧体中 Fe^{3+} 的占位及自旋取向

晶格种类	晶格位置	间隙形态	间隙类型	Fe^{3+}数目	Fe^{3+}自旋取向	点对称	晶位磁矩/μ_B
$2a$	S 块		八面体	1	↑	$3m$	5
$2b$	R 块		双锥体	1	↑	$6m2$	5
$4f_1$	S 块		四面体	2	↓	$3m$	10
$4f_2$	R 块		八面体	2	↓	$3m$	10
$12k$	S, R 块界面		八面体	6	↑	m	30

2. BaM 铁氧体的离子取代理论

对于 BaM 铁氧体，可以通过离子取代的方式来调节材料相应的磁性能和介电性能，并且得到具有较小损耗的材料，以满足高频器件的应用需求。不同种类的离子进入 BaM 铁氧体晶格，占据不同的晶格位置对材料性能有着不同的影响。利用固相反应法烧结 BaM 铁氧体陶瓷，常见的取代方式是对 Ba^{2+} 或者 Fe^{3+} 进行取代，也可以同时对这两种离子进行取代。

大部分的离子取代对材料磁性能的改变，是因为离子的引入改变了材料内部 Fe^{3+} 的含量或价态，而 Fe^{3+} 对于 BaM 铁氧体材料磁性能起着主要的决定作用。Fe^{3+} 的磁矩为 $5\mu_B$，自旋方向相反的 Fe^{3+} 的晶位磁矩会相互抵消，所以按照晶胞内 Fe^{3+} 数目之比可以得到 BaM 铁氧体分子总磁矩为 $20\mu_B$，这与实验得到的数据 $19.7\mu_B$ 几乎相同。因此，在对 BaM 晶体中的 Fe^{3+} 进行取代后，由于 Fe^{3+} 的自旋方向不同，对不同晶格位置的 Fe^{3+} 的取代会导致整个 BaM 分子总磁矩发生不同变化，从而影响到材料整体的磁性能。通过金属离子对 Fe^{3+} 的取代则可以直接影响 Fe^{3+} 的占位和含量。而当部分金属离子取代 Ba^{2+} 时，可能会导致部分晶格位置上的 Fe^{3+} 转变为 Fe^{2+}，晶位之间的超交换作用发生改变，从而改变其磁性能。因此，这种取代方式虽然没有直接取代 Fe^{3+}，但也间接地改变了材料的磁性能。

通常情况下，离子半径影响着离子取代的倾向和可能性。在 BaM 铁氧体材料中，Ba^{2+} 的离子半径为 1.32Å，Fe^{3+} 的离子半径为 0.654Å，因此半径小于这两种离子或者与之相似的金属离子都可能进入晶格，产生离子取代。取代后离子半径、键长和键能的差异可能会导致一定的晶格参数的变化。但是，个别元素由于自身的属性，进入晶格后并没有精确的晶格占位倾向，可能会造成一定程度上的晶格畸变，从而导致材料晶格参数的不规则变化。

由于 Fe^{3+} 在 BaM 铁氧体晶格中具有 5 种不同的晶格位置，因此对于引入离子的取代情况和具体占据的晶格位置的判定较为复杂。根据 Ligand 占位理论，在 BaM 铁氧体材料中，不同的离子进入晶格的占位倾向有所不同。引入离子的外层 d 轨道电子数确定了其占位情况，当 d 轨道的电子数为 d^1、d^2、d^3 和 d^4 时，该离子的占位倾向于四面体位置；当 d 轨道的电子数为 d^6、d^7、d^8 和 d^9 时，该离子的占位倾向于八面体位置；当 d 轨道的电子数为 d^0、d^5 和 d^{10} 时，该离子的占位无倾向性。除此之外，可以通过电负性来判定离子的占位。电负性越大的离子越倾向于占据 BaM 铁氧体的八面体位置。结合离子外层 d 轨道电子数和电负性可以对离子取代情况进行理论分析，为离子取代 BaM 铁氧体材料磁性能和损耗变化提供相应理论依据。

3. BaM 铁氧体基本性能及参数

不同的特性参数往往表征了钡铁氧体材料所具有的磁性能或介电性能特点，可以用来衡量其性能的好坏。因此，对这些重要的参数及涉及的产生机制进行简单介绍。

1）饱和磁化强度

饱和磁化强度（saturation magnetization，M_s）是指磁性材料在外加磁场的作用下能够被磁化的最大磁化强度。其产生机制是随着外加磁场强度的不断增加，铁氧体磁性材料内部的磁矩会随之发生偏转，其磁化强度也会随之增加，而当外加磁场强度增加至某个特定值时，磁矩方向趋于一致，磁化强度趋于稳定直至饱和状态，即达到一个最大值不再增加，此时得到磁化强度的最大值即为饱和磁化强度。$BaFe_{12}O_{19}$ 材料的饱和磁化强度与其内部离子的超交换作用息息相关，越多的 Fe^{3+}-O^{2-}-Fe^{3+} 超交换作用，材料对应的饱和磁化强度则越高。所以取代 Fe^{3+} 可能会导致 BaM 铁氧体饱和磁化强度降低，主要原因往往是减小了 Fe^{3+}-O^{2-}-Fe^{3+} 比例，削弱了材料内部部分超交换作用，最终导致饱和磁化强度降低。

饱和磁化强度的另一种表征形式为 $4\pi M_s$，一般 $4\pi M_s$ 越高意味着铁氧体材料的旋磁特性越强，也就越利于缩小器件的尺寸和体积。但过高的 $4\pi M_s$ 也会在一定程度上降低器件所能承受的功率。因此，需要在不发生自然共振和不降低器件承受功率的前提下，尽量使用 $4\pi M_s$ 较高的材料才能缩小器件的尺寸和体积，提升器件的性能。

2）矫顽力

在磁性材料被饱和磁化之后，将外加磁场强度降低为零并反向增加，饱和磁化强度会沿着磁滞回线降低,将剩余的磁化强度 M_r 或者剩余磁感应强度 B_r 降低为零时所需要反向磁场的大小定义为矫顽力 H_c。其大小受到铁氧体材料内部不可逆磁畴转动、反磁化核的生长和不可逆畴壁位移的影响。另外,矫顽力的大小也是磁性材料的分类标准之一。单一纯相的 BaM 铁氧体的理论矫顽力约为 6900Oe,是一种性能良好的永磁材料。

3) 铁磁共振线宽

铁磁共振线宽(ΔH)是旋磁铁氧体磁性材料的重要参数之一,是判断材料是否符合工程要求的重要指标。磁性材料在频率 f 恒定的交变磁场中,调节外加稳恒磁场使铁氧体磁性材料发生共振,旋磁张量磁导率的虚部 μ'' 达到极大值的 1/2 时所对应的两个磁场之差,即为铁磁共振线宽。其产生机制是磁矩在进动过程中不断从电磁波中得到能量,经过一系列的能量转换即弛豫过程,磁矩将所得的能量传递给晶格,这是产生 ΔH 的根本原因。通常情况下,ΔH 越小,意味着材料的磁损耗越小,但在设计各种微波铁氧体器件时,必须根据不同的使用条件和范围,选择 ΔH 大小适当的材料。

4) 磁晶各向异性

在晶体结构中,原子按照一定规律进行排列,各个方向不完全相同。而晶体中各个方向的原子间的作用不同从而引起的性能差异即为晶体各向异性。对于磁性晶体材料而言,因为这种结构上的各向异性差异,导致晶体沿着各个方向被磁化的难易程度不同则被称为磁晶各向异性。沿着不同方向所需磁化能量的差值,则称为单位体积磁晶各向异性能。对于 BaM 铁氧体材料,其单轴磁晶各向异性能表达式为:

$$E_k = K_{u1} \sin^2 \theta + K_{u2} \sin^4 \theta \tag{8-1}$$

其中,θ 为自发磁化强度矢量与[0001]轴的夹角;K_{u1} 和 K_{u2} 为磁晶各向异性常数。而 BaM 铁氧体晶体结构特殊,晶格位置各有特点,所以不同晶格位置的 Fe^{3+} 对磁晶各向异性贡献不同,如表 8-4 所示。由表可知,2b 位置的 Fe^{3+} 对磁晶各向异性的影响最大。

表 8-4 不同晶格位置的 Fe^{3+} 对磁晶各向异性的影响

晶格位置	2a	2b	4f_1	4f_2	12k
贡献比例	0.23	1.40	0.18	0.51	−0.18

5) 磁导率

复数磁导率是铁氧体磁性材料在高频磁化时重要的物理参量。在交变磁场中,由于进动的阻尼作用,材料在发生磁化的同时也发生着能量损耗,使得磁感应强度 B 的变化落后于交变磁场 H 的变化。该交变磁感应强度与磁场强度的比值即为该材料的复数磁导率,其表达式为:

$$\mu = \mu' - j\mu'' \qquad (8\text{-}2)$$

对于 M 型钡铁氧体，其磁导率相对较低，提高磁导率的主要方法有：提高饱和磁化强度，降低各向异性常数，降低内应力和掺杂浓度，增大晶粒尺寸，提高材料密度以及减少气孔。

6）介电常数和介电损耗

M 型钡铁氧体作为一种良好的磁性材料，其磁性能受到研究者广泛关注，但是在实际设计和制备铁氧体射频器件（如环行器等）时，其介电常数和介电损耗往往对器件的尺寸和大小具有一定影响。在微波范围内铁氧体材料的介电常数往往较为稳定，介电常数表达式如式（8-3）所示，其中 ε' 表示介电常数的实部，而 ε'' 则表示介电常数的虚部，即：

$$\varepsilon = \varepsilon' - i\varepsilon'' \qquad (8\text{-}3)$$

对于微波铁氧体材料，其介电损耗往往通过介电损耗角正切 $\tan\delta_\varepsilon$ 进行表征，计算公式为：

$$\tan\delta_\varepsilon = \varepsilon''/\varepsilon' \qquad (8\text{-}4)$$

8.2.3　BaM 铁氧体低温烧结理论及合成工艺

1. BaM 铁氧体低温烧结理论

由于 BaM 铁氧体的烧结温度较高，往往在固相反应过程中加入适量液相物质，通过液相烧结机制来实现其低温烧结。主要的方法是通过向 BaM 铁氧体中添加熔点较低的氧化物或是离子取代的方法达到降低烧结温度的目的。主要理论基础是在烧结过程中，固相和液相状态共同存在的烧结体，液相体表面的毛细管力和毛细管压能够促使固相体靠拢、挤压和反应，并且存在部分表面的固相物质融入液相，而后随着液相物质的扩散能够进一步促进固相物质的迁移，最终在较低温度下发生相应的反应。液相烧结法的相关原理示意如图 8-7 所示。按照液相烧结理论可将 BaM 铁氧体的低温烧结过程分为四个过程。首先，在温度的作用下，熔点较低的物质开始熔化成为液相。然后，液相物质浸入反应物颗粒之间，反应物颗粒在液相物质中悬浮或排列，在液相物质表面张力的拉扯和牵引下，反应物颗粒发生位移或重新排列，形成新的化学反应状态。接着，反应物的颗粒溶于液相物质中，由于液相物质具有更高的能量，所以反应物分子或离子反应活性增加并利用液相物质的能量进行相应的化学反应，在这个过程促使晶粒沉淀、晶界扩散和孔隙迁移。最后，随着反应物之间的化学反应不断进行，液相物质不断被消耗，在理想状态下，随着物质消耗完毕及相应化学反应完成，孔隙被填充，实现了材料整体的致密化。

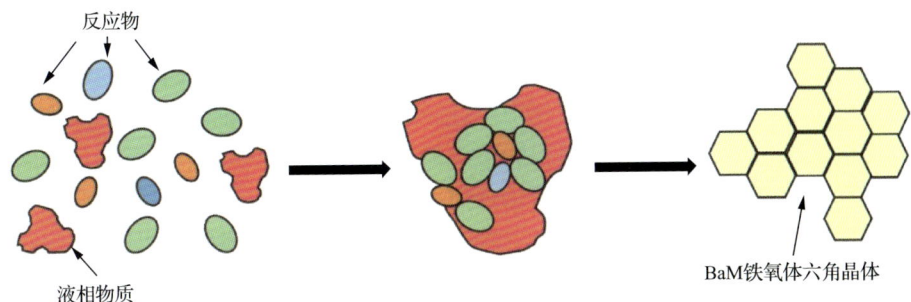

图 8-7 低温烧结 BaM 铁氧体原理示意图

在温度的作用下,熔点较低的氧化物熔化成为液相,固体反应物、液相物质和气体相互接触,形成由固体、液体和气体组成的微结构。由固体氧化物和气体形成的固-气界面转变为固-液和气-液界面。固、液、气三者界面的平衡关系为:

$$\xi_{SV} = \xi_{SL} + \xi_{LV}\cos\theta \tag{8-5}$$

其中,ξ_{SV}、ξ_{SL} 和 ξ_{LV} 分别为固-气、固-液、液-气界面的界面能;θ 为固-液界面的接触角。液相物质的溶解度及固体表面的粗糙度将直接影响接触角大小。液相物质的润湿性越好,接触角 θ 越小,对烧结过程能够起到更大的正向促进作用。在一定时间内,相邻液相相互渗透形成毛细液管桥。固体颗粒在毛细液管桥的拉力作用下重新分布并且形成更加致密的结构。

液体渗透深度 l_L 为:

$$l_L = \sqrt{\frac{d_1 \xi_{LV}\cos\theta}{4\eta}t} \tag{8-6}$$

其中,d_1 为毛细管的平均直径;η 为玻璃相物质的黏滞系数;t 为时间。

晶粒生长的表达式满足 Ostwald 熟化模型,即:

$$(G)^n - (G)_0^n = \frac{64\xi_{SL}D_s c\Omega}{9RT}t \tag{8-7}$$

其中,G_0 为初始晶粒尺寸;D_s 为固相物质在形成液体中的扩散系数;c 为固相物质在液体中的溶解度;Ω 为固体颗粒的单位体积;t 为烧结时间;R 为气氛中氧气含量;T 为热力学温度。

晶粒的致密化过程体现在最后的烧结,中间过程包含了晶粒接触生长和气孔去除。致密化速率由式(8-8)表示:

$$\frac{d\rho}{dt} = \frac{12\pi c\Omega D_s N_v d_p}{RT(6+\pi N_v d_p G^2)}\left(\frac{4\xi_{SL}}{d_p} - P_p\right) \tag{8-8}$$

其中,d_p 为气孔尺寸;N_v 为单位体积中的气孔数量;P_p 为气孔中的气压;t 为保温时间;D_s 为固相物质在所形成的液体中依赖于温度的扩散系数;c 为固相物质在液体中的溶解度;Ω 为晶粒的单位体积。

2. BaM 铁氧体合成工艺

烧结过程一般是指在低于材料熔融温度的状态下,经过烧结和结晶最后生成铁氧体的全过程。在烧结时,固相物质直接进行反应而成,不出现或者很少出现液相称为固相反应法。与烧结相同的是,都是以热扩散为基础,但固相反应着重于研究固相物质之间直接产生新的化合物,而烧结则注重于使粉末成为烧结体。固相反应法操作较为简单且制备成本较为低廉,所以成为比较常用且能够应用于大规模生产铁氧体材料的制备方法之一。其主要的实验工艺流程如图 8-8 所示。

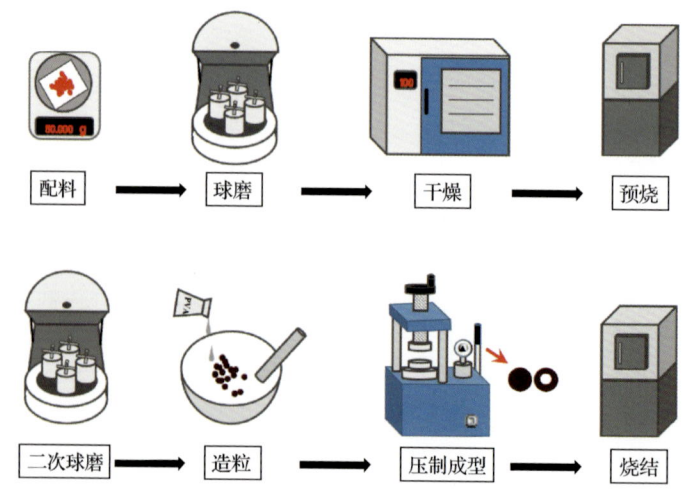

图 8-8 固相反应法实验工艺流程图

1)计算与配料

钡铁氧体的化学分子式为 $BaFe_{12}O_{19}$ 或 $BaO·6Fe_2O_3$,按照克分子计算,原料的比例为 $Fe_2O_3:BaO=6:1$。但在实际中当其比例小于 6 时反而能使钡铁氧体获得较好的磁性,这是由于烧结铁氧体的晶粒生长好坏取决于原料内金属离子的扩散程度。当 BaO 含量较多时,晶格不能容纳多余的 Ba^{2+}(即缺少了 Fe^{2+} 和 O^{2-}),反而为 Ba^{2+} 的扩散创造了条件。在实验中,往往根据具体的实验思路和目标,按照化学计量进行计算,并按照相应的质量精准地对氧化物进行称量。

2)一次球磨

对于实验室制备 BaM 铁氧体而言,通常使用行星式球磨机进行球磨步骤。一次球磨的主要目的是将配好的氧化物原料进行混合并磨碎,混合的均匀度和颗粒细度对产品质量有很大影响。通常情况下会使用去离子水进行湿磨,湿磨效率高且更均匀。球磨时间根据球磨机类型、容量、旋转速度而定,一般是几小时至十几小时不等。本小节实验研究中球磨过程采用的旋转速度为 250r/min。

3)预烧

预烧是指将干燥后的混合料在低于烧结温度下预先进行焙烧。经过预烧后的混合粉末已经部分产生了铁氧体，但并不完全。若此时对预烧粉末进行 X 射线衍射测试分析，是能够观察到相应物相的特征峰，但峰值较低。预烧的目的在于提高钡铁氧体的密度，便于控制收缩，减少变形，使其易于成型。预烧是保证铁氧体材料稳定性和质量一致性的重要环节。预烧的温度、时间和气氛取决于铁氧体的性能要求。对于 BaM 铁氧体，本小节研究通过大量实验得出较为合适的预烧参数为在空气氛围中烧结温度 1050℃，预烧时间 3h。

4）二次球磨

二次球磨的目的与一次球磨的目的类似，主要是将预烧粉末磨碎，细化粉料颗粒，增大表面活性。若添加了相应的氧化物助烧剂，则通过二次球磨可以将其与预烧粉末混合均匀。

5）造粒

造粒是将二次球磨后经烘干的粉料制备成大小适度且具有一定颗粒形状的粒料。经造粒后的粉料流动性好，装料方便且均匀，有利于提高成型密度，改善均匀性。实验中通常采用的造粒方法主要是在粉料中掺入适量的黏合剂，并使用研钵进行混合和磨碎，然后过筛得到大小均匀的颗粒。常用的黏合剂为聚乙烯醇（PVA），浓度约为 10%，添加量为粉料干重的 4%~15%。

6）成型

成型是将铁氧体粒料通过压制形成要求形状的生坯。由于铁氧体材料的种类较多，成型方法也各不相同。最常用的几种方法为干压成型、磁场成型、热压铸成型等。本小节实验中采用了干压成型的方法，将粒料制备成便于后期测试和分析的片状和环状生坯件。

7）烧结

烧结是指将压制成型的生坯件在适当温度下煅烧成相应的铁氧体晶体材料。对于晶体结构较为复杂的 BaM 铁氧体，选择合适的烧结温度是整个铁氧体制备过程中的关键，不适宜的烧结温度往往会导致第二相的产生，生成其他类型的钡铁氧体。本小节研究通过部分实验分析了烧结温度对 BaM 铁氧体的影响。

8.3　单离子取代对 BaM 铁氧体性能的影响与分析

8.3.1　单离子取代 BaM 铁氧体

在 8.2 节中，简要介绍了 BaM 铁氧体的基本结构和特征参数、烧结方法以及测试方法。通过 8.2 节的论述可知，钡铁氧体具有特殊的六角空间结构，Ba^{2+}、Fe^{3+} 和 O^{2-} 占据所属的晶格位置对材料的结构与性能发挥着不同的作用。因此，离子掺杂取代对 BaM 铁氧体材料性能的改变和调控提供了良好的方法。对于铁氧体晶体而言，Fe^{3+} 是磁性能的主要决定因素，所以对 Fe^{3+} 的取代能够良好地改变 BaM 铁氧体的磁性能。本节主要通过离子取代来研究不同的 3 价金属离子（Ga^{3+} 和 Al^{3+}）对 $BaFe_{12}O_{19}$ 结构和性能的影响。Al^{3+} 的离子半径为 0.535Å，Ga^{3+} 的离子半径为 0.62Å，均与 Fe^{3+} 的离子半径（0.654Å）相近，所以能够较容易地进入晶格并发生取代作用。通过固相反应法制备 $BaMe_xFe_{12-x}O_{19}$ 样品，其中 Me 代表 Ga^{3+} 或 Al^{3+}。通过 X 射线衍射测量其化学组分和晶格结构，通过 SEM 对其微观结构进行表征。除此之外，通过振动样品磁强计、阻抗分析仪、矢量网络分析仪等对其磁性能和介电性能进行了测试。从结构和性能两个维度对不同含量的 Ga^{3+} 和 Al^{3+} 的取代作用进行了详细的表征和分析。另外，为了满足 LTCC 烧结技术的要求，并且解决在低温下合成纯相 BaM 铁氧体困难的问题，采用添加适量的氧化物助烧剂，在 920℃下合成了纯相的 BaM 铁氧体材料。本节主要阐述了离子取代对 BaM 铁氧体性能的影响与分析，着重针对 Ga^{3+} 和 Al^{3+} 的取代作用进行了详细研究。

8.3.2 Ga^{3+} 取代对 BaM 铁氧体的影响

1. Ga^{3+} 取代 BaM 铁氧体的制备及表征

不同取代量的 $BaGa_xFe_{12-x}O_{19}$（x=0.0、0.2、0.4、0.6 和 0.8）铁氧体通过固相反应法进行制备。按照化学比例称量 $BaCO_3$、Ga_2O_3 和 Fe_2O_3 粉末，并且所有粉末纯度（AR）均大于 99%。使用行星式球磨机球磨 6h，旋转速度设置为 250r/min。使用烘箱将混合物在 100℃下烘干 24h。使用陶瓷研钵将烘干的混合物磨碎，并且使用 100 目的分样筛得到尺寸小于 100 目的粉末。将研磨后的粉末装入刚玉坩埚并放进马弗炉中，在 1050℃环境下预烧 4h。在不同 Ga^{3+} 取代量的预烧粉末中加入 3wt%的 Bi_2O_3 粉末并与去离子水混合，随后完成时间为 6h 的二次球磨。将四组不同 Ga^{3+} 取代量的混合物放入烘箱，在 100℃下烘干 24h。对四组不同的混合物进行研磨使其成为均匀的粉末，并添加 10wt%的聚乙烯醇（PVA）进行造粒。随后对造好的样品颗粒使用液压机，在 10MPa 压强下压制成环状和片状坯件。最后将四组样品在马弗炉中烧结并保温 2h，温度控制为 920℃。

将烧结好的样品在室温下进行测试和分析。BaM 铁氧体的晶格结构通过 X 射线衍射仪（Cu $K_α$辐射，Miniflex 600，Rigaku 株式会社，日本）测试得到。测试过程中扫描步长为 0.02°，测试角度从 10°至 90°。样品的微观结构使用扫描电镜（SEM，JSM-6490LV，JEOL，日本）测试并获得 SEM 图。样品的密度采用阿基米德排水法测得。样品的介电性能（介电谱和介电损耗 $\tan\delta_\varepsilon$）使用射频阻抗分析仪（E4991B，Agilent 科技有限公司）测量得到。铁氧体的磁性能通常以磁滞回线来说明，本小节实验使用振动样品磁强计（VSM，7404，Lake Shore 公司）测量得到，测试磁场强度从–5000Oe 到+5000Oe。

2. Ga^{3+}取代 BaM 铁氧体相成分和微观结构分析

图 8-9 为在 920℃烧结温度下，具有不同 Ga^{3+}取代量的 BaM 铁氧体样品的 XRD 图谱。根据标准衍射卡片 PDF#43-0002，在图中标注了相应衍射峰的晶面指数。从图中可以看出，所有样品都呈现出单一的 BaM 相，没有第二相出现。这说明少量 Ga^{3+}的加入不会使 BaM 铁氧体出现第二相。除此之外，从测试结果中可以看出，随着 Ga^{3+}取代量的增加，样品的峰向右微微移动。可能的原因是在固相反应过程中 Ga^{3+}进入晶体取代了一部分 Fe^{3+}，而 Fe^{3+}的半径为 0.065nm，大于 Ga^{3+}的半径为 0.062nm，当少量的 Ga^{3+}取代 Fe^{3+}时，特征峰向右产生细微的移动。这说明适量 Ga^{3+}的引入会导致部分取代反应发生，但不会对铁氧体晶体六角结构产生影响。

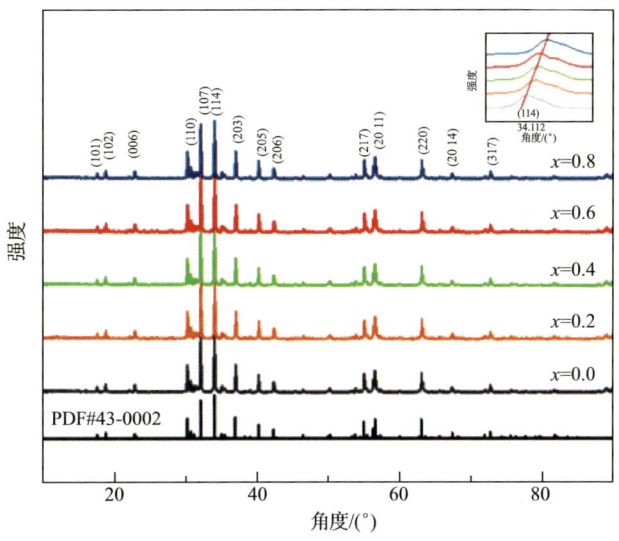

图 8-9　$BaGa_xFe_{12-x}O_{19}$（x=0.0、0.2、0.4、0.6、0.8）铁氧体在 920℃烧结时的 XRD 图谱

此外，对样品的 XRD 图谱进行精修，并且分析了 Ga^{3+}取代对 BaM 铁氧体晶体结构的影响和变化。精修结果在图 8-10 中展示，可靠因子（R_{wp}、R_p 和 χ^2）和晶格参数在表 8-5 中展示。精修结果表明 Ga^{3+}进入晶格并取代了 Fe^{3+}。由表 8-5 可以得知，当取代量 x=0.2 时，样品的晶格常数 a=5.890Å，c=23.2076Å，晶胞体积 V=697.255Å^3。另外，随着 Ga^{3+}取代量的增加晶格常数降低，晶胞体积减小。

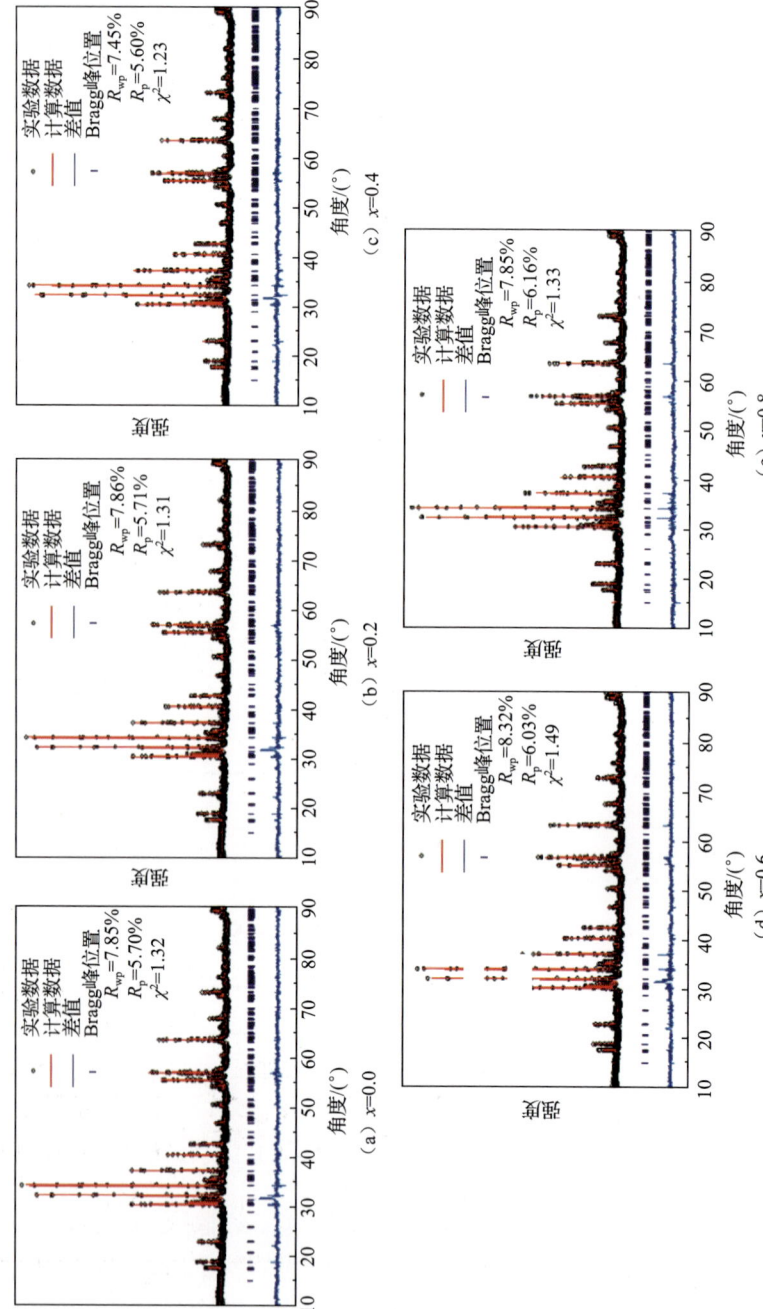

图 8-10 不同 Ga^{3+} 取代量的 $BaGa_xFe_{12-x}O_{19}$ 铁氧体的 XRD 精修图谱

表 8-5　$BaGa_xFe_{12-x}O_{19}$（x=0.0、0.2、0.4、0.6、0.8）铁氧体样品的 XRD 晶胞参数及拟合结果

x	R_{wp}/%	R_p/%	χ^2	a/Å	c/Å	V/Å^3
0.0	7.85	5.70	1.32	5.891	23.2078	697.497
0.2	7.89	5.71	1.31	5.890	23.2076	697.255
0.4	7.45	5.60	1.23	5.889	23.2081	697.033
0.6	8.32	6.03	1.49	5.887	23.2079	696.554
0.8	7.85	6.16	1.33	5.884	23.2103	695.916

不同 Ga^{3+} 取代量的 BaM 铁氧体样品的密度通过阿基米德排水法在室温下测试得到。样品的体密度、理论密度、相对密度和孔隙率如图 8-11 和表 8-6 所示。所有样品的体密度在 4.7~4.9g/cm³ 范围内波动。当取代量 x=0.2 时，样品的体密度较小，为 4.73g/cm³，理论密度约为 5.064g/cm³。随着 Ga^{3+} 取代量的增加，样品的体密度增加至 4.82g/cm³，同时样品的孔隙率也降低至 5.1%。这说明样品的致密性变好。当取代量 x=0.6 时，样品的体密度为 4.74g/cm³，孔隙率为 6.5%。这是因为在烧结过程中大小不一的晶粒之间容易产生孔隙，导致样品的体密度较小。而当样品 Ga^{3+} 取代量 x 为 0.8 时，样品的体密度、相对密度和理论密度达到最大值，孔隙率达到最小值。这可能的原因是 Ga_2O_3 的密度大于 Fe_2O_3 的密度，且 Ga 的原子量为 69.723，大于 Fe 的原子量（55.845），当较多的 Ga^{3+} 取代 Fe^{3+} 后会导致样品密度的增加。

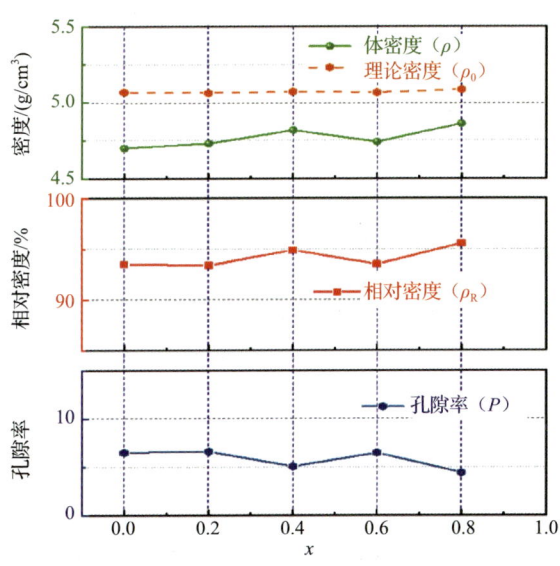

图 8-11　不同 Ga^{3+} 取代量的 $BaGa_xFe_{12-x}O_{19}$ 铁氧体的密度变化曲线

表 8-6　不同 Ga^{3+} 取代量样品体密度、理论密度及孔隙率的测试结果

x	体密度(ρ)/(g/cm³)	理论密度(ρ_0)/(g/cm³)	孔隙率/%
0.0	4.70	5.07	6.5
0.2	4.73	5.06	6.6
0.4	4.82	5.07	5.1
0.6	4.74	5.06	6.5
0.8	4.86	5.08	4.4

样品的微观结构通过 SEM 来表征，结果如图 8-12 所示。从图中可以看出，所有样品的微观结构都呈现出 BaM 铁氧体典型的六角状或棒状结构，这两种形态是 BaM 铁氧体在 SEM 下呈现出的典型结构特征，并且晶粒微观形貌都呈现出较清晰的状态，没有发生团聚或黏结现象。如图 8-12（b）所示，当 Ga^{3+} 取代量 $x=0.2$ 时，BaM 铁氧体样品的晶粒呈现出较为完整且清晰的六角状结构，平均晶粒尺寸为 1.03μm。随着 Ga^{3+} 取代量 x 不断增加，更多的 Fe^{3+} 被取代，导致部分晶格产生畸变。当 x 从 0.0 增加至 0.8 时，铁氧体晶体的微观形态没有发生大的改变，均保持六角状或棒状结构特征，晶粒尺寸呈现减小的趋势，平均晶粒尺寸减小至 0.72μm，这与样品晶格常数变化趋势相同。SEM 测试结果说明 Ga^{3+} 的取代不会改变 BaM 铁氧体的基本结构特征，但会在一定程度上使晶粒尺寸减小。

图 8-12　在 920℃烧结的不同 Ga^{3+} 取代量的 BaM 铁氧体样品的 SEM 图

不同 Ga^{3+} 取代量的 BaM 铁氧体样品的能量色散 X 射线谱（EDS）如图 8-13 所示。图 8-13（a）～（d）中标注了所有检测到的元素，其中包括 Ba、Ga、Fe、O 元素。所有样品包含的元素都可以在 EDS 谱中找到，没有其他杂质元素存在，说明实验过程中未有其他杂质元素引入。同时结果表明 Ga 元素的含量也随着取代量的增加而增加，所有样品的相对原子比接近预期值，与 $BaGa_xFe_{12-x}O_{19}$ 晶体的化学计算量相匹配。

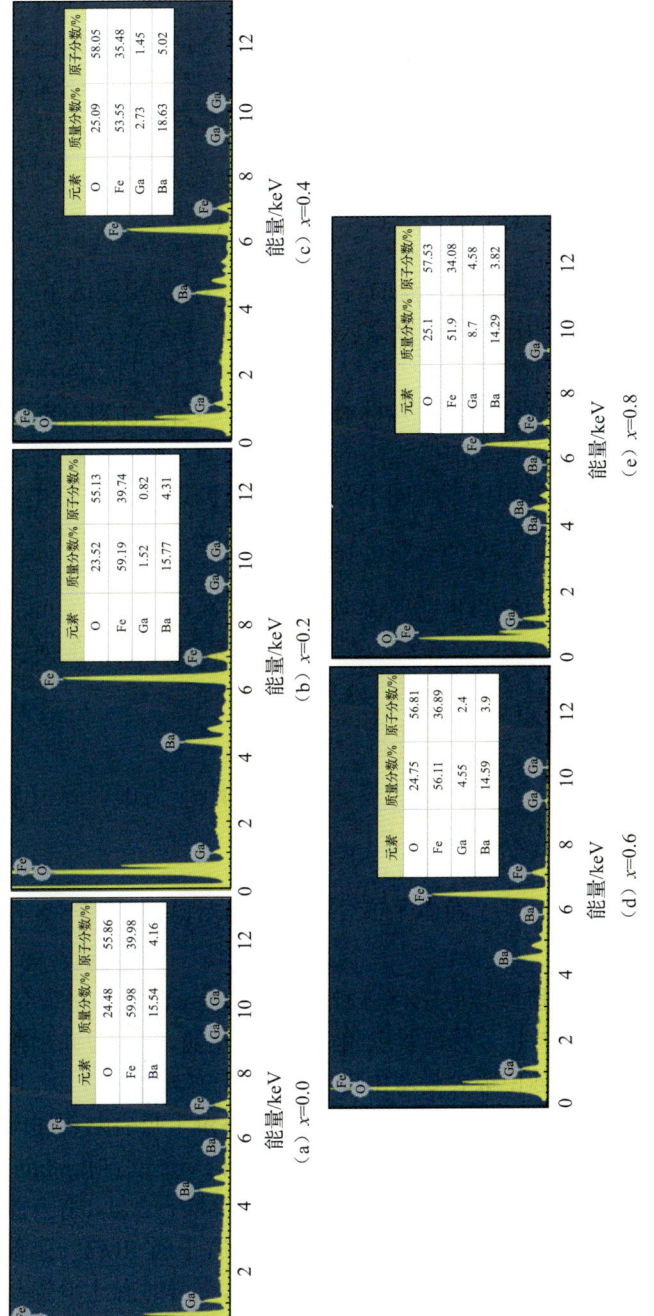

图 8-13 不同 Ga^{3+} 取代量的 BaM 铁氧体样品的 EDS 谱

3. Ga^{3+}取代BaM铁氧体磁性能的研究

不同Ga^{3+}取代量BaM铁氧体样品的磁性能通过磁滞回线（M-H）来体显（图8-14）。材料的饱和磁化强度和矫顽力通过磁滞回线计算得出（图8-15和表8-7）。四个样品的饱和磁化曲线通过-15kOe到+15kOe范围内的偏压场获得。从图中可以看出，随着Ga^{3+}取代量的增加，饱和磁化强度呈现出逐渐降低的趋势，从54.907emu/g降低至42.083emu/g。与此同时，$4\pi M_s$值从3241.270Gs也降低至2571.182Gs。铁氧体样品的磁性能主要受晶体中的Fe^{3+}影响，Fe^{3+}的磁矩为$5\mu_B$，然而Ga^{3+}是非磁性离子，所以当少量的Ga^{3+}取代Fe^{3+}时，会降低样品材料的总磁矩。这也是导致BaM铁氧体材料随着Ga^{3+}取代量增加，饱和磁化强度降低的原因之一。除此之外，材料的磁性能还来源于材料中金属离子之间的超交换作用，以及通过O^{2-}的超交换作用。对于BaM晶体而言，样品一部分的磁性来源于Fe^{3+}-O^{2-}-Fe^{3+}

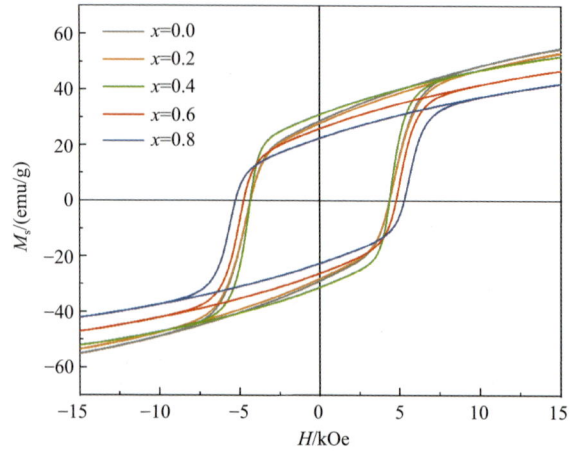

图8-14　$BaGa_xFe_{12-x}O_{19}$（x=0.0、0.2、0.4、0.6、0.8）铁氧体在920℃烧结时的磁滞回线

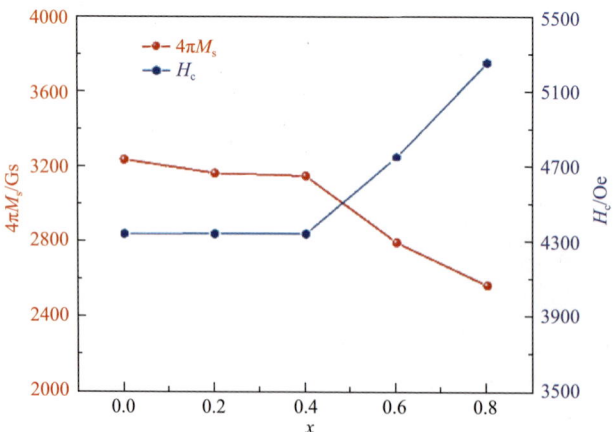

图8-15　920℃烧结的BaM铁氧体样品的$4\pi M_s$和矫顽力（H_c）

表 8-7 不同 Ga^{3+} 取代量的 BaM 铁氧体样品的磁特性参数

x	M_s/(emu/g)	$4\pi M_s$/Gs	H_c/Oe	M_r/(emu/g)	M_r/M_s	ΔH/Oe
0.0	54.907	3241.270	4341.9	28.14	0.513	4690.360
0.2	53.308	3168.578	4342.6	27.95	0.524	4340.396
0.4	52.085	3152.836	4342.6	31.07	0.597	4515.721
0.6	47.003	2799.704	4753.3	26.02	0.554	4271.223
0.8	42.083	2571.182	5258.2	22.48	0.534	4216.336

之间的超交换作用。因此当 Ga^{3+} 取代 Fe^{3+} 时，破坏了原本的超交换作用，从而导致材料的饱和磁化强度降低。

与此同时，矫顽力 H_c 不断增加，其变化如图 8-15 所示，从 4341.9Oe 增加至 5258.2Oe。之前的研究结果表明，晶粒尺寸的减小会导致铁氧体矫顽力的增加。对于 BaM 铁氧体而言，Ga^{3+} 的离子半径（0.62Å）小于 Fe^{3+} 的离子半径（0.645Å），所以部分 Ga^{3+} 的取代会导致晶胞尺寸减小。在单位体积内，晶粒尺寸越小则存在的晶界数量越多，存在的钉扎位置越多。也就是说，需要更多的能量来完成畴壁位移，从而使矫顽力升高。所以对于 BaM 铁氧体样品，矫顽力随着 Ga^{3+} 取代量的增加而增加。

样品的剩磁（M_r）和剩磁比（M_r/M_s）的变化如图 8-16 和表 8-7 所示。样品的剩磁随着 Ga^{3+} 取代量的增加先增加后降低，当 $x=0.4$ 时剩磁达到最大（31.07emu/g）。铁氧体样品的剩磁比在 0.524～0.597 之间波动。在实际的材料内部结构中，由于存在内应力、气孔、掺杂物以及晶粒边界等因素，必然影响磁矩的取向，并会导致反磁化畴的成核生长，从而影响材料剩磁的大小。杂质和气孔的分布对剩磁的影响包括两个方面：一方面是在杂质和气孔周围产生一定的退磁场，使材料内部磁化不均匀，导致剩磁的降低。从 SEM 图中可以看出，当 $x=0.4$

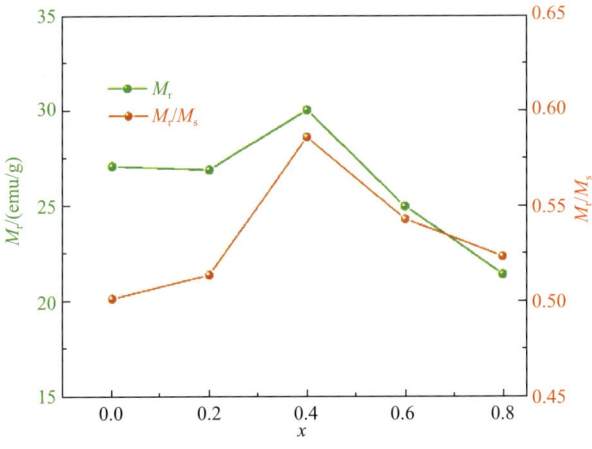

图 8-16 920℃烧结的 BaM 铁氧体样品的剩磁（M_r）和剩磁比（M_r/M_s）的变化

时样品的微观形貌最佳,所以此时得到的剩磁最高。另一方面,杂质、气孔等不均匀性为反磁化过程提供了反磁化核生长的条件,使反磁化核长大,降低了磁滞回线的矩形度,剩磁也因此降低。所以当 Ga^{3+} 取代量不断增加时,样品的剩磁和剩磁比都有所降低。

铁磁共振线宽(ΔH)是表征旋磁铁氧体材料磁损耗的重要指标。但由于 BaM 铁氧体具有很大的铁磁共振线宽值,需要对其施加很大的磁场,因此常常很难测试得到。一般铁磁共振线宽越小,环行器运行中的插入损耗就越低。铁磁共振线宽测试结果在图 8-17 和表 8-7 中展示。不同 Ga^{3+} 取代量的 BaM 样品在 31GHz,6000~24000Oe 磁场下产生共振,并通过洛伦兹拟合得到铁磁共振线宽变化曲线。结果显示 BaM 铁氧体具有较大的铁磁共振线宽,在 4216.336Oe 至 4690.360Oe 之间。影响线宽大小的主要因素有 M_s 值、孔隙率和非磁性离子等。当 $x=0.8$ 时,铁磁共振线宽最小,为 4216.336Oe。

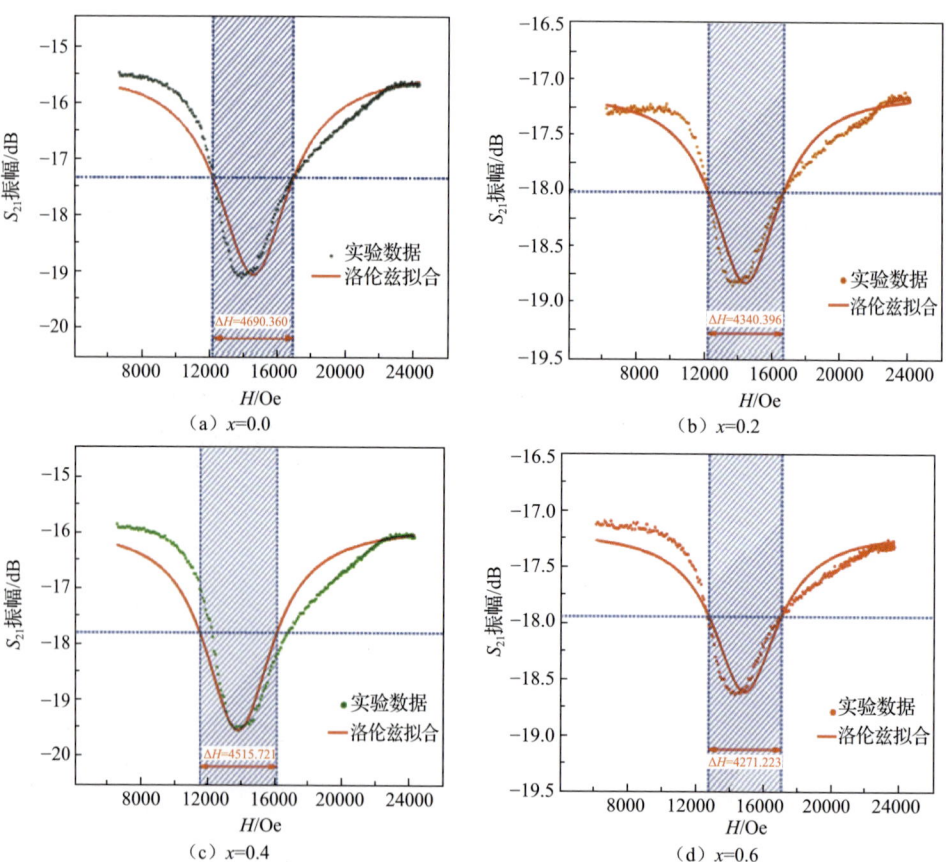

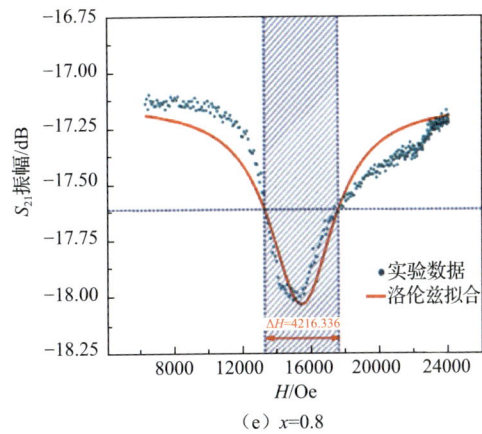

(e) $x=0.8$

图 8-17　920℃烧结的 BaM 铁氧体样品在 31GHz，6000～24000Oe 条件下铁磁共振线宽的测试结果及拟合曲线

4. Ga^{3+} 取代 BaM 铁氧体介电性能的研究

不同 Ga^{3+} 取代量的 BaM 铁氧体样品的介电性能变化趋势如图 8-18 和表 8-8 所示。从图中可以看出，随着取代量 x 的增加，介电常数呈现先增加后降低的趋势。当取代量 x 为 0.2 时，介电常数为 13.41。而随着取代量 x 增加至 0.4，介电常数增加到最大值（16.36）。随着取代量继续增加，介电常数有所下降。当取代量为 0.8 时，介电常数降低至 14.87。介电常数的变化与铁氧体晶粒的微观结构存在一定的关系，微观结构越好样品介电性能越好。从 SEM 测试结果中可以看出，

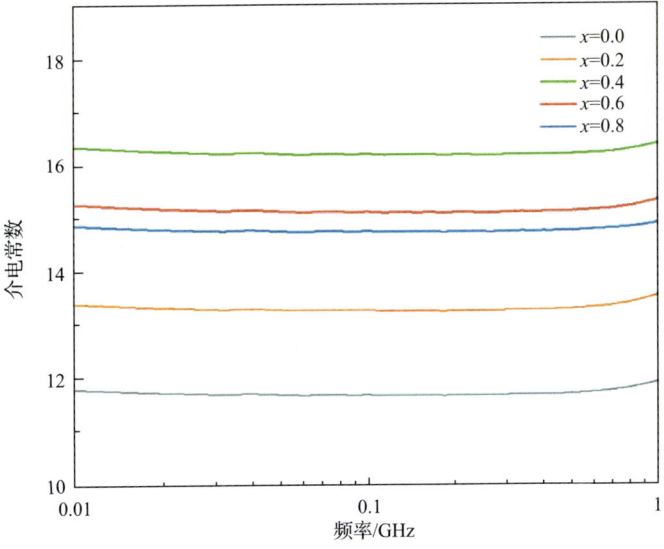

图 8-18　920℃烧结的 $BaGa_xFe_{12-x}O_{19}$（$x=0.0$、0.2、0.4、0.6、0.8）铁氧体的介电谱

表 8-8　不同 Ga^{3+} 取代量的 BaM 铁氧体样品的介电特性参数

x	ε'	$\tan\delta_\varepsilon$	x	ε'	$\tan\delta_\varepsilon$
0.0	11.80	0.025	0.6	15.27	0.013
0.2	13.41	0.013	0.8	14.87	0.010
0.4	16.36	0.012			

当取代量 x 为 0.4 时，样品的微观结构更清晰。除此之外，由于孔隙是一种优良的电绝缘体，当取代量 x 为 0.4 时，样品的孔隙率较低，因而介电常数更大。所以当 x 为 0.4 时样品的介电性能最好。

除此之外，介电损耗也在一定程度上影响了铁氧体微带器件制备的性能。在实际应用中，希望铁氧体材料的损耗越小越好。不同 Ga^{3+} 取代量的 BaM 铁氧体介电损耗角正切如图 8-19 和表 8-8 所示，所有样品的介电损耗角正切在 0.025~0.010 之间浮动。当取代量为 0.2 时，样品的介电损耗角正切为 0.013。当取代量增加至 0.4 时，样品的介电损耗角正切降低至 0.012。而样品取代量为 0.8 时，介电损耗角正切降低至最小值（0.010）。这是因为当 $x=0.8$ 时样品的介电常数虚部较小，只有 0.15，所以根据介电损耗角正切的定义 [式（8-4）]，得到了最小的介电损耗值。

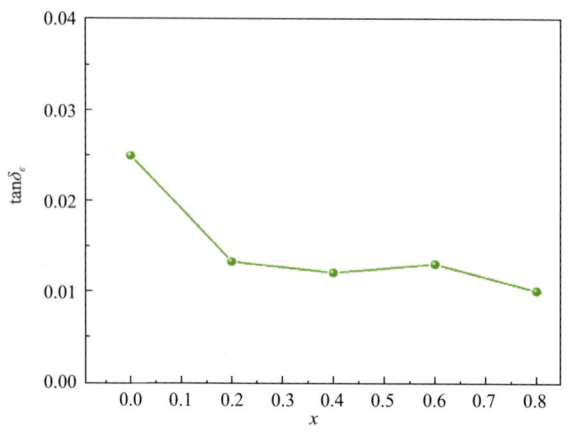

图 8-19　920℃烧结的 BaM 铁氧体样品的介电损耗变化曲线

本小节研究了 Ga^{3+} 对 $BaFe_{12}O_{19}$ 晶体的取代作用和影响。结果表明添加适量的 Ga^{3+} 能够调节晶体的微观结构，优化 BaM 铁氧体的介电性能和磁性能。与此同时，3wt% Bi_2O_3 的引入能够使得 BaM 铁氧体烧结温度降低，在 920℃的低温环境下得到微观结构致密的样品。XRD 图谱和精修结果表明，Ga^{3+} 能够进入 $BaFe_{12}O_{19}$ 晶格结构并取代其中的 Fe^{3+}。与此同时，Ga^{3+} 取代量的增加会导致晶体的晶格常数和晶胞体积不断减小。SEM 图展示了不同 x 值的 BaM 铁氧体微观结构都呈现出典型的六角结构，说明 Bi_2O_3 的加入使得 BaM 铁氧体在 920℃就能够实现良好的生长。对介电谱的测量说明 Ga^{3+} 的添加有助于提升晶体的介电性能，

当取代量 x 为 0.4 时，介电常数增加到最大值（16.36），介电损耗降低至 0.012。BaM 铁氧体磁性能研究结果显示饱和磁化强度 $4\pi M_s$ 随着 Ga^{3+} 取代量的增加从 3241.270Gs 降低至 2571.182Gs。除此之外，样品的剩磁随着 Ga^{3+} 取代量的增加先增加后降低，当 $x=0.4$ 时样品的剩磁最大，为 31.07emu/g。更有趣的是，本小节实验还测量得到 31GHz 条件下 BaM 铁氧体样品的铁磁共振线宽，当 $x=0.8$ 时得到最小值（4216.336Oe）。

8.3.3 Al^{3+} 取代对 BaM 铁氧体的影响

1. Al^{3+} 取代 BaM 铁氧体的制备及表征

采用纯度均大于 99% 的 $BaCO_3$ 粉末、Al_2O_3 粉末和 Fe_2O_3 粉末。按照 $BaAl_xFe_{12-x}O_{19}$（$x=0.4$、0.8、1.2、1.6）的化学计量比称量，并将所有粉末与去离子水混合采用行星式球磨机进行球磨，旋转速度设置为 250r/min，球磨时间为 6h。将混合的浆料取出并在烘箱中烘干，烘干温度设置为 100℃，烘干时间为 24h。分别将烘干后不同组分的样品磨碎，使用 100 目的分样筛进行分样过滤。随后将粉末放入马弗炉中预烧 4h，预烧温度为 1050℃。在预烧粉末中添加 3.0wt% 的 Bi_2O_3 并与去离子水混合进行二次球磨，球磨时间为 6h，球磨机转速为 250r/min。烘干并研磨后的粉末加入 10wt% 的 PVA 进行造粒。使用液压机在 10MPa 的压强下将颗粒压制成圆片和圆环状坯件。最后，使用马弗炉将不同组分的样品进行烧结，烧结温度为 920℃，烧结时间为 4h。

采用型号为 Bruker AXS D8 Advance 的 Cu $K_α$ 辐射 X 射线衍射仪对样品的晶体结构进行分析，测试步长为 0.02°，测试角度范围为 5°～90°。采用扫描电镜（JSM-6490LV，JEOL，日本）对样品微观结构进行检测，并拍摄 SEM 图。采用美国 Lake Shore 公司 7404 型振动样品磁强计测试样品的磁滞回线，并分析样品的磁性能（饱和磁化强度 $4\pi M_s$、矫顽力 H_c 等）。采用型号为 Agilent E5071C 的矢量网络分析仪测定样品的磁谱和介电谱，以及相应的损耗，测试范围为 1～18GHz。

2. Al^{3+} 取代 BaM 铁氧体相成分和微观结构分析

图 8-20 展示了在 920℃烧结温度下，不同 Al^{3+} 取代量的 $BaAl_xFe_{12-x}O_{19}$（$x=0.4$、0.8、1.2、1.6）铁氧体样品在 5°～90°的 XRD 图谱。从图中可以看出，通过比较衍射峰位置，所有样品在仪器灵敏度范围内均表现出单相 BaM 铁氧体结构组分。虽然烧结温度低至 920℃，远低于 BaM 铁氧体烧结成型的温度（1175～1250℃），但所有样品都已形成标准的 BaM 铁氧体结构，没有其他的第二相产生。Al^{3+} 的加入并未产生其他杂峰，表明少量的 Al^{3+} 和助烧剂 Bi_2O_3 的加入不会改变 BaM 铁氧体的相结构。图中所使用的 BaM 铁氧体的标准衍射图谱为 PDF#43-0002，对应的（110）、（107）、（114）、（203）等特征衍射峰均被标注。除此之外，随着 Al^{3+} 取代量的不断增加，衍射峰位置出现了向右的微小偏移，说明 Al^{3+} 的引入导致 BaM 铁氧体样品晶格常数的降低。

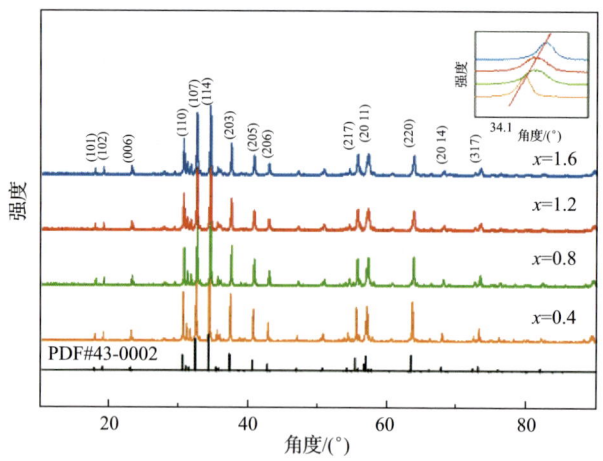

图 8-20 不同 Al^{3+} 取代量的 BaM 铁氧体的 XRD 图谱

为了进一步研究样品微观结构的变化趋势,通过对 XRD 结果的精修和分析,得到 $BaAl_xFe_{12-x}O_{19}$ 铁氧体的精修结果和晶格常数的变化趋势。不同 Al^{3+} 取代量样品的 XRD 精修结果在图 8-21(a)~(d)中展示,计算出的晶格常数(a、c)和可靠因子(R_{wp}、R_p、χ^2)在表 8-9 中展示。Al^{3+} 进入 BaM 晶格后,对部分 Fe^{3+} 产生单离子取代,导致 BaM 铁氧体的晶格产生细微的畸变。从离子半径方面考虑,由于 Al^{3+} 离子半径(0.535Å)小于 Fe^{3+} 离子半径(0.645Å),当较小半径的 Al^{3+} 取代 Fe^{3+} 时会导致晶格产生畸变,从而改变其晶格常数。从图 8-21 和表 8-9 的精修数据结果中可以看出,随着 Al^{3+} 取代量的增加,$BaAl_xFe_{12-x}O_{19}$ 铁氧体样品的晶格常数 a 和 c 都呈现不断降低的趋势。这也从侧面说明 Al^{3+} 已经进入到了 $BaFe_{12}O_{19}$ 铁氧体晶格中。

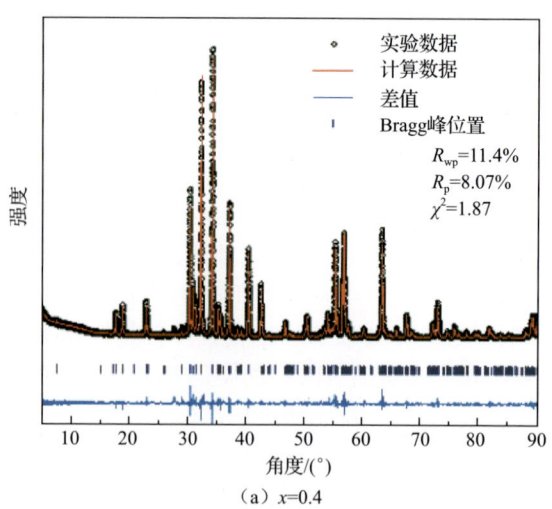

(a) $x=0.4$

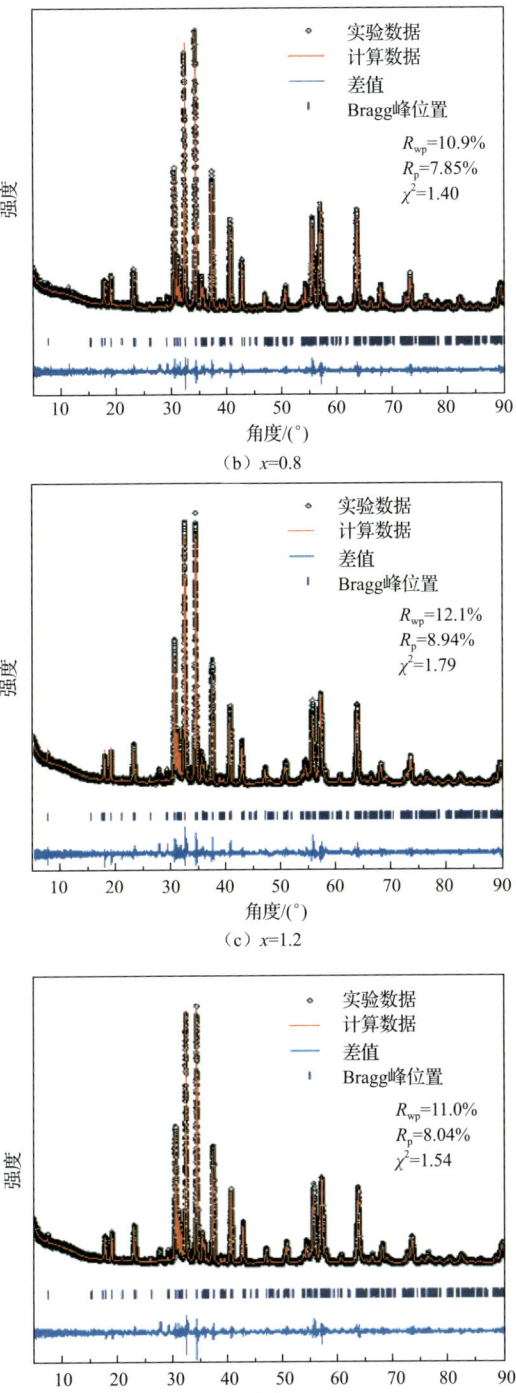

图 8-21　不同 Al^{3+} 取代量的 $BaFe_{12}O_{19}$ 铁氧体样品的 XRD 精修图

表 8-9　样品的晶格常数和可靠因子变化表

x	R_{wp}/%	R_p/%	χ^2	a/Å	c/Å
0.4	11.4	8.07	1.87	5.883	23.162
0.8	10.9	7.85	1.40	5.877	23.134
1.2	12.1	8.94	1.79	5.868	23.099
1.6	11.0	8.04	1.54	5.864	23.084

而 Al^{3+} 的引入和取代同样会对 BaM 铁氧体样品的密度产生一定影响。本小节通过阿基米德排水法，在室温下测试得到样品的体密度、理论密度和孔隙率，如表 8-10 所示。在 920℃下，所有样品的孔隙率小于 4.01%，这是因为适量液相 Bi_2O_3 产生的毛细管力作用，能够促进铁氧体晶粒的生长，实现低温下 BaM 晶粒的致密化和均匀化生长。随着 Al^{3+} 取代量由 0.4 增加至 1.6，样品的体密度从 $5.052g/cm^3$ 降低至 $4.948g/cm^3$。Al 元素的原子量（26.981）小于 Fe 元素的原子量（55.845），所以随着 Al^{3+} 取代量的增加，样品的体密度不断降低。除此之外，Al_2O_3 的密度仅为 $3.5g/cm^3$，过多 Al_2O_3 的加入也会导致样品整体的密度明显降低。

表 8-10　不同 Al^{3+} 取代量样品的密度和孔隙率变化

x	体密度（ρ）/(g/cm³)	理论密度（ρ_o）/(g/cm³)	孔隙率/%
0.4	5.052	5.263	4.01
0.8	5.047	5.226	3.42
1.2	4.985	5.193	4.01
1.6	4.948	5.148	3.89

铁氧体样品的微观结构反映了其烧结情况是否良好，更影响了样品的各项性能。图 8-22（a）～（d）展示了在烧结温度为 920℃时，不同 Al^{3+} 取代量 BaM 铁氧体样品的微观结构。从图中可以看出，所有样品均呈现出 BaM 铁氧体典型的六角形结构，未发生团聚现象，晶粒尺寸比较均匀。这说明在 Bi_2O_3 的作用下，Al^{3+} 取代 BaM 铁氧体样品能够在低温环境中良好地生长成型。如图 8-22（a）所示，当取代量 $x=0.4$ 时，晶粒尺寸最大，孔隙含量也较多。随着 Al^{3+} 取代量 x 不断增

（a）$x=0.4$　　　　　　　　　　　（b）$x=0.8$

(c) $x=1.2$

(d) $x=1.6$

图 8-22 不同 Al^{3+} 取代量的 $BaFe_{12}O_{19}$ 铁氧体样品的 SEM 图

加,BaM 铁氧体样品晶粒尺寸出现明显减小的趋势,这与 XRD 测试、精修计算和密度测试结果相同。

对于不同 Al^{3+} 取代量样品的成分元素种类与含量的分析结果通过 EDS 谱(图 8-23)展示。所有样品均检测出 Ba、Fe、Al、O 四种元素,并标注在图中。

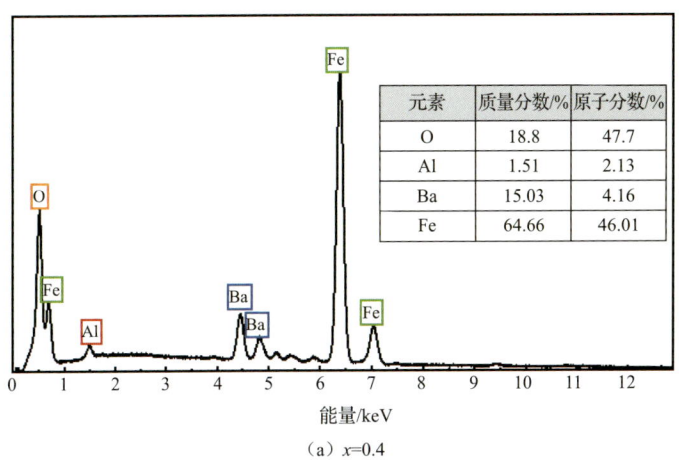

元素	质量分数/%	原子分数/%
O	18.8	47.7
Al	1.51	2.13
Ba	15.03	4.16
Fe	64.66	46.01

(a) $x=0.4$

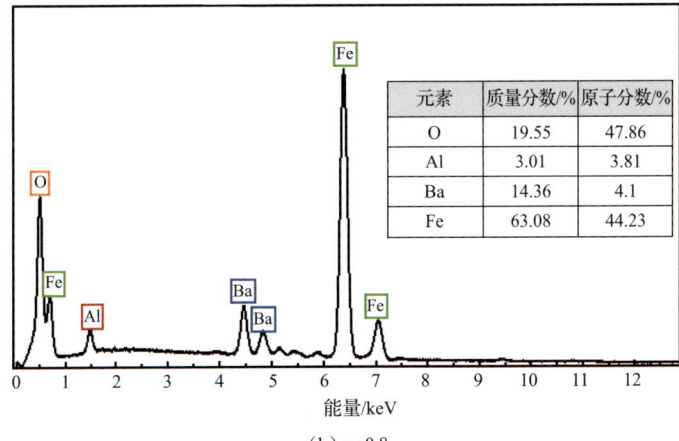

元素	质量分数/%	原子分数/%
O	19.55	47.86
Al	3.01	3.81
Ba	14.36	4.1
Fe	63.08	44.23

(b) $x=0.8$

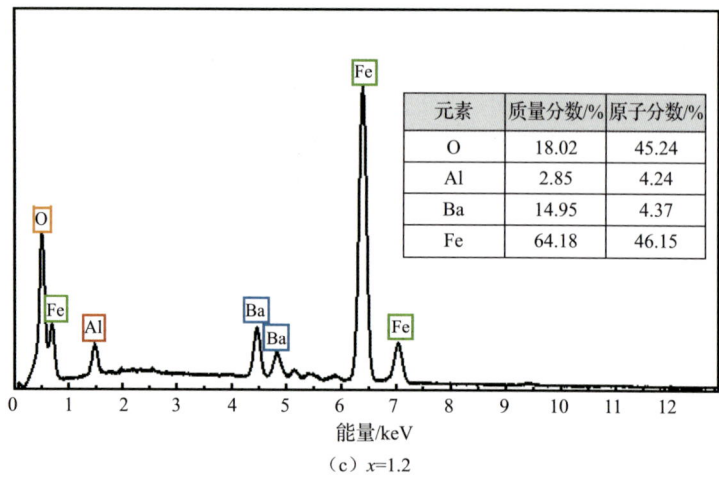

(c) $x=1.2$

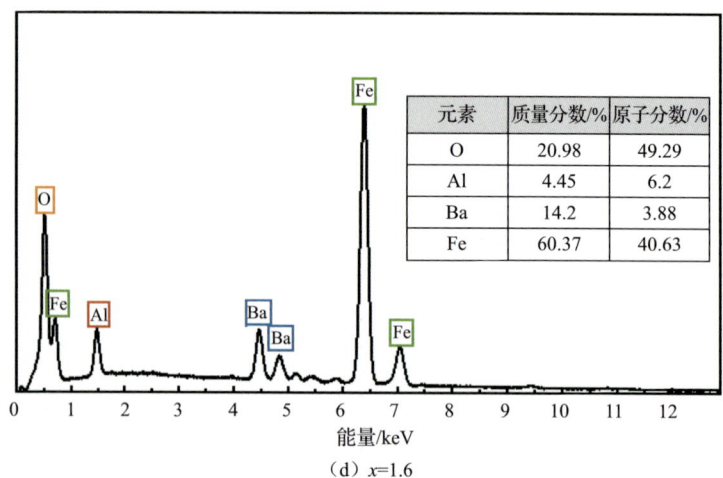

(d) $x=1.6$

图 8-23　不同 Al^{3+} 取代量的 $BaFe_{12}O_{19}$ 铁氧体的 EDS 谱

在仪器测试灵敏范围内，未检测到其他杂质元素。同时，EDS 谱也表明，随着 x 的不断增大，Al 元素含量呈现不断增加的趋势。所有样品的相对原子比接近预期值，与 BaM 晶体的化学计量比相匹配。

3. Al^{3+} 取代 BaM 铁氧体磁性能的研究

不同 Al^{3+} 取代量 BaM 铁氧体的磁滞回线（M-H）通过振动样品磁强计测量获得，设置测试偏压磁场范围为-20～20kOe，变化趋势如图 8-24 所示。饱和磁化强度 M_s、$4\pi M_s$ 和矫顽力 H_c 的变化也在图 8-25 和表 8-11 中展示。从测试结果可以看出，Al^{3+} 的引入对样品磁性能的影响十分明显，随着 Al^{3+} 取代量的增加，饱和磁化强度明显降低，M_s 从 56.707emu/g 降低至 35.206emu/g，$4\pi M_s$ 从 3600.039Gs 降低至 2189.062Gs。实验中所有样品均呈现相同的 BaM 铁氧体晶体结构，没有其他杂质相存在,化学成分基本一致。对于 BaM 铁氧体晶体而言,样品的磁矩是由晶体中磁性离子 Fe^{3+} 的总和决定,Fe^{3+} 的磁矩为 $5\mu_B$。其中,位于 $2b$、$12k$ 和 $2a$ 位置的 Fe^{3+} 自旋向上,位于 $4f_2$ 和 $4f_1$ 位置的 Fe^{3+} 自旋向下。由于自旋取向相反的 Fe^{3+} 的磁矩相互抵消,通过计算可知 BaM 铁氧体晶胞的总磁矩为 $20\mu_B$。由于 Al^{3+} 是一种非磁性离子,当一定量的 Al^{3+} 进入 $BaFe_{12}O_{19}$ 样品晶格中取代部分 Fe^{3+},会导致饱和磁化强度随之降低。除此之外,对于铁氧体材料而言,晶体中的磁性能一部分还来源于 Fe^{3+}-O^{2-}-Fe^{3+} 之间的超交换作用,而当 Al^{3+} 取代 Fe^{3+} 破坏了原本的超交换作用,从而削弱了材料的磁性能。所以总体而言,随着 Al^{3+} 对 Fe^{3+} 取代量的不断增加,BaM 铁氧体晶体的饱和磁化强度呈现不断降低的趋势。

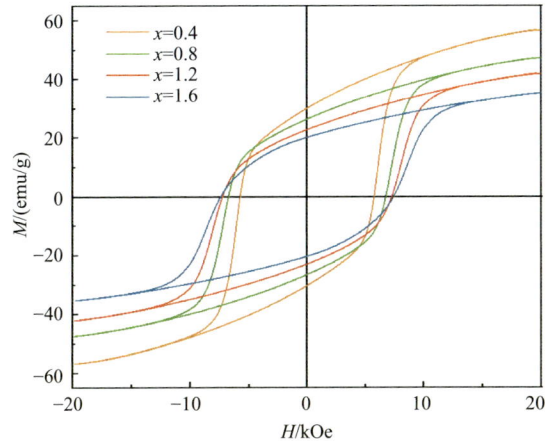

图 8-24 不同 Al^{3+} 取代量的 BaM 铁氧体磁滞回线变化

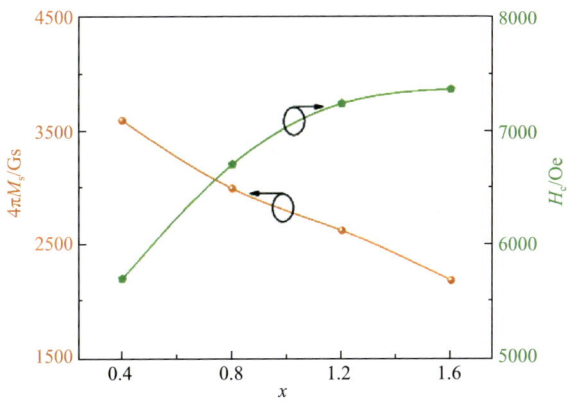

图 8-25 不同 Al^{3+} 取代量的 BaM 铁氧体饱和磁化强度 $4\pi M_s$ 和矫顽力 H_c 的变化

表 8-11　不同 Al^{3+} 取代量的 BaM 铁氧体样品的磁特性参数

x	M_s/(emu/g)	$4\pi M_s$/Gs	H_c/Oe
0.4	56.707	3600.039	5704.430
0.8	47.241	2996.111	6709.870
1.2	41.928	2626.509	7247.075
1.6	35.206	2189.062	7372.490

如图 8-25 所示，样品的矫顽力 H_c 随着 Al^{3+} 取代量的增加而升高。铁氧体矫顽力的大小与晶粒尺寸有一定的关系。晶粒尺寸越大，会使矫顽力越大。在单位体积内，晶粒尺寸越小则存在的晶界数量越多，存在的钉扎位置也就越多，即需要更多的能量来完成畴壁位移，从而使得矫顽力 H_c 升高。从 XRD 的精修结果和 SEM 的结果中可以看出，由于 Al^{3+} 的离子半径小于 Fe^{3+} 的，随着 Al^{3+} 取代量不断增加，晶粒尺寸不断减小。所以部分 Al^{3+} 的取代会导致 BaM 铁氧体矫顽力明显增加。随着 x 值从 0.4 增加到 1.6，矫顽力从 5704.430Oe 增加到 7372.490Oe。

通过测量 920℃烧结得到的不同 Al^{3+} 取代量的 BaM 铁氧体在 1～18GHz 频率范围的磁导率实部 μ'，来测定样品磁性能的变化，测试结果如图 8-26 所示。从图中可以看出，在 1～18GHz 频率范围，所有 BaM 铁氧体样品的磁导率实部在 1.0～1.4 范围内波动，在 10～12GHz 范围产生共振。随着 Al^{3+} 取代量增加，样品磁导率整体呈现先增加后降低的趋势。当取代量 $x=1.2$ 时，样品的磁导率最高。

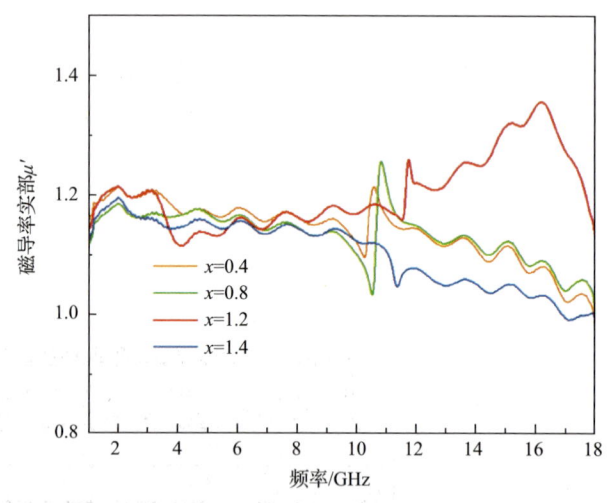

图 8-26　不同 Al^{3+} 取代量的 BaM 铁氧体在 1～18GHz 范围内的磁谱

4. Al^{3+} 取代 BaM 铁氧体介电性能的研究

Al^{3+} 取代的 BaM 铁氧体的复介电谱使用矢量网络分析仪测试得到，测试频率为 1～18GHz，测试结果如图 8-27 和表 8-12 所示。一般介电常数的共振行为起源于空间电荷极化、偶极极化、离子极化和电子极化。可以看出，不同 Al^{3+} 掺杂水平的 BaM 铁氧体样品在 1～18GHz 范围内都只有一个共振峰，共振频率分别为 10.33GHz、10.57GHz、11.61GHz、11.10GHz。介电常数实部 ε' 产生变化的主要原因之一是非磁性离子改变了样品的电子位移极化，从而导致样品介电常数发生改变。另外，Al^{3+} 进入晶格取代各个点位上的 Fe^{3+} 导致电子之间的超交换作用减少，因此介电常数也随之降低。除此之外，介电常数的变化与铁氧体晶粒的微观结构也有一定的关系。之前的研究表明，晶粒尺寸越大会导致较高的极化率。Al^{3+} 的取代使得 BaM 铁氧体晶粒尺寸不断减小，密度降低，所以这可能也是导致样品介电常数减小的原因之一。

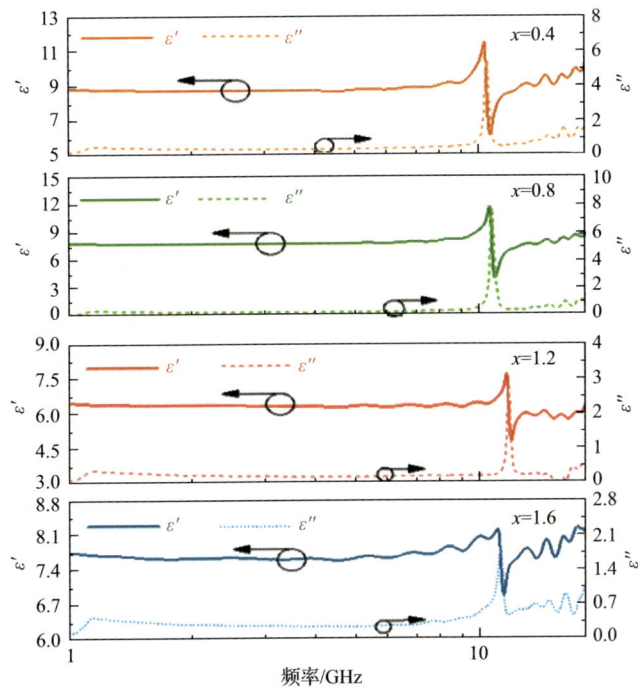

图 8-27　不同 Al^{3+} 取代量的 BaM 铁氧体在 1～18GHz 范围内的复介电谱

表 8-12　1GHz 下不同 Al^{3+} 取代量的 BaM 铁氧体样品的介电特性参数

x	ε'	$\tan\delta_\varepsilon$	x	ε'	$\tan\delta_\varepsilon$
0.4	8.890	0.0161	1.2	6.556	0.0170
0.8	8.107	0.0156	1.6	7.781	0.0164

介电损耗是影响铁氧体材料性能的重要参数，尤其是在高频下带来大的损耗制约着其应用和发展。在实际应用中，希望损耗值越小越好。复数介电损耗角正切计算公式如式（8-4）所示。样品的介电损耗角正切 $\tan\delta_\varepsilon$ 如图 8-28 所示。从图中不难看出，Al^{3+} 取代的 BaM 铁氧体在高频下具有较小的介电损耗值。在非共振

频率范围，所有样品的介电损耗均小于 0.2。在共振频率附近，样品介电常数虚部 ε'' 的快速增加，导致其具有较大的介电损耗。而当 Al^{3+} 取代量 x 为 1.2 时，BaM 铁氧体样品的介电损耗最小。

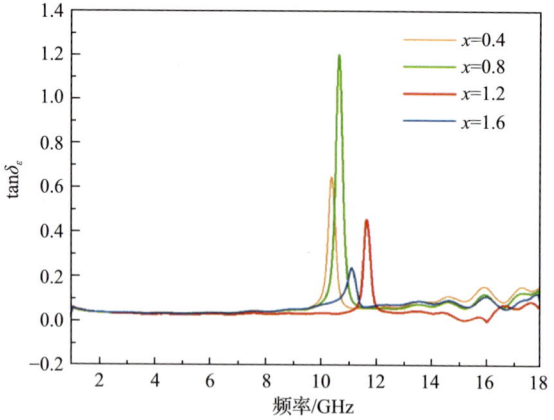

图 8-28　不同 Al^{3+} 取代量的 BaM 铁氧体的介电损耗

8.4　多离子取代对 BaM 铁氧体性能的影响与分析

8.4.1　多离子取代 BaM 铁氧体

在 8.3 节中讲述了单一 3 价金属离子取代对 BaM 铁氧体微观结构、磁性能和介电性能的影响，详细分析了 Ga^{3+} 和 Al^{3+} 对 Fe^{3+} 的取代作用，而多种金属离子共同取代的作用尚待进行实验研究。Co-Ti 作为一种重要的离子组合被应用于取代钡铁氧体中，以此来提高钡铁氧体材料的磁导率，调节磁晶各向异性常数和矫顽力，在近年来的研究中取得了良好成果。而在之前的研究中，许多学者通过在铁氧体晶格结构中引入 Bi^{3+} 来取代 Fe^{3+}，从而达到在低温下烧结且调控其性能的效果。直接在晶格结构中引入 Bi^{3+} 相较于通过助烧剂的方法进行掺杂，能够用较小的取代量实现较大的性能改变。直接在 BaM 铁氧体的晶格结构中引入 Bi^{3+} 也是一个有待研究的方向和问题，因此通过调节不同 Bi^{3+} 取代量，组成不同比例的 Co-Ti-Bi 离子组合成为一个新的讨论点和研究方向，本节通过具体的实验进行分析和探究。除此之外，烧结温度对 BaM 铁氧体晶体的影响十分明显，过低或过高的温度都容易引起杂相的产生，所以对 BaM 铁氧体烧结温度的研究也是有待研究的重要方向之一。本节研究了 Bi^{3+} 取代对 $Ba(CoTi)_{1.2}Fe_{9.6}O_{19}$ 铁氧体的调控作用，讨论了低烧结温度对其微观结构和磁介性能的影响。

8.4.2 Bi^{3+}取代对 $Ba(CoTi)_{1.2}Fe_{9.6}O_{19}$ 铁氧体的影响

BaM 铁氧体由于具有优良的磁性能而被用于制备铁氧体环行器。然而，BaM 铁氧体具有较高的烧结温度，约为 1250℃，且烧结过程中容易产生其他第二相，是不符合实际生产要求的主要问题之一。在本小节的实验研究中，从低熔点的氧化物氧化铋（Bi_2O_3）中提取 Bi^{3+} 来替代 Fe^{3+}，以实现降低烧结温度并控制磁性能和介电性能的主要目的。Bi_2O_3 往往作为助烧剂用于铁氧体晶体材料的烧结过程中，从 8.3 节的研究实验中可以知道，Bi^{3+}很难在二次球磨过程中进入 BaM 晶格结构，并发生相应的取代作用。因此为了实现取代作用，本小节的实验是通过直接在一次球磨过程中引入 Bi^{3+}，目的是在预烧过程中将 Bi^{3+} 引入 BaM 铁氧体晶格结构中，制备相应的 $BaBi_x(CoTi)_{1.2}Fe_{9.6-x}O_{19}$ 材料，以此来探究添加不同比例的 Bi^{3+}取代物来降低铁氧体烧结温度的作用。除此之外更重要的是，对样品的磁性能和介电性能进行调控和优化，降低相应的损耗，并探究多离子 Co-Ti-Bi 对 $BaFe_{12}O_{19}$ 的取代作用与影响。

1. Bi^{3+}取代 $Ba(CoTi)_{1.2}Fe_{9.6}O_{19}$ 铁氧体的制备及表征

本小节实验通过固相反应法完成。采用 $BaCO_3$、CoO、TiO_2、Fe_2O_3 和 Bi_2O_3 粉末为原料，所有粉末纯度均大于 99%。按照化学配比 $BaBi_x(CoTi)_{1.2}Fe_{9.6-x}O_{19}$（$x$=0.00、0.15、0.30、0.45、0.60、0.75）进行称料。将配好的粉末材料与适量去离子水一起放入钢制球磨罐中，使用行星式球磨机球磨 6h，设置旋转速度为 250r/min。将球磨后的混合浆料在烘箱中烘干，温度设定为 100℃，烘干时间为 24h。经过烘干的粉料使用陶瓷研钵进行研磨磨碎，放入马弗炉并在 800℃下进行预烧，保温 3h。将预烧好的粉进行研磨磨碎，加入适量去离子水，使用行星式球磨机进行二次球磨，球磨时间为 8h，然后将不同组分的浆料放入烘箱进行烘干，烘干温度为 100℃，烘干时间为 24h。将烘干后的材料使用陶瓷研钵分别进行研磨，并添加 6wt%～12wt%聚乙烯醇（PVA）为黏合剂进行造粒。将制备好的颗粒在 10MPa 压强下制成环状和片状坯件，最后将坯件置于 HXL001-16O 型箱式炉中进行烧结，烧结温度为 900℃，保温时间为 2h。

将所有经过烧结的样品在室温中进行测试和分析。XRD 图谱使用 X 射线衍射仪（Miniflex 600，Rigaku 株式会社，日本）进行测试，Cu K_α辐射，扫描步长为 0.02°，范围为 10°<2θ<90°。射频阻抗分析仪（E4991B，Agilent 科技有限公司）用于测量磁谱和介电谱。使用扫描电镜（JSM-6490LV，JEOL，日本）获得 SEM 图。采用阿基米德排水法测量蒸馏水中的堆积密度。使用美国 Lake Shore 公司 7404 型振动样品磁强计测试得到样品的磁滞回线。

2. Bi^{3+}取代 $Ba(CoTi)_{1.2}Fe_{9.6}O_{19}$ 铁氧体相成分和微观结构分析

图 8-29 为在 900℃烧结的不同 Bi^{3+}掺杂比例样品的 XRD 图谱。结果显示所

有样品都存在典型的 BaM 相。然而，由于烧结温度低，没有 Bi^{3+} 即 $x=0.00$ 的样品反应不完全，XRD 图谱中出现了残留的 Fe_2O_3 晶相。随着 Bi^{3+} 的引入和增加，未完全反应的 Fe_2O_3 消失，当 $0.15 \leqslant x \leqslant 0.45$ 时得到了单一的 BaM 晶相，Fe_2O_3 杂质相消失。除此之外，由于 Bi^{3+} 的离子半径大于 Fe^{3+} 的离子半径，因此 BaM 铁氧体随着 Bi^{3+} 取代量的增加 XRD 峰稍微向左移动。根据 Ligand 占位理论，当 d 轨道电子数为 d^1、d^2、d^3 和 d^4 时离子倾向于占据四面体位置；而当 d 轨道电子数为 d^6、d^7、d^8 和 d^9 时离子倾向于占据八面体位置；当 d 轨道电子数为 d^0、d^5 和 d^{10} 时离子占位无明显的倾向性，此时可以结合电负性来判定离子占位的可能性。电负性越大的离子越倾向于占据八面体晶格位置。Bi 的 d 轨道电子数为 d^{10}，离子占位无偏向性，而 Bi 的电负性为 2.02 鲍林标度，远大于 Fe（1.83 鲍林标度）和 Ba（0.89 鲍林标度），因此可以结合离子的电负性进行分析，推断出少量的 Bi^{3+} 取代了八面体位置的 Fe^{3+}。但当样品中 Bi^{3+} 取代量 $x \geqslant 0.60$ 时，过量的 Bi^{3+} 使材料晶相逐渐由 BaM 铁氧体的单一晶相转变为含有杂质相 $BaFe_{0.24}Fe_{0.76}O_{2.88}$ 的混合相，并且随着 x 值的增加，杂质相 $BaFe_{0.24}Fe_{0.76}O_{2.88}$ 的峰值强度也会增加。这说明适量的 Bi^{3+} 取代能够促进 BaM 铁氧体在低温环境下生成单一的纯相，但过量 Bi^{3+} 的引入也会导致杂相出现和产生，其最佳的 x 值为 0.15～0.45。

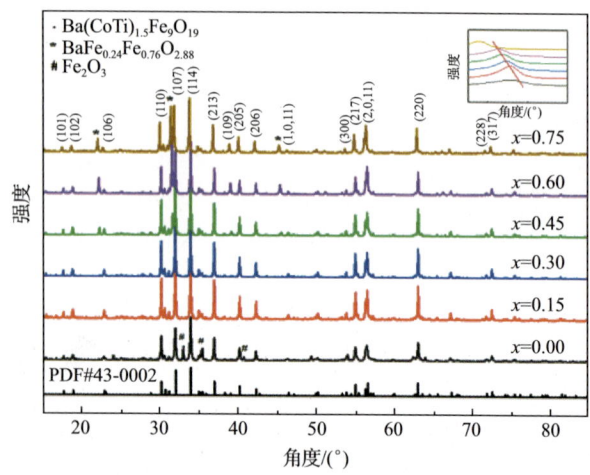

图 8-29　900℃烧结的不同 Bi^{3+} 取代量的 BaM 铁氧体样品的 XRD 图谱

从图 8-30 中可以看出，样品的密度随着 Bi^{3+} 取代量 x 值的增加呈现出先增大后减小的趋势。这是因为适量 Bi^{3+} 的引入使得 BaM 铁氧体的烧结温度降低，促使样品晶粒在 900℃温度环境下生长，并形成致密且均匀的晶体结构。而当过量的 Bi^{3+} 引入时，晶粒间存在着未能进行取代反应的 Bi_2O_3，其在 900℃时为液相状态，从而阻碍了晶粒的继续生长和致密化过程，导致部分孔隙的产生和出现。并且当 x 值大于 0.6 时，样品出现了杂质第二相，因此过量的 Bi^{3+} 引入会导致样品密度的降低。

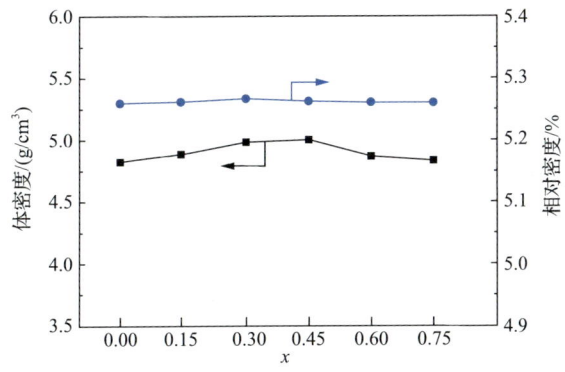

图 8-30　900℃烧结的不同 Bi^{3+} 取代量的 BaM 铁氧体样品的密度变化

图 8-31 显示了在 900℃烧结的不同 Bi^{3+} 取代量的 BaM 铁氧体样品的 SEM 图。从图 8-31（a）可以看出，当不含 Bi^{3+} 即 $x=0.00$ 时，样品晶粒尺寸较小，且许多晶粒出现团聚现象，晶粒之间存在着较多的气孔。这主要是因为较低的烧结温度（900℃）不足以驱动 BaM 铁氧体晶体发生充足的反应，使得晶粒充分生长。从图 8-31（b）～（d）可以看出，当 $x \geqslant 0.15$ 时，样品的微观形态发生了明显的变化。首先，BaM 铁氧体晶粒尺寸变大，这主要是因为液相 Bi_2O_3 的引入促进了铁氧体晶粒在低温下的生长，使得晶粒尺寸增大。其次随着 Bi^{3+} 的取代，BaM 铁氧体在 900℃下微观结构变得更加均匀和致密，晶粒尺寸分布更加均匀，微观结构得以优化，尤其在 $x=0.45$ 时微观结构形态最好。这些现象表明，适当的 Bi^{3+} 取代可以成功地将 BaM 铁氧体材料的烧结温度降低到 900℃，同时满足晶粒生长良好的要求。相反，图 8-31（e）和（f）显示当 Bi^{3+} 取代量进一步增加（$x \geqslant 0.60$）时，样品的均匀性明显降低，并出现了一些异常晶粒。产生这种现象的原因主要是过量的 Bi_2O_3 导致了晶体生长和致密化之间的平衡被破坏。

(a) $x=0.00$

(b) $x=0.15$

(c) $x=0.30$

(d) $x=0.45$

(e) $x=0.60$ (f) $x=0.75$

图 8-31   900℃烧结的不同 Bi^{3+} 取代量的 BaM 铁氧体样品的 SEM 图

此外，图 8-32 描述了 Bi^{3+} 取代的 BaM 铁氧体样品的晶粒尺寸柱状图，晶粒尺寸变化如表 8-13 所示。从结果中可以看出，当 $x=0.15$ 和 $x=0.30$ 时，晶粒尺寸增加并变得更加均匀。当 $x=0.45$ 时，样品表现出最好的晶粒均匀性。另外，从图 8-32（e）和（f）中可以看出，铁氧体的晶粒尺寸明显增加（最大的晶粒尺寸

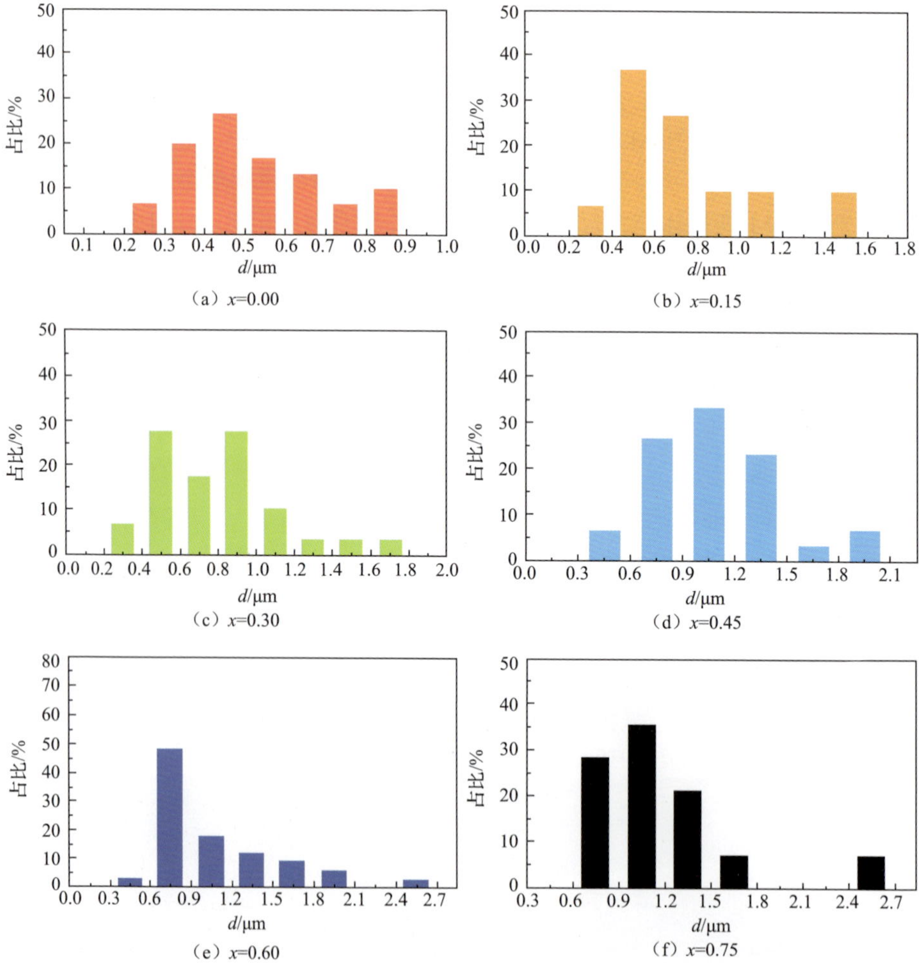

(a) $x=0.00$

(b) $x=0.15$

(c) $x=0.30$

(d) $x=0.45$

(e) $x=0.60$

(f) $x=0.75$

图 8-32 Bi^{3+} 取代的 BaM 铁氧体样品的晶粒尺寸

表 8-13 不同 Bi^{3+} 取代量的 BaM 铁氧体样品的晶粒尺寸（单位：μm）

x	晶粒尺寸/μm						
	最大值	最小值	平均值	x	最大值	最小值	平均值
0.00	0.84	0.2	0.51	0.45	2.06	0.44	1.07
0.15	1.59	0.38	0.74	0.60	2.52	0.59	1.09
0.30	1.71	0.37	0.8	0.75	2.52	0.61	1.19

达到 2.52μm），但样品晶体的均匀性变差，这主要是由于异常晶粒的出现。这些现象与从 SEM 图得到的结论一致。

3. Bi^{3+} 取代 $Ba(CoTi)_{1.2}Fe_{9.6}O_{19}$ 铁氧体磁性能的研究

对样品进行磁滞回线测试，图 8-33 展示了在 900℃烧结的不同 Bi^{3+} 取代量的 $Ba(CoTi)_{1.2}Fe_{9.6}O_{19}$ 铁氧体样品的磁滞回线（M-H），用来表征样品磁性能的变化趋势，测试的偏压磁场范围为 –15000～+15000Oe，测试结果如表 8-14 所示。曲线显示了磁化强度随着 Bi^{3+} 取代量增加的变化规律。随着 Bi^{3+} 取代量的增加，饱和磁化强度 M_s 先增大后减小，与此同时 $4\pi M_s$ 在 $x=0.45$ 时达到最大值（3313.345Gs）。值得注意的是，适量 Bi^{3+} 的取代作用可以加速固相反应，促进低温烧结下铁氧体的致密化，这一点可以从 SEM 测试结果看出。然而，当 Bi^{3+} 的取代量 x 超过 0.60 时，过量的液相 Bi_2O_3 导致晶体微观结构的恶化，从而导致饱和磁化强度 M_s 降低。饱和磁化强度的大小与样品的密度和平均晶粒尺寸有关，该结果与对样品密度影响的变化趋势一致。因此，Bi^{3+} 的取代作用，密度和平均晶粒尺寸的增加可能是导致样品饱和磁化强度 M_s 和 $4\pi M_s$ 增加的重要原因之一。除此之外，对于 BaM 晶体而言，样品的磁性一部分来源于 Fe^{3+}-O^{2-}-Fe^{3+} 之间的超交换作用，而 Bi^{3+} 是非磁性离子，因此过多的 Bi^{3+} 取代磁性 Fe^{3+}，减小了离子磁矩，破坏了原本的超交换作用，导致磁性降低。此外，产生的第二相也会在一定程度上削弱样品的磁性能。

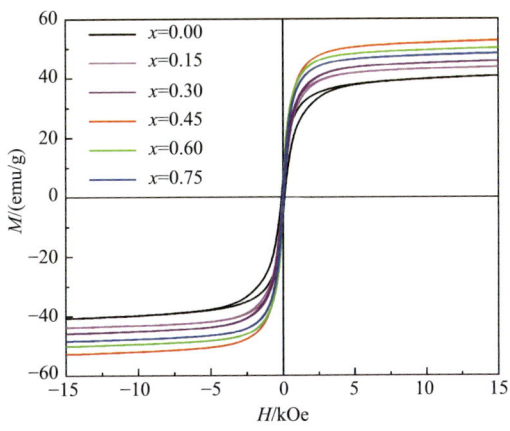

图 8-33 不同 Bi^{3+} 取代量的 $Ba(CoTi)_{1.2}Fe_{9.6}O_{19}$ 铁氧体样品的磁滞回线

表 8-14　不同 Bi^{3+} 取代量的 $Ba(CoTi)_{1.2}Fe_{9.6}O_{19}$ 铁氧体样品的磁特性参数

x	M_s/(emu/g)	$4\pi M_s$/Gs	μ'（10MHz）	ΔH/Oe
0.00	40.644	2465.363	12.59	1512.530
0.15	43.720	2686.048	13.67	1348.370
0.30	45.783	2874.883	16.98	1253.132
0.45	52.639	3313.345	21.60	1122.807
0.60	50.077	3067.123	20.91	1259.395
0.75	48.282	2932.353	18.32	1443.609

根据 Stoner-Wohlfarth 的理论，铁氧体的矫顽力（H_c）、磁晶各向异性常数（K_1）和饱和磁化强度（M_s）之间的关系为：

$$H_c \approx \frac{2K_1}{\mu_0 M_s} \qquad (8\text{-}9)$$

对于 BaM 铁氧体的特殊晶格结构，离子取代对磁晶各向异性的影响是根据离子的特性和其取代位置的不同而有所区别。对于 $2b$、$4f_2$、$2a$、$4f_1$ 和 $12k$ 位点，每个位点的 Fe^{3+} 对各向异性常数的贡献分别为 1.4、0.51、0.23、0.18 和 –0.18，可以看出 $2b$ 位置的 Fe^{3+} 对磁晶各向异性的贡献最大，而其他位置对磁晶各向异性的影响较小可以忽略不计。根据对样品相结构的分析可以知道，Bi^{3+} 主要倾向于占据八面体位点（$12k$、$4f_2$、$2a$），对其磁晶各向异性常数 K_1 影响较小。从图 8-34 和表 8-14 中可以看出，矫顽力（H_c）变化趋势与饱和磁化强度（M_s）的变化趋势相反，呈现先降低后增加的趋势。除此之外，微观结构也是影响矫顽力的重要因素之一。一方面，铁氧体微观结构内部的内应力、孔隙结构和内部缺陷阻碍了畴壁运动，导致样品的矫顽力增加。另一方面，当晶粒大小、密度的增加和均匀性的优化减小了对畴壁运动的阻碍时，矫顽力反过来得到改善。

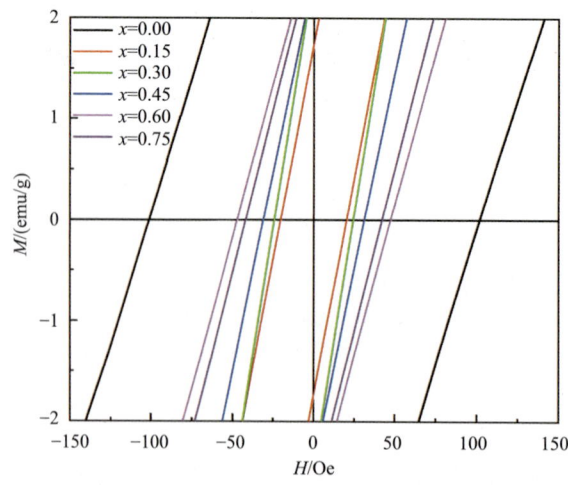

图 8-34　不同 Bi^{3+} 取代量的 $Ba(CoTi)_{1.2}Fe_{9.6}O_{19}$ 铁氧体样品的矫顽力（H_c）变化

Bi^{3+}取代$Ba(CoTi)_{1.2}Fe_{9.6}O_{19}$铁氧体样品的磁导率实部（$\mu'$）变化曲线如图8-35所示。$Bi_2O_3$的加入明显影响了磁导率，随着$Bi^{3+}$取代量的增加，磁导率实部（$\mu'$）先增大后减小。与不含$Bi^{3+}$的样品即$x$=0.00的BaM铁氧体样品相比，当有少量$Bi^{3+}$取代（$x\leqslant 0.45$）时，磁导率实部迅速增大，在$x$=0.45时达到最大值。其原因可能是平均晶粒尺寸的增加和均匀性的优化对样品磁性能具有积极的影响，这与SEM图的观察结果一致。然而，当Bi^{3+}取代量x大于0.60时，异常晶粒的出现，杂质相的产生削弱了样品的磁性能，导致样品磁导率实部的降低。除此之外，相比传统马弗炉，使用温控精准的箱式炉使固相反应更加充分，这也是样品磁导率整体较高的原因之一。

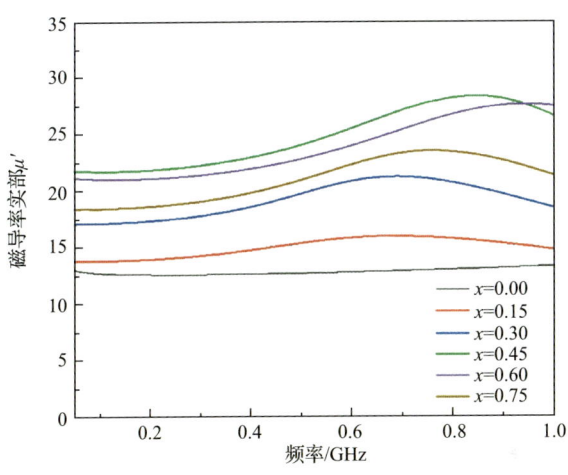

图8-35 不同Bi^{3+}取代量的$Ba(CoTi)_{1.2}Fe_{9.6}O_{19}$铁氧体样品的磁导率实部（$\mu'$）变化

波导谐振腔微扰法测量样品的铁磁共振线宽（ΔH）是使用高Q值的矩形波导谐振腔，在TE_{10n}工作模式下，把样品放在谐振腔磁场强度最大值的位置，利用微扰的原理，通过测试输入或输出功率的变化来确定铁磁共振线宽。通过波导谐振腔微扰法得到了M型钡铁氧体样品的铁磁共振线宽谱（图8-36），测试频率为9.56GHz，采用洛伦兹拟合得到相应的铁磁共振线宽曲线。如图所示，样品的测试数据与拟合曲线基本相吻合。当Bi^{3+}取代量x=0.00时，从图8-36（a）可以看出，样品的铁磁共振线宽谱较宽，因此得到较大的铁磁共振线宽值（1512.530Oe）。而随着Bi^{3+}取代量的增加，样品的铁磁共振线宽谱宽度减小，当取代量x=0.45时，铁磁共振线宽达到最小值（1122.807Oe）。而当取代量x超过0.45时，样品的铁磁共振线宽谱宽度随之增大，因此铁磁共振线宽不断增大。从所有样品的测试图谱中可以看出，铁磁共振线宽随着Bi^{3+}取代量的增加呈现出先降低后增加的趋势。

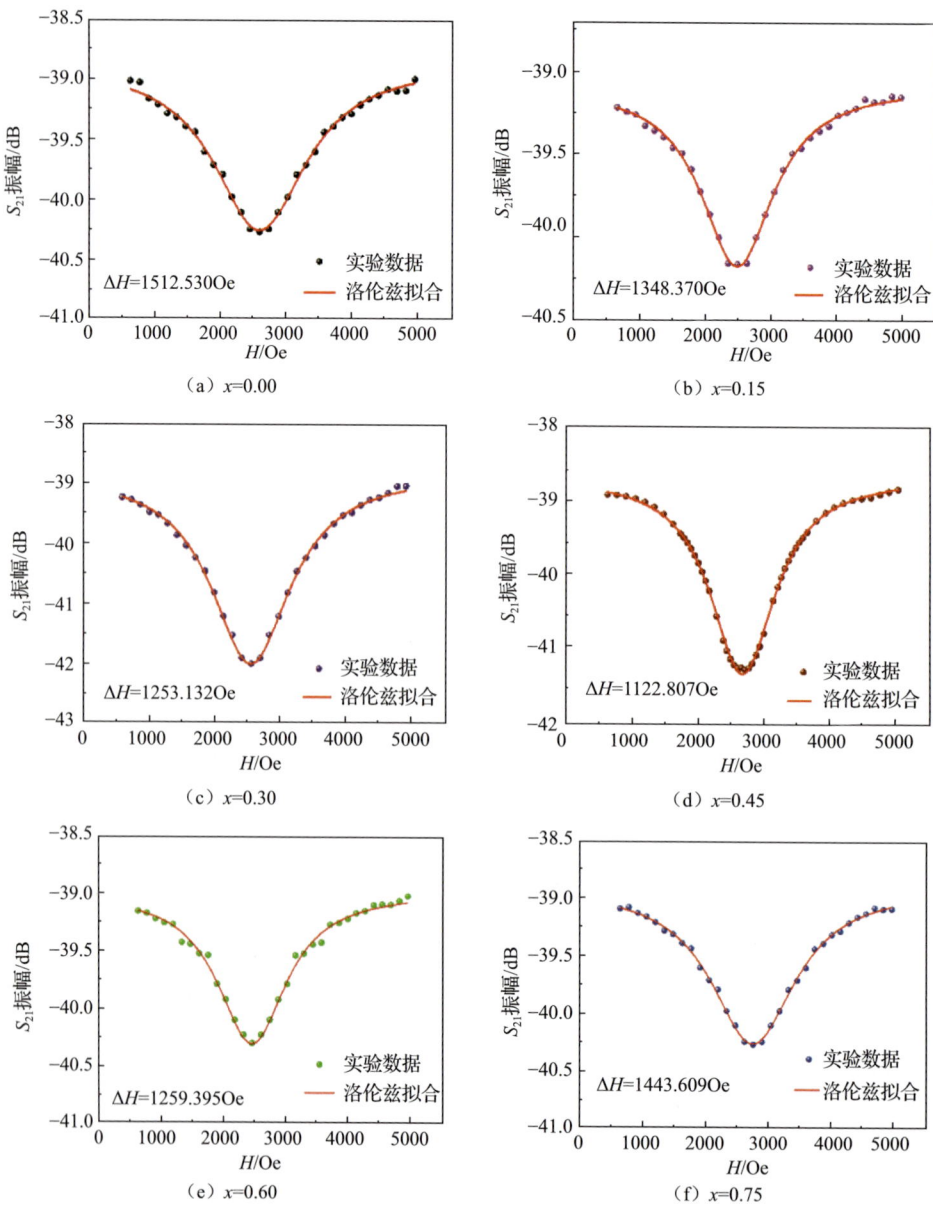

图 8-36 不同 Bi^{3+} 取代量的 $Ba(CoTi)_{1.2}Fe_{9.6}O_{19}$ 铁氧体样品的铁磁共振线宽谱

4. Bi^{3+} 取代 $Ba(CoTi)_{1.2}Fe_{9.6}O_{19}$ 铁氧体介电性能的研究

铁氧体材料的介电性能也是影响铁氧体微带环行器尺寸的一个重要因素。根据 Bosma 理论,可以直接得出微带环行器中心盘的半径 R,即

$$R = \frac{1.84}{2\pi f \sqrt{\varepsilon_0 \mu_0 \varepsilon_r \mu_{\text{eff}}}} \qquad (8\text{-}10)$$

其中，f 为频率；ε_0 为真空介电常数；μ_0 为真空磁导率；ε_r 为相对介电常数；μ_{eff} 为有效磁导率。显然，介电常数（ε）越高，环行器的尺寸就越小。图 8-37 和表 8-15 显示了 BaM 铁氧体介电常数实部（ε'）的变化曲线和变化值。当 $x=0.00$ 时，介电常数实部最小，约为 10.75（0.01GHz）。而当引入 Bi^{3+} 时，介电常数实部随着 Bi^{3+} 取代量的增加而增加，当 Bi^{3+} 取代量为 0.45 时增加到最大值（21.24）。样品介电常数实部随着 Bi^{3+} 取代量的增加而增大，是由于其微观结构变得更好，所以介电性能和磁性能都得到了良好优化，因此介电常数实部增大。过多的 Bi^{3+}（$x \geqslant 0.60$）进入晶格取代各个点位上的 Fe^{3+} 导致电子之间的超交换作用减少，从而导致电极化减少，因此介电常数实部也随之降低。与此同时，异常晶粒的出现和 $BaFe_{0.24}Fe_{0.76}O_{2.88}$ 杂相的存在随着过量 Bi^{3+} 的加入而逐渐出现，也会导致介电性能削弱，从而导致介电常数实部降低。

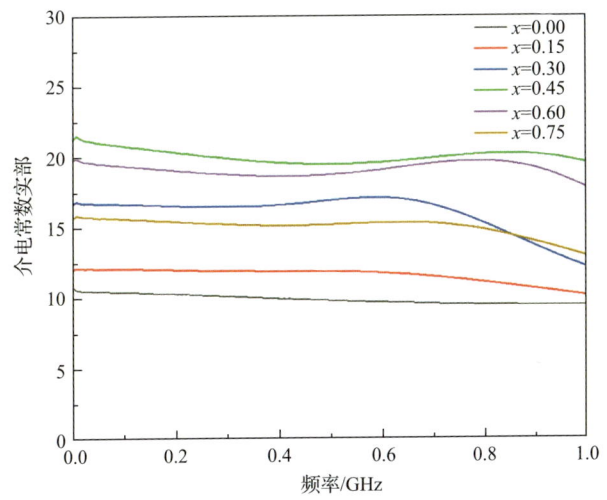

图 8-37　不同 Bi^{3+} 取代量的 $Ba(CoTi)_{1.2}Fe_{9.6}O_{19}$ 铁氧体样品的介电常数实部（ε'）变化

表 8-15　不同 Bi^{3+} 取代量的 $Ba(CoTi)_{1.2}Fe_{9.6}O_{19}$ 样品在 0.01GHz 下的介电常数实部

x	ε'	x	ε'
0.00	10.75	0.45	21.24
0.15	12.01	0.60	19.83
0.30	16.66	0.75	15.63

综上所述，本小节实验通过在 $Ba(CoTi)_{1.2}Fe_{9.6}O_{19}$ 铁氧体中引入 Bi^{3+} 取代其中的 Fe^{3+}，详细讨论了 Bi^{3+} 取代对 BaM 铁氧体的微观结构、磁性能和介电性能的影响。通过控制 Bi^{3+} 取代量 x，在 900℃烧结温度下制备了微观结构致密的铁氧体陶瓷样品。XRD 分析结果表明，即使是少量的 Bi^{3+} 取代也会对 BaM 铁氧体的相成分产生影响，当 $0.15 \leqslant x \leqslant 0.45$ 时，得到了单一的 BaM 晶相。而对其性能的影响

而言，通过实验和测试可知当 Bi^{3+} 取代量 x 为 0.45 时，样品的饱和磁化强度达到 3313.345Gs，在 10MHz 时样品的起始磁导率（μ'）达到 21.60，介电常数为 21.24。这说明 Bi^{3+} 的引入和取代能够实现 BaM 铁氧体低温烧结的目标，并且对其磁性能和介电性能具有明显的调节作用。

8.4.3 烧结温度对 $BaBi_{0.45}(CoTi)_{1.2}Fe_{9.15}O_{19}$ 铁氧体的影响

通过 8.4.2 节的实验可知，Bi^{3+} 的引入和取代能够实现 BaM 铁氧体在低温下烧结，并且得到良好磁性能和介电性能。但是过量 Bi^{3+} 的引入会导致杂相的产生，所以 Bi^{3+} 的取代量是一个关键参数。通过 8.4.2 节的实验可知，当取代量 x 为 0.45 时，即 $BaBi_{0.45}(CoTi)_{1.2}Fe_{9.15}O_{19}$，样品的磁性能和介电性能最佳，且为纯相的 BaM 铁氧体。除此之外，由于钡铁氧体复杂的晶格结构，烧结温度对 BaM 铁氧体晶体的影响十分明显，过低或过高的温度都容易引起杂相的产生。所以对烧结温度的选择也是合成 BaM 铁氧体重要的问题之一[41]。本小节通过在较低的烧结温度范围内，采用不同的烧结温度（880℃、900℃、920℃、940℃）对 $BaBi_{0.45}(CoTi)_{1.2}Fe_{9.15}O_{19}$ 铁氧体材料进行实验和探究，并且通过 XRD、SEM、VSM 等测试和计算，详细分析了烧结温度对 $BaBi_{0.45}(CoTi)_{1.2}Fe_{9.15}O_{19}$ 铁氧体材料微观结构、磁性能和介电性能的改变和作用，得到最合适的烧结温度。

1. $BaBi_{0.45}(CoTi)_{1.2}Fe_{9.15}O_{19}$ 铁氧体的制备及表征

$BaBi_{0.45}(CoTi)_{1.2}Fe_{9.15}O_{19}$ 铁氧体通过固相反应法进行合成。使用到的化学试剂为纯度均大于 99% 的 $BaCO_3$、CoO、TiO_2、Fe_2O_3 和 Bi_2O_3 粉末。将所有粉末按化学比例进行称量，与去离子水一起添加至钢制球磨罐中混合，并以 250r/min 的转速在行星式球磨机（南京大学仪器厂，中国南京）中球磨 6h。将球磨后的混合浆料放入烘箱，在 100℃下烘干 24h。使用陶瓷研钵将烘干的混合物磨碎，并且使用 100 目的分样筛得到尺寸小于 100 目的粉末。将研磨后的粉末装入刚玉坩埚并放进马弗炉中，在 800℃的空气氛围中进行预烧，保温时间为 2h。将经过预烧的混合粉末使用陶瓷研钵进行研磨，之后与去离子水混合放入钢制球磨罐再次使用行星式球磨机完成二次球磨，球磨时间为 8h。再次将球磨后的浆料放入烘箱中进行烘干，烘干温度为 100℃，烘干时间为 24h。使用陶瓷研钵对烘干的混合物进行研磨，并添加 10wt%聚乙烯醇（PVA）作为黏合剂进行造粒。通过电动液压机将制备好的颗粒压制成环状和片状坯件，施加的压强为 10MPa。最后，使用马弗炉对样品在不同温度下进行烧结，烧结温度分别为 880℃、900℃、920℃、940℃，得到四组不同烧结温度下的 BaM 铁氧体样品。

对四组不同的样品进行测试和分析，得到对应的晶体结构、微观样貌、磁性能和介电性能。对晶相结构的分析通过 X 射线衍射仪（Miniflex 600，Rigaku 株式会社，日本）测量 XRD 图谱来完成，Cu K_α 辐射，测试角度为 10°～90°。微观样貌的分析使用扫描电镜（JSM-6490LV，JEOL，日本）拍摄样品的 SEM 图来完成。采用阿基米德排水法测量蒸馏水中的样品堆积密度。介电性能通过阻抗分析仪测定介电谱和介电损耗角正切来分析。磁性能使用射频阻抗分析仪测量磁谱和磁损耗角正切，使用振动样品磁强计（VSM，7404，Lake Shore 公司）测试样品磁滞回线来分析。所有测试均在室温下进行。对铁氧体样品的饱和磁化强度、磁晶各向异性的分析是通过 Matlab 软件对样品趋近饱和区域进行数学拟合。

2. 烧结温度对 BaM 铁氧体的相成分和微观结构影响

图 8-38 为不同烧结温度（880℃、900℃、920℃、940℃）下 $BaBi_{0.45}(CoTi)_{1.2}Fe_{9.15}O_{19}$ 样品的 XRD 图谱。根据标准衍射卡片 PDF#43-0002，铁氧体特征衍射峰的晶面指数在图中标出。从测试结果可以看出，所有样品均呈现出了 BaM 相。然而，880℃ 的烧结温度较低，不能提供足够的能量促进化学反应，这可能导致 $BaFe_{0.24}Fe_{0.76}O_{2.88}$ 杂质相的出现。当温度升高到 900℃ 时，杂质相消失，得到了纯 BaM 结构。另外，随着温度的升高，衍射峰没有发生移位，说明没有其他离子引入晶体结构。样品在 920℃ 烧结时 XRD 谱峰值最高，说明此烧结温度下样品结晶度最高。

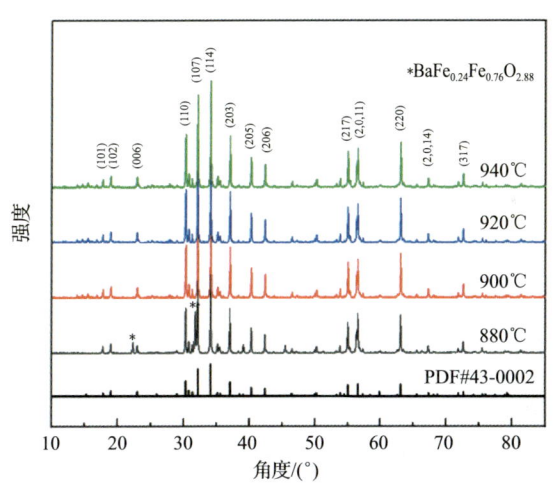

图 8-38　不同烧结温度下 BaM 铁氧体样品的 XRD 图谱

图 8-39 和表 8-16 为四组样品的体密度（ρ）、相对密度（ρ_R）和孔隙率（P）。随着烧结温度的升高，体密度和相对密度值先增大后减小。当烧结温度为 880℃ 时体密度为最小值（$4.719 g/cm^3$），在 920℃ 时达到最大值（$4.984 g/cm^3$）。样品的孔隙率先减小后增大，在 920℃ 时达到最小值。这一现象证实了 920℃ 的烧结温度可以促进孔隙率的减小，获得致密的微观结构，这可以从 SEM 图中得到证实。然而当烧结温度为 940℃ 时，导致均匀组织恶化，孔隙率增大，密度降低，说明此时烧结温度过高。因此，通过实验可知 920℃ 是 BaM 铁氧体的最佳烧结温度。

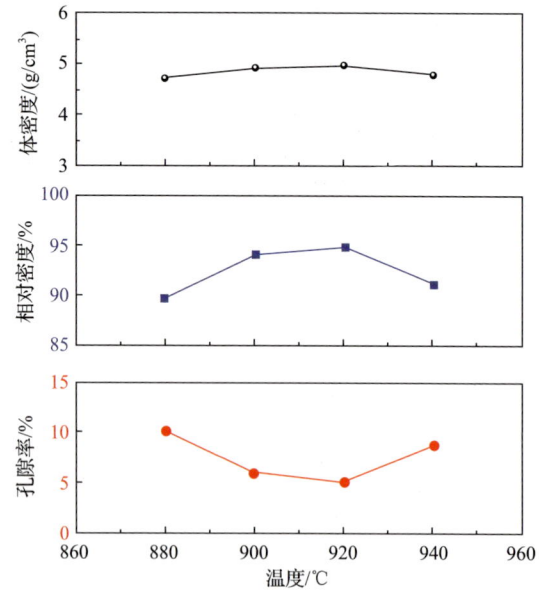

图 8-39　不同烧结温度下 BaM 铁氧体样品的密度和孔隙率变化

表 8-16　不同烧结温度下 BaM 铁氧体样品的体密度、相对密度和孔隙率

烧结温度/℃	体密度(ρ)/(g/cm³)	相对密度(ρ_R)/%	孔隙率(P)/%
880	4.719	89.819	10.181
900	4.939	93.993	6.007
920	4.984	94.868	5.132
940	4.793	91.214	8.786

不同烧结温度下 $BaBi_{0.45}(CoTi)_{1.2}Fe_{9.15}O_{19}$ 样品的微观结构如图 8-40（a）～（d）所示。由测试结果可以得知，所有样品均呈现棒状或者六角状，是 BaM 铁氧体典型的特征形貌。图 8-40（a）是样品在 880℃烧结时的微观结构。对于铁氧体而言，较低的烧结温度环境不能提供足够的能量使晶粒充分生长，微观结构更加致密，因此当烧结温度为 880℃时，样品晶粒尺寸较小，并且有较多的气孔产生。当烧结温度升高至 900℃时，样品的微观形貌发生了变化，如图 8-40（b）所示。从图中可以看出，BaM 铁氧体样品的晶粒尺寸增大，孔隙减少，致密性变好。当烧结温度为 920℃时，BaM 铁氧体样品的孔隙明显减少，与此同时晶粒的尺寸增大，致密性达到最好。出现这种现象可能的原因是，足够高的烧结温度（≥900℃）为 BaM 铁氧体样品晶粒的生长提供了足够的温度和能量，从而使晶粒尺寸分布更加均匀，微观结构得以优化。然而当烧结温度过高为 940℃时，从图中可以看出，过高的温度破坏了 BaM 铁氧体样品晶粒的完整性，部分晶粒的边界被破坏，导致

晶粒的致密性和均匀性恶化，孔隙增多。这主要是由于过高的烧结温度破坏了晶体生长和致密化之间的平衡。

图 8-40　不同烧结温度下 BaM 铁氧体样品的 SEM 图

3. 烧结温度对 BaM 铁氧体样品磁性能影响

图 8-41 为不同烧结温度下 $BaBi_{0.45}(CoTi)_{1.2}Fe_{9.15}O_{19}$ 铁氧体的磁滞回线。样品的饱和磁化强度 M_s 和 $4\pi M_s$ 如表 8-17 所示。由测试结果可知，BaM 铁氧体样品在不同烧结温度下都具有良好的磁性能，最大饱和磁化强度 $4\pi M_s$ 为 3272.27Gs。当烧结温度为 880℃时，BaM 铁氧体样品的饱和磁化强度 M_s 为 46.26emu/g，$4\pi M_s$ 为 2743.44Gs。随着烧结温度不断升高，饱和磁化强度开始逐渐增大，并且在 920℃时饱和磁化强度达到最大，M_s 为 52.24emu/g，$4\pi M_s$ 为 3272.27Gs。随后随着烧结温度继续升高，饱和磁化强度逐渐降低，这与 BaM 铁氧体样品密度和微观结构的变化相似。饱和磁化强度主要与样品的密度和平均晶粒尺寸有关，本小节实验的变化与该结论相符。通过前面对其微观结构的测试和分析可知，当烧结温度为 880℃时 BaM 铁氧体样品具有较低的密度和较小的晶粒尺寸，因此导致 BaM 铁氧体材料的饱和磁化强度较小。而烧结温度的升高促进了晶粒的生长和结构的致密化，并且使得密度和晶粒尺寸增大，因此饱和磁化强度增大。但当烧结温度升高至 940℃后，BaM 铁氧体样品的气孔增多，微观结构均匀性和致密性变差，磁性能减弱，此时饱和磁化强度降至最小，M_s 为 43.95emu/g，$4\pi M_s$ 为 2646.95Gs。

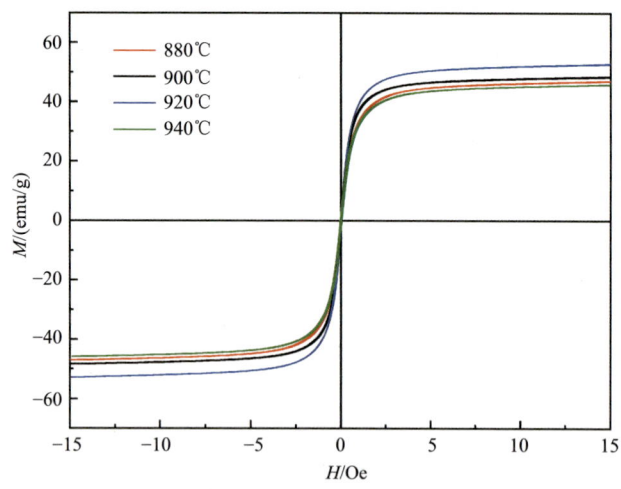

图 8-41　不同烧结温度下 BaM 铁氧体样品的磁滞回线

表 8-17　不同烧结温度下 BaM 铁氧体的磁特性参数及拟合参数

烧结温度/℃	M_s/(emu/g)	$4\pi M_s$/Gs	α	$\beta/(\times 10^3 Oe^2)$	χH	$K_1/(\times 10^6 erg/cm^3)$
880	46.26	2743.44	268.00	62.84	1.11	5.62
900	47.52	2979.14	223.50	38.79	1.15	4.01
920	52.24	3272.27	247.30	32.86	0.91	4.18
940	43.95	2646.95	318.70	18.46	2.56	1.54

铁氧体样品在趋近饱和阶段，随着外加磁场强度的增加，磁畴内的磁矩离开原来的易磁化轴方向逐渐靠近外加磁场方向直至饱和磁化。根据趋近饱和定律，选取外加磁场强度范围为 1500～8000Oe，对磁化曲线进行数学拟合，如图 8-42 所示。样品的磁化强度可以由趋近饱和定律描述：

$$M = M_s(1 - \alpha/H - \beta/H^2) + \chi H \tag{8-11}$$

其中，M_s 为饱和磁化强度；α/H 项与结构缺陷和材料内的非磁性离子有关；β/H^2 项与材料的磁晶各向异性常数 K_1 有关；χH 项源自施加高强度磁场，是材料的顺磁化过程，χ 为顺磁化过程的磁化率。从拟合中获得的参数 α、β、χH 列于表 8-17 中。对于六方对称晶系，参数 β 与磁晶各向异性常数 K_1 的关系可以由式（8-12）表示：

$$\beta = -H_a^2/15 = 4K_1^2/15M_s^2 \tag{8-12}$$

其中，H_a 为磁各向异性场。

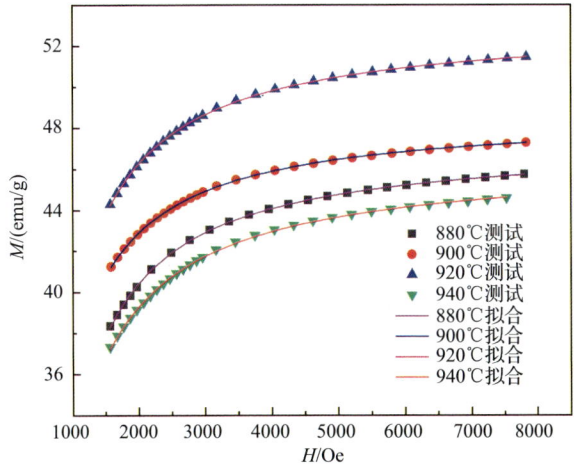

图 8-42　基于 LAST 的不同温度烧结 BaM 铁氧体的磁滞回线数学拟合曲线

使用上述公式对磁滞回线数据中 1500～8000Oe 部分进行了非线性曲线拟合，拟合曲线如图 8-42 所示。拟合的 M_s 与实测的磁滞回线相一致。随着温度的升高，BaM 铁氧体样品的饱和磁化强度 M_s 呈先增大后减小的趋势，在 920℃时 M_s 达到最大值（52.24emu/g）。发现在 920℃时，$4\pi M_s$ 也接近最大值（3272.27Gs）。此外，BaM 铁氧体的磁晶各向异性常数 K_1 达到 $4.18\times10^6\text{erg/cm}^3$。这说明随着烧结温度的升高，样品的磁性能也不断提升，磁晶各向异性随着烧结温度的变化如表 8-17 所示。

在不同温度下烧结的 BaM 铁氧体样品的磁导率实部如图 8-43 和表 8-18 所示，测试范围为 10MHz～1GHz。烧结温度极大地影响了样品磁导率实部（μ'）的变化。样品磁导率实部随着烧结温度的升高呈现先增加后降低的趋势。当烧结温度为 880℃时，样品的晶粒尺寸最小，致密性最差，导致此时样品的磁性能最弱，因此磁导率实部为最小值（8.90）。相比于在较低温度（880℃）烧结的铁氧体，当温度升高，样品磁导率实部快速增加，当增加到 920℃时达到最大值（10.82）。对于铁氧体晶体材料，磁导率实部与晶粒尺寸密切相关。晶粒尺寸越小，单位体积内就含有越多的晶界，阻碍了磁畴的运动。从 SEM 图中可以看出当温度为 880℃时，晶粒尺寸较小，孔隙数量多，这是导致该温度下磁导率实部偏小的主要原因之一。随着温度升高样品的均匀性与致密性也变好，晶体的微观结构改善使得磁导率不断上升。但过高的温度（940℃）会破坏晶体结构的完整性，使晶粒尺寸变小，这一原因导致了磁导率实部的下降。另外，磁损耗是影响铁氧体材料性能的重要参数，尤其是在高频下带来大的损耗制约着其应用和发展。在实际应用中，希望损耗值越小越好。复数磁导率的磁损耗角正切（$\tan\delta_\mu$）由磁导率的实部（μ'）与虚部（μ''）计算决定，结果见表 8-18。由表可知，降低磁导率实部和提高磁导率虚部都有利于获得低损耗的铁氧体材料。当温度为 920℃时，磁损耗角正切为最小值（0.27）。这是由于此时磁导率虚部最小并且磁导率实部最大。相较于 8.3 节实验使用精准控温的 HXL001-16O 型箱式炉，本小节使用马弗炉烧结样品，磁导率整体偏小，但同一批次实验所有样品都处于相同的制备条件和烧结环境，实验的唯一变量为烧结温度，因此磁性能的变化趋势不会受到不同烧结设备的影响。

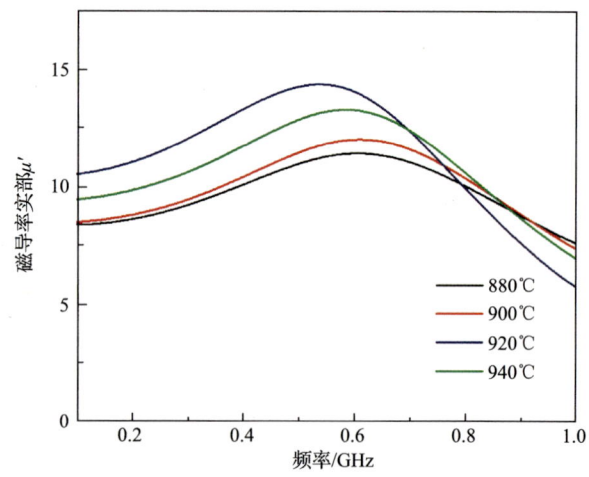

图 8-43　不同温度下烧结的 BaM 铁氧体样品的磁导率实部变化曲线

表 8-18　不同温度下烧结的 BaM 铁氧体样品的磁导率实部与虚部及磁损耗角正切

烧结温度/℃	μ'	μ''	$\tan\delta_\mu$
880	8.90	5.32	0.60
900	8.79	2.94	0.33
920	10.82	4.47	0.27
940	9.76	2.87	0.46

不同温度下的品质因数 Q 是使用频率为 0.01GHz 的射频阻抗分析仪获得的。然后，由式（8-13）计算得到品质因数值。品质因数反映了软磁材料在交变磁化时能量的贮存和损耗的性能。图 8-44 显示了不同烧结温度下样品品质因数的变化曲线。当烧结温度为 920℃，得到的样品微观结构最为均匀致密，平均晶粒尺寸小，品质因数最高（3.76）。由于高次谐波会引起失真，用失真因子 k 表示。失真因子的变化趋势如图 8-44 所示。当样品均匀性和致密性最好时磁性能也最好，此时失真因子最小（0.053）。之后，随着温度的不断升高，品质因数显著下降并且失真因子增加，这可能是样品的均匀性变差，磁导率虚部增加所致，即：

$$Q = \frac{1}{\tan\delta_\mu} = \frac{\mu'}{\mu''} \qquad (8\text{-}13)$$

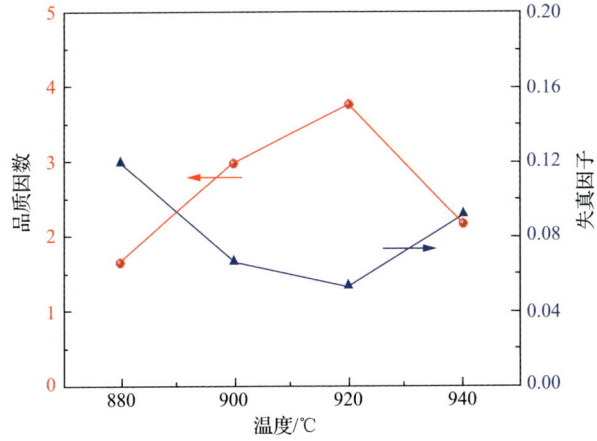

图 8-44 不同温度下烧结的 BaM 铁氧体样品的品质因数 Q 和失真因子 k

图 8-45 和表 8-19 分别展示了不同烧结温度（880℃、900℃、920℃及940℃）下 BaM 铁氧体的铁磁共振线宽数据，测试频率为 9.56GHz，测试范围为 500～

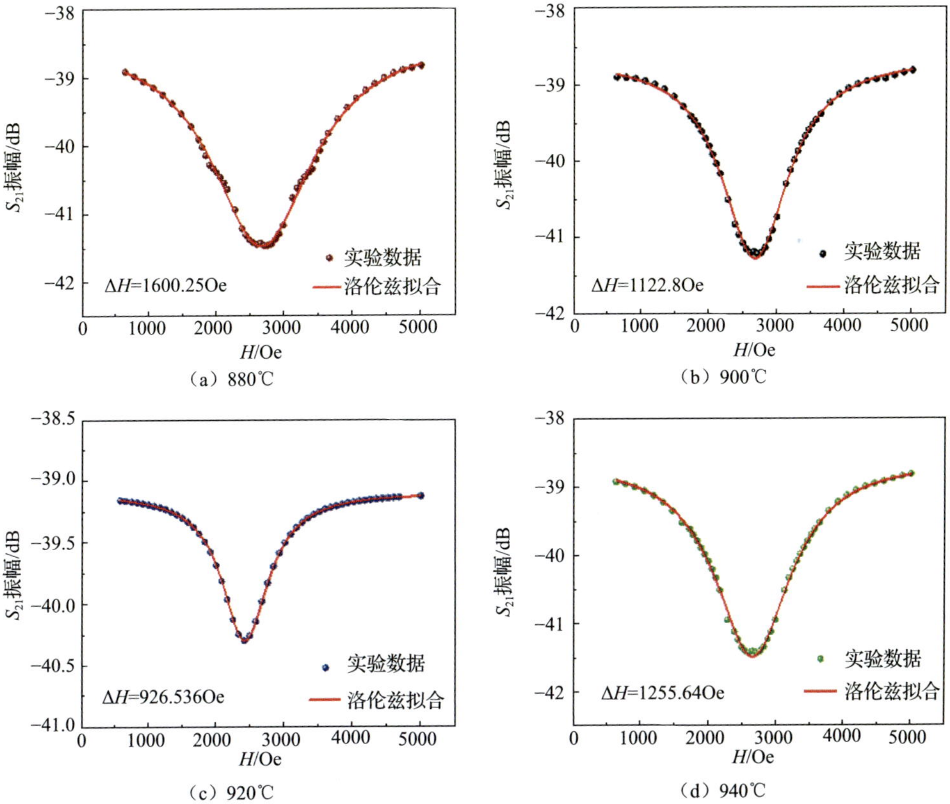

图 8-45 不同温度下烧结的 BaM 铁氧体样品的铁磁共振线宽

表 8-19　不同温度下烧结的 BaM 铁氧体样品的品质因数 Q、失真因子 k 及铁磁共振线宽（ΔH）

烧结温度/℃	Q	k	ΔH/Oe
880	1.67	0.12	1600.25
900	2.99	0.067	1122.8
920	3.76	0.053	926.536
940	2.18	0.092	1255.64

5000Oe。并采用洛伦兹拟合对测试数据进行拟合，得到拟合曲线。如图所示，样品的测试结果很好地与拟合数据匹配，并且随着烧结温度的不断增加，样品的铁磁共振线宽曲线呈现出先变窄后增宽的趋势，因此铁磁共振线宽值也呈现出先降低后增加的变化。当烧结温度为 920℃时，铁磁共振线宽曲线最窄，铁磁共振线宽达到最小值（926.536Oe）。这说明当烧结温度为 920℃时样品磁损耗最小，为最适合的烧结温度。

4. 烧结温度对 BaM 铁氧体样品介电性能影响

在不同温度下烧结的 BaM 铁氧体样品的介电性能变化趋势如图 8-46 和表 8-20 所示。从测试结果中可以看出，随着样品的烧结温度增加，介电常数实部（ε'）先增加后降低。介电常数的变化与铁氧体晶粒的微观结构也有一定的关系。之前的研究表明，晶粒尺寸越大会导致较高的极化率。另外由于孔隙是优良的电绝缘

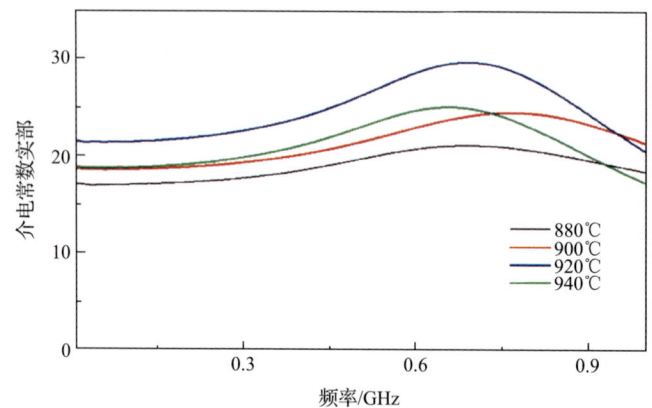

图 8-46　不同温度下烧结的 BaM 铁氧体样品的介电常数实部变化曲线

表 8-20　不同温度下烧结的 BaM 铁氧体样品的介电参数

烧结温度/℃	ε'	ε''	$\tan\delta_\varepsilon$
880	17.08	0.10	0.0059
900	18.61	0.14	0.0054
920	21.41	0.12	0.0056
940	18.73	0.10	0.0053

体，材料中的导电路径随着孔隙率的降低而增加，所以微观结构更致密的材料的介电性能更好。当烧结温度为 880℃时，通过之前对样品微观结构的测试结果可知，样品的晶粒尺寸最小，微观结构最差，因此介电性能较弱，介电常数实部为 17.08。随着温度升高至 920℃，介电常数实部增加至 21.41，达到最大值。介电常数实部的改变主要是由于微观结构的变化，逐渐增加的温度为样品的晶粒生长提供了能量，致密度和均匀性的增加使得介电性能变得更好。而样品的介电损耗可以通过其介电损耗角正切（$\tan\delta_\varepsilon$）看出，结果见表 8-20。从表中不难发现，当温度大于 900℃时介电损耗角正切不断降低，940℃时降至最低（5.3×10^{-3}）。这是因为当温度为 940℃时介电常数实部虽然只有 18.73，但介电常数虚部（ε''）较小为 0.10，所以此时介电损耗角正切最低。铁氧体的介电性能主要取决于 Fe^{2+} 和 Fe^{3+} 之间的电子跃迁。烧结温度影响了样品固相反应，较高的烧结温度促进反应的完全进行，从而降低了介电损耗。

本小节实验研究了烧结温度对 $BaBi_{0.45}(CoTi)_{1.2}Fe_{9.15}O_{19}$ 铁氧体晶体生长的影响，并详细讨论了烧结温度对样品微观结构、磁性能、介电性能和损耗的影响。在 920℃下得到了微观结构最致密，磁性能和介电性能最好并且损耗最低的铁氧体样品。XRD 和 SEM 结果表明，900~940℃都能够得到微观结构致密的纯相 BaM 晶体。当烧结温度为 920℃时，样品的磁性能最好，磁导率实部为 10.82，磁损耗角正切为 0.27。通过数学拟合得到样品饱和磁化强度为 3272.27Gs，磁晶各向异性常数为 $4.18\times10^6 erg/cm^3$。除此之外，样品的介电常数实部也达到最高值（21.41），介电损耗角正切为 5.6×10^{-3}。测试和计算结果表明，920℃下制备了磁性能和介电性能良好的 BaM 铁氧体，是制备微带器件的良好材料。

8.5 氧化物添加剂对 BaM 铁氧体性能的影响与分析

8.5.1 氧化物添加剂 BaM 铁氧体

8.4 节讲述了多离子组合取代对 BaM 铁氧体微观结构、磁性能和介电性能的影响，详细分析了不同含量 Bi-Co-Ti 离子对 BaM 铁氧体的取代作用。为了满足低温共烧工艺，必须满足铁氧体晶体在 960℃下烧结成型。值得注意的是，BaM 材料同时拥有良好的磁性能和介电性能，损耗较低，但烧结温度对 BaM 铁氧体晶体的影响十分明显，过低或过高的温度都容易引起杂相的产生。由于其烧结温度较高（约为 1250℃），低温下 BaM 铁氧体的制备和应用与其他铁氧体相比更加困难。所以在低温下合成纯相 BaM 铁氧体晶体，并且使其具有良好的磁性能、介电性能和较低的损耗，是目前较为困难的问题之一。由 8.2 节可知，对于晶体结构较为复杂的 BaM 铁氧体，选择合适的烧结温度是整个铁氧体制备过程的关键，不适宜的烧结温度往往会导致杂相的产生，生成其他类型的钡铁氧体。除此之外，烧结温度影响着晶粒的生长和成型，温度越高往往其实际密度越大，从而对其磁性能和介电性能都有着重要的影响，但是在实际制备和生产过程中不能依靠提高烧结温度来获得高密度的钡铁氧体。在实际制备和研究中，通过氧化物掺杂的方法来控制烧结温度和提升样品性能是一种有效且常用的方法。本节通过不同的氧化物对 BaM 铁氧体进行掺杂，来研究氧化物对其的影响和作用，以及磁性能和介电性能的变化规律。

8.5.2　单氧化物 V_2O_5 掺杂对 BaM 铁氧体的影响

由 Co-Ti 双离子共同掺杂的 BaM 铁氧体具有良好磁性能和介电性能，并且磁损耗和介电损耗都较小，近年来受到学者们广泛的研究。为了优化其微观结构和性能，往往采用较低熔点的氧化物来降低烧结温度，并调节相应的磁性能和介电性能。V_2O_5 是结构最稳定的钒氧化物，被广泛应用于催化反应中，同时在固相反应法制备陶瓷时，也可以用作良好的助烧剂来降低烧结温度，促进晶粒生成并且调节相应的介电性能和磁性能。本小节通过在由 Co-Ti 双离子共同掺杂的 BaM 铁氧体 $Ba(CoTi)_{1.2}Fe_{9.6}O_{19}$ 中引入不同含量的 V_2O_5 来探究其作用与影响。

1. V_2O_5 掺杂 BaM 铁氧体的制备及表征

本小节实验通过固相反应法制备 $Ba(CoTi)_{1.2}Fe_{9.6}O_{19}$ 铁氧体陶瓷。根据化学式称量 $BaCO_3$、Co_2O_3、TiO_2 和 Fe_2O_3 粉末，所有粉末纯度均大于 99%。将称量好的材料与去离子水一起添加至钢制球磨罐中混合，并以 250r/min 的转速在行星式球磨机中球磨 14h。然后将混合浆料在烘箱中烘干，温度设定为 100℃，烘干时间为 24h。使用陶瓷研钵将烘干的混合物磨碎，并使用 100 目的分样筛得到尺寸小于 100 目的粉末。将研磨后的粉末装入刚玉坩埚并放进马弗炉中，在 1100℃环境下预烧 2h。然后分别将不同质量比例的 V_2O_5（0wt%、1wt%、3wt%、5wt%和 7wt%）添加至经过预烧的粉末中。将不同组分的粉末与去离子水混合放入钢制球磨罐，并进行二次球磨，球磨时间为 14h。将五组含有不同质量比例 V_2O_5 的混合浆料放入烘箱，在 100℃的空气氛围中烘干 24h。使用陶瓷研钵对不同组烘干的混合物分别进行研磨，并添加 10wt%的聚乙烯醇黏合剂进行造粒。将制备好的颗粒通过液压机在 10MPa 的压强下压成环状和片状坯件。最后，将五组样品在马弗炉中烧结并保温 2h，烧结温度设置为 1000℃，烧结气氛为空气。

将五组经过烧结的样品在室温中进行测试和分析。使用 Cu K_α 辐射 X 射线衍射仪（Bruker D8 Advance）对样品的 XRD 峰进行测试，得到样品的 XRD 图谱，测试过程中扫描步长设置为 0.02°，测试角度范围为 10°～80°。射频阻抗分析仪（Agilent E4991B）用于测量介电谱和介电损耗。使用扫描电镜（SEM，JEOL

JSM-6490LV）获得 SEM 图，得到样品的微观结构。采用阿基米德排水法测量蒸馏水中样品的堆积密度。所有测试均在室温下进行。使用振动样品磁强计（VSM，7404，Lake Shore 公司）测量得到不同 V_2O_5 掺杂的铁氧体样品的磁滞回线，测试磁场强度范围为 $-15\sim +15$ kOe。

2. V_2O_5 掺杂对 BaM 铁氧体相成分和微观结构影响

图 8-47 显示了在 1000℃下烧结的不同 V_2O_5 掺杂量的铁氧体样品的 XRD 图谱。根据标准衍射卡片 PDF#43-0002，(110)、(107)、(114)等特征衍射峰的晶面指数在图 8-47 中标注出。V^{5+} 的离子半径与 Fe^{3+}、Ba^{2+} 的离子半径之间存在着差异，如果之间产生一定的离子取代现象，则会导致晶格常数在一定范围内变化，因而会引起测试峰一定程度的位移。测试结果表明，钡铁氧体样品的所有峰位没有产生明显的位移，这表明晶格中并没有产生离子取代现象。从图中可以看出，与未添加 V_2O_5 助烧剂的样品（即 x=0wt%）相比，随着氧化物助烧剂 V_2O_5 掺杂量的增加，BaM 铁氧体样品晶体峰强度逐渐增强。当掺杂量 $x\leqslant 3$wt%时，样品晶体呈现单一的 BaM 相，没有第二相产生。当掺杂量 $x\geqslant 5$wt%时，出现了 Fe_2O_3 晶相。推测产生该现象的原因是氧化物助烧剂 V_2O_5 的引入量过多，在高温下过量熔融的 V_2O_5 沉积在晶界之间，并未起到促进反应进行、促使晶体生长的作用，反而阻碍了固相反应良好的进行，因此使得少量 Fe_2O_3 未反应完全，留下的少量 Fe_2O_3 被检测到，产生杂相。

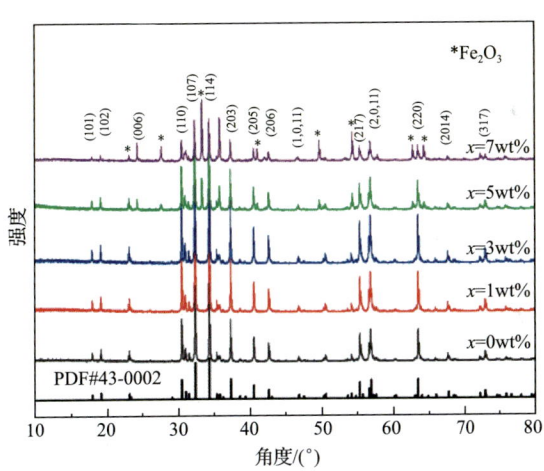

图 8-47　在 1000℃烧结的不同 V_2O_5 掺杂量的 BaM 铁氧体样品的 XRD 图谱

图 8-48 显示了不同 V_2O_5 掺杂量的五个样品的密度和孔隙率。随着 V_2O_5 的加入，BaM 铁氧体的密度首先趋于增加。这可能与烧结过程中晶粒间的材料致密化有关。在 1000℃烧结时，液相 V_2O_5 的作用力可以减少晶界间的孔隙，最终导致 BaM 铁氧体的致密化，增加材料的密度。当 x=3wt%时，样品密度达到 4.87g/cm³（最大值），孔隙率为 5.49%（最小值）。

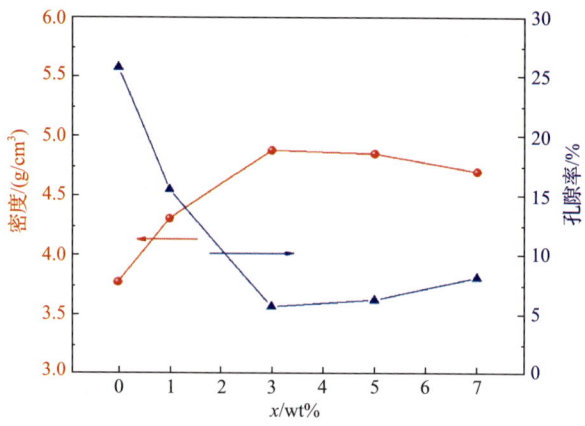

图 8-48　在 1000℃ 烧结的不同 V_2O_5 掺杂量的 BaM 铁氧体样品的密度和孔隙率

晶体微观结构反映了铁氧体样品的烧结状况,在一定程度上影响了样品的磁性能和介电性能。通过扫描电镜对不同 V_2O_5 掺杂量的 BaM 铁氧体截断面的微观形态进行检测,并拍摄相应的 SEM 图,结果如图 8-49 所示。除此之外,为了更直观地分析晶粒尺寸的变化,相应的晶粒尺寸大小及其分布如图 8-50 所示。值得注意的是,没有 V_2O_5 掺杂的 BaM 铁氧体晶粒不能在 1000℃ 的烧结气氛中充分生长。如图 8-49(a)所示,不含 V_2O_5 的样品即 $x=0wt\%$ 时,BaM 铁氧体晶粒尺寸明显较小,并且有较多孔隙产生。在图 8-49(c)和(d)中,可以观察到相较于未掺杂 V_2O_5 的样品,V_2O_5 的加入使得样品晶粒尺寸明显增大。此外,随着 V_2O_5 掺杂量的不断增加,晶粒尺寸明显增大,孔隙减少,微观结构变得更加紧凑。特别是当 $x=3wt\%$ 时,晶粒呈现出六边形的形状,并且具有很好的致密性。随着 V_2O_5 掺杂量的增加,晶粒尺寸继续增大。然而,V_2O_5 的熔点为 690℃,沸点为 1750℃,因此 V_2O_5 在 1000℃ 时以液相存在。当掺杂量超过 5wt% 时,过量的熔融相 V_2O_5 使晶界变得模糊,导致 BaM 晶粒的完整性被破坏。未消耗的添加剂会使样品处于变性阶段,导致了部分异常晶粒的产生,如图 8-49(e)所示。此外,晶粒尺寸的分布图(图 8-50)显示,当掺杂量为 0wt% 时,平均晶粒尺寸约为 0.67μm。当掺杂量为 7wt% 时,平均晶粒尺寸达到最大值(1.42μm)。这一现象表明,V_2O_5 对铁氧体晶粒的生长有促进作用。

(a) $x=0wt\%$

(b) $x=1wt\%$

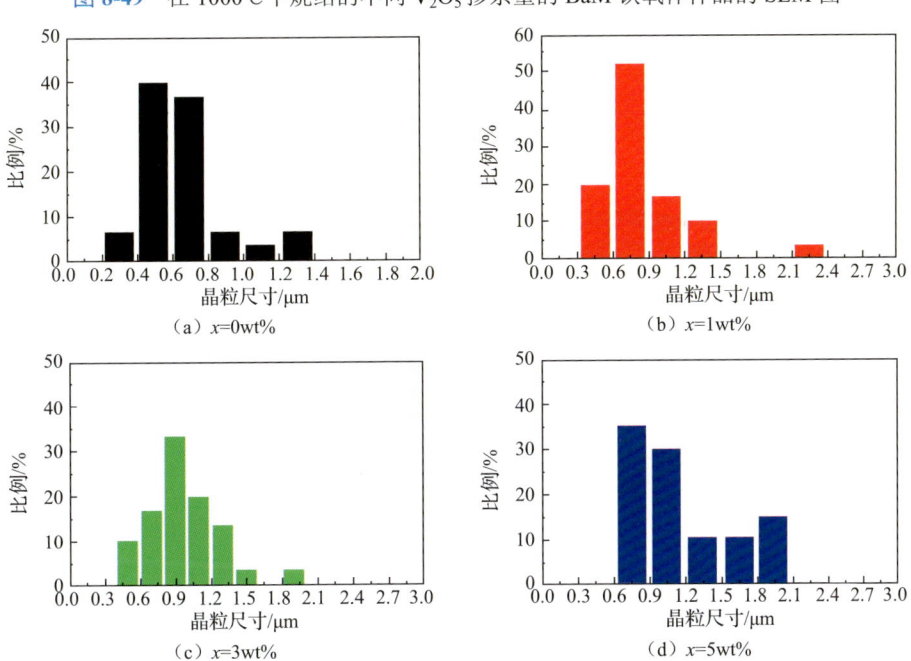

图 8-49　在 1000℃下烧结的不同 V_2O_5 掺杂量的 BaM 铁氧体样品的 SEM 图

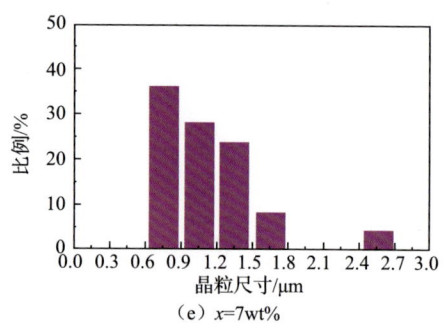

(e) $x=7wt\%$

图 8-50　不同 V_2O_5 掺杂量的 BaM 铁氧体样品的晶粒尺寸分布图

图 8-51 展示了不同 V_2O_5 掺杂量的 BaM 铁氧体样品的 EDS 谱。图 8-51（a）～（d）标注了所有检测到的元素，其中包括钡、钴、钛、铁元素，所有样品包含的元素都可以在 EDS 谱中找到，没有其他杂质元素存在。在图 8-51（e）中，由于添加了过量的 V_2O_5，在 EDS 检测过程中出现了少量的钒元素。

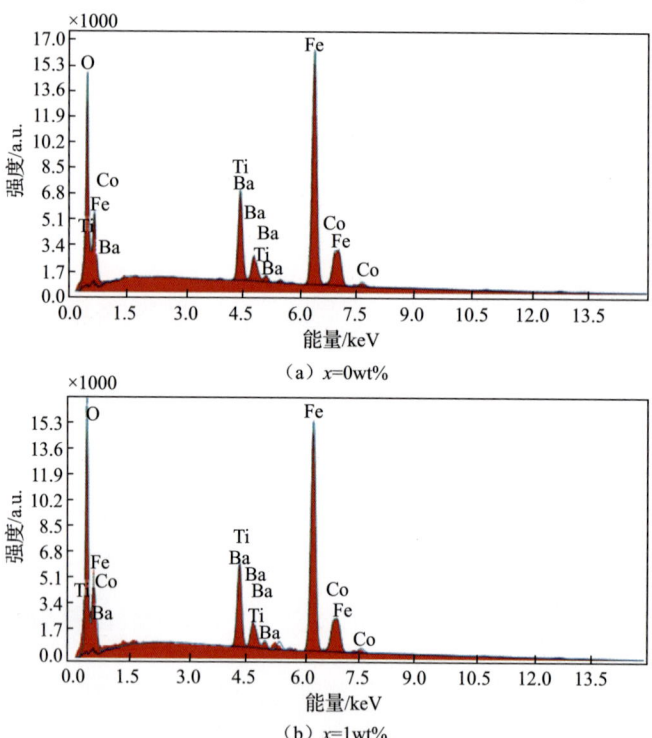

(a) $x=0wt\%$

(b) $x=1wt\%$

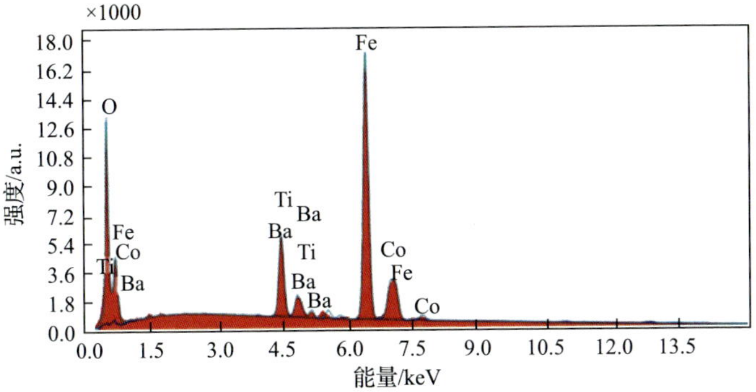

（c）x=3wt%

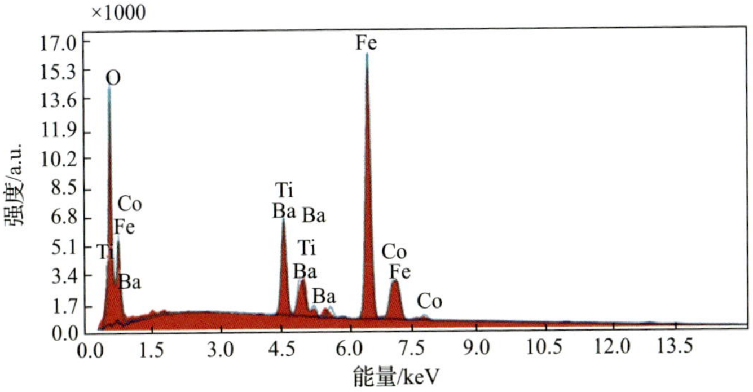

（d）x=5wt%

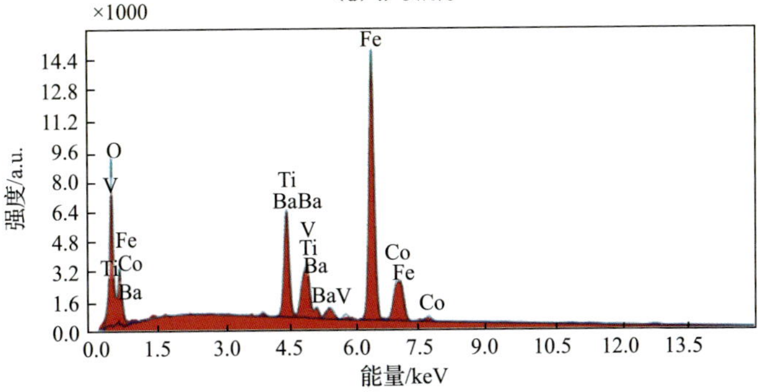

（e）x=7wt%

图 8-51　在 1000℃下烧结的不同 V_2O_5 掺杂量的 BaM 样品的 EDS 谱

3. V_2O_5 掺杂对 BaM 铁氧体磁性能影响

样品的磁滞回线在图 8-52 中显示，饱和磁化强度 $4\pi M_s$ 在表 8-21 中展示。BaM 铁氧体具有良好的磁性能，并且 $4\pi M_s$ 随着 V_2O_5 掺杂量增加先增大后减小。适量的 V_2O_5 加入铁氧体可以加速固相反应，促进铁氧体致密化。饱和磁化强度主要与样品的密度和平均晶粒尺寸有关，由 SEM 图和密度测试结果可知，V_2O_5 的加入能够使晶粒尺寸增大。因此随着 V_2O_5 掺杂量 x 的增加，BaM 铁氧体的饱和磁化强度随着样品的致密度和晶粒尺寸的增加而增大。尤其当 $x=3wt\%$ 时，饱和磁化强度 $4\pi M_s$ 达到最大值（3246.649Gs）。但当 $x \geqslant 5wt\%$ 时，饱和磁化强度 $4\pi M_s$ 显著下降。一方面，由于过量熔融 V_2O_5 破坏了 BaM 晶粒微观结构的完整性，同时杂质相的产生削弱了铁氧体的磁化强度。另一方面，V_2O_5 是非磁性的，所以过量 V_2O_5 的加入会大幅减弱铁氧体样品的磁性能。

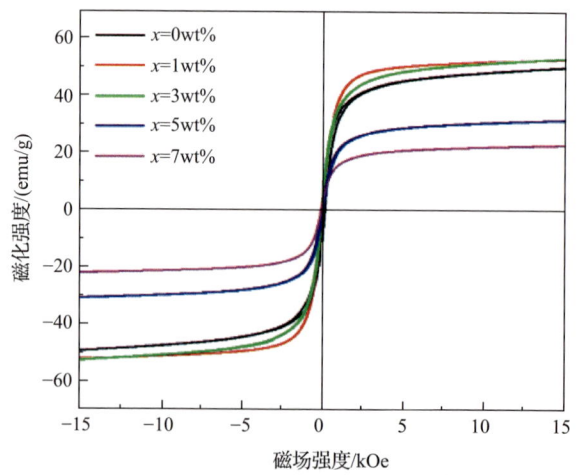

图 8-52　不同 V_2O_5 掺杂量的 BaM 铁氧体样品的磁滞回线

表 8-21　不同 V_2O_5 掺杂量的 BaM 铁氧体样品的磁特性参数

x/wt%	M_s/(emu/g)	$4\pi M_s$/Gs	ΔH/Oe
0	52.760	2488.907	1362.155
1	49.936	2692.676	1123.807
3	53.084	3246.649	924.812
5	31.500	1915.042	1187.97
7	22.532	1326.824	1354.637

在烧结温度为 1000℃ 时，不同 V_2O_5 掺杂量的 BaM 铁氧体样品的铁磁共振线宽性能通过波导谐振腔微扰法测试得到，测试频率为 9.56GHz，磁场强度范围为 500~5000Oe。铁磁共振线宽谱如图 8-53 和表 8-21 所示，采用洛伦兹拟合得到相应的铁磁共振线宽曲线，其中圆点为测试数据结果，红色曲线为洛伦兹拟合曲线。从图中可以看出，V_2O_5 掺杂的 BaM 铁氧体样品铁磁共振线宽（ΔH）在 924.812~1362.155Oe 范围内波动，呈现出先减小后增大的趋势。当没有 V_2O_5 掺杂时，即掺杂量 $x=0wt\%$，磁损耗较高，因此其铁磁共振线宽较大，为最大值（1362.155Oe）。当 V_2O_5 掺杂量 $x=3wt\%$ 时，BaM 铁氧体样品的铁磁共振线宽曲线最窄，铁磁共振线宽达到最小值，为 924.812Oe。由研究可知，样品的铁磁共振线宽性能与铁氧体的晶粒尺寸、微观结构、致密性都密切相关。通过之前对样品相成分和微观结

构的测试结果可知，当 V_2O_5 掺杂量为 3wt%时样品的微观结构最为致密，更有利于得到较小的铁磁共振线宽。

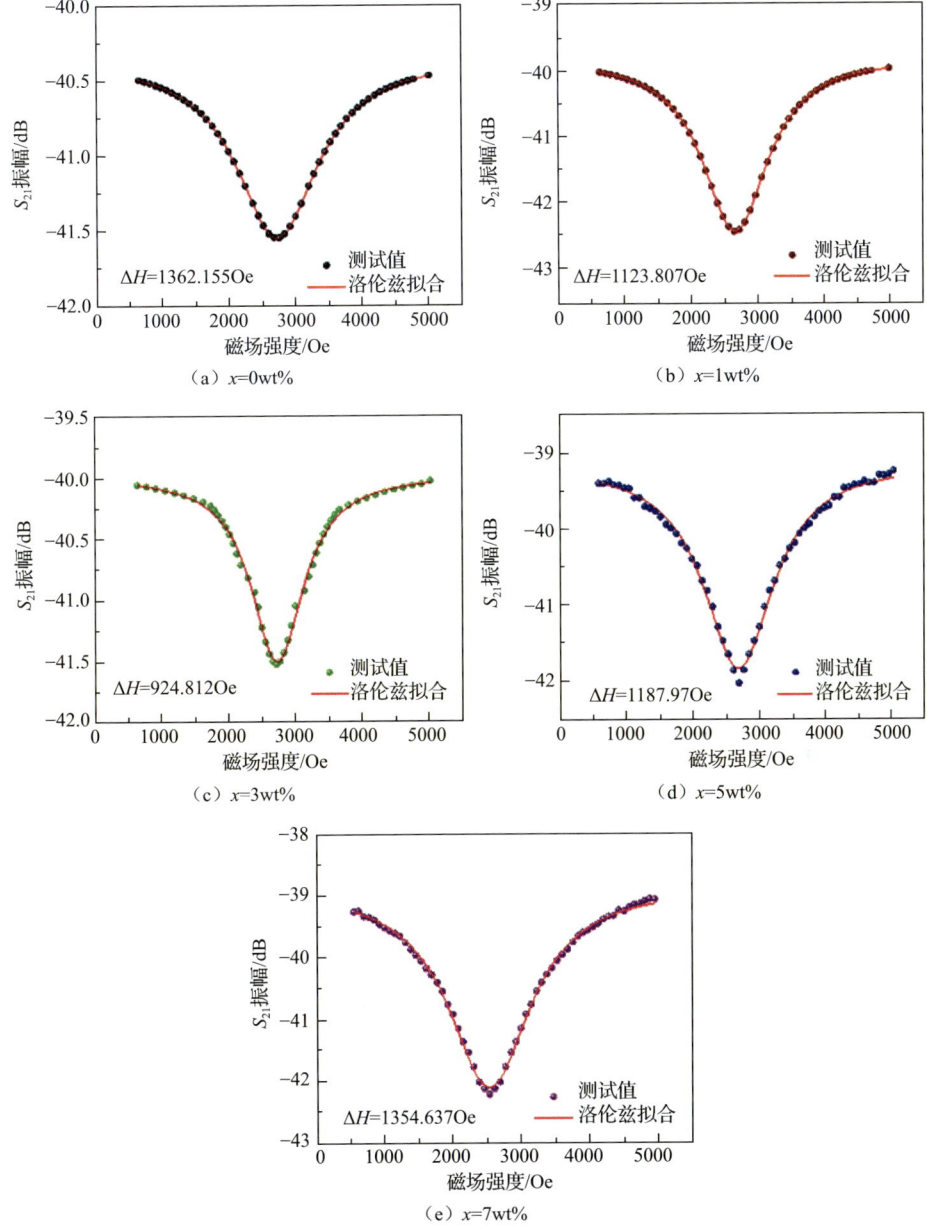

图 8-53　不同 V_2O_5 掺杂量的 BaM 铁氧体样品的铁磁共振线宽曲线

4. V_2O_5 掺杂对 BaM 铁氧体介电性能影响

铁氧体材料的介电性能也是影响微带线铁氧体环行器尺寸的重要因素。使用阻抗分析仪（Agilent E4991B）得到样品的介电谱，测试范围为 10MHz～1GHz，结果如图 8-54 和表 8-22 所示。当未添加 V_2O_5 助烧剂时，样品在 0.1GHz 的介电常数为 9.90。随着 V_2O_5 的加入介电常数增加，当 V_2O_5 掺杂量为 3wt%时介电常数达到了最大值。但随着过量 V_2O_5（$x \geqslant 5wt\%$）的加入，样品出现了杂质第二相，同时样品的微观结构开始恶化，导致介电性能的下降。

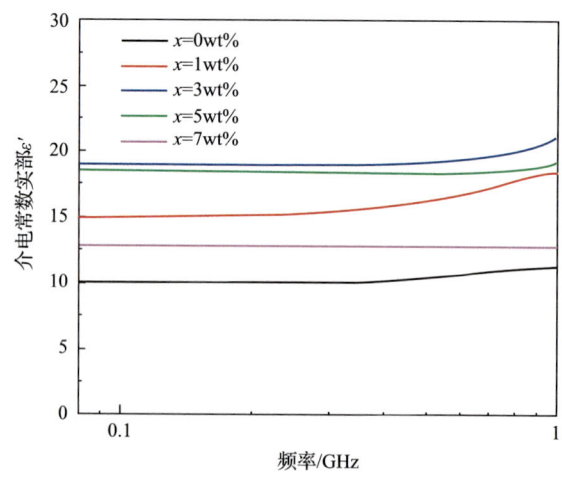

图 8-54　不同 V_2O_5 掺杂量的 BaM 铁氧体样品的介电常数实部变化曲线

表 8-22　不同 V_2O_5 掺杂量的 BaM 铁氧体样品的介电常数

x/wt%	ε'（0.1GHz）	ε'（1GHz）
0	9.90	11.29
1	15.01	18.56
3	18.96	21.07
5	18.50	19.22
7	12.83	12.95

在本小节实验研究中，在 $Ba(CoTi)_{1.2}Fe_{9.6}O_{19}$ 铁氧体陶瓷中加入氧化物 V_2O_5，以调整和控制用固态反应法烧结的 BaM 铁氧体的性能。结果表明，由于 V_2O_5 的引入，晶体的生长和性能发生了变化。样品截断面 SEM 图显示，V_2O_5 的引入能够使样品晶粒尺寸不断增大，并且适量（3wt%）V_2O_5 的引入可以使样品得到最致密的微观结构。除此之外，样品的磁性能和介电性能与其微观结构和致密性密切相关。具体来讲，当加入 3wt%的 V_2O_5 时，饱和磁化强度增加到 3246.649Gs，样品的介电常数在 1GHz 时达到 21.07。这些结果表明，BaM 铁氧体的生长机制、饱和磁化强度和介电常数受到 V_2O_5 的良好调节，但是其对烧结温度的调控作用仍然有限，不能满足低温烧结的要求。

8.5.3 复合氧化物 Bi_2O_3-Nb_2O_5 掺杂对 BaM 铁氧体的影响

通过 8.5.2 节对 V_2O_5 的实验和测试可知，V_2O_5 对 BaM 铁氧体样品具有一定的调节作用，但对烧结温度的调控作用仍然有限，不能很好地实现在低温下使样品烧结成型的目标。除此之外，过量 V_2O_5 的引入会导致杂相的产生，阻碍固相反应的进行。而对于铁氧体陶瓷材料，通常使用熔点较低的 Bi_2O_3 作为助烧剂来降低烧结温度。Bi_2O_3 的加入能够促进铁氧体晶粒的长大，调节铁氧体微观结构和磁性能。但是过量 Bi_2O_3 的引入也会引起异常晶粒的产生和生长，对于铁氧体晶体的影响是负面的。而 Nb_2O_5 也能够作为一种共同的添加剂来调控铁氧体晶体的微观结构和磁介性能。并且 Nb_2O_5 能够有效地控制异常晶粒的生长。因此在现在的研究中，Bi_2O_3-Nb_2O_5 可以作为一种复合添加剂来实现铁氧体材料的低温烧结工艺。在本小节的研究中，通过掺杂不同含量的 $3wt\%Bi_2O_3$-$xwt\%Nb_2O_5$（其中 $x=0.00$、0.25、0.50、0.75、1.00）来实现低温下 $Ba(CoTi)_{1.2}Fe_{9.6}O_{19}$ 铁氧体的生长，实现在较低烧结温度下合成纯相的 BaM 铁氧体材料。除此之外，着重研究了 $xwt\%$ Nb_2O_5 对 BaM 铁氧体微观结构、磁性能和介电性能的影响。

1. Bi_2O_3-Nb_2O_5 掺杂 BaM 铁氧体的制备及表征

本小节实验采用纯度均大于 99%的 $BaCO_3$、CoO、TiO_2、Fe_2O_3、Bi_2O_3、Nb_2O_5 粉末为原材料。按照化学式 $Ba(CoTi)_{1.2}Fe_{9.6}O_{19}$ 进行称量，将所有粉末原料与去离子水一起放入钢制球磨罐中混合。使用行星式球磨机进行球磨，旋转速度设置为 250r/min，球磨时间设置为 12h。将混合浆料取出并在烘箱中烘干 24h，烘干温度为 100℃。将烘干的粉料使用陶瓷研钵进行磨碎并过筛，随后得到尺寸小于 100 目的粉末。将研磨后的粉末装入刚玉坩埚并放入马弗炉中，在 1050℃预烧 4h。随后按照质量比称量 3.0wt%的 Bi_2O_3 粉末和 $xwt\%$的 Nb_2O_5 粉末（其中 $x=0.00$、0.25、0.50、0.75、1.00），分成不同的对照组和实验组。将称量好的 Bi_2O_3 和 Nb_2O_5 粉末与预烧粉末混合，同时加入去离子水，使用行星式球磨机进行 6h 的二次球磨，旋转速度依旧设置为 250r/min。将球磨后的混合浆料烘干，并使用陶瓷研钵进行研磨磨碎，然后加入 10wt%的聚乙烯醇（PVA）进行造粒。使用液压机在 10MPa 的压强下将颗粒压制成环状和圆片状坯件。最后，使用马弗炉将不同组分的样品进行烧结，烧结温度为 920℃，烧结时间为 4h。

采用不同的设备对实验样品的微观结构、介电性能和磁性能进行检测。表征样品晶相结构的 XRD 图谱通过 Bruker AXS D8 Advance 型 X 射线衍射仪进行测试，Cu K_α 辐射，扫描步长为 0.02°，测试角度从 10°至 90°。样品的微观形貌特征利用扫描电镜（JEOL JSM-6490LV）进行表征。样品的磁谱、磁损耗、介电谱以及介电损耗使用型号为 Agilent E4991B 的阻抗分析仪进行测试。样品的磁滞回线通过美国 Lake Shore 公司 7404 型振动样品磁强计测试得到。

2. Bi_2O_3-Nb_2O_5 掺杂 BaM 铁氧体相成分和微观结构分析

图 8-55 为 BaM 铁氧体样品在烧结温度为 920℃ 时,含有不同量 3wt% Bi_2O_3-$x$wt%Nb_2O_5(其中 x=0.00、0.25、0.50、0.75、1.00)样品的 XRD 图谱。由图可知,尽管烧结温度仅有 920℃,但所有样品的晶体结构完整,均呈现单一晶相,没有观测到其他杂相的存在。结果表明,少量 Bi_2O_3 和 Nb_2O_5 的加入对 BaM 铁氧体的晶相结构并没有明显影响。同时也说明在烧结过程中少量 Bi_2O_3 和 Nb_2O_5 与 BaM 铁氧体之间没有发生化学反应。少量 Bi_2O_3 和 Nb_2O_5 对于低温下烧结 BaM 铁氧体是一种良好的复合助烧剂。除此之外,随着 x 值增加,样品检测出的衍射峰位置几乎一致,没有出现明显偏移。这说明预烧使得 BaM 铁氧体晶体初步成型,所以在烧结温度为 920℃ 的环境中,Nb^{5+} 和 Bi^{3+} 很难在二次球磨过程中进入 BaM 晶格结构,从而产生其他杂相。为了进一步研究样品的晶格结构,对所有样品的 XRD 图谱进行精修拟合,如图 8-56 所示。所有样品的晶格常数和可靠因子(R_{wp}、R_p 和 χ^2)见表 8-23。样品的晶格常数变化较小,随着 Nb_2O_5 掺杂量 x 增加呈现出先增加后降低的趋势。当 x 为 0.50 时,样品的晶格常数达到最大值,a=5.895Å,c=23.239Å。这一精修结果说明氧化物 Nb_2O_5 的加入在一定程度上促进了晶粒在 920℃ 下的生长,而过量的 Nb_2O_5 又对晶体生长具有一定的抑制作用。

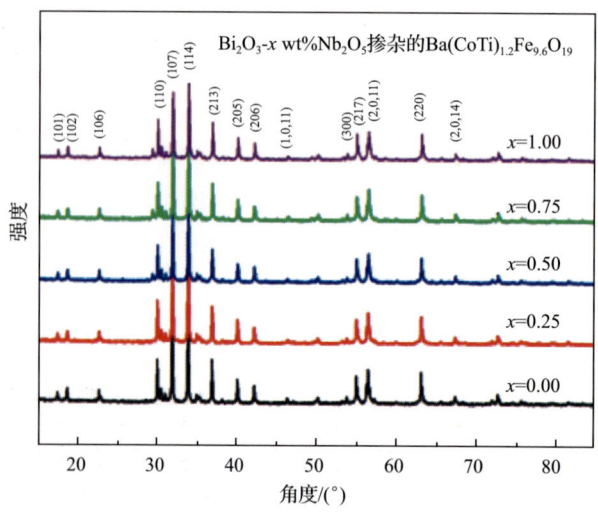

图 8-55　不同 Nb_2O_5 掺杂量的 BaM 铁氧体的 XRD 图谱

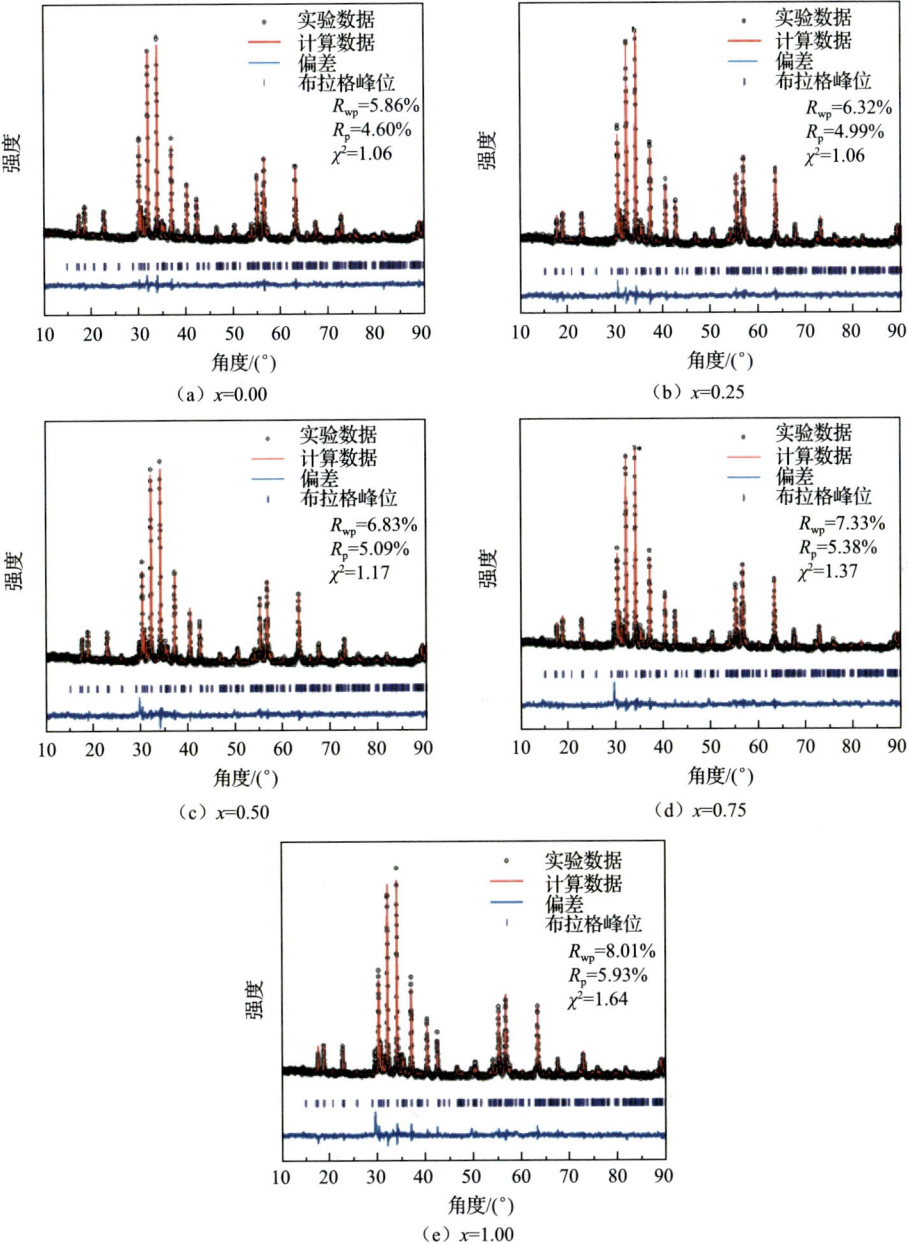

图 8-56 不同 Nb_2O_5 掺杂量的 BaM 铁氧体样品的 XRD 精修图

表 8-23　样品的晶格常数、可靠因子和密度

x	R_{wp}/%	R_p/%	χ^2	a/Å	c/Å	密度(ρ)/(g/cm^3)
0.00	5.86	4.60	1.06	5.893	23.231	4.664
0.25	6.32	4.99	1.06	5.894	23.237	4.725
0.50	6.83	5.09	1.17	5.895	23.239	4.742
0.75	7.33	5.38	1.37	5.895	23.238	4.624
1.00	8.01	5.93	1.64	5.894	23.243	4.416

不同含量的 3wt%Bi_2O_3-$x$wt%Nb_2O_5（其中 x=0.00、0.25、0.50、0.75、1.00）掺杂的 BaM 铁氧体样品的密度通过阿基米德排水法在室温下测试得到。五组样品的密度变化如表 8-23 所示，相比于只有 Bi_2O_3 加入的样品，随着 Nb_2O_5 的加入，样品的密度先增大后减小。当掺杂量 x 为 0.50 时，BaM 铁氧体样品密度达到最大值，为 4.742g/cm^3。由 XRD 图谱精修结果可知，Nb_2O_5 的加入在一定程度上促进了晶粒的长大，使得样品的密度增加。然而由于 Nb_2O_5 的密度为 4.47g/cm^3，低于 BaM 铁氧体晶体的密度，所以当过量的 Nb_2O_5 存在于晶粒间时会导致样品密度的下降。

微观结构表征了样品烧结的情况和结构特征，不同含量的 3wt%Bi_2O_3-$x$wt%Nb_2O_5（其中 x=0.00、0.25、0.50、0.75、1.00）掺杂的 BaM 铁氧体样品的 SEM 图如图 8-57 所示。从图中可以看出，所有样品均呈现出棒状或六角状结构，这是 BaM 铁氧体的典型结构。这说明 Bi_2O_3 和 Nb_2O_5 的加入能够促进铁氧体晶体在低温下生长成型。在图 8-57（a）中，只有 Bi_2O_3 单独掺杂，样品的晶粒明显较小，孔隙较多。然而，当样品中引入 Nb_2O_5 时，晶粒尺寸明显增加，当 x=0.50 时达到最大值。除此之外，孔隙明显减少，没有异常晶粒的产生。适量的 Nb_2O_5 能够使 BaM 样品致密化和均匀化。这主要是 Bi_2O_3 和 Nb_2O_5 共同作用的结果。由于 Bi_2O_3 的熔点（825℃）较低，因此在 920℃下呈现出熔融的液相状态，产生的毛细管力作用在晶粒之间促进了铁氧体晶粒在烧结过程中的生长。但在部分研究中表明，Bi_2O_3 的引入往往会导致异常晶粒的出现和生长，从而使铁氧体晶体的微观结构恶化，导致磁性能变差，损耗增加。而 Nb_2O_5 可以进一步控制晶粒增长，避免异常晶粒的出现，使得样品晶粒尺寸趋于一致，铁氧体微观结构更加均匀化。除此之外，晶粒之间容易产生的孔隙也会因此而减少。从图 8-57（c）和（d）中看出，当掺杂量 0.50≤x≤0.75 时，可以获得较大尺寸并且均匀致密的 BaM 铁氧体。然而，当掺杂量 x>0.75 时，晶粒的生长受到明显抑制，如图 8-57（e）所示，样品的晶粒尺寸明显减小，孔隙增加。这可能是因为过多非磁性 Nb_2O_5 的引入使部分 Nb_2O_5 未消耗殆尽，存在于晶粒之间，对晶粒的进一步生长产生

较强的抑制作用，所以在一定程度上阻碍了 BaM 晶粒的生长，从而导致晶粒尺寸明显减小。因此，从 SEM 结果可以看出，在 Bi_2O_3 和 Nb_2O_5 共同作用下，BaM 铁氧体晶粒的生长得到了明显的调节和控制，尤其是 Nb_2O_5 对铁氧体微观结构的均匀性和致密性方面具有良好的促进作用。

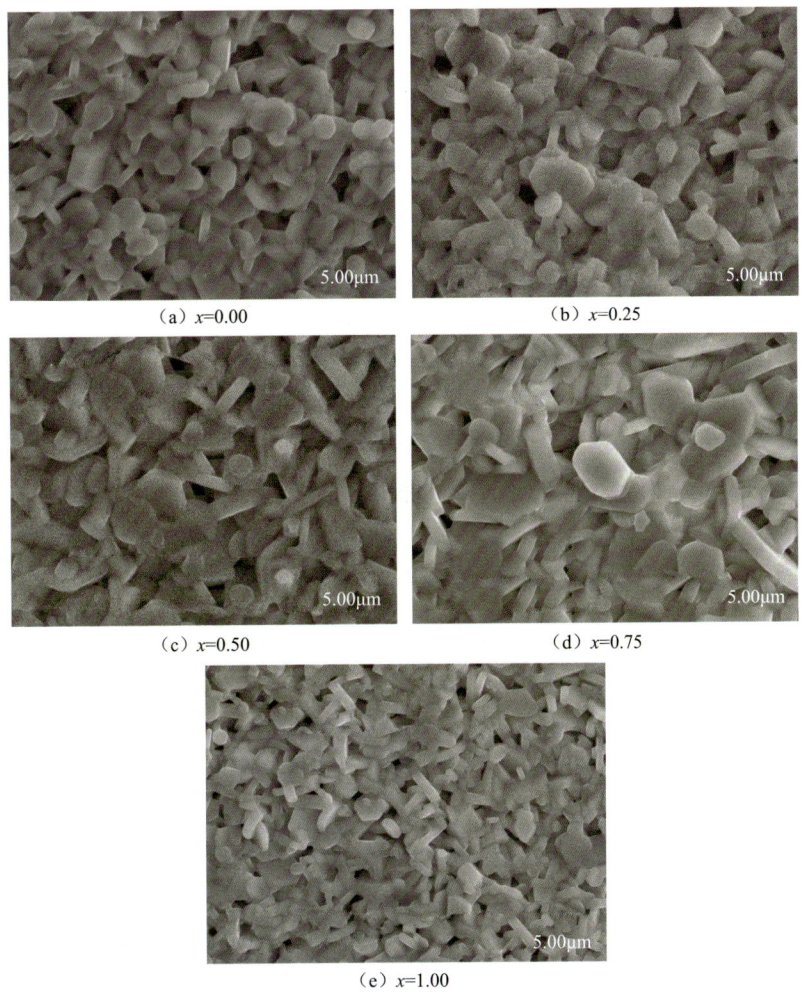

图 8-57　不同含量的 $3wt\%Bi_2O_3$-$xwt\%Nb_2O_5$ 掺杂的 BaM 铁氧体样品的 SEM 图

通过 EDS 能够对材料成分元素种类与含量进行测试和分析。图 8-58 展示了不同含量的 $3wt\%Bi_2O_3$-$xwt\%Nb_2O_5$（其中 $x=0.00$、0.25、0.50、0.75、1.00）掺杂的 $Ba(CoTi)_{1.2}Fe_{9.6}O_{19}$ 铁氧体样品的 EDS 谱。图中标注了所有检测到的元素，其中包括 Ba、Co、Ti、Fe、O 五种元素，含量基本相同。除此之外，所有样品包含的元素都可以在 EDS 谱中找到，不含其他杂质元素。这说明适量的 Bi_2O_3 和 Nb_2O_5

的加入并没有影响晶体的结构组分，与 XRD 测试结果共同说明在烧结温度为 920℃的环境中，Nb^{5+} 和 Bi^{3+} 很难通过二次球磨进入 BaM 晶格结构中发生取代反应，取代晶格结构中的 Fe^{3+} 或其他离子，或者通过反应形成其他杂相。另外，通过 EDS 测试得到的原子占比也表明，所有样品的相对原子比接近预期值，与 BaM 晶体的化学计量相匹配。

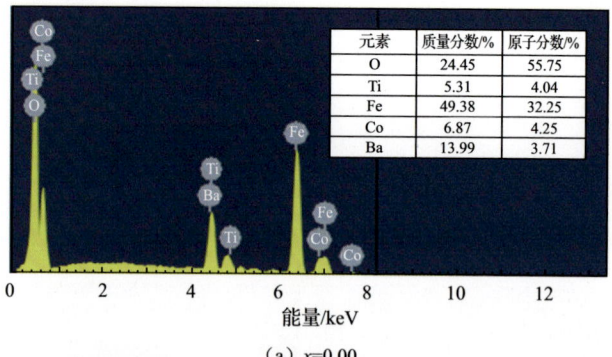

（a）$x=0.00$

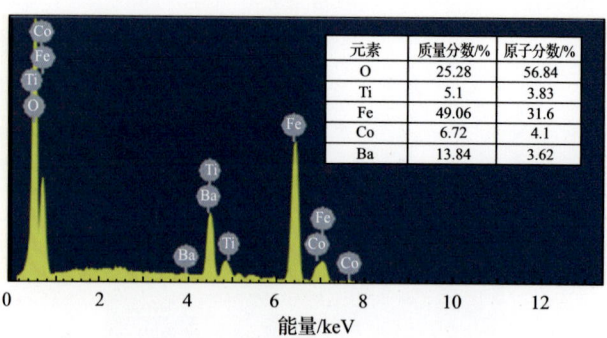

（b）$x=0.25$

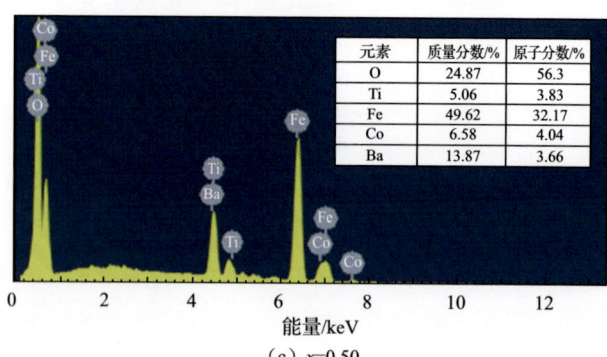

（c）$x=0.50$

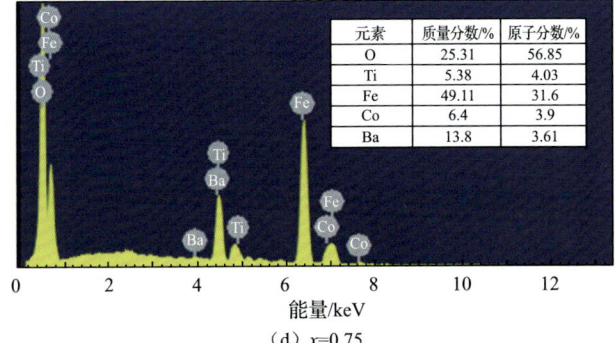

（d）x=0.75

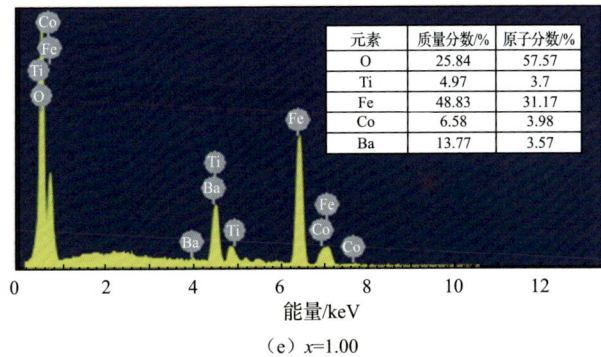

（e）x=1.00

图 8-58　不同 Nb_2O_5 掺杂量的 BaM 铁氧体的 EDS 谱

3. Bi_2O_3-Nb_2O_5 掺杂 BaM 铁氧体磁性能的研究

能否作为环行器优良的制备材料，铁氧体陶瓷的磁性能是重要的决定因素之一。本小节通过测量不同含量的 3wt%Bi_2O_3-$x$wt%Nb_2O_5（其中 x=0.00、0.25、0.50、0.75、1.00）掺杂的 $Ba(CoTi)_{1.2}Fe_{9.6}O_{19}$ 铁氧体样品的磁滞回线，来表征样品磁性能的变化趋势。五组样品的磁滞回线通过振动样品磁强计测量获得，测试的偏压磁场范围设置为−40～40kOe，测试结果如图 8-59 和表 8-24 所示。结果表明，适量 Bi_2O_3-Nb_2O_5 的引入可以在一定程度上调节 BaM 铁氧体样品的饱和磁化强度。随着 x 值从 0.00 增加至 1.00，样品的饱和磁化强度 M_s 和 $4\pi M_s$ 呈现出先增加后降低的趋势。当 x=0.50 时，饱和磁化强度 M_s 得到最大值（51.294emu/g）。之前的研究结果表明，铁氧体晶体的饱和磁化强度与密度和平均晶粒尺寸有关。适量的 Bi_2O_3-Nb_2O_5 掺杂能够促进低温下固相反应的进行，使得晶粒更大，微观结构更致密。从样品微观结构的分析中也可以得知，当 x=0.50 时，样品的密度最大并且微观结构最致密，所以此时样品的饱和磁化强度达到最大值。然而，当 Nb_2O_5 掺杂量 x 超过 0.50 时，样品的密度下降，微观结构的致密性和均匀性也下降，这一变化与之前的研究结果相符。除此之外，Nb_2O_5 和 Bi_2O_3 均为非磁性粉末，所以过多的非磁性材料引入会削弱铁氧体晶体整体的磁性能，从而导致样品饱和磁化强度的降低。

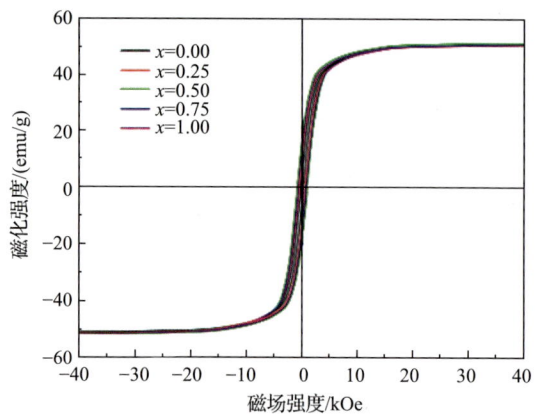

图 8-59　不同 Nb_2O_5 掺杂量的 BaM 铁氧体的磁滞回线

表 8-24　不同 Nb_2O_5 掺杂量的 BaM 铁氧体的磁特性参数

x	M_s/(emu/g)	$4\pi M_s$/Gs
0.00	49.544	2903.752
0.25	50.107	2975.158
0.50	51.294	3056.596
0.75	50.201	2917.024
1.00	50.179	2784.588

样品的磁谱通过 Agilent E4991B 阻抗分析仪测试得到，测试范围为 0.01~1GHz，测试结果如图 8-60 和表 8-25 所示。Nb^{5+} 的加入使得 BaM 铁氧体从单轴各向异性转变为平面各向异性作用，导致各向异性场降低，从而提高了磁导率。从测试结果中可以看出，在 Bi_2O_3-Nb_2O_5 作用下，磁导率 μ 产生了明显变化。随着

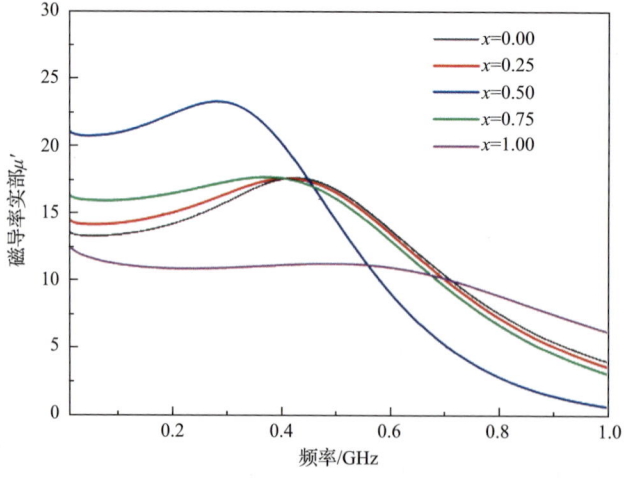

图 8-60　不同 Nb_2O_5 掺杂量的 BaM 铁氧体的磁导率实部 μ'

Nb_2O_5 粉末掺杂量的增加，磁导率实部 μ' 呈现先增加后降低的趋势。当 $x=0.00$ 时，样品的起始磁导率实部为 13.60。当 x 增加至 0.50 时，样品的磁导率实部达到最大值 (21.09)。但当 x 超过 0.50 持续增加时，样品的磁导率实部不再增加，开始下降。当 $x=1.00$ 时，BaM 铁氧体的磁导率实部降低到最小值 (12.55)。

表 8-25　不同 Nb_2O_5 掺杂量的 BaM 铁氧体样品在 10MHz 下的起始磁导率和磁损耗，以及 9.56GHz 下的铁磁共振线宽和孔隙率

x	μ'	μ''	$\tan\delta_\mu$	ΔH/Oe	P/%
0.00	13.60	1.451	0.107	953.316	5.34
0.25	14.49	1.198	0.083	748.120	5.02
0.50	21.09	1.557	0.074	694.236	4.65
0.75	16.31	1.836	0.113	823.892	4.94
1.00	12.55	1.944	0.155	1120.875	5.87

对于铁氧体材料，磁导率与其磁性参数和微观结构息息相关，关系如式（8-14）所示：

$$\mu_0 \approx \frac{M_s^2 D}{\sqrt{K_1}} \tag{8-14}$$

其中，M_s 为材料的饱和磁化强度；D 为平均晶粒尺寸；K_1 为磁晶各向异性常数。对于成分相同的 $Ba(CoTi)_{1.2}Fe_{9.6}O_{19}$ 铁氧体，其磁晶各向异性常数 K_1 基本相同。而通过 SEM 的结果可以得知，适量的 Nb_2O_5 能够使得 BaM 样品致密化和均匀化，抑制异常晶粒的产生和生长，当 $x=0.50$ 时平均晶粒尺寸最大。而饱和磁化强度 M_s 随着 Nb_2O_5 掺杂量 x 的增加，先增大后减小，当 $x=0.50$ 时也达到最大值。所以样品的磁导率实部 μ' 呈现先增加后降低的趋势，当 Nb_2O_5 掺杂量 x 增加至 0.50 时，样品的磁导率实部 μ' 达到最大值。

样品的磁导率虚部 μ'' 如图 8-61 所示。通过计算可以得到起始频率 0.01GHz 时样品的磁损耗 $\tan\delta_\mu$ 的变化，如表 8-25 所示。

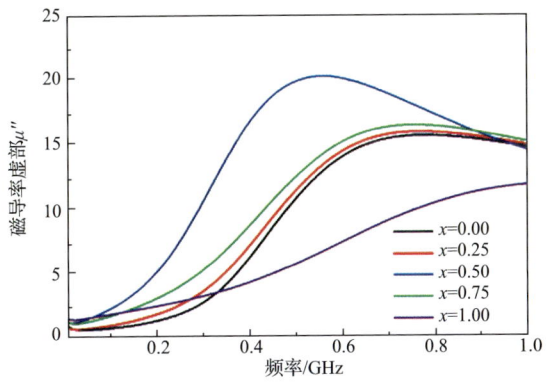

图 8-61　不同 Nb_2O_5 掺杂量的 BaM 铁氧体的磁导率虚部 μ''

样品的磁损耗与磁导率实部和虚部之间的关系为：

$$\tan\delta_\mu = \frac{\mu''}{\mu'} \quad (8\text{-}15)$$

可以看出，样品的磁损耗随着 Nb_2O_5 掺杂量 x 的增加先降低后增加。当 $x=0.00$ 时，样品的磁损耗 $\tan\delta_\mu$ 为 0.107。当 x 增加至 0.50 时，样品的磁损耗 $\tan\delta_\mu$ 达到最小值，仅有 0.074。但当 x 超过 0.50 持续增加时，样品的磁损耗 $\tan\delta_\mu$ 不再降低，开始增加。当 $x=1.00$ 时，BaM 铁氧体的磁损耗 $\tan\delta_\mu$ 增加至 0.155。适量的 Nb_2O_5 能够抑制异常晶粒的产生和出现，使得 BaM 铁氧体样品微观结构更加致密化和均匀化，从而明显降低样品的磁损耗。但由于 Nb_2O_5 是非磁性的，过多引入会导致样品磁性能削弱，磁损耗增加。

为了实现铁氧体材料在制备器件中保持良好的性能，铁磁共振线宽 ΔH 性能常常被测量和计算。但由于 BaM 铁氧体材料的特殊性，其铁磁共振线宽很大，需要在较大的磁场强度范围才能被测量得到。Nb^{5+} 的加入使得 BaM 铁氧体从单轴各向异性转变为平面各相异性作用，导致各向异性场降低，软磁性能更加明显。通过波导谐振腔微扰法对不同含量 Bi_2O_3-Nb_2O_5 添加下 BaM 铁氧体样品的铁磁共振线宽性能进行测试，测试频率为 9.56GHz，测试磁场强度范围为 500~5000Oe。得到的数据通过洛伦兹拟合进行计算，测试和拟合计算结果如图 8-62 与表 8-25 所示。可以看出，与之前 Ga^{3+} 取代的 BaM 铁氧体样品相比，ΔH 明显大幅降低。

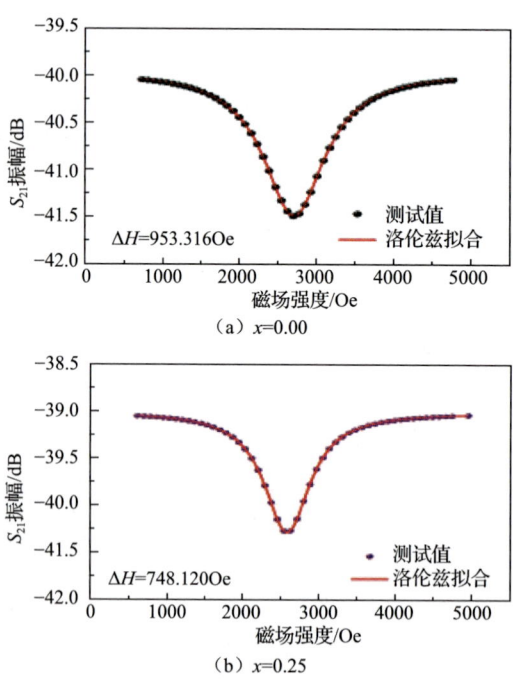

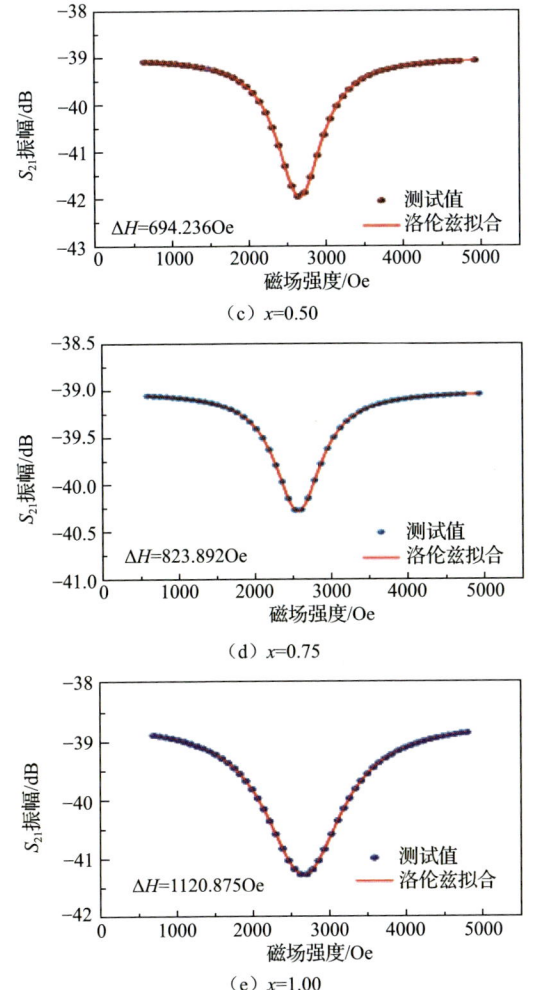

图 8-62　不同 Nb_2O_5 掺杂量的 BaM 铁氧体铁磁共振线宽 ΔH 测量及洛伦兹拟合曲线

在多晶铁氧体中,铁磁共振线宽 ΔH 可以表示为:

$$\Delta H = \Delta H_i + \Delta H_a + \Delta H_p \tag{8-16}$$

其中,ΔH_i 为内禀致宽;ΔH_a 为各向异性致宽;ΔH_p 为气孔致宽。之前的研究表明,六角铁氧体铁磁共振线宽主要来源于各向异性致宽和气孔致宽。本小节实验中采用的 $Ba(CoTi)_{1.2}Fe_{9.6}O_{19}$ 铁氧体样品化学成分相同,烧结温度均为 920℃,因此更多考虑气孔致宽的影响。

对于铁氧体样品,其微观结构中存在着一定的气孔,在局部产生退磁场,使得铁磁共振线宽增加。而相应的气孔致宽为:

$$\Delta H_p = 1.5 M_s P \tag{8-17}$$

其中，P 为孔隙率。样品的孔隙率如表 8-25 所示。可以看出，铁磁共振线宽 ΔH 的变化与样品孔隙率变化趋势基本相同。ΔH 随着 Nb_2O_5 掺杂量 x 的增加，呈现先减小后增大的趋势。当 x 增加至 0.50 时，样品的 ΔH 达到最小值（694.236Oe），此时样品的孔隙率也达到最小值。而当 x 增加至 1.00 时，样品的 ΔH 增加至 1120.875Oe，而此时样品的孔隙率也达到了最大值。这说明对于 $Ba(CoTi)_{1.2}Fe_{9.6}O_{19}$ 铁氧体样品而言，微观结构影响着 ΔH 的变化。适量的 Nb_2O_5 能够抑制异常晶粒的产生和出现，使得 BaM 铁氧体样品微观结构更加致密化和均匀化，从而大幅优化了其铁磁共振线宽性能。

4. Bi_2O_3-Nb_2O_5 掺杂 BaM 铁氧体介电性能的研究

不同含量 Bi_2O_3-Nb_2O_5 掺杂的 $Ba(CoTi)_{1.2}Fe_{9.6}O_{19}$ 铁氧体样品的介电谱通过阻抗分析仪测试得到，测试频率为 0.01～1.5GHz，测试结果如图 8-63 和表 8-26 所示。从测试结果可以看出，在 Bi_2O_3-Nb_2O_5 共同作用下，介电常数实部 ε' 发生了明显变化。随着 Nb_2O_5 掺杂量 x 增加，样品的介电常数实部 ε' 呈现出先增加后降低的趋势。当 x=0.00 时，样品的起始介电常数实部 ε' 为 15.81。当 x 增加至 0.50 时，样品的介电常数实部 ε' 达到最大值（18.30）。但当 x 超过 0.50 持续增加时，样品的介电常数实部 ε' 不再增加，开始下降。当 x=1.00 时，BaM 铁氧体的介电常数实部 ε' 降低到最小值（14.72）。铁氧体的极化主要是由于 Fe^{2+} 和 Fe^{3+} 之间的电子交换作用。与 $BaFe_{12}O_{19}$ 铁氧体相比，具有 Co^{2+} 和 Ti^{4+} 取代的 BaM 铁氧体会导致更多电子交换作用，所以使得样品具有更优异的介电性能。除此之外，介电常数的变化与铁氧体晶粒的微观结构也有一定的关系。晶粒尺寸越大会导致较高的极化率。另外由于孔隙是优良的电绝缘体，材料中的导电路径随着孔隙率的降低而增加，因此微观结构更致密的材料的介电性能更好。从前面对样品微观结构的研究可知，随着 Nb_2O_5 掺杂量 x 从 0.00 增加至 0.50 时，样品的晶粒尺寸不断增大，

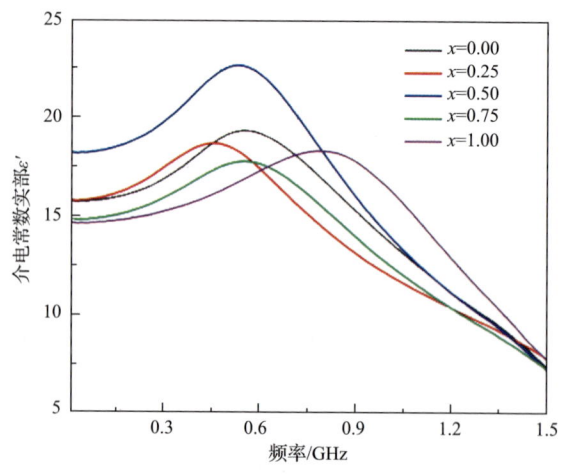

图 8-63　不同 Nb_2O_5 掺杂量的 BaM 铁氧体的介电常数实部 ε'

致密性更好,且没有异常晶粒出现。过量 Nb_2O_5 掺杂也抑制了 BaM 铁氧体晶粒的生长,晶粒尺寸有所下降。这是导致样品介电常数实部呈现先增加后降低的原因之一。

表 8-26 不同 Nb_2O_5 掺杂量的 BaM 铁氧体样品在 10MHz 下的起始介电常数及介电损耗

x	ε'	ε''	$\tan\delta_\varepsilon$
0.00	15.81	0.092	0.0058
0.25	15.83	0.106	0.0067
0.50	18.30	0.049	0.0027
0.75	14.88	0.121	0.0081
1.00	14.72	0.119	0.0081

除此之外,介电损耗也在一定程度上影响了铁氧体微带线器件制备的性能。在实际应用中,希望铁氧体材料的损耗值越小越好。在 0.01GHz 起始频率下,不同 Nb_2O_5 掺杂量的 BaM 铁氧体的介电损耗如图 8-64 和表 8-26 所示。测试结果表明,所有样品的介电损耗角正切 $\tan\delta_\varepsilon$ 都很小,在 2.67×10^{-3} 至 8.16×10^{-3} 范围内波动。随着 Nb_2O_5 掺杂量 x 不断增加,介电损耗呈现先降低后增大的趋势。当掺杂量 $x=0.50$ 时,BaM 铁氧体的介电损耗角正切 $\tan\delta_\varepsilon$ 降低到最小值(2.67×10^{-3})。这说明 Bi_2O_3-Nb_2O_5 共同作用能够明显降低 BaM 铁氧体的介电损耗。

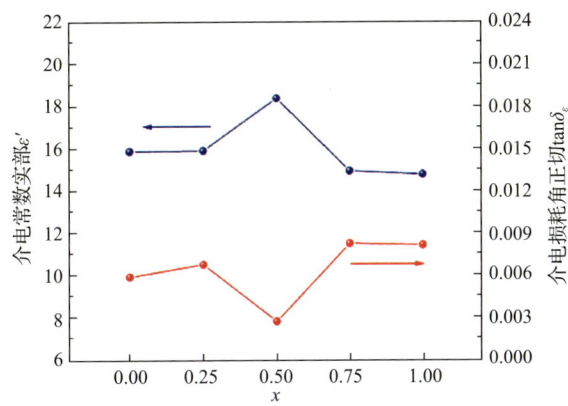

图 8-64 不同 Nb_2O_5 掺杂量的 BaM 铁氧体的介电常数实部 ε' 和介电损耗角正切 $\tan\delta_\varepsilon$

综上所述,通过复合添加剂 Bi_2O_3-Nb_2O_5 的掺杂成功地在低温下制备了具有良好微观结构的 $Ba(CoTi)_{1.2}Fe_{9.6}O_{19}$ 铁氧体。XRD 图谱和 SEM 图表明,通过控制 Nb_2O_5 掺杂量能够有效促进晶粒的生长和致密化。当 Nb_2O_5 掺杂量 $x=0.50$ 时,样品的密度最大,同时微观结构最致密。与此同时,对样品磁性能的研究结果说明了 BaM 铁氧体的磁性能也随着复合添加剂 Bi_2O_3-Nb_2O_5 的掺杂被优化,饱和磁化强度 M_s 得到最大值(51.294emu/g),磁导率实部 μ' 从 13.60 增加至 21.09,并且样品的磁损耗 $\tan\delta_\mu$ 仅有 0.074。除此之外,当 Nb_2O_5 掺杂量 x 增加至 0.50 时,样品

的介电常数实部 ε' 达到最大值（18.30），介电损耗角正切 $\tan\delta_\varepsilon$ 降低到最小值（2.67×10^{-3}）。这项工作提出了一种性能良好的 BaM 铁氧体材料，以更好地实现铁氧体环行器的制备和应用。

8.6 环行器的设计与实现

8.6.1 BaM 铁氧体基环形器

环行器作为一种广泛使用的非互易器件，实现其在高频范围内的制备和应用是现今研究的主要目标和关键点。通过前面的内容，合成并研究了用于制备环行器的重要铁氧体材料，即高性能的 BaM 铁氧体。通过调节离子取代量、助烧剂掺杂量和烧结温度来调节 BaM 铁氧体样品的微观结构、磁性能和介电性能。对于制备微波环行器而言，要求 BaM 铁氧体材料具有良好的微观结构及磁性能和介电性能，其主要的技术要求包括：合成不含任何杂质或第二相的纯相 BaM 铁氧体；具有较高的饱和磁化强度（$4\pi M_s$）和可调节的矫顽力（H_c）；具有良好的介电常数实部（ε'），同时具有较小的介电损耗（$\tan\delta_\varepsilon$）；减小其铁磁共振线宽（ΔH）。在 8.5 节的实验过程中，通过实验最终明确以 $Ba(CoTi)_{1.2}Fe_{9.6}O_{19}$ 为主配方，Bi_2O_3-Nb_2O_5 为助烧剂。采用 3.0wt% 的 Bi_2O_3 粉末和 0.5wt% 的 Nb_2O_5 进行制备，得到低损耗和小铁磁共振线宽的新型 LTCF 钡铁氧体材料，以此为基础设计并研制了 K_u 波段微带环形器，验证了材料应用的可行性。

8.6.2 环行器的工作原理

铁氧体微带环行器主要的工作原理可以根据带状线环行器的推演得来，环行器的典型结构是三条互呈 120°对称的微带线金属圆盘。环行器的主要工作特点是其中心圆盘具有的谐振效应，电磁波以准 TEM 模式在环行器中的微带线和铁氧体结之间进行传输。环行器圆盘结构在低频率的谐振具有如图 8-65 所示的偶极子模式，电场矢量的方向垂直于中心圆盘平面，射频磁场矢量与中心圆盘的平面平行。图 8-65（a）展示了在非磁化状态下，由环行器端口 1 激励起的驻波场图。当环行器的端口 2 与端口 3 开路时，端口电压与输入电压为反向 180°，端口电压是输入电压大小的一半。为了实现环行器的作用，在圆盘轴线方向上施加一个适当的偏置磁场，并且在该偏置磁场的作用下，两个互相反向旋转的场图的旋转频率不再相同，即两个场图发生了"分裂"。旋转方向和铁氧体材料基板的电子自旋进动方向相同的模称为正（+）模，与电子自旋进动方向相反的模称为负（−）模。在两个分裂模的谐振频率间的中间频率激励图如图 8-65（b）所示。由于其正模具有较高的谐振角频率 ω^+，会呈现电感性分量；而负模具有较低的谐振角频率 ω^-，会呈现电容性分量。按该方法选取工作频率，使模的电感性分量与另一个模的电感性分量相同，因此在工作角频率 ω_0 上的总阻抗为实数。在适宜的稳恒磁场下，两个模的阻抗相角在工作频率旋转 30°，使得合成的驻波场图从模未分裂时的位置旋转 30°，如图 8-65（b）所示。由于场旋转 30°，端口 3 的电场为零，因此在该端口无电压存在，即成为隔离端。进入端口 1 的射频功率会被传输到端口 2，假如此时端口 2 连接匹配负载则该传输功率不会进入端口 3。同理，由于环行器结构的对称性，从端口 2 进入的功率只能进入端口 3，从端口 3 进入的功率也只能进入端口 1，实现环行器功能。

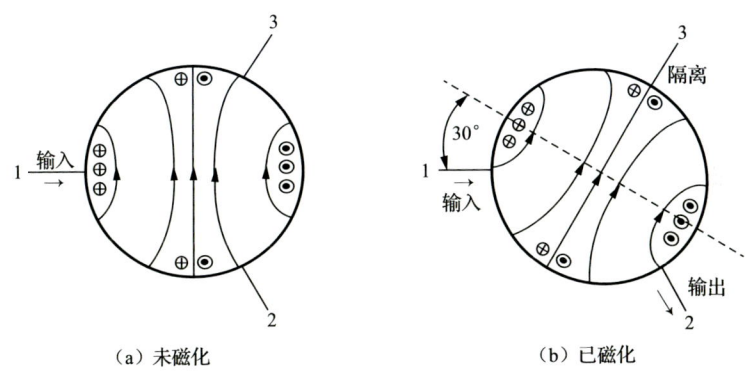

图 8-65　铁氧体微带环行器的工作原理

分裂模式是结型环行器的主要工作基础原理，环行器的输入等效电路图如图 8-66（a）所示，而其简化等效电路图如图 8-66（b）所示，其中 C 表示电容，L 表示电感，G 表示电导。

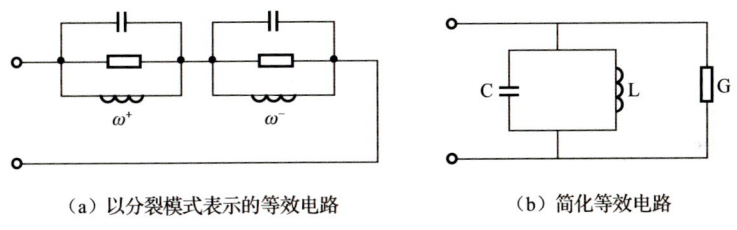

图 8-66　结型环行器的输入等效电路

从图 8-66（b）可以看出，工作的环行器可以近似等效为一个并联谐振器，那么可以将其等效参数表示为如式（8-18）所示，其中 g 为谐振器电导，G 为电导，b 为电纳斜率，Y_0 为外接传输线的特性导纳，B 为谐振器电纳，ω_0 为谐振器中心频率，即：

$$\begin{cases} g = \dfrac{G}{Y_0} \\ b = \dfrac{\omega_0}{2}\left(\dfrac{\mathrm{d}B/Y_0}{\mathrm{d}\omega}\right)_{\omega=\omega_0} \end{cases} \tag{8-18}$$

除此之外,谐振器的有载 Q 值可以根据其定义[式(8-19)]得到:

$$Q_L = \dfrac{b}{g} \tag{8-19}$$

8.6.3　铁氧体微带环行器的计算

为了实现环行器的设计和制备,按照环行器相关理论可以计算得到相应的尺寸,其示意图如图 8-67 所示。

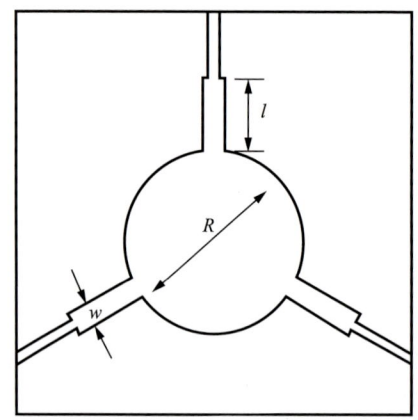

图 8-67　铁氧体微带环行器的平面结构示意图

根据结型环行器的场理论可以得出环行结直径:

$$R = \dfrac{3.6 v_0}{\omega_0 \sqrt{\varepsilon_f \mu_{\mathrm{eff}}}} \tag{8-20}$$

其中,v_0 为自由空间的光速,3×10^8 m/s;ω_0 为环行器的中心角频率;ε_f 为铁氧体材料的相对介电常数;μ_{eff} 为铁氧体材料的有效磁导率。

将该公式应用于微带环行器中需要考虑微带结构的填充因子,其中 ε_f 和 μ_{eff} 是考虑了空气与基板交接面的影响之后的数值。在实际制作中,对于刚好饱和的铁氧体材料,其有效磁导率为:

$$\mu_{\mathrm{eff}} = 1 - \left(\dfrac{K}{\mu}\right)^2 \tag{8-21}$$

其中,K/μ 可以通过式(8-22)计算得到:

$$\frac{K}{\mu} = \frac{1}{\sqrt{3}Q_L} \tag{8-22}$$

谐振器的中心频率是两个分裂模的谐振频率 ω^+ 和 ω^- 的和的一半。8.6.2 节分析过，实现环行作用，两个模的相角要为 30°，两个分裂模在中心频率两边且相隔 30°。所以两个模频率间隔与 Q_L 的关系为：

$$\Delta_\pm = \frac{\omega^+ - \omega^-}{\omega_0} = \frac{\tan 30°}{Q_L} = \frac{1}{\sqrt{3}Q_L} \tag{8-23}$$

通过这个式子又可以得到谐振器归一化导纳和频率的关系：

$$g = \sqrt{3}b \frac{\omega^+ - \omega^-}{\omega_0} \tag{8-24}$$

对于大多数环行器，两个分裂模的差与中心频率的比值为铁氧体的 K/μ 值。

因而可以通过计算得到有效磁导率 μ_{eff}，从而得到相应的结型环行器直径 d。铁氧体基板高度 h 由式（8-25）得出：

$$h = 0.185 \frac{\omega_0 d^2 \varepsilon_f \varepsilon_0}{bY_0} \tag{8-25}$$

在环行器每个端口接上的 1/4 波长变换段的特性阻抗为：

$$Z = \frac{1}{y_{01}Y_0} = 28.4\Omega \tag{8-26}$$

另外，通过微带线传输理论计算得到其微带线的宽度 $w=1.1\text{mm}$，基板厚度 $h=0.48\text{mm}$。

1/4 波长变换段的长度的有效介电常数为：

$$\varepsilon_e = 1 + q(\varepsilon_f - 1) \tag{8-27}$$

中心频率的导引波长为：

$$\lambda_{g_0} = \frac{\lambda_0}{\sqrt{\varepsilon_e}} \tag{8-28}$$

因此，1/4 波长变换段的长度为：

$$l = \frac{1}{4}\lambda_{g_0} \tag{8-29}$$

通过计算得到环行器尺寸如表 8-27 所示。

表 8-27 环行器的尺寸 （单位：mm）

结构参数	计算值	结构参数	计算值
d	2	w	1.1
h	0.48	l	1.01

8.6.4 铁氧体微带环行器的仿真设计

基于前面对环行器原理的分析和尺寸的初步计算，通过软件 Ansoft HFSS 对铁氧体微带环行器的结构和尺寸进行仿真和设计，其中包括基板厚度 h 和中心圆盘直径 R。

通过优化仿真，研究铁氧体基板厚度 h 对环行器的影响，S 参数的仿真结果如图 8-68 所示。从测试结果中可以看出，在 14～17GHz 仿真范围内，随着铁氧体基板厚度 h 增加，回波损耗 $|S_{11}|$ 呈现出先增大后减小的趋势，当基板厚度 h 为 0.50mm 时达到最大值（17.66dB），同时隔离度 $|S_{12}|$ 也为最大值（26.146dB），插入损耗 $|S_{21}|$ 均小于 2.092dB。因此，最终选择铁氧体基板厚度 h 为 0.50mm。

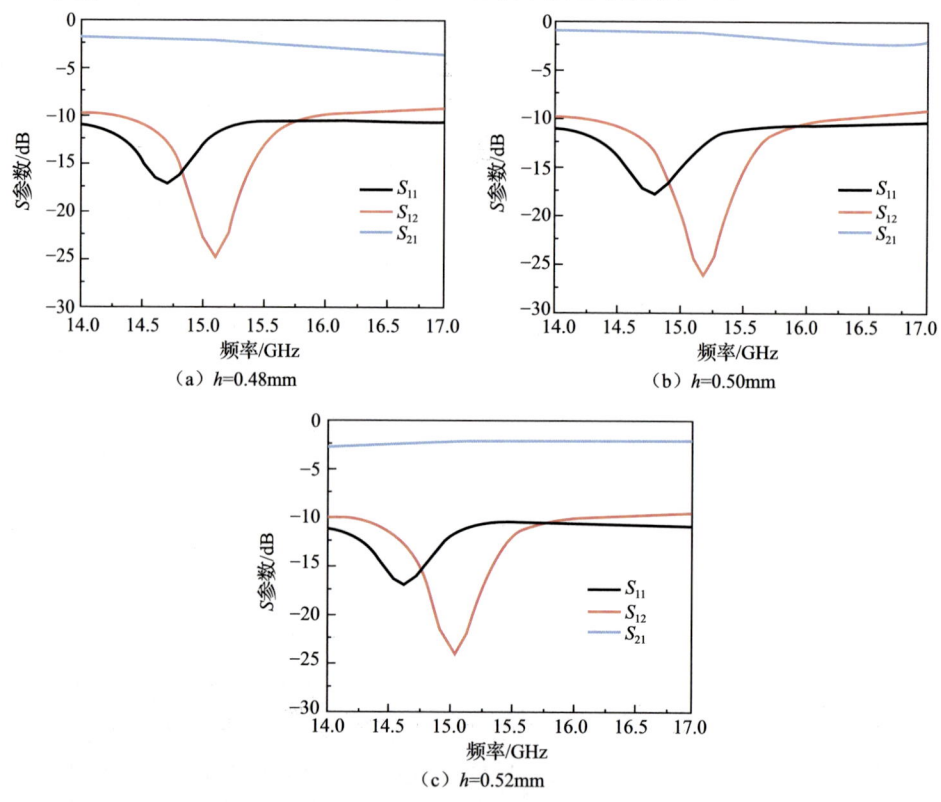

图 8-68 铁氧体微带环行器不同铁氧体基板厚度 h 仿真结果

中心圆盘直径 R 对铁氧体微带环行器的仿真结果如图 8-69 所示。从图中可以看出，在 14～17GHz 仿真范围内，随着中心圆盘直径 R 增加，环行器的回波损耗 $|S_{11}|$ 先增加后降低。当直径 R 为 2.88mm 时，回波损耗 $|S_{11}|$ 为最小值 20.80dB，隔离度 $|S_{12}|$ 为 23.33dB，插入损耗 $|S_{21}|$ 小于 3.67dB。而当中心圆盘直径 R 为 2.94mm

时，回波损耗$|S_{11}|$为最大值 22.13dB，隔离度$|S_{12}|$为 26.62dB，插入损耗$|S_{21}|$小于 1.92dB。最终选择 R 为 2.94mm。

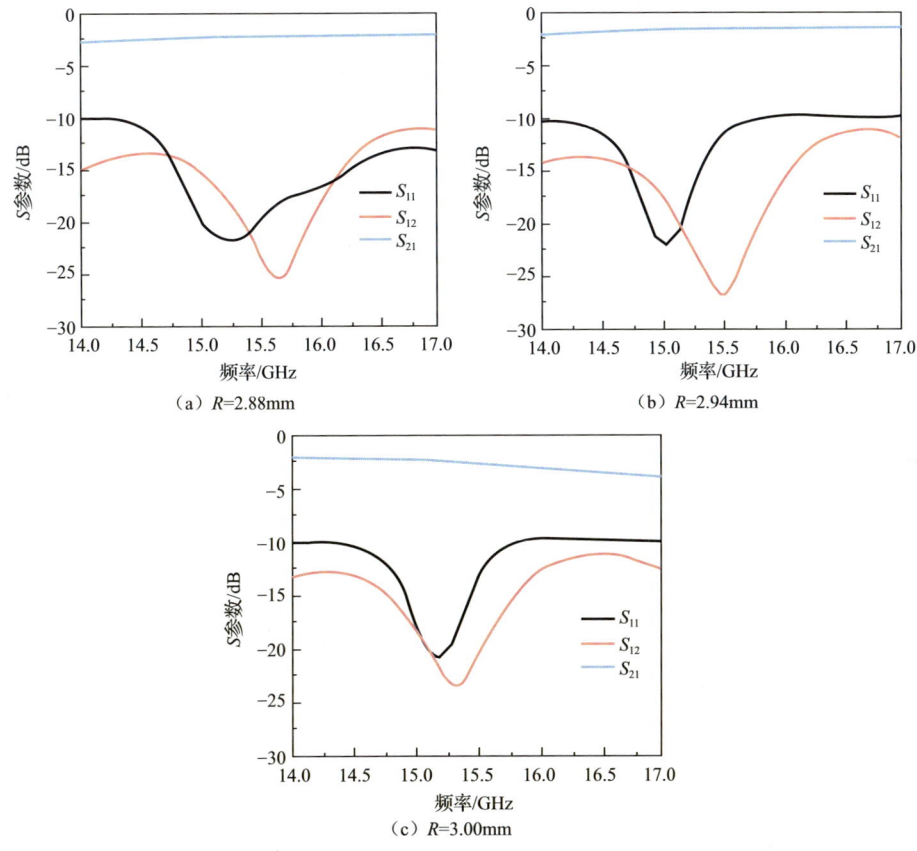

图 8-69 铁氧体微带环行器不同中心圆盘直径 R 仿真结果

8.6.5 铁氧体微带环行器的制备与测试

结合 8.6.4 节中对铁氧体微带环行器的仿真结果，制备铁氧体环行器。首先通过减薄和抛光，采用丝网印刷技术在抛光好的铁氧体基板上印制相应的环行器图形。然后将印制好的铁氧体基板进行切割和裁剪，得到了相应的环行器实物，如图 8-70（a）所示。最后通过相应的测试夹具，使用 Rohde & Schwarz 矢量网络分析仪对环行器进行测试。图 8-70（b）为环行器试件的测试图。样品的 S 参数测试结果如图 8-71 所示，测试范围为 14～17GHz。从图中可以看出，环行器中心频率在 15.17GHz 左右。在频率范围为 14.33～16GHz 时，环行器的回波损耗$|S_{11}|$大于 10dB，其中最大隔离度$|S_{12}|$为 22.57dB，插入损耗$|S_{21}|$≤2.14dB，铁氧体微带环行器具有非互易性能。

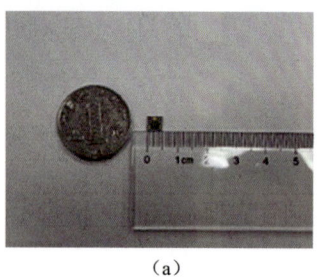
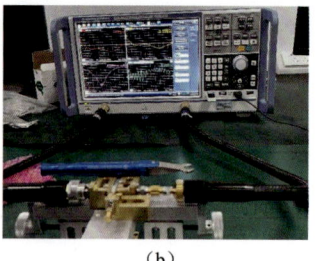

（a） （b）

图 8-70　铁氧体微带环行器的实物图（a）和测试图（b）

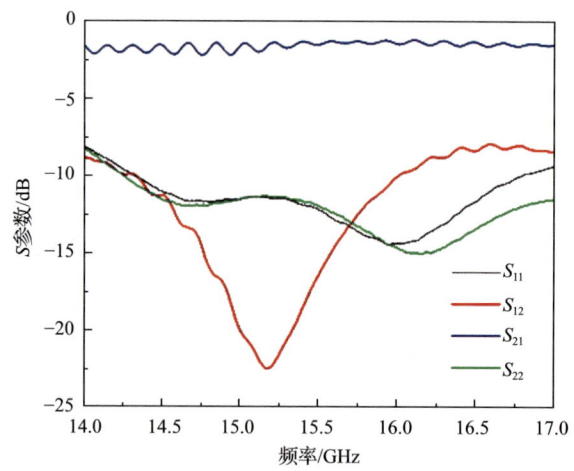

图 8-71　铁氧体环行器 S 参数的测试结果

　　材料的制备和测试过程中存在着细微的误差，因此测试结果与仿真结果之间仍有一定差异。由于在测试过程中微带线与测试夹具之间存在一定程度上的接触损耗，不能实现完美的匹配，因此样品测试数据可能产生一定损耗。因此在后续实验研究过程中仍有一定的改进空间。

参 考 文 献

[1] 王雪莹. 低温烧结旋磁钡铁氧体及环行器的应用基础研究. 成都：电子科技大学，2023.

[2] Polley K, Alam T, Bera J. Synthesis and characterization of $BaFe_{12}O_{19}$-$CoFe_2O_4$ ferrite composite for high-frequency antenna application. J Aust Ceram Soc, 2020, 56(4): 1179-1186.

[3] Qiao J, Shen X S, Mark J W, et al. Enabling device-to-device communications in millimeter-wave 5G cellular networks. IEEE Commun Mag, 2015, 53(1): 209-215.

[4] Zhou D, Pang L X, Wang D W, et al. High permittivity and low loss microwave dielectrics suitable for 5G resonators and low temperature co-fired ceramic architecture. J Mater Chem C, 2017, 5(38): 10094-10098.

[5] Shi X, Zhang H, Zhang D, et al. Effect of zirconium deficiency on structure characteristics, morphology and microwave dielectric properties of $Li_2Mg_3Zr_{1-x}O_6$ ceramics. Ceram Int, 2021, 47(9): 12567-12573.

[6] Tatarenko A S, Srinivasan G. A strain engineered voltage tunable millimeter-wave ferrite phase shifter. Microwave Opt Technol Lett, 2011, 53(2): 261-264.
[7] Catalan G, Scott J F. Physics and applications of bismuth ferrite. Adv Mater, 2009, 21(24): 2463-2485.
[8] Gutfleisch O, Willard M A, Bruck E, et al. Magnetic materials and devices for the 21st century: stronger, lighter, and more energy efficient. Adv Mater, 2011, 23(7): 821-842.
[9] Dietl T. A ten-year perspective on dilute magnetic semiconductors and oxides. Nat Mater, 2010, 9(12): 965-974.
[10] Unal B, Almessiere M, Slimani Y, et al. The conductivity and dielectric properties of neobium substituted Sr-hexaferrites. Nanomaterials, 2019, 9(8): 1-16.
[11] Pullar R C. Hexagonal ferrites: a review of the synthesis, properties and applications of hexaferrite ceramics. Prog Mater Sci, 2012, 57(7): 1191-1334.
[12] Malyshev A V, Petrova A, Surzhikov A P. Estimation of phase homogeneity of LiTiZn ferrites from the temperature dependence of the initial permeability near the Curie point. IOP Conf Ser: Mater Sci Eng, 2019, 516: 012034.
[13] Adam J D, Davis L E, Dionne G F, et al. Ferrite devices and materials. IEEE Trans Microwave Theory Tech, 2002, 50(3): 721-737.
[14] Bae S, Hong Y K, Lyle A. Effect of Ni-Zn ferrite on bandwidth and radiation efficiency of embedded antenna for mobile phone. J Appl Phys, 2008, 103(7): 1-2.
[15] Lee W, Hong Y K, Park J, et al. Low-loss Z-type hexaferrite ($Ba_3Co_2Fe_{24}O_{41}$) for GHz antenna applications. J Magn Magn Mater, 2016, 414: 194-197.
[16] Liu W, Jia H, Zhang Z, et al. Monodomain NiCuZn ferrite with high miniaturization factor and low magnetic loss at 200MHz for antenna miniaturization. IEEE Trans Magn, 2017, 53(12): 2802005.
[17] Capraro S, Rouiller T, Le Berre M, et al. Feasibility of an integrated self biased coplanar isolator with barium ferrite films. IEEE Trans Comp Packag Technol, 2007, 30(3): 411-415.
[18] Cho H S, Kim S S. M-hexaferrites with planar magnetic anisotropy and their application to high-frequency microwave absorbers. IEEE Trans Magn, 1999, 35(5): 3151-3153.
[19] Dong H, Smith J R, Young J L. A wide-band, high isolation UHF lumped-element ferrite circulator. IEEE Microw Wirel Co, 2013, 23(6): 294-296.
[20] Konishi Y, Member S. Lumped element Y circulator. IEEE Tran Microwave Theory Tech, 1965, MTT(13): 852-864.
[21] How H, Oliver S A, Mcknight S W, et al. Theoretical modeling of microstrip thin-film circulators. IEEE Trans Magn, 1997, 33(5): 3433-3435.
[22] Shi P, How H, Zuo Xu, et al. MMIC circulators using hexaferrites. IEEE Trans Magn, 2001, 37(4): 2389-2391.
[23] Akter S, Rahaman M D, Khan M N I, et al. Synthesis, structural, morphological, electrical and magnetic properties of $(1-x)$ [$Ni_{0.35}Cu_{0.15}Zn_{0.50}Mn_{0.05}Fe_{1.95}O_4$] + (x) [Rice husk ash] composites. Mater Res Bull, 2019, 112: 182-193.
[24] Chen N, Zhou J, Yao Z, et al. Fabrication of Nd-doped Ni-Zn ferrite/multi-walled carbon nanotubes composites with effective microwave absorption properties. Ceram Int, 2021, 47(8): 10545-10554.
[25] Pemartin K, Solans C, Alvarez-Quintana J, et al. Synthesis of Mn-Zn ferrite nanoparticles by the oil-in-water microemulsion reaction method. Colloid Surface A, 2014, 451: 161-171.
[26] Rana K, Thakur P, Tomar M, et al. Investigation of cobalt substituted M-type barium ferrite synthesized via co-precipitation method for radar absorbing material in Ku-band (12~18GHz). Ceram Int, 2018, 44(6): 6370-6375.
[27] Singh A P, Pandey O P, Sharma P. Effect of sintering additives on structural, magnetic, and dielectric properties of $Ba_3Co_2Fe_{24}O_{41}$ ferrite. J Supercond Nov Magn, 2019, 33(2): 519-526.
[28] Su Z, Chang H, Wang X, et al. Low loss factor Co_2Z ferrite composites with equivalent permittivity and permeability for ultra-high frequency applications. Appl Phys Lett, 2014, 105(6): 063907.
[29] Capraro S, Chatelon J P, Le Berre M, et al. Barium ferrite thick films for microwave applications. J Magn Magn Mater, 2004, 272: E1805-E1806.
[30] Wu C, Yu Z, Sun K, et al. Calculation of exchange integrals and Curie temperature for La-substituted barium hexaferrites. Sci Rep, 2016, 6: 36200.

[31] Mahapatro J, Agrawal S. Optical, dielectric and electrical properties of Gd^{3+} ions doped barium hexaferrite ceramic compounds for microwave device applications. J Alloys Compd, 2022, 907: 164405.

[32] Liu J, Feng X, Wu S, et al. High microwave absorption performance in Nd-substituted BaM/GO through sol-gel and high energy ball milling process. J Alloys Compd, 2022, 892: 162207.

[33] Zheng Z, Zhang H, Xiao J Q, et al. Introduction of NiZn-ferrite into Co_2Z-ferrite and effects on the magnetic and dielectric properties. IEEE Trans Magn, 2012, 48(11): 3618-3621.

[34] Yamamoto H, Isono M, Kobayashi T. Magnetic properties of Ba-Nd-Co system M-type ferrite fine particles prepared by controlling the chemical coprecipitation method. J Magn Magn Mater, 2005, 295(1): 51-56.

[35] Kaur R, Dhillon N, Singh C, et al. Microwave and electrical characterization of M-type $Ba_{0.5}Sr_{0.5}Co_xRu_xFe_{(12-2x)}O_{19}$ hexaferrite for practical applications. Solid State Commun, 2015, 201: 72-75.

[36] Gupta S, Sharma G, Deshpande S K, et al. Insights into the conduction mechanism of magneto-dielectric $BaFe_{10.5}In_{1.5}O_{19}$: an impedance spectroscopy and AC conductivity study. J Mater Sci: Mater El, 2022, 33(7): 4072-4080.

[37] Auwal I A, Ünal B, Baykal A, et al. Electrical and dielectric properties of Y^{3+}-substituted barium hexaferrites. J Supercond Nov Magn, 2017, 30(7): 1813-1826.

[38] Verma S, Sharma P, Pandey O P, et al. Structure and magnetic properties of $Ba_{1-x}La_xFe_{12}O_{19}$ prepared by $Ba_{1-x}La_xFe_2O_4$. IEEE Trans Magn, 2014, 50(1): 1-4.

[39] Li Q, Chen Y, Yu C, et al. Permeability spectra of planar M-type barium hexaferrites with high Snoek's product by two-step sintering. J Am Ceram Soc, 2020, 103(9): 5076-5085.

[40] Ullah U, Mahyuddin N, Arifin Z, et al. Antenna in LTCC technologies: a review and the current state of the art. IEEE Antennas Propag Mag, 2015, 57(2): 241-260.

[41] Annapureddy V, Kang J H, Palneedi H, et al. Growth of self-textured barium hexaferrite ceramics by normal sintering process and their anisotropic magnetic properties. J Eur Ceram Soc, 2017, 37(15): 4701-4706.

第9章

低温共烧介电-旋磁复合材料
磁芯-旋磁

9.1 绪论

9.1.1 引言

随着电子信息与微波通信技术的飞速发展,电子封装、集成以及精密加工技术的不断进步,电子元器件、整机和系统小型化、多功能化和集成化成为当今电子科学技术发展的重点,尤其是在物联网和微波射频(RF)技术快速发展与普及的背景下,这一趋势变得尤为明显。电子通信系统是由各种元器件组合而成,所以实现电子设备和系统的小型化首要的就是实现电子元器件的小型化、集成化和多功能化[1]。在如今的电子通信设备中,大部分的有源器件,如功率放大器、混频器、开关、噪声放大器等,已大量采用单片集成电路工艺[2-4],因此这些有源器件所占的体积已经很小;相比之下,无源器件在质量、体积和数量上仍占据很大的比例,小到电容、电感,大到滤波器、天线、连接器、移相器、环行器等无源元器件得到大量使用。在常见的电子通信设备中,无源元器件的数量平均为有源元器件的10倍,在某些微波通信系统和终端电子设备中可以达到50倍以上,其体积、质量、性能指标等直接影响到整体系统的相应指标。因此,在当前的电子科学技术领域,基本无源器件的小型化、集成化、多功能化是实现电子通信设备和系统小型化、集成化的关键。

实现上述特点的无源器件,一方面,先进的制造、封装技术起到了很大的推动作用,技术进步带来的电子通信设备的小型化、轻量化有目共睹,像今天使用的轻薄的智能手机、多功能OLED电视,以及方兴未艾的微小卫星技术等无不与技术的革新密切相关。另一方面，器件设计上的创新也起到重要的推动作用，通过采用新的器件结构和新的设计理念，也可以带来微波器件体积、质量的减小。例如，通过采用附加加载技术设计的一款超高频（UHF）遥感传感器采用折叠天线，其尺寸比原来微带天线的尺寸减小 53.9%。然而，在制造、封装技术和器件设计手段已经高度发达的今天，相比于电子和通信技术的高速发展对电子器件小型化、集成化不断提出更高的要求，上述技术进步和器件设计创新两方面的推动作用都进入了一定程度上的瓶颈期。例如，20 世纪发展起来的微电子技术和表面组装技术（SMT）[5-7]，较好地实现了小型化元器件的高密度组合和封装，然而受制于印制电路板（PCB）焊点数和复杂度不断增加的现状，进一步提高封装密度已经十分困难。与此同时，随着我国与西方发达国家科技交流的频繁和各种仿真设计软件的普及，器件设计上的改进已不再是很大的技术壁垒。

  此时，高性能电子信息材料的开发与应用变得空前重要起来，成为发展高精尖电子与微波器件的关键核心技术，尤其是开发同时具有良好的高频磁性能和介电性能的磁介多功能电子材料成为当前研究的热点。材料的磁性能和介电性能是制作众多无源器件所利用的两个基本物理性能，在材料同时具有较高磁性能和介电性能的情况下，可以使用一种材料制成多种器件，从而十分方便地实现不同器件的高密度集成进而实现整个系统的小型化、集成化。而且，使用同种材料也避免了器件材料的不匹配问题，有利于提高整个系统的稳定性。近年来发展起来的三维封装技术［如系统级封装（SIP）[8]、低温共烧陶瓷（LTCC）技术等[9,10]］的实现，无不强烈依赖于元器件所使用电子材料的电磁参数。将磁性这一元素引入到传统的利用材料介电性能的微波器件中（如微带天线基板材料），或者将介电元件统筹到磁性器件的制作上(如磁电器件一体化集成)，成为实现无源器件小型化、多功能化、集成化新的重要的发展趋势。

  因同时具有较高的磁性能和介电性能，铁氧体材料成为开发磁介多功能材料的最佳选择。尤其是在高频微波段，铁氧体材料的电阻率（可达到 $10^9\Omega\cdot m$ 以上）比金属磁性材料大得多，抑制了交变磁场下涡流损耗的产生，因而具有更加广阔的应用前景，可广泛应用于微波乃至毫米波段器件中。在这样的背景和潜在需求的推动下，铁氧体材料的磁介性能受到越来越多的关注，国内外的研究人员在铁氧体磁介材料的制备、性能调控和微波器件应用等方面进行了广泛研究。例如，电子线路板材提供商 Rogers 公司与美国东北大学联合成立了专门的实验室，用于研发铁氧体基的下一代磁电复合板材。

  然而，相比于微波器件和通信技术的快速发展，当前铁氧体磁介材料的研究与开发明显落后，调控铁氧体磁性能、介电性能和损耗特性的手段比较单一，尤其是应用方面主要还是集中在较低的频段，在如今微波通信频率不断朝着高频发展的背景下，提高铁氧体的应用频率和高频磁介性能成为一个重要课题。目前铁氧体磁介材料高频应用的瓶颈主要有三个：一是高频的损耗问题。尤其是高频的磁损耗往往比较高，要满足微波器件的使用要求，一般磁损耗正切值至少应控制在 0.15 以内。二是高频高磁导率问题。如何在提高铁氧体应用频率的同时还能保持较高的磁导率是一个需要考虑的问题，虽然目前有些工作开展了铁氧体材料在吉赫兹频段的磁介性能研究，如铁氧体与一些介质陶瓷或有机材料组成复合材料，但是其磁导率都很低，常在 5 以下，这就降低了磁介材料的应用价值。三是磁介参数的系列化。缺乏磁介参数系列化的铁氧体材料体系，只有形成了材料体系才能更好地满足不同器件的实际需求和用于批量产品的生产。

因此，迫切需要进行铁氧体高频磁介性能、机制和应用的研究，探索调控铁氧体材料高频磁介性能的新思路和新方法，提高现有铁氧体材料的应用频率并开发出具有良好高频性能的铁氧体磁介材料，这对于促进电子器件的进一步小型化、集成化、高频化，以及发展我国现代化民用电子通信技术、国防科学技术、太空技术等具有十分紧迫和重要的现实意义。

9.1.2 铁氧体磁介材料的研究现状

1. 铁氧体材料概况

铁氧体材料本身是一种传统的磁性材料，是由铁族元素和其他一种或几种金属元素组成的复合氧化物，是 20 世纪初发展起来的一种非金属磁性材料。当时随着电磁感应现象的发现和电子、无线通信技术的出现，人们迫切需要一种具有高电阻率的可应用于高频段的非金属磁性材料，在研究磁铁矿（主要成分 Fe_3O_4）和其他磁性氧化物的基础上，铁氧体磁性材料应运而生。随着现代电子与通信技术的发展，铁氧体材料的研究与生产发展迅速。相比其他磁性材料，铁氧体材料的原料来源广泛、工艺简单成熟，因而无论是在高频段还是低频段，铁氧体磁性材料如今都占据了重要的地位。与金属磁性材料（如纯铁、坡莫合金等）相比，铁氧体材料主要有两个明显的优点：一是具有更高的电阻率，抑制了涡流损耗的产生，从而可应用于较高的频段；二是具有非互易性，可通过其内禀的磁各向异性对微波信号传输方向进行调制。而且，铁氧体材料也具有较高的磁化强度和磁导率，因而成为当今电子器件和微波通信不可或缺的关键材料，广泛应用于电力电器、移动通信、计算机、仪表测量、航空航天、生物医学等领域。

按照用途，铁氧体材料主要分为软磁（soft magnetic）铁氧体、永磁（permanent magnetic）铁氧体、旋磁（gyromagnetic）铁氧体、压磁（piezomagnetic）铁氧体和矩磁（rectangular magnetic）铁氧体，其应用频率可从直流（DC）一直到毫米波段。按照晶体结构，铁氧体则主要分为尖晶石（spinel）型、石榴石（garnet）型和磁铅石（magnetoplumbite，或六角晶系铁氧体）型。近年来，随着技术和研究水平的不断进步，铁氧体材料的种类不断增加，新的用途也不断出现，如作为药物磁性载体、磁光介质，以及近年来备受关注的单相铁氧体室温磁电耦合效应[11-14]，而这些铁氧体材料的晶体结构基本都能归类到上述三种基本晶体结构中。因此，下面从三种晶体结构出发并结合其具体用途简要介绍一下铁氧体材料。

1）尖晶石铁氧体

尖晶石铁氧体具有与 $MgAl_2O_4$ 相似的晶体结构，属于立方晶系，化学式可用 MFe_2O_4 或 $MO·Fe_2O_3$ 表示，其中 M 代表二价金属离子，如 Mn^{2+}、Ni^{2+}、Zn^{2+}、Mg^{2+}、Co^{2+}、Cu^{2+} 等。尖晶石铁氧体中金属离子的分布可以表示为 $(M_x^{2+}Fe_{1-x}^{3+})[M_{1-x}^{2+}Fe_{1+x}^{3+}]O_4$，其中，（ ）内的为占据 A 位离子，[ ]内的为占据 B 位离子。其晶体单位晶胞包含了 8 个 MFe_2O_4，32 个半径较大的 O^{2-} 作面心立方（face centered cubic）堆积，形成基本的晶胞框架，而半径较小的金属离子分散在密堆积的 O^{2-} 的间隙中，且有两种间隙位置。其中，由 6 个 O^{2-} 包围构成 8 个平面的立体结构，常称为 B 位（octahedral），其间隙较大，可填充半径较大的金属离子；另一种是由 4 个 O^{2-} 包围构成 4 个平面的立体结构，常称为 A 位（tetrahedral），其间隙较小，可填充半径较小的金属离子。整个晶胞一共包含了 64 个 A 位和 32 个 B 位，但实际只有少部分位置占有金属离子，仅为间隙总数的 1/4，众多的空位造成了尖晶石铁氧体成分和阳离子价态的多样性。金属离子占据间隙位置通常具有一定的倾向性，存在一些离子具有占据某种位置的喜好。例如，Zn^{2+} 和 Co^{2+} 具有相近的离子半径，但两者倾向的占位却不相同，Zn^{2+} 十分倾向于占据 A 位，而 Co^{2+} 则倾向于占据 B 位。总之，在实际的尖晶石晶体结构中，金属离子的具体占位情况是比较复杂的，受到多种因素的影响，包括离子半径、离子价键、温度等。尖晶石铁氧体的 3D 晶体结构如图 9-1 所示，其包含的四面体结构和八面体结构被清楚地标记出来，其中较大的蓝色圆球代表氧原子，较小的黄色球和红色球分别代表 A 位和 B 位的金属离子。

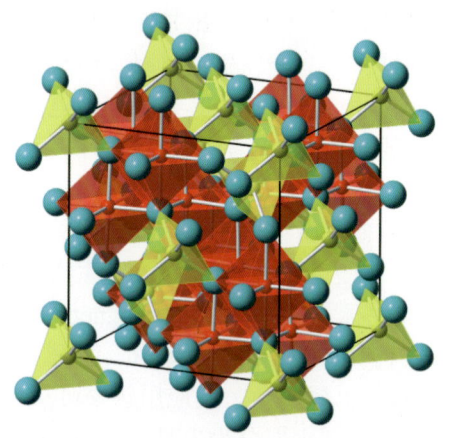

图 9-1　尖晶石铁氧体晶体结构及四面体（A）和八面体（B）结构示意图

尖晶石铁氧体是发展最早和目前生产规模最大的一种铁氧体，也是晶体结构和合成相对简单的铁氧体，广泛应用于软磁、旋磁等器件中。典型的尖晶石铁氧体包括 Mn 系、Ni 系、Li 系和 Mg 系铁氧体等，不同的体系各有特点。MnZn 铁氧体是一种性能优良的（高磁导率）软磁铁氧体，广泛应用于电感、变压器磁芯、滤波器等；NiZn 铁氧体制作工艺相比 MnZn 铁氧体更简单，且具有更高的电阻率 ρ，因而特别适合工作于较高频段（1～300MHz）；Mg 系铁氧体具有较低的损耗特性和较高的烧结密度，因而常用作低线宽旋磁铁氧体；Li 系铁氧体是目前旋磁铁氧体中居里温度最高的，因而具有较好的温度稳定性，而且其剩磁对应力的敏感度比较低，因而常用于微波移相器中。

2）石榴石铁氧体

石榴石铁氧体具有类似$(Fe, Mn)_3Al_2(SiO_4)_3$的立方晶系晶体结构，分子式可表示为 $R_3Fe_5O_{12}$，符号 R 通常表示三价稀土离子，如 Y^{3+}、Dy^{3+}、Gd^{3+}、Sm^{3+}等，其中的三价铁离子也可以被 Al^{3+}、Cr^{3+}等代替。其晶体结构也是由 O^{2-} 堆积成基本的框架，金属离子位于 O^{2-} 间隙中，由于稀土离子 R^{3+}较大，不能占据 O^{2-} 的 A 位和 B 位间隙，故相比尖晶石结构，在石榴石晶体结构中多了一种较大的十二面体间隙，即 C 位（dodecahedral）。石榴石晶体结构的单位晶胞包含了 8 个小的立方，64 个空隙位置都被金属离子占据，因而石榴石铁氧体的合成对配方精度和工艺的要求比较严格，其晶体结构如图 9-2 所示。

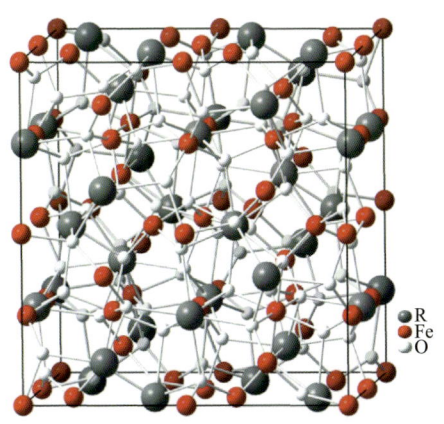

图 9-2 石榴石铁氧体的晶体结构示意图

钇铁石榴石（$Y_3Fe_5O_{12}$，YIG）是石榴石铁氧体的典型代表。YIG 通常具有非常窄的铁磁共振线宽 ΔH，其单晶线宽可低于 8A/m，而且电阻率比较高，是性能优良的微波旋磁材料，用于制作各种类型的微波铁氧体器件[15,16]。在 YIG 的基础上，通过对 Y^{3+}、Fe^{3+}等进行不同的置换，可以得到各种组分的石榴石铁氧体，从而满足不同器件应用上的要求。

3）磁铅石铁氧体（六角晶系铁氧体）

磁铅石铁氧体最早研究的为 M 型的铁氧体，与 $Pb(Fe_{7.5}Mn_{3.5}Al_{0.5}Ti_{0.5})O_{19}$ 具有类似的晶体结构，后来又相继发现了其他五种六角晶系结构的铁氧体，分别为 W、

Y、Z、X 和 U 型，故也统称为六角晶系铁氧体（hexaferrite）。其化学分子式可统一表示为 $M_xMe_z(Fe_2O_3)_y$，其中，M 为金属离子，常见的有 Ba^{2+}、Sr^{2+}、Pb^{2+}等，Me 为过渡族元素，如 Zn、Mn、Mg、Co 等，对应于六种类型 M、Y、Z、W、X 和 U 的 x/y 比值分别为 1:6、1:3、1:4、1:8、1:7 和 2:9。对于六角晶体结构，常用两种晶格常数来描述：六角平面宽度 a 和单位晶胞高度 c。研究发现，六种类型六角晶系铁氧体的晶格常数 a 都近似等于 5.88Å[17-20]，而晶格常数 c 则随铁氧体类型的不同而有较大差异。六角晶系铁氧体的晶体结构复杂，直观起见，所有类型的六角晶系铁氧体都可看作是由三种基本的 S、R、T 块结构堆叠而成，详细的晶体结构参数归纳在表 9-1 中，其中*表示晶体块（S、R、T）沿晶体 c 轴旋转 180°。

表 9-1 六角晶系铁氧体晶体结构参数（以钡铁氧体为例）

类型	分子式	a/Å	c/Å	堆积块	空间群
M	$BaFe_{12}O_{19}$	5.88	23	RSR*S*	$P6_3/mmc$
Y	$Ba_2Me_2Fe_{12}O_{22}$	5.88	44	(TS)$_3$	$R\text{-}3m$
Z	$Ba_3Me_2Fe_{14}O_{41}$	5.88	52	RSTSR*S*T*S*	$P6_3/mmc$
W	$BaMe_2Fe_{16}O_{27}$	5.88	33	RSSR*S*S*	$P6_3/mmc$
X	$Ba_2Me_2Fe_{28}O_{46}$	5.88	84	RSR*S*S*	$R\text{-}3m$
U	$Ba_4Me_2Fe_{36}O_{60}$	5.88	38	RSR*S*TS*	$R\text{-}3m$

六角晶系铁氧体的晶体结构使其具有较高的磁晶各向异性能和磁晶各向异性场，即磁化具有从优取向，根据磁化从优取向的不同，可分为单轴各向异性和平面各向异性。最常见的是单轴各向异性，铁氧体内部的磁化沿 c 轴取向，只有当外场克服单轴各向异性能才能使磁化方向偏转。而对于部分的六角晶系铁氧体，尤其是一些含有 Co 的六角晶系铁氧体，则具有平面各向异性。这类铁氧体的从优磁化取向被固定在垂直于 c 轴（或与 c 轴呈一定角度）的平面内[21-24]，磁化方向可以很容易的在这个平面内转动。

M 型六角晶系铁氧体是结构最简单的一种六角晶系铁氧体，其晶体结构组成如图 9-3 所示，可看作是 RSR*S*构成的 $P6_3/mmc$ 空间群。M 型六角晶系铁氧体高的单轴各向异性使其成为一种优良的永磁材料，目前占全世界永磁材料总体量的 90%以上，尤其是 M 型钡（BaM）铁氧体，由于原料来源广泛、生产工艺简单，占据了永磁材料很大的比例。随着毫米波通信技术的发展，人们发现 M 型六角晶系铁氧体可用于制作毫米波段自偏置环行器[25]，即利用材料本身的各向异性场作为偏置场，极大地缩小了环行器的体积和质量。六角晶系铁氧体在当前的微波铁氧体中占据了重要地位，并得到越来越广泛的应用。而平面型六角晶系铁氧体可作为一种特高频软磁铁氧体，克服了尖晶石铁氧体应用频率的限制，将应用频率提高到吉赫兹，通过使用旋转磁场成型技术，在 4GHz 也能保持较高的磁导率。

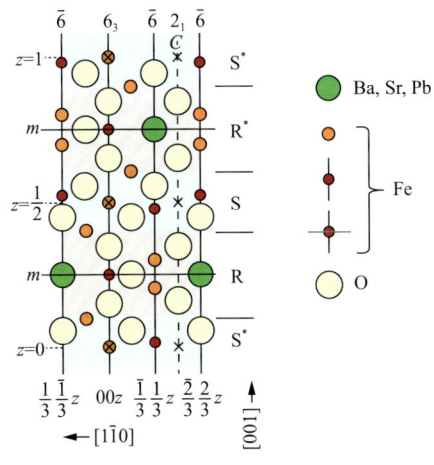

图 9-3 M 型六角晶系铁氧体的晶体结构

2. 铁氧体的磁性能和介电性能

1）铁氧体的磁性能

铁氧体的磁性来源于电子自旋磁矩的超交换相互作用。对于自由离子，其磁矩是由外壳层中未被抵消的电子轨道磁矩（L）和自旋磁矩（S）两部分组成，根据洪特法则及电子轨道-自旋耦合关系，总磁矩为：

$$\mu_J = g_J \sqrt{J(J+1)} \mu_B \tag{9-1}$$

总自旋磁矩绝对值为：

$$\mu_S = 2\sqrt{S(S+1)} \mu_B \tag{9-2}$$

其中，μ_B 为玻尔磁子；J 为总角动量（自旋加轨道）量子数；g_J 为朗德因子：

$$g_J = 1 + \frac{J(J+1) + S(S+1) - L(L+1)}{2J(J+1)} \tag{9-3}$$

自由离子实际上并不存在，对于存在于铁氧体晶体场中的磁性离子，其磁性能受到晶体场的显著影响。实验证明，晶体场中磁性离子的磁矩与自由离子总磁矩 $g_J\sqrt{J(J+1)}$ 差距较大，大多数接近于 $2\sqrt{S(S+1)}$，即自旋磁矩的值，通常不表现出轨道磁矩，这种现象称为晶体场对轨道角动量的冻结。

根据前面的介绍，铁氧体材料中都存在着两套或两套以上的次晶格，即磁性离子分布在两种或两种以上的晶体场环境中。例如，在尖晶石铁氧体中，处在八面体位（B 位）的磁性离子，会受到 6 个 O^{2-} 组成的八面体晶体场的影响；而处在四面体位（A 位）的磁性离子，将受到 4 个 O^{2-} 组成的四面体晶体场的影响。因此，单元铁氧体的分子磁矩（晶胞磁矩）的大小等于这两种不同配位中的磁性离子的磁矩之和。在磁性材料中，磁矩取向排列的不同产生了不同类型的磁性：顺磁性、铁磁性、反铁磁性和亚铁磁性等，结构示意如图 9-4（a）所示。实验和理论证明，一般占据同类型位置的磁性离子的磁矩取向相同，而不同位置 A、B 位上离子磁矩的取向彼此相反。在铁氧体晶体中，通常 A、B 位离子磁矩的大小不同，所以铁氧体的磁性来自未被抵消的磁矩，即属于亚铁磁性。

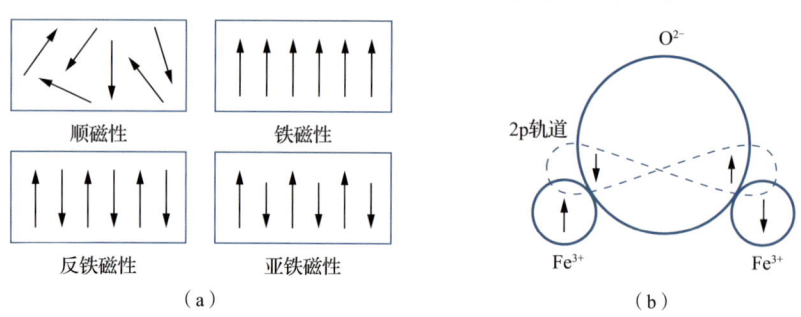

图 9-4　铁氧体的磁性分类与磁矩的排列（a），以及超交换作用示意图（b）

铁氧体晶体中磁矩的有序排列被认为是源自磁性离子的超交换相互作用。在解释磁性材料中的自发磁化现象时，弗兰克尔和海森堡先后发展了局域电子自发磁化的理论模型，海森堡成功地运用量子力学讨论了这种直接交换作用。然而，对于像铁氧体这类磁性材料，磁性离子之间是通过非磁性的氧离子连接起来的，海森堡的直接交换模型不能适用。因而人们又提出了磁矩的间接交换作用，即超交换相互作用。在铁氧体中，磁性离子通过非磁性的氧离子实现超交换相互作用，其作用原理如图 9-4（b）所示。

铁氧体在未被外加磁场作用时，整体并不体现出宏观磁性，自发磁化现象通过磁畴的方式体现出来。磁畴是分割成的一个个小的区域，在这个小区域内磁矩都排列整齐，即达到一定程度的自发磁化。然而，不同区域的自发磁化方向不相同，因此在未磁化的情况下，系统总的磁矩抵消。磁畴的存在使得有的铁氧体材料在较弱磁场下就能达到很高的磁化强度，具有较高的磁导率；而有的铁氧体在撤去外加磁化场后，仍可保留很强的磁性。

2）铁氧体的介电性能

铁氧体还具有较高的介电性能，因而可以作为电容载体的介电材料，某些铁氧体材料的低频电容率高达 $10^3 \sim 10^5$。介电材料的介电性能是由于它所包含的电子、离子、分子等因外电场的介入而引起的电极化，极化的成因可以分为偶极子（dipole）取向极化、离子极化、空间电荷（space charge）极化和电子极化。电子极化是外电场使电介质中"轻"而"软"的电子云相对于"重"而"硬"的原子核发生变形或偏移，造成正负电荷重心偏离，从而引起电极化。这类极化对外电场响应时间很短，为 $10^{-16} \sim 10^{-14}$s。离子极化主要出现在一些无机晶体（如陶瓷）介质中，这些晶体是由正负离子组合而成，当外加电场时，正负离子各自向相反的方向偏移，从而引起电极化。这类极化经历的时间为 $10^{-13}\sim10^{-12}$ s。偶极子取向极化是由于电介质中的偶极子在外电场的作用下发生一致取向，从而产生电极化。这些偶极子来源于电介质内非对称结构的分子（如晶体中存在缺陷和杂质），这类极化对外电场响应时间为 $10^{-8}\sim10^{-2}$ s。空间电荷极化是局部存在于电介质的空间电荷受到外电场作用而聚于界面，聚集在晶界或异种物质的界面处而产生电极化。这类极化完成所需的时间很长，只在低频产生。

在铁氧体材料中，电极化的产生被认为是与 Fe^{2+} 的存在密切相关[26-30]。例如，在 NiZn 铁氧体晶体中，Fe^{2+} 十分倾向于占据四面体位，而 Fe^{3+} 倾向于占据八面体位[31]，这样在电场的作用下，会产生 Fe^{2+} 与 Fe^{3+} 之间的电子跳跃，从而产生电极化。同时，就离子本身而言，Fe^{2+} 具有比 Fe^{3+} 更高的电极化，Fe^{3+} 的 d 壳层具有 5 个电子，会形成比较稳定的球形对称电子云结构，而 Fe^{2+} 比 Fe^{3+} 多了一个电子，打破了对称的电子云结构，从而形成较大的极化。因此，无论是从电子跳跃的角度，还是从离子本身角度，Fe^{2+} 的存在都增大了铁氧体材料的电极化，铁氧体中 Fe^{2+} 的浓度越高则极化越大。对于处在微波交变场中的铁氧体，当频段较低时，空间电荷极化和偶极子取向极化占了重要地位；当频段较高时，尤其是到了微波段，空间电荷极化和偶极子取向极化几乎消失，电极化则主要来自电子极化和离子极化。

3. 铁氧体磁介材料研究进展

铁氧体独特的晶体结构与元素组成造就了其同时具有较高的磁性能和介电性能，在实际应用中，为了满足微波器件对铁氧体磁性和介电性能多样化的要求，以及提高铁氧体的高频磁介性能，需要采取手段对铁氧体材料的磁介参数进行调制，从而满足具体器件的具体参数要求，如工作频率、磁导率和介电常数、损耗特性等。例如，1200℃烧结的一种纯 NiZn 铁氧体在 10MHz 的磁损耗因数（$\tan\delta_\mu=\mu''/\mu'$）超过了 1，这显然是无法应用于工作在此频点的微波器件，在对其进行掺杂后，损耗因数可减小到 0.05 以下，只有不到原来的 5%。

铁氧体材料对微波场的响应是比较复杂的，其磁电参数不仅在于微波场的频率，而且与铁氧体材料的微观结构、密度、内应力等因素密切相关。铁氧体磁介性能调制的主要目标是实现高频、低损（包括磁损耗和介电损耗）、特定值（如等磁介）等。下面根据调控铁氧体磁介性能开发磁介材料手段的不同，简述铁氧体磁介材料的研究进展。

1）离子取代改性的铁氧体磁介材料

根据前面的叙述，无论是铁氧体材料的磁性能还是介电性能，都与组成铁氧体的离子的种类和分布密切相关，因此，对铁氧体进行合理的离子取代，是调控铁氧体材料的磁介性能和获得良好磁介材料的有力手段。对于离子取代调控铁氧体的磁性能，人们进行了大量研究，而对于开发铁氧体磁介材料而言，还要兼顾介电性能的调控，因而更复杂些。进行取代的离子可以是一种，也可以是两种或两种以上的离子组合，取代的一般要求是保证正分配方和电荷的平衡，也要兼顾离子的占位特性和价态的变化。

钴离子及其组合是调控铁氧体高频性能最常用的离子之一。钴离子是一种磁性离子，磁晶各向异性常数为正值，而铁氧体材料的磁晶各向异性常数一般为负值，因此钴的加入可以有效调控铁氧体的磁性能。同时，钴的加入也会影响到铁氧体中铁离子的比例，因此可以在一定程度上对铁氧体的介电性能产生影响。2007 年，新加坡国立大学的 L. B. Kong 和 M. Teo 等[32]采用 Co^{2+} 取代 Li^+ 和 Fe^{3+} 开发了一种 $Li_{0.5-0.5x}Co_xFe_{2.5-0.5x}O_4$ 铁氧体磁介材料，发现 Co^{2+} 取代可以大幅地调节材料的磁导率和磁损耗，介电常数和介电损耗也随 Co^{2+} 取代量在一定范围内变动，并最终获得了在 3~30MHz 频段内具有较好磁介性能的 Li 铁氧体材料。他们还研究了 Co^{2+} 取代的 Mg 铁氧体，获得了类似的磁介性能，而且 Co^{2+} 取代使 Mg 铁氧体的截止频率从 150MHz 提高到 400MHz。2010 年，法国的 David Souriou 等[33]研究了 Co 取代的 NiZn 铁氧体，并结合化学合成法，得到了在 100~700MHz 范围内磁导率 $\mu\approx3.5$（$\tan\delta_\mu\approx0.04$），介电常数 $\varepsilon\approx4$（介电损耗 $\tan\delta_\varepsilon\approx0.02$）的材料。2012 年，美国的 Jaejin Lee 等[34]研究了 Co/Ti 取代的 M 型钡铁氧体，并研究了球磨时间和烧结温度对其磁性能和介电性能的影响，获得了在 200MHz 的 μ 和 $\tan\delta_\mu$ 分别为 4.5 和 0.039 的铁氧体材料。

除了 Co，清华大学的岳振星等采用 Mn 取代 NiCuZn 铁氧体中的铁离子，并系统研究了对铁氧体微观结构、磁性能和介电性能的影响。研究发现随着 Mn 取代量的增加，铁氧体的磁导率和磁品质因数变化显著，而对介电常数的影响相对较小，并将介电损耗的上升归因于 Mn 的加入影响了 Fe^{2+} 的含量。张显良系统研究了 Ti 掺杂的 NiZn 铁氧体，发现 Ti 的掺入有助于提高材料的介电常数，但当掺入量较多时，材料的介电损耗增加，并产生很多杂相成分。随着微波器件向高频化发展，对 Co_2Z（$Ba_3Co_2Fe_{24}O_{41}$）平面六角铁氧体磁介性能的研究多了起来，其中，如何降低 Co_2Z 的损耗，尤其是磁损耗，是研究的难点和重点。2011 年，C. Mu 等[35]研究了 Dy 取代的 Co_2Z 铁氧体，并对实验测试的 1MHz~1GHz 范围内的磁谱进行了理论分析与拟合。2013 年，韩国的 Jae-Sik Kim 等[36]研究了 Mn 取代的 Co_2Z 铁氧体，得到具有较高磁导率和介电常数的 Co_2Z，其在 510MHz 下的磁导率为 19.774，介电常数为 15.183。但是该材料损耗较大，磁损耗 $\tan\delta_\mu$ 和介电损耗 $\tan\delta_\varepsilon$ 分别为 0.176 和 0.073。2014 年，美国东北大学的 Zhijuan Su 等[37]制备了一种性能较好的 Co_2Z 铁氧体磁介材料。他们使用 Ir 对 Co_2Z 中的 Co 和 Fe 进行取代，发现当 Ir 的取代量为 0.12 和 0.15 时，可以使 Co_2Z 在 800MHz 下的 $\tan\delta_\mu$ 和 $\tan\delta_\varepsilon$ 分别降低达到 80% 和 90%，如图 9-5（a）和（b）所示。

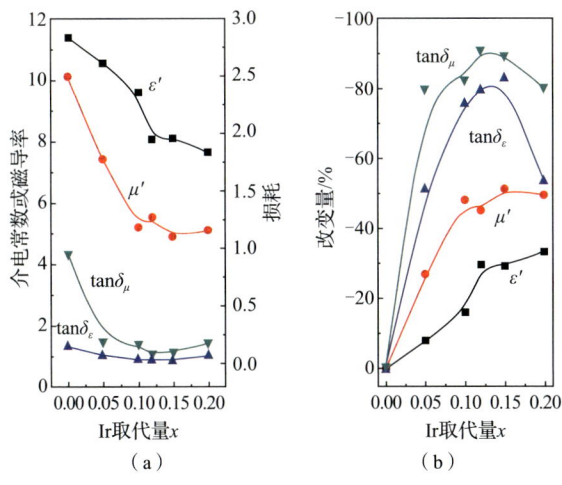

图 9-5 Ir 取代 Co_2Z 在 800MHz 的磁介性能

2）掺杂/复合铁氧体磁介材料

在已烧结成相的铁氧体中添加另种物质，然后进行二次烧结（或成型）来调节铁氧体的磁介性能，也是开发磁介材料的有效手段。当添加量比较少时，加入的成分可以视为一种掺杂添加剂；当加入量较多时，铁氧体与加入的物质可以合成为复相材料。实际上，在此过程中也常或多或少发生离子的取代，即两相之间发生离子的互扩散。添加剂主要是些氧化物、介电陶瓷、有机物等非磁性的物质，相比离子取代，这种方式可以在更大范围内对铁氧体的磁性能和介电性能进行调控。尤其是介电性能，铁氧体通过与具有较高介电常数的陶瓷复合，可以获得具有较高介电常数的复合材料。

常用的氧化物添加剂有 SiO_2、MnO、CaO、CuO、WO_3、TiO_2、Bi_2O_3 等，这些氧化物通过影响晶粒、晶界、密度、内应力等影响铁氧体的磁性能和介电性能。贾利军等[38]研究了 SiO_2 掺杂对 Co_2Z 铁氧体磁性能和介电性能的影响，发现 SiO_2 的加入可以抑制 Co_2Z 晶粒的生长，从而造成磁导率和介电常数的下降，并起到降低磁损耗和介电损耗的作用。夏祺等[39]将 WO_3 掺入到 Co_2Z 铁氧体中，并开发出一种工作于 VHF（30～300MHz）频段的磁介天线基板。2015 年，日本的 Shigeo Fujii 等制备了 CuO 掺杂的 Co_2Y（$Ba_2Co_2Fe_{12}O_{22}$）铁氧体，研究结果表明，在 CuO 掺杂量为 0.6wt%，烧结温度为 1170℃条件下，成功制得了在 1GHz 频率下磁损耗 $tan\delta_\mu$ 小于 0.05 的 Co_2Y 铁氧体磁介材料。他们还研究了 Co_2Y 铁氧体的磁损耗与晶粒大小的关系，得出小的晶粒（小于 2μm）有利于降低铁氧体材料的高频磁损耗，如图 9-6 所示。

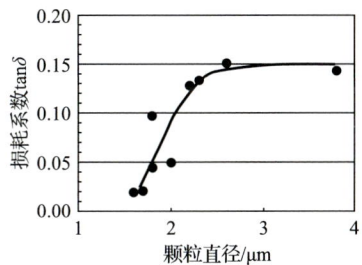

图 9-6 Co_2Y 铁氧体磁损耗（1GHz）与晶粒尺寸的关系

近年来，铁氧体/介质（铁电）陶瓷复合材料成为发展磁介多功能材料的一个重要研究领域，将铁氧体材料与介质陶瓷复合形成兼具较高磁导率和介电常数的复合材料，从而用于电子器件中电感和电容部分的一体化集成。尤其是随着 LTCC 技术的发展，这种磁电复合陶瓷材料不断地衍生出各种各样的复合体系，所使用的介质陶瓷种类也越来越多。其中，有 $CaCu_3Ti_4O_{12}$、$PbZr_xTi_{1-x}O_3$ 这样的高介电常数类，有 $Ba-TiO_2$、$(Zr, Sn)TiO_4$ 这些中介电常数类，还有像 Al_2O_3、$MgTiO_3$、$MgAl_2O_4$ 这些低介电常数类。

尖晶石结构的 NiZn 铁氧体系列是复合时常用的磁性相材料。NiZn 铁氧体具有磁导率高、电阻率高、结构稳定、合成容易等优点。电子科技大学张怀武课题组将 $BaTiO_3$ 陶瓷加入到 NiCuZn 铁氧体中进行复合，得到了在 1.8GHz 频率内的磁导率 μ 和介电常数 ε 分别为 5.6～10 和 10～50 的陶瓷材料。此后，又相继研究了 $CaCu_3Ti_4O_{12}$/NiCuZn、$BaTiO_3$/NiCuZn 等铁氧体基复合陶瓷材料系列，并对这些材料进行了低温烧结的探索。2009 年，西安交通大学的汪宏等制备了 $SrTiO_3$/$Ni_{0.8}Zn_{0.2}Fe_2O_4$ 复相陶瓷，系统研究了其在 10MHz～1GHz 频率范围内的磁性能和介电性能；之后他们又研究了一种 $LiFe_5O_8-Li_2MgTi_3O_8$ 复合磁介材料，重点研究了该材料的微波介电性能，获得了一种具有较高介电常数和低介电损耗的磁介陶瓷材料。最近，他们选取 Co_2Z 铁氧体作为磁性相与 $SrTiO_3$ 复合，开发高频的磁介材料，获得了在较宽频率范围内（10MHz～1GHz）具有稳定磁导率、介电常数和较低损耗的复合陶瓷材料。C. Wang 等还研究了钛酸钡包覆的 M 型钡铁氧体，得到了磁性能比较低，但介电常数（4～5）在 2～18GHz 频率范围内比较稳定的复合材料。

另外，一些有机材料也用来与铁氧体材料合成复合材料，如环氧树脂、聚烯烃弹性体（POE）、橡胶、硅胶等，这类有机/铁氧体复合材料可以在很宽的频带内获得稳定的介电常数、磁导率以及低的磁损耗、介电损耗。但是有机物的存在限制其只能应用在 200℃ 以内，而且为了能够成型，铁氧体成分所占的比例都比较低，因而复合材料的磁导率和介电常数一般都远低于纯的铁氧体陶瓷。

3）改进工艺合成铁氧体磁介材料

众所周知，铁氧体材料的性能与其合成工艺密切相关，因此改变合成工艺也是开发良好铁氧体磁介材料的途径，如采用化学法、薄膜工艺等。印度的 Anjali Verma 等使用柠檬酸盐前驱体法制备了 NiZn 铁氧体,研究了其在微波 X 波段（8～12GHz）的磁导率与介电常数，发现相比传统的固相法合成的，介电损耗降低了一到两个数量级。Sasanka Deka 等采用自蔓延燃烧法制备了 $Ni_{0.5}Zn_{0.5}Fe_2O_4$ 铁氧体纳米晶，在低频段同时具有较高的磁导率和介电常数。美国的 S. Bae 等以多媒体数字广播天线为应用背景，分别采用溶胶-凝胶（sol-gel）法和传统的固相法合成了 Co_2Z 铁氧体，在 1300℃烧结条件下，溶胶-凝胶法合成的 Co_2Z 在 200MHz 下的磁导率为 6.91，磁损耗 $\tan\delta_\mu$ 为 0.01，远低于固相法合成的 0.068。2011 年，美国俄亥俄州立大学的 Lanlin Zhang 等使用湿化学 Pechini 方法合成 Co_2Z 铁氧体，开发了可用于 RF 微波器件的铁氧体磁介材料。

旋喷电镀工艺（spin spray plating）制备的铁氧体材料具有成本低、纯度高、易与器件的制作相结合等优点，可以在有机或者陶瓷板上生成较厚的、较大面积的铁氧体膜。图 9-7 给出了旋涂工艺示意图，以及使用旋涂工艺制备的一种铁氧体/介质板/铁氧体三明治结构。同时，薄膜化的铁氧体材料的铁磁共振（FMR）频率及乘积 $(\mu_r-1)f_{FMR}$ 满足：

$$f_{FMR} = \gamma\sqrt{H_{net}(4\pi M_s + H_{net})} = \gamma H_{net}\sqrt{\mu_r} \quad (9\text{-}4)$$

和

$$(\mu_r-1)f_{FMR} = \gamma 4\pi M_s\sqrt{\mu_r} \quad (9\text{-}5)$$

其中，μ_r 为相对磁导率；H_{net} 为净磁场；M_s 为饱和磁化强度。因此，相比块体材料，其 FMR 频率增大了 $\sqrt{\mu_r}$ 倍，突破了铁氧体块材的 Snoek 定律限制，提高了铁氧体材料的应用频率。

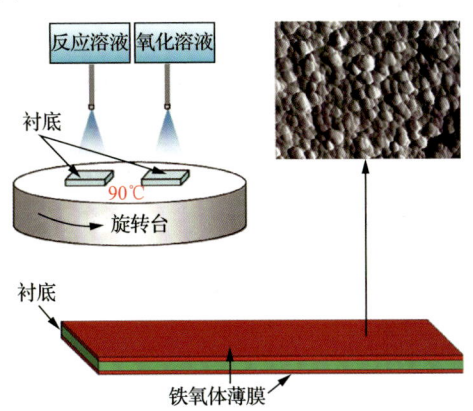

图 9-7　旋涂工艺制备铁氧体示意图

4．存在的问题

前面从离子取代、掺杂与复合、工艺改进等方面介绍了铁氧体磁介材料的研究进展，这些手段在改进铁氧体材料的磁介性能和发展优良的高频铁氧体磁介材料方面各有优势，但也存在着明显的不足。铁氧体材料的离子取代一般对取代量要求比较严格，过多的取代会产生一些杂相，从而有可能会导致材料性能的恶化。铁氧体与介质陶瓷或者有机材料的复合对介电性能的调控效果十分明显，但这些非磁性相的加入也严重稀释了铁氧体的磁性能，所合成复合材料的磁导率、饱和磁化强度等参数一般都比较低。例如，NiZn 铁氧体是具有较高磁导率的铁氧体，但其与环氧树脂组成的一种复合材料的低频磁导率只有 5 左右；一种低温 900℃

烧结的 NiCuZn 铁氧体，在未掺杂时，其起始磁导率 μ_i 约为 142，但加入少量的 $BaTiO_3$（5wt%）后，μ_i 就急剧降低到约 35，当 $BaTiO_3$ 的比例提高到 20wt% 时，μ_i 只有 16 左右，如图 9-8 所示。而且，介质陶瓷与铁氧体的烧结性能（如收缩率、密度等）通常差距较大，两者进行复合烧结时存在烧结匹配问题，常会导致复合材料的机械性能变差，甚至会出现明显的断裂、缺陷等。近年来，各种化学法、薄膜工艺合成铁氧体发展迅速，新的性能与各种纳米结构也得到不断研究，但这些工艺的不足是生产成本较高、产量低，工艺要求严格，还可能造成环境污染等。因此，目前为止，工艺简单、适合大批量生产的固相烧结法仍是铁氧体磁介材料合成的主要手段。

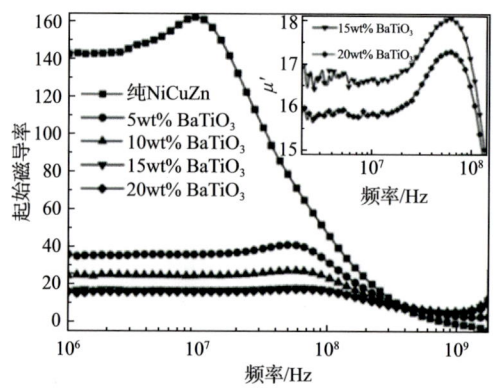

图 9-8　NiCuZn/$BaTiO_3$ 复合陶瓷的磁导率

9.1.3　铁氧体磁介材料在微波器件中的应用现状及发展趋势

铁氧体材料首先是作为一种高频软磁材料、永磁材料等磁性材料发展起来的。从 20 世纪 50 年代开始，随着环行器、隔离器、移相器等微波器件的兴起，铁氧体材料的介电性能和旋磁性能也开始被研究利用。近年来，随着微波通信技术的高速发展，铁氧体磁介材料得到了前所未有的重视，其应用领域不断得到拓展。下面将介绍一下铁氧体磁介材料近年来主要的一些应用热点。

1. 磁介天线基板

天线是无线通信系统中的关键器件，起到对电磁波信号的接收与发送的作用，其性能好坏很大程度决定了整个无线系统的性能。微带天线的制作成本比较低，具有质量轻、剖面低、易与设备共型等优点，而且便于与有源电路集成，可使用印刷电路技术批量生产，因而在应用上得到迅速发展。当前，在微波通信系统小型化、集成化的发展趋势下，天线的小型化变得至关重要。

在微带天线的小型化研究方面，研究人员开发了很多结构修正方案来实现天线的小型化，如裂缝、分型、开槽、加短路枝节等，但是这些结构修正方案对天线小型化的作用程度有限，而且增大了天线加工的复杂度。对于微带天线，其谐振片的长度可近似为：

$$L = 0.49 \frac{c}{f_r \sqrt{\varepsilon_e}} \tag{9-6}$$

其中，c 为真空中的光速，约 3×10^8 m/s；ε_e 为基板材料的等效介电常数；f_r 为天线的谐振频率。根据式（9-6），用高 ε_e 的基板材料也可以减小天线的尺寸，但是实践表明，这样会使电磁场过于集中在高介电常数的区域从而减小天线的增益和带宽，并且造成天线的阻抗匹配变差。

然而，当采用磁介材料替代介质基板作为天线的基板时，式（9-6）则变为：

$$L = 0.49 \frac{c}{f_r \sqrt{\varepsilon_e \cdot \mu_e}} \tag{9-7}$$

其中，μ_e 为材料的等效磁导率。对比式（9-6）和式（9-7）发现，引入磁导率的磁介基板材料起到减小天线尺寸的作用，在 ε_e 相等的情况下，磁介基板可以使天线尺寸减小 $1 - 1/\sqrt{\mu_e}$。

尤其是当磁导率与介电常数相等（$\varepsilon_e = \mu_e$）时，其阻抗为：

$$Z = \eta_0 \sqrt{\frac{\mu_e}{\varepsilon_e}} = \eta_0 \tag{9-8}$$

与自由空间阻抗 η_0 相等，即达到与空间完全的阻抗匹配。这一特性充分体现了磁介材料的优势，在微波器件上具有广泛的应用前景，因而铁氧体等磁介材料成为当前一个重要的研究热点。

频带窄是微带天线一个固有缺点（通常带宽为 0.7%～2%），实践表明，将磁性引入到天线基板也可以起到增加天线带宽的作用。Zhijiao Chen 等使用 Co_2Z 磁介基板（$\mu=15$，$\varepsilon=12$）制作了一个贴片天线，并使用具有相同介电常数的 Rogers TMM13i 介质基板（$\mu=1$，$\varepsilon=12$）制作了相同尺寸的天线作为对比，发现采用 Co_2Z 基板的天线的 –10dB 带宽达到了 23%，远高于采用相同介电常数介质基板的 0.95%，如图 9-9 所示。

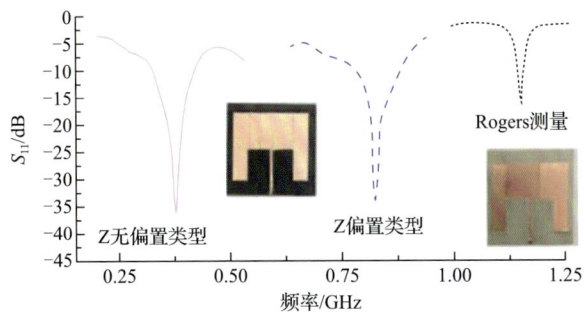

图 9-9　分别采用 Co_2Z 磁介基板和 Rogers TMM13i 介质基板制作的贴片天线对比

2. 电磁带隙结构

电磁带隙（electromagnetic band-gap, EBG）结构是由光子晶体演变而来，一经提出就得到迅速广泛发展，如今 EBG 的应用已经涉及抑制集成电路交叉干扰、提高天线增益、增加滤波器带宽、抑制开关噪声等众多领域。紧凑化（减小尺寸）和提高带隙抑制能力（rejection levels）是 EBG 结构发展的两个重要趋势。研究发现，使用磁介材料不仅可以有效减小 EBG 结构的尺寸，而且可以大幅提高其带隙抑制能力水平。

美国密歇根大学的 Hossein Mosallaei 等对比了分别采用介质材料（ε_r=16, μ_r=1）和铁氧体磁介材料（ε_r=16, μ_r=16）设计的一种堆叠式 EBG 结构。测试结果表明，采用介质材料的 EBG 结构带内抑制约−18dB，而使用铁氧体磁介材料的带内抑制达到−47dB，如图 9-10 所示。

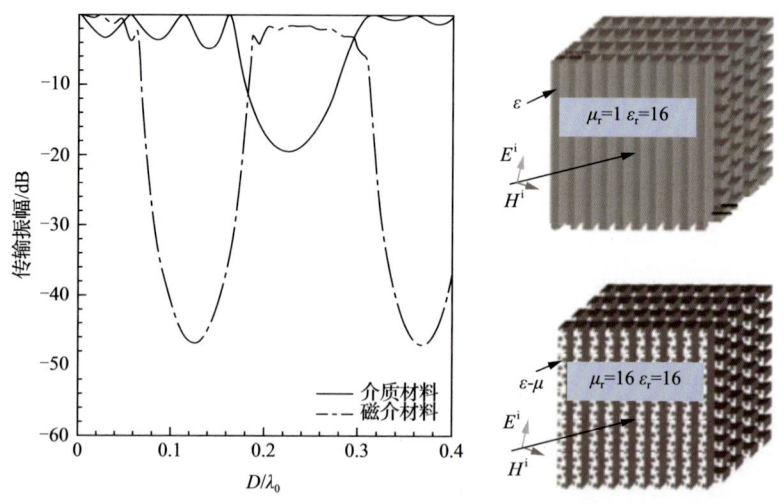

图 9-10　分别采用介质材料和磁介材料制作的堆叠式 EBG 结构

3. 磁电器件的一体化集成

铁氧体同时具有较高的磁性能和介电性能，因此在电子器件中，既可以作为电感（L）组分，又可以作为电容（C）组分，从而为电容、电感元件的一体化、高密度集成提供了条件。

近年来，LTCC 技术的兴起与发展促进了铁氧体材料在这方面的应用。LTCC 结合了多层电路图形技术和多层陶瓷元件技术，将流延的铁氧体生磁料带叠层压制成型后，在 900℃左右与金属内导体共烧成三维高度集成基板，利用三维空间布线将各无源器件连接在一起，表面则可以贴装有源模块和器件，有效提高了器件的封装密度与系统的可靠性，其工艺流程如图 6-2 所示。

铁氧体的磁介多功能性使其在 LTCC 的应用上具有突出的优势，通过使用一种材料实现器件所需的不同性能，有效避免了使用异质材料存在的共烧匹配性问题，同时也减少了金属导体的渗漏现象。一些 LTCC 铁氧体器件（如片式电感、L/C 滤波器等）得到了广泛研究，并实现了商业化生产。

4. 铁氧体磁介器件的发展趋势

铁氧体材料独特的磁性能和介电性能使其在微波器件中发挥着不可替代的作用，而相关的研究与探索也表明，铁氧体磁介材料在将来新型微波器件的开发上具有十分广阔的应用前景。当前，电子信息与无线通信技术正在迅猛发展，相关的军事和民用需求不断提升，各类微波器件正朝着小型化、高频化、集成化的趋势发展，因此，在这样的背景和潜在需求之下，基于铁氧体磁介材料的器件主要有以下发展趋势。

（1）高频化。提高应用频率是铁氧体磁介器件发展的重要趋势，一方面是适应微波通信和射频技术不断高频化的发展需求；另一方面应用频率的提高也有利于实现器件的小型化和轻量化。

（2）宽频带。工作频带决定了微波器件有效的工作频率范围和信息处理能力，尤其是多频通信已经成为如今一个重要的应用领域，因此，铁氧体磁介器件的宽频化变得更为重要。

（3）等磁介。等磁介的实现在微波器件的小型化、阻抗匹配等方面具有独特的优势，可以预测，除了目前研究较多的等磁介天线，其他类型的等磁介铁氧体器件会成为将来微波器件发展的一个重要趋势。开发这类铁氧体的关键是在实现等磁介的同时，能够获得较高的磁导率和介电常数以及低的损耗。

（4）小型化。磁介材料的使用有助于电子器件及系统的小型化。为了更好地实现磁介器件小型化的目的，需要提高铁氧体材料的应用频率，并且在高频段具有尽量高的磁性能和介电性能。

9.2 铁氧体磁介材料基本特性参数与相关基础理论

9.2.1 基本特性参数

磁介材料的基本特性参数可以分为磁性参数和介电参数两部分，如磁导率和介电常数、磁谱和介电谱等，这些参数既是开发铁氧体磁介材料时需要考察的关键材料性能指标，也是应用于实际器件时需要满足的参数。因此，首先讨论和明确这些参数，对后面实验与研究工作的开展具有重要的指导作用。其中，损耗特性也可以分别归类到磁性参数和介电参数两类中，即磁损耗和介电损耗，但考虑到损耗参数作为铁氧体磁介材料的一个关键参数以及损耗机制的多样性，这里也单独对损耗特性进行讨论。因此，下面分别从磁性参数、介电参数和损耗特性三个方面讨论铁氧体磁介材料基本的特性参数。

1. 磁性参数

前面讲到，铁氧体材料的磁性来源于电子自旋磁矩的超交换相互作用，材料内部存在着自发磁化（未被抵消的磁矩）和磁畴，当铁氧体处于不同的工作环境（如恒磁场、交变磁场等）时，这些磁矩和磁畴会产生不同的反应，因此也表现出各种磁性参数。

1）磁导率

当将磁性材料置于磁场中时，其磁化强度 M 和磁场强度 H 存在如下关系：

$$M = \chi H \tag{9-9}$$

其中，χ 为磁化率。同时，由磁感应强度 B 与磁场强度 H 的关系：

$$B = \mu_0(H + M) \tag{9-10}$$

式（9-9）可改写为：

$$B = \mu_0(1+\chi)H = \mu_0 \mu H \tag{9-11}$$

其中，$\mu=1+\chi$，为材料的相对磁导率；$\mu_0\mu$，即 B 与 H 的比值，为绝对磁导率。可以看出，磁导率这个物理量是表征材料导磁性能和磁化难易程度的一个参数，在实际应用中，一般所说的磁导率指的均是相对磁导率。

磁性材料受到不同外磁场作用时，磁导率具有不同的表现形式。在外加恒磁场 H 时，在 H 作用下，其磁导率 μ 是个实数，磁化过程是一种静态磁化过程，其中间的每个磁化状态都可视为一种亚稳态。未加磁场时，材料内的磁畴处于杂乱无序状态，整体呈现出磁中性。当施加磁场时，磁畴在施加磁场的作用下发生变化，其中，沿磁场方向的畴壁位移（DM）和磁畴转动（SR）是主要的磁化机制。设外磁场改变 ΔH，则对应的磁化强度的变化可以表示为：

$$\Delta M = \Delta M_{位移} + \Delta M_{转动} \tag{9-12}$$

对于大部分的铁磁性材料，内部的磁化机制与外磁场强度密切相关，其磁化主要可以分为四个阶段：①低磁场强度下的可逆畴壁位移；②中等磁场强度下的不可逆畴壁位移；③较高磁场强度下的可逆磁畴转动；④高磁场强度下的不可逆磁畴转动。对于一种具体的材料，其磁化过程有的以一种或几种机制为主，有的以磁畴转动为主。对于较高磁导率的软磁材料，在较小磁场强度下的磁化机制一般来自可逆畴壁的位移。而且，材料的磁化机制与内部的孔隙率、杂质、密度、晶粒尺寸、内应力等因素有关。当晶体内部气孔或杂质较多，密度较低时，畴壁的移动会受到阻滞，因而较低磁场强度下的磁化机制就有可能变为磁畴的转动；若材料气孔少、密度高、晶粒大，畴壁的变化就会变得容易，则磁化的来源就会变成以畴壁位移为主。从能量的角度来看，不同磁化机制的发生是在能量最小化原理的要求下，动力与阻力较量的结果。

当施加的磁场为周期性变化的交变磁场时，磁感应强度 B 也会随着周期性变化，但 B 的变化存在一个时间上的滞后效应，也就是 B 与 H 存在一个相位差（δ）。因此，为了同时反映出磁感应强度 B 与磁场强度 H 间的振幅和相位关系，人们使用复数磁导率来表示交变磁场下的磁导率，即：

$$\tilde{\mu} = \frac{\tilde{B}}{\mu_0 \tilde{H}} = \frac{B_0 e^{i(\omega t - \delta)}}{\mu_0 H_0 e^{i\omega t}} = \frac{B_0}{\mu_0 H_0} \cos\delta - i\frac{B_0}{\mu_0 H_0} \sin\delta = \mu' - i\mu'' \quad (9\text{-}13)$$

其中，μ' 为复数磁导率的实部，正比于磁能的存储；μ'' 为复数磁导率的虚部，正比于磁能的消耗。

若磁性材料同时受到相互垂直的恒磁场和交变磁场 H_i 作用时，磁矩是在两种磁场的共同作用下产生进动，因而在某个方向上的磁感应强度，不仅与同方向的 H_i 有关，而且与垂直方向的 H_i 有关，其进动方程可以表示为：

$$\frac{dM}{dt} = -\gamma(M \times H) \quad (9\text{-}14)$$

其中，磁化强度 $M = nM_m$，M_m 为自旋磁矩的集合；γ 为旋磁比；H 为包括各类内外磁场在内的有效场。此时，磁感应强度与磁场强度之间的关系，即磁导率，表现出张量的形式：

$$|\mu| = 1 + \chi = \begin{pmatrix} \mu & -i\kappa & 0 \\ i\kappa & \mu & 0 \\ 0 & 0 & \mu_z \end{pmatrix} \quad (9\text{-}15)$$

其中，χ 为张量磁化率；μ 和 κ 分别为张量磁导率（tensor permeability）的对角分量和非对角分量，表达式如式（9-16）所示，ω 为交变磁场的频率，ω_m 为磁矩的进动频率，ω_0 为不考虑交变磁场时磁矩 M 自由进动频率，即：

$$\left. \begin{aligned} \mu &= 1 + \frac{\omega_0 \omega_m}{\omega_0^2 - \omega^2} \\ \kappa &= \frac{\omega \omega_m}{\omega_0^2 - \omega^2} \end{aligned} \right\} \quad (9\text{-}16)$$

由上式可以看到，μ 和 κ 具有明显的频率依赖特性，尤其当 $\omega = \omega_0$ 时，这两个分量趋于无限大，即发生铁磁共振现象。具有反对称的二次张量和铁磁共振现象是张量磁导率的两个显著特点，这两个特点是众多微波旋磁器件工作的重要物理基础。

2）磁谱和截止频率

前面提到，处于交变场中的材料的磁导率具有复数形式，则复数磁导率的实部 μ' 和虚部 μ'' 随交变场频率变化的曲线称为磁谱。图 9-11 为平面六角铁氧体 $Ba_3Co_2Fe_{24}O_{41}$ 在 0.1～10GHz 频率范围内典型的磁谱曲线。铁氧体材料的磁谱随电磁场频率的变化表现出明显的区域性特征。一般在低频区域，μ' 具有较大的值，μ'' 值较小，而且随频率表现出一个具有一定平稳性的平台区，此时影响磁谱的因素一般包括磁后效、尺寸共振、磁滞和磁力共振等；随着频率升高，会出现 μ' 大幅下降，μ'' 迅速上升的现象，这一现象是由畴壁共振及自然共振引起的。

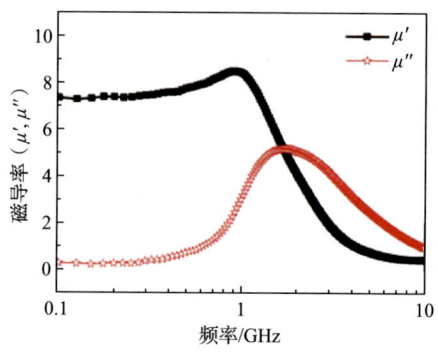

图 9-11　$Ba_3Co_2Fe_{24}O_{41}$ 铁氧体的磁谱

从应用的角度来看,像天线、滤波器、EDG 结构这类微波器件中的铁氧体是处于电磁波交变场环境中,为了在较宽频带内获得稳定的磁导率,这些器件应该工作在磁谱的稳定区域。稳定区域的范围和磁导率与材料体系、工艺条件等因素密切相关。

截止频率是衡量铁氧体磁性材料能够正常工作频率范围的重要标志。一般定义 μ' 下降到起始磁导率 μ_i 值的一半或 μ'' 达到峰值时所对应的频率为截止频率,用 f_r 表示。对于同一材料而言,其 f_r 通常与 μ_i 成反比,μ_i 越大则 f_r 越低,反之亦然,此为著名的 Snoek 定律。

对于多晶铁氧体材料,其磁谱(μ',μ'')可以看作是磁畴转动和畴壁位移两种磁化机制共同作用的结果:

$$\tilde{\mu}(\omega) = \mu' - i\mu'' = 1 + \chi_{spin} + \chi_{dw} \tag{9-17}$$

其中,χ_{spin} 为磁畴转动引起的磁化率;ω 为交变磁场频率;χ_{dw} 为畴壁位移引起的磁化率,两者可分别表示为:

$$\chi_{spin} = \frac{K_{spin}}{1 + i(\omega/\omega_{spin})} \tag{9-18}$$

$$\chi_{dw} = \frac{K_{dw}\omega_{dw}^2}{\omega_{dw}^2 - \omega^2 + i\beta\omega} \tag{9-19}$$

其中,K_{spin} 为静态磁畴转动磁化率;ω_{spin} 为共振频率;K_{dw}、β、ω_{dw} 分别为畴壁位移的静态磁化率、阻尼系数和共振频率。结合式(9-18)和式(9-19),交变场下复数磁导率的实部和虚部可以分别表示为:

$$\mu' = 1 + \frac{K_{spin}}{1+(\omega/\omega_{spin})^2} + \frac{K_{dw}\left[1-(\omega/\omega_{dw})^2\right]}{\left[1-(\omega/\omega_{dw})^2\right]^2 + (\beta\omega/\omega_{dw}^2)^2} \tag{9-20}$$

$$\mu'' = \frac{K_{\text{spin}}(\omega/\omega_{\text{spin}})}{1+(\omega/\omega_{\text{spin}})^2} + \frac{K_{\text{dw}}(\beta\omega/\omega_{\text{dw}}^2)}{\left[1-(\omega/\omega_{\text{dw}})^2\right]^2+(\beta\omega/\omega_{\text{dw}}^2)^2} \quad (9\text{-}21)$$

根据式（9-20）和式（9-21），可以将实验测得的多晶铁氧体材料的磁谱通过两种磁化机制的五个参数 K_{dw}、ω_{dw}、β、K_{spin}、ω_{spin} 进行拟合，从而可以分析一些条件（如微结构、掺杂、离子取代）的变化对微观磁化机制的影响，得到影响宏观磁性能的主要因素。图 9-12 为基于两种磁化机制对 1200℃烧结的 NiCuZn 铁氧体在 1MHz～1GHz 频段内磁谱的拟合结果，其中空心曲线是实验结果，实线是磁谱拟合结果，可以看到两者符合得比较好。

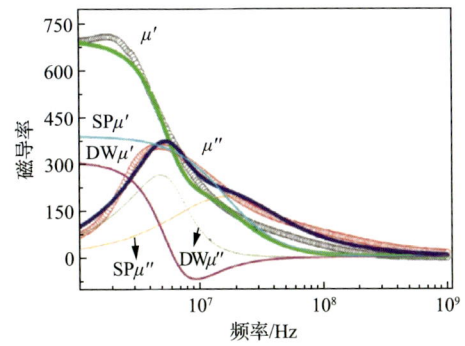

图 9-12　NiCuZn 铁氧体的测试磁谱与拟合结果
SP 表示自旋波；DW 表示磁畴壁

3）磁晶各向异性

在对磁性单晶小球进行磁化时，可以发现随着磁化方向的不同，所测得的磁化曲线也不相同，在有的方向磁化时，施加较小的磁场即可磁化到饱和，而在另一方向磁化时，则不容易磁化到饱和，即磁性随晶轴方向表现出各向异性，这种现象称为磁晶各向异性。

铁氧体磁性材料的磁晶各向异性可以用局域电子模型理论来解释。该模型假定对磁性有贡献的电子是局域化的，磁性离子的电子自身产生自旋-轨道（S-L）耦合，从而造成电子自旋取向的各向异性。总体而言，磁晶各向异性是材料内晶体场效应和 S-L 耦合综合作用导致各向异性交换作用的结果。Kittel 模型形象地表现了晶体的磁晶各向异性与交换作用各向异性之间的关系，如图 9-13 所示。S-L 耦合作用使非球形对称的电子云分布随自旋的取向而变化，导致波函数交叠程度及交换作用的不同，如图 9-13（a）的情况，电子云重叠少，交换作用弱；图 9-13（b）中电子云重叠多，交换作用强。电子云由于 S-L 耦合作用随自旋取向而转动，因此在不同方向磁化时，突破作用力需要不同的能量，表现为磁晶各向异性。一般而言，晶体的对称性越好，内部的交换作用复杂度相对低，其各向异性越小。例如，立方晶系铁氧体的对称性好，其磁晶各向异性就小；六角晶系铁氧体的晶体对称性较差，各向异性就比较大。

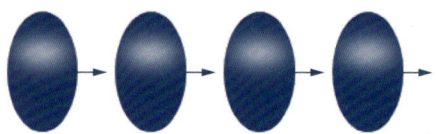

（a）电子云重叠少的情形

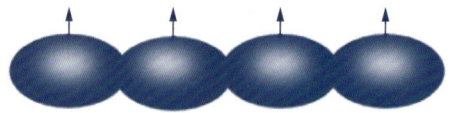

（b）电子云重叠多的情形

图 9-13　磁晶各向异性的 Kittel 模型

无外场时磁畴内的磁矩都沿着易磁化方向倾斜，因此晶体内的磁晶各向异性可以视为一个磁场作用，称为磁晶各向异性等效场 H_k。对于立方晶系晶体而言，设易磁化方向沿晶体的高对称方向时，其 H_k 可以表示为：

$$H_k = \frac{2K_1}{\mu_0 M_s} \tag{9-22}$$

其中，K_1 为磁晶各向异性常数。而对于主轴型的六角晶系铁氧体晶体，其 H_k 具有与式（9-22）类似的形式，此时的 K_{U1} 为单轴各向异性常数：

$$H_k = \frac{2K_{U1}}{\mu_0 M_s} \tag{9-23}$$

对于平面型的六角晶系铁氧体，存在面内（夹角 φ）和面外（夹角 θ）两个各向异性场：

$$\left. \begin{array}{l} H_k^\varphi = \dfrac{36|K_3|}{\mu_0 M_s} \\[2mm] H_k^\theta = -\dfrac{(K_1 + 2K_2)}{\mu_0 M_s} \end{array} \right\} \tag{9-24}$$

磁晶各向异性是铁氧体材料十分重要的一种内禀特性，与铁氧体的各种微观、宏观磁特性如磁导率、矫顽力、磁畴结构、截止频率、磁自旋态、动态磁化过程等有着直接性的关联。

2. 介电参数

铁氧体陶瓷材料较高的介电性能源于电场作用下材料内部产生的电极化。前面已经提到，电极化主要包括四种极化机制，而且这四种极化机制还与外电场的频率密切相关。

1）介电常数

从广义上来看，介电常数的概念可以用插入电介质的电容器模型来理解，相对于理想的真空电容器，其电容量会增加。例如，对于真空平行板电容器，其电容可以表示为：

$$C_0 = \frac{S}{d}\varepsilon_0 \tag{9-25}$$

其中，ε_0 为真空介电常数，而在电容器插入电介质后，电容为：

$$C = C_0 \cdot \frac{\varepsilon}{\varepsilon_0} = C_0 \cdot \varepsilon_r \tag{9-26}$$

式中，电容写成了两部分乘积的形式，ε 为加入介质的介电常数，ε_r 为常用的相对介电常数。ε_r 反映了电介质极化的能力，ε_r 越大，则极化能力越强。

对于大部分的微波器件而言，其中的铁氧体陶瓷一般是工作于具有交变电场的电磁波环境中，此时，电位移的相位与所加电场的相位也存在一个相位差，因此介电常数也可用类似复数磁导率的复介电常数表示：

$$\varepsilon = \varepsilon' - i\varepsilon'' \tag{9-27}$$

实部 ε' 和虚部 ε'' 均是与电场频率相关的量，因此，也可以画出复介电常数随电磁场频率变化的介电谱。一般铁氧体陶瓷的介电谱在低频段具有比较明显的弛豫频率特性，表现出较高的介电常数。例如，MnZn 铁氧体在低频段的介电常数可达 10^5。随着电磁波频率升高，介电常数会减小，当频率较高时，铁氧体陶瓷的介电常数一般都会降至 10 左右。

介电常数是铁氧体磁介材料的重要参数，尤其是在高频和微波器件的应用中，对介电常数的分析和研究十分重要。一般而言，提高铁氧体陶瓷的介电常数有利于提高储存电能的能力和减小器件的尺寸，当然对于不同的器件，也要兼顾介电稳定性和阻抗匹配等要求。

2）电阻率

电阻率属于衡量物质导电特性的范畴。但在铁氧体中，电阻率和介电常数在数值大小、变化趋势、温度特性等方面存在着十分密切的关系，因此，这里也一并介绍。绝大部分铁氧体都属于半导体类型，其电阻率 ρ 与温度 T 有关，两者的关系可表示为：

$$\rho = \rho_\infty \exp\left(\frac{E_\rho}{k_B T}\right) \tag{9-28}$$

其中，k_B 为玻尔兹曼常量；E_ρ 为离子的电子跃迁到相邻离子发生电导所需的能量；T 为热力学温度。室温下，铁氧体的电阻率可达 $10^9 \Omega \cdot m$ 以上，具体大小与铁氧体的成分、密度、微观结构、合成工艺等因素密切相关，其电导主要与 Fe^{2+} 和 Fe^{3+} 之间的电子迁移有关。

从应用的角度而言，总是希望铁氧体的电阻率越高越好，尤其是应用于高频段。在实际制备过程中,提高铁氧体材料电阻率的手段主要包括降低 Fe^{2+} 浓度、提高晶界电阻率、减小晶粒尺寸等,尤其是在氧气气氛中烧结或热处理来降低 Fe^{2+} 浓度是常用的手段,可使电阻率提高几个量级。

作为表征铁氧体材料电特性的两个重要参数,介电常数 ε 和电阻率 ρ 描述了铁氧体中电极化和电导的特性,而且两者常有关联。例如,在低频段两者常存在着负相关的关系,高的 ρ 常伴随着低的 ε,反之亦然。

3. 损耗特性

损耗参数是铁氧体材料在微波器件应用时的重要指标参数,有时甚至是决定性的参数,对最终制作的器件的各项指标有着重要影响。前面讲到,当电磁波作用于铁氧体时,铁氧体因此产生的磁化或极化与外场存在着一个滞后效应,因而会将交变场的部分能量吸收转化为热能,从而造成能量的损耗。因此,铁氧体产生的损耗可以分为磁损耗和介电损耗,其中磁损耗一般占了较大的比例,尤其是在高频段应用时,磁损耗常常成为限制铁氧体应用的因素。

1)磁损耗

简言之,磁损耗即为磁化过程中产生的能量损耗。在静态磁化过程中,铁氧体的磁化状态是从一个稳定态转到另一个稳定态,经历的每个磁化状态基本都处于亚稳定状态,不考虑建立平衡所需的时间。而在交变磁场下,铁氧体总的磁损耗等于涡流损耗(eddy-current loss)W_e、磁滞损耗(hysteresis loss)W_h 和剩余损耗(residual loss)W_c 三者之和,即:

$$W = W_e + W_h + W_c \tag{9-29}$$

涡流损耗 W_e 是材料处于交变磁场中普遍存在的现象。交变磁场的电磁感应在材料中产生涡流并与晶格发生作用产生热量从而造成能量的损失。厚度为 d 的材料在频率为 f 的交变磁场一个周期内的涡流损耗可以表示为:

$$W_e = a \frac{fd^2 B^2}{\rho} \tag{9-30}$$

其中,a 为常数;B 为磁感应强度;ρ 为电阻率。可见,涡流损耗与交变磁场的频率密切相关,频率越高,相互作用剧烈,涡流损耗也就大,与材料的电阻率则成反比。涡流的一个显著特点是会产生趋肤效应,并会产生屏蔽效果,因而造成材料总的磁化效果从表面向内降低。

磁滞损耗 W_h 是铁氧体在磁场作用下由磁滞现象引起的损耗。单位体积物质磁化一周所产生的磁滞损耗等于磁滞回线围起的面积所对应的能量值。因此,磁滞损耗的大小与材料矫顽力的大小有一定的相关性。

剩余损耗 W_c 指的是除了 W_e 和 W_h 外余下的所有损耗。导致剩余损耗的因素有很多,一般认为剩余损耗来自磁后效,以及畴壁共振、尺寸共振和自然共振等所引起的损耗。

根据式(9-13),处于交变磁场中的铁氧体,磁导率表示为复数的形式,其中

μ'' 正比于磁能的损耗，因此，经常使用一个重要的参数——损耗角正切来表征铁氧体的损耗特性：

$$\tan\delta_\mu = \frac{\mu''}{\mu'} \quad (9\text{-}31)$$

作为旋磁介质的铁氧体材料，其磁损耗通常用铁磁共振线宽 ΔH 来表征，其定义为微波张量磁导率对角分量虚部为最高值的一半，即 $\mu''=1/2\mu''_{max}$ 时，所对应的两个磁场之差。根据旋磁理论，ΔH 是由铁氧体中各种磁不均匀性造成的自旋波与磁矩一致进动之间的能量耦合引起。另外，根据工作区域和关注点的不同，还有自旋波线宽 ΔH_k、有效线宽 ΔH_{eff} 等参数。

2）介电损耗

介质材料的介电损耗与内部各种极化机制的弛豫过程有关，施加电场之后，极化过程并不是立即完成的，具体从开始建立到完成需要一定的时间，故当外电场变化大于建立极化所需要的时间时，电位移滞后于外电场引起能量的损耗。由于介质中极化机制的多样性，不同的极化机制对电场的响应时间不同，介电损耗与外电场频率密切相关。同时，由于铁氧体材料中不可避免地存在 Fe^{2+}，因此，在交变电场下，Fe^{2+} 与 Fe^{3+} 之间的电子跳跃是铁氧体在一定频率下介电损耗的重要来源。

介电损耗角正切是表征交变电场中铁氧体材料损耗特性的重要参数，其定义可以表示为：

$$\tan\delta_\varepsilon = \frac{\varepsilon''}{\varepsilon'} \quad (9\text{-}32)$$

介电损耗是引起微波器件插入损耗的因素之一，还会导致器件工作频率发生偏移，所以希望 $\tan\delta_\varepsilon$ 越小越好。相对于磁损耗，铁氧体材料的 $\tan\delta_\varepsilon$ 都比较小，但不恰当的制备工艺也会导致铁氧体有较大的介电损耗，因此 $\tan\delta_\varepsilon$ 也是应用时需要控制的参量，尤其是用于高频微波段时，对 $\tan\delta_\varepsilon$ 的要求比较严格。

9.2.2 相关基础理论

1. Snoek 定律

实验证明，在交变磁场作用下磁性材料的起始磁导率 μ_i 与截止频率 f_r 的乘积接近于一个常数，这一现象称为 Snoek 定律。这一定律是磁性材料的基本性质，对相关磁学的理论研究和实践应用均有重要的指导作用。

铁氧体在没有外磁场作用时，其内部的磁矩总是根据各向异性场所决定的能量最低方向取向，当有磁场作用时，磁矩会发生偏转并围绕各向异性场进动，如图 9-14 所示。

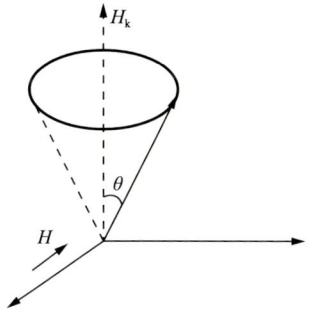

图 9-14 磁矩的进动示意图

磁矩进动频率（只考虑各向异性场的影响）表示为：

$$\omega_r = \gamma H_k \tag{9-33}$$

此时，当一交变磁场 H_i 也作用在磁矩上，且当 H_i 的角频率 $\omega=\omega_r$ 时，会导致共振现象，称为自然共振。对于多晶铁磁性材料，交变场下的磁化率可表示为：

$$\chi(\omega) = \chi_i \frac{\omega_r^2 + \omega_R(i\omega + \omega_R)}{\omega_r^2 + (i\omega + \omega_R)^2} \tag{9-34}$$

其中，ω_r 为自然共振频率；ω_R 为弛豫频率；χ_i 为起始磁化率，即：

$$\chi_i = \frac{2M_s}{3H_k} \tag{9-35}$$

对于 $K_1>0$ 的立方晶系多晶材料，结合式（9-33），可得：

$$\chi_i = \frac{2M_s}{3H_k} = \frac{2\gamma M_s}{3\omega_0} \tag{9-36}$$

$$(\mu_i - 1) = \frac{2\gamma M_s}{3 \times 2\pi f_r} \tag{9-37}$$

即：

$$(\mu_i - 1)f_r = \frac{\gamma M_s}{3\pi} \tag{9-38}$$

式（9-38）即为立方晶系多晶软磁铁氧体的 Snoek 公式。它表明由磁畴转动引起的起始磁导率 μ_i 与截止频率 f_r 的乘积是由铁氧体的内禀性质（γ 和 M_s）所决定。这一关系被实验结果所验证，理论计算与实验测试结果基本一致。

对于平面六角晶系铁氧体，根据式（9-24），存在两种各向异性场：面内（夹角 φ）的 H_k^φ 和面外（夹角 θ）的 H_k^θ。因此起始磁导率 μ_i 与截止频率 f_r 的关系不同于立方晶系，其自然共振频率和起始磁化率分别为：

$$\omega_r = \gamma\sqrt{H_k^\varphi \cdot H_k^\theta} \tag{9-39}$$

$$\chi_i = \frac{1}{3}\left(\frac{M_s}{H_k^\theta} + \frac{M_s}{H_k^\varphi}\right) \tag{9-40}$$

故可得平面六角晶系铁氧体的 Snoek 公式为：

$$(\mu_i - 1)f_r = \frac{2}{3}\gamma M_s \sqrt{\frac{H_k^\theta}{H_k^\varphi} + \frac{H_k^\varphi}{H_k^\theta}} \tag{9-41}$$

平面六角晶系铁氧体的面内各向异性 H_k^φ 的大小与立方晶系的 H_k 接近，而面外各向异性 H_k^θ 比 H_k^φ 大两个数量级。比较式（9-38）和式（9-41）可以发现，平面六角晶系铁氧体的自然共振频率比立方晶系铁氧体大一个数量级，因此，平面六角晶系铁氧体可用于更高频段。特别是经过磁场取向成型的各向异性平面六角晶系铁氧体，让晶粒 c 轴同向排列整齐，这样在高频段可以获得更高的磁导率，是一种性能优良的高频软磁铁氧体材料。研究表明，经过磁场取向成型的平面六角铁氧体在吉赫兹频段也能获得比较高的磁导率,应用频率得到大幅扩展。图 9-15 为平面六角晶系铁氧体在旋转磁场下取向成型过程示意图。

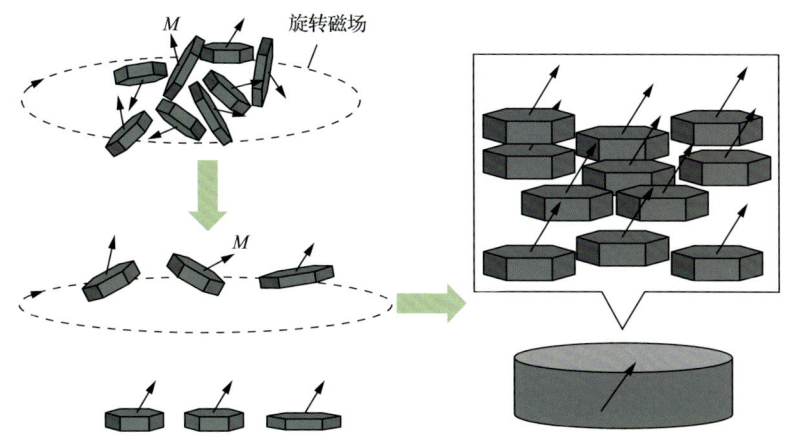

图 9-15　平面六角晶系铁氧体在旋转磁场下取向成型过程示意图

2. 非均匀介质结构理论

介质材料在交变电场作用下通常具有弛豫现象,为了解释这种弛豫现象,人们发展了一些相关的理论模型。电介质在外电场的作用下从一个平衡态转变到另一个平衡态不是瞬间完成的,其中间要经历一定的弛豫过程,介电弛豫的产生是由于极化的过程跟不上外电场变化的速度。当施加交变磁场时,设 P_0 为位移极化等瞬时建立的极化值,$P_1(t)$ 为由偶极子取向极化、空间电荷极化等引起的极化值,则总的极化可以表示为:

$$P(t) = P_0 + P_1(t) \tag{9-42}$$

当时间足够长时,可以认为 $P_\infty(t) = P_0 + P_{1\infty}(t)$,设 $P_0 = \chi_0 E$,$P_{1\infty} = \chi_1 E$,则根据极化弛豫过程的特征方程,可以得到:

$$\frac{dP_1}{dt} = \frac{P_{1\infty} - P_1}{\tau} \tag{9-43}$$

其中,τ 为弛豫时间常数。设交变场下 $P_1(t) = Ae^{i\omega t}$,结合式(9-43)以及 $P_{1\infty}$ 的关系,可得:

$$A = \frac{\chi_1 E e^{-i\omega t}}{1 + i\omega \tau} \tag{9-44}$$

故 $P_1(t)$ 可以表示为:

$$P_1(t) = \frac{\chi_1 E}{1 + i\omega \tau} \tag{9-45}$$

因此极化 P 为:

$$P = \left(\chi_0 + \frac{\chi_1}{1+i\omega\tau}\right)E$$

$$= \varepsilon_0\left(\frac{\chi_0}{\varepsilon_0} + \frac{\chi_1}{\varepsilon_0}\frac{1}{1+i\omega\tau}\right)E$$

$$= \varepsilon_0 \tilde{\chi} E \tag{9-46}$$

其中，$\tilde{\chi}$ 为复极化系数。因此，可得到复介电常数表达式为：

$$\begin{cases} \tilde{\varepsilon} = 1 + \tilde{\chi} = \varepsilon' - i\varepsilon'' \\ \varepsilon' = 1 + \dfrac{\chi_0}{\varepsilon_0} + \dfrac{\chi_1}{\varepsilon_0}\dfrac{1}{1+\omega^2\tau^2} \\ \varepsilon'' = \dfrac{\chi_1}{\varepsilon_0}\dfrac{1}{1+\omega^2\tau^2} \end{cases} \tag{9-47}$$

根据边界条件，在低频或静态时，ε 趋于静态的介电常数 ε_s；在频率很大时，$\varepsilon'=\varepsilon_\infty$，所以式（9-47）可以表示为：

$$\begin{cases} \varepsilon(\omega) = \varepsilon_\infty + \dfrac{\varepsilon_s - \varepsilon_\infty}{1+i\omega\tau} \\ \varepsilon' = \varepsilon_\infty + \dfrac{\varepsilon_s - \varepsilon_\infty}{1+\omega^2\tau^2} \\ \varepsilon'' = \dfrac{(\varepsilon_s - \varepsilon_\infty)\omega\tau}{1+\omega^2\tau^2} \end{cases} \tag{9-48}$$

此式称为 Debye 公式，是描述电介质介电弛豫特征的重要理论公式。典型的 Debye 频散曲线如图 9-16 所示。

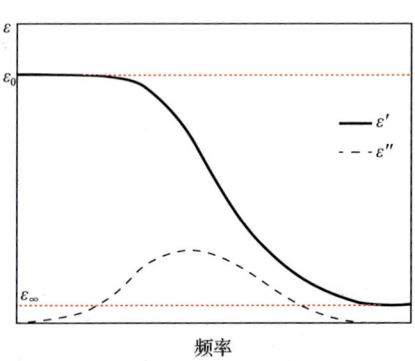

图 9-16 Debye 介电弛豫的介电谱

在实际的介质材料中，一些介电弛豫曲线与 Debye 弛豫存在偏差，此时，可以引入相关系数对 Debye 公式进行修正。式（9-49）即为一种修正的 Debye 公式形式，其中 α 和 β 为常数。在实际应用中，在已知几个频点介电常数值的情况下就可以确定 α 和 β 的值，从而可以根据修正的 Debye 公式得到任意频点下的介电常数，即：

$$\varepsilon(\omega) = \varepsilon_\infty + \frac{\varepsilon_s - \varepsilon_\infty}{\left[1 + (\mathrm{i}\omega\tau)^\alpha\right]^\beta} \tag{9-49}$$

对于多晶铁氧体陶瓷，其介电常数在低频段通常存在明显的频散现象，这一现象可以通过基于 Maxwell-Wagner 弛豫模型的非均匀晶体结构理论进行解释。根据 Koops 的理论，多晶铁氧体材料可以看作是由低电阻率 ρ_1 的晶粒和高电阻率 ρ_2 的晶界所组成，即 $\rho_2 \gg \rho_1$，其介电特性可以用晶粒（C_1, R_1）和晶界（C_2, R_2）对应的等效组成电路表示，如图 9-17 所示。其中，$R_2 \gg R_1$，因晶界相对晶粒要薄得多，也认为 $C_2 \gg C_1$。

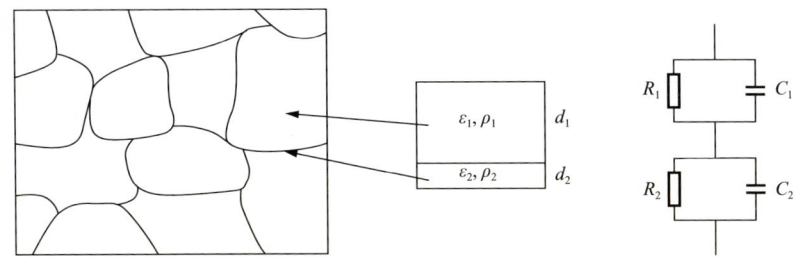

图 9-17　铁氧体非均匀结构与等效电路示意图

晶粒对应的阻抗 Z_1 和晶界对应的阻抗 Z_2 可以分别表示为：

$$\begin{cases} Z_1 = \dfrac{R_1\left[1 - \mathrm{i}(\omega/\omega_1)\right]}{1 + (\omega/\omega_1)^2} \\ Z_2 = \dfrac{R_2\left[1 - \mathrm{i}(\omega/\omega_2)\right]}{1 + (\omega/\omega_2)^2} \end{cases} \tag{9-50}$$

其中，$\omega_1 = 1/R_1C_1$；$\omega_2 = 1/R_2C_2$。当频率较低时，晶粒的 Z_1 值相比晶界的 Z_2 值可以忽略，此时铁氧体整体可看作是受晶界主导，表现出高介电性能；当频率较高时，晶界的容抗 $1/\omega C_2$ 很小，相当于电路中短路了 R_2，因而铁氧体整体的介电性能被晶粒所主导，表现出低 ε 的特性。

3. 等效介质理论

随着电子材料与信息技术的发展，将两相或多相陶瓷材料复合在一起制成复相陶瓷材料，成为发展多功能、高性能和具有系列化磁电参数的电子陶瓷材料的重要手段。在分析这种非均匀媒质构成的复合体系的介电性能时，基于平均场理论的 Maxwell-Garnett 模型和 Bruggeman 模型的等效介质理论是应用最多的两种模型理论。

Maxwell-Garnett 理论是基于掺入介质随机分散在基体（matrix）连续介质的非均匀介质模型，如图 9-18 所示，然后基于平均场理论求得复合材料的等效介电常数。设掺入物由 n 个掺入物颗粒组成，且第 i 个掺入物颗粒的介电常数和体积分别为 ε_i 和 v_i，基体的介电常数为 ε_m，外电场为 $\overline{E}_e$，则电位移 $\overline{D}$ 和电场 $\overline{E}$ 在体积

V 的总积分可以分别表示为：

$$\overline{I}_D = \int_V \overline{D} dv = \int_{V-\Sigma v_i} \varepsilon_m \overline{E}_e(\overline{r}) dv + \sum_i \int_{v_i} \varepsilon_i \overline{E}_i(\overline{r}) dv \qquad (9-51)$$

$$\overline{I}_E = \int_V \overline{E}(\overline{r}) dv = \int_{V-\Sigma v_i} \overline{E}_e(r) dv + \sum_i \int_{v_i} \overline{E}_i(r) dv \qquad (9-52)$$

其中，$\overline{E}_i$ 为掺入物颗粒的内部电场。根据电极化理论，复合体系平均电位移与平均电场的比值 $\overline{D}/\overline{E}$ 可以定义为一个等效介电常数 ε_{eff}。因此，复合介质总的等效介电常数可表示为：

$$\varepsilon_{eff} = \frac{\langle \overline{D} \rangle}{\langle \overline{E} \rangle} = \frac{\overline{I}_D/V}{\overline{I}_E/V} = \frac{\int_{V-\Sigma v_i} \varepsilon_m \overline{E}_e(\overline{r}) dv + \sum_i \int_{v_i} \varepsilon_i \overline{E}_i(\overline{r}) dv}{\int_{V-\Sigma v_i} \overline{E}_e(r) dv + \sum_i \int_{v_i} \overline{E}_i(r) dv} \qquad (9-53)$$

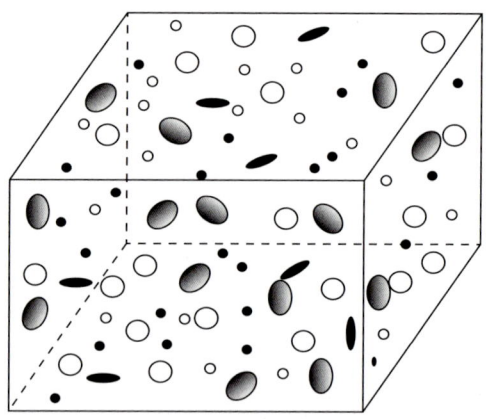

图 9-18　掺入物颗粒与基体介质组成的复合介质

假设掺入物为大小、形状、介电常数 ε_i 都相同的球形颗粒，并均匀分布在基体介质中，如图 9-19（a）所示，并且设颗粒的内电场 $\overline{E}_i$ 和外电场 $\overline{E}_e$ 恒定，则式（9-53）可以表示为：

$$\varepsilon_{eff} = \frac{\varepsilon_m \overline{E}_e(1-f) + f\varepsilon_i \overline{E}_i}{\overline{E}_e(1-f) + f\overline{E}_i} \qquad (9-54)$$

其中，f 为掺入物在复合体系中所占的体积分数。介质小球内电场 $\overline{E}_i$ 和外电场 $\overline{E}_e$ 之间的关系可以由瑞利散射理论得到：

$$\overline{E}_i = \frac{3\varepsilon_m}{\varepsilon_i + 2\varepsilon_m} \overline{E}_e \qquad (9-55)$$

因此，将式（9-55）代入式（9-54）可以得到以下表达式：

$$\varepsilon_{eff} = \varepsilon_m + 3f\varepsilon_m \frac{\varepsilon_i - \varepsilon_m}{\varepsilon_i + 2\varepsilon_m - f(\varepsilon_i - \varepsilon_m)} \qquad (9-56)$$

或为：

$$\frac{\varepsilon_{\text{eff}} - \varepsilon_{\text{m}}}{\varepsilon_{\text{eff}} + 2\varepsilon_{\text{m}}} = f \frac{\varepsilon_i - \varepsilon_{\text{m}}}{\varepsilon_i + 2\varepsilon_{\text{m}}} \tag{9-57}$$

式（9-56）和式（9-57）即为 Maxwell-Garnett 模型理论方程。这一模型一般适用于掺入物与基体比例差距比较大的复合体系，即掺入物比例较小（f 较小）或掺入物比例较大（f 较大）。

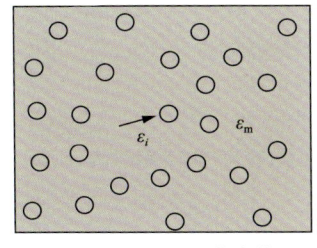 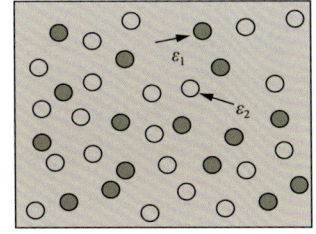

（a）Maxwell-Garnett复合模型　　　　（b）Bruggeman复合模型

图 9-19　有效介质理论模型示意图

对于复合两相的比例差距不大，即没有明显的主次相之分的情况，Bruggeman 等效介质理论一般更为适用。Bruggeman 理论的示意模型如图 9-19（b）所示，它把复合体系中的两相均看作是非连续的球形颗粒（ε_1 和 ε_2），这样既考虑了掺入介质的极化，也考虑了基体介质的极化，体现了复合两相的对称性。因此，在处理掺入物比例比较高的复合体系时，Bruggeman 模型相对于 Maxwell-Garnett 模型更加接近复合材料的实际情况。

基于上述复合情形，球形复合体系的 Bruggeman 方程可以表示为：

$$(1-f)\frac{\varepsilon_1 - \varepsilon_{\text{eff}}}{\varepsilon_1 + 2\varepsilon_{\text{eff}}} + f\frac{\varepsilon_2 - \varepsilon_{\text{eff}}}{\varepsilon_2 + 2\varepsilon_{\text{eff}}} = 0 \tag{9-58}$$

或为：

$$\frac{3(1-f)}{2+(\varepsilon_1/\varepsilon_{\text{eff}})} + \frac{3f}{2+(\varepsilon_2/\varepsilon_{\text{eff}})} = 1 \tag{9-59}$$

其中，ε_1 和 ε_2 分别为两相的介电常数；f 为 ε_2 的体积分数。可以看到，无论是 Maxwell-Garnett 模型还是 Bruggeman 模型，当 f 趋于 0 或 1 时，等效的 ε 分别等于掺入相或者基体相的介电常数。

在实际应用中，等效介质理论也推广到复合体系磁导率的分析与计算中，因此，其一般表达式可表示为：

$$\begin{cases} \dfrac{\Psi_{\text{eff}} - \Psi_1}{\Psi_{\text{eff}} + 2\Psi_1} = f\dfrac{\Psi_2 - \Psi_1}{\Psi_2 + 2\Psi_1} & \text{（Maxwell-Garnett模型）} \tag{9-60} \\ \dfrac{3(1-f)}{2+(\Psi_1/\Psi_{\text{eff}})} + \dfrac{3f}{2+(\Psi_2/\Psi_{\text{eff}})} = 1 & \text{（Bruggeman模型）} \tag{9-61} \end{cases}$$

其中，Ψ_1 为基体的磁导率或介电常数；Ψ_2 为掺入相的磁导率或介电常数；Ψ_{eff} 为复合材料的等效磁导率或介电常数。

9.3　NiZn 尖晶石/BaCo-Z 六角复合铁氧体高频磁介性能研究

9.3.1　NiZn 尖晶石/BaCo-Z 六角复合铁氧体

在铁氧体材料中，NiZn 尖晶石铁氧体具有比较高的饱和磁化强度和磁导率、良好的机械性能与化学稳定性、高的电阻率及容易合成等优点，因而成为当今应用最广泛的铁氧体材料之一。随着电子科技与无线通信技术的发展，以及电子设备小型化、轻量化、集成化的要求，电子元器件及系统的应用频率不断提高，因此迫切需要提高 NiZn 铁氧体材料的高频磁性能和介电性能。在实际应用中，人们常使用各种离子的取代或一些非磁性物质的掺杂（复合）等手段来改善 NiZn 铁氧体的高频磁介性能。这些另相物质可以有效改变铁氧体的微结构、致密度、相成分等，从而对其磁性能和介电性能产生影响。然而，这些非磁性物质的加入，在调节 NiZn 铁氧体性能的同时，也常会对其磁性能造成严重的稀释，尤其是当加入的非磁性物质比例比较高时，NiZn 铁氧体的磁化强度和磁导率等参数会降到很低。因此，如果将这些非磁性添加物换成磁性添加物，就很有可能在发挥调节铁氧体微结构、致密度、相成分等作用的同时，减轻掺杂（复合）所带来的磁稀释，从而成为制备同时具有良好磁性能和介电性能 NiZn 铁氧体的有效手段。磁性复合相不能盲目选取，要综合考虑两相的烧结匹配性、可共存性等各种因素。作为磁性复合相，Z 型平面六角铁氧体（Co_2Z）无疑是最佳选择之一。一方面，Co_2Z 具有比 NiZn 铁氧体更高的截止频率；另一方面，同样作为一种铁氧体材料，Co_2Z 相比一些非磁性的介电陶瓷，与 NiZn 铁氧体在烧结温度、收缩率、烧结密度等方面十分相似，因而两者具有很好的共烧匹配性，从而可以避免在铁氧体/介质复合陶瓷中经常出现的裂纹、断层、结构不均匀等烧结不匹配现象。

同样原理，作为目前在 UHF 频段（300MHz～3GHz）应用广泛的一种高频铁氧体材料，Co_2Z 也面临着高频损耗较大的问题，常规烧结的纯的 Co_2Z 往往很难直接满足器件的应用要求。因此，掺入适量另相的 NiZn 铁氧体预期也可以起到调节微结构、致密度等作用，并且避免引入非磁性相以及复合陶瓷烧结不匹配的问题，从而改善 Co_2Z 的高频特性。

9.3.2 NiZn 铁氧体基的 NiZn/BaCo-Z 复合铁氧体

1. 复合铁氧体的制备

铁氧体块材（粉体）的制备方法发展到今天可以说是多种多样，层出不穷，主要包括固相反应法、高能球磨法、溶胶-凝胶法、化学共沉淀法、水热合成法等，这些方法各有优点，满足了不同的研究与应用需求。其中，固相反应法仍然是目前应用最广泛的一种方法，具有生产成本低、工艺简单、适合大规模生产等优点。因此，从可操作性以及研究的实际应用价值等角度出发，本书制备铁氧体陶瓷材料主要采用固相反应法。

固相反应法是通过将所需的原料氧化物进行一系列的球磨、烧结等过程，在一定温度下，使固体粉末之间发生化学反应，最终生成所需要的陶瓷相。其具体流程主要包括：配料→球磨→预烧→二次球磨→造粒→成型→烧结。其中第一次球磨的作用是原料的混合，使原料在下一步的预烧中尽量充分反应；二次球磨主要起到对预烧料粉碎的作用，使得到的粉体颗粒在之后的固相反应中有足够的活性，从而形成致密的陶瓷材料。烧结成品的磁介性能与烧结温度、升降温速率、保温时间及烧结气氛密切相关，因此，在实验中应尽量保持烧结工艺的精确性和稳定性。采用固相反应法制备复合铁氧体材料的工艺可以分为两个阶段，首先分别制备复合所需的单相铁氧体，然后将两相铁氧体混合后进行固相烧结，进行复合的两相铁氧体最好能在烧结中共存（或者转化为新的两相），这样最终可制备得到复相的铁氧体材料。

本节实验采用固相烧结方法合成 NiZn 铁氧体基的 NiZn/BaCo-Z，即 $Ni_{0.4}Zn_{0.6}Fe_2O_4/Ba_3Co_2Fe_{24}O_{41}$ 复合铁氧体材料。NiZn 尖晶石铁氧体按照 $Ni_{0.4}Zn_{0.6}Fe_2O_4$ 的化学配比称取分析纯级别的 NiO、ZnO 和 Fe_2O_3 粉末，混合后加入去离子水进行球磨混合 12h，其质量比为原料：去离子水：大球：小球=1：1.2：1：2。球磨后的混合料在烘箱中烘干，然后在空气中 1000℃下预烧 3h 制得 NiZn 铁氧体粉。BaCo-Z 也采用固相反应法按照 $Ba_3Co_2Fe_{24}O_{41}$ 的化学配比称取分析纯级别的 $BaCO_3$、Co_3O_4 和 Fe_2O_3 粉末混合球磨 12h 后，在空气中 1200℃下预烧 3h。分别对制得的 NiZn 和 BaCo-Z 预烧粉取样在 X 射线衍射仪（DX-2700）上进行成相分析，测试结果如图 9-20（a）和（b）所示，图中分别将 NiZn 和 BaCo-Z 预烧粉的衍射图谱与标准的 XRD 晶相谱线进行了对比。从图 9-20（a）和（b）可以看到，1000℃预烧的 NiZn 铁氧体和 1200℃预烧的 BaCo-Z 已经各自分别形成了纯的尖晶石相和 Z 型六角晶相。

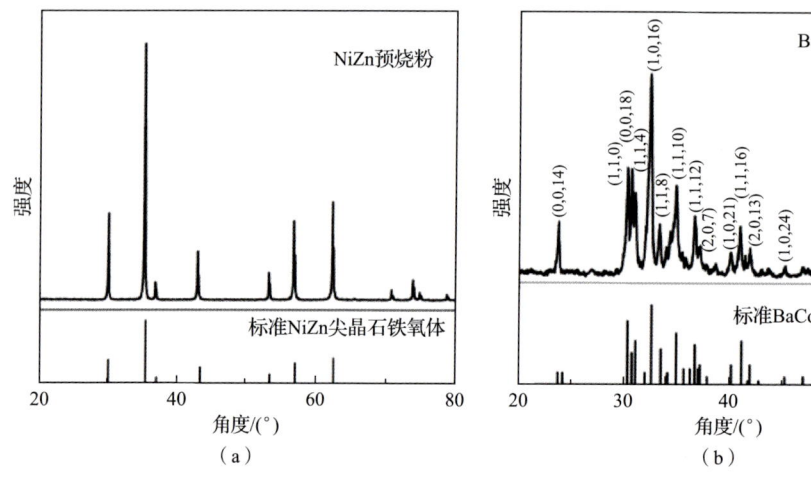

图 9-20　1000℃预烧的 NiZn 粉末（a）和 1200℃预烧的 BaCo-Z 粉末（b）的 XRD 图谱

然后将上述制得的预烧粉以 NiZn 铁氧体为基体，按照 $Ni_{0.4}Zn_{0.6}Fe_2O_4$+$xBa_3Co_2Fe_{24}O_{41}$（x=0wt%、5wt%、10wt%、20wt%和 30wt%），相应的样品分别编号为 S0、S5、S10、S20 和 S30）的比例混合，球磨 12h，烘干后添加 10wt%的聚乙烯醇（PVA）造粒、过筛，然后压制成 2～3mm 厚的圆环（Φ18mm× 8mm）和圆片（Φ18mm）。最后，将压制的圆环和圆片生坯按照图 9-21 所示的烧结曲线在 1200℃烧结 3h 用于性能的测试，烧结时升温速率为 2℃/min。

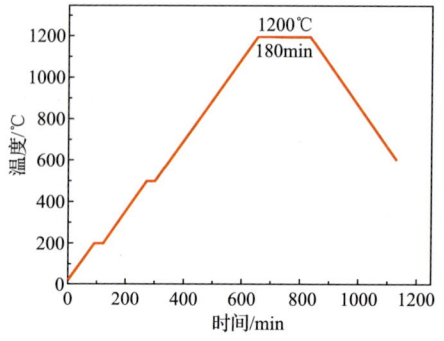

图 9-21　复合铁氧体的烧结曲线

2. 成相与微结构分析

烧结样品 S0、S5、S10、S20 和 S30 的 XRD 测试结果如图 9-22 所示，很明显，所有样品的晶相结构要么是尖晶石相，要么是尖晶石相和 Z 型六角晶相的复合相，没有发现其他任何杂相。通过对比不同样品的 XRD 图谱可以发现，未添加 BaCo-Z 的样品 S0 为纯的 NiZn 尖晶石相，随着 BaCo-Z 掺入量的增加，烧结样品中 Z 型六角晶相衍射峰的数量和强度不断增加，这表明基体 NiZn 尖晶石铁氧体与掺入的 BaCo-Z 在烧结过程中可以较好共存，并获得了稳定的 NiZn 尖晶石

/BaCo-Z 六角复相铁氧体材料。

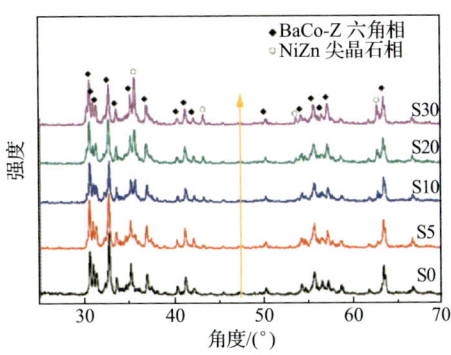

图 9-22　1200℃烧结样品 S0、S5、S10、S20 和 S30 的 XRD 图谱

采用扫描电镜（JEOL JSM-6490LV）对 1200℃烧结的不同 BaCo-Z 掺入量的复合铁氧体陶瓷样品进行了断面微观结构分析。样品 S0、S5、S20 和 S30 的 SEM 测试结果如图 9-23 所示。

（a）S0　　　　　　　　　　　　（b）S5

（c）S20　　　　　　　　　　　　（d）S30

图 9-23　复合铁氧体材料的 SEM 图

从图 9-23 可以看到，未经掺杂的纯 NiZn 铁氧体具有比较大的晶粒，晶粒尺寸为 2～5μm，其晶粒排列紧实，晶界清晰且没有明显的晶界相存在。随着 BaCo-Z 的加入，晶粒尺寸迅速下降到 1μm 左右，长板状的晶粒开始出现并随着 BaCo-Z

掺入量的增加而增多,形成了小晶粒与长板状晶粒共存的复相晶体结构。对小晶粒和长板状晶粒的 EDS(JENESIS-2000)测试分析表明,小晶粒主要含有 Ni、Zn、Fe、O 元素和极少量的 Ba、Co 元素,长板状晶粒主要含有 Ba、Co、Fe、O 等元素和极少量的 Ni、Zn 元素。结合图 9-22 的 XRD 测试结果,即烧结样品是由 NiZn 尖晶石相和 Z 型六角晶相组成,可以判断复相陶瓷中的小晶粒为 NiZn 晶粒,而长板状晶粒为 BaCo-Z 晶粒。因此,可以得出结论,往 NiZn 铁氧体中添加 BaCo-Z 明显抑制了 NiZn 晶粒的生长,NiZn 尖晶石相和 BaCo-Z 六角晶相两种铁氧体相的晶粒在 1200℃共烧下可以较好共存,两相之间发生十分轻微的离子互扩散掺杂,但不会改变各自的晶体结构,最终形成一种尖晶石/六角复相铁氧体陶瓷材料。图 9-24 给出了复合铁氧体样品局部放大的 SEM 图,从图中可以明显看到两种晶粒,即长板状晶粒与细小晶粒交错共存的结构。

图 9-24 两相共存的 SEM 图

3. 磁性能参数测试与研究

首先对复合铁氧体的静态磁性能做了研究,不同 BaCo-Z 掺入量样品的磁滞回线见图 9-25。从图中可以看到,在 7kOe 的磁场强度下,样品已经趋于饱和,所有样品都表现出典型的软磁特征——很小的矫顽力(H_c)。样品具体的矫顽力数值列于表 9-2 中,随 BaCo-Z 掺入量增加,H_c 呈逐渐增加的趋势。由磁滞回线得到的样品的饱和磁化强度(M_s)也列于表 9-2 中。可以发现,从样品 S0 到 S5,M_s 由 63.55emu/g 下降到 60.07emu/g,从 S5 到 S10,M_s 则基本保持不变,而当掺入量 $x>20$wt%后,样品(S20 和 S30)的 M_s 又开始降低。M_s 的这种波动有两个原因:①BaCo-Z 的 M_s 要低于 NiZn 的(表 9-2),因此,BaCo-Z 的不断加入会拉低复合材料总的饱和磁化强度;②烧结样品的密度(表 9-2)有重要影响,一般在其他因素不变的情况下,磁性材料越高的密度就意味着单位体积内有更多磁矩,因而有更高的 M_s。因此,从样品 S0 到 S5,一方面样品的密度从 5.19g/cm³ 降到 5.00g/cm³,另一方面低 M_s 的 BaCo-Z 加入进来,两个因素都导致材料 M_s 的减小;从样品 S5 到 S10,BaCo-Z 增多继续拉低 M_s,但密度增加到了 5.15g/cm³,因此这

两种因素对 M_s 的影响作用抵消，M_s 几乎没有变化；随着 BaCo-Z 掺入量的继续增加，从样品 S10 到 S30，密度基本不再变化，因此 M_s 开始单调减小。

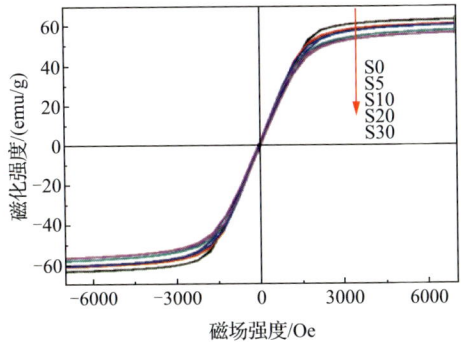

图 9-25　不同 BaCo-Z 掺入量的复合铁氧体的磁滞回线

表 9-2　样品的饱和磁化强度 M_s、矫顽力 H_c 和烧结密度 d

样品	M_s/(emu/g)	H_c/Oe	d/(g/cm³)
S0	63.55	7.8	5.19
S5	60.07	13.7	5.00
S10	60.01	23.8	5.15
S20	57.82	31.2	5.14
S30	56.43	42.9	5.14
纯 BaCo-Z	43.22	—	4.85

总体来讲，BaCo-Z 的加入对 NiZn 铁氧体的饱和磁化强度影响不大，即使复合比例达到 30wt% 时，M_s 也只下降了约 10%。这一点是在铁氧体与非磁性介质陶瓷复合时很难做到的，也印证了实验开始时的设想。

复合铁氧体的复数磁导率是将制备的环状样品在材料/阻抗分析仪（HP4291B）使用磁性材料测试夹具 Agilent 16454A 测得，测试时使用的计算公式为：

$$\tilde{\mu} = \frac{\tilde{Z}_m}{i\omega\mu_0} \frac{2\pi}{h\ln(b/c)} + 1 \tag{9-62}$$

其中，$\tilde{Z}_m$ 为测试阻抗值；h、b、c 分别为环状样品的厚度、外径和内径尺寸。

样品在 1MHz～1GHz 频率范围内的磁导率实部 μ' 和虚部 μ'' 随频率变化曲线分别如图 9-26（a）和（b）所示。从图中可以看到，未掺杂的纯 NiZn 样品 S0 的低频磁导率约等于 600，随着 BaCo-Z 的加入，μ' 明显降低，并且 μ' 稳定的平台部分得到延长，之后随着 BaCo-Z 掺入量的进一步增加，磁导率的变化逐渐减缓。样品 S0 的 μ'' 呈现出一个明显的高峰，峰值在 10MHz 以内，随着 BaCo-Z 加入，μ'' 的峰值明显降低并朝着高频方向移动。影响铁氧体材料磁导率的因素有很多，在本小节实验中，BaCo-Z 的加入导致样品磁导率下降可以归结于两方面的原因。一方面，BaCo-Z 加入带来的晶粒尺寸的减小，如图 9-23 中所看到的。对于多晶铁氧体材料，磁导率的大小与晶粒尺寸密切相关。根据前面所述，多晶铁氧体的复数磁导率与磁畴转动（SR）和畴壁位移（DM）两种机制密切相关，实验表明晶粒尺寸减小会明显减少畴壁位移对复数磁导率的贡献，因为小的晶粒意味着晶体中有更多的晶界，从而阻碍磁畴的移动以及可逆位移。因此，由式（9-17）可知，铁氧体的磁导率会发生下降，这一现象与一些非磁性相加入到 NiZn 中时产生的效果类似。另一方面，BaCo-Z 的磁导率低于 NiZn 的磁导率，很容易想到，复合陶瓷中 BaCo-Z 六角相比例的增加会对总的磁导率产生一定稀释作用。因此，综合上述两个方面的因素，在开始添加 BaCo-Z 时，即从样品 S0 到 S5，晶粒尺寸迅速减小和 BaCo-Z 带来的磁导率稀释效果两种因素同时起作用，从而发生了 S0 到 S5 磁导率的急剧下降。而随着复合比例的升高，从 S5 到 S30，晶粒尺寸变化不大，只剩下 BaCo-Z 相的稀释效果在起作用，因此，磁导率的下降减缓。

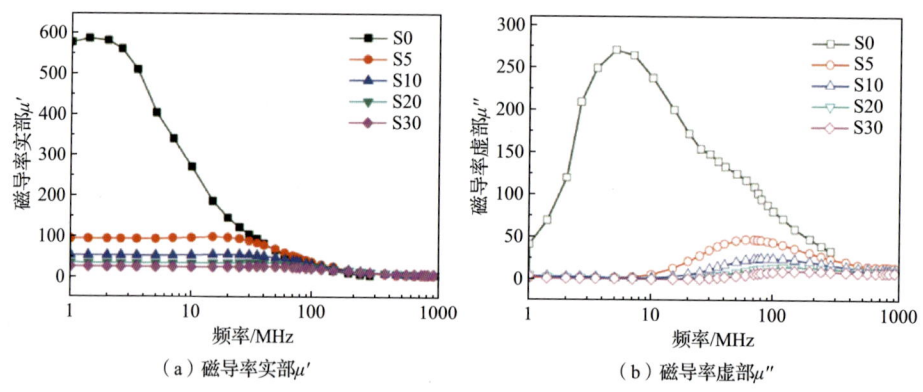

图 9-26 复合铁氧体样品的复磁谱

接下来研究烧结的复合铁氧体的磁损耗随复合比例的变化情况。根据式（9-31），可以用复数磁导率的损耗角正切值 $\tan\delta_\mu$ 来表征交变磁场下铁氧体的损耗，这里采用了另一个也比较常用的参数——磁品质因数 Q，实际上 Q 就是 $\tan\delta_\mu$ 的倒数，其值越大表示损耗越低，如式（9-63）所示：

$$Q = \frac{1}{\tan\delta_\mu} = \frac{\mu'}{\mu''} \tag{9-63}$$

不同 BaCo-Z 掺入量的复合铁氧体样品 S0～S30 的磁品质因数 Q 如图 9-27（a）所示（这里给出 0.1～400MHz 的部分）。从图中可以明显看到，BaCo-Z 的加入大幅提高了样品的 Q 值，未复合的纯 NiZn 铁氧体（样品 S0）的 Q 最大值约为 27，而加入 5wt% BaCo-Z 的样品 S5 的 Q 最大值增加到约 45，当复合比例达到 30wt% 时，Q 最大值在 50 左右，接近纯 NiZn 铁氧体的两倍。而且随复合比例的增加，Q 曲线的峰值明显朝着高频方向移动，S0 的 Q 峰值点的频率约为 0.3MHz，而 S30 的 Q 最大值大约在 11MHz，变化十分明显。

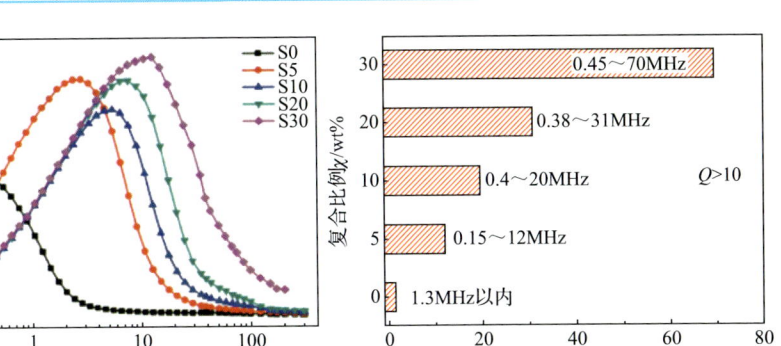

图 9-27 (a) 样品的磁品质因数 Q 值；(b) $Q>10$ 的范围频带宽度随复合比例的变化

从图 9-27（a）还可以看出，随着复合比例的增加，不仅 Q 峰值向高频移动，而且 Q 峰宽也得到拓展，这就意味着复合使铁氧体的高 Q 的带宽增大。在实际的器件应用中，一般要求 Q 值至少大于 10，因此，在图 9-27（b）中列出了所有样品 Q 值大于 10 的频率范围。可以看到，未复合 NiZn 铁氧体样品 $Q>10$ 的范围在 1.3MHz 以内，随着 BaCo-Z 的加入，其频率范围明显变大，当复合比例达到 30wt% 时，$Q>10$ 的频率范围为 0.45~70MHz。样品 Q 测试的结果表明，BaCo-Z 的加入大大抑制了样品在高频段的磁损耗。在高频段，铁氧体材料的磁损耗很大一部分来自涡流损耗，根据式 (9-30)，涡流损耗的大小与材料的电阻率成反比，电阻率越大，涡流所带来的损耗就越小，因此，高的 Q 值对应了后面的复合铁氧体高的电阻率（图 9-29）。

4. 复合比例对截止频率和 Snoek 常数的影响

NiZn 铁氧体较低的 Snoek 常数限制了其在高频段的应用，虽然可以通过工艺、配方上的改变提高其应用频率，但在 Snoek 定律的制约下，这些提高是以极大地降低起始磁导率为代价的。因此，若能提高铁氧体的 Snoek 常数，就可以在提高应用频率的同时减轻对磁导率带来的影响。根据 9.2 节所提到的 Snoek 定律，Snoek 常数 C 可以表示为：

$$(\mu_i - 1)f_r = C \tag{9-64}$$

其中，μ_i 和 f_r 分别为起始磁导率和截止频率。

样品 S0~S30 的起始磁导率 μ_i（此处取磁导率实部在 1MHz 处的值）、截止频率 f_r 以及计算的 Snoek 常数 C 分别列在表 9-3 中。明显看到，随着复合比例的增大，μ_i 下降，f_r 升高，这与磁谱中看到的现象一致。但两者变化的幅度并不一致，从 S0 到 S30，μ_i 约为原来的 1/24，而 f_r 约为原来的 44 倍。这意味着两者的乘积，即 Snoek 常数是增大的，正如表 9-3 中所示，从 S0 到 S30，Snoek 常数增加了约 67%。而且还可以看出，即使是少量（5wt%）BaCo-Z 的加入，也可以起到使 Snoek 常数大幅增加的作用。

表 9-3　样品的起始磁导率 μ_i、截止频率 f_r 及 Snoek 常数

样品	μ_i	f_r/MHz	$(\mu_i-1) \times f_r$/GHz
S0	590	7	4.12
S5	95	70	6.58
S10	55	114	6.16
S20	36	175	6.12
S30	24	300	6.90

5. 复合铁氧体磁导率的等效介质理论计算及修正

NiZn 和 BaCo-Z 双相复合铁氧体的磁导率可以应用等效介质理论来进行计算和分析。根据前面等效介质理论的介绍，基于 Maxwell-Garnett（MG）模型的等效介质理论比较适合本小节实验 NiZn 铁氧体为基体添加 BaCo-Z 的复合。根据式（9-60），NiZn 基体复合 BaCo-Z 的铁氧体的磁导率可以表示为：

$$\mu_{\text{eff}} = \mu_N + 3f\mu_N \frac{\mu_Z - \mu_N}{\mu_Z + 2\mu_N - f(\mu_Z - \mu_N)} \quad (9\text{-}65)$$

其中，μ_{eff} 为复合铁氧体的等效磁导率；μ_N 为 NiZn 铁氧体的磁导率；μ_Z 为 BaCo-Z 的磁导率；f 为 BaCo-Z 在复合铁氧体中占的体积分数。

接下来就可以对复合铁氧体的磁导率进行估算。考察 1MHz 频率的磁导率，根据表 9-3，纯 NiZn 铁氧体的磁导率 μ_N=590，实验中测得的纯 BaCo-Z 的磁导率 μ_Z=14，由于 NiZn 铁氧体与 BaCo-Z 的烧结密度比较接近，BaCo-Z 的质量比可以近似等于体积分数 f，将这些数值代入式（9-65）可以计算由 MG 等效介质理论得到的等效磁导率。根据 MG 公式计算的不同复合比例样品的等效磁导率见图 9-28 中曲线 B，图中曲线 A 是复合铁氧体磁导率的测试值。

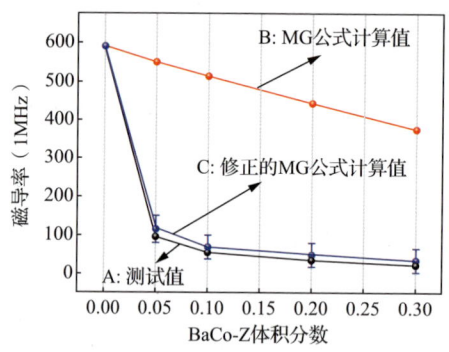

图 9-28　复合铁氧体的测试磁导率、MG 公式计算值和修正的 MG 公式计算值

对比图 9-28 中的曲线 A 和 B，可以看到 MG 等效介质理论给出的复合铁氧体磁导率计算值与实际测试值完全不相符，造成两者巨大差异的原因应该归结于材料晶粒尺寸的变化。根据 SEM 图可以看到，加入 BaCo-Z 后，NiZn 铁氧体的

晶粒尺寸迅速减小，由于铁氧体材料的磁导率大小通常与晶粒尺寸正相关，因此此时的 NiZn 相的磁导率 μ_N 就不能再用 590 了，应该取小于 590 的值，小的程度取决于晶粒尺寸减小的程度。

因此，可以把晶粒尺寸的变化考虑进来，通过一个晶粒变化参数来修正式（9-65）给出的 MG 等效公式，从而更符合实际情况。经过分析，给出了如下的 MG 等效磁导率修正公式：

$$\mu_{\text{eff}} = \mu_N' + 3f\mu_N' \frac{\mu_Z - \mu_N'}{\mu_Z + 2\mu_N' - f(\mu_Z - \mu_N')} \tag{9-66}$$

式中

$$\mu_N' = \mu_N \left(\frac{d_i}{d_0}\right)^2 \tag{9-67}$$

其中，d_0 为未掺杂纯 NiZn 铁氧体的平均晶粒尺寸；d_i 为掺杂 BaCo-Z 后 NiZn 相的平均晶粒尺寸。$(d_i/d_0)^2$ 可以看作是修正的晶粒变化因子。平均晶粒尺寸可以通过 SEM 图估算出，由图 9-23（a）可知，d_0 约为 2.5μm，复合样品中 NiZn 相的晶粒尺寸通过 SEM 图中小晶粒的平均晶粒尺寸得出（因为已证明复相铁氧体中的小晶粒为 NiZn 铁氧体晶粒）。这样，将得到的不同复合比例样品的 d_i 值代入式（9-66）和式（9-67），计算得到的复合样品等效磁导率见图 9-28 中曲线 C。可以看到，修正后的 MG 公式给出的复合样品等效磁导率与实测值十分吻合，这证明了考虑晶粒尺寸变化因素后的 MG 模型在处理铁氧体复合材料的等效磁导率时具有更高的准确性。

6. 介电性能参数测试与研究

从器件应用的角度出发，对于复合铁氧体介电性能的研究主要包括两个方面的内容：一是介电常数的频率稳定性，BaCo-Z 的加入是否有利于介电常数的稳定；二是介电损耗的大小，研究介电损耗随复合比例的变化，找出规律，并分析内在的极化机制。首先研究了复合铁氧体直流（DC）电阻率的变化情况，结果如图 9-29 所示。电阻率的测试是将烧结的圆片状样品两面涂银电极，然后通过电阻测试仪器测得。从图 9-29 可以看出，随着 BaCo-Z 加入，电阻率呈明显上升趋势。未复合的纯 NiZn 铁氧体电阻率在 $10^6 \Omega \cdot cm$ 量级，而当复合比例 x 为 30wt%时，电阻率达到 $2 \times 10^8 \Omega \cdot cm$，增加了两个量级。影响铁氧体材料电阻率的因素有很多，包括密度、晶粒尺寸、晶界、微观结构的均匀性等，一般多晶铁氧体的电阻率随着晶粒尺寸减小而降低。根据 Koops 的理论，多晶介质材料的介电结构看作是由低电阻率的晶粒和高电阻率的晶界组成，小的晶粒意味着晶体中高的晶界比例，因此具有更高的电阻率。另外，铁氧体材料的电阻率与其含有的 Fe^{2+} 浓度密切相关，因为 Fe^{2+} 与 Fe^{3+} 之间的电子跳跃可以大幅提高铁氧体的电导。理想情况下，铁氧体中的铁离子应该是都处于三价，然而，由于各种原因，铁氧体中总是不可避免地含有一定量的 Fe^{2+}，如球磨过程的混入、反应不完全、Fe^{3+} 被还原等。研究表明，小的晶粒和细化的微观结构有利于减少铁氧体中 Fe^{2+} 的浓度。因此，复合铁氧体样品电阻率的增大与观察到的细化的微观结构密不可分。样品的复数介电常数是将制备的圆片状样品在材料/阻抗分析仪 4291B 使用介电材料测试夹具 Agilent 16453A 测得，测试时的计算公式为：

$$\tilde{\varepsilon} = \frac{\tilde{Y}_m}{i\omega\varepsilon_0}\frac{d}{S} \qquad (9\text{-}68)$$

其中，$\tilde{Y}_m$ 为测试导纳；d 为圆片样品厚度；S 为测试夹具的电极面积。

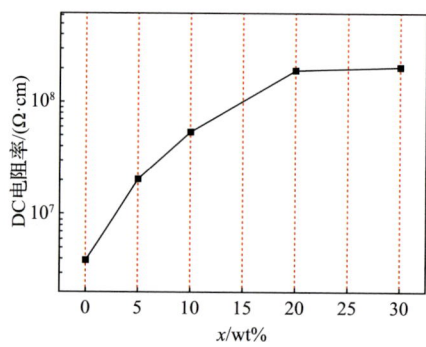

图 9-29　不同复合比例样品的 DC 电阻率

样品在 1MHz～1GHz 频率范围内的介电常数实部 ε' 和介电损耗 $\tan\delta_\varepsilon$ 随频率变化的曲线如图 9-30 所示。从图中可以看出，BaCo-Z 对材料的介电常数影响明显，尤其是低频段的介电常数，随着 BaCo-Z 的加入明显降低，频散明显减小。样品 S0 和 S5 在 1MHz 的介电常数分别约为 110 和 57，随频率的升高迅速降低，之后逐渐趋于平缓；当复合比例大于 10wt% 以后，即从样品 S10 介电常数的频散变得很小，在 1MHz～1GHz 频率范围几乎是恒定不变的。

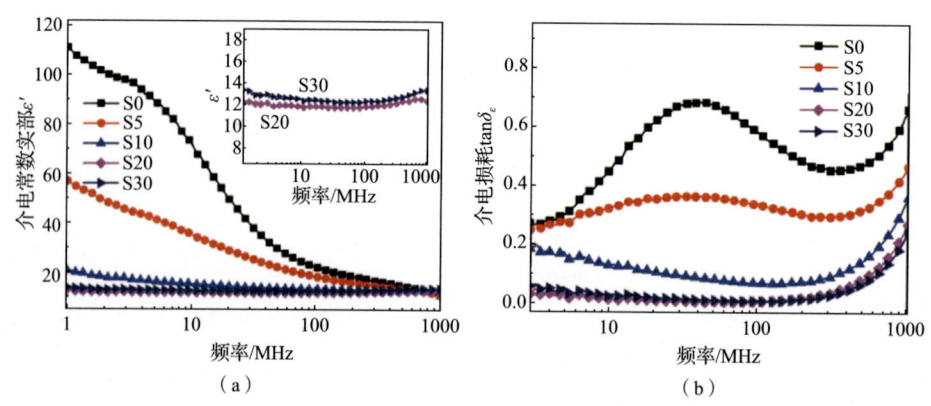

图 9-30　样品介电常数实部 ε'（a）和介电损耗 $\tan\delta_\varepsilon$（b）随频率的变化

样品 S0 和 S5 的介电常数在低频的频散现象可以通过 Maxwell-Wagner 的弛豫理论模型解释，即源于多晶铁氧体不均匀的晶粒/晶界结构。当复合比例比较高时，由前面的 SEM 图可知晶粒尺寸减小，因此晶粒与晶界所占比例的差距降低，频散现象也就明显减小。由图 9-30（b）的 $\tan\delta_\varepsilon$ 曲线看出，样品的介电损耗随复合比例的不同变化十分明显。对于未掺杂的纯 NiZn 铁氧体 S0，其介电损耗在整个频段范围内都具有比较高的值，并且 $\tan\delta_\varepsilon$ 频率曲线在 50MHz 附近有一个明显的峰值；随着 BaCo-Z 加入，峰值行为逐渐消失，$\tan\delta_\varepsilon$ 也不断降低；当复合比例 x 达到 10wt%以上时，$\tan\delta_\varepsilon$ 在整个频段范围内都明显低于 S0。尤其是对于复合比例 x 为 20wt%～30wt%的样品 S20 和 S30，其介电损耗变得很低。图 9-31 给出了所有样品在 100MHz 的 $\tan\delta_\varepsilon$ 值，可以看到，S20 和 S30 的 $\tan\delta_\varepsilon$ 相比 S0 下降了两个数量级。图 9-31 还列出了经过完全相同的烧结工艺条件制备的纯 BaCo-Z 在 100MHz 的 $\tan\delta_\varepsilon$ 值，其大小与 S0 一个量级。因此，一个很有趣的现象，即复合铁氧体的介电损耗不仅低于纯的 NiZn 铁氧体而且低于纯的 BaCo-Z，也就是说，复合铁氧体的介电损耗低于相同工艺条件烧结的未复合的两种单独铁氧体，当复合比例 x 在 20wt%～30wt%范围内时，复合铁氧体的 $\tan\delta_\varepsilon$ 值同时比单独的 NiZn 铁氧体和 BaCo-Z 降低两个量级。

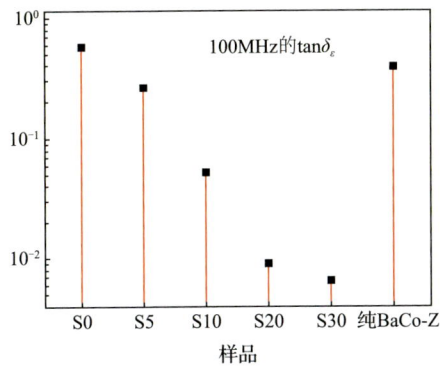

图 9-31 样品在 100MHz 的介电损耗 $\tan\delta_\varepsilon$

多晶铁氧体的介电损耗源于内部电极化对外磁场的滞后，并受到很多因素的影响，包括化学组分、烧结密度、晶体结构的完整性及微观结构等。在本小节实验所研究的频率范围，离子之间的电导损耗占了很大的比例，特别是 Fe^{2+} 与 Fe^{3+} 之间的电子跳跃所产生的电导损耗。当这种电子跳跃的频率与外电场频率相等时，就会在损耗曲线上出现一个峰值，正如样品 S0 在 50MHz 处产生的峰。如前所述，复合铁氧体中 Fe^{2+}/Fe^{3+} 离子对的浓度受到 BaCo-Z 加入所引起的微结构变化的影响，复合铁氧体细化的微观结构和小的晶粒尺寸有助于减少 Fe^{2+} 的浓度，因此，复合样品的介电损耗明显得到抑制。

9.3.3　BaCo-Z 基的 BaCo-Z/NiZn 复合铁氧体

根据式（9-41），平面六角铁氧体高的各向异性场使其自然共振频率比尖晶石铁氧体高一个数量级，因此成为一种重要的高频铁氧体材料。在实际的微波器件应用中，较高的磁导率、适中的介电常数、低的介电损耗和磁损耗是对平面六角铁氧体提出的具体性能要求。以往的一些研究，通过掺杂（复合）一些非磁性物质来调节平面六角铁氧体的相关磁介参数，会极大地稀释其本来就不是很高的磁导率等磁参数。因此，在 9.3.2 节研究基础上，也可以通过向平面六角铁氧体中加入适量的 NiZn 铁氧体相的方法来调控其磁介性能。NiZn 铁氧体是电阻率最高的铁氧体材料之一，而且化学性能十分稳定，将其少量加入到平面六角铁氧体中作为另相存在，可以有效起到调节六角铁氧体的微结构与磁介参数的作用，并且避免了非磁性稀释和烧结的不匹配。

1. 复合铁氧体的制备

复合铁氧体的制备流程同 9.3.2 节类似，不同的是，这里是以 BaCo-Z（$Ba_3Co_2Fe_{24}O_{41}$）为基体，通过添加 NiZn 相来调控 BaCo-Z 的磁介性能。首先使用固相反应法分别预烧合成组为 $Ba_3Co_2Fe_{24}O_{41}$ 和 $Ni_{0.5}Zn_{0.5}Fe_2O_4$ 的铁氧体粉末，并将合成的两种铁氧体粉末分别做 XRD 测试确定晶相形成。然后将不同质量比的 NiZn 铁氧体按照复合体系 $(1-x)Ba_3Co_2Fe_{24}O_{41} + x Ni_{0.5}Zn_{0.5}Fe_2O_4$（$x$=0wt%、5wt%、10wt%、15wt%、20wt%，相应的样品分别编号为 S1、S2、S3、S4、S5）的比例混合，经过二次球磨、造粒后，压制成圆环（Φ18mm×8mm）和圆片（Φ18mm）样品，压制的样品生坯在 1200℃烧结 3h 用于性能的测试。

2. 成相与微结构分析

首先对烧结样品做了相结构分析，样品 S1~S5 的 XRD 测试结果如图 9-32 所示。从图中可以看出，样品的衍射峰以 Z 型六角晶相为主，所有样品的衍射峰都可以标记为六角晶相或者尖晶石相，没有其他晶相出现。随着复合比例 x 的增大，

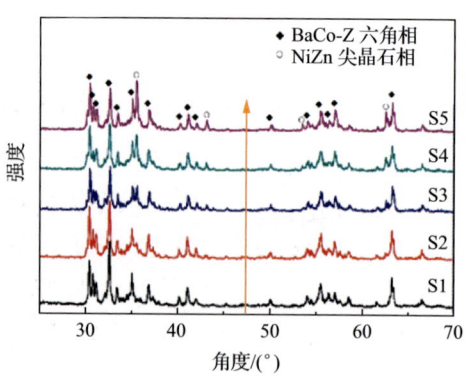

图 9-32　烧结样品的 XRD 图谱

样品中尖晶石相衍射峰的数量和强度不断增加，这一现象与 9.3.2 节 NiZn 铁氧体为基体的复合类似，只是这里的 XRD 图谱变为以六角晶相为主。这些结果都表明 BaCo-Z 与 NiZn 两相较好的共存在一起，生成了双相复合铁氧体。

样品 S1、S2、S3 和 S5 的断面 SEM 图如图 9-33 所示，从图中可以看出，样品的微观结构随 NiZn 铁氧体加入比例的不同变化十分明显。其中，图 9-33（a）是未掺杂的纯 BaCo-Z 样品 S1 的 SEM 图，可以看到，晶粒尺寸比较大，大小也比较均匀。图 9-33（b）是 x=5wt%样品的 SEM 图，相比于 S1，样品 S2 的微观结构变得不均匀，有一些异常大的晶粒出现。当 x 增加到 10wt%时，样品 S2 中的那种大晶粒消失，小晶粒的数量明显增多 [图 9-33（c）]。当 x 增加到 20wt%时，样品的平均晶粒尺寸显著下降，形成了明显的长板状晶粒与小晶粒共存的双相晶体结构[图 9-33（d）]。

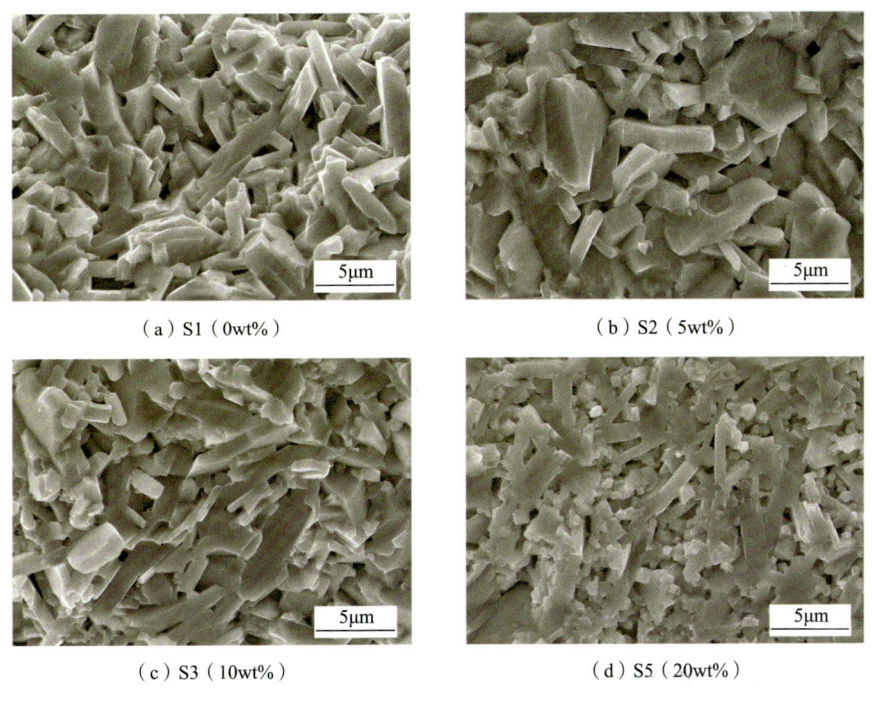

图 9-33　不同复合比例样品的 SEM 图

为了进一步证明样品双相晶体结构的形成，分别对样品中的长板状晶粒和小晶粒做了 EDS 元素含量分析，相关元素分析结果列于表 9-4 中。可以看出，小晶粒主要含有 Ni 和 Zn 元素，几乎不含 Ba 和 Co 元素，结合 XRD 结果可知，小晶粒即为 NiZn 尖晶石相晶粒；而长板状晶粒的结果与此相反，以 Ba 和 Co 元素为主，只有很少量的 Ni 和 Zn 元素，因而可判定为六角铁氧体相晶粒。

表 9-4　两种形状晶粒的 EDS 元素分析

分析位置	质量分数/%			
	Ba	Co	Ni	Zn
长板状晶粒	17.72	4.28	1.20	2.10
小晶粒	1.01	1.04	10.25	11.95

3. 磁性能研究

样品的饱和磁化强度 M_s（取 20kOe 处的磁化强度值）和烧结密度随 NiZn 铁氧体复合比例 x 的变化如图 9-34 所示。随着 x 的增加，可以看到 M_s 呈单调增加的趋势，当 x 为 20wt%时，M_s 达到最大值（约 55emu/g）。烧结密度随 x 的增加，出现先下降又升高的趋势，样品 S3 的密度最低。

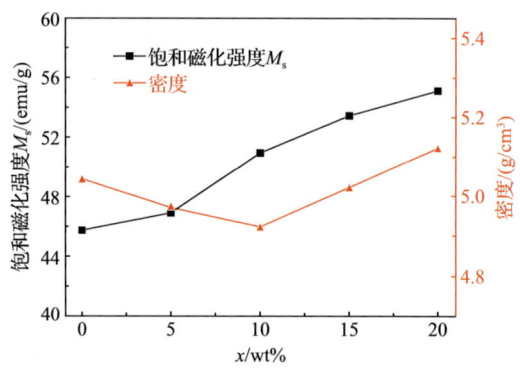

图 9-34　样品的饱和磁化强度 M_s 和烧结密度随 x 的变化

样品 M_s 的增加一方面是由于 NiZn 相的加入，因为一般 NiZn 铁氧体的 M_s 要高；另一方面，$x>10wt\%$ 后密度的升高也可以起到提高 M_s 的作用。同时，EDS 分析结果表明有很少量的 Zn 扩散进入 BaCo-Z 晶粒中，而适量 Zn 元素的加入会起到增大亚铁磁的超交换作用，从而提高分子磁矩和饱和磁化强度的作用。

图 9-35 给出了样品在 1MHz～1.8GHz 频率范围内的磁导率实部 μ' 随频率的变化，以及样品在 100MHz 处的磁品质因数 Q 随复合比例 x 的变化情况。所有样品的 μ' 频谱都表现出典型的磁谱特征，即在一定频段范围内具有稳定的值然后出现一个峰值行为。随着复合比例的增大，样品 μ' 平台部分的磁导率在 8～10 范围内轻微波动，样品 S2 的起始磁导率（取 1MHz 处的值）最大，约为 9.2。磁导率的这种变化与 SEM 图（图 9-33）中复合铁氧体晶粒尺寸的变化情况十分吻合，从样品 S1 到 S2，平均晶粒尺寸变大，使磁导率上升；随着复合比例增大，晶粒尺寸减小，因而磁导率又开始下降。但总体来看，NiZn 铁氧体的引入，即使比例达到 20wt%，也没有对 BaCo-Z 的磁导率造成显著影响，这是非磁性复合所难以做到的。

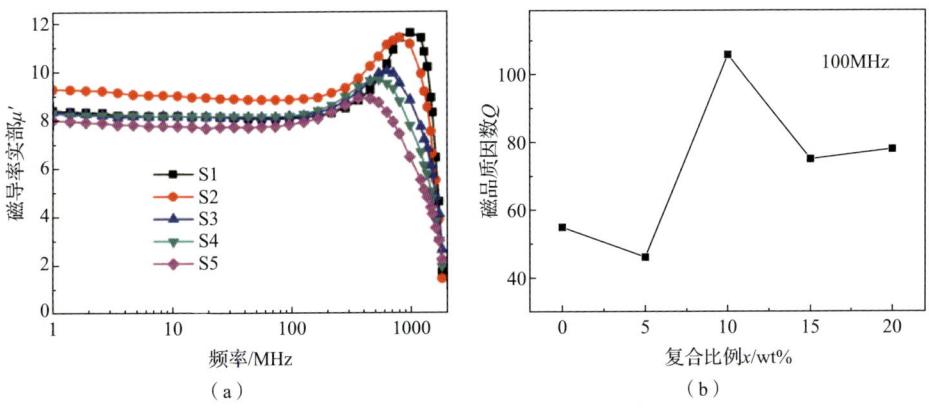

图 9-35 样品磁导率实部 μ' 随频率变化（a）和 100MHz 的 Q 值（b）

样品在 100MHz 处的 Q 值随 NiZn 铁氧体添加比例的不同也有显著改变。总体来看，样品 S2 的 Q 值较低，复合比例较高的样品 S3、S4 和 S5 的 Q 值大于未复合纯 BaCo-Z 样品 S1。样品 S3 具有最高的 Q 值（约 106），这与 S3 比较均匀的微观结构和较小的密度有关，因为低的密度意味着更高的气孔率，而气孔率常有助于提高铁氧体的电阻率。

4. 介电性能研究

样品 S1~S5 在 1MHz~1.8GHz 频率范围内的介电常数实部 ε' 随频率的变化以及在 100MHz 的介电损耗 $\tan\delta_\varepsilon$ 值随复合比例 x 的变化如图 9-36 所示。当 NiZn 铁氧体复合比例 $x<10$wt% 时，样品的介电谱具有明显的频散现象，即在低频具有较大的值，然后随着频率的升高逐渐降低。样品 S1、S2、S3 在 1MHz 的介电常数分别约为 22、42、26。当 $x>10$wt% 时，介电谱在低频的频散消失，ε' 在 1MHz~1GHz 范围内几乎不随频率改变。

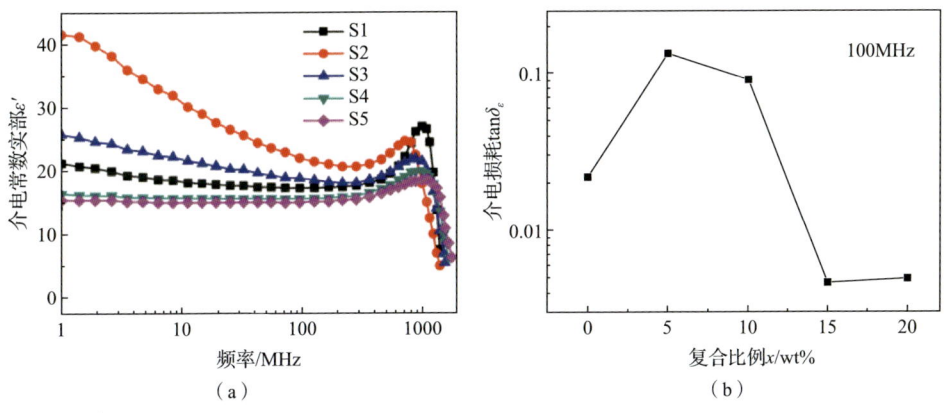

图 9-36 样品介电常数实部 ε' 随频率变化（a）和 100MHz 的 $\tan\delta_\varepsilon$ 值（b）

从 S1 到 S5，样品在低频的介电常数随复合比例升高呈现先增大后减小的趋势，样品 S4 和 S5 在 1MHz 的介电常数约为 16。介电常数的这种变化趋势与其微观结构的变化是相符的，样品 S2 较高的低频介电常数和大的频散对应了其较大的晶粒和不均匀的微观结构。另外，从电极化的微观机制看，铁氧体的介电常数与含有的 Fe^{2+} 浓度密切相关，Fe^{2+} 与 Fe^{3+} 之间的电子交换会导致电场方向的位移极化。铁氧体中含有的 Fe^{2+}/Fe^{3+} 离子对越多，位移极化越大，从而导致高的介电常数。样品 S2 不均匀的微观结构和大晶粒有利于 Fe^{2+} 的存在，因此介电常数较高，而小晶粒的 S4 和 S5 具有较小的和稳定的介电常数。

从图 9-36（b）所示的介电损耗图可以看出，介电损耗 $\tan\delta_\varepsilon$ 随 x 的变化趋势与低频介电常数的变化趋势一致，即开始增大然后减小。当 $x>10wt\%$ 时，样品 S4 和 S5 的介电损耗远低于其他样品。图 9-37 列出了样品 S1 和 S4、S5 在 100MHz 的介电损耗 $\tan\delta_\varepsilon$ 的对比，可以看到，S4 和 S5 的 $\tan\delta_\varepsilon$ 降低了一个量级。在这个频率下，离子间的电导损耗是介电损耗的主要来源，因此，S4 和 S5 低的介电损耗可归结于细化晶粒导致的低的 Fe^{2+} 浓度。

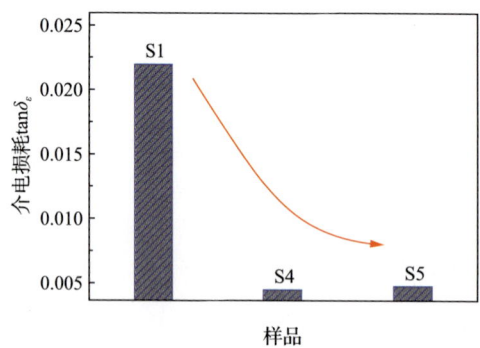

图 9-37　样品 S1 和 S4、S5 的 $\tan\delta_\varepsilon$ 值对比

9.3.4　磁性复合与非磁性复合的比较

掺杂/复合非磁性物质是调节铁氧体材料高频磁介性能的常用手段，但非磁性物质的引入常会削弱铁氧体的磁性能，因此前面的实验尝试了磁性复合的方法，即把一种晶体结构的铁氧体加入到另一种晶体结构的铁氧体中，通过不同相晶体结构共存的竞争性晶粒生长，对复合材料微结构产生影响，从而调制相关的磁介参数，如介电常数、磁导率、损耗等。

从实验的结果可以看到，NiZn 和 BaCo-Z 的复合可以有效调节材料的磁导率、介电常数，形成了系列化的参数值，尤其是复合对降低材料的高频磁损耗和介电损耗效果显著。本小节拟通过对比一些非磁性掺杂的实验，比较在添加同样比例或者达到同样的某种调制效果时，磁性掺杂和非磁性掺杂对铁氧体磁参数造成的影响，从而进一步认识磁性复合的优势。

饱和磁化强度 M_s 是表征铁氧体材料磁性强弱的一个重要标志，而且与起始磁导率、截止频率、各向异性场等参数密切相关，因而是铁氧体材料重要的一个磁参数。图 9-38 对比了 NiZn 铁氧体中分别添加磁性 BaCo-Z 和非磁性 $BaTiO_3$ 对饱和磁化强度 M_s 的影响，其中添加 $BaTiO_3$ 的数据来自文献，其报道了一种 NiZn 铁氧体/$BaTiO_3$ 体系（$BaTiO_3$ 比例为 5wt%~20wt%）的复合陶瓷材料。明显看到，在 0wt%~20wt% 的复合比例范围内，本小节 NiZn/BaCo-Z 的 M_s 随复合比例的增加变动很小，基本没受到添加物的影响；而添加 $BaTiO_3$ 复合陶瓷的 M_s 随复合比例波动很大，当添加比例为 20wt% 时，其 M_s 已经下降到很低的值。因此，在保持 NiZn 铁氧体磁性能上，磁性铁氧体作为复合相优势明显，而非磁性复合相会明显地干扰铁氧体的磁性能，尤其是复合比例比较大时，非磁性相会极大地稀释铁氧体的磁性能。

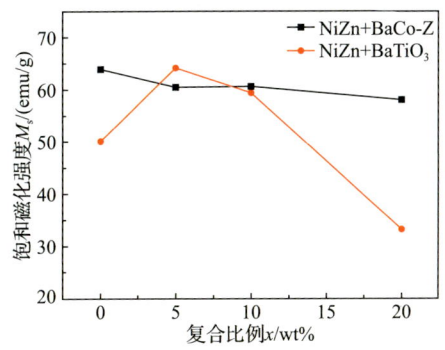

图 9-38 不同复合物对铁氧体饱和磁化强度 M_s 的影响

图 9-39 给出一种 NiZn 铁氧体/PNNT 介电陶瓷复合材料的磁性能。图 9-39（a）是 M_s 随着介电陶瓷复合比例 x 的变化，随 x 增加，材料的 M_s 几乎呈线性下降趋势。另外，从提高铁氧体高频性能的角度，图 9-39（b）给出了该材料在 10MHz 处的磁品质因数 Q 值随 x 的变化情况。可以看到，未掺杂的 NiZn 铁氧体的 Q 值不足 5，需要加入高达 70wt% 的 PNNT 才能使 Q 提高到 30，而此时材料的 M_s 已降到 20emu/g 以下。而在本小节的 NiZn 铁氧体复合 BaCo-Z 实验中，添加 10wt% 的 BaCo-Z 即可使远小于 5 的 Q 值增大到 30［图 9-27（a）］。图 9-40（a）比较了 BaCo-Z 分别添加 NiZn 铁氧体和 $SrTiO_3$ 陶瓷制备复合陶瓷时对饱和磁化强度 M_s 的影响，其纵坐标 ΔM_s 定义为 M_s 的变化程度：

$$\Delta M_s = (M_s - M_{s0})/M_{s0} \tag{9-69}$$

其中，M_s 为具体样品的饱和磁化强度；M_{s0} 为未掺杂的纯 BaCo-Z 的饱和磁化强度。其中，添加 NiZn 铁氧体的磁化强度的数据来自实验，添加 $SrTiO_3$ 的数据来自文献。可以看出，BaCo-Z 中加入 $SrTiO_3$ 后 M_s 迅速下降，而加入 NiZn 铁氧体后 M_s 反而出现了一定程度上升。

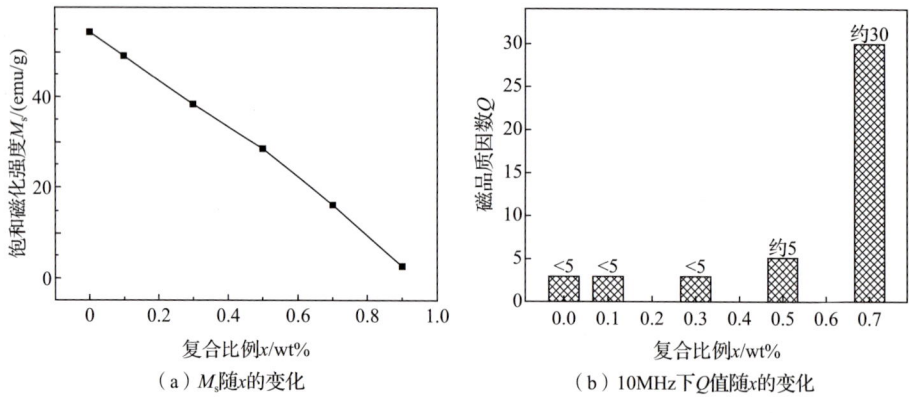

图 9-39　NiZn 铁氧体/PNNT 介电陶瓷复合材料

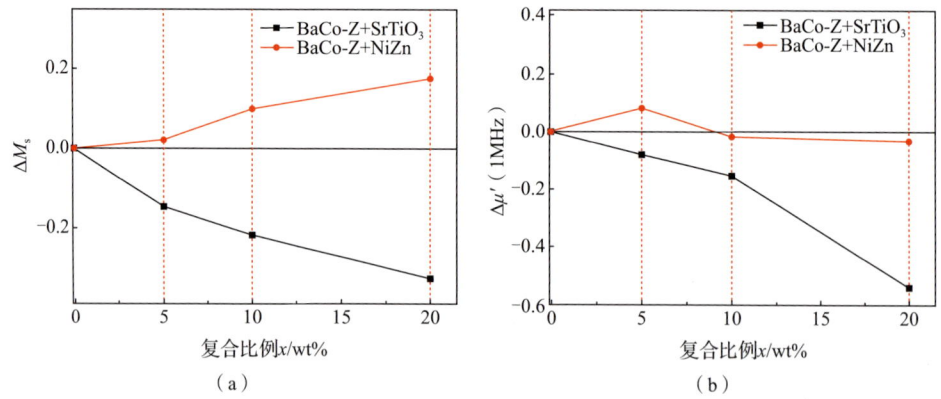

图 9-40　加入 NiZn 铁氧体和 SrTiO₃ 陶瓷对 M_s（a）和 μ'（b）的影响

图 9-40（b）比较了 BaCo-Z 中分别添加 NiZn 铁氧体和 SrTiO₃ 陶瓷对起始磁导率（这里取 μ' 在 10MHz 的值）的影响，其中 $\Delta\mu'$ 定义为 μ' 的变化程度：

$$\Delta\mu' = (\mu' - \mu'_0)/\mu'_0 \tag{9-70}$$

其中，μ' 为样品的磁导率；μ'_0 为未掺杂的纯 BaCo-Z 的磁导率。掺杂 SrTiO₃ 的 BaCo-Z 测试数据同样取自文献。从图 9-40（b）可以看到，随着 NiZn 铁氧体的加入，磁导率只在一个很小的范围内波动，即使 x 达到 20wt%时，磁导率也近乎于未发生改变；而形成鲜明对比的是，加入 SrTiO₃ 则使 BaCo-Z 的磁导率迅速降低，当 x 达到 20wt%时，磁导率下降超过 50%。

根据上述分析，可以得出掺入铁氧体的磁性复合对材料的磁性能破坏比较小，尤其像饱和磁化强度 M_s 明显高于掺入相同比例非磁性陶瓷的复合材料，这是由于 M_s 源自铁氧体中的净磁矩，非磁性相的加入必然会降低单位体积内的净磁矩。另外，需要强调的是，虽然在 NiZn 铁氧体添加 BaCo-Z 的实验中也出现了起始磁导率的下降，但这里的下降主要是由晶粒尺寸减小所引起。BaCo-Z 的磁导率虽然不是很高，但相比非磁性物质还是要高的，因此，根据有效介质理论，相比非磁性复合，磁性复合减轻了对磁导率的稀释作用。

9.3.5 基于 NiZn/BaCo-Z 复合铁氧体的等磁介材料

在前面的实验中成功制得了 NiZn 尖晶石/BaCo-Z 六角铁氧体复合材料，由于烧结性能很相似，NiZn 铁氧体与 BaCo-Z 铁氧体可以很好地复合在一起形成复相铁氧体材料。而且发现，通过调节两相的复合比例，可以大幅度改变复相材料的微观结构、烧结密度等，而微观结构、烧结密度等是影响铁氧体宏观磁性能和介电性能的重要因素，因此，通过改变复合比例可以十分方便地在大范围内调控复合材料的磁性能和介电性能，效果明显。从材料应用的角度看，NiZn 尖晶石/BaCo-Z 六角铁氧体复合材料的优点主要体现在以下四个方面。

（1）可调的磁介参数。通过改变两相复合比例可以很方便地调节复合材料的磁介参数，如磁导率、介电常数等，从而形成系列化的参数，可满足不同器件的实际需求。

（2）低的损耗特性。研究发现，NiZn/BaCo-Z 复合铁氧体的高频磁损耗和介电损耗比相同条件下合成的单独的 NiZn 铁氧体或者 BaCo-Z 的损耗都要低。例如，80wt%NiZn+20wt%BaCo-Z 复合铁氧体样品在 100MHz 的介电损耗 $\tan\delta_\varepsilon$ 比相同工艺条件下合成的纯 NiZn 和纯 BaCo-Z 降低达到两个量级，而且其高频磁损耗也得到明显抑制。

（3）磁导率和介电常数的频率稳定性得到明显提高，稳定区频带明显增宽。例如，通过复合适量的 BaCo-Z，可以使 NiZn 铁氧体十分明显的介电频散变为 1MHz～1GHz 具有几乎恒定的介电常数。

（4）克服了非磁性复合的磁稀释效应。由于复合两相均为磁性铁氧体，因此可以避免或者减轻调控性能时所带来的磁稀释。

基于上述讨论，NiZn/BaCo-Z 复合铁氧体是一种十分有应用价值的铁氧体材料，具有的系列化的磁介参数、低损耗、高频化、稳定的磁导率和介电常数等都是应用于像天线、滤波器这类微波器件所需要的。而且，可以想到更有趣的一点，利用其系列化的磁介参数，可以调节使复合铁氧体的磁导率和介电常数达到相同的值，从而合成低损耗等磁介材料，这种材料是制作小型化天线十分理想的基板材料。

1. 实验方案的设计

为了达到等磁介的目的，图 9-41 给出了 NiZn/BaCo-Z 复合实验中磁导率和介电常数随复合比例变化的走势，方便起见而又不失代表性，这里的磁导率和介电常数均取 1MHz 的值。根据此图可大致判断达到等磁介的复合比例的范围，从而为具体实验方案的设计提供依据。

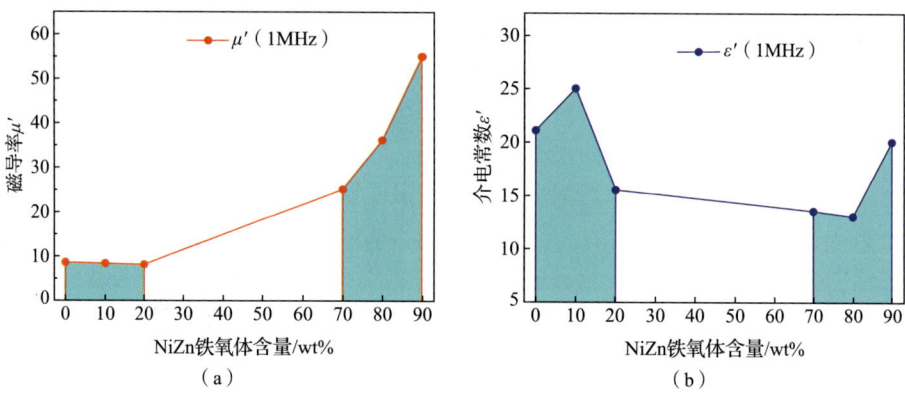

图 9-41　复合铁氧体磁导率（a）和介电常数（b）随复合比例的变化趋势

从图 9-41 可以看出，当 NiZn 铁氧体含量在 20wt%以内时，磁导率在 9 左右，介电常数在 15～25 之间；当 NiZn 铁氧体含量在 70wt%以上时，磁导率>25，介电常数则为 13～20。因此，要使磁导率与介电常数达到相等的值，复合铁氧体 NiZn 的含量应该在 20wt%～70wt%之间。可以预计，在这个比例范围内，介电常数在 13～15 之间，磁导率则会在 NiZn 铁氧体达到一定比例后而升高。为了进一步缩小复合比例的范围，从而在提高实验效率的同时又不失准确性和有效性，采用类似数学中的插值原理，选取 NiZn 铁氧体和 BaCo-Z 各占 50wt%的比例点作为参考值，采用同样工艺单独合成了该复合比例的复合材料，其 1MHz～1GHz 频率内磁导率和介电常数测试结果如图 9-42 所示。

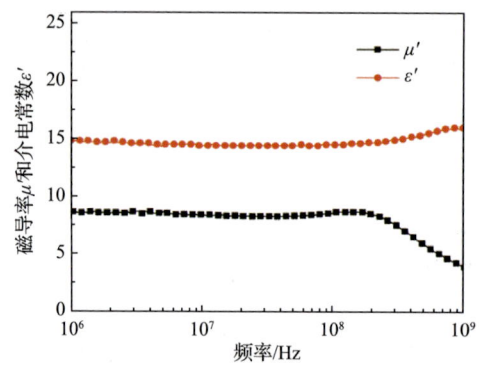

图 9-42　复合比例为 50wt%时样品的磁导率和介电常数

从图 9-42 可以看到，当复合比例为 50wt%时，样品的磁导率取值在 8～10 之间，而介电常数在 15 左右，两者还是有一定的差距，磁导率的值还是低一些。因此，要实现等磁介的材料，应继续增大 NiZn 铁氧体含量，复合比例进一步缩小到 NiZn 铁氧体含量在 50wt%～70wt%之间。接下来合成了复合比例为 50wt%～70wt%的复合铁氧体，并从中得到等磁介的铁氧体材料。

2. 复合铁氧体的制备

采用固相反应烧结工艺,首先使用固相反应法分别预烧合成 NiZn 尖晶石铁氧体 $Ni_{0.4}Zn_{0.6}Fe_2O_4$ 和 BaCo-Z 铁氧体 $Ba_3Co_2Fe_{24}O_{41}$,并将预烧合成的两种铁氧体粉末分别做 XRD 测试确定各自晶相的形成。然后按照复合体系$(1–x) Ba_3Co_2Fe_{24}O_{41} + x Ni_{0.4}Zn_{0.6}Fe_2O_4$,$x$=55wt%、60wt%、65wt%、70wt%的比例混合,经过二次球磨、造粒后,压制成圆环(Φ18mm×8mm)和圆片(Φ18mm)样品生坯,然后在 1200℃烧结 3h 用于性能测试。为了提高最终烧结材料的电阻率和降低损耗,压制的样品采用 O_2 气氛烧结。

3. 成相与微结构分析

图 9-43 给出复合比例 x 在 50wt%~70wt%之间的复合铁氧体的 XRD 图谱。可以看到,所有复合铁氧体样品的衍射峰均是由尖晶石晶相和六角晶相组成,而且总体来看,NiZn 尖晶石晶相占据了主要部分。根据前面的实验可知,这是由于复合时 NiZn 铁氧体的比例多于 BaCo-Z。

图 9-44 给出了复合铁氧体的 SEM 图。可以看出,四个样品均形成了典型的两种晶粒交叉共存的微观结构,这与之前的实验一致,其中小晶粒和长板状晶粒已被证明分别为 NiZn 晶粒和 BaCo-Z 晶粒。而且,需要指出的是,从 SEM 图上看,在此复合比例范围内的样品的晶粒尺寸和致密性没有明显差异。

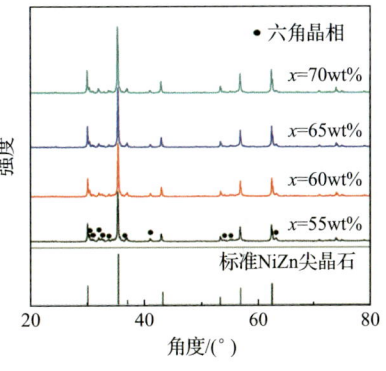

图 9-43 复合样品的 XRD 图谱

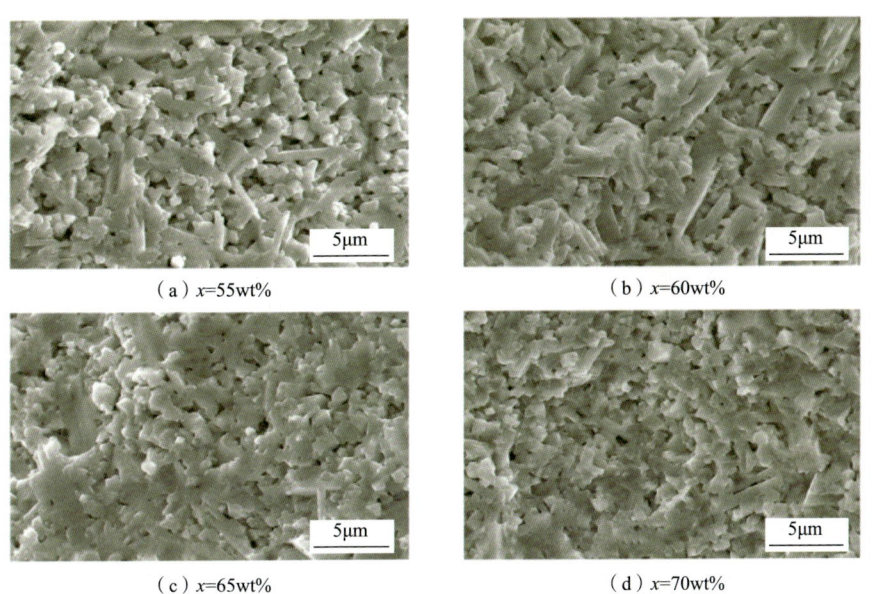

图 9-44 复合样品的 SEM 图

4. 磁性能研究

样品的复磁谱,即 μ' 和 μ'' 在 1MHz~1GHz 范围内随频率的变化曲线如图 9-45 所示。从图中可以看到,所有磁导率实部 μ' 的频谱都表现出典型的开始有个稳定的平台期然后随频率降低的特征。而且,随着 NiZn 铁氧体复合比例 x 从 55wt% 增加到 70wt%,平台部分的磁导率值呈明显升高的趋势。具体来看,x=55wt%、60wt%、65wt%、70wt% 样品的低频 μ' 值约从 10 分别提高到 12.5、15、19。铁氧体材料磁导率的升高常伴随着晶粒尺寸的增大,因为铁氧体磁导率大小与内部的磁畴转动(SR)和畴壁位移(DM)密切相关,而大的晶粒有利于提高畴壁位移的作用,从而提高磁导率。

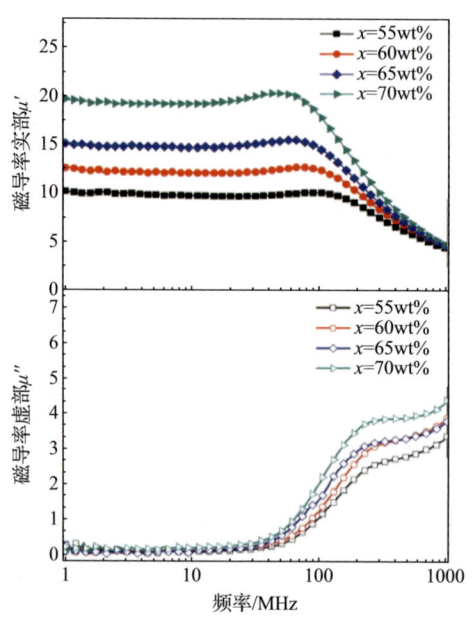

图 9-45 样品的复磁谱

然而,从本小节实验的 SEM 图可以发现,对于 x 在 55wt%~70wt% 之间的样品,其微观结构和晶粒大小并没有明显变化,因此晶粒尺寸不是影响这些样品磁导率的主要因素。考虑到 NiZn 铁氧体的起始磁导率比 BaCo-Z 大得多,故本小节实验样品磁导率的增高可归因于高磁导率 NiZn 铁氧体比例升高对复合材料磁导率的提升。

磁导率虚部 μ'' 随复合比例 x 的变化与实部 μ' 有相同的趋势,但 μ'' 的差异主要是体现在高频段。在 100MHz 以内的频率范围内,四个样品的 μ'' 差距不是很明显,在 100MHz 以上则有较大差异。

5. 介电性能研究

样品的复介电谱,即复介电常数实部 ε' 和虚部 ε'' 在 1MHz～1GHz 范围内随频率的变化曲线如图 9-46 所示。从图中可以看到,随着 NiZn 铁氧体复合比例 x 从 55wt% 增加到 70wt%,复合铁氧体的 ε' 和 ε'' 变化都很小。ε'' 在大部分频段内的值都很小,除了在高频端有个明显的升高趋势。而所有样品的 ε' 在 1MHz～1GHz 范围内几乎为恒定的值,大小在 14～16 之间。影响铁氧体材料介电常数的因素有很多,如化学成分组成、烧结密度、微观结构等,这些因素都可以影响到铁氧体内部的微观电极化机制,进而影响宏观介电常数的大小。尤其是微观结构,对铁氧体介电常数的影响十分明显。从图 9-44 的微观形貌看到,随复合比例 x 在 55wt% 至 70wt% 范围内变化,样品的微观结构十分稳定,这有助于样品保持稳定的介电性能。而且已知铁氧体的介电常数与含有的 Fe^{2+} 有关,铁氧体中 Fe^{2+} 是很难避免的,Fe^{2+} 含量越大,越有利于提高介电常数和介电损耗。本小节实验的样品是在氧气气氛中烧结,这也有助于控制样品中 Fe^{2+} 含量在一个较低的稳定的水平。

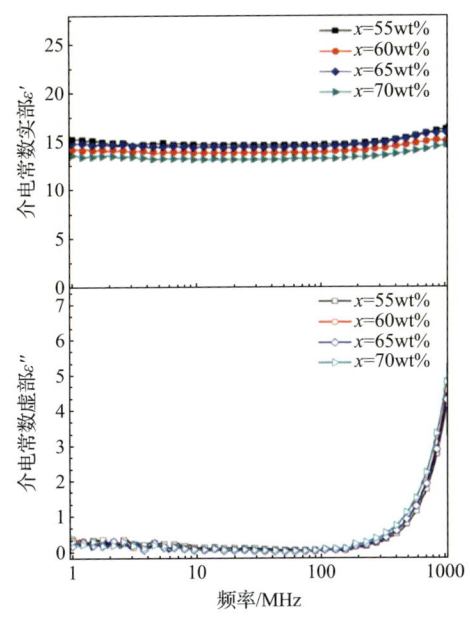

图 9-46 样品的复介电谱

6. 等磁介性能

由前面的实验结果和讨论可以看出,NiZn/BaCo-Z 复合铁氧体方便可调的磁导率和介电常数使其成为一种十分理想的磁介材料。而且,随着复合比例从 55wt% 增加到 70wt%,稳定区的磁导率约从 10 增大到 19,而介电常数则一直稳定在 15 左右,因此,两者交叉点即可达到等磁介。

表 9-5 给出了样品在特征频点的详细的磁参数和介电参数,包括 μ' 和 ε' 的对

比，磁介损耗 $\tan\delta_\mu$ 和 $\tan\delta_\varepsilon$、$(\mu'/\varepsilon')^{1/2}$ 等。可以看到，从 1MHz 到 100MHz，所有样品的 μ' 和 ε' 都十分稳定；磁介损耗比较低，50MHz 处的 $\tan\delta_\mu$ 都在 10^{-2} 量级，$\tan\delta_\varepsilon$ 都在 10^{-3} 量级。尤其是当 $x=65wt\%$ 时，从表 9-5 可以看到，样品的磁导率和介电常数达到几乎完全相等，相应的 $(\mu'/\varepsilon')^{1/2}$ 值近似为 1，并且，该样品具有很低的磁损耗和介电损耗，$\tan\delta_\mu=0.043$，$\tan\delta_\varepsilon=0.002$。

表 9-5 样品在某些特征频点的详细的磁参数和介电参数

复合比例 $x/wt\%$	μ'		ε'		磁介损耗		$(\mu'/\varepsilon')^{1/2}$ （50MHz）
	1MHz	100MHz	1MHz	100MHz	$\tan\delta_\mu$（50MHz）	$\tan\delta_\varepsilon$（50MHz）	
55	10.2	10.1	15.1	14.9	0.019	0.003	0.82
60	12.6	12.5	14.4	14.1	0.032	0.002	0.92
65	14.9	14.7	14.8	14.7	0.043	0.002	1.01
70	19.5	18.1	13.6	13.4	0.065	0.003	1.18

图 9-47（a）给出了 $x=65wt\%$ 样品在整个研究的频率范围内的磁损耗 $\tan\delta_\mu$ 和介电损耗 $\tan\delta_\varepsilon$ 的变化趋势。可以看到，$\tan\delta_\varepsilon$ 在整个频率范围内都具有很低的值；$\tan\delta_\mu$ 在 100MHz 以内具有很低的值，在 300MHz 范围内小于 0.3。

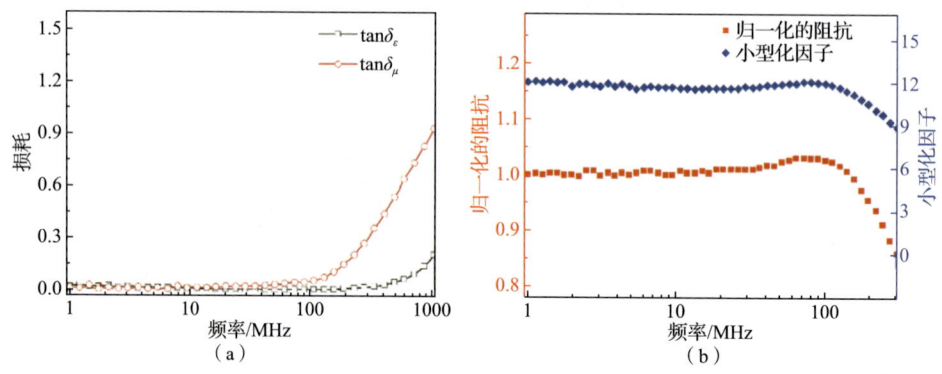

图 9-47 $x=65wt\%$ 样品的磁损耗 $\tan\delta_\mu$ 和介电损耗 $\tan\delta_\varepsilon$（a），以及归一化的阻抗和小型化因子（b）

上述低损耗并且等磁介的复合铁氧体十分适用于小型化微带天线的制作，如 RFID 读写器天线、标签天线、超宽带阵列天线等。使用等磁介的天线基板不仅可以使微带天线的尺寸相比（使用相同介电常数 ε 的）非磁性介质基板降低 $1-1/\sqrt{\mu}$，而且具有很好的阻抗匹配特性，避免高 ε 小型化天线中出现的天线增益、带宽减小和阻抗匹配变差的现象。接下来从理论上研究和分析 $x=65wt\%$ 复合铁氧体材料用作磁介天线基板时的性能。其归一化的阻抗 Z 和天线的小型化因子 n 分别为：

$$Z=(\mu'/\varepsilon')^{1/2} \tag{9-71}$$

$$n=(\mu'\varepsilon')^{1/2} \tag{9-72}$$

由式（9-71）和式（9-72）计算得到的归一化的阻抗 Z 和天线的小型化因子 n 随频率变化曲线如图 9-47（b）所示。从图中可以看到，在 200MHz 范围以内，Z 值都在 1 附近，这意味着该基板在此频率范围内与自由空间几乎完全的阻抗匹配。并且，天线小型化因子 n 达到 15 左右，这一数值高于目前绝大部分等磁介材料的值，是设计和制作工作于甚高频（VHF）频段（30～300MHz）小型化和良好阻抗匹配特性天线的理想选择。

9.4 纳米晶植入的铁氧体磁介材料及 UHF 频段等磁介实现

9.4.1 纳米晶植入

在 9.3 节中研究了 NiZn 铁氧体与 BaCo-Z（$Ba_3Co_2Fe_{24}O_{41}$）六角铁氧体的双相复合铁氧体材料，发现两相复合在一起有效降低了材料的高频磁损耗和介电损耗，大幅提高了磁导率和介电常数的频率稳定性，并基于该复合铁氧体开发出了一种性能优良的可应用于甚高频频段小型化天线（天线的小型化因子 n 达到 15）的低损耗等磁介材料。在无线通信设备的工作频率不断向更高频段发展的背景下，本节进一步研究了通过高活性纳米晶植入来调控铁氧体的磁介性能，希望获得可应用于超高频（UHF）频段（300MHz～3GHz）的低损耗高磁介铁氧体材料。纳米晶具有比表面积大、活性高、纯度大等优点，研究表明适量纳米晶的加入可起到提高陶瓷材料烧结致密度和结构均匀性的作用；纳米晶的高活性可以减少掺入量，从而也减轻了对铁氧体磁性能的破坏作用。本节实验选择纳米铝酸锌（$ZnAl_2O_4$）作为植入的纳米晶。$ZnAl_2O_4$ 是一种性能优良的微波陶瓷材料，具有很好的高频性能，以及稳定易合成的尖晶石结构。并且，$ZnAl_2O_4$ 是一种低介电常数微波陶瓷，十分有利于铁氧体高频介电性能的调控。因此，从这个角度看，添加 $ZnAl_2O_4$ 也是一个很好的选择。

9.4.2 添加纳米 $ZnAl_2O_4$ 的 NiZn 铁氧体性能研究

1. 材料的制备

添加纳米 $ZnAl_2O_4$ 的 NiZn 铁氧体材料的制备采用了自蔓延溶胶-凝胶法与固相反应法结合实验方案，具体过程如下。

（1）NiZn 尖晶石铁氧体按照 $Ni_{0.4}Zn_{0.6}Fe_2O_4$（NZ）的化学配比称取分析纯级别的 NiO、ZnO 和 Fe_2O_3 粉末，混合后加去离子水进行球磨混合 6h，烘干后在空气中 1100℃下预烧 2h 制得 NiZn 铁氧体粉。

（2）纳米 $ZnAl_2O_4$（ZA）粉末采用自蔓延溶胶-凝胶法合成。首先按照 $ZnAl_2O_4$

的化学摩尔比称取相应量的分析纯级别的 $Al(NO_3)_3·9H_2O$ 和 $Zn(NO_3)_2·6H_2O$，溶解在适量去离子水中，并称取相同摩尔比的柠檬酸加入其中，随后缓慢滴入氨水调节溶液的 pH。在此过程中，通过磁力搅拌器对溶液不停搅拌，搅拌 6h 后，形成均一稳定的溶胶。然后将溶胶加热到 130℃ 形成干凝胶，再把干凝胶放在坩埚中引燃，整个干凝胶会自发燃烧并最终成为蓬松的粉末产物。为了进一步提高材料的结晶度，将得到的粉末在 900℃ 烧结 4h，从而形成纯的 $ZnAl_2O_4$ 粉末。对上述得到的 NiZn 铁氧体和 $ZnAl_2O_4$ 粉末均取样进行 XRD 测试，从而确定各自晶相的形成，测试结果如图 9-48 所示。从图中可以看到，NiZn 和 $ZnAl_2O_4$ 粉末衍射峰的位置和相对强度均与各自的标准衍射谱完全一致，表明两者均已各自形成了纯相晶体结构。同时，$ZnAl_2O_4$ 粉末衍射峰出现了纳米晶典型的宽峰现象，通过采用其最强的(311)衍射峰 Scherrer 公式计算，得到的平均晶粒尺寸为 37nm。

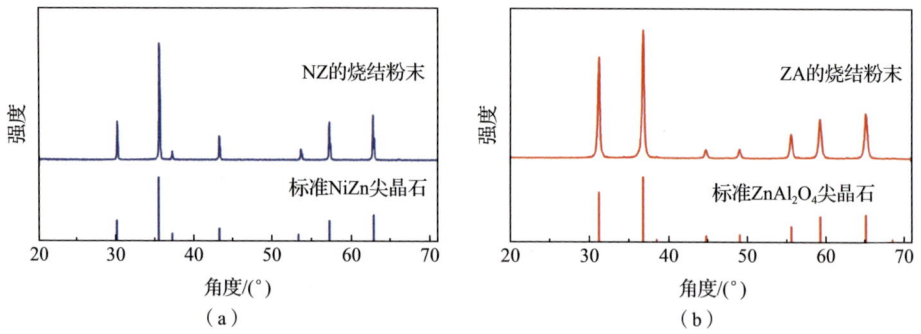

图 9-48 预烧的 NiZn 粉末（a）和自蔓延溶胶-凝胶合成的 $ZnAl_2O_4$ 粉末（b）的 XRD 图谱

（3）将上面实验制得的 NiZn 铁氧体粉和纳米 $ZnAl_2O_4$ 粉按照 $(1-x)Ni_{0.4}Zn_{0.6}Fe_2O_4+xZnAl_2O_4$，$x$ = 0wt%、0.1wt%、0.5wt%、1wt%、5wt%、10wt%、15wt%、20wt% 的比例混合（相应样品分别命名为 S1、S2、S3、S4、S5、S6、S7 和 S8），然后湿磨 12h。球磨后的混合物烘干后，添加 10wt% 的 PVA 造粒，然后压制成 2～3mm 厚的圆环（Φ18mm×8mm）和圆片（Φ18mm），在空气中 1200℃ 下烧结 3h。

烧结样品的晶相结构通过 X 射线衍射仪（DX-2700）进行分析，使用 Cu K_α 源，扫描角度 2θ=20°～70°。使用扫描电镜（SEM，JEOL JSM-6490LV）进行样品横截面微观结构的分析，并结合能量色散 X 射线谱仪（EDS，JENESIS-2000）进行晶粒元素组成的分析。样品体密度采用阿基米德排水法测得。样品的磁谱和介电谱分别采用材料/阻抗分析仪 HP4291B 的磁性测试夹具 Agilent 16454A 和介电测试夹具 Agilent 16453A 测得。

2. 成相与微结构分析

烧结样品 S1～S8（对应于 $ZnAl_2O_4$ 添加比例 x=0wt%～20wt%）的 XRD 图谱如图 9-49（a）所示。可以看到，所有样品都形成了单一的尖晶石相，没有出现任何其他相，这表明加入的 ZA 已经完全固溶到了 NZ 的尖晶石晶体结构中。随着 ZA 加入量的增大，可以发现一个特殊的现象，衍射峰的位置不断朝着高角度方向移动，如图 9-49（a）右上角插图所示，这一现象可以归因于晶格常数的减小。样品的晶格常数实验值 a 可以从相应的 XRD 图谱通过布拉格定律计算得到，图 9-49（b）给出了 a 随 ZA 比例变化的趋势。晶格常数的减小源于 Fe^{3+} 和 Al^{3+} 的离子半径不同，Al^{3+} 的离子半径（0.51Å）要小于 Fe^{3+} 的离子半径（0.67Å）且具有较强的占据 B 位倾向，ZA 的加入会导致 Al^{3+} 部分取代铁氧体中的 Fe^{3+}，因此材料总的晶格常数会减小。Al^{3+} 对 Fe^{3+} 的取代在后面的晶粒元素 EDS 分析中也得到了验证。

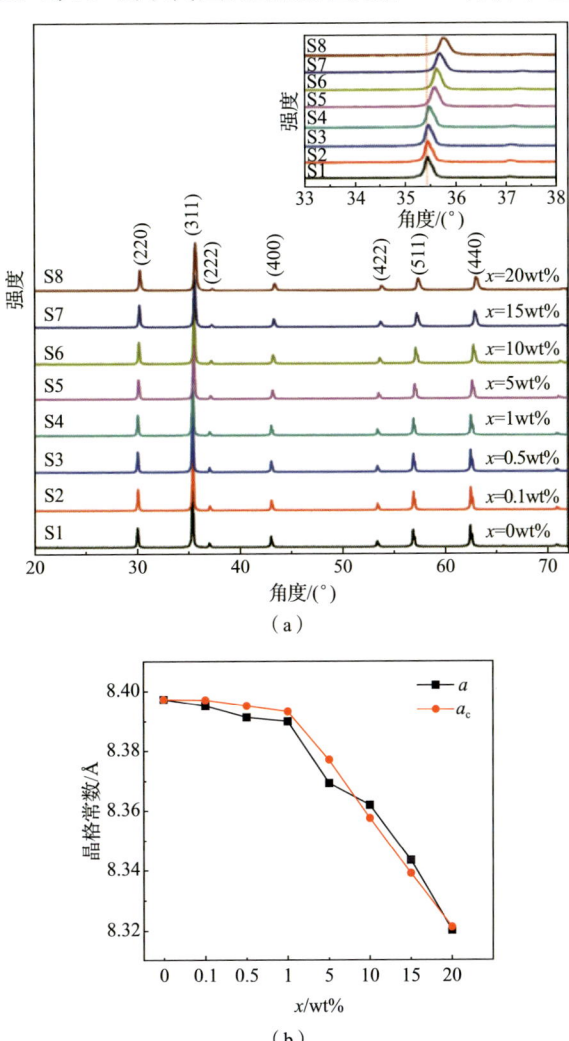

图 9-49 （a）烧结样品 S1～S8 的 XRD 图谱；（b）样品实验晶格常数 a 和计算晶格常数 a_c 随 x 的变化

固溶体的晶格常数还可以通过 Vegard 定律进行理论计算。对于本小节实验的固溶体系，其表达式可以表示为：

$$a_c = (1-x')a(\text{NZ}) + x'a(\text{ZA}) \tag{9-73}$$

其中，$a(\text{NZ})$ 和 $a(\text{ZA})$ 分别为纯 NiZn 和 ZnAl_2O_4 的晶格常数；x' 为 ZA 的摩尔比。x' 与质量比 x 的关系为：

$$x' = \frac{xN_1N_2}{(100-x)N_1^2 + xN_1N_2} \tag{9-74}$$

其中，N_1 和 N_2 分别为 NZ 和 ZA 的分子量。计算的晶格常数 a_c 也体现在图 9-49（b）中，可以看到，实验值与计算值符合得很好。

样品 S1～S8 的断面 SEM 图如图 9-50 所示。可以看到，样品的晶粒尺寸对 ZA 的添加量十分敏感，未掺杂样品 S1 的晶粒尺寸为 2～3μm，随着 ZA 的加入，晶粒尺寸有所增加，晶界的气孔变少，晶体结构变得致密。尤其是 x=0.5wt%的样品 S3，具有十分致密的晶体结构和均匀的晶粒。样品 S2、S3 和 S4 的平均晶粒尺寸要大于 S1。当 x>5wt%时，晶粒尺寸开始明显减小，气孔也明显增多。当 x 达到 20wt%时，平均晶粒尺寸下降至不足 1μm。

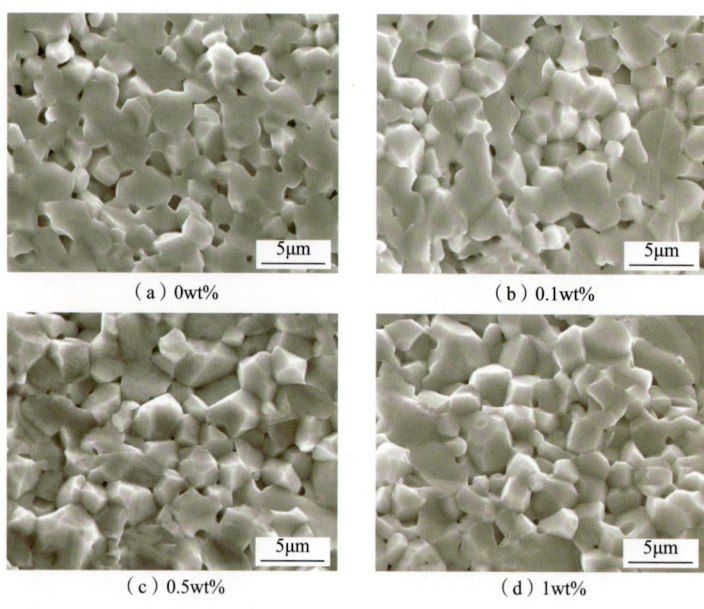

（a）0wt% 　　（b）0.1wt%

（c）0.5wt% 　　（d）1wt%

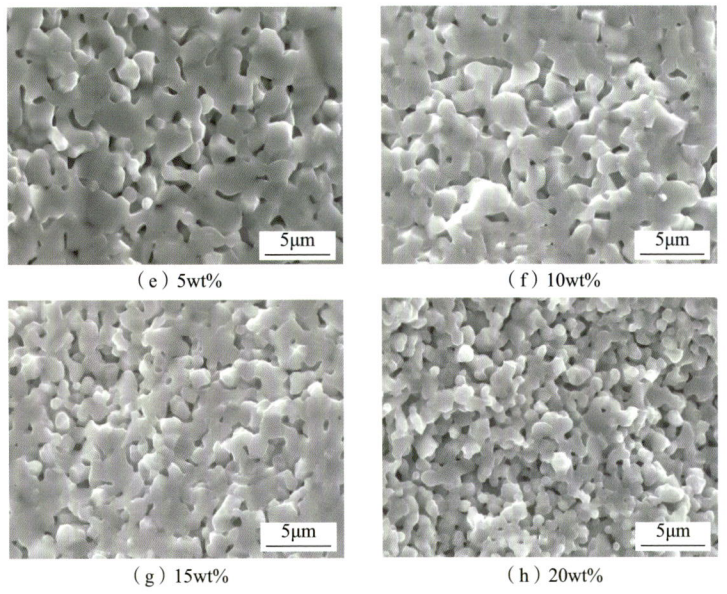

图 9-50 不同 ZA 添加量样品的 SEM 图

图 9-51 给出了代表性样品 S5 晶粒放大图像和元素组成的 EDS 分析结果，显示晶体所含 Ni、Zn、Fe、Al、O 元素质量比为 15.33∶11.16∶46.38∶1.21∶25.92，与复合组成（95wt%$Ni_{0.4}Zn_{0.6}Fe_2O_4$ + 5wt%$ZnAl_2O_4$）十分相符，这进一步证明了 NZ 与 ZA 的固溶，并对应了 XRD 的测试结果。

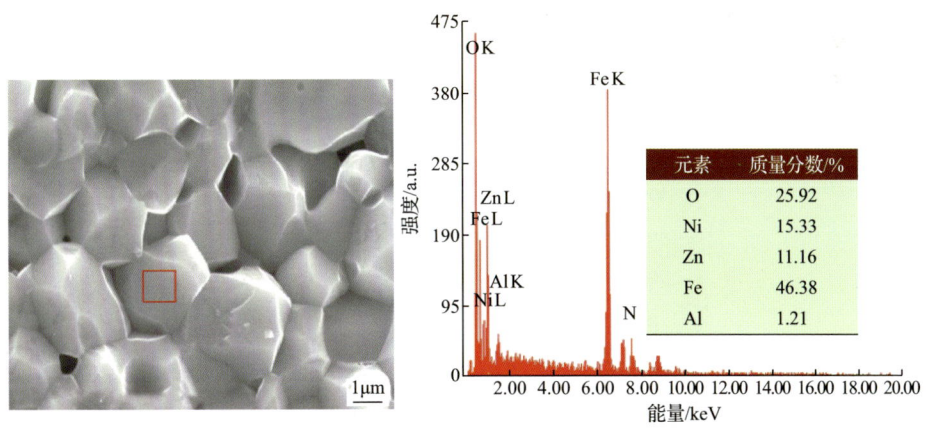

图 9-51 晶粒元素组成 EDS 分析（样品 S5）

样品 S1～S8 的测试体密度 d，由 XRD 结果计算得到的理论密度 d_x 以及孔隙率 P 列于表 9-6 中。理论密度 d_x 的计算公式为：

$$d_x = \frac{ZM}{N_A V} \tag{9-75}$$

其中，Z 为单个晶胞的分子数目（$Z=8$）；M 为分子量；N_A 为阿伏伽德罗常数；V 为单胞的体积。孔隙率的计算公式为：

$$P = 100\left(1 - \frac{d}{d_x}\right) \qquad (9\text{-}76)$$

从表 9-6 可以看到，样品的理论密度 d_x 随 ZA 添加量的增加呈逐渐下降的趋势；而测试体密度 d 开始升高，$x=0.5\text{wt}\%$ 样品 S3 的密度达到最大值（5.18g/cm^3），随后逐渐下降，这一现象与 SEM 图中看到的微观结构变化十分吻合。理论密度与实验体密度变化趋势的不同，可以归因于适量 ZA 纳米晶的加入对烧结陶瓷致密化的促进作用，当较大量（$x>0.5\text{wt}\%$）加入时，又对致密化起到削弱作用。

表 9-6 样品的测试体密度 d、理论密度 d_x、孔隙率 P、饱和磁化强度 M_s 和分子磁矩 n_B

样品名称	$x/\text{wt}\%$	$d/(\text{g/cm}^3)$	$d_x/(\text{g/cm}^3)$	$P/\%$	$M_s/(\text{emu/g})$	n_B/μ_B
S1	0	5.16	5.35	3.65	64.05	2.73
S2	0.1	5.16	5.35	3.55	62.85	2.68
S3	0.5	5.18	5.35	3.18	59.56	2.54
S4	1	5.15	5.23	1.53	58.72	2.50
S5	5	5.11	5.34	4.31	43.80	1.84
S6	10	5.05	5.29	4.54	38.47	1.60
S7	15	5.01	5.27	4.93	32.76	1.35
S8	20	4.97	5.25	5.33	19.73	0.80

3. 磁性能研究

图 9-52 给出了不同 ZA 添加量样品 S1～S8 的磁滞回线，所有样品都表现出具有很小矫顽力的软磁特征，并在 5000Oe 磁场强度下趋于磁化饱和。

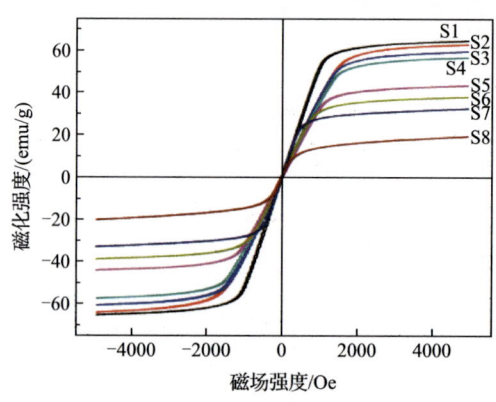

图 9-52 不同样品的磁滞回线

样品的饱和磁化强度 M_s 和计算的分子磁矩 n_B 列在表 9-6 中。n_B 的计算公式为：

$$n_\mathrm{B} = \frac{M \times M_\mathrm{s}}{5585} \tag{9-77}$$

其中，M 为分子量。M_s 和 n_B 都随着 x 的增大而减小，其中 n_B 的减小与 A-B 位超交换作用的减小有关。Al^{3+} 是一种非磁性离子，所以 Fe^{3+}（$5\mu_\mathrm{B}$）被 Al^{3+}（$0\mu_\mathrm{B}$）取代会带来磁化强度的下降。对于 $x>5wt\%$ 的样品，其密度的降低也在一定程度上起到降低 M_s 的作用。

图 9-53 给出了样品 S1～S8 在 1MHz～1GHz 频率范围内磁导率实部 μ' 和虚部 μ'' 随频率变化的曲线。随着 ZA 添加量的增加，μ' 低频的值表现出 S1 到 S3 增大，S4 到 S8 减小的规律，μ'' 的峰逐渐下降并向高频方向移动。不同样品的起始磁导率 μ_i（取 1MHz 值）、截止频率 f_r 列在表 9-7 中。相比未掺杂样品 S1，样品 S2～S4 的 μ_i 分别提高到 652、679 和 643；随着 x 增加到 5wt% 以上，μ_i 分别减小为 507、305、170 和 55。

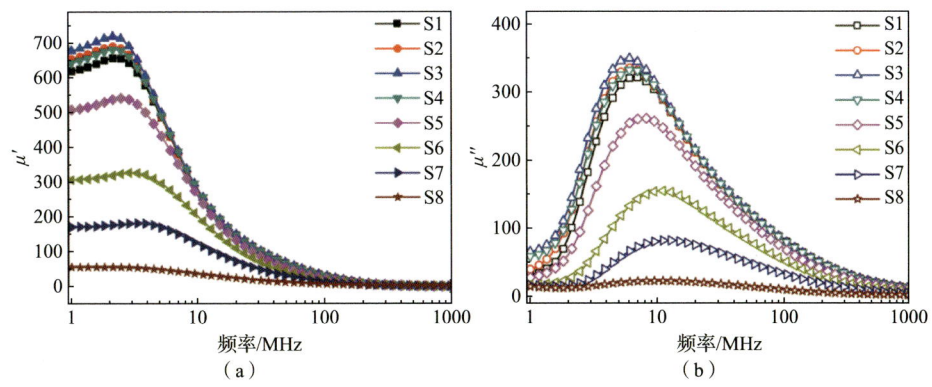

图 9-53　不同样品的 μ' 和 μ'' 随频率变化曲线

表 9-7　样品的起始磁导率 μ_i、截止频率 f_r 和特征频点的介电常数

样品	μ_i (1MHz)	f_r/MHz	ε'		
			1MHz	100MHz	1GHz
S1	621	8.9	137	21.3	10.6
S2	652	8.5	138	21.9	10.4
S3	679	8.4	135	20.7	10.5
S4	643	8.8	127	20.6	11.1
S5	507	10.5	91	16.5	11
S6	305	14.2	21	13	11.2
S7	170	16.0	12.5	11.7	10.9
S8	55	16.8	11	10.4	9.85

根据 Globus 模型，NiZn 尖晶石铁氧体的起始磁导率可以表示为：

$$\mu_\mathrm{i} = \frac{M_\mathrm{s}^2 D}{K_1} \tag{9-78}$$

其中，M_s 为饱和磁化强度；D 为平均晶粒尺寸；K_1 为磁晶各向异性常数。根据前面的结果，随着 ZA 添加量的增加，M_s 逐渐减小，D 先是增大（$x<1wt\%$）然后迅

速减小，而加入 Al^{3+} 的 NiZn 铁氧体的 K_1 一般会降低。因此，对于样品 S2、S3 和 S4，根据式（9-78），减小的 M_s 起到降低 μ_i 的作用，而 D 的增大和 K_1 的减小起到提高 μ_i 的作用，实际样品 S2~S4 的 μ_i 高于 S1 说明了 D 和 K_1 的提高作用超过了 M_s 对 μ_i 的降低作用；对于 $x>5wt\%$ 的样品，M_s 和 D 都是迅速减小的，两者对 μ_i 的降低作用主导了 μ_i 的下降。

4. 介电性能研究

样品 S1~S8 在 1MHz~1GHz 频率范围内介电常数实部 ε' 和虚部 ε'' 随频率变化的曲线如图 9-54 所示。从图中可以看出，ZA 添加量对材料介电谱有显著影响，$x\leqslant 5wt\%$ 的样品 S1~S5 在低频具有较大的 ε'，并随着频率的升高逐渐降低，这种大的介电频散现象可用基于 Maxwell-Wagner 理论的非均匀介电结构解释。对于 $x\geqslant 10wt\%$ 的样品 S6~S8，介电谱的频散明显降低，尤其是样品 S7 和 S8 的 ε' 和 ε'' 在 1MHz~1GHz 内具有十分稳定的值。作为对比，表 9-7 中给出了不同样品在 1MHz、100MHz 和 1GHz 具体的 ε' 值。

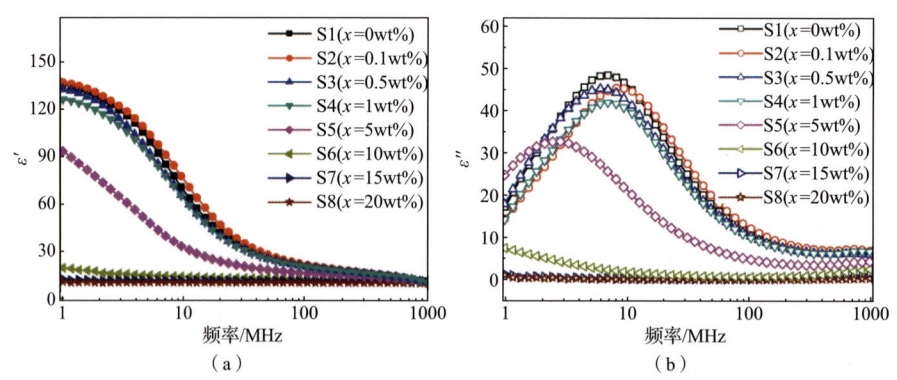

图 9-54　不同样品的 ε' 和 ε'' 随频率变化曲线

基于 Koops 理论和 Maxwell-Wagner 模型，Larsen 和 Metselaar 推导出一个估算多晶铁氧体静态介电常数 ε_s 的公式：

$$\varepsilon_s = \varepsilon_i \left(1 + \frac{d_2}{d_1}\right) \tag{9-79}$$

其中，d_1 为低导电性晶界和晶粒的厚度；d_2 为高导电性晶界和晶粒的厚度；ε_i 为材料在很高频率下的本征介电常数。这里，可以把 1MHz 和 1GHz 处的介电常数近似看作 ε_s 和 ε_i，并假设 d_1 的大小基本不变（因为 d_2 远大于 d_1），则可基于测试的介电常数得到晶粒尺寸的变化规律，式（9-79）变为：

$$d_2 = \frac{\varepsilon_s}{\varepsilon_i} d_1 - d_1 \tag{9-80}$$

把不同样品在 1MHz 和 1GHz 的介电常数值代入上式，得到 d_2 随 ZA 添加量 x 的变化规律，如图 9-55 所示。可以看到，计算得到的 d_2 的变化走势与 SEM 图中观察到的晶粒尺寸变化完全一致,这证明了晶粒尺寸与介电常数之间的密切关联。图 9-55 中还给出了样品 S1 和 S8 的微观结构对比图,很明显,S8 大幅减小的晶粒尺寸对应了两者 d_2 值的巨大差异。

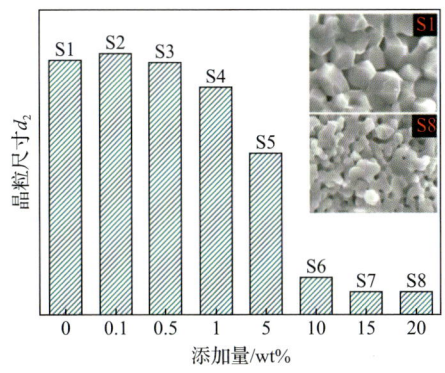

图 9-55　理论估算的晶粒尺寸 d_2 随 ZA 添加量 x 的变化

图 9-56 给出了样品 S1~S8 的介电损耗 $\tan\delta_\varepsilon$ 随频率变化的曲线。样品 S1~S5 的 $\tan\delta_\varepsilon$ 随频率变化出现明显的峰,而 S6~S8 则未出现峰并且具有明显小的 $\tan\delta_\varepsilon$ 值。多晶铁氧体的介电损耗来自内部极化对外加交变电场的滞后,在当前所研究的频率范围内,离子位移带来的电损耗,尤其是 Fe^{2+} 与 Fe^{3+} 之间电子跳跃导致的电导损耗占铁氧体总的介电损耗很大比例。当这种电子跳跃的频率与外电场频率相同时,就会表现出明显的共振峰,像在样品 S1~S5 中所观察到的。样品 S6~S8 峰的消失则与 Fe^{2+} 浓度的减小有关,其细化的微观结构和小的晶粒尺寸有利于减少 Fe^{2+} 的出现。图 9-57 给出了样品在 100MHz 和 1GHz 的介电损耗 $\tan\delta_\varepsilon$ 随 ZA 添加量 x 的变化关系。

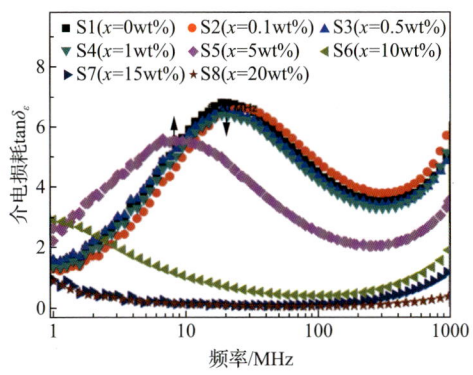

图 9-56　样品的介电损耗 $\tan\delta_\varepsilon$ 随频率变化的曲线

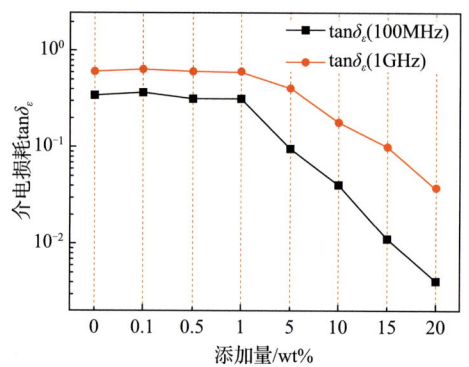

图 9-57　样品在 100MHz 和 1GHz 的 $\tan\delta_\varepsilon$ 随 x 的变化

9.4.3　添加纳米 $ZnAl_2O_4$ 的 BaCo-Z 平面六角铁氧体性能研究

在 9.4.2 节研究的基础上，本小节进一步研究纳米晶 ZA（$ZnAl_2O_4$）对 BaCo-Z（$Ba_3Co_2Fe_{24}O_{41}$）铁氧体磁介性能的调控作用。根据式（9-41），平面六角铁氧体的截止频率比尖晶石铁氧体高一个数量级，可达 4GHz 以上，因此，BaCo-Z 是开发工作于高频段铁氧体的很好选择。

1. 材料的制备

BaCo-Z+ZA 的制备方法与 9.4.2 节 NiZn+ZA 的制备类似，同样采用自蔓延溶胶-凝胶法与固相反应法结合实验方案。ZA 粉末通过自蔓延溶胶-凝胶法制得，BaCo-Z 铁氧体粉末使用固相反应法制得，然后分别将质量比 x=0wt%、1wt%、2wt%、3wt%、5wt% 的 ZA 掺入到 BaCo-Z 中，二次球磨 12h。球磨后的混合物烘干后，添加 10wt% 的 PVA 进行造粒，然后压制成 2~3mm 厚的圆环。为了获得较小的磁损耗和介电损耗，圆环样品在氧气气氛中 1230℃ 下烧结 4h。

2. 成相与微结构分析

图 9-58 给出了不同 ZA 添加量样品的 XRD 图谱，对图谱进行了分析和标准

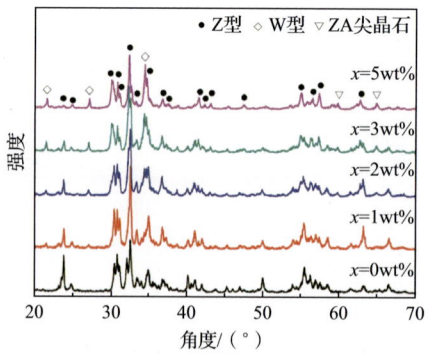

图 9-58　不同 ZA 添加量样品的 XRD 图谱

衍射峰对比，并标记出了衍射峰所对应的晶相。从图中可以看到，所有样品的主相均为 Z 型六角晶相，未掺杂的 BaCo-Z 为单一的 Z 型相，随着 ZA 添加量的不断增加，W 型六角晶相和 ZA 尖晶石晶相的衍射峰开始出现并逐渐增强。这表明加入 ZA 后，在 BaCo-Z 六角铁氧体中会生成少量的 W 型六角铁氧体，W 型六角铁氧体及 ZA 作为另相存在于 BaCo-Z 中。

图 9-59 给出了 ZA 添加量分别为 0wt%、1wt%、3wt%、5wt%样品的截面 SEM 图。从图中可以看到，未掺杂样品的晶粒尺寸比较大，随着 ZA 的加入，晶粒尺寸呈逐渐减小的趋势。观察 x=3wt%样品，其晶粒尺寸比较均匀，大小适中，微观结构也比较致密。当 ZA 添加量达到 5wt%时，平均晶粒尺寸明显减小，出现一些小晶粒与较大晶粒共存的现象，并且样品中的气孔明显增多，陶瓷的致密度有所下降。结合 XRD 测试结果，可以得出，随着 ZA 添加量增加，样品中不断增多的另相，包括出现的 W 型六角铁氧体相和 ZA 相，会起到抑制晶粒生长的作用。

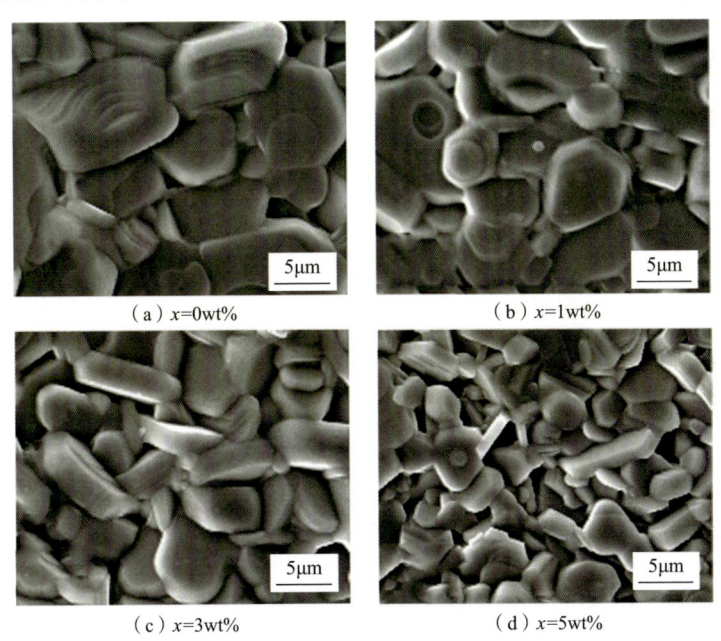

图 9-59 样品的 SEM 图

3. 磁性能研究

不同 ZA 添加量的样品在 0.1～10GHz 频率范围内的磁谱，即复数磁导率实部 μ'和虚部 μ''随频率变化的曲线如图 9-60（a）和（b）所示。从图中可以看出，一方面，随着频率增加，所有样品的磁导率实部 μ'在低频段经历一段相对稳定的区域，随后迅速降低；另一方面，随着 ZA 添加量 x 的增加，样品在低频段的磁导率实部 μ'呈下降趋势，μ'相对稳定的区域向高频延伸。

图 9-60（c）给出了不同 ZA 添加量样品在 0.1GHz 和 1GHz 频点的 μ 随 ZA

添加量 x 的变化。从图中可以明显看出 μ' 随 x 的下降趋势，而且，μ' 在两个频点的差异逐渐减小。样品磁导率随 x 的减小，主要有两个方面的原因：一是加入的 ZA 和生成的 W 型六角铁氧体相对 BaCo-Z 磁导率的稀释作用，ZA 是非磁性的，W 型六角铁氧体的磁导率一般也低于 Z 型的；二是晶粒尺寸的变化，从 SEM 图上看到，随着 ZA 的加入，尤其是添加量较大时，晶粒尺寸的减小十分明显，晶粒的减小会降低畴壁位移对磁导率的贡献，从而导致磁导率的降低。

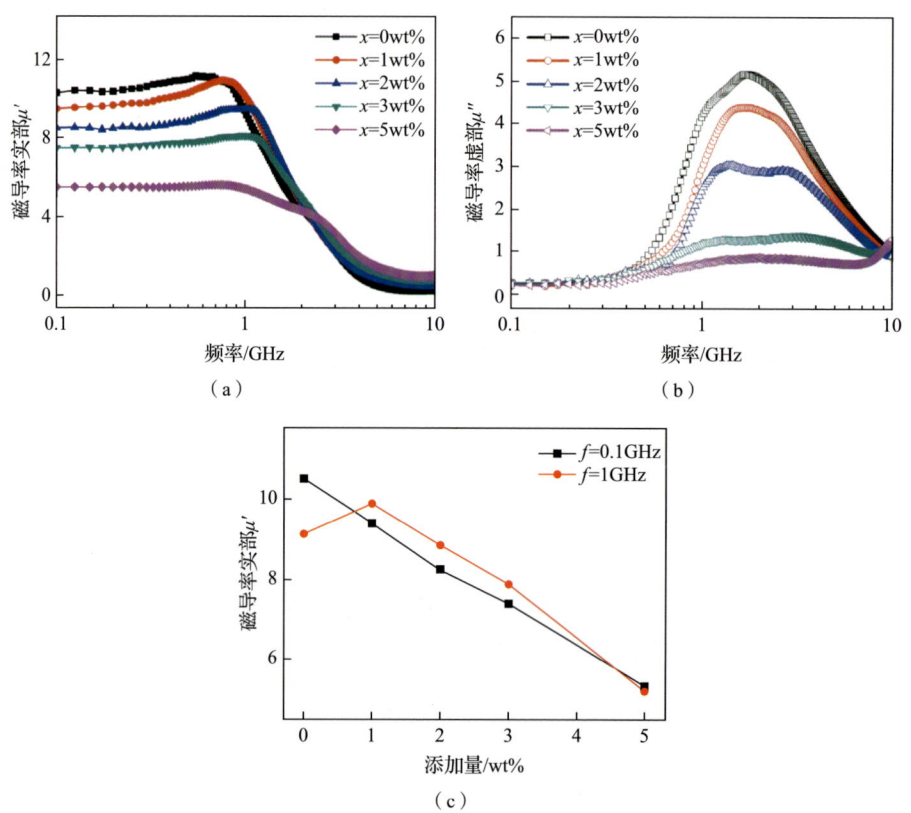

图 9-60 （a）、（b）不同 ZA 添加量样品的磁谱；（c）样品在 0.1GHz 和 1GHz 的 μ' 随 x 的变化

图 9-61（a）给出了不同 ZA 添加量样品的磁损耗随频率的变化情况。可以看出，样品在低频段（约 1GHz 以内）都具有比较低的磁损耗值，当频率较高时，损耗明显增大。同时，高频段的 $\tan\delta_\mu$ 随 ZA 添加量 x 的增加不断下降，$x=0$wt% 样品具有最大的高频损耗。图 9-61（b）给出了样品在 0.3GHz 和 0.9GHz 具体的磁损耗 $\tan\delta_\mu$ 随 x 的变化关系。可以看到在 0.3GHz，样品的 $\tan\delta_\mu$ 具有比较小的值并且随 x 的增加变化很小；在 0.9GHz，未掺杂 BaCo-Z 的损耗值比较大，而 ZA 的加入使 $\tan\delta_\mu$ 明显降低，当 x 达到 3wt% 及以上时，$\tan\delta_\mu$ 降到 0.15 以下。以上这些现象表明 ZA 的加入有效降低了 BaCo-Z 的高频磁损耗。

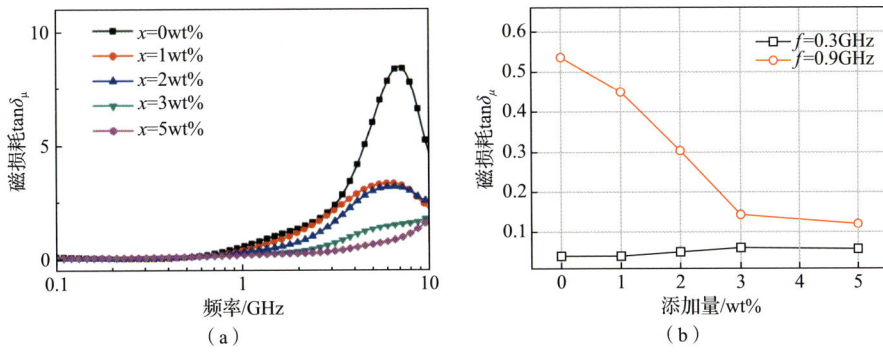

图 9-61 （a）不同 ZA 添加量样品的磁损耗随频率的变化；（b）样品在 0.3GHz 和 0.9GHz 的 $\tan\delta_\mu$ 随 x 的变化

4. 介电性能研究

从图 9-62（a）所示样品介电谱可以看出，随着 ZA 添加量 x 的增加，介电常数实部 ε' 不断降低，并且下降的幅度呈先增大后减小的趋势。相比未掺杂样品，$x=1\text{wt\%}$ 样品的 ε' 出现轻微下降；当 x 分别达到 2wt% 和 3wt% 时，ε' 出现较大幅度的下降；当 x 达到 5wt% 时，ε' 的下降又有所放缓。同时，对于未掺杂的 BaCo-Z 样品，其低频段的介电常数 ε' 和 ε'' 存在明显的频散现象，随着 ZA 的不断加入，频散现象逐渐消失，样品在整个频率范围内几乎具有恒定的数值。图 9-62（b）给出了样品在 0.1GHz 和 1GHz 的 ε' 值随 ZA 添加量 x 的变化关系。随 x 的增加，两个频点的 ε' 值均呈下降趋势，而且可以明显看到 ε' 在两个频点的差异越来越小。

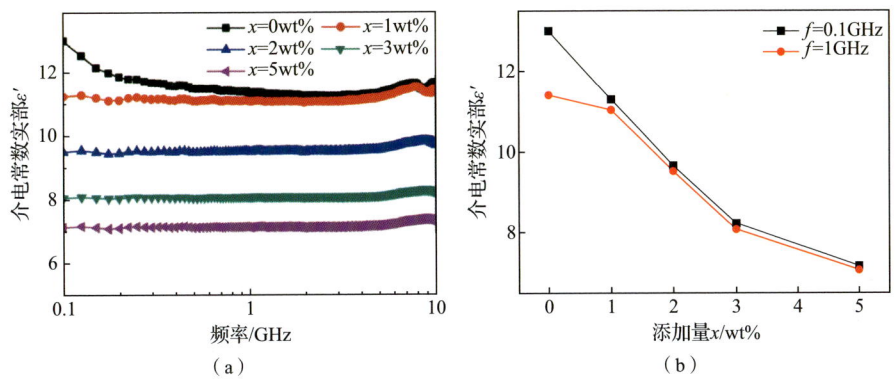

图 9-62 （a）不同 ZA 添加量样品的介电谱；（b）样品在 0.1GHz 和 1GHz 的 ε' 随 x 的变化

图 9-63 给出了样品在 1GHz 的介电损耗 $\tan\delta_\varepsilon$ 随 ZA 添加量 x 的变化。可以看到，当 ZA 添加量在 1wt% 及以内时，样品在 1GHz 的 $\tan\delta_\varepsilon$ 在 10^{-2} 量级，当 x 达到 2wt% 以上时，$\tan\delta_\varepsilon$ 下降到 10^{-3} 量级。总体而言，$x=3\text{wt\%}$ 和 5wt% 样品具有更低的介电损耗。高频损耗过大是目前限制 BaCo-Z 向更高频段应用的关键因素，本小节实验

中 $\tan\delta_\varepsilon$ 的降低表明 ZA 的加入对 BaCo-Z 铁氧体高频介电损耗的抑制作用。结合图 9-61（b）所示磁损耗的降低可以得出，适当 ZA 的添加可以获得同时具有低的高频磁损耗和介电损耗的 BaCo-Z，这正是开发优异的高频铁氧体磁介材料所需要的。

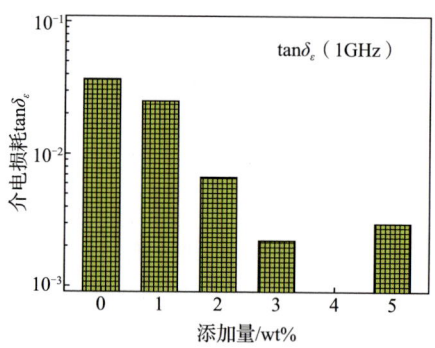

图 9-63　不同样品在 1GHz 的介电损耗 $\tan\delta_\varepsilon$

5. 磁介性能研究与 UHF 频段等磁介的实现

上述样品磁导率和介电常数的测试结果表明，ZA 的加入调节了 BaCo-Z 的磁导率和介电常数及其频率稳定性，并且有效降低了样品的磁损耗和介电损耗。尤其是在 0.1～1GHz 频率范围内，ZA 掺杂的 BaCo-Z 同时表现出比较稳定的 μ' 和 ε' 值，是应用于 UHF 频段磁介材料的良好选择。因此，下面重点研究样品在 UHF 频段的 0.3GHz～1GHz 频率范围内的磁介性能。

图 9-64 给出了 ZA 添加量 x=0wt%～5wt%样品在 0.3MHz～1GHz 频率范围内的 μ' 和 ε' 的对比。从图中可以看到，所有样品的 ε' 基本都是不随频率变化的稳定值，μ' 的频率稳定性随着 x 的增大不断提高。同时，随着 x 的增加，μ' 和 ε' 呈不同程度的下降趋势。尤其是当 x=3wt%时，样品的 μ' 和 ε' 在 0.3MHz～1GHz 内达到几乎相等的值，μ' 和 ε' 都达到 8 左右，得到了近乎等磁介的材料。

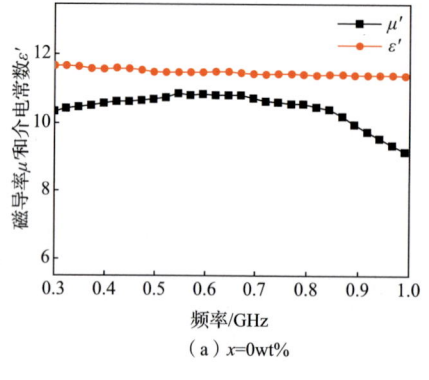

（a）x=0wt%

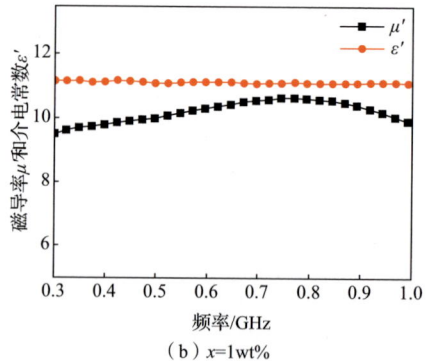

（b）x=1wt%

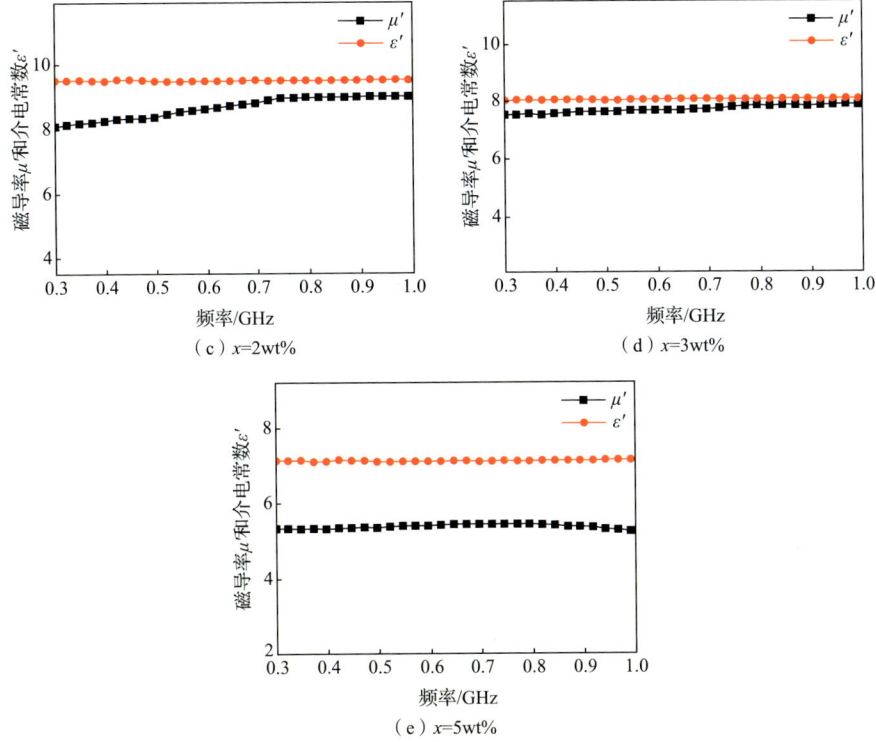

图 9-64　不同样品在 0.3MHz～1GHz 内的磁导率 μ' 和介电常数 ε'

图 9-65 给出了 x=3wt%样品在 0.3MHz～1GHz 内的磁导率 μ'、介电常数 ε'、磁损耗 $\tan\delta_\mu$ 和介电损耗 $\tan\delta_\varepsilon$。该样品表现出十分优异的磁介性能：稳定且近乎相等的 μ' 和 ε' 值，以及低的磁损耗和介电损耗。基于见诸报道的相关材料和工作，以上制备的 BaCo-Z 铁氧体的磁介性能达到了目前 UHF 频段等磁介铁氧体材料的高性能行列。

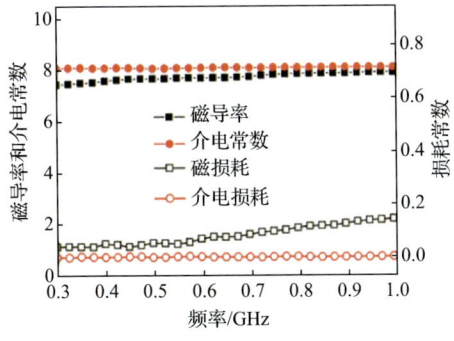

图 9-65　x=3wt%样品的磁性能和介电性能

作为等磁介材料主要的潜在应用，使用等磁介基板可以有效减小天线的尺寸和实现良好的阻抗匹配特性,现在从理论上分析上述 BaCo-Z 等磁介铁氧体应用于 UHF 频段微带天线时的阻抗特性和小型化情况。图 9-66 给出了添加 3wt% ZA 的 BaCo-Z 铁氧体应用于磁介天线时在 0.3～1GHz 频率内理论上的归一化阻抗 $\left[Z=\left(\mu'/\varepsilon'\right)^{1/2}\right]$ 和小型化因子 $\left[n=\left(\mu'\varepsilon'\right)^{1/2}\right]$。从图中可以看出,在整个频率范围内,计算阻抗值都维持在 1 附近的 0.95～1 的范围内,具有很好的阻抗匹配性;尤其是在 0.7～1GHz 内,阻抗值几乎为 1,达到了与自由空间近乎完全的阻抗匹配。小型化因子 n 保持在 8 左右,是当前 UHF 频段铁氧体等磁介材料所能达到的比较大的数值。因此,该基板材料是设计和制作工作于 UHF 频段小型化等磁介天线(如射频识别天线)十分理想的选择。

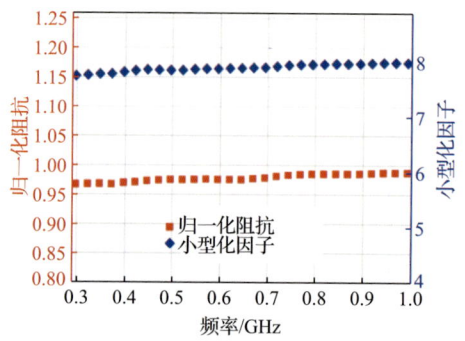

图 9-66　等磁介天线的归一化阻抗和小型化因子

9.5　低温烧结 BaM 六角铁氧体毫米波 K_a 波段磁介性能研究

9.5.1　低温烧结 BaM 六角铁氧体

随着微波通信技术的快速发展,无线电的低端频段已逐渐趋于饱和,通信频率不断向高频发展并且传输的信息量也越来越大。毫米波具有波长短、安全性高、频带宽和拥有"大气窗口"等优点,在通信应用方面日益受到重视,人们在军事和民用领域均开展了广泛的研究,如各种毫米波雷达、探测与制导、卫星通信等。毫米波通信的快速发展对通信设备中的各种元器件及其使用材料提出了越来越高的要求,其中,M 型六角钡铁氧体(BaM 铁氧体,$BaFe_{12}O_{19}$)是一种具有广阔应用前景的材料。BaM 铁氧体具有高的电阻率、饱和磁化强度以及很高的磁晶各向异性,其应用频率可达 100GHz 以上,广泛应用在毫米波环行器、移相器、隔离器、滤波器和天线中,如图 9-67 所示。在毫米波雷达中,上述器件占据了整个雷达装机量很大的比例,BaM 铁氧体性能的好坏对整个雷达系统性能有着重要影响。

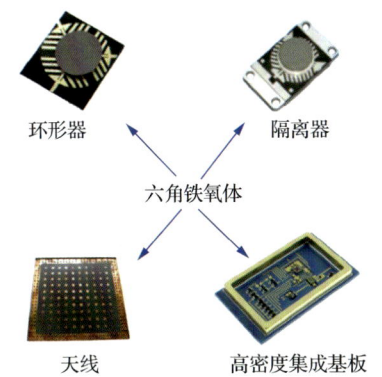

图 9-67 六角铁氧体微波器件应用举例

BaM 铁氧体是一种具有单轴各向异性的铁氧体材料,根据式(9-23),其各向异性场可以表示为 $H_k = 2K_{U1}/\mu_0 M_s$,其中,K_{U1} 是单轴各向异性常数,其易磁化轴沿晶体 c 轴的正反两个方向,因此具有很大的磁晶各向异性。利用自身较大的 H_k,可以使用 BaM 铁氧体制成自偏置的环行器,从而极大地减小环行器的体积和质量。近年来,BaM 铁氧体作为一种高频磁性介质基板也逐渐发展起来,大的 H_k 决定了 BaM 铁氧体具有很高的自然共振频率,因而可以在很宽的频带范围内获得稳定的磁导率和介电常数。另外,随着 LTCC 技术的发展,铁氧体的低温化烧结(950℃以下)已经成为铁氧体材料发展的重要趋势之一。低温烧结的铁氧体材料通常可以获得比较均匀的结构,减少铁氧体中 Fe^{3+} 在高温时发生的还原反应,并可与 Ag 等电极共烧从而应用于微波器件的多层化立体集成,大幅度提高器件的集成密度,实现微波组件和系统的小型化。然而,到目前为止,受限于实验测试手段缺乏和样品制备等,人们对低温烧结 BaM 铁氧体在毫米波段的相关性能还研究很少。常规高温烧结(1200℃左右)的 BaM 铁氧体(包括块材和粉体)在毫米波段的一些磁性能和介电性能,如毫米波段的复磁谱和介电谱,已经得到大量的表征和研究,而对于低温烧结 BaM 铁氧体的这些性能以及低温烧结时助烧剂添加量对这些性能的影响情况仍知之甚少。众所周知,电磁波的传输、相移和衰减等特性与工作在该频段材料的磁导率和介电常数是密切相关的,因此,这些性能参数的表征和研究对于促进低温烧结 BaM 铁氧体在毫米波段的应用与发展是十分重要的。

9.5.2 低温烧结 Bi_2O_3/BaM 铁氧体的制备与表征

1. BaM 铁氧体样品的制备

采用固相反应添加 Bi_2O_3 助烧剂的方法合成 BaM 铁氧体。按照 $BaFe_{12}O_{19}$ 的化学配比称取分析纯级别的 $BaCO_3$ 和 Fe_2O_3 粉末,混合后加去离子水进行球磨混合 12h,然后在空气中 1200℃下预烧 2h 制得 BaM 铁氧体预烧粉。分别将质量比

x=0wt%、1wt%、2wt%、3wt%、5wt%的 Bi_2O_3 加入到 BaM 铁氧体预烧粉中,并加去离子水二次球磨 12h。将球磨后的混合物烘干后,添加 10wt%的 PVA 进行造粒,然后压制成 Φ18mm 的圆片。压制的铁氧体圆片生坯在空气中 920℃下烧结 4h。为了测试复磁谱和介电谱,将烧结的圆片加工成约 7.1mm×3.5mm 的长方形片,加工时尤其要注意长方形样品的厚度应均匀,否则可能会造成测试结果有较大的偏差。尺寸确定后,样品表面做抛光处理。

2. BaM 铁氧体样品的表征

低温烧结 BaM 铁氧体的晶相结构通过 X 射线衍射仪(DX-2700)进行分析,采用 Cu K_α 源,扫描角度范围 $2\theta = 20°\sim 80°$。使用扫描电镜(JEOL JSM-6490LV)进行样品断面微观结构的测试。样品的烧结体密度采用阿基米德排水法测得。样品在 K_a 波段(26.5~40GHz)的复磁谱和介电谱采用基于波导技术的传输/反射法通过矢量网络分析仪(VNA)Agilent 8722ES 测得,样品测试使用全套 Agilent 科技有限公司设计制作的矩形波导测试夹具,材料样品测试示意图如图 9-68 所示。执行双端口校准之后,把样品装入波导测试夹具并接入 VNA,形成一个双端口的微波测试网络,并可得到微波信号传输、反射等的 S 参数。根据得到的 S 参数,与材料相关的反射系数 Γ 和传输系数 T 可以表示为:

$$\Gamma = K \pm \sqrt{K^2 - 1} \tag{9-81}$$

$$T = \frac{S_{11} + S_{21} - \Gamma}{1 - (S_{11} + S_{21})\Gamma} \tag{9-82}$$

其中

$$K = \frac{(S_{11}^2 - S_{21}^2) + 1}{2S_{11}} \tag{9-83}$$

在考虑 TE_{10} 传输模式的情况下,通过解边界条件下的麦克斯韦方程,可以得到用 S 参数表示的复数磁导率和介电常数的表达式:

$$\tilde{\mu} = -i\left(\frac{1+\Gamma}{1-\Gamma}\right)\left(\frac{1}{2\pi d}\right)\frac{\ln\left(\frac{1}{|T|}\right) + i(2\pi n - \varphi T)}{\sqrt{\left(\frac{1}{\lambda_0}\right)^2 - \left(\frac{1}{2a}\right)^2}} \tag{9-84}$$

$$\tilde{\varepsilon} = -i\lambda_0^2\left(\frac{1+\Gamma}{1-\Gamma}\right)\left(\frac{1}{2\pi d}\right)\left[\ln\left(\frac{1}{|T|}\right) + i(2\pi n - \varphi T)\right]\sqrt{\left(\frac{1}{\lambda_0}\right)^2 - \left(\frac{1}{2a}\right)^2} \tag{9-85}$$

其中,φ 为相位;$\lambda_0 = c/f$,c 为真空中的光速;f 为通过的微波频率;a 为波导宽边尺寸;d 为测试样品的厚度。

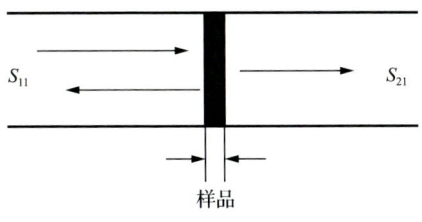

图 9-68　传输/反射法测试示意图

在实际的样品测试中,使用系统配套的测试软件完成对 S 参数的采集和计算,直接给出样品在测试频段的复磁谱和介电谱,包括磁导率实部 μ'、虚部 μ'' 值和介电常数实部 ε'、虚部 ε'' 值,并可计算出测试频段内每个频点所对应的损耗 $\tan\delta_\mu$ 和 $\tan\delta_\varepsilon$。软件的设置界面和测试数据界面分别如图 9-69(a)和(b)所示。

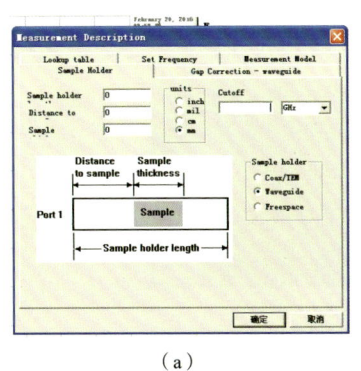
(a)

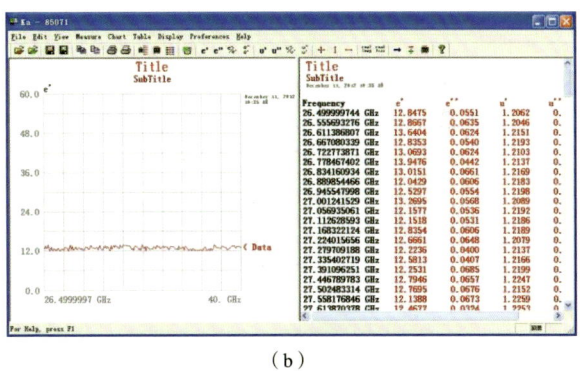
(b)

图 9-69　(a)测试软件的设置界面;(b) K_a 波段复磁谱和复介电谱的测试结果显示界面

9.5.3　成相与微结构分析

图 9-70 给出了在 920℃ 烧结的不同 Bi_2O_3 添加量样品的 XRD 测试结果。可以看出,所有样品中都形成了明显的 M 型六角晶相。在未添加 Bi_2O_3 助烧剂的样品

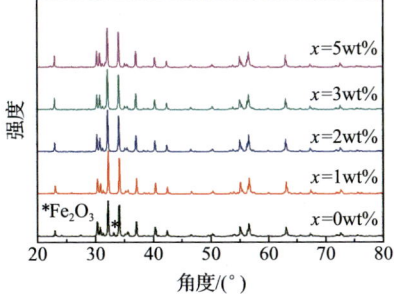

图 9-70　样品的 XRD 图谱

中检测到少量 Fe_2O_3 的存在，随着 Bi_2O_3 的加入，Fe_2O_3 杂相消失，样品中形成单一的 M 型六角晶相。这表明 Bi_2O_3 助烧剂的加入，有效促进了铁氧体的烧结过程，并在 920℃获得了纯 BaM 铁氧体。

图 9-71（a）～（e）给出了不同 Bi_2O_3 添加量低温烧结 BaM 铁氧体样品的断面 SEM 图。如图 9-71（a）所示，未添加助烧剂样品表现出多孔的微结构，晶粒尺寸很小，致密度较差，明显处于烧结不充分状态；随着 Bi_2O_3 的加入，气孔减少，晶粒尺寸不断增大，微结构明显变得致密。当 x 达到 2wt%时，样品表现出十分均匀的晶粒和较致密的微结构，晶粒尺寸基本在 2μm 以内［图 9-71（c）］。随着 Bi_2O_3 添加量的继续增加，一些大晶粒开始出现，微结构的均匀性逐渐降低，当 x 达到 5wt%时，平均晶粒尺寸明显增大，微结构变得很不均匀［图 9-71（e）］。图 9-71（f）给出了 1200℃高温烧结 BaM 铁氧体的对比图，可以看出，相比低温烧结 BaM 铁氧体，高温烧结 BaM 铁氧体的微结构明显混乱一些。

图 9-71　在 920℃烧结的不同 Bi_2O_3 添加量的 BaM 铁氧体样品 SEM 图

烧结 BaM 铁氧体样品的体密度随 Bi_2O_3 添加量 x 的变化如图 9-72 所示。随着 x 增加，密度快速增长，当 x 达到 2wt%时上升停止，当 x 达到 5wt%时出现了轻微下降。密度的这一变化规律与 SEM 图中观察到的微结构的变化完全吻合。

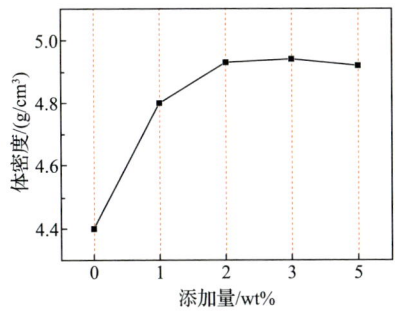

图 9-72 烧结样品的体密度随 x 的变化

9.5.4 K_a 波段的磁导率

不同 Bi_2O_3 添加量 BaM 铁氧体样品在 K_a 波段 26.5~40GHz 频率范围内的复磁谱如图 9-73 所示。从图中可以看出，助烧剂 Bi_2O_3 对 BaM 铁氧体在 K_a 波段的磁导率影响不大，所有样品的磁导率实部 μ' 基本处于 1.2~1.6 之间，磁导率虚部 μ'' 在 10^{-2} 量级。同时，可以发现，随着频率升高到高频段，μ' 表现出逐渐的上升趋势，这一现象与之前 Kim 和 Afsar 对常规高温烧结 BaM 铁氧体在毫米波段磁谱的测试结果一致。在 K_a 波段并没有观察到磁谱的共振现象，μ'' 在整个频段都没有

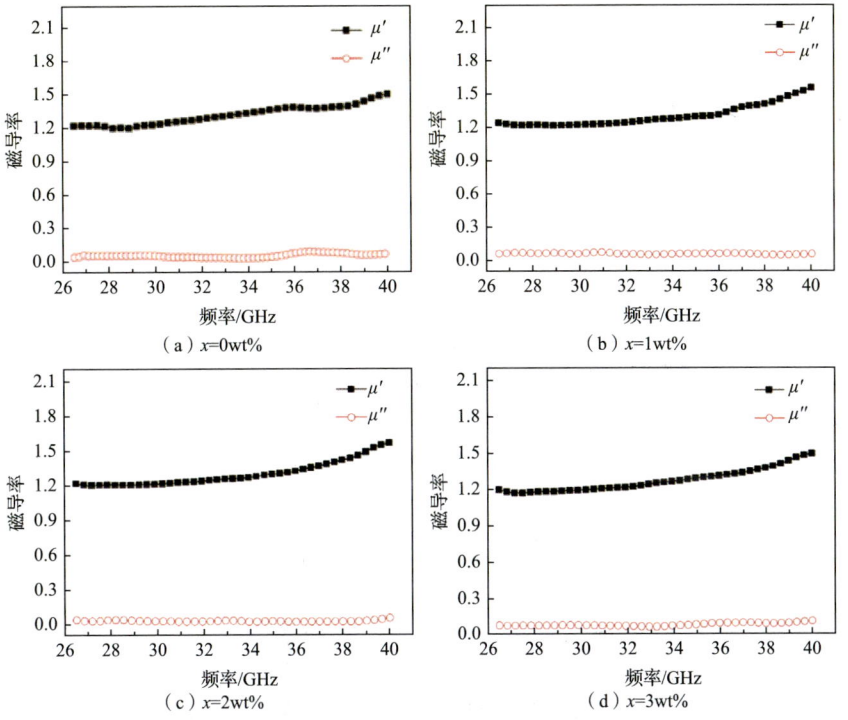

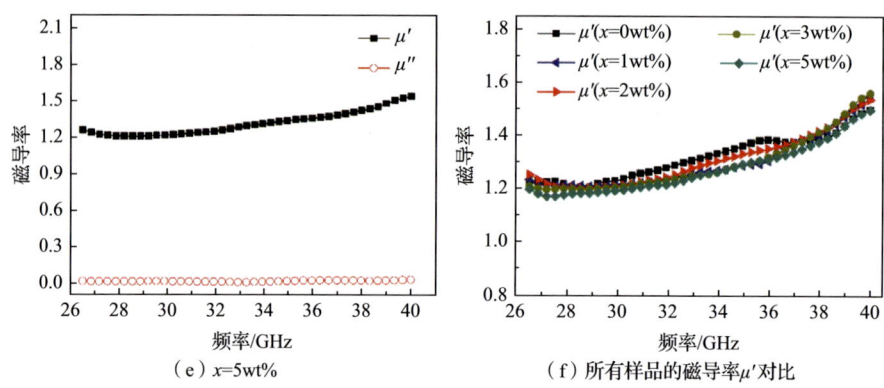

(e) $x=5wt\%$　　　　　　　　（f）所有样品的磁导率μ'对比

图 9-73　低温（920℃）烧结 BaM 铁氧体样品在 K_a 波段的复磁谱

明显的峰出现。BaM 铁氧体具有很强的单轴各向异性，本小节实验样品的共振频率应该发生在 40GHz 以上，μ'在高频端的升高也说明了这一点。

总体来看，BaM 铁氧体的磁导率值明显低于前面研究的 NiZn 尖晶石铁氧体和 BaCo-Z 平面六角铁氧体，但其共振频率要高得多，磁谱的平稳区域也要宽得多。因此，在毫米波段具有稳定且大于 1 的磁导率的 BaM 六角铁氧体在毫米波段的磁介基板、磁介器件等方面也有一定的应用价值。

9.5.5　K_a 波段的介电常数

图 9-74 给出了 920℃烧结的不同 Bi_2O_3 添加量 BaM 铁氧体样品在 K_a 波段 26.5～40GHz 频率范围内的复介电谱。可以看出，所有 BaM 样品在整个 K_a 波段的介电常数 ε'和 ε''都表现出十分稳定的谱线，ε''具有很小的值。助烧剂 Bi_2O_3 对 BaM 铁氧体在 K_a 波段的介电常数有着显著影响，随着 Bi_2O_3 添加量增加，介电常数 ε'呈单调增大趋势，如图 9-74（f）所示。其中，未添加 Bi_2O_3 的 BaM 铁氧体的 ε'值在 9 左右；当 1wt%的 Bi_2O_3 加入时，ε'迅速增大到约 13.5；随着 Bi_2O_3 添加量继续增加到 2wt%、3wt%、5wt%，ε'逐步增大到约 15、约 15.8、约 18。

BaM 铁氧体介电常数的增大，表明 Bi_2O_3 的加入使铁氧体内部电极化的水平得到提高。在毫米这样的高频段，像空间电荷极化、偶极子取向极化这类主要在低频段发生的极化基本消失，极化的主要贡献来自电子和离子的极化，尤其是与铁氧体中存在的 Fe^{2+}密切相关。众所周知，Fe^{2+}相比 Fe^{3+}多了一个电子，这样打破了电子云固有的对称性，从而在外电场的作用下更容易极化。因此，Fe^{2+}比 Fe^{3+}具有更高的极化，从而会提高铁氧体的介电常数。虽然低温烧结铁氧体的 Fe^{2+}通常浓度比较低，但相比而言，大的晶粒尺寸和不均匀的结构更容易产生较高浓度的 Fe^{2+}，因此，像 $x=5wt\%$的样品，其高的介电常数对应了大的晶粒尺寸和不均匀的微结构。

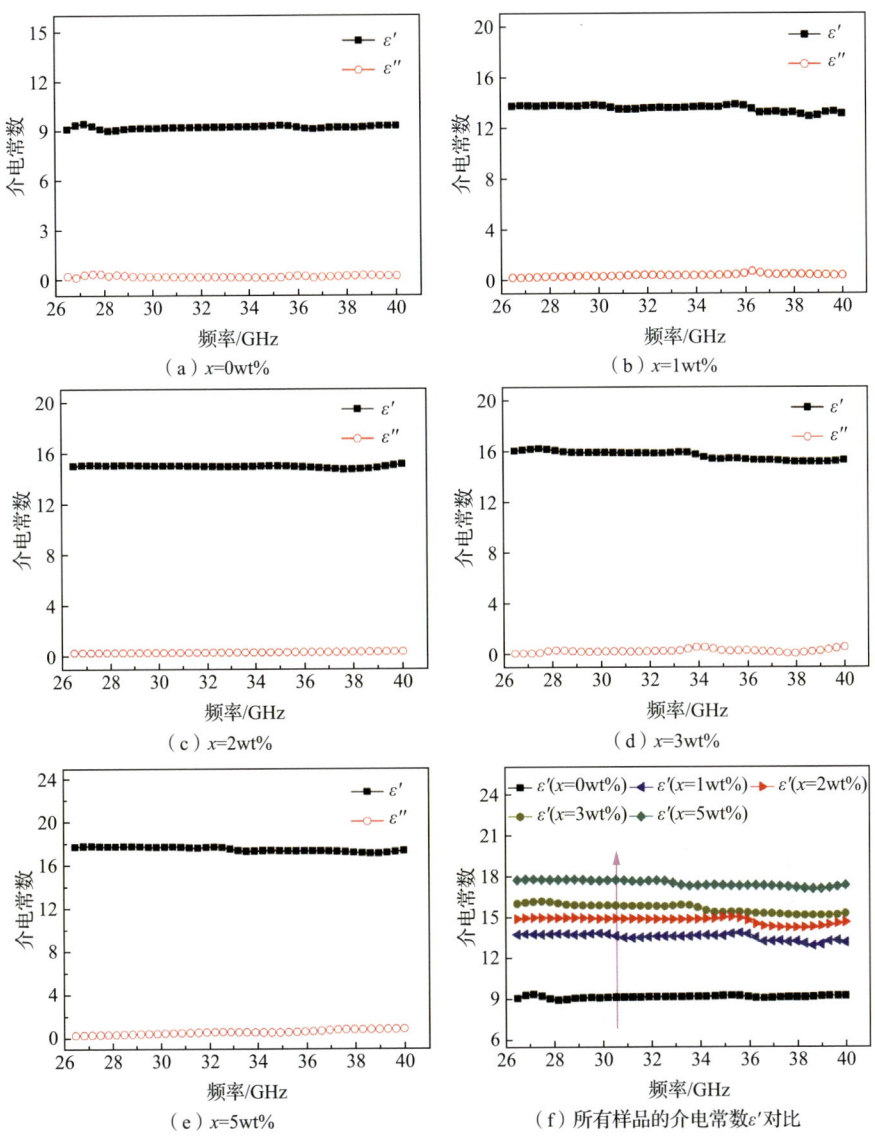

图 9-74 低温（920℃）烧结 BaM 铁氧体样品在 K_a 波段的复介电谱

另一方面，BaM 铁氧体升高的介电常数与烧结密度的提升也有关系。更高的密度意味着单位体积内有更多的铁氧体晶粒及更少的气孔和空隙，作为离子晶体的铁氧体晶粒的介电常数肯定要高于气孔和空隙的介电常数（约1）。因此，在其他因素不变的情况下，铁氧体越致密就具有越高的介电常数，这与在一些介质陶瓷和铁氧体粉末介电常数测试中得到的结果一致。本小节中 $x=0wt\%$ 样品的介电常数最低，正好对应了其最低的密度值和多孔的微结构。

图 9-75 给出了不同 Bi_2O_3 添加量的 920℃烧结 BaM 铁氧体样品在 28GHz 和 35GHz 下介电损耗 $\tan\delta_\varepsilon$ 的变化曲线，同时作为对比，1200℃高温烧结 BaM 铁氧体样品在这两个频点的 $\tan\delta_\varepsilon$ 也一并给出。可以看出，所有样品的 $\tan\delta_\varepsilon$ 在 $10^{-2}\sim 10^{-3}$ 量级，并且在这两个频点随 Bi_2O_3 添加量的变化具有一致的变化趋势，即先减小后增大。其中，加入 2wt%和 3wt%的 920℃烧结 BaM 铁氧体样品具有较低的介电损耗值，例如，2wt%样品在 28GHz 的 $\tan\delta_\varepsilon$ 为 7.5×10^{-3}。

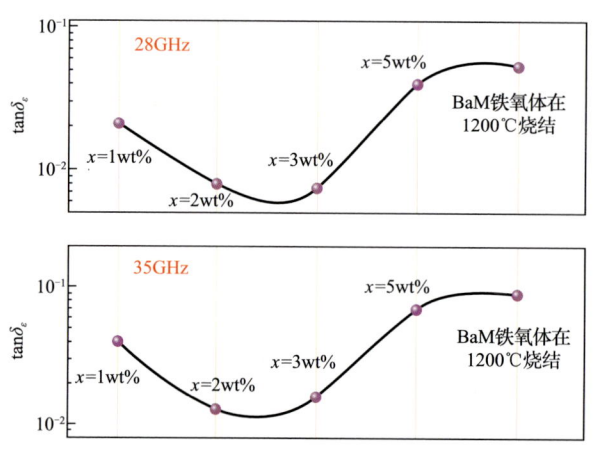

图 9-75 不同 Bi_2O_3 添加量的 BaM 铁氧体样品在 28GHz 和 35GHz 下的介电损耗 $\tan\delta_\varepsilon$

多晶铁氧体的介电损耗源于电极化对外加交变电场的滞后，并受到很多因素的影响，如化学成分组成、密度、晶体结构的完整性、微观结构的均匀性等。当 Bi_2O_3 添加量 x 在 3wt%以下时，BaM 铁氧体的致密度和结构的均匀性都逐渐得到提高，这些变化有利于降低铁氧体的高频介电损耗。当 x 达到 5wt%时，一些过大晶粒的出现和微结构的均匀性变差，都会造成介电损耗的上升。通过比较发现，1200℃烧结 BaM 铁氧体具有更高的介电损耗，这与其相对混乱的晶体结构是对应的。总体看来，低温烧结 BaM 铁氧体在毫米波段的介电损耗与 Bi_2O_3 的添加量有很大关系，这与不同 Bi_2O_3 添加量下形成的不同晶体结构密切相关，当 Bi_2O_3 添加量为 2wt%~3wt%时，BaM 铁氧体具有较低的介电损耗。同时，与常规高温烧结样品相比，低温烧结 BaM 铁氧体具有更低的介电损耗。

9.6 X 波段/K_a 波段全自动铁磁共振线宽测试系统搭建

9.6.1 铁磁共振线宽测试系统搭建

利用铁氧体旋磁性能制成的环行器、移相器、隔离器、微波电路开关等微波器件广泛应用于雷达、电子对抗、移动通信、空间通信等方面。在现代军事领域,相控阵雷达日益成为现代作战管理系统的核心,如作为美国海军 Aegis(宙斯盾)作战管理系统核心的 AN/SPY-1 系列相控阵雷达、中国"中华神盾"346A 型相控阵雷达等,而微波铁氧体器件正是这些雷达中成千上万个发射/接收单元的重要组成部分,其性能的优劣直接决定了雷达整机系统的性能。铁磁共振线宽(ΔH)是铁氧体旋磁材料的核心参数,对微波铁氧体器件的性能起着决定性作用,也是研究相关磁学物理量和自旋电子学等的重要依据。然而,目前国内铁磁共振线宽测试设备比较缺乏,现有设备也普遍存在测试手段落后、人为因素干扰大、测试效率低等问题。尤其是测试频段比较低,主要在 X 波段,而毫米波段 ΔH 的测试近乎空白,这对于我国发展高频毫米波段的雷达和通信技术是极其不利的。系统搭建完成的实物图和构成框图如图 9-76 所示。

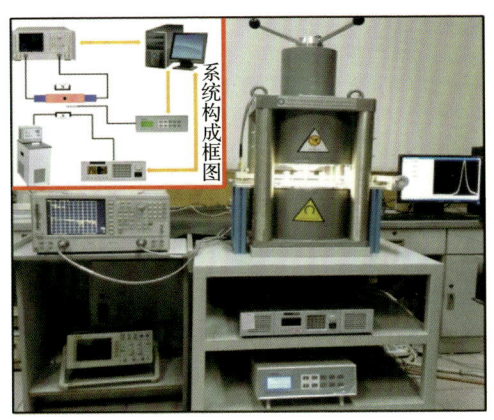

图 9-76　自主设计搭建的 ΔH 全自动测试系统实物图及构成框图

9.6.2　铁氧体的旋磁性与铁磁共振线宽的测试

1. 旋磁性与 ΔH 的定义

铁磁性材料在受到外磁场作用时,其磁矩在磁场的作用下产生进动,根据式(9-14),其进动方程可以表示为:

$$\frac{\mathrm{d}M}{\mathrm{d}t}=-\gamma\left(M\times H_{\mathrm{eff}}\right) \tag{9-86}$$

其中,H_{eff} 为包括外加恒磁场、外加交变磁场、退磁场、各向异性场等在内的有效场;γ 为旋磁比;磁化强度 M 是所有自旋磁矩的等效。在实际磁体中都有阻尼作用的存在,对进动的磁矩造成能量损耗。因此,Landau-Lifshits、Gilbert 和 Bloch 分别给出了不同的含阻尼项的磁矩进动方程:

$$\frac{\mathrm{d}M}{\mathrm{d}t}=-\gamma\left(M\times H_{\mathrm{eff}}\right)-\frac{\lambda}{M_0^2}M\times\left(M\times H\right) \tag{9-87}$$

$$\frac{dM}{dt} = -\gamma(M \times H_{\text{eff}}) - \frac{\alpha}{M_0} M \times \left(\frac{dM}{dT}\right) \qquad (9\text{-}88)$$

$$\frac{dM}{dt} = -\gamma(M \times H_{\text{eff}}) - \omega_\alpha \left(\frac{M_0}{H_0} H - M\right) \qquad (9\text{-}89)$$

式（9-87）为 Landau-Lifshits 表达式，式（9-88）为 Gilbert 表达式，式（9-89）为修正的 Bloch 表达式。其中，M_0 为恒磁场下的磁化强度；H_0 为恒磁场；ω_α 为损耗系数；λ 和 α 都称为相应的阻尼系数。尽管上述含阻尼项的进动方程在形式上有所不同，但本质上是一样的，三者的主要项都是 $\gamma(M \times H_{\text{eff}})$，阻尼项相比算是微扰项，图 9-77 给出了磁矩阻尼进动的示意图。

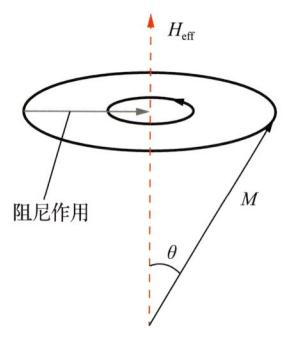

图 9-77　磁矩的阻尼进动示意图

因此，当只有恒磁场作用于铁磁性材料时，阻尼项的存在造成能量不断损失，磁矩进动角 θ 会逐渐变小，直到趋于恒磁场方向。如果同时在垂直方向施加交变电磁场，则交变场会不断给磁矩进动补充能量，当这个电磁场的频率恰好等于进动的频率时，磁矩可以以一定的 θ 角稳定地进动下去，从而发生能量的共振吸收，此即铁磁共振现象。

外加恒磁场和交变磁场的共同作用，使得在某个方向上的磁感应强度不但与同方向的交变磁场有关，而且与垂直方向的交变磁场有关，因此磁导率 μ 表现出张量的形式，此即为旋磁性：

$$|\mu| = \begin{pmatrix} \mu & -i\kappa & 0 \\ i\kappa & \mu & 0 \\ 0 & 0 & \mu_z \end{pmatrix} \qquad (9\text{-}90)$$

式中 $|\mu|$ 用张量表示。

铁磁性材料发生铁磁共振的频率与样品的形状有关。对于有界椭球旋磁介质，其铁磁共振圆频率可由著名的 Kittel 公式给出：

$$\omega_r = \gamma \sqrt{[H_0 + (N_x - N_z)M_0][H_0 + (N_y - N_z)M_0]} \qquad (9\text{-}91)$$

其中，N_x、N_y、N_z 分别为三个坐标轴方向的退磁（demagnetization）因子，且满足：

$$N_x + N_y + N_z = 1 \qquad (9\text{-}92)$$

当样品为圆片形状且磁化方向为纵向（设纵向沿 z 轴方向）时，则 x 和 y 方向的尺寸远大于 z 方向的尺寸，即可近似认为 $N_x=N_y=0$，根据式（9-92）可知 $N_z=1$，此时由式（9-91）可得共振频率为：

$$\omega_r = \gamma(H_0 - M_0) \qquad (9\text{-}93)$$

当样品为圆柱形状且磁化方向为轴向（设轴向沿 z 轴方向）时，近似有

$N_x=N_y=1/2$,$N_z=0$,则共振频率为:
$$\omega_r = \gamma\left(H_0 + \frac{1}{2}M_0\right) \quad (9\text{-}94)$$

当样品为圆球形状时,有 $N_x=N_y=N_z=1/3$,则共振频率为:
$$\omega_r = \gamma H_0 \quad (9\text{-}95)$$

为了定量描述铁磁性材料的阻尼损耗情况,常用铁磁共振线宽(ΔH)来表征。ΔH 定义为张量 $|\mu|$ 的对角分量的虚部为其峰值的二分之一时所对应的两个磁场 H_1 和 H_2 之差,如图 9-78 所示,即:
$$\Delta H = |H_2 - H_1| \quad (9\text{-}96)$$

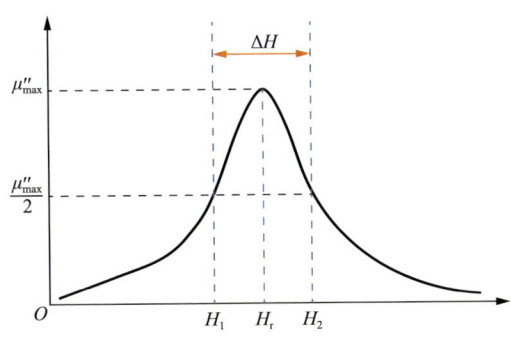

图 9-78 铁磁共振线宽 ΔH

根据研究的需要,ΔH 也可以用阻尼系数和弛豫时间表示。已知考虑阻尼的张量磁导率对角分量虚部 μ'' 可以表示为:
$$\mu'' = \frac{\omega\omega_d(\omega_r^2 + \omega^2)}{(\omega_r^2 - \omega^2)^2 + 4\omega^2\omega_d^2} \quad (9\text{-}97)$$

其中,ω_d 和 ω_r 分别为弛豫频率和共振频率。当 $\omega_r=\omega_{1/2}$ 时,式(9-97)可以表示为:
$$\mu''_{1/2} = \frac{\omega\omega_d(\omega_{1/2}^2 + \omega^2)}{(\omega_{1/2}^2 - \omega^2)^2 + 4\omega^2\omega_d^2} \quad (9\text{-}98)$$

对应于两个 $1/2\mu''_{max}$ 磁场的频率可表示为:
$$\left.\begin{array}{l}\omega_{1/2}^+ = \gamma H_2 = \omega_r + \frac{1}{2}\gamma\Delta H \\ \omega_{1/2}^- = \gamma H_1 = \omega_r - \frac{1}{2}\gamma\Delta H\end{array}\right\} \quad (9\text{-}99)$$

如果 ΔH 不是很大,则近似有:
$$(\omega_{1/2}^2 + \omega^2) \approx 2\omega^2 \quad (9\text{-}100)$$
$$\omega_{1/2}^2 - \omega^2 = (\omega_{1/2} + \omega)(\omega_{1/2} - \omega) \approx \omega\gamma\Delta H \quad (9\text{-}101)$$

故
$$\mu''_{1/2} = \frac{\omega\omega_d \cdot 2\omega^2}{(\omega\gamma\Delta H)^2 + 4\omega^2\omega_d^2} \quad (9\text{-}102)$$

已知定义 $\mu''_{1/2} = 1/2\mu''_{max}$,$\mu''_{max} = \omega/2\omega_d$,$\omega_d = 1/\tau = \lambda/\chi_0$,其中 τ 是弛豫时间,λ 是阻尼系数,则可得到:

$$\Delta H = \frac{2\omega_d}{\gamma} \tag{9-103}$$

$$\Delta H = \frac{2\lambda}{\gamma \chi_0} = \frac{2}{\gamma \tau} \tag{9-104}$$

参数 τ 和 λ 是研究磁化动力学时很有用的两个物理量，由式（9-103）和式（9-104）可知，铁磁共振线宽 ΔH 与 ω_d、λ 成正比，与 τ 成反比。从以上可以看出铁磁共振线宽 ΔH 是铁氧体应用于微波旋磁材料时一个十分重要的参量，对于实际微波器件的设计与应用，以及相关物理量和磁化动力学的研究均具有重要的意义。

2. ΔH 测试方法的选择

在实际测试中，人们开发了多种方法来测试铁氧体材料的铁磁共振线宽 ΔH，主要包括谐振腔法、共面波导法、短路波导法等。随着电子与微波技术的发展和对测试精度要求的提高，如今 ΔH 的测试一般都是基于矢量网络分析仪（VNA）进行搭建。相比传统的由微波源、隔离器、检波器、频率计等组成的测试系统，VNA 具有很高的灵敏度和信号分辨率，而且可以很方便地与计算机建立通信，从而实现测试数据的自动采集和测试程序的编程。谐振腔法一般是使用高 Q 值的矩形波导谐振腔，设计其工作在 TE_{10n} 模式下，把样品放在谐振腔磁场最大值的位置，利用微扰的原理，通过测试输入或输出功率的变化来确定 ΔH 的值。该方法的优点是测试精度高，微波信号强，噪声小，小的线宽和大的线宽均可测试，是目前测试微波铁氧体线宽主要的测试手段。其缺点是测试频率相对单一，但是从实际微波器件应用上来讲，一般也没必要在某频段内进行过多频点的测试。例如，在 X 波段，通常通过测试 9.5GHz 左右的 ΔH 就可以对铁氧体材料在整个波段内的旋磁损耗水平做出评估，从而指导器件的设计和制作。共面波导法是通过共面波导产生一个微波磁场从而激发放入样品的磁矩进动，通过固定恒磁场改变交变场，用矢量网络分析仪测试相关 S 参数的变化，从而得到样品铁磁共振的曲线及线宽。其优点是测试的频点多，可在一定的频段内进行多频点测试，有利于磁化动力学相关参数的研究。其缺点也很明显，测试精度较低，噪声信号干扰大，测试和数据处理较复杂。并且由于共面波导属于一种开放式结构，其信号强度很低，对样品的穿透能力比较弱，因此主要用于测试一些薄膜样品，对实际应用最多的块材和厚膜样品则很难测试。该方法主要用于一些理论及科学问题的研究，在实际工程应用上用处不是很大。短路波导法是将一端短路的波导放在恒磁场中，然后将铁氧体样品放入波导腔的合适位置，从而等效成一个与传输线耦合的铁磁谐振器，通过测定样品共振吸收时的最大吸收功率和该值一半时所对应的两个直流磁场之差得到 ΔH。该方法比较适合测试线宽极窄的样品（1Oe 以下），如 YIG 单晶材料。窄线宽样品在共振时会产生很大的功率吸收，因而比较容易检测到，若线宽较宽时，吸收功率的变化则不太容易检测，从而造成测试精度的下降。近年来，随着 VNA 在 ΔH 测试中的应用，对微波信号的检测分析精度得到提升，该方法的使用范围也得到扩展。

综上所述，并考虑到当今旋磁铁氧体在微波器件中的应用现状，如 NiZn、LiZn、YIG、六角晶系等的多晶铁氧体仍占有绝大部分的比例，而这些多晶铁氧体的 ΔH 普遍在 1～500Oe 之间，因此根据实际的应用需求和应用价值，并结合本节的研究需求，采用谐振腔测量 ΔH 的方法无疑是最佳选择。而且，在现行的国家标准 GB/T 9633—2012、国家军用标准 SJ 20805、国际电工委员会标准 IEC 60556:2006、欧洲标准 EN 60556:2006 等标准中规定的 ΔH 测量方法均为谐振腔法，因此，本节 ΔH 测试系统的搭建是基于谐振腔法。

3. 谐振腔法 ΔH 测试原理

由式（9-95）可知，球形旋磁样品的铁磁共振频率具有最简单的形式，而且具有良好的对称性，因此用作 ΔH 测试时便于相关参数的计算，并具有较好的稳定性和准确性，故本小节系统的测试夹具均是基于球形铁氧体样品设计。下面基于工作于 TE_{106} 模式的矩形波导谐振腔来阐明谐振腔法 ΔH 测试原理。

谐振腔法测量 ΔH 是基于谐振腔微扰理论的测试方法，将一个直径远小于腔体尺寸的铁氧体样品放入腔体中，其对整个腔体中电磁场的分布几乎没有影响，可以看作是一个很小的微扰。图 9-79（a）给出了一个工作于 TE_{106} 模式的谐振腔模型，其谐振频率在 9.5GHz 附近，腔体长度约 130mm，将铁氧体小球样品（直径 1mm）放于腔体的磁场最强、电场最弱处，此时铁氧体小球虽然处于铁磁共振态，但相对于整个腔体仍是个微扰而已。

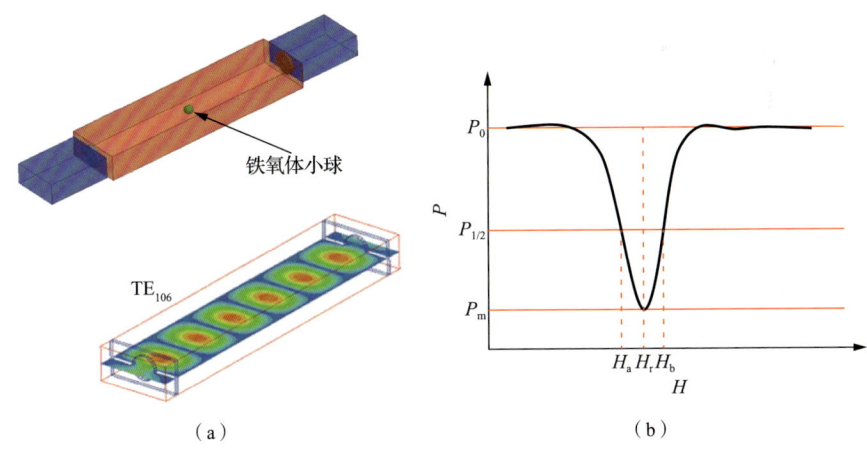

图 9-79 （a）小球样品 ΔH 测试示意图；（b）吸收功率 P 测定 ΔH 示意图

图 9-79（b）为铁氧体小球的功率吸收曲线示意图，P_0 为磁场 $H=0$ 铁氧体未被磁化时的吸收功率；当磁场 $H=H_r$ 时，铁氧体样品发生铁磁共振，处于 μ''_{max} 处，此时有最大吸收功率 P_m；对应于 $\mu''=1/2\mu''_{max}$ 的半吸收功率 $P_{1/2}$ 有两个磁场值 H_a 和 H_b，则 $\Delta H = |H_a - H_b|$。因此，只要通过功率变化的测量得到样品对应于 $P_{1/2}$

的两个磁场值，就可得到 ΔH 的值。半吸收功率 $P_{1/2}$ 的确定可通过测试 P_0 和 P_m 的值计算得到：

$$P_{1/2} = \frac{4P_0}{\left(\sqrt{P_0/P_m} - S\right)^2} \quad (9\text{-}105)$$

在实际测量中，P_0、P_m、$P_{1/2}$ 的值是通过 VNA 测试所对应的 S_{21} 参数得到，其对应关系为：

$$P_0 \rightarrow S_{21}(0)$$
$$P_m \rightarrow S_{21}(r)$$
$$P_{1/2} \rightarrow S_{21}(1/2)$$

其中，$S_{21}(0)$ 为远离共振点处的 S_{21} 值；$S_{21}(r)$ 为铁磁共振处的 S_{21} 值；$S_{21}(1/2)$ 为对应 $P_{1/2}$ 处两个半功率吸收点的参数。

基于上述可知，利用谐振腔法并且基于 VNA 测试铁氧体样品 ΔH 的关键是测得 $S_{21}(0)$ 和 $S_{21}(r)$ 的值，然后通过 $S_{21}(0)$ 和 $S_{21}(r)$ 计算出半吸收功率 $P_{1/2}$ 对应的 $S_{21}(1/2)$ 值，调节直流磁场 H 找到使 S_{21} 值等于 $S_{21}(1/2)$ 的两个磁场值，两者之差即为 ΔH，如图 9-80 所示。

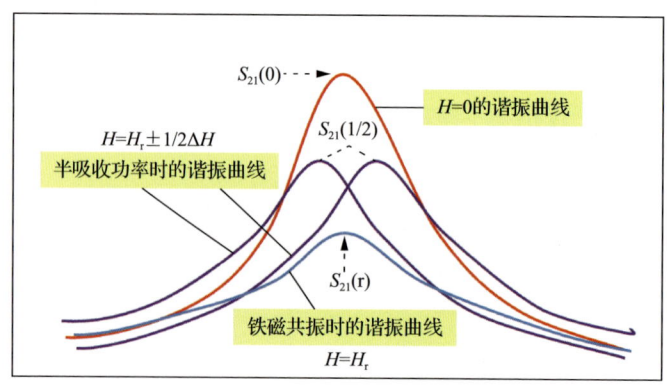

图 9-80　铁磁共振线宽测试示意图

4. 测试系统的构成

搭建整个测试系统需要用到的设备包括：矩形波导谐振腔、直流电磁铁、数字程控直流电源、矢量网络分析仪、高斯计、计算机、冷水机等。

1）矩形波导谐振腔

矩形波导谐振腔的仿真设计和制作是整个系统搭建的核心工作之一，为了达到测试的准确性，要求谐振腔具有高的 Q 值和良好的匹配性。在仿真时，应对腔体尺寸和谐振孔的大小仔细调整，从而达到在合适的频点谐振、较高的 Q 值等要求。同时，还可以在仿真腔体中加入设定 ΔH 的铁氧体样品，进行 ΔH 测试过程的模拟仿真，从而确定测试的可行性。因为本小节的系统要在 X 波段和 K_a 波段对 ΔH 进行测试,因此需要仿真和制作两套可分别工作于 X 波段和 K_a 波段的矩形谐振腔。

2)矢量网络分析仪

要达到在 X 波段和 K_a 波段对 ΔH 进行测量,需要 VNA 的工作频率范围能够涵盖这两个波段,因此,本小节的系统选择了实验室自有的 Agilent 科技有限公司生产的型号为 8722ES 的 VNA,其外面板如图 9-81 所示。该 VNA 工作频率为 50MHz~40GHz,功率分辨率达到 0.01dB,并具有 100dB 的动态范围,完全满足谐振腔测试的精度要求和频率范围要求。该 VNA 具有通用接口总线(GPIB)、并行接口、RE-232 串口等多种通信接口选择,适用于自动化测试系统的搭建。

图 9-81　Agilent 8722ES 型 VNA

3)直流电磁铁

为了达到测试平台与电磁铁结构的一体化和测试夹具的稳定性,采用了立式电磁铁系统。测试 ΔH 所加直流磁场的大小与测试频率成正比。对于小球状样品,铁磁共振发生频率 f_r 与直流磁场 H 的关系大致为

$$f_r = 2.8 \times H \tag{9-106}$$

其中,f_r 单位为 MHz;H 单位为 Oe。根据这一关系可以大致估算当在 40GHz 发生铁磁共振时,所需的磁场值约为 1.43T。因此,直流电磁铁所能产生的最大磁场值应在此值之上(磁极间隙大于谐振腔横向尺寸),并且具有一定的磁场均匀区。同时,考虑到不同频率测试需要的谐振腔夹具尺寸不同,电磁铁的磁极间隙应可调。具体使用电磁铁主要的技术参数如下:

极面直径 Φ:70mm;

极面间距 d:0~60mm,具体数值连续可调;

磁场 B:　d=10mm 时,$B \geqslant 2T$;

　　　　　d=20mm 时,$B \geqslant 1.5T$;

　　　　　d=30mm 时,$B \geqslant 1T$;

　　　　　d=60mm 时,$B > 0.6T$;

工作电流:0~15A;

冷却方式:水冷。

4)数字程控直流电源

直流电源起到给电磁铁供电的作用,应满足电磁铁的电流需求(0~15A),有较高的电流精度从而使磁场具有较小的步长值,并且有合适的数据读取和控制接口,从而满足整个测试系统的自动化测试要求。本小节的系统选用了华泰电子股份有限公司生产的 HAP30-150 数字程控直流电源,如图 9-82 所示,其主要的参数列于表 9-8 中。

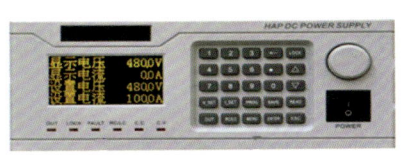

图 9-82　数字程控直流电源

表 9-8　HAP30-150 数字程控直流电源主要技术参数

项目	参数
交流输入	单相 220V±10%
	50Hz/60Hz
输出电压	0～150V
输出电流	0～20A
输出功率	3000W
电源稳定率	≤0.3%+10mV
负载稳定率	≤0.5%+30mV
电压值显示	0.000～9.999V；0.00～99.99V；0.0～999.9V
电流值显示	0.000～9.999A；0.00～99.99A；0.0～999.9A
控制界面	标准类比信号输出 RS-232（RS-48）控制界面
状态存储器容量	10 组可程式控制

5）高斯计

高斯计用于探测电磁铁产生的实际磁场值，一方面采集后用于对应谐振腔的 S 参数；另一方面与直流电源组成一个反馈网络，从而可设置磁场的扫描范围与步长。因此，要求高斯计具有较高的精度和数据读取接口。本小节的系统选择了 CH-1500 型高精度高斯计，如图 9-83（a）所示，配有 CHD-800F 型霍尔探头，量程为 0～3 T，分辨率为 0.01 mT，具有 RS-232 通信接口。

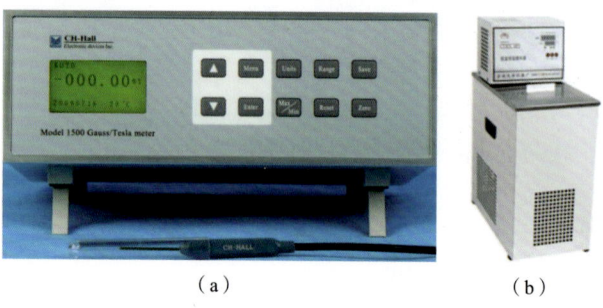

（a）　　　　　　　　　　　（b）

图 9-83　（a）CH-1500 型高斯计；（b）THX-015H 型低温恒温循环器

6）冷水机

冷水机主要用于电磁铁的冷却，尤其是在大磁场或者长时间连续扫场测试时，为了防止电磁铁过热烧毁必须采取冷却措施。同时，冷水机恒定的循环水温度有利于保持电磁铁稳定的磁场输出和测试环境。本小节的系统搭建选用了宁波天恒仪器厂生产的 THX-015H 型低温恒温循环器，图 9-83（b）给出了其外观图片，恒温范围为 -5～100℃，循环流量为 18L/min。

上述仪器设备再加上计算机和谐振腔测试夹具即为整个铁磁共振线宽测试系统主要的设备组成，每一台设备都是系统正常和稳定运行不可或缺的部分，整个测试系统的结构设计和连接框图如图 9-84 所示。

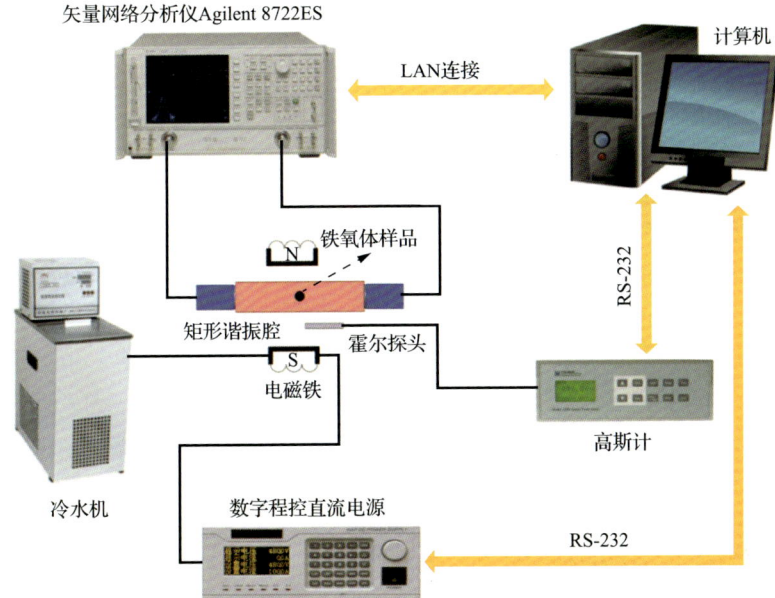

图 9-84 铁磁共振线宽全自动测试系统构成框图

9.6.3 波导谐振腔测试夹具的仿真与制作

1. X 波段波导谐振腔的仿真与制作

矩形波导谐振腔使用 HFSS 电磁仿真软件进行仿真,X 波段 ΔH 的测试一般选择在 9.5GHz 左右的频点进行测试,首先进行不加样品的空腔仿真,设计的谐振腔仿真模型如图 9-85(a)所示,仿真参数要求为:

谐振频率:9.5GHz±100MHz;

品质因数:$Q > 2000$;

工作模式:TE_{106}。

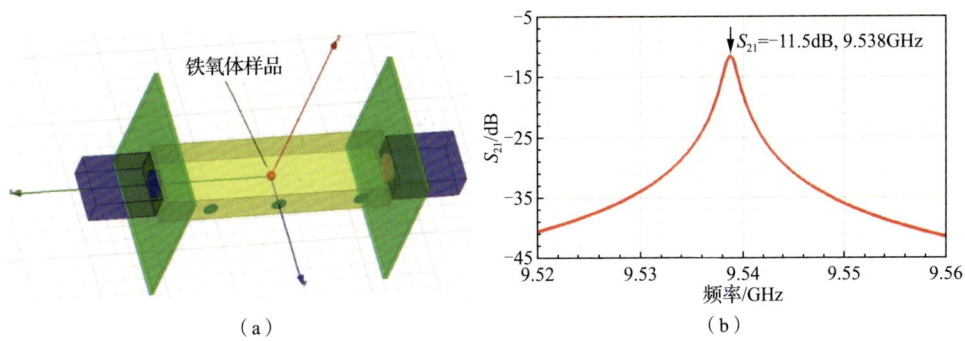

图 9-85 (a)铁磁共振线宽测试谐振腔仿真模型;(b)谐振腔的仿真结果

经过对谐振腔尺寸不断调整和大量的仿真计算，最终确定谐振腔的长度为128.3mm。图 9-85（b）给出了仿真谐振腔的 S_{21} 参数，可以看到，该谐振腔的谐振频率为 9.538GHz，谐振点的 S_{21} 峰值为–11.5dB。

为了进一步确认该谐振腔测量铁磁共振线宽 ΔH 的可行性，以及对 ΔH 的响应程度，接下来首先对该谐振腔进行 ΔH 的模拟测试仿真，从而验证仿真的谐振腔是否可以达到对 ΔH 精确的测试能力。这里设铁氧体样品 $4\pi M_s$=1800Gs，根据实际的测试需求，分别仿真了 ΔH=600Oe、400Oe、200Oe、100Oe、50Oe 的情况。仿真的步骤如下：①设置铁氧体 ΔH=600Oe，设置偏置磁场 H=0，仿真出此时的 S_{21} 谐振曲线，并可得到谐振点 $S_{21}(0)$ 的值；②设置偏置磁场 $H=H_r$，仿真出此时的 S_{21} 谐振曲线，并得到相应的 $S_{21}(r)$ 值；③设置偏置磁场 $H=H_r+1/2\Delta H$ 和 $H=H_r-1/2\Delta H$，分别进行仿真并得到各自对应的 S_{21} 谐振曲线，并可得到谐振点两个 $S_{21}(1/2)$ 的值；④改变 ΔH 的值并重复上述步骤，可以得到不同 ΔH 对应的模拟测试的谐振曲线和 S_{21} 参数值。铁氧体样品 ΔH 从 600Oe 到 50Oe 的模拟测试仿真结果如图 9-86 所示，

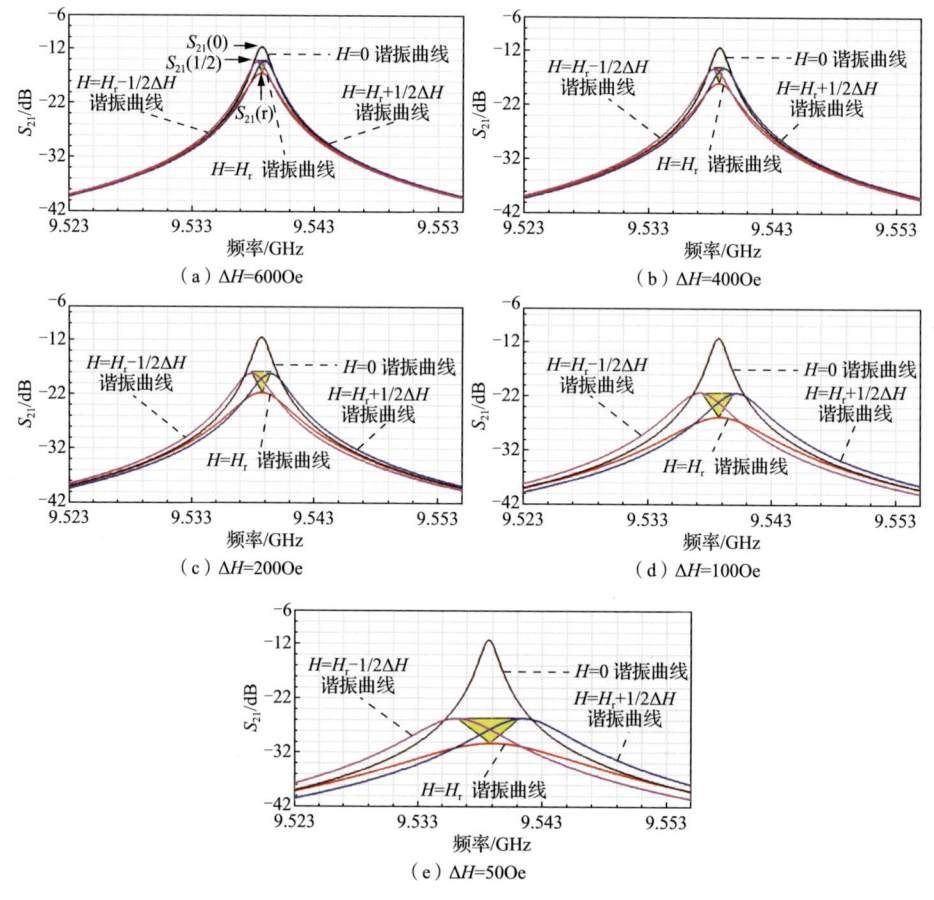

图 9-86　铁氧体样品的模拟测试仿真结果

其中用黄色倒三角形区域标出了发生铁磁共振时的谐振曲线峰值与两个半功率吸收对应的谐振曲线峰值的差异，三角形的三个顶点分别对应 $S_{21}(r)$ 值以及左右两个 $S_{21}(1/2)$ 值。从不同 ΔH 铁氧体样品的模拟测试仿真结果看出，该谐振腔对很宽范围内的 ΔH 均表现出良好的响应，其 S 参数的变化幅度远超过 VNA 的最小测试值。因此，基于仿真测试结果，说明设计的谐振腔可以很好地满足多晶铁氧体样品铁磁共振线宽的测试需求。

将上述仿真设计完成的谐振腔模型导入到 CAD 制图软件中作出相应的加工图纸，加工采用腔内镀银，加工精度为 1 丝。加工完成并组装之后的 X 波段 ΔH 测试谐振腔夹具（包含波导/同轴转换头）如图 9-87 所示。将该谐振腔接入 VNA 后实测结果如图 9-88 所示。可以看到，谐振腔

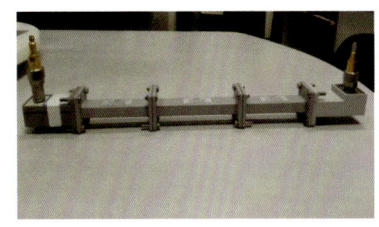

图 9-87　X 波段 ΔH 测试谐振腔夹具实物图

实测谐振频率为 9.556GHz，与仿真的 9.538GHz 十分吻合；空腔的谐振曲线 S_{21} 峰值为 –18.158dB，比仿真值稍有所降低，这源于连接谐振腔的波导/同轴转换头、同轴线、腔体是非理想导体等因素带来的损耗，但对测试没有任何影响，因为 ΔH 的测试是由 S 参数的相对变化值得到。

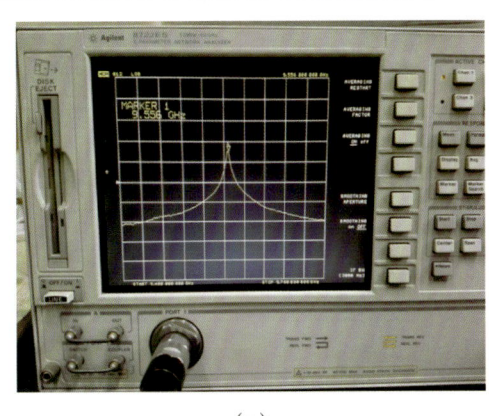
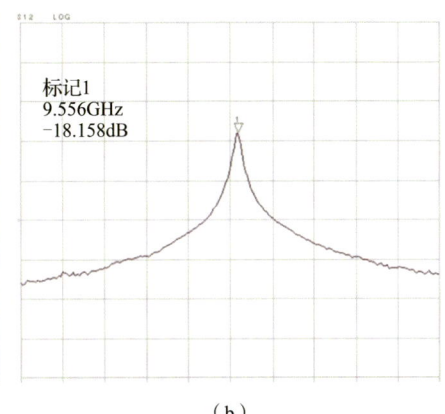

（a）　　　　　　　　　　　　　　（b）

图 9-88　X 波段谐振腔夹具实测结果

2. K_a 波段波导谐振腔的仿真与制作

K_a 波段波导谐振腔的仿真与 X 波段的原理类似，但仿真过程发现其参数的调整和优化过程比 X 波段谐振腔要复杂得多，并且仿真所需的网格数和工作量也大大增加。这可能源于 K_a 波段较小的波长（毫米级），从而对腔体、谐振孔等的尺寸变化更为敏感，并且对仿真精度的要求也提高。设计的 K_a 波段谐振腔的仿真模型如图 9-89（a）所示。

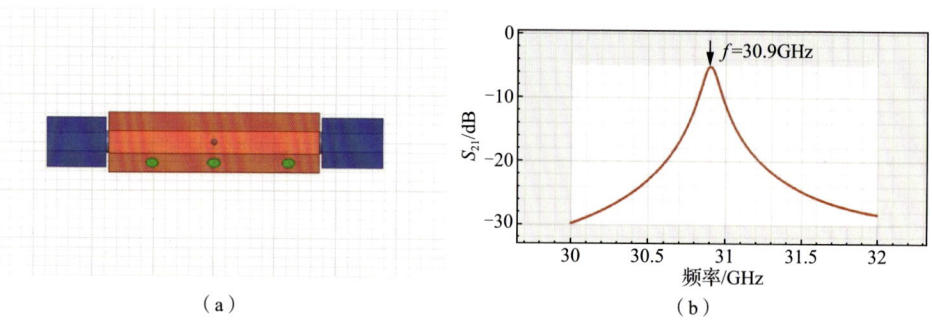

图 9-89　(a) K_a 波段谐振腔仿真模型；(b) 谐振腔在 30.9GHz 的谐振曲线

获得具有良好谐振性能的谐振点是 K_a 波段谐振腔设计的关键，这需要大量尝试和调整腔体尺寸与谐振孔尺寸的各种组合，并且调整过程需十分细致，参数改变的步长很小，因为毫米波对谐振腔尺寸变化的响应比较敏感。图 9-89（b）给出了仿真的谐振腔在 TE_{106} 模式下的一个谐振结果，其谐振频率为 30.9GHz，整条曲线表现出良好的完整性和谐振特性。经过不断调试和大量的仿真，发现在合适的尺寸组合参数下，谐振腔在 K_a 波段内不同的频点可以表现出多个较强的谐振峰，每个谐振峰对应于不同的 TE_{10n} 模式。这意味着可以利用这种"一腔多模"在 K_a 波段内进行多频点的测试，每个谐振点都可作为一个独立的测试频点，这一发现为提高谐振腔的测试频率点提供了一个创新性的思路。

图 9-90 给出了 K_a 频段内经仿真优化最终调试出四个谐振峰共存的理想结果，其谐振频率分别为 27.10GHz、30.33GHz、33.86GHz 和 37.35GHz，分别对应于 TE_{105}、TE_{106}、TE_{107} 和 TE_{108} 模式，四个频点完全覆盖了整个 K_a 波段，且同时表现出良好的谐振性能。加工并组装完成的 K_a 波段 ΔH 测试谐振腔夹具（包含波导/同轴转换接头）如图 9-91（a）所示，采用腔内镀银，加工精度为 1 丝。

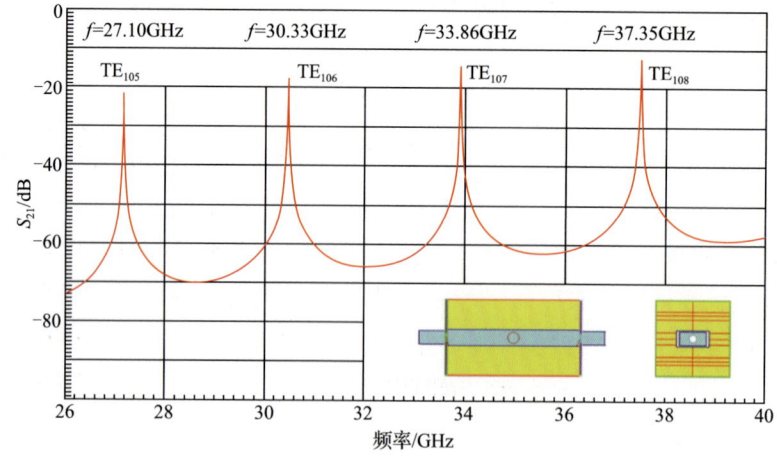

图 9-90　仿真谐振腔在 K_a 频段内的四个谐振峰

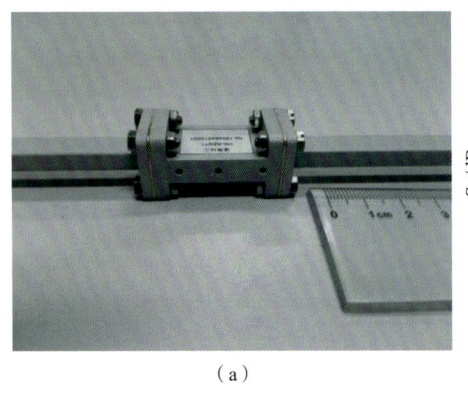 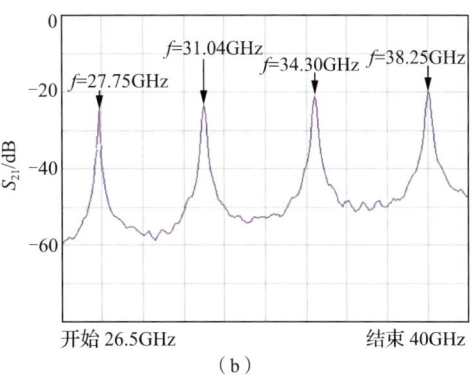

(a)　　　　　　　　　　　　　　　　(b)

图 9-91　(a) K_a 波段 ΔH 测试谐振腔夹具实物图；(b) K_a 波段谐振腔的实测结果

K_a 波段谐振腔夹具的 VNA 实测结果如图 9-91 (b) 所示。测试结果表明，制作的谐振腔测试夹具在 K_a 波段成功获得了四个有效的谐振峰，并且谐振峰的谐振频率与仿真结果十分吻合。基于上述，分别仿真并成功制作了工作于 X 波段和 K_a 波段的 ΔH 测试谐振腔测试夹具，仿真结果与实测结果都十分相符。X 波段谐振腔的实测谐振频率为 9.556GHz（约 9.56GHz），K_a 波段则获得了近似均匀分布并涵盖整个 K_a 波段的四个谐振频点，这两个测试夹具的成功制作为整个测试系统的搭建打下了重要的基础。

9.6.4　测试平台的设计与组合

1. 移动定位平台的设计

在测试中，需要一个测试平台来负载和固定谐振腔测试夹具，这个平台所起的作用主要包括三个方面：①定位测试夹具位置。进行 ΔH 测试时，需要将谐振腔的样品置于直流磁场的均匀磁场区，并使样品接近霍尔探头的位置，从而保证高斯计探测到的直流磁场是实际加在样品上的磁场值。②保证测试稳定性。测试时需要固定谐振腔夹具不发生偏移、晃动等，从而确保测试的稳定性和准确。本小节的系统选择的立式电磁铁系统为一体化测试平台的设计提供了很大便利。③方便取放样品。样品 ΔH 的测试需要在电磁铁的两个极头之间的缝隙完成，因此取放样品时需要将测试夹具取出，通过设计一个可移动的平台，可以方便完成整个测试过程。基于上述目的，设计并制作了一个与电磁铁一体化结构的移动测试平台，整个测试平台主体部分的设计在专业机械设计软件 Pro/Engineer 中完成，如图 9-92 所示，图中主体包括移动测试平台、电磁铁及框架、底部支架等。

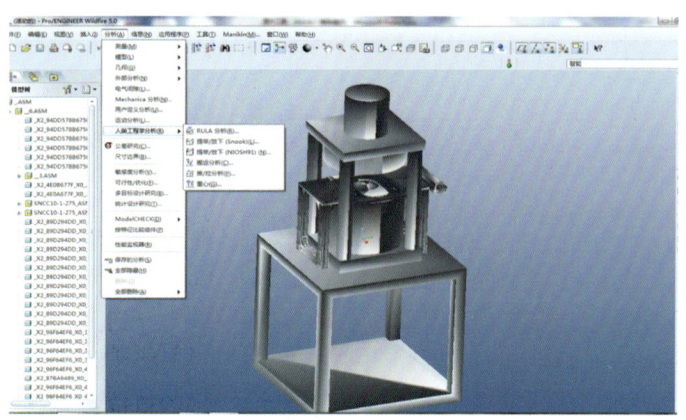

图 9-92　测试平台主体部分的 Pro/Engineer 设计

其中移动定位平台的设计还是比较复杂，因为要在一个相对狭小的空间内实现测试夹具的稳定移动、精确定位、方便取放样品等功能，并且还要使谐振腔测试夹具可以方便地安装和卸载，能够固定不同尺寸的测试夹具。因为在进行不同频段测试时需要换用不同的谐振腔，其尺寸也不相同。设计的移动定位平台的结构图如图 9-93 所示。

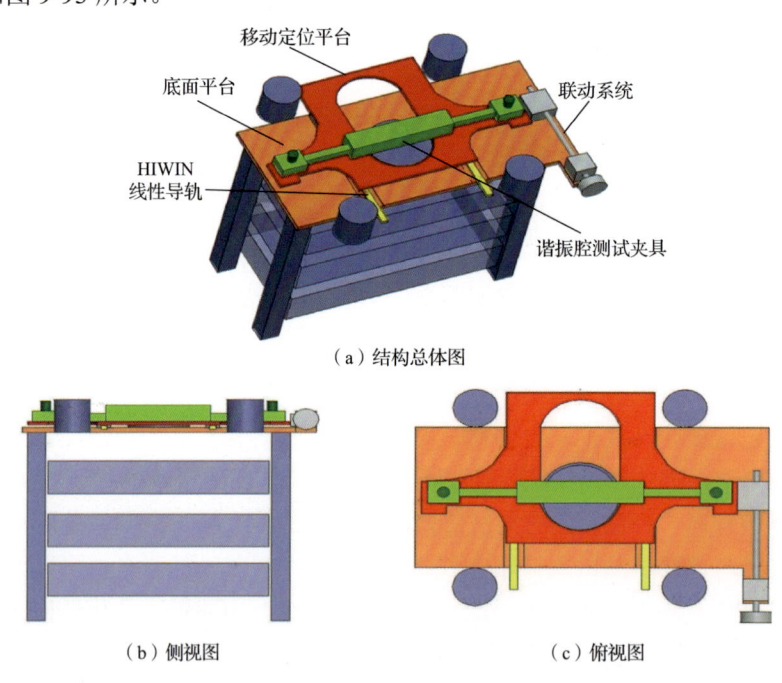

图 9-93　移动定位平台的结构设计示意图

2. 测试平台的组合

测试平台设计完成后，进行各组件的加工和组装，图 9-94 给出了部分组件的加工图样。其中,图 9-94(a)是移动平台,图 9-94(b)是平台的联动系统,图 9-94(c)是移动平台下面的固定平台,图 9-94(d)是用于装载测试铁氧体样品的样品架。测试平台所有部件的示意图、尺寸确定、图纸等均为自主设计完成。

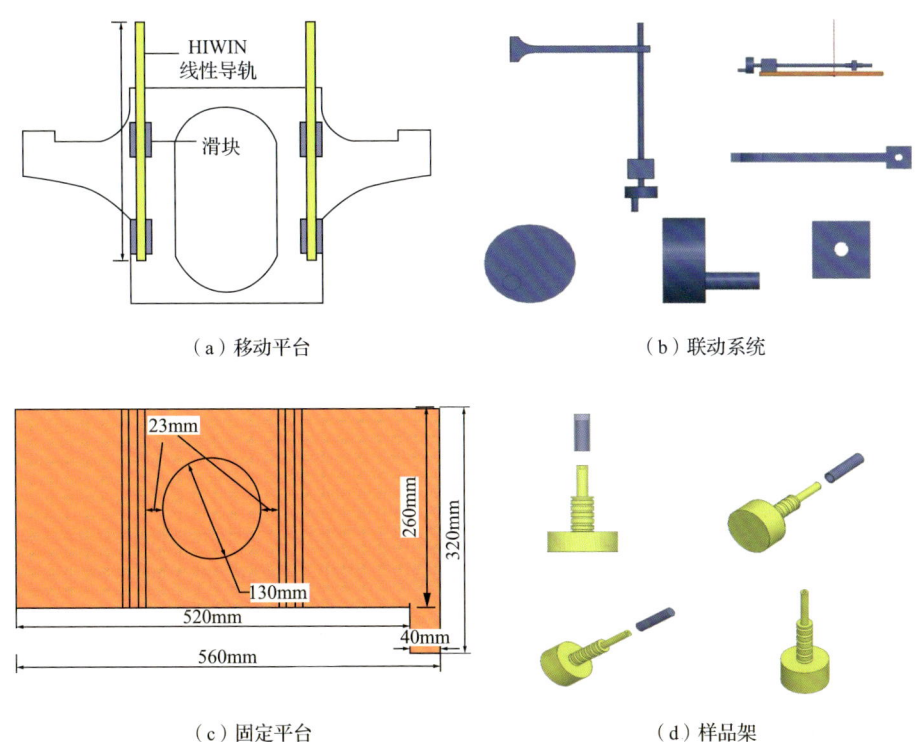

图 9-94 测试平台部分组件的构成

测试平台组装完成后的实物如图 9-95 所示。移动平台上面的两边设计有固定卡位槽,可以确保谐振腔安装时处于正确的位置,从而保证测试的样品能处于磁场的均匀区中心位置。为了测试时观察和操作的方便,在电磁铁上极头周围安装了一个圆环形 LED 灯带。

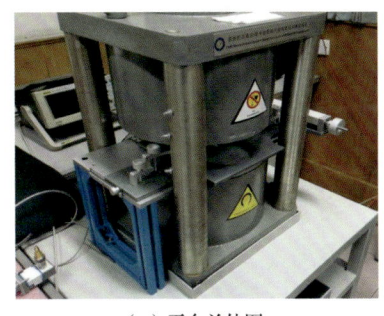

(a)平台总体图

(b)正面视图

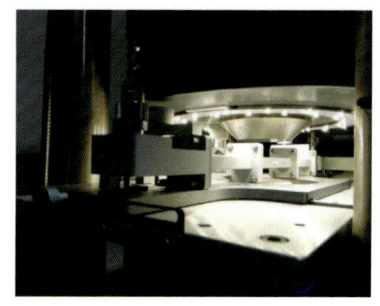

（c）侧面视图（右）　　　　　　　　　（d）侧面视图（左）

图 9-95　测试平台实物图

9.6.5　测试系统的整合与自动化测试的实现

1. 测试系统整合

在测试平台组装完成之后，下一步的工作就是将测试夹具、测试平台、数字直流电源、电磁铁、矢量网络分析仪、高斯计、计算机、冷水机等整合在一起，完成整个测试系统硬件部分的搭建。谐振腔测试夹具通过同轴线接入 VNA 构建起一个完整的微波网络，并经过调试和校准实现谐振腔 S 参数的实时观测与采集。整合完成的 ΔH 测试系统如图 9-96 所示。

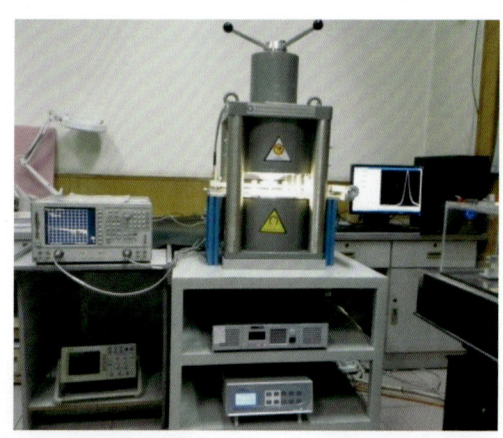

图 9-96　整合完成的 ΔH 测试系统

2. 基于 LabVIEW 系统测试软件编制

测试系统硬件部分整合并连接完毕之后，已经可以进行铁磁共振线宽 ΔH 的手动测试，但是为了提高测试的精度和便捷性，减小人为操作因素造成的测试误差，基于 LabVIEW 开发一个控制系统进行自动化测试的软件。该软件包括磁场控制、VNA 控制与读取、数据显示与存储等三个功能模块，并将这三个功能模块整合在一起，从而完成整个 ΔH 测试过程。自动化测试采用了扫描磁场记录谐振点 S_{21} 参数的思路，这样可以把整个铁磁共振曲线画出来，从而可以进行相关的数据拟合和得到相应的 ΔH 数值。整个自动化测试逻辑实际上包含了三个控制-反馈过程，如图 9-97 所示。三个控制-反馈过程的描述如下：①计算机向电源发出增大输出电流指令，同时高斯计探测加在样品上的磁场值并反馈到计算机，若此时磁场值未达到步进值，则增大电流继续上述过程，若磁场值达到步进值，则进行下面的第②步。②计算机向 VNA 发出测试谐振点 S_{21} 参数的指令，采集到计算机中并对应此时的磁场值，完成后继续转第①步。③在直流磁场未达到设置的磁场上限时，不断重复上述①和②过程，当磁场值达到设定上限时，停止电源电流输出，测试完成。图 9-98（a）给出了编制完成的测试软件界面，其中，左边部分包含了测试相关的参数设置和测试数据存储路径，右边部分是测试结果的实时显示，其横坐标为外加的磁场值，纵坐标为谐振点的 S_{21} 值。

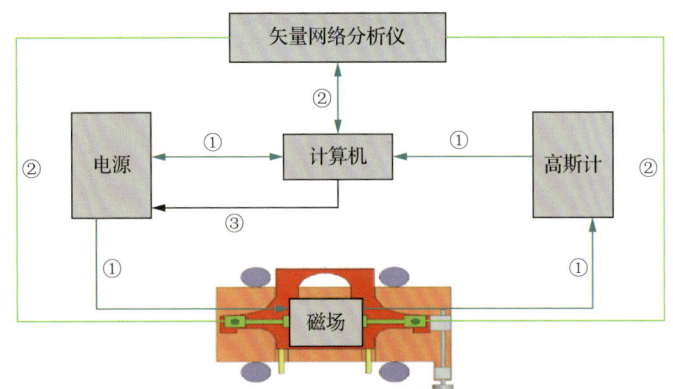

图 9-97 自动化测试控制逻辑

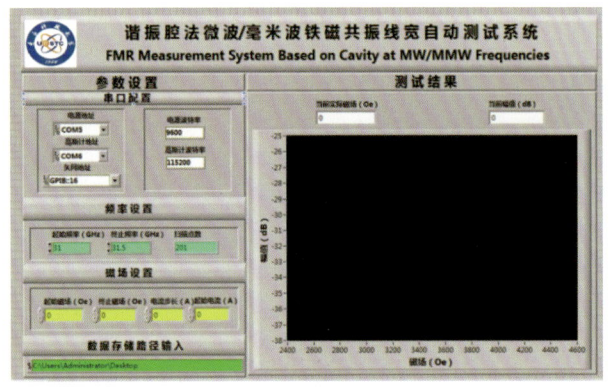

（a）

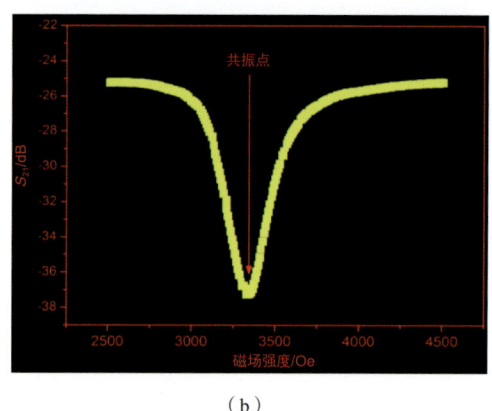

(b)

图 9-98　(a) 测试软件界面；(b) 铁磁共振测试曲线

图 9-98 (b) 给出了使用搭建的系统自动化测试得到的一个 LiZn 铁氧体样品在 9.56GHz 的铁磁共振曲线结果图，其磁场扫描范围为 2500~4500Oe。可以看到，该样品的铁磁共振场约为 3350Oe，测试得到了一个十分完美的铁磁共振曲线，证明了测试系统的可靠性，而且测试系统直接给出样品的铁磁共振曲线数据，这一功能目前在国内也是比较少见的。有了铁磁共振曲线，不仅可以计算出 ΔH，还为相关磁学物理量和自旋电子学等的研究提供了重要数据。

3. 测试数据处理软件的编制

上述测试软件得到了磁场值与 S 参数之间的对应关系，要得到最终的 ΔH 数值，需要将 S 参数转化成吸收功率的变化，因此，接下来编写了一个数据处理软件。该软件可以对测试结果曲线进行拟合并得到磁场值与功率的对应关系，从而由两个半功率吸收点计算出 ΔH。铁磁共振曲线实际上是一种洛伦兹类型的曲线，因此拟合时主要采用洛伦兹函数模型进行拟合。图 9-99 给出了一个测试样品的拟合结果，并计算出该样品的 ΔH 测试值。可以看到，拟合曲线与测试曲线符合得很好，尤其是计算 ΔH 所需的谐振峰部分，两者几乎完全一致。

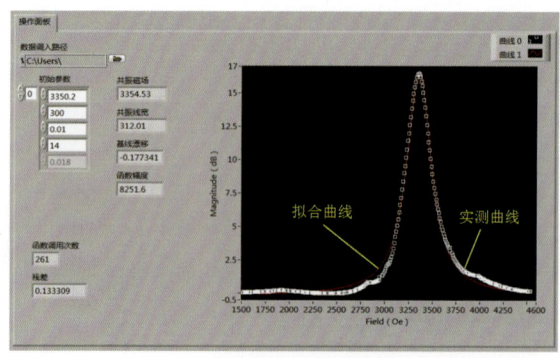

图 9-99　ΔH 测试数据处理软件界面

9.6.6 测试系统的使用流程与测试结果分析

1. 测试用铁氧体小球的制备

使用上述搭建的 ΔH 自动化测试系统测试时，首先将需要测试的铁氧体材料加工成小球样品。采用压缩空气在圆筒形金刚石砂碗中吹动铁氧体块材的方式制得小球样品。在金刚石砂碗侧面靠近底部的位置，沿内径切线方向开孔并引入压缩空气，通过控制吹气时间、吹气压强、砂碗粒度等可以得到不同大小的铁氧体小球样品，如图 9-100 所示。得到铁氧体小球样品后，经过一定的抛光处理就可用于 ΔH 的测试。测试 X 频段 ΔH 的铁氧体小球的直径一般加工到 1mm 左右，K_a 频段的测试一般为 0.5mm 左右。

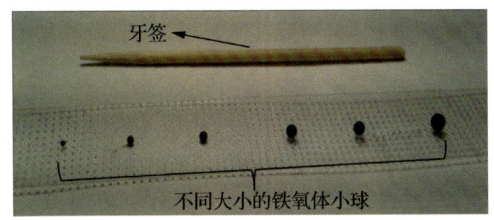

图 9-100 制作的不同直径的铁氧体小球

2. 测试系统使用流程

使用搭建的铁磁共振线宽自动化测试系统测试铁氧体 ΔH 的步骤：①根据测试频率需求，选择相应的谐振腔测试夹具，并安装在移动测试平台上，连接好两端的微波线缆；②将测试样品通过样品架放入谐振腔中，然后把移动平台旋回到设定的测试位置，并锁定；③依次开启冷水机、计算机、矢量网络分析仪、高斯计、数字程控电源等设备；④调取矢量网络分析仪校准文件，高斯计清零，数字程控电源选择"Remote"模式；⑤双击打开测试程序，根据测试频率和测试精度的要求进行扫描起止频率、起止磁场、电流步长和通信接口等测试参数的设置，并输入数据保存路径；⑥检查确认一切设置正确后，开始运行程序；⑦测试程序自动运行，实时显示测试数据并画出共振曲线，直至扫描磁场达到设定上限，测试停止，显示整体共振曲线并自动保存数据；⑧样品测试完成后，将谐振腔测试夹具旋出，换样品后移回设定位置即可进行下一个样品的测试；⑨将上述测试数据导入数据分析软件，即可得到对应样品的 ΔH 值和铁磁共振（FMR）曲线数据，并可进行 FMR 曲线的拟合分析。

3. 测试结果分析

经过搭建、调试、使用和改进，本小节搭建的铁磁共振线宽自动化测试系统已经形成了一套比较成熟的 ΔH 测试系统，测试全程自动化运行并配有测试数据处理软件，共振现象明显，测试过程可靠，得到的铁磁共振曲线十分平滑并且拟合效果很好，这都证明了该测试系统的良好性能和精确性。为了进一步验证该测试系统的可靠性，从美国 Trans-Tech 公司购买了两种型号的 YIG 多晶铁氧体商业材料，将其 ΔH 标称值与本小节系统测试结果进行了对比，结果如表 9-9 所示。可以看到，测试值与样品给定的标称参考值十分吻合，而且笔者认为本小节系统自动化测试给出的值应该更精确。

表 9-9 ΔH 测试对比

对比样品	样品材料		ΔH/Oe	测试频率/GHz
G-1005	钇钆石榴石多晶	标称值	300	9.3
		本小节系统	297.6	9.56
G-1600	钇钆石榴石多晶	标称值	60	9.3
		本小节系统	59.2	9.56

参 考 文 献

[1] 郑宗良. 高频铁氧体材料的磁介性能调控研究. 成都: 电子科技大学, 2016.

[2] Pengelly R S, Wood S M, Milligan J W, et al. A review of GaN on SiC high electron-mobility power transistors and MMICs. IEEE Trans Microw Theory Tech, 2012, 60(6): 1764-1783.

[3] Fan K, Weng C, Tsai Z, et al. K-band MMIC active band-pass filters. IEEE Microw Wirel Compon Lett, 2005, 15(1): 19-21.

[4] Wu C R, Hsieh H H, Lu L H. An ultra-wideband distributed active mixer MMIC in 0.18μm CMOS technology. IEEE Trans Microw Theory Tech, 2007, 55(4): 625-632.

[5] Prasad R. Surface Mount Technology: Principles and Practice. Netherlands: Springer Science & Business Media, 2013: 3-20.

[6] Tsutomu A, Takayoshi N. Surface-mount flat package semiconductor device: 5521429. 1996-05-28.

[7] Zoschke K, Wolf M J, Töpper M, et al. Fabrication of application specific integrated passive devices using wafer level packaging technologies. IEEE Trans Adv Packag, 2007, 30(3): 359-368.

[8] Miettinen J, Mantysalo M, Kaija K, et al. System design issues for 3D system-in-package (SIP). 54th Electronic Components and Technology Conference, Las Vegas, 2004: 610-615.

[9] Shamim A, Bray J R, Hojjat N, et al. Ferrite LTCC-based antennas for tunable SoP applications. IEEE Trans Compon Packag Manufact Technol, 2011, 1(7): 999-1006.

[10] Wolff I. Design and technology of microwave and millimeterwave LTCC circuits and systems. IEEE International Symposium on Signals, Systems and Electronics, Montreal, Canada, 2007: 505-512.

[11] Kitagawa Y, Hiraoka Y, Honda T, et al. Low-field magnetoelectric effect at room temperature. Nat Mater, 2010, 9: 797-802.

[12] Noh W S, Ko K T, Chun S H, et al. Magnetic origin of giant magnetoelectricity in doped Y-type hexaferrite $Ba_{0.5}Sr_{1.5}Zn_2(Fe_{1-x}Al_x)_{12}O_{22}$. Phys Rev Lett, 2015, 114: 1176031-1176035.

[13] Wu J, Shi Z, Xu J, et al. Synthesis and room temperature four-state memory prototype of $Sr_3Co_2Fe_{24}O_{41}$ multiferroics. Appl Phys Lett, 2012, 101: 1229031-1229034.

[14] Soda M, Ishikura T, Nakamura H, et al. Magnetic ordering in relation to the room-temperature magnetoelectric effect of $Sr_3Co_2Fe_{24}O_{41}$. Phys Rev Lett, 2011, 106: 0872011-0872014.

[15] Tanbakuchi H, Nicholson D, Kunz B, et al. Magnetically tunable oscillators and filters. IEEE Trans Magn, 1989, 25(5): 3248-3253.

[16] Fetisov Y K, Srinivasan G. Electric field tuning characteristics of a ferrite-piezoelectric microwave resonator. Appl Phys Lett, 2006, 88: 1435031-1435033.

[17] Zahwe O, Samad B A, Sauviac B, et al. YIG thin film used to miniaturize a coplanar junction circulator. J Electromagn Waves Appl, 2010, 24: 25-32.

[18] Pullar R C. Hexagonal ferrites: a review of the synthesis, properties and applications of hexaferrite ceramics. Prog Mater Sci, 2012, 57: 1191-1334.

[19] Lisjak D, Makovec D, Drofenik M. Formation of U-type hexaferrites. J Mater Res, 2004, 19(8): 2462-2470.

[20] Tachibana T, Nakagawa T, Takada Y, et al. X-ray and neutron diffraction studies on iron-substituted Z-type hexagonal barium ferrite: $Ba_3Co_{2-x}Fe_{24+x}O_{41}$ (x=0~0.6). J Magn Magn Mater, 2002, 262(2): 248-257.

[21] Takada Y, Nakagawa T, Tokunaga M, et al. Crystal and magnetic structures and their temperature dependence of Co_2Z-type hexaferrite $(Ba,Sr)_3Co_2Fe_{24}O_{41}$ by high-temperature neutron diffraction. J Appl Phys, 2006, 100(4): 0439041-0439047.

[22] Zi Z, Sun Y, Zhu X, et al. Structural and magnetic properties of $SrFe_{12}O_{19}$ hexaferrite synthesized by a modified chemical co-precipitation method. J Magn Magn Mater, 2008, 320: 2746-2751.

[23] Okumur K, Ishikura T, Soda M, et al. Magnetism and magnetoelectricity of a U-type hexaferrite $Sr_4Co_2Fe_{36}O_{60}$. Appl Phys Lett, 2011, 98(21): 2125041-2125043.

[24] Takahashi M. Induced magnetic anisotropy of evaporated films formed in a magnetic field. J Appl Phys, 1962, 33(3): 1101-1106.

[25] Chen Y, Sakai T, Chen T, et al. Screen printed thick self-biased, low-loss, barium hexaferrite films by hot-press sintering. J Appl Phys, 2006, 100: 0439071-0439079.

[26] Zhong H, Zhang H W, Zhou H T, et al. Effects of WO_3 substitution on electromagnetic properties of NiCuZn ferrite. J Magn Magn Mater, 2006, 300: 445-450.

[27] Zhang H, Li L, Zhou J, et al. Low-temperature sintering, densification, and properties of Z-type hexaferrite with Bi_2O_3 additives. J Am Ceram Soc, 2001, 84(12): 2889-2894.

[28] Mohan G R, Ravinder D, Reddy A, et al. Dielectric properties of polycrystalline mixed nickel-zinc ferrites. Mater Lett, 1999, 40: 39-45.

[29] Watawe S C, Sarwade B D, Bellad S S, et al. Microstructure, frequency and temperature-dependent dielectric properties of cobalt-substituted lithium ferrites. J Magn Magn Mater, 2000, 214: 55-60.

[30] Zheng Z L, Zhang H W, Xiao J Q, et al. Introduction of NiZn-ferrite into Co_2Z-ferrite and effects on the magnetic and dielectric properties. IEEE Trans Magn, 2012, 48: 3618-3621.

[31] Lv L, Zhou J P, Liu Q, et al. Grain size effect on the dielectric and magnetic properties of $NiFe_2O_4$ ceramics. Physica E, 2011, 43: 1798-1803.

[32] Kong L B, Li Z W, Lin G Q, et al. Magneto-dielectric properties of Mg-Cu-Co ferrite ceramics: II. Electrical, dielectric, and magnetic properties. J Am Ceram Soc, 2007, 90(7): 2104-2112.

[33] Souriou D, Mattei J, Chevalier A, et al. Influential parameters on electromagnetic properties of nickel-zinc ferrites for antenna miniaturization. J Appl Phys, 2010, 107: 09A5181-09A5183.

[34] Lee J, Hong Y, Lee W, et al. Soft M-type hexaferrite for very high frequency miniature antenna applications. J Appl Phys, 2012, 111: 07A5201-07A5203.

[35] Mu C, Liu Y, Song Y, et al. Improvement of high-frequency characteristics of Z-type hexaferrite by dysprosium doping. J Appl Phys, 2011, 109: 1239251-1239255.

[36] Kim J, Lee Y, Lee B, et al. Effects of magneto-dielectric ceramics for small antenna application. J Electr Eng Technol, 2013, 8: 742-748.

[37] Su Z, Chang H, Wang X, et al. Low loss factor Co_2Z ferrite composites with equivalent permittivity and permeability for ultra-high frequency applications. Appl Phys Lett, 2014, 105: 0624021-0624024.

[38] Jia L, Luo J, Zhang H, et al. High-frequency properties of Si-doped Z-type hexaferrites. J Alloys Compd, 2010, 489: 162-166.

[39] Xia Q, Su H, Shen G, et al. Investigation of low loss Z-type hexaferrites for antenna applications. J Appl Phys, 2012, 111: 0639211-0639214.

第10章  LiZn 旋磁铁氧体磁芯-旋磁

10.1 绪论

10.1.1 引言

大纵深、全方位、强突发性是现代高科技战争的主要作战特点，信息优势成为现代战争的决定性因素之一，因此如何更快、更好、更精确地提供情报信息成为现代战争获得优势的有效途径。雷达作为利用电磁波探测目标并有效识别其方位、速度等特征的信息获取设备于 20 世纪 30 年代诞生，英国沃森·瓦特首先研制了 12MHz 频率、64km 探测距离的脉冲雷达。传统机械雷达采用机械扫描的工作方式驱动雷达天线转动，向一定空间区域发射电磁波，当电磁波接触到目标时就能够从目标回波中提取目标信息，对目标的方位及空间角度定位，目标速度的变化可由其距离和角度随时间变化的规律中获得，根据其中关系建立对目标的跟踪[1,2]。

第二次世界大战期间，战争中的信息需求量快速增加，雷达技术由单一的对空警戒扩展为引导、截击、火控、轰炸瞄准、导航等多个方面。随着雷达技术的不断发展，科学家提出了相控阵雷达的基本概念，但由于数字计算机技术及微波器件技术的不足，未能使相控阵雷达技术获得实际应用。冷战期间，美国和苏联两国出于满足人造卫星的观测任务和远程洲际弹道导弹的防御需求，以及雷达技术的不断发展，第一部相控阵雷达于 20 世纪 60 年代末应运而生，相控阵雷达的诞生不仅是时代的需求，也是科技发展的产物[3]。

相控阵雷达以其天线为相控阵形式而得名，是一种通过相控阵天线收发电磁波的雷达。相控阵雷达的工作方式主要是依靠电磁波相干原理，通过改变阵列天线上辐射单元的电流相位来控制波束方向，扫描空间区域并接收回波信息，经过计算和解析，实现对目标的定位、跟踪和识别等功能。相控阵雷达相比于机械式

雷达具有以下应用优势：①多目标识别。相控阵雷达依靠电子扫描的多波束、灵活性及快速性，可以同时对不同方位目标进行识别、探测、搜索及跟踪，并能对多目标同时进行精确导弹制导，适用复杂的作战环境。②抗杂波和抗干扰能力。相控阵雷达具有非常高的功率，能合理地分配能量和操纵主瓣增益，实现自适应旁瓣抑制和自适应抗干扰，能提高雷达的抗杂波和抗干扰能力。③高反应速率。雷达形成波束及转换波束位置一般可在几微秒至几纳秒内完成。较快的扫描速度极大缩短了相控阵雷达对目标的探测、传递、接收等所需时间。④高可靠性。相控阵雷达的天线为相控阵形式，个别阵元的损坏不会影响到整部相控阵雷达的运行及使用，对相控阵雷达的整体性能并无阻碍。

相控阵雷达可以分为无源和有源两种。无源相控阵雷达只有一个发射机和一个接收机，阵列中的每个辐射单元连接一个移相器，通过移相器的相移量控制波束方向，每个移相器的相移量均由计算机系统控制产生。无源相控阵雷达以其电讯技术成熟、成本低的特点得到广泛研究。美国爱国者系统装备的 MPQ-53 雷达、苏-30MKI 使用的 BARS 雷达及苏联米格-31 截击机装备的 S800 雷达均为无源相控阵雷达。

有源相控阵雷达的特点是采用分散式 T/R 组件模块，每个辐射单元上都连着一个 T/R 组件，可以单独实现发射和接收功能。有源相控阵天线发射的波束指向灵活、迅速，并拥有更好的抗干扰性能，可以同时实现多波束的识别、制导、跟踪等多种雷达功能。美国弹道导弹预警 Pave Paws 雷达、以色列富康预警机雷达及美国 AN/APG-77 雷达都是典型的有源相控阵雷达。随着现代军事技术的发展及应用，为了满足现代高科技战争的信息获取需求，人们对相控阵雷达提出了体积小、频带宽及抗干扰能力强的要求，毫米波与相控阵雷达的结合无疑适应了现代雷达的发展诉求。毫米波低端邻接厘米波，高端毗邻红外波，因此毫米波雷达具有角分辨率高、抗干扰能力强、体小量轻等特点，同时，对比更高频段的雷达，具有更好的传播特性。所以，毫米波段相控阵雷达成为研究热点。

移相器作为一种关键的微波器件，广泛应用于通信系统和测量系统中。尤其在相控阵雷达中，移相器的优越性更是体现的淋漓尽致。移相器的基本功能是根据要求改变发射信号的相移，然后将其馈入辐射单元中，辐射单元对不同的相位信号进行干涉叠加，实现波束的特定指向。移相器自 1947 年诞生至今，一直受到学者们的广泛关注和研究，移相器技术在此期间得到了长足发展。在众多移相器种类中，铁氧体移相器以插入损耗小、工艺成熟、可靠性高、功耗低、承受功率高等技术特点被广泛应用于无源相控阵雷达系统中。时至今日，铁氧体技术发展已较为成熟，至今依然是 2GHz 以上高功率阵列的优选方案。相控阵雷达中含有成千上万个天线单元，每个单元都连接一个 T/R 组件模块，而移相器是该组件模块中的重要器件之一，因此相控阵雷达性能的优劣以及尺寸的大小在一定程度上取决于移相器的性能及尺寸。因此，实现铁氧体移相器的小型化、集成化对相控阵雷达技术的发展有重要意义。

低温共烧陶瓷（LTCC）技术是一种新型多层陶瓷技术，可以将无源元件内置于多层陶瓷的内部，实现微波器件的集成化和小型化。同时，采用 LTCC 技术实现的无源器件，不仅可以集成在基板上也可以形成单独模块，是目前最主要的无源集成技术[4]。LTCC 无源器件拥有优异的高频特性，可以在一定程度上代替分离式元件，满足其集成化、高性能的设计需求，并极大缩短模块的设计周期和加工成本。伴随着微波毫米波系统对无源模块小型化、集成化的需求逐渐增大，基于 LTCC 技术的无源电路设计和系统封装成为发挥其优势的关键，也是进一步推动整机向小型化、轻量化、集成化发展的重要因素。因此，实现高集成、高性能和高可靠性的铁氧体移相器对于无源相控阵雷达技术有着重要意义。为了实现铁氧体材料在 LTCC 技术中的应用，首先要实现材料和电极的共烧问题。这促使学者对电极材料及共烧问题展开了全面研究。

20 世纪 60 年代，研究人员首先发现了性能优异的铂电极材料，其在与材料烧结过程中具有抗高温和不易熔化断裂的优点，因此在很长一段时间被广泛应用于电容、电感等器件中[5]。但是铂电极价格较高，极大地增加了器件成本，因此严重限制了器件的大批量生产。在众多电极材料中，Ag 电极因具有成本低、化学稳定性好的特点成为 LTCC 技术的最佳选择。但是 Ag 电极熔点只有 961℃，而一般的磁性材料或介电材料的烧结温度均超过 1100℃，因此实现材料的低温烧结成为亟待研究的问题。微波铁氧体材料是微波铁氧体器件的核心，在国防电子、卫星通信和移动通信方面均有广泛应用[6]。微波铁氧体器件的工作原理主要基于铁氧体的张量磁导率和铁磁共振现象，即自旋磁矩在稳恒磁场 H 及微波磁场 h 的共同作用下绕 H 做旋进运动[7]。因此，微波铁氧体材料又称为旋磁材料。

旋磁材料主要包括石榴石型、尖晶石型和磁铅石型铁氧体材料。经过学者们半个世纪的研究，旋磁铁氧体材料的制备工艺已经相当成熟。钇铁石榴石（YIG）材料发展于 20 世纪 60 年代，是一种新型的微波铁氧体材料，具有较窄的铁磁共振线宽和较低的介电损耗。但是 YIG 的居里温度（≤280℃）和饱和磁化强度（≤2000Gs）较低、配比组成昂贵，这些因素都限制了其在高频领域的应用。磁铅石型铁氧体也是近年来与亚毫米波和毫米波相配合发展起来的一种新型磁性材料，其特点是晶体结构对称性较低，通常应用在更高频段。尖晶石系铁氧体材料是目前工业应用最广的旋磁材料，在发现石榴石材料之前，整个微波频段所使用的旋磁材料均为尖晶石系铁氧体材料，其中包括 Li 系、Ni 系、Mg 系等。Mg 系铁氧体具有较低的损耗特性和较高的烧结密度，因而常应用于 X 波段移相器和开关。Ni 系尖晶石铁氧体材料具有较高的居里温度（单元 Ni 铁氧体的居里温度高达 587℃），通过离子取代和工艺参数调整，材料的磁损耗、介电损耗及密度等性能可达到较高水准，能够适用于微波器件。相较于前两者而言，Li 系铁氧体的居里温度高（单元 Li 系铁氧体的居里温度高达 670℃），剩磁比高，饱和磁化强度宽泛可调，剩磁对应力敏感性低，而且不含贵重金属，能有效降低微波器件成本。因此，Li 系铁氧体成为毫米波铁氧体移相器用旋磁材料的最佳选择。

Li 系铁氧体作为应用于移相器的主要旋磁材料，其常规烧结温度一般在 1160℃左右。为了将 Li 系铁氧体应用于 LTCC 技术，其烧结温度需要降低到 Ag 电极的熔点（961℃）以下才能实现低温共烧，烧结温度最好低于 920℃。但是，在 900℃烧结的 Li 系铁氧体存在晶粒尺寸小、孔隙率高、致密性差的问题，导致材料的介电性能和旋磁性能恶化，无法满足对移相器的应用。因此，实现 LiZn 旋磁铁氧体材料在 900℃条件下烧结致密并具有优异的性能，成为铁氧体移相器应用于 LTCC 技术的关键。

10.1.2 Li 系铁氧体

1. Li 系铁氧体晶体结构

Li 系铁氧体是隶属于亚铁磁性的尖晶石结构铁氧体，晶胞群为 $Fd\bar{3}m$，其单位晶胞内的 O^{2-} 呈现面心立方密堆，拥有立方对称性。在每个晶胞中存在四面体和八面体两种间隙，分别为以 4 个 O^{2-} 中心连线组成的四面体间隙（简称 A 位）和 6 个 O^{2-} 中心连线组成的八面体间隙（简称 B 位），如图 10-1 所示。

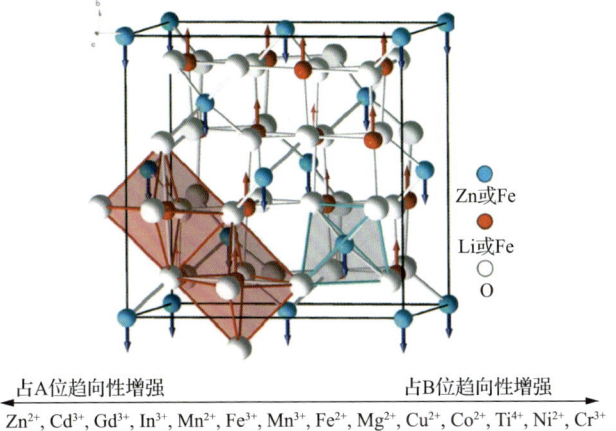

占A位趋向性增强 ← → 占B位趋向性增强

Zn^{2+}, Cd^{3+}, Gd^{3+}, In^{3+}, Mn^{2+}, Fe^{3+}, Mn^{3+}, Fe^{2+}, Mg^{2+}, Cu^{2+}, Co^{2+}, Ti^{4+}, Ni^{2+}, Cr^{3+}

图 10-1　Li 系铁氧体的晶体结构

结构下方为金属离子占位倾向

尖晶石结构的铁氧体材料的表达式通常可以写成 $X^{2+}Fe_2O_4$。其中 X^{2+} 是过渡族元素。点阵常数 a 为单位晶胞的棱边长，表征了特定晶体的晶格尺寸。在理想状态下，尖晶石结构点阵常数 a 可以表达为：

$$a = 4r_0\sqrt{2} \approx 0.75\text{nm} \qquad (10\text{-}1)$$

金属离子根据其离子半径大小,可以充填于 A 位、B 位中,占位顺序如图 10-1 下方所示,可以看出,占位倾向从 A 位逐渐转变为 B 位。越靠前的离子 A 位倾向性越强;越靠后的离子 B 位倾向性越强;中间排列的离子可以同时占据 A 位和 B 位。因此,对于 LiZn 铁氧体,其离子分布式可以表达为:

$$(\text{Zn}_x^{2+}\text{Fe}_{1-x}^{3+})[\text{Li}_{0.5(1-x)}^{+}\text{Fe}_{0.5(3+x)}^{3+}]\text{O}_4 \qquad (10\text{-}2)$$

亚铁磁性材料中的磁性来源于 A 位、B 位磁性离子间的 A-O^{2-}-B 超交换作用,当不同的离子填充于 A 位和 B 位时,存在 A-O^{2-}-A、B-O^{2-}-B、A-O^{2-}-B 三种超交换作用,其中 A-O^{2-}-B 超交换作用力最强,在 0 K 下 A 位磁矩和 B 位磁矩呈反向平行。当不同的添加离子对 LiZn 铁氧体的 A 位或 B 位离子进行取代时,铁氧体磁性会依据取代离子性质表现出不同的超交换作用。

2. Li 系铁氧体的研究现状

1959 年,Smit 等率先报道了 $\text{Li}_{0.5}\text{Fe}_{2.5}\text{O}_4$ 铁氧体,单元 Li 系铁氧体以其独特的优势受到国内外学者的广泛关注。Li 系铁氧体的主要特点包括:①居里温度高。在目前所有的微波铁氧体材料中 Li 系铁氧体具有最高的居里温度,高达 600℃以上,为材料提供了优良的温度稳定性。②饱和磁化强度宽泛可调。Li 系铁氧体具有较高的饱和磁化强度,离子取代等方法使其应用于宽频带范围(C~K_a波段)。③剩磁比高。对于工作在剩磁状态的器件,能有效提高器件工作效率。④成本低。Li 系铁氧体中无贵金属离子,能有效降低微波器件成本。因此,Li 系铁氧体被广泛应用于微波铁氧体器件中。然而,Li 系铁氧体应用于微波器件中存在微波磁损耗和介电损耗大、磁晶各向异性常数高等诸多问题。同时,Li 系铁氧体在约 900℃烧结条件下存在晶粒尺寸小、孔隙率高、致密性差等问题,使材料的磁介性能急剧恶化,导致无法直接应用于 LTCC 技术,阻碍了微波铁氧体器件的小型化、集成化发展。因此,针对以上问题,国内外众多学者采用不同手段和方法对 Li 系铁氧体的性能进行调控。下面针对不同 Li 系铁氧体调控手段进行简述。

1)离子取代改性的 Li 系铁氧体材料研究

Li 系铁氧体的介电性能和旋磁性能均与组成铁氧体的离子种类及分布情况紧密相关,因此,合理的离子取代是调控材料性能的有效途径。离子取代的方式可以是一种、两种或多种的离子组合。离子取代通常遵守正分配方和电价平衡,同时,也要兼顾离子的占位情况和价态变化。

Zn^{2+}是调控 Li 系铁氧体最为常用的离子之一,喜占 A 位且为非磁性离子。添加 Zn^{2+}能提高铁氧体的密度,并降低材料的铁磁共振线宽和矫顽力。D. Ravinder 等研究了不同 Zn^{2+}含量取代的 LiZn 铁氧体。结果表明,当 Zn^{2+}取代量为 0.6 时,样品的介电常数和介电损耗在 5kHz 频率获得最小值,这一结果可以归因于团簇引起局部晶格产生畸变,并在不同深度充当电荷陷阱充电;当 Zn^{2+}取代量为 0.2

时介电常数获得最大值。A. M. Shaikh 等研究了 Zn^{2+} 取代的 $Li_{0.6-2x}Mg_{0.4}Zn_xFe_{2+x}O_4$（其中 $x=0$、0.05、0.1、0.15、0.2、0.25、0.3）铁氧体。研究发现，当 Zn^{2+} 取代量为 0.3 时，样品具有最小的电阻率和最大的介电常数，同时交流电阻率和介电常数随频率的增加而减小，表现出典型的亚铁磁性；介电损耗在 2～40kHz 频率范围内达到最大，并且随着 Zn^{2+} 取代量的增加，介电损耗极大值向低频区域移动。S. Misra 等采用柠檬酸-凝胶自蔓延法制备了 $Li_{0.5(1-x)}Zn_xFe_{(2.5-x/2)}O_4$（其中 $x=0.3$、0.5、0.8）铁氧体，研究了 Zn^{2+} 取代对其磁性能的影响。通过对铁氧体材料 XRD 图谱和磁滞回线等数据的分析可以得出，随着 Zn^{2+} 取代量的增加，样品的平均晶粒尺寸呈增加趋势，而矫顽力则逐渐降低，最小值为 4Oe。但是，当 Zn^{2+} 取代量过大时，晶粒生长会受到抑制，过量的 Zn^{2+} 取代会降低 Fe^{3+} 数量，减弱 A-B 位超交换作用，降低铁氧体材料的饱和磁化强度。

此外，为了达到改善 Li 系铁氧体的磁损耗、介电损耗、各向异性、密度等材料性能，学者们通过添加 Mn^{3+}、Al^{3+}、La^{3+}、Co^{2+}、Ni^{2+}、Si^{4+} 对 Li 系铁氧体进行取代。M. Gracia 等研究了 Mn^{3+} 取代的 $Li_{1-0.5x}Fe_{1.5x+1}Mn_{1-x}O_4$（其中 $0.2 \leqslant x \leqslant 1$）铁氧体。研究表明：随着 Mn^{3+} 含量的增加，晶格常数呈减小趋势；穆斯堡尔谱及 Fe K-edge XANES/EXAFS 的结果表明 Fe 以 Fe^{3+} 形式存在并占据了铁氧体的八面体位（B 位）和四面体位（A 位），且占位比例不随 Li/Mn 比例发生变化；Mn K-edge XANES/EXAFS 结果表明 Mn 以 Mn^{3+} 和 Mn^{4+} 的形式存在，并且只占据 B 位；随着 Li/Mn 比例的增加，新增的 Li^+ 会被迫占据 A 位。M. S. Ruiz 等研究了 Al^{3+} 取代对 $Li_{0.2}Zn_{0.6}Fe_{2.2-x}Al_xO_4$（其中 $0.0 \leqslant x \leqslant 0.5$）铁氧体介电性能的影响。研究发现：少量 Al^{3+} 取代，铁氧体呈现单一尖晶石相；适量的 Al^{3+} 取代降低了介电损耗角正切（<0.012）并使频率范围从 2MHz 延伸至 400MHz；Al^{3+} 取代使电导率降低了两个数量级以上；当 $x=0.3$ 时，铁氧体具有更宽的带宽。Ahmed Ibrahim Ali 等探索了 La^{3+} 取代对 $Li_{0.5-0.5x}Zn_yLa_xFe_{2.5-0.5x-y}O_4$（其中 $0.02 \leqslant x \leqslant 0.1$；$y=0.6$）铁氧体磁性能的影响。结果表明，$La^{3+}$ 具有较大的离子半径，因此进入晶格后会增大铁氧体的晶粒尺寸；La^{3+} 取代量的增加导致铁氧体居里温度和饱和磁感应强度的下降，这一变化是由于 La^{3+} 的磁矩小于 Fe^{3+} 的磁矩，减弱了 A-B 位超交换作用。Y. C Venudhar 等采用两次烧结技术于 1100℃ 制备了 $Li_{0.5-0.5x}Co_xFe_{2.5-0.5x}O_4$（其中 $x=0.0$、0.05、0.08、0.12、0.16、0.20、0.24）铁氧体，探索了 Co^{2+} 取代量对材料介电性能的影响。结果表明：随着 Co^{2+} 取代量的增加，介电常数不断减小，这主要是因为 Co^{2+} 对 B 位上 Fe^{3+} 的有效性影响；介电常数也随着频率的升高而减小，其原因是 Fe^{2+} 和 Fe^{3+} 之间的电子跃迁无法跟随交变场频率的变化。M. Abdullah Dar 等[8] 研究了 Ni^{2+} 取代 $Li_{0.35-0.5x}Cd_{0.3}Ni_xFe_{2.35-0.5x}O_4$（其中 $0 \leqslant x \leqslant 0.08$）铁氧体的介电性能。研究发现：$Ni^{2+}$ 在烧结过程中会沉淀于晶界处，抑制样品的晶粒生长；低频段的介电常数随温度的增加呈上升趋势，高频段的介电常数基本保持不变；样品

的介电常数随取代量的增加呈下降趋势，其原因为 Ni^{2+} 取代降低了平均晶粒尺寸和 B 位上 Fe^{3+}/Fe^{2+} 的数量；介电损耗随 Ni^{2+} 取代量的增加而减小，在 $x=0.08$ 处取得极小值；温度的增加引起电子交换的热激活能和电荷载流子迁移率上升，因此介电损耗逐渐增加。Vivek Verma 等研究了 Si^{4+} 取代对 Li 单元铁氧体磁介性能的影响。结果表明：随着 Si^{4+} 取代量的增加，样品的平均晶粒尺寸从 5.5μm 增大到 16μm；饱和磁化强度呈先上升后降低的趋势，在 $x=0.4$ 处获得极大值（75.23emu/g）；样品的介电常数及损耗角正切逐渐降低，这一变化主要是由 B 位上的铁离子浓度及 Fe^{3+} 和 Fe^{2+} 之间的电子跃迁引起的；居里温度随 Si^{4+} 取代量的增加呈减小趋势，这是因为 Si^{4+} 进入晶格导致 $Fe^{3+}_{(A)}-O^{2-}-Fe^{3+}_{(B)}$ 超交换作用的减弱。

为了实现 Li 系铁氧体材料在 LTCC 技术上的应用，学者们试图通过低温离子取代的方式，降低 Li 系铁氧体的烧结温度，使其能够在低温下获得良好的性能。Maisnam 等采用固相法在 950℃制备了 $Li_{0.5+x}Zn_{0.2}Ti_{0.2}V_xFe_{2.1-2x}O_4$（其中 $0 \leqslant x \leqslant 0.25$）铁氧体，研究了 V^{5+} 取代对其磁性能的影响。结果显示：所有样品均为尖晶石结构，样品的相对密度处于 85%~91%之间；非磁性 V^{5+} 取代并进入样品的 A、B 次晶格内，降低了 A-B 位间的超交换作用，导致饱和磁化强度降低；同时居里温度随 V^{5+} 取代量的增加而降低。贾利军等通过固相法在约 900℃对 LiZnTiMn 铁氧体进行烧结，研究了 Bi^{3+} 取代对 LiZnTiMn 铁氧体物相结构、微观结构及磁性能的影响。研究发现：Bi^{3+} 可以激活晶格活性，促进晶粒生长及气孔排出；当取代量增加至 0.003 时，样品饱和磁感应强度和剩磁比成倍增加，矫顽力和铁磁共振线宽均有效降低，使铁氧体材料适用于 X 及以上频段的 LTCC 移相器应用。

学者们还通过联合取代的方式对 Li 系铁氧体性能进行调控及研究。联合取代通常选择一个 4 价离子和一个 2 价离子来取代 Li 系铁氧体中的 2 个 Fe^{3+}，这样的联合取代方式可以保证配方的电价平衡并维持 Li 系铁氧体尖晶石结构的稳定性。Vivek Verma 等研究了 Ti-Zn 复合取代对 $Li_{0.5}Zn_xTi_xMn_{0.05}Fe_{2.45-2x}O_4$（其中 $0.0 \leqslant x \leqslant 0.3$）铁氧体磁介性能的影响。研究发现：随着 Ti-Zn 复合取代量的增加，晶格常数的变化趋势为先增大后减小，密度则呈现出与晶格常数相反的变化趋势；Ti-Zn 复合取代能促使介电常数增大，在 $x=0.25$ 频率为 100MHz 时获得最大介电常数。同时，介电损耗角正切随着 x 的增大而减小，直流及交流电阻率均有所增加；复合取代量的增加也会导致饱和磁化强度及居里温度的下降。苏桦等[9]研究了 Ti-Mg 联合取代对 LiZnMn 铁氧体的微观结构、烧结密度及磁性能的影响。研究发现：随着 Ti-Mg 联合取代量 x 的增加，样品密度逐渐降低，相对密度变化并不明显；饱和磁化强度随 x 的增加而减小，这是由于 Ti-Mg 取代降低了 A 位和 B 位次晶格的磁矩；密度随取代量增加而逐渐减小，而孔隙率随取代量增加无明显变化；饱和磁化强度及磁晶各向异性的下降导致了剩磁的下降，剩磁比变化并不明显，在 0.8～0.9 之间；磁晶各向异性的增加引起了铁氧体矫顽力的下降。A. Grusková 等研究了 Zn-Ti 联合取代对 $Li_{0.5+0.5t-0.5x}Zn_xTi_tFe_{2.5-1.5t-0.5x}O_4$（$t=0.55$，$x=0.1$、0.2、0.3、0.4）铁氧体磁性能及动态磁化机制（1MHz～1GHz）的影响。研究发现：Zn-Ti 联合取代有利于铁氧体材料饱和磁感应强度的提高和矫顽力的减小，但不利于样品的温度稳定特性；Ti 离子取代的 LiZn 铁氧体具有共振型、弛豫型两种畴壁位移磁谱和弛豫型畴壁转动磁谱，共振型的畴壁位移相较于弛豫型的畴壁位移和畴壁转动对磁导率的贡献更大。杨洪杰等探索了 Ni-Ti 复合取代对 Li 系铁氧体微结构和磁性能的影响。结果表明：样品的物相结构均为单一的尖晶石结构；随着 Ti 含量的增加，样品的晶格常数逐渐增加，平均晶粒尺寸由 8μm 增至 30μm，饱和磁化强度由 2412Gs 下降至 1752Gs，矫顽力由 5.5Oe 降低至 2.9Oe，大部分样品的剩磁比均大于 0.85。

2）掺杂改性及多元复合的 Li 系铁氧体材料研究

预烧后的 Li 系铁氧体已经进行了初步的固相反应，在二次球磨时加入某一单一物相或复合物相进行烧结能有效改善铁氧体的性能，同时也是开发复合材料的有效途径。当少量添加时，可视添加物为杂质添加剂；添加量多时，可以形成多相复合材料。为了使 Li 系铁氧体材料应用于 LTCC 技术，常使用低熔点氧化物对铁氧体材料进行掺杂，使其烧结温度低于银电极的熔化温度，同时材料需具有良好的致密化程度及磁介性能。苏桦等分别以 Bi_2O_3 和 V_2O_5 作为烧结助剂，研究了其掺杂对 LiZnTiMg 铁氧体磁性能的影响。研究发现：Bi_2O_3 与 V_2O_5 均能有效提高样品的致密度和促进晶粒生长，降低材料的烧结温度，抑制 Li 挥发和氧解离；适量添加 Bi_2O_3 和 V_2O_5 可以提高饱和磁感应强度 B_s 和剩磁比 B_r/B_s，减小矫顽力 H_c；Bi_2O_3 比 V_2O_5 掺杂具有更好的致密性、微观结构及磁性能，因此 Bi_2O_3 烧结助剂的烧结效果更佳。荆玉兰等研究了 Bi_2O_3 等多种添加剂对 LiZn 铁氧体在低温烧结（约 900℃）时烧结特性及电磁性能的影响。研究发现：添加量为 0.5～1mol 的 Bi_2O_3 可以使铁氧体样品获得良好的微观结构和致密性，抑制 Li 挥发及氧解离；适量的 Mn 取代能有效提高电阻率、截止频率和起始磁导率；多元复合能显著提高 Li 系铁氧体材料的性能。许方等研究了 V_2O_5 掺杂对 $Li_{0.43}Zn_{0.27}Ti_{0.13}Bi_\delta Fe_{2.17-\delta}O_4$（$\delta=0.03$）铁氧体磁性能的影响。结果表明：$Bi^{3+}$ 能进入铁氧体晶格内形成纯尖晶石结构，并能有效降低材料整体的活化能；V_2O_5 掺杂能使铁氧体微观结构均匀、紧凑，在 900℃烧结时，材料具有较高的饱和磁化强度 M_s（约 4100Gs）和较窄的铁磁共振线宽 ΔH（约 190Oe）。

此外，低软化温度玻璃掺杂也常被视作降低 Li 系铁氧体烧结温度的有效途径。廖宇龙等研究了 $ZnO\text{-}Bi_2O_3\text{-}SiO_2$（ZBS）玻璃掺杂对 $Li_{0.43}Zn_{0.27}Ti_{0.13}Fe_{2.17}O_4$ 铁氧体磁性能的影响。结果表明：样品在 880～920℃烧结时，均呈现单一的尖晶石相；ZBS 玻璃对铁氧体晶粒生长具有显著的促进作用，在 900℃烧结时，添加

0.125wt%～2.00wt%的 ZBS 烧结助剂能提高饱和磁感应强度（从 150mT 提高至 300mT），降低铁磁共振线宽（从 920Oe 降低至 228Oe）。张戴楠等采用 $BaO-ZnO-B_2O_3-SiO_2$（BZBS）玻璃对 LiZnTi 铁氧体进行了低温烧结（880～920℃），并对铁氧体的磁性能和微观结构进行了研究。结果表明：所有 BZBS 玻璃掺杂的铁氧体样品均呈尖晶石结构；BZBS 玻璃能促进晶粒生长和提高铁氧体材料的磁性能，在添加量为 2.0wt%时，样品具有较高的饱和磁感应强度（285mT）和较小的铁磁共振线宽（275Oe）。王明等采用 $CaO-ZnO-B_2O_3$（CZB）玻璃在低温烧结（约 900℃）条件下掺杂 LiZnTiMn 铁氧体，并对其旋磁性能进行研究。研究发现：CZB 玻璃可以促进固相反应的进行，降低材料烧结温度；CZB 玻璃的添加使样品生成纯尖晶石相，并促进晶粒生长；当 CZB 玻璃添加量为 0.25wt%时，样品饱和磁感应强度最大，矫顽力最低；当在 910℃下烧结时，CZB 玻璃掺杂的 LiZn 铁氧体具有较好的磁性能，适用于 LTCC 片式铁氧体移相器。

尖晶石结构的 NiZn 铁氧体以制备容易、结构稳定、电阻率高等优势成为复合用磁性材料的首选。周廷川等采用水热法制备了 $Ni_{0.4}Zn_{0.6}Fe_2O_4$ 铁氧体纳米颗粒，然后将 NiZn 铁氧体与 LiZnTi 铁氧体复合，研究了 NiZn 纳米晶颗粒对 LiZnTi 铁氧体性能及离子占位的影响。结果表明：当复合量为 2wt%～20wt%时，NiZn 铁氧体中 B 位的 Ni^{2+} 及 Fe^{3+} 取代了 LiZnTi 铁氧体 B 位的 Li^+ 及 Ti^{4+}，NiZn 铁氧体 A 位的 Zn^{2+} 及 Fe^{3+} 进入 LiZnTi 铁氧体晶格内部，形成了 LiZnTi、NiZn 及 LiZnTiNi 三相复合铁氧体；适量 NiZn 纳米晶复合能促进 LiZnTi 铁氧体微观结构的致密化及均匀化；当复合量为 8wt%时，铁氧体具有优良的旋磁性能。

3）Li 系铁氧体合成方法及制备工艺研究

众所周知，合成方法直接影响铁氧体材料的性能，因此合理使用不同的合成方法可以制备出不同性能的铁氧体材料，满足不同的应用需求。A. V. Malyshev 等利用高能电子束加热工艺制备了 LiZn 铁氧体，研究了材料的电磁性能。研究发现：相较于固相反应工艺，高能电子束加热工艺获取的铁氧体材料具有较高的致密度和较低的孔隙率，饱和磁化强度也有所提高，但直流电阻率、介电损耗性能都急剧下降。S. H. Gee 等利用高能球磨的方法获得了 $Li_{0.5x}Fe_{0.5x}Zn_{1-x}Fe_2O_4$（$0 \leqslant x \leqslant 1$）铁氧体纳米粉。结果表明：球磨后的部分粉体已经发生晶化，制备出的纳米粉晶粒尺寸为 20～50nm，可有效降低烧结温度至 600℃；当 $x=0.7$ 时，饱和磁化强度取得最大值（约 80emu/g），退火温度的升高会导致矫顽力的下降。韩志全等采用溶胶-凝胶法制备了 LiZnMn 铁氧体纳米颗粒，研究了不同络合剂（聚乙烯醇和柠檬酸盐）对粉料的影响。研究发现：以柠檬酸盐为前驱体获得的纳米粉体粒度为 6～22nm，以聚乙烯醇为前驱体获得的粉料物相为复杂的双相结构；粉料活性的不同对晶粒生长及材料密度影响较大，适当的工艺参数保证粉料的活性，掺入 0.25mol% Bi_2O_3 便可实现 LiZn 铁氧体的低温烧结；880℃附近烧结的

LiZnMn 铁氧体在 Zn 取代量 $x=0.3$ 时饱和磁化强度最大,当 $x \leqslant 0.3$ 时铁磁共振线宽呈线性下降。A. P Surzhikov 等利用脉冲电子束加热工艺制备了 $Li_{0.4}Fe_{2.4}Zn_{0.2}O_4$ 铁氧体,研究了其微观结构、电磁性能及介电性能。结果表明:脉冲电子束加热制备的 LiZn 铁氧体具有单一的尖晶石结构,平均晶粒尺寸为 1.7μm,饱和磁化强度为 67.8emu/g,居里温度为 508℃,交流电阻率为 $2.4 \times 10^4 \Omega \cdot cm$;在 $20 \sim 2 \times 10^6 Hz$ 频率获得了介电常数及介电损耗谱;同时,对比了脉冲电子束加热与传统加热烧结的 LiZn 铁氧体性能。P. P. Hankare 等采用溶胶-凝胶法制备了 LiMn 铁氧体纳米颗粒,研究了锰离子取代量变化对铁氧体磁介性能的影响。研究发现:随着锰离子取代量的增加,物相结构逐渐从立方晶相变为正方晶相,样品的饱和磁化强度呈下降趋势;由于电子交换作用,介电常数随频率的增加而减小,电阻率则与介电常数的变化趋势相反。N. Pachauri 等利用熔体生长技术获取了 $LiFe_5O_8$ 单晶铁氧体,研究了 B 位有序、无序对室温铁磁共振线宽的影响。结果表明:相对较慢的退火速度可以得到 B 位有序的铁氧体样品,相对较快的退火速度可以得到 B 位无序的铁氧体样品,但是 B 位的有序与无序性对饱和磁化强度及铁磁共振线宽基本没有影响。

10.1.3 移相器

1. 移相器的分类

作为一种微波可控式器件,移相器在雷达通信系统、仪器测量系统、导弹控制系统等诸多领域得到广泛应用。尤其在相控阵雷达中,移相器更是起到重要的作用,能够使相控阵雷达实现波束空间无惯性扫描、多目标追踪和扫描追踪同步进行等功能。

移相器具有多种分类方法。此处,以材料类型对移相器种类进行划分并介绍其各自特点。

1)半导体移相器

半导体移相器是利用二极管的不同偏置状态产生不同的阻抗值,通过改变信号的路径差产生相移量,具有所需控制功率小、控制速度快、体积小、质量轻等特点。PIN 二极管因在正向偏压下的短路特性及正向偏压下的开路特性而能实现电子控制数字移相器,但由于其难以集成和高频时插入损耗大等缺点难以应用在 12GHz 频带以上。GaAs 等半导体材料具有明显的旋电特性,即介电常数为张量。计算表明,η/ε 和 ε_{eff} 的频率曲线可高达数百吉赫兹甚至上千吉赫兹,因此 GaAs 微波移相器在相控阵 T/R 组件中得到广泛应用。CMOS 工艺具有成本低、单片集成度高等特点,因而可以替代 GaAs 等在微波、毫米波集成电路中应用。但是,CMOS 微波器件也存在着以下缺点:特征频率低、有源器件上耐压性能差、衬底损耗大。

2）铁电移相器

钛酸锶钡（BST）是在居里温度下具有铁电特性的钙钛矿结构材料，介电常数受到外界电场场强的影响，因其介电调谐量高、介电损耗角正切小而成为铁电移相器用材料的最佳选择。铁电移相器的工作原理是通过控制外电场的方式使铁电材料的介电常数发生改变，从而引起微波传播常数的相应变化，产生相移。铁电移相器通常可以分为铁电陶瓷移相器、铁电厚膜移相器、铁电薄膜移相器三种类型。铁电移相器具有响应速度快、成本低、频带宽和控制简单等优点。但相比于较新的移相器体系，铁电移相器也存在阻抗匹配困难、插入损耗大、需要高电场强度等技术问题。

3）MEMS 移相器

MEMS（微电子机械系统）移相器是基于 MEMS 技术和微电子技术的一类射频微波器件。MEMS 移相器的工作原理是将 MEMS 金属桥周期性地加载至 CPW（共面波导）传输线上，使 CPW 传输线形成一个慢波系统，实现相位延迟作用。施加直流偏压可以改变分布式电容值，导致传输线参数改变，达到改变电磁波相位的目的。目前 MEMS 移相器主要有反射式移相器、分布式移相器、开关线型移相器三种类型。MEMS 具有功耗小、质量轻、插入损耗小等优点，适合应用于机载雷达中，但仍因具有成品率低、开关寿命短、偏置电压引入噪声等缺点急需克服。

4）铁氧体移相器

旋磁材料中的磁导率以张量形式存在，其根源是磁性离子环绕偏置磁场做拉莫尔进动，微波方向平行于偏置场方向传播时，旋磁材料拥有法拉第旋转效应；微波方向垂直偏置场方向传播时，旋磁材料拥有双折射效应。铁氧体移相器正是通过这些特性使电磁波传播常数发生变化，产生相移作用。铁氧体移相器包括微带线、同轴线、波导结构、带状线等多种结构。铁氧体的主要特点包括：插入损耗小、功率容量大、成本低、品质因数高、工艺成熟等优势。相较于其他类型移相器，铁氧体移相器的插入损耗及回波损耗极低，同时可以产生较大相移量，因此拥有优良的品质因数。大多数铁氧体移相器均工作于剩磁状态，这就表明移相器仅需要脉冲电流，其他状态基本没有功耗。波导结构铁氧体移相器功率容量极大，平均功率可以达几十千瓦或兆瓦量级。

2. 铁氧体移相器的发展现状

1949 年，人们研究了磁化铁氧体材料与电磁场的交互作用并发现了铁磁共振现象及材料的张量磁导率特性。自此之后，学者们一直关注电磁波在旋磁材料中传播的非互易传输激励研究，通过对其应用的结合研制了许多微波铁氧体器件，以微波铁氧体移相器的发展最为引人瞩目。1952 年，Hogan 在贝尔实验室首次展现了法拉第旋转器，并通过静电场理论及散射矩阵理论分析了器件工作原理，这标志着旋磁材料应用于微波旋磁器件的开始。1957 年，Reggia-Spencer 单模波导移相器横空出世，移相器以其研究者命名。Reggia-Spencer 移相器具有相移优值高、功率容量大等特点，采用法拉第效应，相移量直接受到铁氧体横截面积的影响，当横截面积高于某一临界值，相移量将快速增大。

1978 年，A. Mizobuchi 与温俊鼎先后报道了单环背脊式波导移相器（图 10-2）。相比于矩形波导式铁氧体移相器，背脊式波导移相器的相移量更大，但插入损耗并没有增加，脉冲功率与平均功率更是成倍增加，有效提高了移相器的性能。随后于 1994 年，温俊鼎再次报道了双环背脊式波导移相器，这种移相器的差相移能够提高 30%，插入损耗也可降低 16%～25%，此结构在一定程度上具有抑制高次模的特点。2002 年，K. S. K. Yeo 等在 YBCO 基板中央开孔形成磁回路，以蓝宝石上形成的超导体图案作为金属导体制成了微带铁氧体移相器。这种移相器不仅减小了器件体积，更是在 C 波段将插入损耗降低至 0.8dB，移相单元的相移量约为 55°。2004 年，R. K. Sorensen 等报道了一种低成本的微波铁氧体移相器，以铁氧体棒和基片作为衬底，在非平面结构上印刷三条金属导线，通过差相移网络的添加，将输入信号分为 90°、0°、−90°三个信号，利用输出相移网络合成输出信号，圆极化微波与纵向偏压相互作用，降低移相器的插入损耗，并获得超过 360°的相移量。2013 年，S. Adhikari 等提出了一种基于 X 波段的非互易移相器，其结构为 SIW（介质集成波导）结构，基板的介电常数为 10.2，中央开孔并嵌入铁氧体。此介质集成波导移相器的插入损耗低于 2dB，回波损耗小于 10dB，相移量约为 400°。该结构不仅可以作为移相器使用，还可以拓展为四端口的环形器。

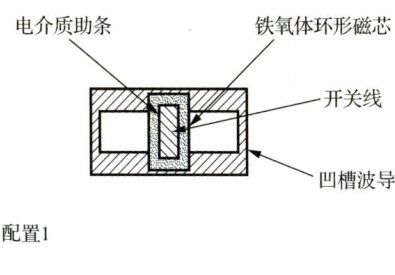

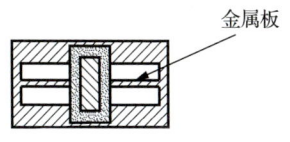

图 10-2　背脊式波导移相器

2014 年，A. A. Nikitin 等利用铁氧体薄膜和铁电介质薄膜，采用槽线结构，制备了一种高集成度薄膜移相器。其结构为蓝宝石衬底上制备一层钛酸锶钡（BST）薄膜，在薄膜上蒸镀一层金属并刻蚀槽线，然后在 GGG（gadolinium gallium farnet，钆镓石榴石）衬底上生长一层 YIG（yttrium iron garnet，钇铁石榴石）薄膜，最后将两部分合并起来（图 10-3）。在 5.74GHz，钛酸锶钡薄膜上施加 50～150V 电压时，相移量为 54°；当在 YIG 薄膜上施加 5Oe 的偏置磁场时，相移量超过 360°。可惜的是，该结构技术难度过高而导致未达到理想工作状态，致使损耗大于 30dB。

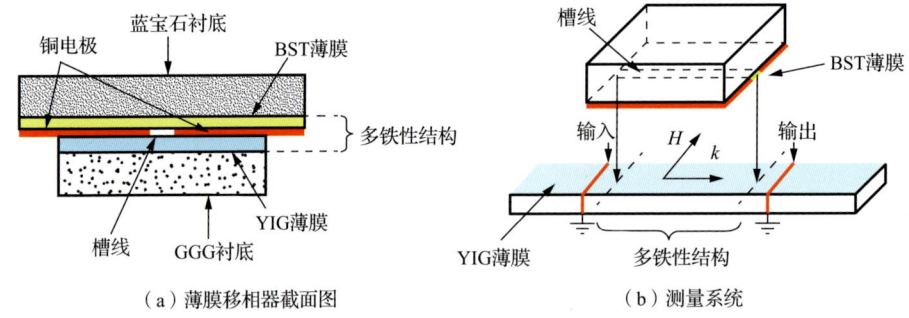

图 10-3　薄膜移相器

2015 年，F. A. Ghaffar 等利用低温共烧铁氧体技术，将铁氧体与磁化线圈集成在介质基板上并实现共烧，设计制作了一款体小量轻，低驱动电流的低温共烧铁氧体（LTCF）移相器，其结构如图 10-4 所示。在中心频率为 13.1GHz 时，相移量大于 150（°）/cm，插入损耗最低时小于 1dB。

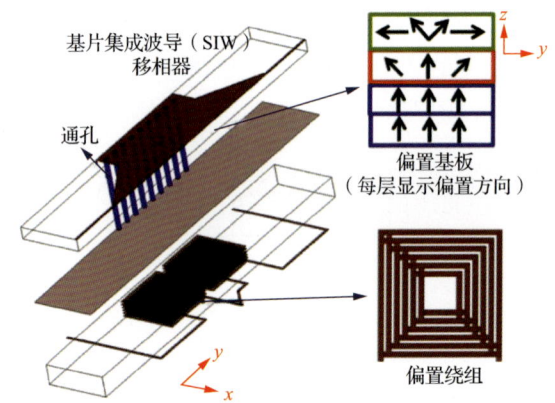

图 10-4　LTCF 移相器

综上所述，国内外对于传统铁氧体移相器研究较为成熟，已经可以完全产品化、工程化，能够广泛应用于相控阵雷达中。随着电子技术的发展，铁氧体移相器不断向小型轻量、低功耗、高性能方向发展，而 LTCC 技术作为一种先进多层陶瓷技术，可以促进铁氧体移相器向小型化和高性能方向突破。虽然 LTCC 技术在片式电感、电容、滤波器等器件中已广泛应用，但是由于铁氧体移相器结构相对复杂，工作过程需要磁化，因此仍有很多问题需要解决。

10.2 旋磁铁氧体的制备方法及基础理论

10.2.1 制备方法

本节主要研究方法为：通过添加低软化温度玻璃、低熔点复合氧化物的方法来降低 LiZnTiMn 旋磁铁氧体的烧结温度，并对样品的物相结构、微观结构、旋磁性能和介电性能进行测试分析及机制研究。实验中材料的制备主要采用固相反应法，即将多种氧化物混合，然后通过高温煅烧制备出铁氧体材料的方法，具有重复性高、成本低廉、工艺简单等特点。对于低温烧结的铁氧体材料，制备工艺的每一个环节都对材料的微波性能有着至关重要的影响，如样品粒度、生坯密度、烧结工艺等，因此在实验过程中必须保证科学严谨。

1. 实验原料

实验中所使用的原料为高纯度三氧化二铁（Fe_2O_3）、碳酸锂（Li_2CO_3）、氧化锌（ZnO）、四氧化三锰（Mn_3O_4）、二氧化钛（TiO_2）、氧化铜（CuO）、三氧化二铋（Bi_2O_3）、三氧化二硼（B_2O_3）、二氧化硅（SiO_2）等。其化学名称、化学式、纯度及生产厂家如表 10-1 所示。

表 10-1 实验原料纯度及生产厂家

名称	化学式	纯度/%	生产厂家
三氧化二铁	Fe_2O_3	99.44	韩国株式会社
碳酸锂	Li_2CO_3	99.9	上海中锂实业有限公司
氧化锌	ZnO	99	南通金琪化工有限公司
四氧化三锰	Mn_3O_4	98.5	上海阿拉丁生化科技股份有限公司
二氧化钛	TiO_2	99	成都市科龙化工试剂厂
氧化铜	CuO	99	福晨（天津）化学试剂有限公司
三氧化二铋	Bi_2O_3	99	成都市科龙化工试剂厂
三氧化二硼	B_2O_3	98	成都市科龙化工试剂厂
二氧化硅	SiO_2	99	成都市科龙化工试剂厂

2. 实验设备

旋磁铁氧体材料制备过程中用到的实验设备的名称、型号、生产厂家如表 10-2 所示。

表 10-2　实验设备型号及生产厂家

设备名称	型号	生产厂家
精密电子天平	FA2004	上海梁平仪器仪表有限公司
行星式球磨机	QM-3SP2	南京大学仪器厂
电热鼓风干燥箱	DHG-9140A	上海一恒科学仪器有限公司
硅钼棒超高温电炉	SX-77-17	上海才兴高温元件电炉厂
箱式电阻炉	KSF-6-17	宜兴市前锦炉业设备有限公司
数控超声波清洗器	KH-250DE	昆山禾创超声仪器有限公司

3. 固相法制备过程

固相法是制备铁氧体材料最常用的方法。铁氧体材料的固相法主要制备过程如图 10-5 所示。简单来讲，固相法就是将氧化物粉体混合均匀，然后在高温下将氧化物粉料烧结成铁氧体的过程，下面对其具体过程进行一一解析。

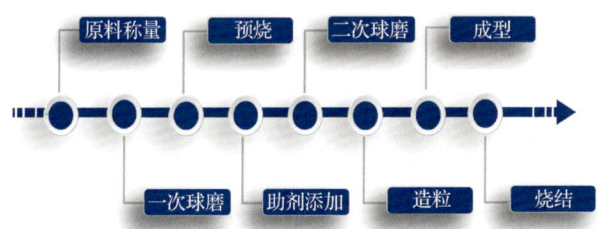

图 10-5　铁氧体材料的固相反应主要制备过程

（1）原料准备：确认实验过程中所需原材料，对比不同生产商产品的纯度及价格，对原材料小样进行检验测试，最终确定原材料的来源。

（2）配方计算：确定原料的来源后，配方成为决定材料性能优良的关键因素。配方的制定是根据材料的应用背景和需求，在系统的理论指导及研究成果的支撑下确定的。配方确定后按照化学计量比、材料纯度和缺铁量进行计算并得出所需原料的具体质量。

（3）原料称量：首先对精密电子天平进行校准，然后对计算得到的原材料质量进行精确称量。根据原料质量精度要求的不同分别选用精度为 0.001g 及 0.0001g 的精密电子天平称量。

（4）一次球磨：球磨介质和磨球分别选用去离子水和钢球。先将钢球及球磨罐在去离子水中清洗干净。将称量好的原料放入球磨罐中，按照原料：去离子水：钢球=2：3：5，大球：小球=3：2 进行配置，球磨过程在行星式球磨机中完成，球磨时间为 4h，球磨机转速为 220r/min。球磨机选用行星式，其原理是利用粉料与磨球在球磨罐中的高速翻滚，对粉料产生强力的碾压、冲击，达到研磨、混合、粉碎、分散粉料的目的。通常行星式球磨机在转盘上安装 4 个球磨罐，当转盘开始转动时，球磨罐在绕转盘轴公转的同时又围绕自身轴心自转，做行星式运动，因此称为行星式球磨机。

（5）预烧：将球磨后的粉料倒入瓷盘中，放入电热鼓风干燥箱中在90℃下烘干，烘干后的粉料过40目筛网，然后将粉料放入坩埚中在气氛炉中进行预烧。预烧时通入氧气气氛，以2℃/min升温至800℃预烧并保温2h，然后以1℃/min降温至600℃并冷炉，预烧温度曲线如图10-6（a）所示。相较于烧结温度，预烧温度通常低，为100～300℃。预烧的主要目的是让原料进行初步反应，得到所需主相并减小烧结过程中的收缩率。

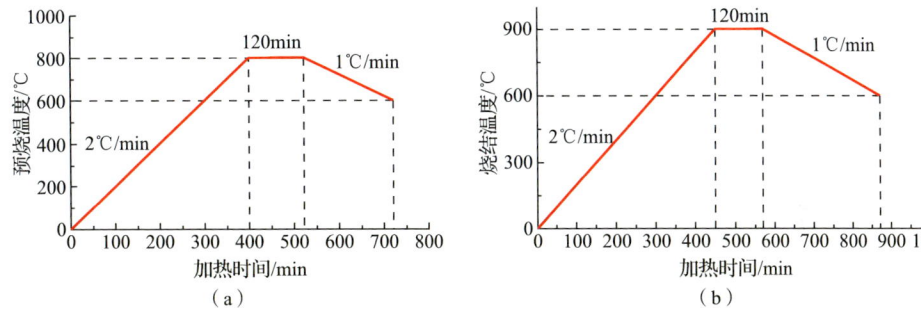

图 10-6　（a）预烧温度曲线；（b）烧结温度曲线

（6）二次球磨：预烧完成后，将坩埚从气氛炉中取出，用研钵研碎预烧料，添加适量烧结助剂或其他组分，倒入清洗干净的球磨罐中，在行星式球磨机中球磨4h，球磨机转速为220r/min。二次球磨的目的除了均匀混合外，还要将预烧中生成的较硬组分再次磨碎。

（7）造粒：将二次球磨后的粉料倒入瓷盘中，放入电热鼓风干燥箱中在90℃下烘干，烘干后的粉料过80目筛。以10wt%～12wt% PVA（聚乙烯醇）为黏合剂进行造粒，用研磨杵在研钵中搅拌，使粉料充分与PVA混合并形成小球。造粒之后继续过筛，实验采用双层过筛的方法，取其中40目和120目之间的粉料颗粒。这样获得的粉料颗粒大小均匀，有利于成型过程中空气的排出。造粒是成型前的先行工艺，铁氧体粉料细小，表面活性较大，其表面吸附较多气体。在成型时，气体难以排出坯体，易使生坯无法致密，烧结后严重影响样品性能。

（8）成型：成型的目的是将铁氧体制成测试所需的形状及尺寸，满足测试需求。将造粒后，流动性好、颗粒配比适当的粉料装入模具中，通过液压机的外加压力，将粉料压制成生坯。外加压力为8～10MPa，保压时间为20s。在成型时，选取合适的加压速率、保压时间及外加压力对获得理想生坯密度至关重要。加压速率一般不宜太快，过快的加压速率会使生坯内的压力传递不连续，气体难以排出并造成模具损坏；适当增加保压时间有益于气体的排出；外加压力的大小是保证生坯密度的关键，压力太小会使生坯无法致密，压力太大导致生坯出现层裂和开缝。

(9)烧结:将压制好的生坯放在锆板上,置入马弗炉中,在烧结炉的控制终端上输入设计好的烧结温度曲线,然后进行烧结。烧结过程:以 2℃/min 升温至 900℃保温 2h,以 1℃/min 降温至 600℃,然后随炉冷却,烧结曲线如图 10-6(b)所示。烧结为固相反应法的最后一个步骤,也是工艺中最关键的一步。烧结过程是通过生坯内部发生一系列化学及物理反应,使晶粒生长致密,最终烧制成铁氧体成品的过程。铁氧体的烧结温度一般为原料熔点的 1/2~3/4,保温时间为 1~2h。烧结时应该依据对铁氧体材料的性能要求,严格控制升温速率、烧结温度、保温时间和降温速率,以获得晶粒均匀、气孔少、致密性好的铁氧体样品。

4. 玻璃烧结助剂的制备

此处,以 V_2O_5-ZnO-B_2O_3 玻璃为例对玻璃烧结助剂的制备过程进行阐述。首先,查阅文献及资料确定玻璃助剂的比例,然后以高纯度的 V_2O_5、ZnO 和 B_2O_3 作为原料根据配方比例进行称量。以乙醇和锆球分别作为球磨时的球磨介质和磨球,原料在行星式球磨机中以 220r/min 球磨混合 6h。球磨后,将粉料取出倒入瓷盘内,放入电热鼓风干燥箱中在 50℃下烘干。然后将烘干的粉料研碎、过筛,装入坩埚,置入马弗炉中以 5℃/min 升至 900℃保温 1h,迅速取出淬火,研磨成玻璃粉备用。

10.2.2 旋磁铁氧体的特性参数

Li 系铁氧体作为微波旋磁材料的一种,广泛应用于铁氧体移相器中。铁氧体移相器性能的优劣直接受到铁氧体材料的影响。影响器件性能的 Li 系铁氧体特性参数主要包括:饱和磁化强度、剩磁比、矫顽力、铁磁共振线宽、介电常数、介电损耗。

1. 饱和磁化强度

铁氧体材料是由一种或多种金属元素氧化物所构成的复合氧化物,其内磁矩随机分布,饱和磁化强度表征了单位体积磁矩方向与强度的总和。无外磁场作用时,铁氧体材料内部的磁矩随机分布且矢量和为零,宏观上不体现磁性;当对铁氧体材料施加一定磁场后,材料内部磁矩改变方向并与外磁场方向相同,从而产生磁性。外磁场强度的增加促使材料单位体积的磁性逐渐增强,直至磁化强度趋于某一稳定值时即为饱和磁化强度 M_s。在工程应用中,可以采用饱和磁感应强度 B_s 表示:

$$B_s = \mu_0(H_0 + M_s) \tag{10-3}$$

其中,μ_0 为真空磁导率;H_0 为磁场强度。当式(10-3)转换为高斯(Gauss)单位制后表示为

$$B_s(\text{Gs}) = H_0(\text{Oe}) + 4\pi M_s(\text{Gs}) \tag{10-4}$$

就软磁铁氧体而言,H_0 较小,仅有 20Oe,因此可以采用饱和磁感应强度 B_s 近似代表饱和磁化强度 M_s。Li 系铁氧体的旋磁性主要来源于电磁场与磁矩的相互作用,饱和磁化强度的大小决定了旋磁特性的强弱。就铁氧体移相器而言,旋磁性

强的铁氧体材料有利于器件移相量的增加及器件体积的小型化。然而在 Li 系铁氧体的实际应用中,饱和磁化强度的过大或过小都会引起损耗的增加,因此,饱和磁化强度应保持在一个适当的范围内才能达到较低的损耗传输特性。对于微波器件,饱和磁化强度应满足以下条件:

$$0.4 < \frac{\gamma 4\pi M_s}{\omega} < 0.7 \qquad (10\text{-}5)$$

2. 矫顽力

铁氧体材料内同时存在不可逆磁化和可逆磁化。不可逆磁化来源于材料内部的杂质、应力、气孔等因素,属于维持磁矩状态的那一部分;可逆磁化来源于外磁场的变化,表征了外磁场消失后减少的磁化强度部分。材料的矫顽力 H_c 则主要由不可逆磁化过程进行表征。从矫顽力机制进行分析,其主要受以下三种磁阻滞现象的影响。

(1) 不可逆磁畴转动:材料内部磁畴转动的阻力来源于应力各向异性、磁晶各向异性和形状各向异性。矫顽力 H_c 由式 (10-6) 进行表述:

$$H_c \approx a\frac{K_1}{\mu_0 M_s} + b\frac{\lambda_s \sigma}{\mu_0 M_s} + cM_s \qquad (10\text{-}6)$$

其中,M_s 为饱和磁化强度;K_1 为磁晶各向异性常数;λ_s 为形状各向异性常数;σ 为应力;μ_0 为真空磁导率;a、b、c 分别为每一项的系数。由公式可以得出矫顽力主要受到应力 σ、饱和磁化强度 M_s 及磁晶各向异性常数 K_1 的影响。不可逆磁畴转动决定的磁阻滞现象一般出现在平均晶粒尺寸较小的铁氧体材料中。

(2) 反磁化核的生长:磁性材料中不可避免地存在气孔、杂质及局部内应力,这些区域会产生磁化方向与其他区域不同的磁极,当饱和磁化状态的磁场逐渐降低时,磁极的退磁场将易生成反磁化核,反磁化核在反磁化过程中形成畴壁,使畴壁位移变得容易。反磁化核产生的矫顽力由式 (10-7) 表述:

$$H_c \approx \frac{1}{6}\pi M_s \left(\cos\theta_1 - \cos\theta_2\right)^2 \qquad (10\text{-}7)$$

其中,θ_1 为正磁化磁畴的磁矩方向;θ_2 为反磁化磁畴的磁矩方向。

(3) 不可逆畴壁位移:不可逆畴壁位移来源于杂质及应力起伏,含杂模型理论对应的矫顽力为:

$$H_c \propto \frac{\beta^{\frac{2}{3}} K_1}{\mu_0 M_s} \qquad (10\text{-}8)$$

应力模型理论对应的矫顽力为:

$$H_c \propto \frac{\lambda_s \sigma}{\mu_0 M_s} \qquad (10\text{-}9)$$

其中,β 和 σ 分别为杂质浓度和应力分布平均值。

3. 剩磁比

剩余磁感应强度与饱和磁感应强度的比值即是剩磁比 B_r/B_s,也可以称为矩形比,其表征了磁滞回线与矩形的接近程度。剩磁比为:

$$R = \frac{B_r}{B_s} \quad (10\text{-}10)$$

铁氧体材料磁化到饱和状态后,磁场强度返回到零,材料就会进入剩磁状态。剩磁主要来源于反磁化过程中的不可逆磁化部分。当铁氧体取向性较大时,或不可逆畴壁位移位于矫顽力临近处,则材料具有较大的剩磁比。在 Li 系铁氧体材料中,缺陷、杂质及气孔是无法避免的,这些区域会导致材料内部退磁场的产生,易形成反磁化核,促进畴壁不可逆位移和磁畴不可逆转动,导致了剩磁的减小。因此,通过对比矫顽力的反磁化核磁阻滞现象可以知道,矫顽力和剩磁是一对相互矛盾的特性参数,需要根据器件的性能需求进行参数的合理调节。

4. 铁磁共振线宽

铁磁共振线宽 ΔH 可以定义为:当相互垂直的微波交变磁场(频率为 ω)与外加恒稳磁场 H_0 同时作用于铁氧体($\omega_r = \gamma H_0 = \omega$)时,铁氧体会发生铁磁共振现象。此时的磁导率虚部 μ'' 升至最大值 μ''_{max},将最大磁导率 μ''_{max} 的半高处磁场值分别表示为 H_1 和 H_2,则可以定义 $\Delta H = H_2 - H_1$ 为铁磁共振线宽。铁磁共振线宽主要反映了磁化强度在进动过程中受到阻尼的宏观物理量。多晶铁氧体的铁磁共振线宽可以通过式(10-11)表示:

$$\Delta H_{\text{多晶}} = \Delta H_{\text{单晶}} + \Delta H_{\text{表面}} + \Delta H_{\text{各向异性}} + \Delta H_{\text{气孔}} \quad (10\text{-}11)$$

$\Delta H_{\text{单晶}}$ 主要由内禀致宽和杂质致宽决定。内禀致宽:尖晶石铁氧体同一晶格含有无序和有序两种磁性离子,其自旋磁矩具有差异,这种短程磁不均匀场会引起较强的一致进动和高波矢 K 的自旋波耦合,导致内禀致宽的增加。杂质致宽:快弛豫离子与慢弛豫离子具有非零轨道角动量,它们通过交换耦合、S-L 耦合及轨道与晶场耦合的方式将一致进动能量传入晶格,因弛豫时间短,少量快弛豫杂质将引发杂质致宽的增加。通常 $\Delta H_{\text{单晶}}$ 较小,只有几奥斯特,对多晶铁氧体线宽贡献极小,因此可以忽略不计。$\Delta H_{\text{表面}}$ 受到测试材料表面退磁场的影响。为了将退磁场影响降到最低,应对球形测试样品的表面抛光,使其对铁磁共振线宽的贡献降至最低。

$\Delta H_{\text{各向异性}}$ 取决于各个晶粒的磁晶各向异性场 H_a 无规则分散形成的各向异性场波动。当各向异性场特别强,H_a 远远大于 M_s,可以认为晶粒是单独共振的,各向异性致宽为:

$$\Delta H_{\text{各向异性}} = \frac{K_1}{\mu_0 M_s} \quad (10\text{-}12)$$

实际上,在微波铁氧体中的各向异性场较弱,H_a 远远小于 M_s,由 H_a 波动形成的

微扰场附加在 H_0 上,导致样品磁化到饱和时,晶粒的磁化强度质量仅对磁场方向稍有偏离。因为晶粒间磁偶极矩耦合作用强于 H_a,晶粒会产生集体共振,$\Delta H_{各向异性}$ 可以表示为:

$$\Delta H_{各向异性} = \frac{2.07}{M_s}\left(\frac{K_1}{\mu_0 M_s}\right)^2 G\left(\frac{\omega}{\omega_m}\right) \tag{10-13}$$

其中,G 为频率与 M_s 的函数因子。

影响多晶铁氧体各向异性致宽的因素有:①晶体结构的对称性变差,如取代离子与被取代离子的离子半径相差较大引起的晶格畸变;②铁氧体成分中出现磁晶各向异性较大或与主相结构差别较大的另相;③多晶铁氧体材料烧结不充分,固相反应不完全;④晶粒的异常生长或不连续生长导致材料微观结构缺陷和结构均匀性恶化等。

$\Delta H_{气孔}$ 受到铁氧体孔隙率及致密化程度的影响。铁氧体样品中存在着线度在微米量级的气孔,其表面会出现磁荷,在局部产生退磁场,致使铁氧体材料各点内在磁场不同,对应的外加共振磁场也不相同,使得铁磁共振线宽增加。气孔致宽可表示为:

$$\Delta H = 1.5 M_s P \tag{10-14}$$

其中,M_s 为饱和磁化强度;P 为孔隙率。因此,降低孔隙率成为有效减小铁氧体材料铁磁共振线宽的途径。

5. 介电常数及介电损耗

铁氧体材料在微波范围内具有相对稳定的介电常数 ε_r,通常在 12～17 之间。在实际的器件应用中,必须得到准确的介电常数,从而对电路进行精准的结构设计,使微波传输特性达到最佳状态。在微波铁氧体中,介电损耗角正切以 $\tan\delta_\varepsilon$ 表示,介电损耗主要受到 Fe^{2+} 的影响。材料内部因为 Fe^{2+} 的存在会发生以下反应:

$$Fe^{2+} + Fe^{3+} \rightleftharpoons Fe^{3+} + Fe^{2+} \tag{10-15}$$

铁氧体材料内部因为 Fe^{2+} 的存在而导致电子传导,使材料电阻率下降,介电损耗增加,所以材料的介电损耗与电阻率呈反比例关系[10-13]。可以利用缺铁配方或氧化剂引入的方式降低介电损耗。

10.2.3 液相烧结

液相烧结技术起源于硬质材料的制备。近几十年以来,液相烧结技术发展迅速,其应用扩展至如磁性材料、超合金、工具钢、陶瓷材料、金刚石-金属复合材料等生产中。液相烧结是指烧结过程中同时存在固相和液相的烧结状态。当烧结温度介于材料中低熔点组分和高熔点组分之间时,低熔点组分会转变为液相状态,由于液相比固相具有更高的原子扩散系数和更快的物质迁移速率,因此可以在较低的烧结温度及较短时间内实现烧结致密[14,15]。

1. 液相烧结条件

材料想要成功进行液相烧结必须满足以下三个液相性质相关的基础条件：

（1）润湿性。液相对固相表面具有较好的润湿性，润湿角需要小于 90°才能形成液相烧结，使液相部分或全部湿润，能够渗透进入颗粒的气孔或晶界等能量较低处，促使材料烧结速度加快并烧结致密。

（2）溶解度。固相中部分颗粒表面有限溶解在液相中可以改善润湿性，能够通过溶解在液相中的方式增加液相含量，加快离子的扩散速度，减小固相中的孔隙及缺陷，增加固相的均匀性，使微观结构更加完整。

（3）液相数量。烧结过程中必须具有一定量的液相才能保证对固相间隙的填充，保证液相的均匀性，但是过多的液相会造成液相膜过厚，反而阻碍晶粒的生长及液相的均匀。

2. 液相烧结机制及过程

液相烧结过程可以分为以下三个阶段，如图 10-7 所示。

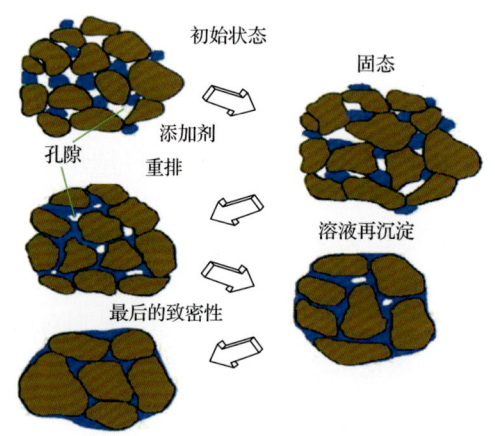

图 10-7　液相烧结过程

（1）液相的初始形成与晶粒重排过程。当烧结温度超过低熔点物质后，低熔点物质会率先熔化并形成液相，在液相流动和局部应力产生的塑性流动作用下促使晶粒进行重新排列。同时，液相会充填在晶界和气孔处，在晶粒间形成毛细液管桥，通过毛细管的表面张力，邻近晶粒会逐渐靠近，达到晶粒重排的目的，使结构更加紧凑。毛细管中产生的液压可以表示为：

$$\Delta \rho = \frac{2\pi \sigma_{\text{l-v}}}{r} \qquad (10\text{-}16)$$

其中，$\sigma_{\text{l-v}}$ 为气-液界面能；r 为毛细管半径。毛细管力主要受到接触角、液相体积和颗粒间距离的影响。对于相同的两球形颗粒，毛细管力 F 为：

$$F = \pi X^2 \Delta \rho + 2\pi \sigma_{\text{l-v}} \cos \varphi \qquad (10\text{-}17)$$

其中，X 为两颗粒间的液相桥面；φ 为固-液接触角。对于大小不同的两球形颗粒，毛细管力为：

$$F_n = \frac{F}{\sigma_{l-v} A_s} \quad (10\text{-}18)$$

其中，A_s 为颗粒表面积。在毛细管力作用下，颗粒的聚集力增大，产生颗粒聚集、合并和长大。

（2）固相溶解-析出过程及晶粒生长。固相会在液相中存在一定的溶解度，溶解量受晶粒尺寸、形状和温度的影响。相比之下，小晶粒的溶解度要比大晶粒大，因此小晶粒会率先溶解于液相中，当液相中的溶解度达到饱和时，液相中的过饱和粒子就会析出并沉积在大晶粒表面，使晶粒逐渐长大。同时，晶粒的尖凸部分和棱角也会在液相中溶解，沉积在晶粒的凹面处，使晶粒形状趋于规则。

（3）致密化过程。在最后的烧结过程中，晶粒之间相互靠近，晶粒间接触生长，气孔逐渐排出，利用表面扩散的方式使体系自由能降低，最终达到能量最低配置。铁氧体的致密化过程可以表示为[16]：

$$\frac{\Delta L}{L_0} = \frac{\Delta V}{3V_0} = \left(\frac{6\kappa_2 \delta D c_0 \gamma_L V_0}{\kappa_1 RT} \right)^{\frac{1}{3}} r^{-\frac{4}{3}} t^{\frac{1}{3}} \quad (10\text{-}19)$$

其中，$\Delta L/L_0$ 为烧结体的线收缩率；$\Delta V/3V_0$ 为烧结体的体积收缩率；κ_2、κ_1 为比例常数，根据材料体系确定；δ 为差值；D 为扩散系数；c_0 为元素浓度；γ_L 为液相表面能；r 为晶粒尺寸；t 为烧结时间。

10.3 低软化温度玻璃掺杂 LiZnTiMn 铁氧体的低温烧结研究

10.3.1 玻璃掺杂 LiZnTiMn 铁氧体

铁氧体移相器以在微波毫米波频段具有低的损耗特性而被广泛应用于相控阵雷达系统中[17]。作为制造毫米波铁氧体移相器的优良材料，Li 系铁氧体具有居里温度高、饱和磁化强度宽泛可调、温度稳定性优良及成本低廉的特点。在实际应用中，人们通常采用离子取代的方式来改善 Li 系铁氧体的微波性能，这些离子取代能有效改变铁氧体材料的微观结构、致密度、晶相结构及磁矩等，从而改善材料的旋磁性能和介电性能[18,19]。

Zn^{2+} 取代有助于促进 Li 系铁氧体的致密化过程，有效提高材料的饱和磁化强度，降低矫顽力和铁磁共振线宽；Ti^{4+} 取代可以调节铁氧体材料的饱和磁化强度，使 Li 系铁氧体能够在较宽频带内（C～K_a 波段）使用；Fe^{2+} 与 Fe^{3+} 间的电子跃迁会导致微波介电损耗的增加，这对于微波器件的插入损耗是极其不利的；Mn^{3+}取代可以利用缓冲反应原理 $Fe^{2+}+Mn^{3+} \longrightarrow Fe^{3+}+Mn^{2+}$，有效抑制 Fe^{2+} 的生成，降低样品的介电损耗。同时，Mn^{3+}取代还有利于降低材料的孔隙率及矫顽力[20]。因此，Zn^{2+}、Ti^{4+}、Mn^{3+} 共同取代的 Li 系铁氧体（LiZnTiMn 铁氧体）在高温烧结时具有优异的旋磁性能。

为了实现微波器件的小型化和集成化，LTCC 技术以多功能性、高稳定性和高集成度等特点受到学者们的广泛关注。Ag 电极是 LTCC 技术中的优良电极材料，为了防止 Ag 电极在与材料共烧过程中熔化，材料的烧结温度必须低于 Ag 的熔化温度（961℃）。通常要求材料的烧结温度低于 920℃。

一般情况下，Li 系铁氧体必须在约 1160℃才能烧结致密。因此，同时保证 Li 系铁氧体材料具有低的烧结温度和优良的微波性能成了其应用于 LTCC 技术的难点。近几十年来，学者们对低温烧结进行了大量研究，为了降低材料的烧结温度，通常采用以下方式：①使用化学工艺制备高活性粉料，降低材料烧结温度，如水热法、溶胶-凝胶法、共沉淀法等[21,22]；②在铁氧体材料中添加低熔点氧化物，如 Bi_2O_3、B_2O_3、CuO、V_2O_5 等[23,24]；③添加低软化温度玻璃，如 Bi_2O_3-B_2O_3-SiO_2-ZnO 玻璃、ZnO-B_2O_3-SiO_2 玻璃、BaO-ZnO-B_2O_3-SiO_2 玻璃等[25]；④通过一些特殊工艺制备出纳米量级粉料，如高能球磨等。

其中，低软化温度玻璃可以在较低温度软化并形成液相，通过黏性流动和毛细管力的作用使固相靠拢、挤压、反应，通过液相物质的扩散，提高固相物质的迁移速率，最终在低温条件下烧结致密。低软化温度玻璃添加具有操作简便、成本低、重复性高等优势，因此受到学者们的广泛研究[26,27]。

本节分别选用具有低软化温度的 V_2O_5-ZnO-B_2O_3（VZB）玻璃、Bi_2O_3-ZnO-B_2O_3（BZB）玻璃及 Li_2CO_3-B_2O_3-SiO_2（LBS）玻璃作为烧结助剂，用于降低 LiZnTiMn 铁氧体的烧结温度。系统地讨论了 VZB 玻璃、BZB 玻璃及 LBS 玻璃对 LiZnTiMn 铁氧体的晶相结构、微观结构、旋磁性能及介电性能的影响，并进一步讨论了掺杂量、烧结特性及微观结构之间的紧密关系，对其中的机制进行了分析和研究。

10.3.2　V_2O_5-ZnO-B_2O_3 玻璃掺杂 LiZnTiMn 铁氧体的性能研究

1. 材料制备及表征

实验采用固相反应法制备 LiZnTiMn 铁氧体。以高纯度 Li_2CO_3、ZnO、Fe_2O_3、TiO_2、Mn_3O_4 为原料，按照化学配比 $Li_{0.42}Zn_{0.27}Ti_{0.11}Mn_{0.1}Fe_{2.1}O_4$ 进行配料，然后在行星式球磨机中球磨 4h。球磨后的粉料烘干并在气氛炉中升温至 800℃预烧。将预烧粉料与所需比例的 V_2O_5-ZnO-B_2O_3 玻璃（x=0.0wt%、0.25wt%、0.5wt%、0.75wt%、1.0wt%、1.25wt%）在行星式球磨机中混合球磨 6h，烘干并过 80 目筛，加入 10wt%～12wt%聚乙烯醇（PVA）黏合剂造粒、过筛，在 8MPa 压强下制成环形生坯（18mm×8mm×3mm，$\varPhi×\varPhi×h$）。然后在马弗炉中分别升温至 880℃、

900℃、920℃进行烧结。V_2O_5-ZnO-B_2O_3 玻璃以高纯度的 V_2O_5、ZnO 和 B_2O_3 按照 V_2O_5∶ZnO∶B_2O_3=1∶3∶1 的摩尔比配料,以无水乙醇和锆球分别为球磨介质和磨球,按照原料∶无水乙醇∶锆球=2∶3∶5 的比例在行星式球磨机中球磨 6h。烘干后研磨成细粉,在马弗炉中以 5℃/min 升温至 900℃保温 1h。当保温时间结束后快速淬火、烘干,研磨粉碎过 200 目筛制得玻璃粉末。

样品密度采用阿基米德排水法测量(煤油介质)。收缩率通过采用游标卡尺对圆片形铁氧体样品烧结前后的直径测量、计算获得。晶体结构采用 DX-2700 X 射线衍射仪测定,具体条件为 40kV,40mA,Cu $K_α$ 辐射,步长 0.03°,扫描范围 10°≤2$θ$≤70°。饱和磁感应强度(B_s)、剩磁比(B_r/B_s)和矫顽力(H_c)在 H=1600A/m、频率 f=1kHz 条件下采用 B-H 分析仪(SY-8232)表征。铁磁共振线宽 $ΔH$ 采用直径为 0.6mm 的小球在 TE_{106} 谐振腔中 9.3GHz 频率下通过微扰法测试得到。根据 IEC 标准在 X 波段对铁氧体材料的微波介电性能进行测试表征。微观形貌通过扫描电镜(JEOL JSM-6490LV)对铁氧体环形样品断面进行观测表征。饱和磁化曲线采用球形样品($Φ$=2mm)在 0~5000Oe 磁场下由振动样品磁强计(VSM)表征。玻璃的温度特性采用差热分析仪(DTA,Netzsch STA 449C)进行表征。

2. 玻璃性能分析

图 10-8 是 VZB 玻璃粉末的 DTA 曲线。基于 DTA 分析可知,玻璃的转变温度和软化温度分别为 371℃和 398℃。同时,在 DTA 曲线中 490℃和 587℃处分别出现了两个吸热峰,判断是 VZB 玻璃的结晶峰,分别对应于 VZB 玻璃的两个析晶温度点。这些析出的晶相随着温度的升高最终均会转变为玻璃相并软化。

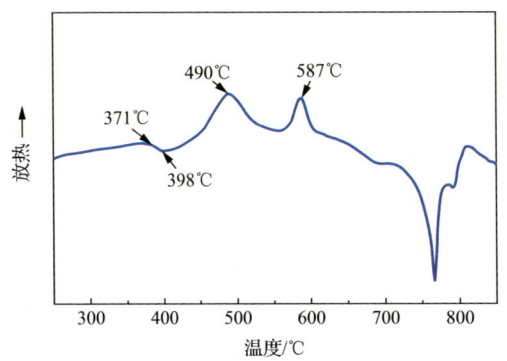

图 10-8 VZB 玻璃粉末的 DTA 曲线

将 VZB 玻璃粉末先升温至 430℃并保温 2h,使玻璃烧结成核,然后分别升温至 475℃、500℃、525℃、550℃、575℃及 600℃保温 2h 进行烧结,通过不同温度点 VZB 玻璃晶相变化来分析玻璃的结晶过程。VZB 玻璃粉末在 475~600℃烧结的 XRD 图谱如图 10-9 所示。从图中可以看到,未经烧结的 VZB 玻璃呈现非晶结构,其中并没有任何其他物相出现;当烧结温度升高至 475℃时,VZB 玻璃结

晶生成 $Zn_2V_2O_7$ 相；当烧结温度继续升高至 550℃时，VZB 玻璃中生成新的 $Zn_3(VO_4)_2$ 相，并且与 $Zn_2V_2O_7$ 相共存。此外，伴随着烧结温度的上升，峰位逐渐向大角度偏移，这可能是因为小离子半径的 B^{3+}（0.27Å）进入钒酸锌晶格并取代其中大离子半径的 V^{5+}（0.54Å）导致晶格收缩。

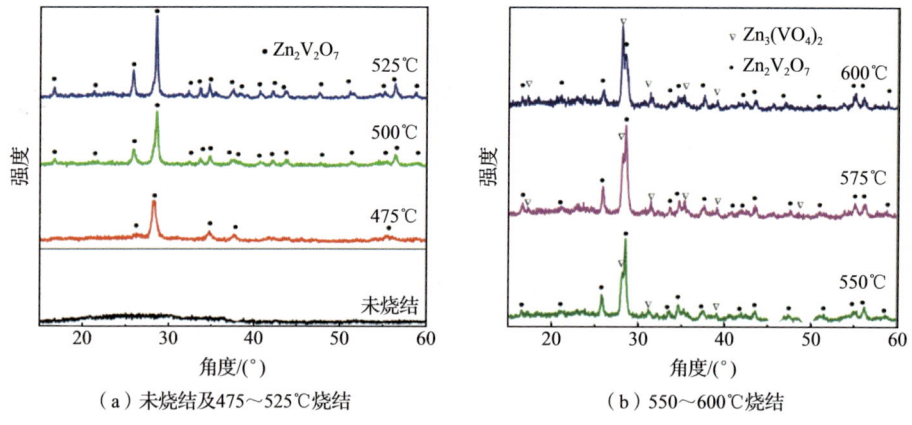

（a）未烧结及475~525℃烧结　　　（b）550~600℃烧结

图 10-9　不同烧结温度 VZB 玻璃粉末的 XRD 图谱

3. 物相与微观结构分析

图 10-10 是不同 VZB 玻璃含量 LiZnTiMn 铁氧体在 900℃烧结的 XRD 图谱。通过对 XRD 图谱分析可知，所有铁氧体样品均生成尖晶石相，没有其他杂相出现，主要衍射峰包括(220)、(311)、(222)、(400)、(422)、(511)和(440)，其中最强衍射峰为(311)。图 10-10 右侧插图是(311)衍射峰放大图，从图中可以看出，随着 VZB 玻璃含量增加，衍射峰位明显向大角度方向偏移，这一现象是由晶格常数的降低引起的。根据布拉格定律，通过对铁氧体样品的 XRD 图谱的计算得到了晶格常数 a，如表 10-3 所示。晶格常数 a 随着 VZB 玻璃含量的增加逐渐减小。晶

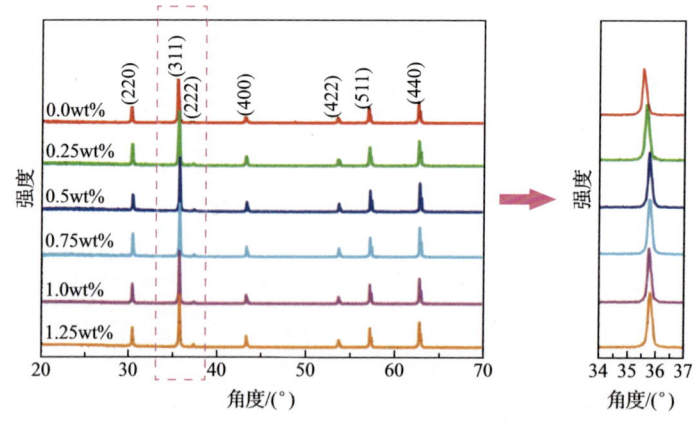

图 10-10　900℃烧结的不同 VZB 玻璃含量 LiZnTiMn 铁氧体的 XRD 图谱

表 10-3　不同 VZB 玻璃含量 LiZnTiMn 铁氧体的晶格常数 a

VZB 玻璃含量/wt%	晶格常数 a/Å	VZB 玻璃含量/wt%	晶格常数 a/Å
0.0	8.3489	0.75	8.3391
0.25	8.3445	1.0	8.3384
0.5	8.3405	1.25	8.3363

格常数减小源自 V^{5+} 和 Fe^{3+} 拥有不同的离子半径，V^{5+} 的离子半径为 0.54Å，Fe^{3+} 的离子半径为 0.67Å，V^{5+} 易于占据晶格 A 位，VZB 玻璃的添加会使 V^{5+} 部分取代样品中的 Fe^{3+}，导致晶格常数随 VZB 玻璃含量的增加而减小[28]。此外，衍射峰强度也随着 VZB 玻璃含量的增加而增强，说明 VZB 玻璃能够促进 LiZnTiMn 铁氧体的固相反应。

900℃烧结的不同 VZB 玻璃含量 LiZnTiMn 铁氧体样品断面的 SEM 图如图 10-11 所示。由图可见，未掺杂 VZB 玻璃的样品晶粒细小，平均晶粒尺寸约为 0.8μm，晶界较多，晶界处存在大量气孔，致密性较差 [图 10-11（a）]。这主要是由于纯 LiZnTiMn 铁氧体的烧结温度较高，900℃烧结导致样品固相反应不充分，因此样品无法完全成瓷（烧结后的样品表面呈现暗红色，而非烧结成瓷后的灰黑色）。添加少量 VZB 玻璃后，晶粒迅速生长，平均晶粒尺寸增至 3～5μm，大量气孔从晶界处排出，致密性明显提高 [图 10-11（b）]。添加 0.5wt% VZB 玻璃后，铁氧体样品呈现出最佳的微观结构，平均晶粒尺寸生长至 5～8μm，晶粒均匀、致密 [图 10-11（c）]。当添加量为 0.75wt%后，铁氧体样品已无法看到明显的晶界，晶粒连接成片 [图 10-11（d）]。这是由于烧结过程中烧结温度逐渐下降时，晶粒之间过多的 VZB 液相凝固并充填晶界，使晶界淡化、模糊。进一步添加 VZB 玻璃后，样品晶粒均匀性恶化，晶粒内气孔增多，致密性下降 [图 10-11（e）和（f）]。

（a）0.0wt%

（b）0.25wt%

（c）0.5wt%

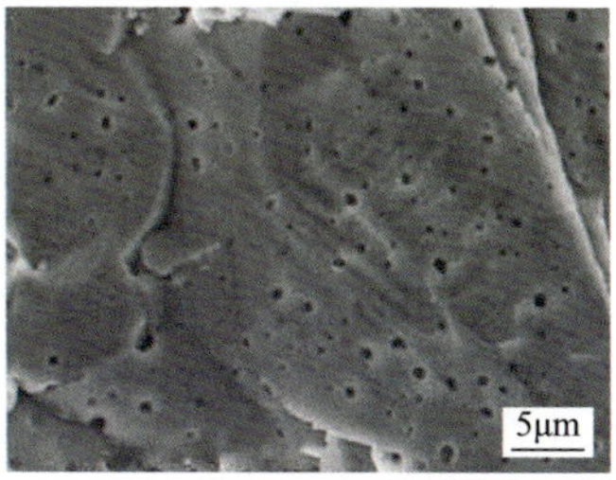

（d）0.75wt%

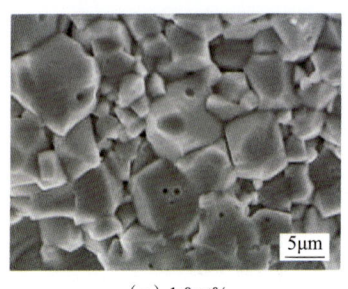

（e）1.0wt%   （f）1.25wt%

图 10-11　900℃烧结的不同 VZB 玻璃含量 LiZnTiMn 铁氧体的 SEM 图

VZB 玻璃具有较低的软化温度（约 398℃），当烧结温度逐渐升高时，VZB 玻璃逐渐软化并形成液相，充填于铁氧体晶粒之间。液相薄层会对晶粒起到润滑作用，减小晶粒间的摩擦系数，加速传质作用。同时，液相薄层浸润晶粒表面，充填于晶界孔隙处，在晶粒间形成毛细管状液相膜，液膜会产生额外的毛细管力，通过表面张力促使晶粒重排。此外，晶粒在液相中具有一定的溶解度，当液相中的溶解度达到饱和时，小晶粒会析出并沉淀在大晶粒上，促使晶粒生长。烧结后期的烧结过程与固相烧结过程类似，大晶粒吞并小晶粒，大气孔吞并小气孔，大气孔沿晶界排出，总气孔数量减少，促使烧结体烧结致密。

图 10-12 是 LiZnTiMn 铁氧体收缩率随保温时间及烧结温度的变化曲线。显而易见，收缩率在 $x=0.5wt\%$ 和 $x=0.75wt\%$ 之间具有明显差异。0.5wt% VZB 玻璃掺杂的样品收缩率随着保温时间呈线性增加趋势，坯体的收缩过程主要由晶界迁移和晶界扩散主导。然而，当 $x=0.75wt\%$ 时，液相的进一步增加使烧结驱动力增加，导致晶界迁移和晶界扩散加剧，使晶粒生长速度加快，过快的晶粒生长速度超过了坯体的致密化速度，使气孔无法及时排出并卷入晶粒内部，从而引起晶粒出现异常生长现象[29]。

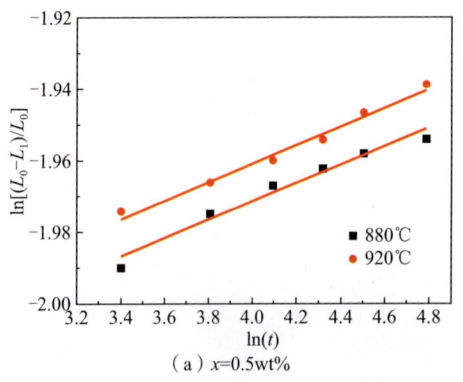
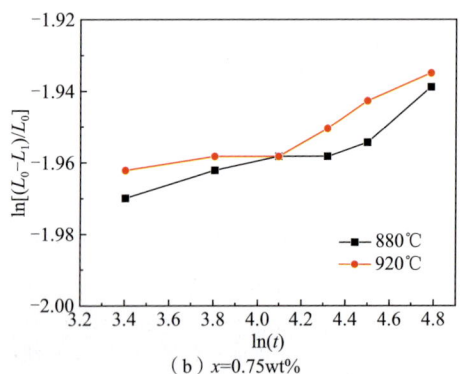

（a）$x=0.5wt\%$ （b）$x=0.75wt\%$

图 10-12　LiZnTiMn 铁氧体收缩率随保温时间的变化曲线

4. 旋磁性能与介电性能研究

图 10-13（a）是不同 VZB 玻璃含量 LiZnTiMn 铁氧体的磁滞回线。从磁滞回线可以看出，所有铁氧体样品均在约 1200Oe 的磁场强度下趋于磁化饱和，展现出典型的软磁特性——较低的矫顽力 H_c。由磁滞回线获得的样品饱和磁化强度 M_s 及密度 d 如表 10-4 所示。VZB 玻璃含量从 0.0wt%增加到 0.5wt%，M_s 从 52.18emu/g 增加至 72.33emu/g；含量由 0.5wt%增加至 1.25wt%，M_s 降低至 66.44emu/g。饱和磁化强度的变化主要受样品密度的影响。磁性材料的饱和磁化强度 M_s 可以通过式（10-20）表示：

$$M_s \propto M_s(0) \cdot \frac{d_m}{d_x} \cdot \left(1 - \frac{T_1}{T_c}\right)^r \quad (10\text{-}20)$$

其中，d_m 为样品的测试密度；T_1 为材料的测试温度。根据公式可以得出，铁氧体材料的 M_s 在材料配方确定的情况下主要取决于材料的密度。通常密度越高代表着磁性材料单位体积内具有更多磁矩，因此磁性越强。当 x=0.0wt%时，铁氧体样品晶粒细小，晶界和气孔多，材料致密化程度低，因此较低的密度成为样品饱和磁化强度低的主要原因。随着 VZB 玻璃含量的增加，样品微观结构趋于均匀、致密，晶粒尺寸大小适中，大量气孔沿晶界排出，因此材料致密化程度增加，饱和磁化强度在 x=0.5wt%处取得最大值。当 $x \geqslant 0.75$wt%，饱和磁化强度略微下降，这是由于非磁性的 V^{5+} 取代了 A 位上 Fe^{3+}，A-B 位间超交换作用减弱，宏观表现为样品饱和磁化强度的下降。

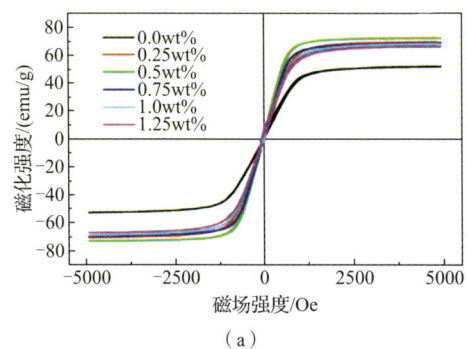
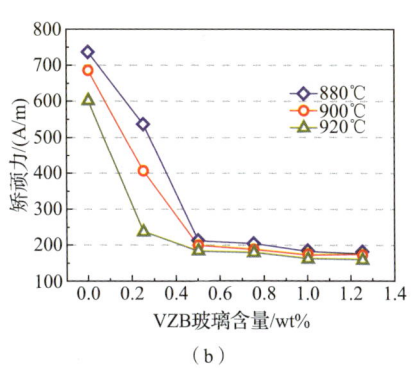

图 10-13 （a）900℃烧结的不同 VZB 玻璃含量 LiZnTiMn 铁氧体的磁滞回线；（b）880～920℃烧结的 LiZnTiMn 铁氧体矫顽力 H_c 随 VZB 玻璃含量的变化曲线

表 10-4 900℃烧结的 LiZnTiMn 铁氧体样品的饱和磁化强度 M_s 和密度 d

VZB 含量/wt%	M_s/(emu/g)	d/(g/cm³)	VZB 含量/wt%	M_s/(emu/g)	d/(g/cm³)
0.0	52.18	3.54	0.75	68.61	4.56
0.25	69.52	4.47	1.0	68.23	4.55
0.5	72.33	4.57	1.25	66.44	4.55

图 10-13（b）是 LiZnTiMn 铁氧体矫顽力 H_c 随 VZB 玻璃含量及烧结温度的变化曲线。随着 VZB 玻璃含量的增加，铁氧体样品矫顽力呈现大幅下降的趋势，当 $x \geqslant 0.5$wt%，矫顽力基本保持不变。众所周知，矫顽力表征了磁化过程中反向磁畴产生的不可逆畴壁位移最大临界场，通常与晶粒尺寸 D 成反比[30]。当样品中未添加 VZB 玻璃时，固相反应不完全，晶粒尺寸细小（约 0.8μm），晶界中存在大量的气孔与缺陷。细小的晶粒会阻碍畴壁位移，大量的气孔会成为畴壁钉扎中心导致畴壁位移困难，这都会引起矫顽力的大幅上升[31]。当适量添加 VZB 玻璃后，VZB 在烧结过程中形成液相，可通过黏性流动加速物质传递及晶粒生长，平均晶粒尺寸增加至 5~8μm，晶粒均匀、紧凑，从而使矫顽力快速降低。同时，饱和磁化强度的增加也促使了矫顽力的下降。

图 10-14 是 LiZnTiMn 铁氧体饱和磁感应强度 B_s 随 VZB 玻璃含量及烧结温度的变化曲线。不同烧结温度下样品的饱和磁感应强度具有相同的变化规律。随着 VZB 玻璃含量的增加，饱和磁感应强度先快速上升后缓慢下降，样品在 x=0.5wt%处获取最大值，336mT（880℃）、336mT（900℃）和 342mT（920℃）。饱和磁感应强度的变化趋势与饱和磁化强度变化趋势基本相同，见式（10-3）。

因此，可以用饱和磁感应强度 B_s 近似表示饱和磁化强度 M_s，所以两者具有相同的变化趋势。

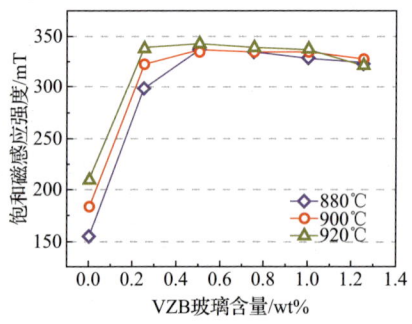

图 10-14　880~920℃烧结的 LiZnTiMn 铁氧体饱和磁感应强度 B_s 随 VZB 玻璃含量的变化曲线

铁磁共振线宽 ΔH 是表征磁性材料损耗的关键参数之一，直接影响移相器的插入损耗。图 10-15 是 900℃烧结的不同 VZB 玻璃含量 LiZnTiMn 铁氧体的铁磁共振线宽谱。图中分别采用洛伦兹（Lorentz）拟合及高斯（Gauss）拟合对铁磁共振线宽谱进行计算，可以明显看出，洛伦兹拟合比高斯拟合具有更好的拟合度，能够更加准确地表征实验数据。图 10-16 是洛伦兹拟合和高斯拟合计算得到的样品 ΔH 的变化曲线。可以看出，高斯拟合得到的 ΔH 普遍低于洛伦兹拟合得到的 ΔH，但是洛伦兹拟合得到的 ΔH 更加精确。ΔH 的变化规律随着 VZB 玻璃含量的增加呈现出先快速下降后缓慢上升的趋势，ΔH 由最高时的 860Oe 线性降低并在 x=0.5wt%处取得最小值（205Oe），最后随着 VZB 玻璃含量的继续增加，ΔH 升高

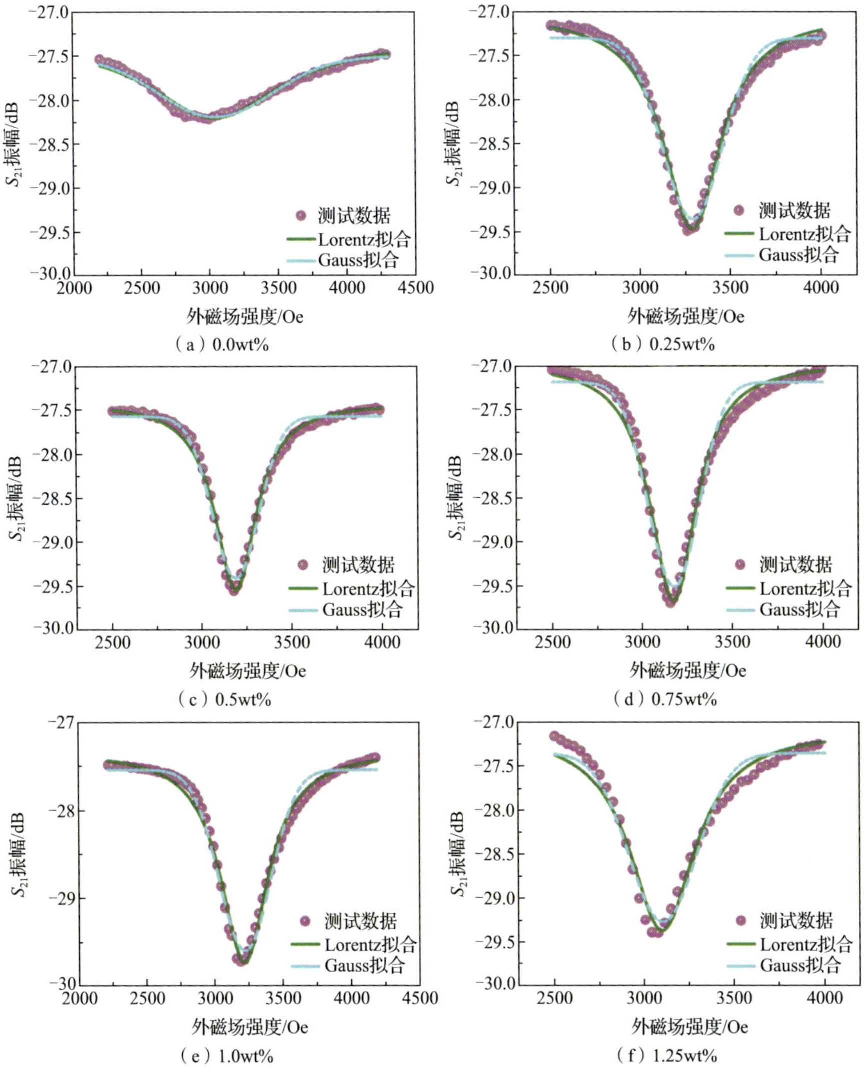

图 10-15 900℃烧结的不同 VZB 玻璃含量 LiTiZnMn 铁氧体的铁磁共振线宽谱

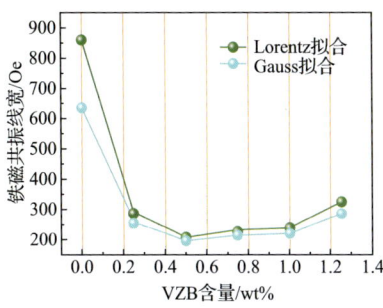

图 10-16 洛伦兹及高斯拟合计算的 LiZnTiMn 铁氧体铁磁共振线宽

至323Oe。ΔH的变化可以根据式（10-21）进行分析：

$$\Delta H = \Delta H_i + \Delta H_a + \Delta H_p \quad （10\text{-}21）$$

其中，ΔH_i、ΔH_a和ΔH_p分别为本征致宽、磁晶各向异性致宽和气孔致宽。通常，相较于较大的气孔致宽和磁晶各向异性致宽，本征致宽一般只有几奥斯特，因此可以忽略不计。故铁磁共振线宽的贡献主要来自气孔致宽ΔH_p和磁晶各向异性致宽ΔH_a。当铁氧体材料中未添加 VZB 玻璃时，样品晶粒较小，大量气孔分布在晶界处，致密化程度较低，此时样品的ΔH主要来源于较大的气孔致宽ΔH_p的贡献；适当添加VZB玻璃后（x=0.5wt%），样品晶粒迅速生长并趋于均匀，晶界减少，大量气孔沿晶界排出，获得最大密度，因此气孔致宽ΔH_p快速降低。同时，VZB玻璃促进了铁氧体材料固相反应的进行，使晶粒均匀性增加，有效降低了磁晶各向异性线宽ΔH_a，因此ΔH迅速降低并取得最小值；然而，过量添加VZB玻璃造成微观结构均匀性的恶化以及晶界处大量玻璃相的沉积，所以ΔH增加。

图 10-17 给出了 900℃烧结的 LiZnTiMn 铁氧体的介电常数ε_r和介电损耗角正切 $\tan\delta_\varepsilon$随 VZB 玻璃含量的变化曲线。当 x 从 0.0wt%增加到 0.75wt%时，介电常数呈现增加趋势；x 从 0.75wt%增加到 1.25wt%，介电常数呈现下降趋势。样品的介电常数主要受材料密度的影响，在铁氧体材料中，气孔可以被认为是绝缘体，气孔数量的增加会导致材料介电常数的降低，因此高的致密化程度会给铁氧体材料带来高的介电常数。同时 VZB 玻璃在晶界处的富集也有助于介电常数的增加。介电损耗角正切随着 VZB 玻璃含量的增加呈现出先降低后增加的趋势，在x=0.5wt%处取得最小值（4.79×10^{-4}）。介电损耗角正切 $\tan\delta_\varepsilon$起初的减小主要来源于密度的增加和气孔数量的减少，而介电损耗角正切 $\tan\delta_\varepsilon$后来的增加主要是由于过多VZB玻璃相的引入。

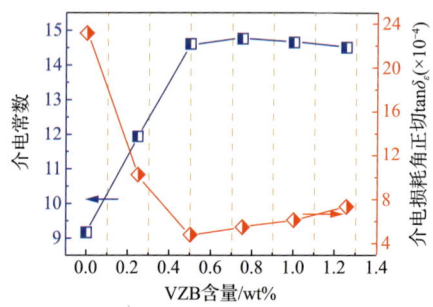

图 10-17　900℃烧结样品的介电常数ε_r和介电损耗角正切 $\tan\delta_\varepsilon$的变化曲线

10.3.3　Bi$_2$O$_3$-ZnO-B$_2$O$_3$玻璃掺杂 LiZnTiMn 铁氧体的性能研究

1. 材料制备及表征

实验采用固相反应法制备 LiZnTiMn 铁氧体。以高纯度 Li$_2$CO$_3$、ZnO、Fe$_2$O$_3$、

TiO$_2$、Mn$_3$O$_4$ 为原料，按照化学配比 Li$_{0.42}$Zn$_{0.27}$Ti$_{0.11}$Mn$_{0.1}$Fe$_{2.1}$O$_4$ 进行配料。以去离子水和钢球分别为球磨介质和磨球，按照原料：去离子水：磨球=2：3：5 的比例在行星式球磨机中球磨 4h。将球磨后的粉料烘干并过 40 目筛，在气氛炉中升温至 800℃预烧。将预烧粉料与所需比例的 Bi$_2$O$_3$-ZnO-B$_2$O$_3$（BZB）玻璃（x=0.0wt%、0.15wt%、0.3wt%、0.45wt%、0.6wt%、0.75wt%）在行星式球磨机中混合球磨 6h，烘干并过 80 目筛，加入 10wt%~12wt%聚乙烯醇（PVA）黏合剂造粒、过筛，在 8MPa 压强条件下制成环形生坯（18mm×8mm×3mm，$\Phi \times \Phi \times h$）。然后在马弗炉中分别升温至 880℃、900℃、920℃烧结并保温 2h，升温速率设置为 2℃/min。Bi$_2$O$_3$-ZnO-B$_2$O$_3$ 玻璃以高纯度的 Bi$_2$O$_3$、ZnO 和 B$_2$O$_3$ 按照 Bi$_2$O$_3$：ZnO：B$_2$O$_3$=1：1：1 的摩尔比配料，以无水乙醇和锆球分别为球磨介质和磨球，按照原料：无水乙醇：磨球=2：3：5 的比例在行星式球磨机中球磨 6h。烘干后研磨成细粉，在马弗炉中以 5℃/min 速率升温至 900℃保温 1h。然后快速淬火、烘干，研磨粉碎过 200 目筛制得玻璃粉末。

样品表征同 10.3.2 节，此处不再赘述。

2. 玻璃性能分析

图 10-18 是 BZB 玻璃粉末的 DTA 曲线。基于 DTA 分析可知，BZB 玻璃的软化温度 T_s、结晶温度 T_{cr}、熔化温度 T_m 分别为 359.9℃、520.2℃和 587.6℃。这说明 BZB 玻璃具有较低的软化温度，可以在低温烧结过程中形成液相，促进 LiZnTiMn 铁氧体在低温条件下的致密化烧结。

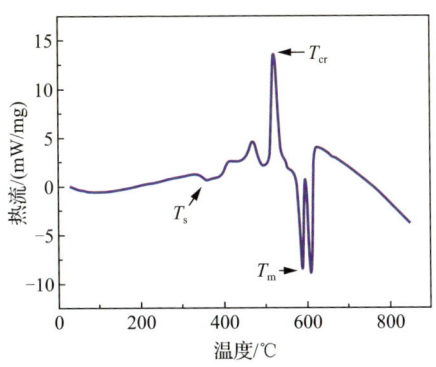

图 10-18　BZB 玻璃的 DTA 曲线

3. 物相与微观结构分析

图 10-19（a）显示的是 900℃烧结的不同 BZB 玻璃含量 LiZnTiMn 铁氧体的 XRD 图谱。通过对 XRD 图谱的分析可以发现，对于不同 BZB 玻璃含量的样品，XRD 图谱均生成尖晶石相，且无其他杂相生成，衍射峰包括(220)、(311)、(222)、(400)、(422)、(511)和(440)，其中最强衍射峰为(311)。

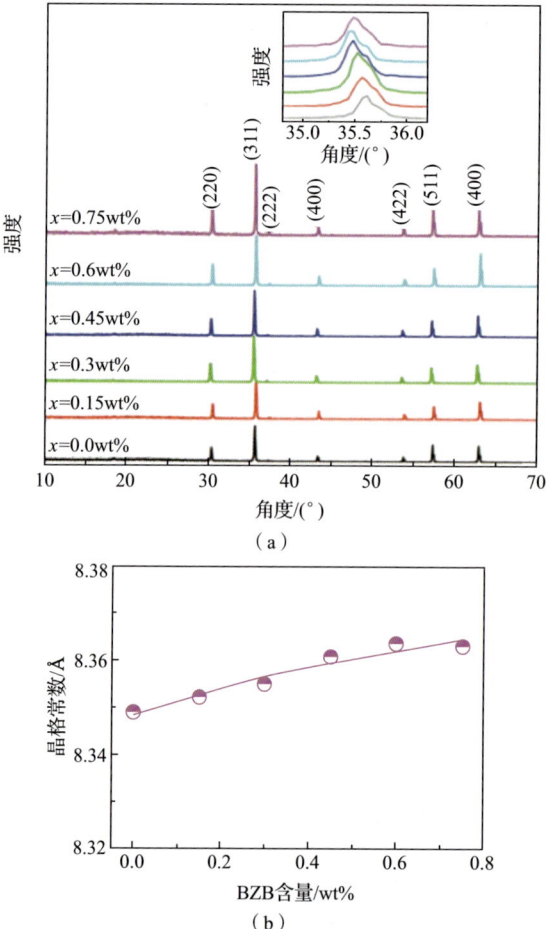

图 10-19　900℃烧结的不同 BZB 玻璃含量 LiZnTiMn 铁氧体的 XRD 图谱（a）和晶格常数 a 的变化曲线（b）

值得注意的是，随着 BZB 玻璃含量的增加，特征峰(311)明显向小角度方向偏移，如图 10-19（a）中插图所示，衍射峰位的偏移是由晶格常数的变化所致。LiZn 铁氧体属于立方结构晶相，其 a 轴、b 轴及 c 轴均具有大小相同的数值，因此采用布拉格定律对 LiZnTiMn 铁氧体的晶格常数 a 进行计算。晶格常数 a 随 BZB 玻璃含量的变化曲线如图 10-19（b）所示。从图中可以看出，晶格常数 a 随着 BZB 玻璃含量的增加呈线性增加的趋势。晶格常数 a 的变化规律源于 Bi^{3+} 和 Fe^{3+} 的离子半径差异，Bi^{3+} 的离子半径为 1.11Å，Fe^{3+} 的离子半径为 0.67Å，BZB 玻璃的添加会使大离子半径的 Bi^{3+} 取代 B 位小离子半径的 Fe^{3+}，导致晶格常数增加。此外，LiZnTiMn 铁氧体的衍射峰强度随着 BZB 玻璃含量的增加而逐渐增强，说明 BZB 玻璃能有效促进铁氧体固相反应的进行。

采用 Rietica 软件对 x=0.0wt%的 LiZnTiMn 铁氧体样品 XRD 图谱进行精修。纯 LiZnTiMn 铁氧体样品的 XRD 精修图谱如图 10-20 所示。LiZnTiMn 铁氧体的空间群为 $Fd\bar{3}m$，精修的原子占位分布如表 10-5 所示，可靠因子 R_p=10.09%，R_{wp}=15.50%，R_{exp}=11.63%和 χ^2=1.78，晶格常数 a=b=c=8.3489Å。所得的可靠因子均在标准误差范围内。这一结果证明了在低温共烧制备过程中铁氧体并没有出现成分偏析的情况，且在烧结过程中没有出现 Li^+ 挥发现象，证明了烧结后的 LiZnTiMn 铁氧体配方组分完整。

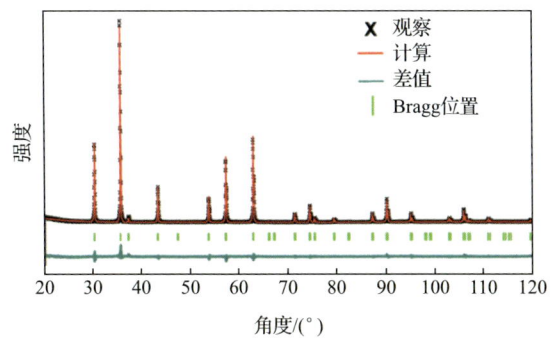

图 10-20　900℃烧结的纯 LiZnTiMn 铁氧体的 Rietveld 精修

观察测试图用黑色表示，最佳拟合计算图用红色表示，测试图与拟合计算图差用蓝色表示，计算拟合峰位用绿色表示

表 10-5　900℃烧结的纯 LiZnTiMn 铁氧体 Rietveld 精修结果

金属离子	有效晶粒半径/Å	坐标(x=y=z)	占用离子配比
Zn^{2+}	0.60	0.125	0.01125
Mn^{2+}	0.66	0.125	0.00138
Fe^{3+}	0.49	0.125	0.02904
Mn^{3+}	0.58	0.500	0.00279
Li^+	0.59	0.500	0.01750
Fe^{2+}	0.67	0.500	0.05846
Ti^{4+}	0.605	0.500	0.00458

图 10-21 显示的是 900℃烧结的不同 BZB 玻璃含量 LiZnTiMn 铁氧体样品断面的 SEM 图。显而易见，BZB 玻璃对于 LiZnTiMn 铁氧体微观结构的演变起到至关重要的作用。当 x=0.0wt%时，SEM 图呈现出晶粒尺寸小（约 0.8μm）、微观结构疏松的状态，大量气孔分布在晶界之间［图 10-21（a）］；当 BZB 玻璃含量增加为 0.15wt%时，平均晶粒尺寸从约 0.8μm 增加至约 1.5μm，晶界间气孔明显减少，样品的致密化程度逐渐增加［图 10-21（b）］；当 0.3wt%的 BZB 玻璃添加后，平均晶粒尺寸增加至约 2μm，晶界间气孔大量减少，微观结构变得均匀、致密［图 10-21（c）］。BZB 玻璃对 LiZnTiMn 铁氧体的微观结构影响显著，可以采用液

相烧结理论对这一过程进行分析,当烧结温度升高至 BZB 玻璃的软化点(359.9℃)时,BZB 玻璃会软化并形成液滴包裹在晶粒的表面,然后 BZB 液滴会在晶界处形成毛细管液桥,推动晶粒的重排,拉近晶粒之间的距离,使微观结构变得紧密。同时,玻璃液相能通过黏性流动促进传质速率的加快和再结晶过程,通过小晶粒在大晶粒上的沉积使晶粒快速联合、合并。最后,通过晶粒聚结、接触生长、气孔排出等过程促进烧结过程中铁氧体材料微观结构的致密化发展。当 $x \geqslant 0.45\text{wt}\%$ 时,样品晶粒出现了进一步生长及合并,平均晶粒尺寸增加至约 15μm,晶粒上出现了较多的晶粒内气孔,微观结构的均匀性有所恶化[图 10-21(d)～(f)]。这是因为烧结过程中晶粒的生长速度超过了致密化速度,使大量气孔留在合并的晶粒中,形成了大量晶粒内气孔。

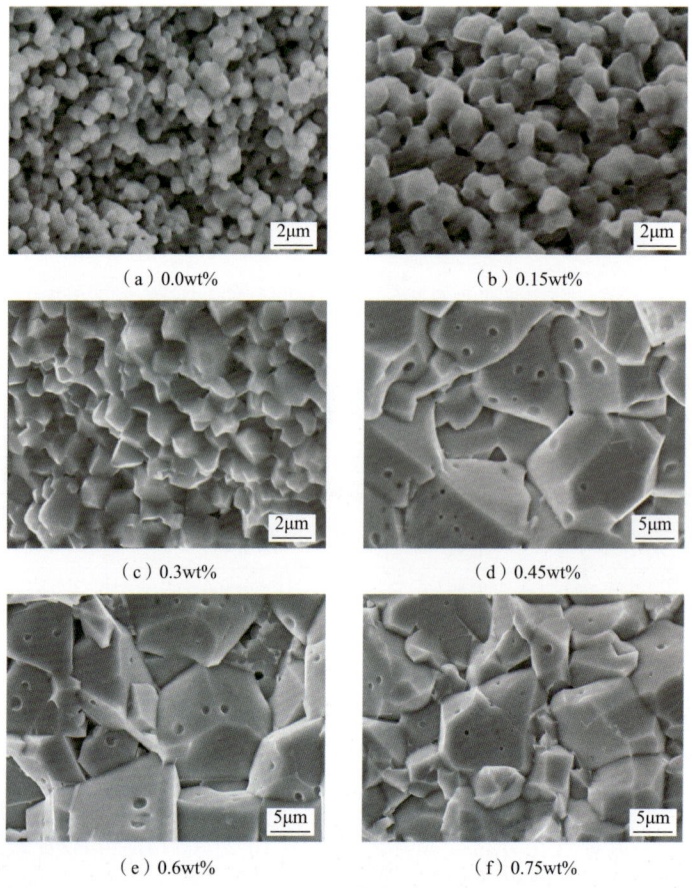

图 10-21　900℃烧结的不同 BZB 玻璃含量 LiZnTiMn 铁氧体的 SEM 图

在相同烧结温度下研究了不同保温时间对 LiZnTiMn 铁氧体收缩率的影响,见图 10-22。在 $x=0.3\text{wt}\%$ 和 $x=0.45\text{wt}\%$ 处,收缩率具有显著差异。与 $x=0.45\text{wt}\%$

相比，x=0.3wt%收缩率的斜率较大，说明 0.3wt% BZB 玻璃掺杂的样品致密化速度的增长明显高于 0.45wt% BZB 玻璃掺杂的样品，当保温时间为 120min 时，两者的致密化程度基本相同。结合 SEM 图可以看出，0.45wt% BZB 玻璃掺杂样品的晶粒尺寸是 0.3wt% BZB 玻璃掺杂样品的 5~8 倍，这是由于液相的进一步增加提高了晶粒生长的驱动力，晶粒生长速度加快，但是此时致密化速度却增长缓慢，因此导致晶粒生长速度超过致密化速度，气孔无法及时沿晶界排出并被卷入晶粒内部，导致了晶粒均匀性的破坏和大量晶粒内气孔的出现。

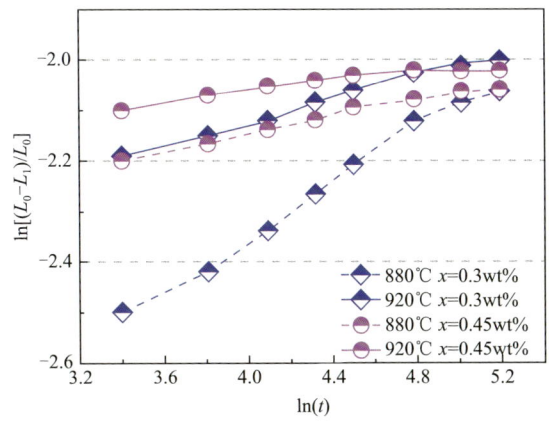

图 10-22　x=0.3wt%和 x=0.45wt%的 LiZnTiMn 铁氧体收缩率随保温时间变化曲线

4. 旋磁性能与介电性能研究

900℃烧结的不同 BZB 玻璃含量 LiZnTiMn 铁氧体的饱和磁化曲线如图 10-23（a）所示。当外磁场强度增加到约 1200Oe 时，样品的磁化方向逐渐与外磁场方向一致，材料的饱和磁化强度均趋于饱和。由磁滞回线获得的样品饱和磁化强度 M_s 和密度 d 随 BZB 玻璃含量的变化曲线如图 10-23（b）所示。样品密度 d 随着 BZB 含量的增加呈现先线性增加后趋于稳定的变化趋势，在 x=0.3wt% 处获得最大值（4.62g/cm^3）。样品的密度变化过程和微观结构的演变过程息息相关。BZB 玻璃在烧结过程中产生液相，液相通过黏性流动加速物质传递，促进晶粒生长、合并，使微观结构逐渐均匀、紧凑，提升样品致密化程度，故样品的密度在 BZB 玻璃的影响下大幅提升。在主配方没有发生变化的情况下，铁氧体材料的饱和磁化强度 M_s 主要受到密度及平均晶粒尺寸的影响。随着 BZB 玻璃含量从 0.0wt% 增加到 0.3wt%，样品的饱和磁化强度由 52.18emu/g 升高至 73.71emu/g。这是由于 BZB 玻璃的添加促进了样品固相反应程度的进行，样品的晶粒尺寸和密度大幅度提升，因此材料的 M_s 提升。继续增加玻璃助剂含量至 0.75wt%，M_s 下降至 67.28emu/g。这是由于随着非磁性 BZB 玻璃含量的增加，部分 Bi^{3+} 会取代 B 位的 Fe^{3+}，降低 B 位次晶格离子磁矩 m_B，使 A-B 位间超交换作用减弱，因此 M_s 下降。分子磁矩 M 和饱和磁化强度 M_s 可以分别表示为

$$M_s = |m_B - m_A| \quad (10\text{-}22)$$

$$M_s = \frac{8M}{a^3} \quad (10\text{-}23)$$

其中，M 为分子磁矩；m_A 为 A 位次晶格离子磁矩；m_B 为 B 位次晶格离子磁矩；M_s 为饱和磁化强度；a 为晶格常数。

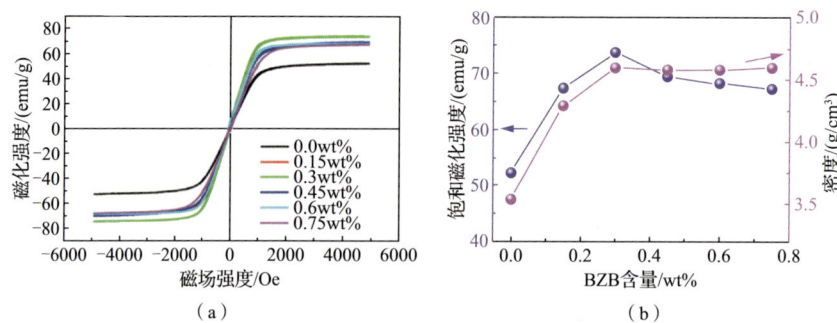

图 10-23　(a) 不同 BZB 玻璃含量 LiZnTiMn 铁氧体的磁滞回线；(b) 900℃烧结的 LiZnTiMn 铁氧体的饱和磁化强度 M_s 和密度 d 的变化曲线

铁磁共振线宽是表征材料磁性损耗的关键参数。图 10-24 显示的是 900℃烧结的不同 BZB 玻璃含量 LiZnTiMn 铁氧体的铁磁共振线宽谱。通过对图谱的观察可以看出，相较于高斯拟合，洛伦兹拟合计算的铁磁共振线宽与实验数据拟合度更高。

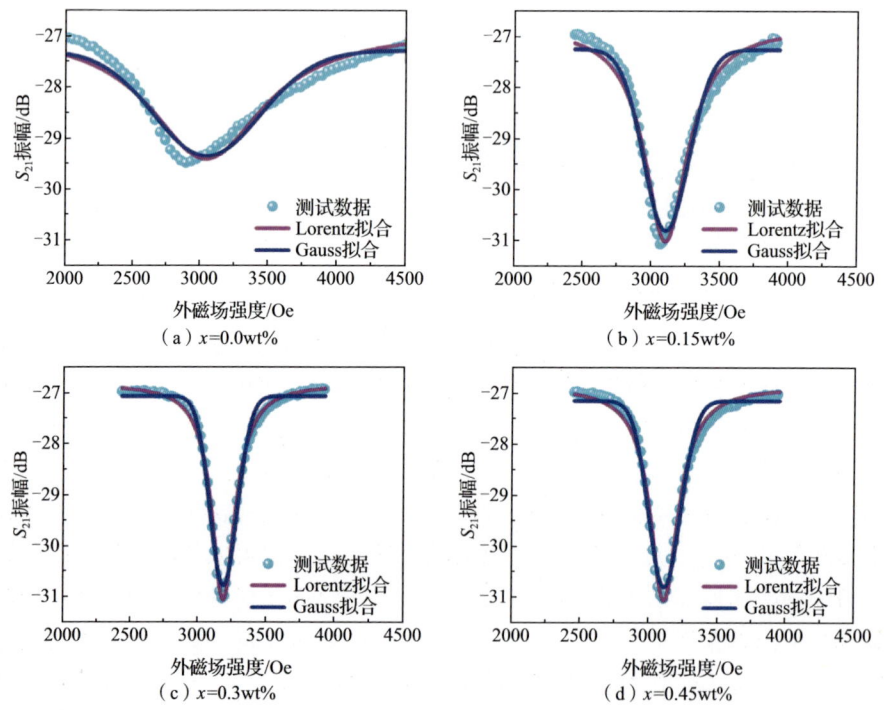

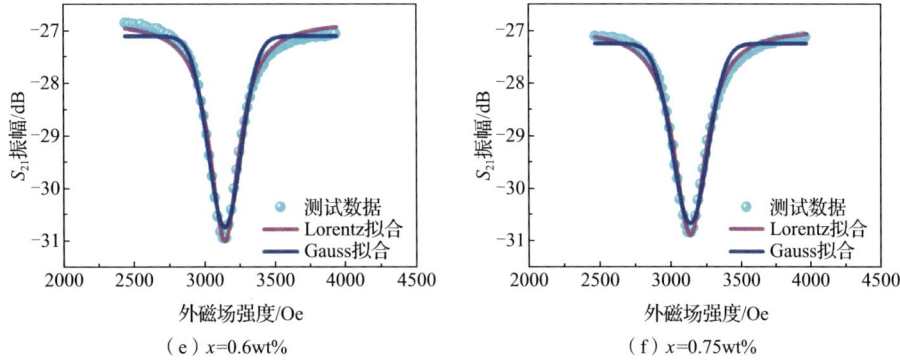

(e) $x=0.6wt\%$ (f) $x=0.75wt\%$

图 10-24　900℃烧结的不同 BZB 玻璃含量 LiTiZnMn 铁氧体的铁磁共振线宽谱

图 10-25（a）显示的是洛伦兹函数与高斯函数的拟合优度（剩余平方和）。拟合优度表征了预测结果与实际测试结果的吻合程度，拟合优度在 0~1 之间，数值越接近 1 说明拟合曲线与实验数据相关性越高。如图所示，洛伦兹拟合基本上均高于高斯拟合，最高时拟合优度达 99.5%，说明拟合得到的铁磁共振线宽已非常准确。同时可以发现，铁氧体样品的铁磁共振线宽越小，拟合出的数据越准确。

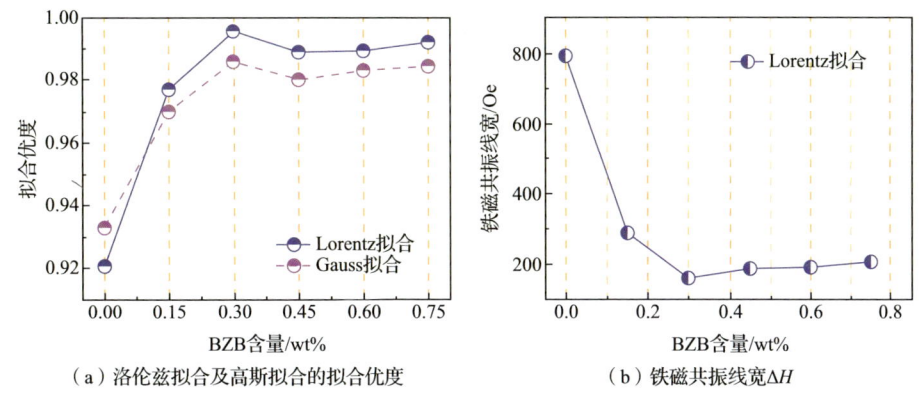

(a) 洛伦兹拟合及高斯拟合的拟合优度　　(b) 铁磁共振线宽 ΔH

图 10-25　不同 BZB 玻璃含量 LiZnTiMn 铁氧体的拟合优度和铁磁共振线宽

图 10-25（b）显示的是采用洛伦兹拟合得到的样品铁磁共振线宽 ΔH。从图中能明显看出，BZB 玻璃的含量对样品铁磁共振线宽影响显著。当没有 BZB 玻璃添加时，ΔH 为 792Oe；适量 BZB 玻璃添加到铁氧体后，ΔH 迅速下降，并在 $x=0.3wt\%$ 获得最小值（161Oe）；进一步添加 BZB 玻璃使 ΔH 上升至 206Oe。铁磁共振线宽 ΔH 主要由本征线宽 ΔH_i、磁晶各向异性致宽 ΔH_a 和气孔致宽 ΔH_p 组成。ΔH_i 比 ΔH_a 和 ΔH_p 小几个数量级，仅为几奥斯特，通常可以忽略不计，因此铁氧体材料的 ΔH 主要采用 ΔH_a 和 ΔH_p 分析。纯 LiZnTiMn 铁氧体的微观结构松散，晶粒细小，气孔较多，气孔致宽较大，此时样品的铁磁共振线宽主要来自气孔致宽的贡献；当适量添加 BZB 玻璃后，样品晶粒迅速生长，气孔数量减小，密度增

加，有效降低了气孔致宽。此外，BZB 玻璃促使晶粒均匀度和晶粒形貌相似度的提高导致磁晶各向异性致宽的下降，所以 LiZnTiMn 铁氧体的铁磁共振线宽在含量为 0.3wt%处获得最小值。当含量超过 0.3wt%后，晶粒的进一步生长、吞并使部分晶粒异常生长，破坏了样品微观结构的均匀性，因此导致气孔致宽及磁晶各向异性致宽的略微增加，所以铁磁共振线宽增大。

图 10-26（a）是 LiZnTiMn 铁氧体矫顽力随 BZB 玻璃含量及烧结温度的变化曲线。从图中可以看到，不同烧结温度的样品矫顽力曲线均呈现相似的变化规律，并且样品矫顽力对 BZB 玻璃含量极为敏感。当烧结温度为 880℃时，矫顽力从 738A/m 下降到 150A/m，然后升高至 166A/m，在 x=0.45wt%处获得最小值；当烧结温度为 900℃时，矫顽力从 685A/m 下降到 128A/m，然后升高至 160.7A/m，在 x=0.45wt%处获得最小值；当 920℃烧结时，矫顽力从 604.2A/m 下降到 118A/m，然后升高至 152.4A/m，在 x=0.3wt%处获得最小值。矫顽力的变化可由式（10-24）进行分析：

$$H_c = 3\left(\frac{KT_cK_1}{aM_s}\right)\left(\frac{1}{D}\right) \qquad (10\text{-}24)$$

其中，T_c 为居里温度；K_1 为磁晶各向异性常数；a 为晶格常数；M_s 为饱和磁化强度；D 为晶粒尺寸。从公式可以得出，矫顽力的变化趋势与微观结构紧密相关，矫顽力主要与晶粒尺寸成反比，这是由于较大的晶粒尺寸可以形成较小的晶界，这种变化有利于畴壁位移，从而得到较小的矫顽力。因此，BZB 玻璃含量为 0.45wt%时，样品获得最小矫顽力。同时，样品矫顽力随着烧结温度的上升而降低，这是由于烧结温度的升高能提升离子扩散的速度，通过晶界扩散和晶界迁移的方式促进晶粒生长，使平均晶粒尺寸增加，因此畴壁位移在反磁化过程中变得容易，故矫顽力下降。

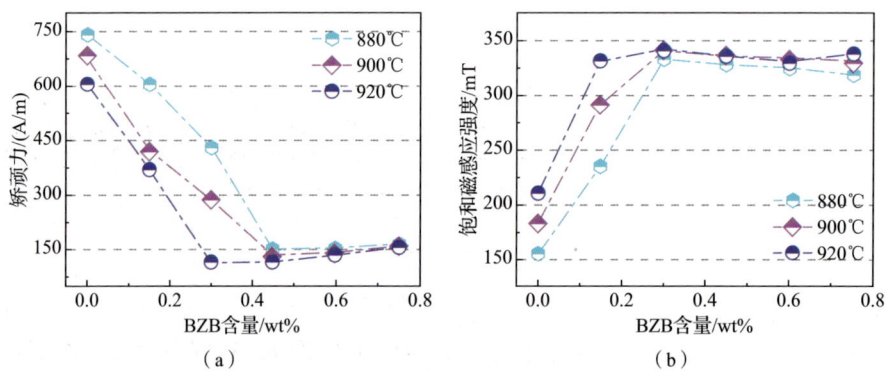

图 10-26 不同烧结温度 LiZnTiMn 铁氧体矫顽力 H_c（a）和饱和磁感应强度 B_s（b）随 BZB 玻璃含量的变化曲线

LiZnTiMn 铁氧体的饱和磁感应强度 B_s 随 BZB 玻璃含量及烧结温度的变化曲线如图 10-26（b）所示。饱和磁感应强度 B_s 与饱和磁化强度 M_s 具有相同的变化趋势。在不同烧结温度下，样品饱和磁感应强度均呈现先快速上升后缓慢下降的趋势，当烧结温度为 880℃、900℃ 和 920℃ 时，样品在 $x=0.3$wt% 处分别得到最大值 332.9mT、341.9mT 和 341.2mT。

剩磁比表征了样品饱和磁化过程中磁滞回线的矩形度，对于工作在剩磁状态的闭锁式移相器来说至关重要，能够提高移相器的单位相移量。图 10-27 是 LiZnTiMn 铁氧体剩磁比 B_r/B_s 随 BZB 玻璃含量及烧结温度的变化曲线。铁氧体剩磁比随 BZB 玻璃含量的增加呈现出先上升后下降的趋势，当未添加玻璃助剂时，纯 LiZnTiMn 铁氧体在较低的烧结温度下固相反应不充分，样品晶粒细小，晶粒间气孔较多，气孔周围易形成反磁化核，反磁化核会使磁矩方向偏离宏观磁矩方向，材料总体磁矩减小，当磁场强度下降到零时，相应剩磁 B_r 下降，因此剩磁比较低。当适量玻璃助剂添加后，BZB 玻璃在烧结过程中变成液相，促进固相反应的进行，晶粒逐渐生长，气孔从晶界处排出，使剩磁比增大。同时，从插图中可以看出，在 900℃ 及 920℃ 烧结，当含量分别为 0.3wt% 和 0.15wt% 时，样品的剩磁比均达到了 0.89 以上。其 SEM 图表现出晶粒尺寸细小、均匀，气孔含量少的微观结构，这种结构有利于减少反磁化畴的出现，增加 B_r，提高剩磁比。当含量继续增加，晶粒的快速生长使晶粒均匀性恶化从而使剩磁比下降。烧结温度的升高同样会使剩磁比下降，这是由于烧结温度提高了离子扩散的速度，晶粒生长加快，晶粒均匀性下降，易使样品缺陷增加。

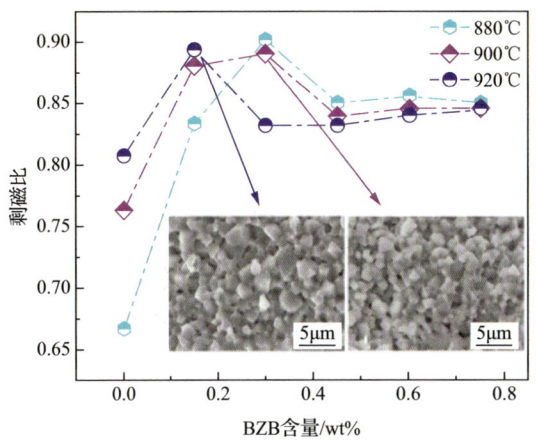

图 10-27　不同烧结温度的 LiZnTiMn 铁氧体剩磁比 B_r/B_s 随 BZB 玻璃含量的变化曲线

图 10-28 给出了 900℃ 烧结的 LiZnTiMn 铁氧体的介电常数 ε_r 和介电损耗角正切 $\tan\delta_\varepsilon$ 随 BZB 玻璃含量的变化曲线。如图所示，介电常数 ε_r 随着 BZB 玻璃含量的增加而升高，当 $x>0.3$wt% 时，介电常数基本趋于稳定，保持在 14.5~15 之间。

介电损耗角正切 $\tan\delta_\varepsilon$ 表现出先快速下降后逐渐上升的趋势。相较于未添加 BZB 玻璃的样品，含量为 0.3wt%的样品介电损耗下降了 4/5 并取得最小值（3.13×10^{-4}）。BZB 玻璃对 LiZnTiMn 铁氧体介电常数的影响源于两方面：一方面是由于气孔在铁氧体材料中可以看作绝缘体，因此气孔数量的减少会导致样品介电常数的增加；另一方面 BZB 玻璃在晶界处的沉积有助于介电常数的增加。介电损耗的降低则主要是由于密度的增加和气孔数量的减少。同时，玻璃的介电损耗通常要大于铁氧体，所以玻璃相的大量加入也会导致介电损耗的增加。

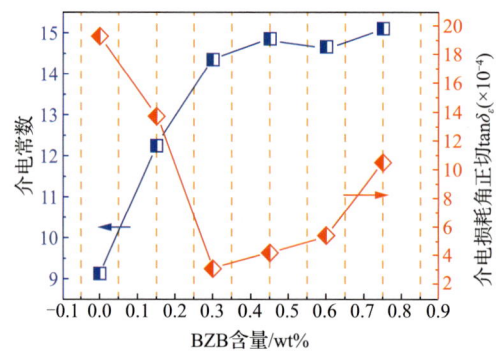

图 10-28　900℃烧结的不同 BZB 含量 LiZnTiMn 铁氧体的介电常数 ε_r 和介电损耗角正切 $\tan\delta_\varepsilon$

10.3.4　Li_2CO_3-B_2O_3-SiO_2 玻璃掺杂 LiZnTiMn 铁氧体的性能研究

1. 材料制备及表征

实验采用固相反应法制备 LiZnTiMn 铁氧体。以高纯度 Li_2CO_3、ZnO、Fe_2O_3、TiO_2、Mn_3O_4 为原料，按照化学配比 $Li_{0.42}Zn_{0.27}Ti_{0.11}Mn_{0.1}Fe_{2.1}O_4$ 进行配料。将配制好的原料加去离子水放入行星式球磨机中球磨 4h。球磨后的粉料在烘箱中烘干并过 40 目筛，放入气氛炉中升温至 800℃预烧并保温 2h。然后将预烧粉料与所需比例的 Li_2CO_3-B_2O_3-SiO_2（LBS）玻璃（x=0.0wt%、0.15wt%、0.3wt%、0.45wt%、0.6wt%、0.9wt%）进行混合，加去离子水在行星式球磨机中球磨 6h。烘干并过 80 目筛，加入 10wt%～12wt%聚乙烯醇（PVA）黏合剂造粒，过筛。然后经液压机在 8MPa 压强条件下压制成环形生坯（18mm×8mm×3mm，Φ×Φ×h）。最后，将成型后的生坯放入马弗炉中，分别升温至 880℃、900℃、920℃烧结并保温 2h。Li_2CO_3-B_2O_3-SiO_2 玻璃以高纯度的 Li_2CO_3、B_2O_3 和 SiO_2 按照 51.3mol% Li_2CO_3、36.6mol% B_2O_3 和 12.1mol% SiO_2 的比例配料，在行星式球磨机中球磨 6h。烘干后，放入马弗炉中以 5℃/min 速率升温至 900℃并保温 30min。随后在去离子水中快速淬火，烘干，研磨粉碎过 200 目筛制得玻璃粉末。

样品密度采用阿基米德排水法测量（煤油介质）。晶体结构采用 DX-2700 X 射线衍射仪测定，具体条件为 40kV，40mA，Cu K_α 辐射，步长 0.03°，扫描范围

$10°\leq 2\theta \leq 70°$。饱和磁感应强度(B_s)、剩磁比(B_r/B_s)和矫顽力(H_c)在 H=1600A/m、频率 f=1kHz 条件下采用 B-H 分析仪（SY-8232）表征。铁磁共振线宽是将直径为 0.6mm 的小球放入 TE_{106} 谐振腔中，在 9.3GHz 频率下通过微扰法测试。微观形貌通过扫描电镜（JEOL JSM-6490LV）对铁氧体环形样品断面观测表征。

2. 物相与微观结构分析

图 10-29 显示了 900℃烧结的不同 LBS 玻璃含量 LiZnTiMn 铁氧体的 XRD 图谱。从图中看出，所有样品均呈现单一的立方尖晶石相，无其他杂相生成，衍射峰位与 JCPDS 粉末衍射卡片#37-1471 完全吻合，衍射峰为(220)、(311)、(222)、(400)、(422)、(511)和(440)，其中最强峰为(311)。随着 LBS 玻璃含量的增加，尖晶石相的峰位向小角度方向偏移。这是由样品晶格常数增加所致。在烧结过程中，LBS 的添加会使大离子半径的 Li^+（0.76Å）进入晶格 B 位，取代小离子半径的 Fe^{3+}（0.67Å），使晶格常数增大。同时，衍射峰强度随着 LBS 含量的增加逐渐增强，说明 LBS 玻璃在烧结过程中能够促进铁氧体的固相反应。

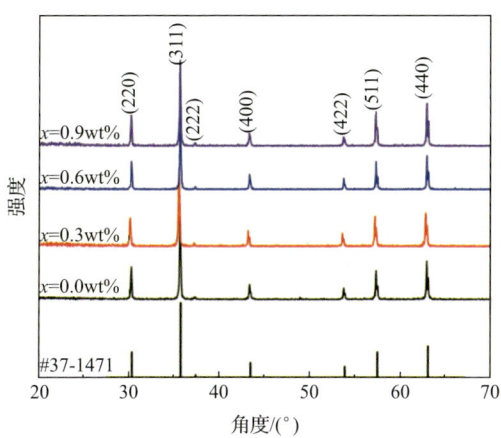

图 10-29 900℃烧结的不同 LBS 玻璃含量 LiZnTiMn 铁氧体的 XRD 图谱

图 10-30 显示了 900℃烧结的 LBS 玻璃含量为 0.0wt%、0.3wt%、0.45wt%及 0.9wt%的 LiZnTiMn 铁氧体断面 SEM 图。未添加 LBS 玻璃时，样品平均晶粒尺寸较小（约 0.8μm），晶粒与晶粒之间呈现点连接状态，大量气孔存在于晶界处，材料致密性较差［图 10-30（a）］。同时，烧结后的环形样品表面呈现暗红色，可见 900℃烧结的纯 LiZnTiMn 铁氧体固相反应程度较低，烧结后并未完全成瓷。相较于纯 LiZnTiMn 铁氧体样品，添加 0.3wt%～0.45wt% LBS 玻璃的样品晶粒迅速生长，气孔明显减少，铁氧体烧结致密，晶界比较模糊，晶粒连成一片［图 10-30（b）和（c）］。这种微观结构的演变主要源于 LBS 玻璃能降低晶粒生长所需的活化能。在烧结过程中，LBS 玻璃会软化成液相，均匀分布在样品的晶粒之间，填满间隙，通过黏性流动增加传质速率，促进晶粒生长和提高固相反应程度。当烧结温度逐

渐降低后，铁氧体晶界处的液相开始凝固，与铁氧体晶粒紧密结合起来，因此晶界逐渐模糊，晶粒连成一片。当 LBS 含量继续增加至 0.9wt%时，样品间的气孔增多，微观均匀性下降 [图 10-30（d）]。

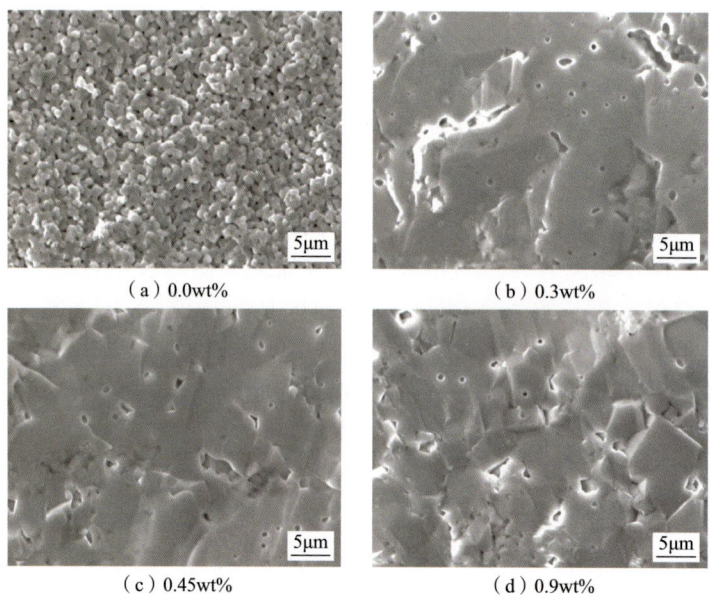

图 10-30　900℃烧结的不同 LBS 玻璃含量 LiZnTiMn 铁氧体的 SEM 图

LiZnTiMn 铁氧体的密度随 LBS 玻璃含量及烧结温度的变化曲线如图 10-31 所示，样品的密度采用阿基米德排水法测试。从图中可以看出，LBS 玻璃能有效提高样品的密度。随着 LBS 玻璃含量增加，密度快速上升，当 LBS 玻璃含量达到 0.45wt%时，铁氧体样品获得最大密度，$4.59g/cm^3$（880℃）、$4.62g/cm^3$（900℃）和 $4.64g/cm^3$（920℃），继续增加 LBS 玻璃含量，样品密度轻微下降。密度的变化规律说明 LBS 玻璃的添加能够有效促进 LiZnTiMn 铁氧体在低温条件下烧结致

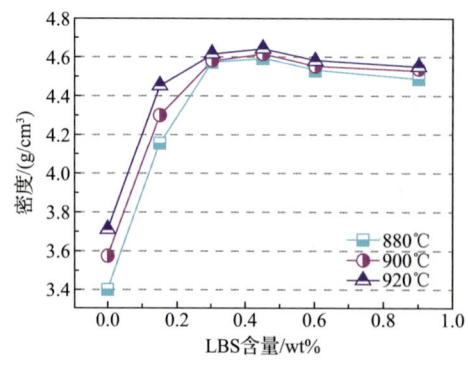

图 10-31　不同烧结温度下 LiZnTiMn 铁氧体密度随 LBS 玻璃含量的变化曲线

密。这主要是由于 LBS 在低温烧结过程中能生成液相，通过黏性流动增加物质传递和晶粒生长，使铁氧体烧结致密。但是当过量的 LBS 玻璃添加时，分散不均匀的液相破坏了材料的均匀结构，使气孔增多，导致样品气孔数量增加。另外，LBS 玻璃的密度比 LiZnTiMn 铁氧体的密度低，过多添加同样会导致样品的密度下降。

3. 旋磁性能研究

图 10-32（a）给出了 LiZnTiMn 铁氧体饱和磁感应强度 B_s 随 LBS 玻璃含量及烧结温度的变化曲线。从图中可以看到，饱和磁感应强度 B_s 随着 LBS 玻璃含量的增加呈现先大幅增加后略微减小的趋势。当烧结温度为 880℃时，饱和磁感应强度从 153mT 增加到 336mT，然后降低至 335mT；当烧结温度为 900℃时，饱和磁感应强度从 183mT 增加到 354mT，然后降低至 344 mT；当烧结温度为 920℃时，饱和磁感应强度从 209mT 增加到 356mT，然后降低至 342mT。饱和磁感应强度 B_s 的成倍增加得益于样品平均晶粒尺寸、密度及固相反应程度的增加。饱和磁感应强度的降低源于两点：①非磁性 LBS 玻璃弱化了 LiZnTiMn 铁氧体的磁性；②过多 LBS 液相导致气孔数量增加，使材料密度减小。

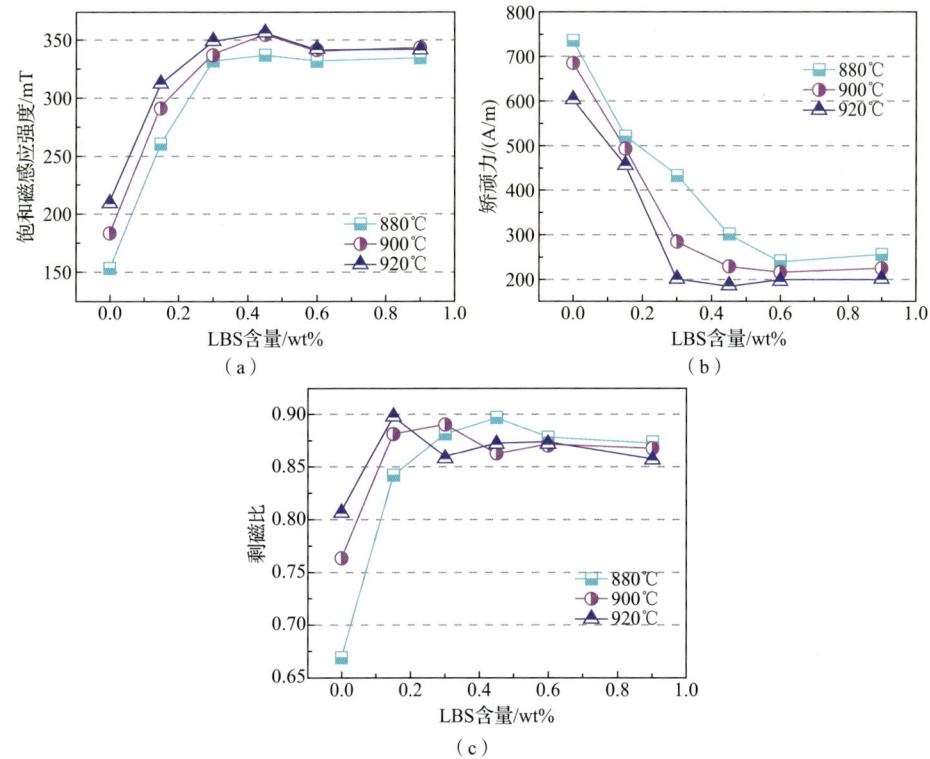

图 10-32 不同烧结温度下 LiZnTiMn 铁氧体饱和磁感应强度 B_s（a）、矫顽力 H_c（b）和剩磁比 B_r/B_s（c）随 LBS 玻璃含量的变化曲线

图 10-32（b）显示了 LiZnTiMn 铁氧体矫顽力随 LBS 玻璃含量及烧结温度的变化曲线。如图所示，不同烧结温度下的样品矫顽力曲线都具有相同趋势，矫顽力伴随着 LBS 玻璃含量的增加呈现先降低后轻微上升的趋势。当 880℃烧结时，矫顽力从 738Oe 降低到 242Oe（x=0.6wt%），随后增加到 257Oe；当 900℃烧结时，矫顽力从 685Oe 降低到 218Oe（x=0.6wt%），随后增加到 223Oe；当 920℃烧结时，矫顽力从 604Oe 降低到 186Oe（x=0.45wt%），随后增加到 202Oe。矫顽力表征了磁化过程中反向畴产生的最大不可逆畴壁位移，与晶粒尺寸 D 成反比。未添加 LBS 玻璃的样品，晶粒细小，气孔较多，因此矫顽力较大；适量添加 LBS 玻璃后，黏性流动有效促进了晶粒生长及致密化过程，使样品平均晶粒尺寸增加，气孔减少，因此样品矫顽力降低。

图 10-32（c）显示了样品剩磁比 B_r/B_s 随 LBS 玻璃含量及烧结温度的变化曲线。材料的剩磁比呈现出先升高后趋于稳定的变化趋势。当 LBS 玻璃含量大于 0.15wt%时，样品的剩磁比在 0.85～0.9 之间波动。当 880℃烧结时，样品在 x=0.45wt%处取得最大值（0.897）；当 900℃烧结时，样品在 x=0.3wt%处取得最大值（0.891）；当 920℃烧结时，样品在 x=0.15wt%处取得最大值（0.898）。适量添加 LBS 玻璃可以使材料微观结构均匀、致密，不仅减少气孔及缺陷引起的反磁化核生长，而且可以使不均匀微观结构造成的退磁场减弱，故样品的剩磁比大幅增加。

图 10-33 显示了 LiZnTiMn 铁氧体铁磁共振线宽 ΔH 在 9.3GHz 频率下随 LBS 玻璃含量及烧结温度的变化曲线。如图所示，随着 LBS 玻璃含量增加样品的铁磁共振线宽迅速降低并在 x=0.45wt%处获得最小值，然后缓慢上升。通常气孔或非磁性相的表面会产生磁荷，出现局部退磁场，使样品中各点的内磁场存在差异，相应各点的外加共振磁场也会不同，导致线宽增加。当未添加 LBS 玻璃时，样品气孔含量较高，此时样品铁磁共振线宽为 900～1500Oe；当 LBS 玻璃含量为 0.45wt%时，样品密度最大，因此铁磁共振线宽达到最小值；当进一步添加 LBS 玻璃后，LBS 玻璃液相富集于晶界处，使样品均匀性恶化，孔隙率上升，促使铁磁共振线宽略微增加。可见，适量的 LBS 玻璃有利于晶粒生长，提高样品密度，降低气孔数量，从而使样品的铁磁共振线宽减小。

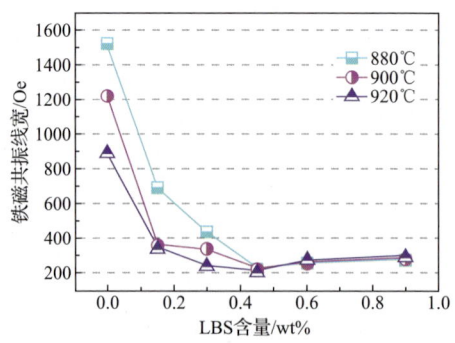

图 10-33　不同烧结温度下 LiZnTiMn 铁氧体铁磁共振线宽 ΔH 随 LBS 玻璃含量的变化曲线

10.4　复合氧化物掺杂 LiZnTiMn 铁氧体的低温烧结研究

10.4.1　复合氧化物掺杂 LiZnTiMn 铁氧体

10.3 节分别通过 V_2O_5-ZnO-B_2O_3 玻璃、Bi_2O_3-ZnO-B_2O_3 玻璃、Li_2CO_3-B_2O_3-SiO_2 玻璃对 $Li_{0.42}Zn_{0.27}Ti_{0.11}Mn_{0.1}Fe_{2.1}O_4$ 铁氧体材料在低温烧结（约 900℃）条件下的晶相结构、微观结构、致密度、旋磁性能和介电性能等方面进行了理论分析和机制研究。结果表明：LiZnTiMn 铁氧体在低温条件下能够烧结致密并获得良好的旋磁性能及介电性能，如适当的饱和磁化强度、高的剩磁比、窄的铁磁共振线宽及较小的介电损耗，为毫米波 LTCF 移相器的制备提供了良好的铁氧体材料储备。然而，在 LTCF 浆料流延过程中，玻璃中的 B_2O_3 容易与水基黏合剂 PVA 发生凝胶反应，其主要原因是[BO_3]三角形平面结构中的 B 原子与 PVA 中的羟基发生反应。因此，含 B_2O_3 和 H_3BO_3 的低软化温度玻璃容易使流延成型的难度增加。据报道，低熔点氧化物能有效降低铁氧体的烧结温度，比较常用的包括 Bi_2O_3、V_2O_5、SiO_2、CuO、B_2O_3 等[32,33]。为了更好地满足 LTCF 技术需求，实现铁氧体材料的低温烧结，研究发现，复合氧化物在低温时会反应生成烧结特性良好的低温共晶化合物，可以在低温烧结过程中更好地促进样品的晶粒生长及烧结致密，使铁氧体材料获得更加优异的性能[34]。

本节分别采用 V_2O_5-CuO、Bi_2O_3-CuO 和 Bi_2O_3-Li_2CO_3 复合氧化物作为烧结助剂，在约 900℃成功制备了 LiZnTiMn 铁氧体，深入研究了复合助剂对铁氧体的液相烧结机制，分析了烧结助剂对铁氧体的物相结构、微观结构、旋磁性能和介电性能的影响。

10.4.2　V_2O_5-CuO 复合助剂掺杂 LiZnTiMn 铁氧体的性能研究

1. 材料制备及表征

实验采用固相反应法制备 LiZnTiMn 铁氧体。以高纯度 Li_2CO_3、ZnO、Fe_2O_3、TiO_2、Mn_3O_4 为原料，按照化学配比 $Li_{0.42}Zn_{0.27}Ti_{0.11}Mn_{0.1}Fe_{2.1}O_4$ 进行配料。以去离子水和钢球分别为球磨介质和磨球，按照原料：去离子水：磨球=2：3：5 的比例在行星式球磨机中球磨 4h。将球磨后的粉料烘干并过 40 目筛，在气氛炉中升温至 800℃预烧并保温 2h。将预烧粉料与质量分数为 x 的 V_2O_5-CuO 复合助剂（x=0.0wt%、0.25wt%、0.5wt%、0.75wt%、1.0wt%、1.25wt%、1.5wt%；V_2O_5：CuO=68：32，采用摩尔比）在行星式球磨机中混合球磨 6h，烘干并过 80 目筛。加入 10wt%～12wt%聚乙烯醇（PVA）黏合剂造粒、过筛，在 8MPa 压强条件下制成环形生坯（18mm×8mm×3mm，$\Phi×\Phi×h$）。然后在马弗炉中分别升温至 880℃、

900℃烧结并保温 2h。

样品密度采用阿基米德排水法测量（煤油介质）。晶体结构采用 DX-2700 X 射线衍射仪测定，具体条件为 40kV、40mA，Cu $K_α$ 辐射，步长 0.03°，扫描范围 10°≤2$θ$≤70°。饱和磁感应强度（B_s）、剩磁比（B_r/B_s）和矫顽力（H_c）在 H=1600A/m、频率 f=1kHz 条件下采用 B-H 分析仪（SY-8232）表征。铁磁共振线宽 ΔH 采用直径为 0.6mm 的小球在 TE_{106} 谐振腔中 9.3GHz 频率下通过微扰法测试。根据 IEC 标准在 X 波段对铁氧体材料的微波介电性能进行测试表征。微观形貌是通过扫描电镜（JEOL JSM-6490LV）对铁氧体环形样品断面观测表征。饱和磁化曲线采用球形样品（$Φ$=2mm）在 0～5000Oe 磁场强度下由振动样品磁强计（VSM）表征。复合氧化物的温度特性采用差热分析仪（DTA，Netzsch STA 449C）进行表征。

2. 复合助剂性能分析

图 10-34（a）展示了 600℃烧结 V_2O_5-CuO 复合助剂粉末的 XRD 图谱。可以看出，V_2O_5-CuO 复合助剂在 600℃烧结时生成了 CuV_2O_6 相，并且有部分未发生反应的 V_2O_5 相与 CuV_2O_6 相共存。根据 V_2O_5 和 CuO 二相图［图 10-34（b）］可以看出，当 V_2O_5 占复合物总量的 52.5mol%时，V_2O_5 会完全与 CuO 反应生成 CuV_2O_6 相，反应化学式为：$V_2O_5+CuO \longrightarrow CuV_2O_6$。实验中复合助剂采用 68mol% V_2O_5 和 32mol% CuO 的混合比，导致部分 V_2O_5 未参与反应，故 XRD 图谱中同时存在 CuV_2O_6 相及 V_2O_5 相。

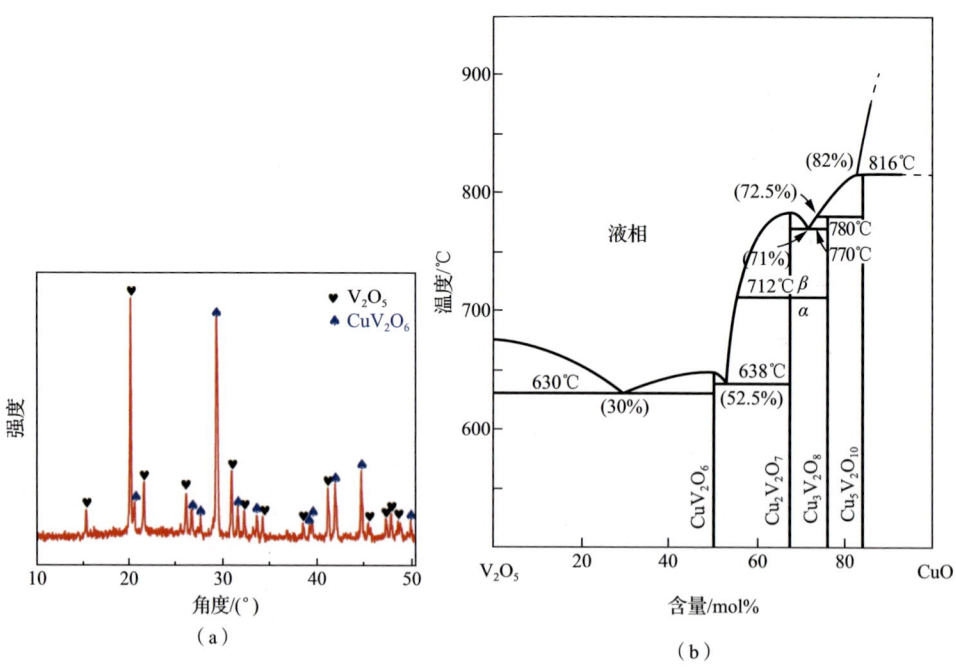

图 10-34　（a）600℃烧结的 V_2O_5-CuO 粉末的 XRD 图谱；（b）V_2O_5-CuO 二相图

图 10-35 展示了 V_2O_5-CuO 复合助剂粉末的 DTA 曲线。该曲线以 10K/min 的升温速率从室温升至 950℃测试获得。从图中可以看出，在 644℃处可以观察到一个强烈的吸收峰，说明 V_2O_5-CuO 复合助剂的熔化温度为 644℃。

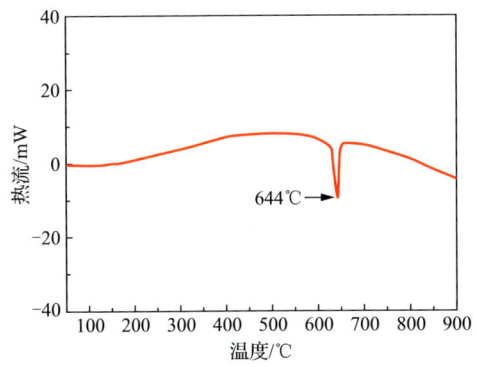

图 10-35　V_2O_5-CuO 粉末的 DTA 曲线

3. 物相与微观结构分析

图 10-36 展示了不同 V_2O_5-CuO 含量 LiZnTiMn 铁氧体的 XRD 图谱。可以看出，当 V_2O_5-CuO 复合助剂含量 $x<1.0wt\%$ 时，铁氧体样品均呈现单一的尖晶石相，无其他杂相生成，尖晶石相衍射峰位为(220)、(311)、(222)、(400)、(422)、(511)和(440)，其中最强衍射峰来自(311)。当 $x>1.0wt\%$ 时，样品中有部分杂相生成，可能是 V_2O_5-CuO 的添加生成了钒、铜化合物。图 10-36 中插图展示的是特征峰(311)的放大图。可以看出，随着 V_2O_5-CuO 含量的增加，衍射峰的位置不断朝着大角度方向偏移。这一现象是由晶格常数的减小所致。样品的晶格常数 a 可以从相应的 XRD 图谱通过布拉格定律计算获得，如表 10-6 所示。V^{5+} 的离子半径为 0.54Å，Fe^{3+} 的离

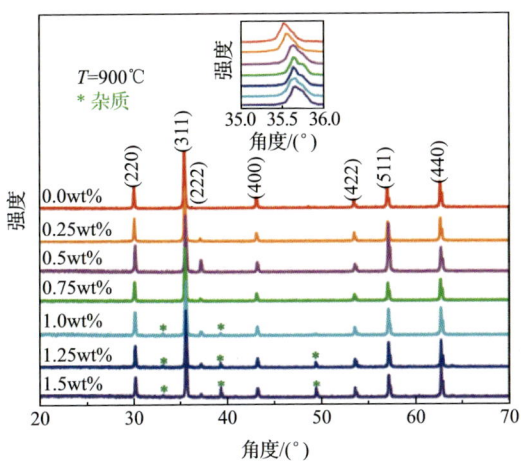

图 10-36　900℃烧结的不同 V_2O_5-CuO 复合助剂含量 LiZnTiMn 铁氧体的 XRD 图谱

表 10-6　不同 V_2O_5-CuO 复合助剂含量 LiZnTiMn 铁氧体的晶格常数 a

V_2O_5-CuO 含量/wt%	晶格常数 a/Å	V_2O_5-CuO 含量/wt%	晶格常数 a/Å
0.0	8.3489	1.0	8.3386
0.25	8.3453	1.25	8.3384
0.5	8.3395	1.5	8.3379
0.75	8.3389		

子半径为 0.67Å，V^{5+} 具有较强地占据四面体位（A 位）倾向。因此，随着 V_2O_5-CuO 含量增加，V^{5+} 部分取代铁氧体中的 Fe^{3+}，因此铁氧体样品的晶格常数逐渐减小。

图 10-37 展示了 900℃ 烧结的 V_2O_5-CuO 含量分别为 0.0wt%、0.25wt%、0.5wt% 及 1.5wt% 的 LiZnTiMn 铁氧体断面 SEM 图。明显地，V_2O_5-CuO 复合助剂含量对样品的微观结构影响显著。当未掺杂复合助剂时［图 10-37（a）］，样品平均晶粒尺寸较小，晶粒之间呈现出点连接的松散状态，大量气孔存在于晶界处。当 0.25wt% 的 V_2O_5-CuO 复合助剂添加后［图 10-37（b）］，部分晶粒率先生长，微观结构展现出大晶粒夹杂小晶粒的状态，密度显著提高，气孔减少。当 V_2O_5-CuO 继续添加至 0.5wt% 时［图 10-37（c）］，展现出一种小晶粒（约 2μm）充填于大晶粒（约 5μm）结合处的微观结构。这种结构的样品晶粒尺寸大小适中，微观结构紧凑、致密。此微观结构的演变主要是由 V_2O_5-CuO 复合助剂中 V_2O_5 的不均匀分散所致。晶粒间不均匀的 V_2O_5 液相导致晶粒生长速度不同，V_2O_5 富集处含有 V_2O_5-CuV_2O_6 复合液相，因此晶粒生长速度较快，而 V_2O_5 无法覆盖的地方只含

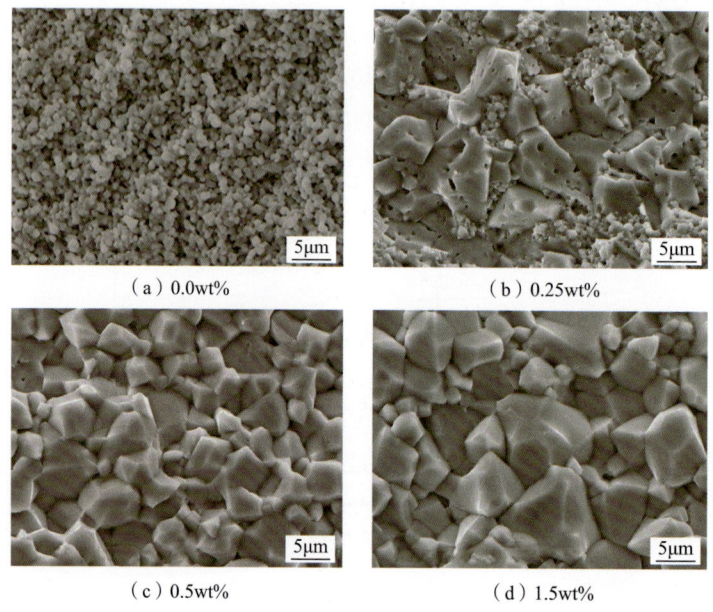

图 10-37　900℃ 烧结的不同 V_2O_5-CuO 含量 LiZnTiMn 铁氧体的 SEM 图

CuV_2O_6 液相，晶粒生长较慢，导致了晶粒尺寸的差异，形成这种小晶粒充填于大晶粒结合处的独特结构。然而，当添加更多的 V_2O_5-CuO 复合助剂后[图 10-37（d）]，晶粒会继续吞并生长，部分晶粒生长过快，使微观结构的均匀性逐渐破坏，导致气孔数量略微增加。

铁氧体的低温液相烧结动态过程如下：当烧结温度增加到 V_2O_5-CuV_2O_6 固溶体的熔化温度时，V_2O_5-CuV_2O_6 固溶体熔化形成液相并浸润铁氧体固相表面，液相对固相表面具有较好的润滑作用，能减小晶粒表面的摩擦力，便于物质迁移。根据能量最小原理，液相会优先填充于晶粒间的孔隙中并在晶粒间形成毛细管液桥。较大的毛细管压力及液相的润滑作用促使晶粒迅速靠拢并重新排列，形成更加紧密的结构。同时，在毛细管状液膜的作用下，相邻晶粒之间受到压应力，使晶粒质点在受压处和接触处溶于液相中。因为液相之间的浓度差，溶入液相的质点会扩散出去，在适当的低压力处凝结，使接触点逐步平滑，晶粒中心距离靠近，坯体逐渐达到致密。最终，通过晶粒间的吞并，气孔的排出使铁氧体的宏观体积收缩，逐渐达到材料的致密化。

样品密度和孔隙率随 V_2O_5-CuO 含量及烧结温度的变化如图 10-38 所示。随着 V_2O_5-CuO 复合助剂含量的增加，密度开始时迅速升高并在 x=0.5wt%处取得最大值，4.64g/cm³（880℃）和 4.67g/cm³（900℃），随后上升趋势转变为轻微的下降趋势。密度的变化规律与前面 SEM 图中微观结构的演变吻合良好，紧凑、致密的微观结构有助于获得较高的材料密度。同时，对样品的孔隙率进行计算。首先由 XRD 分析结果计算了 LiZnTiMn 的理论密度 d_x。理论密度 d_x 的计算公式为：

$$d_x = \frac{8M}{N_A a^3} \tag{10-25}$$

其中，8 表示尖晶石铁氧体的一个晶胞中含有 8 个分子；M 为分子量；N_A 为阿伏伽德罗常数；a 为单胞体积。孔隙率的计算公式为：

$$P = \left(1 - \frac{d}{d_x}\right) \times 100\% \tag{10-26}$$

其中，d 为测试密度；d_x 为理论密度。从图中可以看出，计算得到的孔隙率与铁氧体密度的变化规律正好相反，呈现先降低再升高的趋势并取得最小值，4.37%（880℃）和 3.89%（900℃）。孔隙率及密度的这种变化规律主要是由于 V_2O_5-CuO 复合助剂具有较强的助烧作用，在烧结过程中通过生成液相的方式有效促进物质传递和晶粒生长，使样品晶粒间的气孔沿晶界排出，增加材料致密化程度。然而，过多的 V_2O_5-CuO 复合助剂（x>0.75wt%）会对铁氧体材料的密度起到削弱作用。

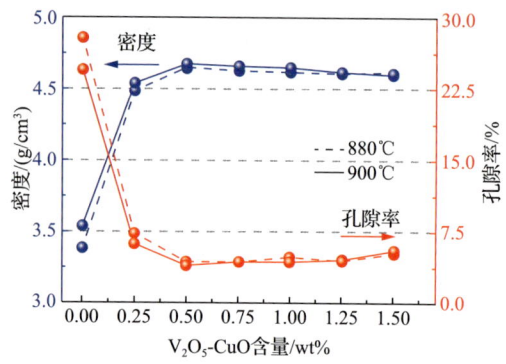

图 10-38 LiZnTiMn 铁氧体的密度 d 和孔隙率 P 随 V_2O_5-CuO 含量及烧结温度的变化曲线

4. 旋磁性能与介电性能分析

图 10-39（a）展示了 900℃烧结的不同 V_2O_5-CuO 含量 LiZnTiMn 铁氧体在室温条件下的磁滞回线。材料最大测试外磁场强度为 5000Oe。从磁滞回线可以看出，当磁场强度增加到约 1200Oe 时，所有样品基本趋于饱和且呈现出软磁特性——较小的矫顽力。样品的饱和磁化强度 M_s 如图 10-39（b）所示。随着 V_2O_5-CuO 复合助剂含量增加，饱和磁化强度 M_s 呈现出先增加后降低的趋势，M_s 由 52.69emu/g 增大至最大值 78.56emu/g（x=0.5wt%），然后下降到 68.97emu/g。通常影响饱和磁化强度 M_s 的因素众多，其中包括密度、平均晶粒尺寸、晶格缺陷和 A-B 位超交换作用等。当未添加助剂时，样品固相反应不充分，晶粒细小，气孔含量高，样品致密化程度低，导致样品单位体积内磁矩较少，因此饱和磁化强度较低。适量添加 V_2O_5-CuO 复合助剂后，铁氧体样品晶粒尺寸增大，孔隙率降低，使饱和磁化强度快速升高。然而，复合助剂中的 CuO 和 V_2O_5 均为非磁性物质，过多加入会弱化 LiZnTiMn 铁氧体的磁性，因此饱和磁化强度降低。图 10-39（b）同时

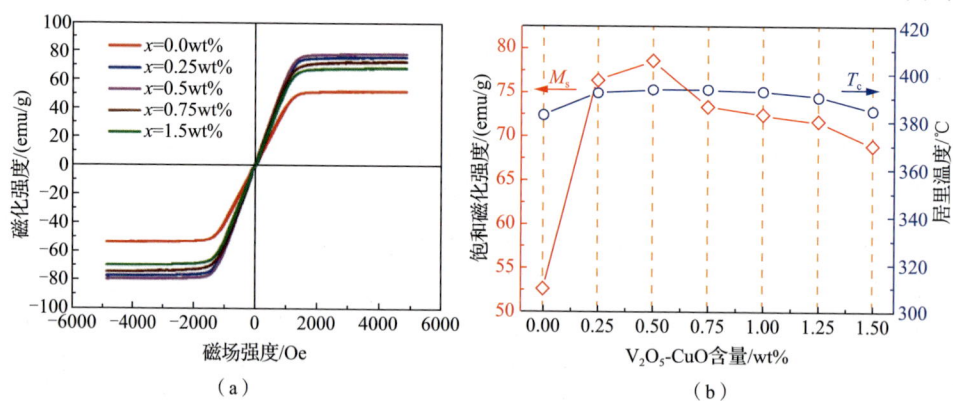

图 10-39 不同 V_2O_5-CuO 含量 LiZnTiMn 铁氧体的磁滞回线（a），以及饱和磁化强度 M_s 和居里温度 T_c 的变化曲线（b）

展示了 LiZnTiMn 铁氧体居里温度 T_c 随 V_2O_5-CuO 含量的变化。所有样品的居里温度基本保持在 390℃左右，波动基本在 10℃以内，波动范围不超过 2.5%。因此可以证明，LiZnTiMn 铁氧体具有较高的居里温度，能为微波器件提供优良的温度稳定性。

图 10-40（a）展示了样品矫顽力 H_c 随 V_2O_5-CuO 含量及烧结温度的变化曲线。从图中可以明确看出，当 $x \leqslant 0.5$wt%时，样品矫顽力随 V_2O_5-CuO 含量的增加呈线性单调下降趋势，矫顽力由最高约 700A/m 降低到约 200A/m；当 $x > 0.5$wt%时，样品矫顽力下降速度明显降低，矫顽力由约 200A/m 降低到约 150A/m。矫顽力的变化趋势可由式（10-24）予以解释。

根据前面对居里温度 T_c、饱和磁化强度 M_s 及平均晶粒尺寸 D 的分析可知，样品矫顽力开始时的下降主要得益于晶粒尺寸的快速增加及饱和磁化强度的提升；矫顽力之后的缓慢下降主要是由平均晶粒尺寸的进一步增大所致。矫顽力的变化趋势与 SEM 图的结论相吻合，这与矫顽力 H_c 与平均晶粒尺寸 D 成反比的结果不谋而合。通常较大的平均晶粒尺寸会在铁氧体材料中形成较少的晶界，晶界减少使畴壁位移变得容易，畴壁位移决定的矫顽力因此降低，所以样品的矫顽力随着平均晶粒尺寸的增大而降低。

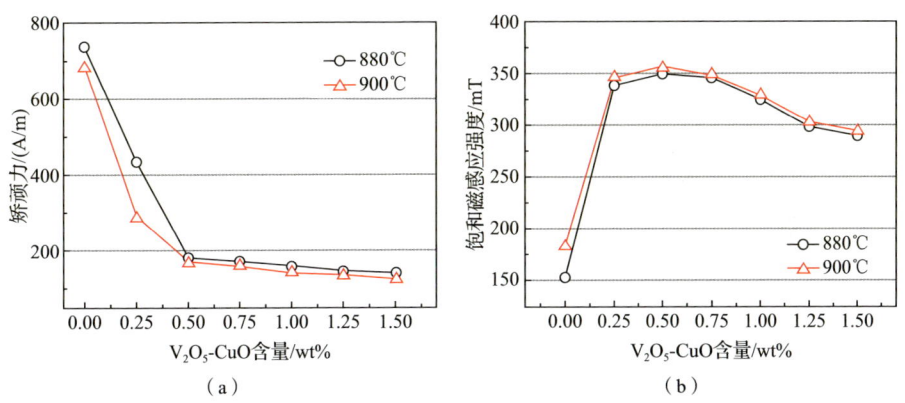

图 10-40　不同烧结温度下 LiZnTiMn 铁氧体矫顽力 H_c（a）和饱和磁感应强度 B_s（b）随 V_2O_5-CuO 含量的变化曲线

图 10-40（b）展示了样品饱和磁感应强度 B_s 随 V_2O_5-CuO 含量及烧结温度的变化曲线。如图所示，样品的饱和磁感应强度 B_s 随 V_2O_5-CuO 复合助剂含量增加表现出先上升后下降的变化趋势。当烧结温度为 880℃，复合助剂含量从 0.0wt%增加到 0.5wt%时，B_s 从 153mT 升高至 349mT，含量从 0.5wt%继续增加至 1.5wt%，B_s 下降至 290mT。当 900℃烧结时，B_s 从 183mT 增加至 355mT，然后降低到 294mT。饱和磁感应强度 B_s 的变化趋势及变化原因与饱和磁化强度 M_s 基本类似，其成倍增加来源于固相反应、平均晶粒尺寸和密度的增加，后来的下降是由于非磁性

V_2O_5-CuO 复合助剂对材料磁性的弱化。

图 10-41（a）展现了样品剩磁比 B_r/B_s 随 V_2O_5-CuO 含量及烧结温度的变化曲线。当烧结温度为 900℃时，相较于纯 LiZnTiMn 铁氧体，0.25wt%的 V_2O_5-CuO 复合助剂掺杂使样品的剩磁比由 0.76 提升至 0.88，然后随着 V_2O_5-CuO 含量增加至 0.5wt%、0.75wt%、1.0wt%、1.25wt%和 1.5wt%，剩磁比分别下降至 0.84、0.84、0.78、0.73 和 0.67。对于理想情况下的立方晶系铁氧体材料，剩余磁感应强度 B_r 与饱和磁化强度 M_s 之间的关系可以表示为：

$$B_r = \mu_0 b 4\pi M_s \tag{10-27}$$

其中，b 为常数，取值为 0.866；μ_0 为真空磁导率。理想情况下优良的剩磁比主要源自大小适中的平均晶粒尺寸及均匀、致密的微观结构。剩磁比下降的原因源于以下两个方面：①非磁性 V_2O_5-CuO 复合助剂降低了铁氧体材料的磁晶各向异性，使磁畴内磁矩沿易磁化轴取向的倾向减弱，磁矩分散性增强，材料宏观磁矩减小。当材料由饱和状态向剩磁状态过渡时，与饱和磁化强度取向一致的总磁矩减小，从而导致材料剩磁比下降。②恶化的微观结构导致气孔和杂质增加，使材料中反磁化核增多，因此剩磁比下降。

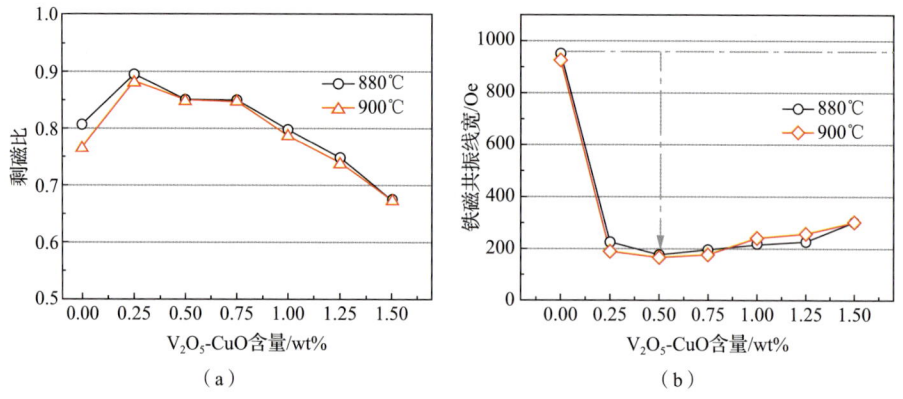

图 10-41 不同烧结温度下 LiZnTiMn 铁氧体剩磁比 B_r/B_s（a）和铁磁共振线宽 ΔH（b）随 V_2O_5-CuO 含量的变化曲线

880℃及 900℃烧结的不同 V_2O_5-CuO 含量 LiZnTiMn 铁氧体的铁磁共振线宽变化曲线如图 10-41（b）所示。当烧结温度为 900℃时，纯 LiZnTiMn 铁氧体铁磁共振线宽高达 926Oe；当复合助剂含量从 0.0wt%增加到 0.5wt%时，铁磁共振线宽迅速下降并在 x=0.5wt%处获得最小值 167Oe；随后复合助剂含量由 0.5wt% 增加到 1.5wt%，铁磁共振线宽上升至 301Oe。当 880℃烧结时，铁磁共振线宽由 953Oe 降低至最小值 176Oe，然后上升至 304Oe。铁磁共振线宽 ΔH 主要由磁晶各向异性致宽 ΔH_a 和气孔致宽 ΔH_p 构成。铁磁共振线宽的降低主要归因于以下两点：①添加少量的 V_2O_5-CuO 复合助剂能促进晶粒生长，降低铁氧体的气孔数量，使材料密度大幅提高，因此气孔致宽减小；②V_2O_5-CuO 复合助剂能有效促进铁氧体固相反应的进行，提高材料的结晶度及微观结构均匀性，降低磁晶各向异性场，导致磁晶各向异性致宽减小。然而，过量的 V_2O_5-CuO 复合助剂会造成微观均匀性的恶化，导致气孔数量增加，因此气孔致宽增加。此外，过量非磁性复合助剂引起饱和磁化强度的降低，故磁晶各向异性致宽增加，所以铁磁共振线宽在 $x>0.5wt\%$ 后逐渐上升。

如图 10-42 给出了 900℃烧结的 LiZnTiMn 铁氧体的介电常数 ε_r 和介电损耗角正切 $\tan\delta_\varepsilon$ 随 V_2O_5-CuO 含量的变化曲线。可以看出，V_2O_5-CuO 复合助剂对 LiZnTiMn 铁氧体的介电常数 ε_r 的提升和介电损耗角正切 $\tan\delta_\varepsilon$ 的降低具有显著作用。介电常数随复合助剂含量的增加呈现出先增加后缓慢下降的趋势，并在 $x=0.5wt\%$ 处获取最大值（14.98）。未添加复合助剂的样品，晶粒较小，晶界处气孔含量较高，导致电子跃迁过程引发的极化所受阻力增大，所以介电常数较小；而随着 V_2O_5-CuO 复合助剂含量的增加，晶粒生长速度加快，微观结构趋于紧凑、致密，因此介电常数增加。介电损耗角正切与介电常数的变化趋势相反，表现出先降低后增加的变化趋势，从 21.98×10^{-4}（$x=0.0wt\%$）降低到 4.17×10^{-4}（$x=0.5wt\%$），然后升高至 8.51×10^{-4}（$x=1.5wt\%$）。继续增加复合助剂的含量，介电损耗略有升高。介电损耗角正切 $\tan\delta_\varepsilon$ 的降低主要源于两点：一是 V_2O_5-CuO 复合助剂促进了 LiZnTiMn 铁氧体固相反应的进行，抑制了 Fe^{2+} 的生成；二是由于样品密度的增加和气孔含量的减小。

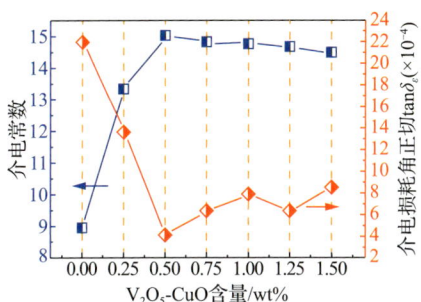

图 10-42 900℃烧结的不同 V_2O_5-CuO 含量样品的介电常数 ε_r 和介电损耗角正切 $\tan\delta_\varepsilon$

10.4.3 Bi_2O_3-CuO 复合助剂掺杂 LiZnTiMn 铁氧体的性能研究

1. 材料制备及表征

实验采用固相反应法制备 LiZnTiMn 铁氧体。以高纯度 Li_2CO_3、ZnO、Fe_2O_3、TiO_2、Mn_3O_4 为原料，按照化学配比 $Li_{0.42}Zn_{0.27}Ti_{0.11}Mn_{0.1}Fe_{2.1}O_4$ 进行配料。以去离子水和钢球分别为球磨介质和磨球，按照原料：去离子水：磨球=2:3:5 的比例在行星式球磨机中球磨 4h。将球磨后的粉料烘干并过 40 目筛，在气氛炉中升温至 800℃预烧并保温 2h。将预烧粉料与 $x\mathrm{Bi_2O_3}\text{-}y\mathrm{CuO}$ 复合助剂（$x+y=0.5\mathrm{wt\%}$；$x=0.07\mathrm{wt\%}$、$0.14\mathrm{wt\%}$、$0.21\mathrm{wt\%}$、$0.28\mathrm{wt\%}$、$0.35\mathrm{wt\%}$、$0.42\mathrm{wt\%}$、$0.5\mathrm{wt\%}$）在行星式球磨机中混合球磨 6h，烘干并过 80 目筛。加入 10wt%～12wt%聚乙烯醇（PVA）黏合剂造粒、过筛，在 8MPa 压强条件下制成环形生坯（18mm×8mm×3mm，$\varPhi \times \varPhi \times h$）。然后在马弗炉中分别升温至 880℃、900℃烧结并保温 2h。

样品密度采用阿基米德排水法测量（煤油介质）。晶体结构采用 DX-2700 型 X 射线衍射仪测定，条件为 40kV，40mA，Cu K_α 辐射，步长 0.03°，扫描范围 $10°\leqslant 2\theta\leqslant 70°$。饱和磁感应强度（$B_s$）、剩磁比（$B_r/B_s$）和矫顽力（$H_c$）在 $H=1600\mathrm{A/m}$、频率 $f=1\mathrm{kHz}$ 条件下采用 B-H 分析仪（SY-8232）表征。铁磁共振线宽（ΔH）采用直径为 0.6mm 的小球在 TE_{106} 谐振腔中 9.3GHz 频率下通过微扰法测试。微观形貌是通过扫描电镜（JEOL JSM-6490LV）对铁氧体环形样品断面进行观测表征。根据 IEC 标准在 X 波段对铁氧体材料的微波介电性能进行测试表征。

2. 物相与微观结构分析

图 10-43 显示了 900℃烧结的不同 $\mathrm{Bi_2O_3}$-CuO 比例 LiZnTiMn 铁氧体的 XRD 图谱。为了更清晰地观察 $\mathrm{Bi_2O_3}$-CuO 复合助剂对 LiZnTiMn 铁氧体物相结构的影响，将 XRD 结果中的衍射峰强度用对数形式表示。依然可以看出，样品均呈现单一的尖晶石相，没有其他杂相生成。如图 10-43 中插图为 $2\theta=28°\sim48°$ 的 XRD 放大图所示，可以明显看出，随着复合助剂中 $\mathrm{Bi_2O_3}$ 比例的增加，衍射峰的位置逐渐向着小角度方向移动。这一现象是由晶格常数的增大所致。由于 Bi^{3+} 与 Fe^{3+} 半径不同，Bi^{3+} 的离子半径为 1.11Å，Fe^{3+} 的离子半径为 0.67Å，Bi^{3+} 倾向于占据 LiZn 铁氧体 B 位，$\mathrm{Bi_2O_3}$-CuO 复合助剂的加入会使 Bi^{3+} 部分取代铁氧体中的 Fe^{3+}，使晶格膨胀，因此样品总的晶格常数逐渐增加。

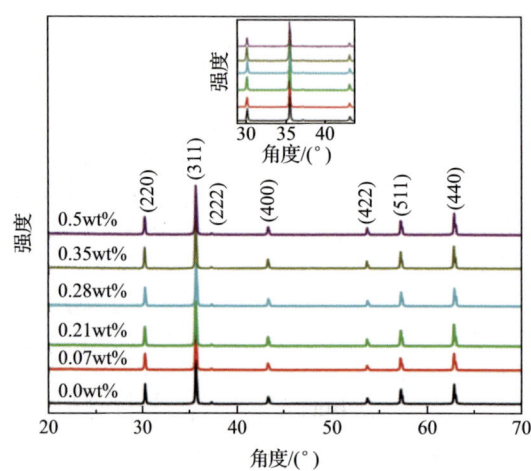

图 10-43　900℃烧结的不同 $\mathrm{Bi_2O_3}$-CuO 比例 LiZnTiMn 铁氧体的 XRD 图谱

图 10-44 显示了 900℃烧结的不同 Bi_2O_3-CuO 比例 LiZnTiMn 铁氧体断面的 SEM 图。从图中可以看到,当复合助剂中仅含有 CuO 时,晶粒之间呈现点连接状态,晶粒细小,晶界中气孔较多,致密化程度较低 [图 10-44(a)];相比之下,当复合助剂中 Bi_2O_3 含量增加到 0.21wt%时,晶粒逐渐生长,平均晶粒尺寸由<1μm 增大到约 3μm,微观结构变得均匀、致密 [图 10-44(c)]。然而,当 x=0.28wt% 时,晶粒迅速生长,晶粒尺寸由约 3μm 增大到>20μm,但微观结构均匀性恶化严重,个别晶粒尺寸>50μm,晶粒内气孔增多 [图 10-44(d)]。当继续增加 Bi_2O_3 比例至 0.5wt%时,晶粒尺寸开始下降,这是由于复合助剂中过多的 Bi_2O_3 液相对晶粒生长的阻碍作用 [图 10-44(f)]。

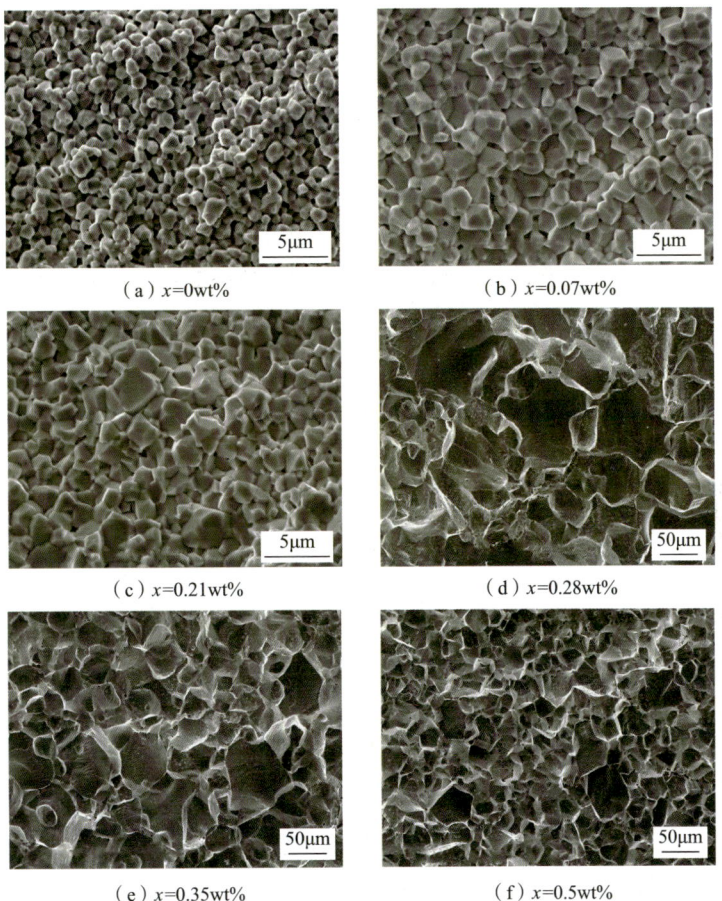

图 10-44 900℃烧结的不同 Bi_2O_3-CuO 比例 LiZnTiMn 铁氧体的 SEM 图

Mallika 等研究发现,Bi_2O_3 和 CuO 在低温(约 700℃)条件下可以生成多种低熔点共晶化合物($Bi_2Cu_2O_5$、Bi_2CuO_4、Bi_4CuO_7、$BiCuO_5$)。因此,液相烧结的

过程可以理解为：适当比例的 Bi_2O_3-CuO 复合助剂在烧结过程中率先形成共晶化合物并熔化形成液相，在 LiZnTiMn 铁氧体晶粒表面均匀分布，充填于孔隙之间，液相具有良好的浸润性，减小颗粒间的摩擦系数，促进晶粒在烧结过程中的运动、排列；样品晶粒中的小晶粒会优先浸润溶解在液相中，当溶解度达到饱和时，液相中的颗粒便会析出沉淀在大颗粒上，使样品晶粒生长；晶粒中的液相膜可以形成毛细管桥，在毛细管表面张力作用下，样品晶粒的中心距离迅速靠拢，使坯体收缩，致密度提高。当添加液相过多时，较低的固-液界面能会使系统整体的活化能降低，加速晶粒之间的吞并过程，使晶粒生长速度加快，晶粒尺寸迅速增大。

3. 旋磁性能与介电性能研究

LiZnTiMn 铁氧体的密度变化曲线如图 10-45 所示。在不同烧结温度下，样品的密度均呈现先大幅增加后轻微下降的趋势。当烧结温度为 880℃时，x 从 0wt%增加至 0.28wt%，密度从 3.63g/cm³ 增加到 4.69g/cm³，x 继续增加至 0.5wt%，密度降低至 4.65g/cm³。当 900℃烧结时，密度从 3.79g/cm³ 增加到 4.68g/cm³，然后降低至 4.62g/cm³。结果表明，复合助剂中只存在 CuO 时，CuO 熔化温度过高（1026℃），因此无法使 LiZnTiMn 铁氧体烧结致密，样品密度较低；适当比例的 Bi_2O_3-CuO 复合助剂添加后，Bi_2O_3 和 CuO 会形成低熔点共晶化合物并有效通过液相烧结机制促进固相反应的进行，使样品密度增加。

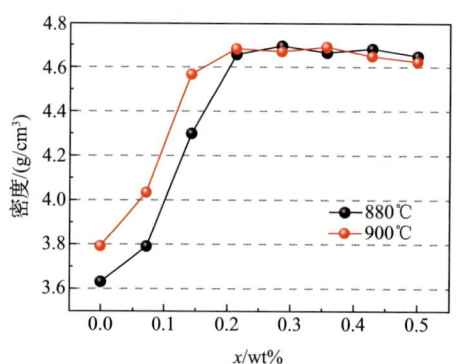

图 10-45　不同烧结温度 LiZnTiMn 铁氧体密度 d 随 Bi_2O_3-CuO 比例的变化曲线

图 10-46（a）显示了 LiZnTiMn 铁氧体的饱和磁感应强度 B_s 随 Bi_2O_3-CuO 比例及烧结温度的变化曲线。不同烧结温度材料的饱和磁感应强度曲线表现出相同的趋势：随着 Bi_2O_3-CuO 复合助剂中 Bi_2O_3 含量的增加，饱和磁感应强度呈现出先线性增加后轻微下降的趋势，并分别在 x=0.42wt%和 x=0.28wt%处获得最大值，342.7mT（880℃）和 341.2mT（900℃）。当复合助剂中只含有 CuO 时，LiZnTiMn 铁氧体固相反应不完全，样品密度较低，因此对应的饱和磁感应强度较低；随着复合助剂中 Bi_2O_3 含量的增加，样品固相反应增强，密度的大幅上升促使饱和磁感应强度急剧增加；然而，复合助剂中含有过多的 Bi_2O_3 导致烧结过程中晶粒生

长过快，晶粒异常生长，使微观结构均匀性恶化，晶粒内气孔增加，致使磁感应强度下降。

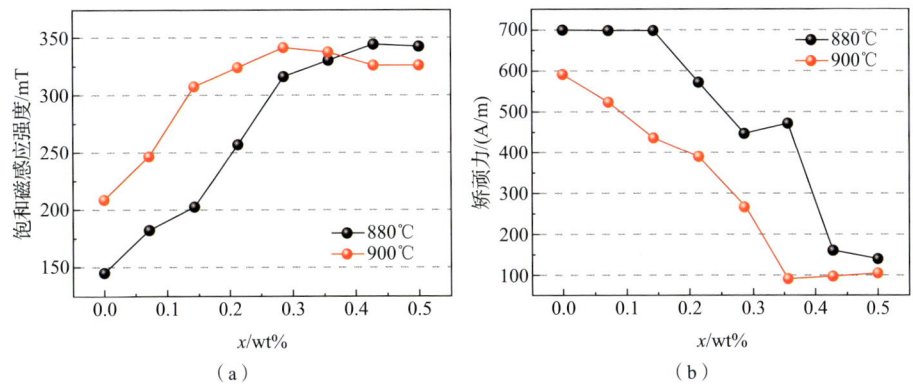

图 10-46　不同烧结温度 LiZnTiMn 铁氧体饱和磁感应强度 B_s（a）和矫顽力 H_c（b）随 Bi_2O_3-CuO 比例的变化曲线

LiZnTiMn 铁氧体的矫顽力 H_c 随 Bi_2O_3-CuO 比例及烧结温度的变化如图 10-46(b) 所示。可以看出，样品的矫顽力对复合助剂的比例十分敏感，复合助剂中 CuO 含量较高时，样品矫顽力高达 600～700A/m；随着复合助剂中 Bi_2O_3 含量的增加，矫顽力逐渐降低，分别在 x=0.5wt% 和 x=0.35wt% 处取得最小值，138Oe（880℃）和 92Oe（900℃）。根据式（10-6）可知，矫顽力的降低主要来源于三个方面：①适当比例的 Bi_2O_3-CuO 复合助剂能促进固相反应的进行，使晶粒形貌相似度和晶粒均匀度增加，降低磁晶各向异性常数 K_1；②液相的流动传质作用加快了晶粒的生长速度，使平均晶粒尺寸 D 成倍增加；③铁氧体致密度的有效改善促使样品饱和磁化强度 M_s 增加。因此，适当比例的 Bi_2O_3-CuO 复合助剂能降低材料的矫顽力。

图 10-47（a）显示了 LiZnTiMn 铁氧体剩磁比 B_r/B_s 随 Bi_2O_3-CuO 比例及烧结温度的变化曲线。图中表明了适当比例 Bi_2O_3-CuO 复合助剂能有效提升 LiZnTiMn 铁氧体的剩磁比。当烧结温度为 880℃时，样品的剩磁比从 0.7 提升至 0.92，然后下降至 0.87，在 x=0.35wt% 处取得最大值；当烧结温度为 900℃时，样品的剩磁比从 0.809 提升至 0.91，然后下降至 0.81 再上升至 0.84，在 x=0.21wt% 处取得最大值。可见，当晶粒出现异常生长后，过大的晶粒尺寸及较差的微观均匀性均会导致剩磁比的急剧下降，恶化材料旋磁性能。

LiZnTiMn 铁氧体的铁磁共振线宽随 Bi_2O_3-CuO 比例变化曲线如图 10-47（b）所示。从图中可以看出，样品铁磁共振线宽随着 Bi_2O_3-CuO 复合助剂中 Bi_2O_3 含量的增加表现出先下降后升高的趋势。当烧结温度为 880℃时，样品铁磁共振线宽从 1206Oe 下降至最小值 190Oe，然后上升至 235Oe；当烧结温度为 900℃时，铁磁共振线宽从 926Oe 下降至最小值 165Oe，然后上升至 195Oe。不同烧结温度的铁磁共振线宽变化曲线均在 $x=0.21\text{wt\%}$ 处取得最小值。复合助剂中只含有 CuO 时，样品晶粒细小，晶界较多，气孔含量高，因此铁磁共振线宽较大。当适当比例的 Bi_2O_3-CuO 复合助剂添加时，铁氧体晶粒均匀、致密，气孔含量降低，材料致密化程度增加，从而使铁磁共振线宽大幅减小。但是当复合助剂中 Bi_2O_3 含量过多时，部分晶粒异常长大，晶粒均匀性恶化，晶粒内气孔数量增加，导致铁磁共振线宽的增加。

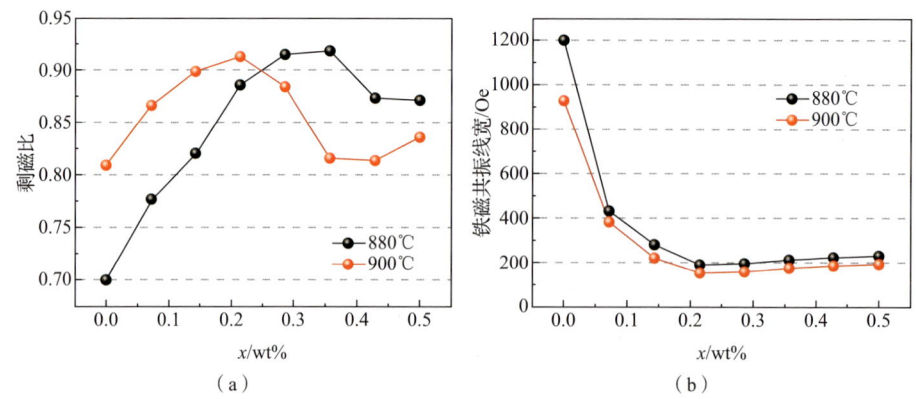

图 10-47　不同烧结温度下 LiZnTiMn 铁氧体剩磁比 B_r/B_s（a）和铁磁共振线宽 ΔH（b）随 Bi_2O_3-CuO 比例的变化曲线

如图 10-48 给出了 900℃ 烧结的 LiZnTiMn 铁氧体的介电常数 ε_r 和介电损耗角正切 $\tan\delta_\varepsilon$ 随 Bi_2O_3-CuO 比例的变化曲线。随着复合助剂中 Bi_2O_3 含量从 0.0wt% 增加至 0.21wt%，介电常数 ε_r 以线性增加的趋势从 8.74 增加至 13.72，介电损耗角正切 $\tan\delta_\varepsilon$ 则从 18.84×10^{-4} 大幅降低至 2.92×10^{-4}；当 x 进一步增加到 0.5wt% 时，介电常数基本稳定在 14～15 之间，介电损耗角正切 $\tan\delta_\varepsilon$ 则增加至 10.17×10^{-4}。介电常数 ε_r 的增加主要是由于材料密度的增加和气孔数量的减少，同时 Bi_2O_3 在晶界处的富集也会有助于介电常数 ε_r 的增加。对于高电阻率铁氧体材料，介电损

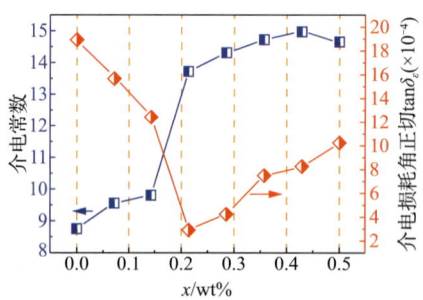

图 10-48　900℃烧结的样品介电常数 ε_r 和介电损耗角正切 $\tan\delta_\varepsilon$ 随 Bi_2O_3-CuO 比例的变化曲线

耗角正切 $\tan\delta_\varepsilon$ 可以由式（10-28）表示：

$$\tan\delta_\varepsilon \propto \frac{1}{\omega\varepsilon\rho} \tag{10-28}$$

其中，ρ 为电阻率；ω 为频率；ε 为介电常数。因此介电常数和电阻率的增加都能有效降低介电损耗角正切 $\tan\delta_\varepsilon$。

10.4.4 Bi_2O_3-Li_2CO_3 复合助剂掺杂 LiZnTiMn 铁氧体的性能研究

1. 材料制备及表征

实验采用固相反应法制备 LiZnTiMn 铁氧体。以高纯度 Li_2CO_3、ZnO、Fe_2O_3、TiO_2、Mn_3O_4 为原料，按照化学配比 $Li_{0.42}Zn_{0.27}Ti_{0.11}Mn_{0.1}Fe_{2.1}O_4$ 进行配料。首先在行星式球磨机中球磨 4h，将球磨后的粉料烘干并在气氛炉中升温至 800℃ 预烧并保温 2h。将预烧粉料与 x Bi_2O_3-y Li_2CO_3 复合助剂（$x+y$=0.5wt%；x=0.0wt%、0.1wt%、0.2wt%、0.3wt%、0.4wt%、0.5wt%）在行星式球磨机中混合球磨 6h，烘干并过 80 目筛。加入 10wt%~12wt% 聚乙烯醇（PVA）黏合剂造粒、过筛，在 8 MPa 压强条件下压制成环形生坯（18mm×8mm×3mm，$\Phi\times\Phi\times h$）。然后在马弗炉中分别升温至 880℃、900℃、920℃ 烧结并保温 2h，升温速率设置为 2℃/min。

样品测试同 10.3.4 节，此处不再赘述。

2. 物相与微观结构分析

图 10-49 是 900℃ 烧结的不同 Bi_2O_3-Li_2CO_3 比例 LiZnTiMn 铁氧体的 XRD 图谱。利用软件 MDI Jade 6.5 对图谱进行了分析及标准衍射峰比对，并标记出了所有衍射峰的晶面。从图中可以观察到，所有样品的 XRD 图谱均呈现尖晶石晶相，无其他杂相生成。其衍射峰与 JCPDS 37-1471 粉末衍射卡片中的衍射峰吻合较好，衍射峰分别为(220)、(311)、(222)、(400)、(422)、(511)和(440)。

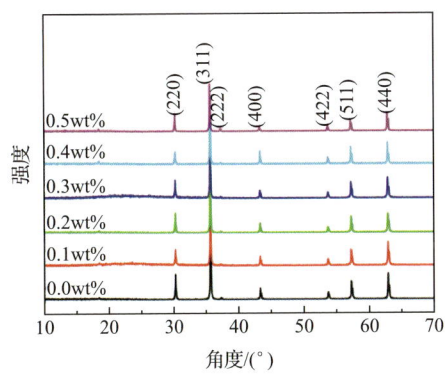

图 10-49　900℃ 烧结的不同 Bi_2O_3-Li_2CO_3 比例 LiZnTiMn 铁氧体的 XRD 图谱

图 10-50 是 900℃ 烧结的不同 Bi_2O_3-Li_2CO_3 比例 LiZnTiMn 铁氧体样品的断面

SEM 图。如图中所示，助剂中只有 Li_2CO_3 的样品表现出多孔的微观结构，平均晶粒尺寸小，晶界厚，晶界处存在大量气孔，明显处于固相反应不充分状态；随着烧结助剂中 Bi_2O_3 含量的提升，晶粒生长趋于均匀完整，晶粒尺寸大小适中，晶界变薄，晶界处气孔大量减少，微观结构明显向高致密化程度发展。当 x 由 0.0wt% 增加至 0.3wt% 时，样品平均晶粒尺寸约由 0.8μm 生长至 2μm，微观结构均匀、致密，气孔数量大幅降低。当 x 达到 0.4wt% 时，晶粒尺寸迅速增大，晶界更加稀薄，平均晶粒尺寸增长至约 20μm，气孔由晶界处迁移至晶粒内部，微观结构均匀性有所下降。样品微观结构的演变过程源于复合助剂能降低材料的活化能，使固相反应能在较低的温度下充分进行，促进晶粒生长及气孔排出，提升样品的致密性。

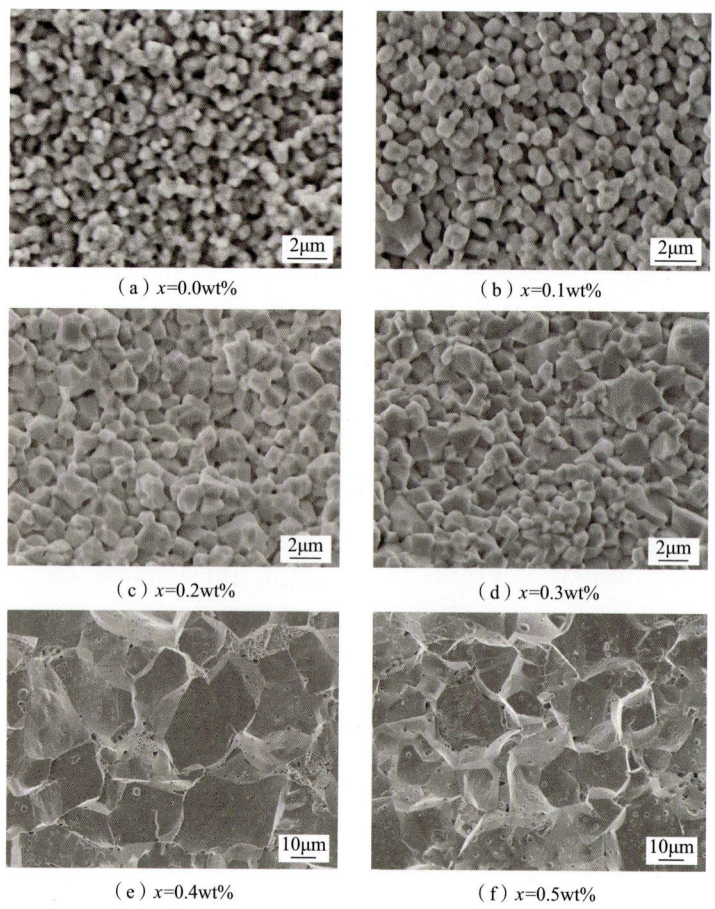

图 10-50　900℃烧结的不同 Bi_2O_3-Li_2CO_3 比例 LiTiZnMn 铁氧体的 SEM 图

图 10-51 是 LiZnTiMn 铁氧体密度随 Bi_2O_3-Li_2CO_3 比例及烧结温度的变化曲线。明显地，不同烧结温度样品的密度曲线变化趋势基本相同：随着复合助剂中 Bi_2O_3 比例的增加，密度呈现先增大然后略微减小的趋势，分别在 880℃、900℃、920℃ 获得最大值 $4.66g/cm^3$（x=0.4wt%）、$4.78g/cm^3$（x=0.3wt%）、$4.83g/cm^3$（x=0.3wt%）。密度的显著增大主要是由于适当 Bi_2O_3-Li_2CO_3 复合助剂能有效促进固相反应的进行，使晶粒生长并提高样品致密化程度。同时可以看出适量 Bi_2O_3-Li_2CO_3 复合时的样品密度（x=0.3wt%）高于复合助剂中只含有 Bi_2O_3（x=0.5wt%）或只含有 Li_2CO_3（x=0wt%）的样品密度，说明复合助剂的助烧作用优于其中任意单一烧结助剂的助烧作用。

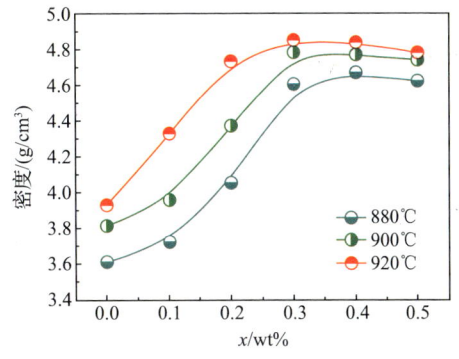

图 10-51 不同烧结温度下 LiZnTiMn 铁氧体密度随 Bi_2O_3-Li_2CO 比例的变化曲线

3. 旋磁性能研究

图 10-52（a）是 LiZnTiMn 铁氧体矫顽力随 Bi_2O_3-Li_2CO_3 比例及烧结温度的变化曲线。从图中可以看出，样品矫顽力随着 x 的增加而呈现逐渐下降的趋势。通过前面样品的微观结构分析可知，晶粒尺寸随着复合助剂中 Bi_2O_3 含量的增加而显著提高。当晶粒尺寸较小时，晶界较多，会造成反磁化过程中畴壁位移困难，导致矫顽力较高。当平均晶粒尺寸大时，在反磁化过程中使材料回到总磁化强度为零状态的磁场减小，因此矫顽力下降。

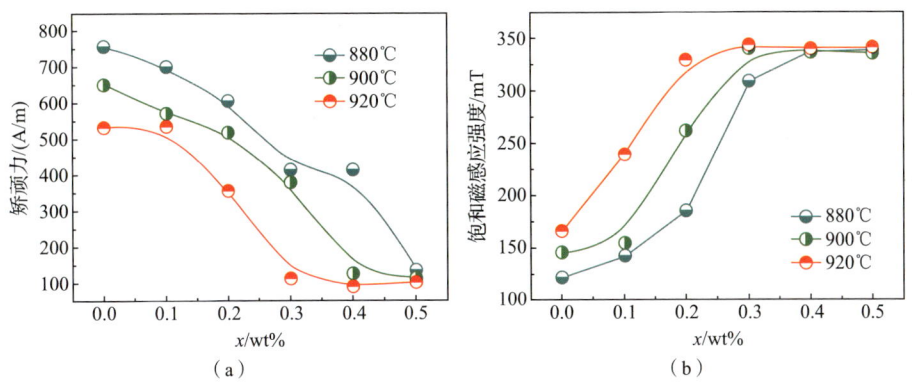

图 10-52 不同烧结温度下 LiZnTiMn 铁氧体矫顽力 H_c（a）和饱和磁感应强度 B_s（b）随 Bi_2O_3-Li_2CO_3 比例的变化曲线

图 10-52（b）是 LiZnTiMn 铁氧体的饱和磁感应强度随 Bi_2O_3-Li_2CO_3 比例及

烧结温度的变化曲线。如图中所展示的，不同温度烧结的 LiZnTiMn 铁氧体样品饱和磁感应强度 B_s 随 Bi_2O_3-Li_2CO_3 比例的变化呈现相同的变化规律，B_s 先大幅上升后略微下降。当 880℃烧结时，样品在 x=0.5wt%处取得最大值（339.5mT）；当 900℃烧结时，样品在 x=0.3wt%处取得最大值（340.7mT）；当 920℃烧结时，样品在 x=0.3wt%处取得最大值（344.2mT）。当复合助剂中只含有 Li_2CO_3 时，Li_2CO_3 的助烧作用较弱，LiZnTiMn 铁氧体固相反应不充分，致密化程度低，因此样品饱和磁感应强度 B_s 较低。随着 x 的增加，固相反应在 Bi_2O_3-Li_2CO_3 复合助剂的促进下显著增强，晶粒尺寸增大，晶界气孔大量减少，密度大幅上升，因此饱和磁感应强度 B_s 增加。然而，复合助剂中含有过多的 Bi_2O_3 时，晶粒生长速度过快，晶粒内卷入大量气孔，反而使材料均匀性有所恶化，密度小幅降低。总体来讲，Bi_2O_3-Li_2CO_3 复合助剂能有效将 LiZnTiMn 铁氧体的饱和磁感应强度从约 200mT 提升到约 340mT，证明了 LiZnTiMn 铁氧体在低温烧结过程中的成功制备。

图 10-53（a）是 LiZnTiMn 铁氧体剩磁比 B_r/B_s 随 Bi_2O_3-Li_2CO_3 比例及烧结温度的变化曲线。明显地，适量比例的复合助剂可以有效提升 LiZnTiMn 铁氧体的剩磁比（从约 0.6 提升至约 0.9）。当 880℃烧结时，样品的剩磁比由 0.57 升高至最大值 0.92（x=0.4wt%），然后降低到 0.82；当 900℃烧结时，样品的剩磁比由 0.62 升高至最大值 0.90（x=0.3wt%），然后降低到 0.81；当 920℃烧结时，样品的剩磁比由 0.64 升高至最大值 0.88（x=0.2wt%），然后降低到 0.82。通常，剩磁比会受到诸多因素影响，主要包括：晶粒尺寸、孔隙率、结构缺陷等。剩磁比开始时的快速升高主要是因为适当比例的 Bi_2O_3-Li_2CO_3 复合助剂能有效减少气孔数量，使微观结构均匀、致密，样品中孔隙率的下降减少了反磁化核的形成，因此剩磁比大幅提升。剩磁比随后的下降是因为过大的平均晶粒尺寸引发的晶粒内气孔增加及微观结构均匀性恶化导致的结构缺陷，这些因素易导致反磁化核的生长，使剩磁比降低。

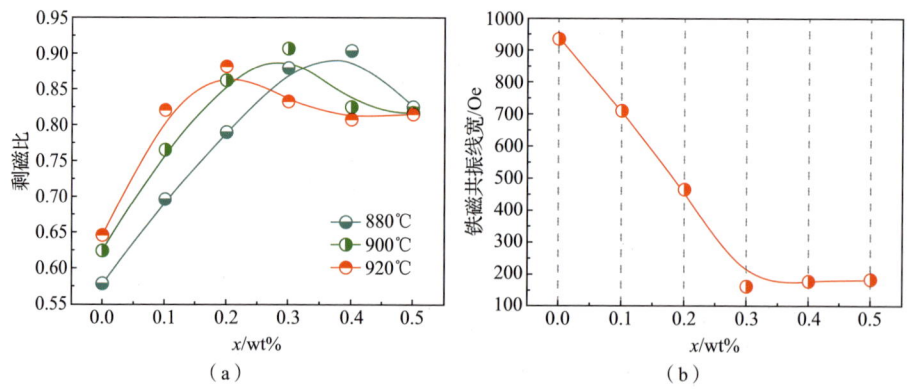

图 10-53 （a）不同烧结温度下 LiZnTiMn 铁氧体剩磁比 B_r/B_s 随 Bi_2O_3-Li_2CO_3 比例的变化曲线；
（b）铁磁共振线宽 ΔH 随 Bi_2O_3-Li_2CO_3 比例的变化曲线

900℃烧结的 LiZnTiMn 铁氧体的铁磁共振线宽 ΔH 随 Bi_2O_3-Li_2CO_3 比例的变化曲线如图 10-53（b）所示。当 $x \leqslant 0.3wt\%$ 时，样品的铁磁共振线宽呈现线性下降，由 932Oe 下降至最小值 162Oe；当 $x>0.3wt\%$ 时，铁磁共振线宽小幅上升至 177Oe。铁磁共振线宽受到孔隙率及磁晶各向异性的影响。适量的复合助剂能有效增加材料密度，减少材料内部气孔含量，所以铁磁共振线宽大幅减小。当复合助剂中 Bi_2O_3 含量过多时，晶粒的快速生长导致孔隙率的上升和微观结构均匀性的恶化，因此铁磁共振线宽在 $x>0.3wt\%$ 时小幅增加。

10.5　LiZn 铁氧体的纳米晶植入及制备工艺优化

10.5.1　纳米晶植入及制备工艺

纳米晶具有比表面积大、活性高等特点，研究表明适量纳米晶的加入可以起到提高材料密度和促进晶粒均匀生长的作用。同时，可以通过纳米晶的加入遏制晶粒的异常长大，使晶粒大小适宜，达到最佳的微观结构状态。通常共沉淀法、水热法、自蔓延法、溶剂蒸发法、反胶束合成法、溶胶-凝胶法均可制备细小均匀、反应活性高的纳米晶粉体[35-38]。在这些合成工艺中，自蔓延溶胶-凝胶法制备纳米粉体过程中金属化合物可以在原子或分子级水平均匀混合反应，结合自蔓延燃烧工艺，能在低温下制备出具有单一尖晶石结构的铁氧体纳米粉体，实现对材料物相结构和微观结构的调控。

固相法是当前工业中应用最广、使用最多的铁氧体合成方法，具有重复性高、成本低廉、工艺简单等特点。在 LiZn 铁氧体的低温烧结过程中，除了材料配方、离子取代和掺杂外，制备工艺对材料的微观结构及磁介性能同样产生十分重要的影响。在固相法工艺过程中，预烧的目的是使原料在一定温度下初步发生固相反应，控制烧结过程中晶粒生长速度和改善样品致密性。预烧温度决定了预烧粉料的活性，适当的晶粒活性有助于烧结过程中固相反应的进行。烧结为固相反应法的最后一个步骤，也是工艺中最关键的一步。烧结是通过生坯内部发生一系列化学物理反应，使晶粒生长致密，最后烧制成铁氧体成品的过程。在烧结过程中，烧结温度和保温时间的增加均有助于晶粒生长和致密化程度提高。但是，为了实现 LTCF 技术的应用，LiZn 铁氧体需要在低温条件下进行烧结，因此适当的保温时间对 LiZn 铁氧体性能具有优化作用[39,40]。

本节首先使用自蔓延溶胶-凝胶法制备了 LiZnTi 超细粉，获得了晶粒均匀、细小的 LiZnTi 纳米晶，通过不同质量分数纳米晶与 LiZnTi 预烧料的复合烧结研究了纳米晶对 LiZnTi 铁氧体的微观结构、旋磁性能及介电性能的影响。然后对固相法制备 LiZnTiMn 铁氧体的工艺技术进行研究，分析了预烧温度及烧结保温时间对铁氧体性能的影响。

10.5.2 纳米晶植入 LiZnTi 铁氧体的性能研究

1. 材料制备及表征

（1）采用固相法制备 LiZnTi 预烧料。以高纯度 Li_2CO_3、ZnO、Fe_2O_3、TiO_2 为原料，按照化学配比 $Li_{0.42}Zn_{0.27}Ti_{0.1}Fe_{2.2}O_4$ 进行精确配料。将配制好的原料和去离子水放入行星式球磨机中球磨 4h。球磨后的粉料在烘箱中烘干后过 40 目筛，放入气氛炉中升温至 800℃预烧并保温 2h，得到 LiZnTi 预烧料。

（2）LiZnTi 纳米晶采用自蔓延溶胶-凝胶法制备。以高纯度 $LiNO_3$、$Zn(NO_3)_2$、$Fe(NO_3)_3 \cdot 9H_2O$ 及 $C_{16}H_{36}O_4Ti$ 为原料，按照分子式 $Li_{0.42}Zn_{0.27}Ti_{0.1}Fe_{2.2}O_4$ 进行精确称量、配料。先将乙二醇与钛酸丁酯在磁力搅拌器中混合均匀（60℃，20min）。然后向乙二醇与钛酸丁酯混合溶液中先后加入混合均匀的柠檬酸溶液和金属硝酸盐溶液并搅拌均匀（60℃，20min）。加入氨水，将 pH 调节至 7，继续在磁力搅拌器中搅拌至凝胶状（30℃，12h）。将溶胶放置鼓风干燥箱中，先在 80℃条件下烘至凝胶状，然后在 120℃条件下烘至干凝胶状。对干凝胶进行自蔓延燃烧并获得 LiZnTi 纳米晶。

（3）将 LiZnTi 预烧料、LiZnTi 纳米晶和 Bi_2O_3-CuO 复合助剂按照 LiZnTi 预烧料+$x$wt% LiZnTi 纳米晶（x=0、5、10、15、20、30）+0.28wt% Bi_2O_3+0.21wt% CuO 的比例进行混合，然后在行星式球磨机中球磨 4h。烘干并过 80 目筛，加入 10wt%～12wt%聚乙烯醇（PVA）黏合剂造粒，过筛。然后经液压机在 8MPa 压强条件下制成环形生坯（18mm×8mm×3mm，$\Phi×\Phi×h$）。在马弗炉中分别升温至 880℃、900℃烧结并保温 2h。

样品密度采用阿基米德排水法测量（煤油介质）。饱和磁感应强度（B_s）、剩磁比（B_r/B_s）和矫顽力（H_c）在 H=1600A/m、频率 f=1kHz 条件下采用 B-H 分析仪（SY-8232）表征。铁磁共振线宽是将直径为 0.6mm 的小球放入 TE_{106} 谐振腔中，在 9.3GHz 频率下通过微扰法测试。根据 IEC 标准在 X 波段对铁氧体材料的微波介电性能进行测试表征。微观形貌是通过扫描电镜（JEOL JSM-6490LV）对铁氧体环形样品断面进行观测表征。

2. LiZnTi 纳米晶物相与微观结构分析

图 10-54 给出不同煅烧温度下自蔓延 LiZnTi 粉料的 XRD 图谱。从图中可以看出，经过自蔓延工艺烧结后的所有 LiZnTi 纳米晶样品，包括未经过煅烧和不同温度煅烧的样品，均呈现出单一的尖晶石结构，并且没有其他杂相出现。通过 Debye-Scherrer 公式对所有 LiZnTi 纳米晶样品的平均晶粒尺寸进行计算。Debye-Scherrer 公式的表达式如下：

$$D = \frac{k\lambda}{\beta\cos\theta} \qquad (10\text{-}29)$$

其中，k 为 Scherrer 因子；λ 为 X 射线波长（1.5406Å）；β 为衍射角 θ 位置的衍射峰的半高宽。

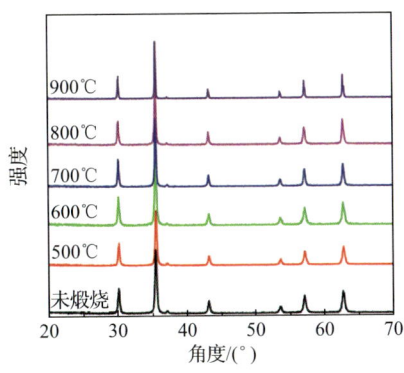

图 10-54　不同煅烧温度下自蔓延 LiZnTi 粉料的 XRD 图谱

LiZnTi 纳米晶的平均晶粒尺寸计算结果如表 10-7 所示，未煅烧样品的平均晶粒尺寸和 500℃煅烧样品的平均晶粒尺寸相似，而当煅烧温度为 600℃时，平均晶粒尺寸明显增加，说明在自蔓延过程中煅烧温度应该在 500~600℃之间。随着煅烧温度的上升，平均晶粒尺寸逐渐增加，当煅烧温度增加到 900℃时，平均晶粒尺寸增加至 94.4nm。晶粒尺寸越大，比表面积越小，表面能越低，因此选择未经煅烧的 LiZnTi 纳米晶与 LiZnTi 预烧料复合。

表 10-7　LiZnTi 纳米晶的平均晶粒尺寸计算结果

煅烧温度	晶粒尺寸/nm	煅烧温度	晶粒尺寸/nm
未煅烧	26.2	700℃	56.4
500℃	25.5	800℃	72.6
600℃	38.1	900℃	94.4

图 10-55 给出了未煅烧的自蔓延 LiZnTi 纳米晶的 TEM 图。可以看出，粉料的晶粒大小均匀，晶粒尺寸在 20~30nm 之间，与 Debye-Scherrer 公式算出的晶粒尺寸吻合，证明了自蔓延溶胶-凝胶法对 LiZnTi 纳米晶的成功制备。

3. 微观结构分析

图 10-56 给出了 900℃烧结的不同纳米晶含量的 LiZnTi 铁氧体样品断面的 SEM 图。可以看出，未添加纳米晶的 LiZnTi 铁氧体 [图 10-56（a）]

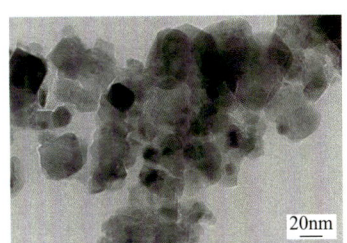

图 10-55　未煅烧的自蔓延 LiZnTi 粉料的 TEM 图

具有较大的晶粒尺寸，平均晶粒尺寸 20～30μm，晶粒内气孔较多。这是由于 Bi_2O_3-CuO 复合助剂具有较强的助烧作用，能有效促进晶粒的生长，但是晶粒生长速度超过了样品的致密化速度，因此晶粒在生长过程中有部分气孔未能及时排出并留在了晶粒内部。随着纳米晶的加入，晶粒尺寸呈现逐渐减小的趋势，当添加 5wt%的纳米晶时，微观结构趋于均匀，晶粒紧凑、致密，晶粒内气孔明显减少 [图 10-56（b）]。进一步增加纳米晶的添加量，样品出现大晶粒夹杂小晶粒的微观结构，晶粒的均匀性逐渐变差，当添加 30wt%的纳米晶时，晶粒已全部为小晶粒，晶界较多，晶界处气孔数量增加 [图 10-56（f）]。这一变化规律说明适当纳米晶的添加能够调节样品的微观结构，使晶粒均匀、致密，但是大量加入纳米晶会导致晶粒尺寸过小、气孔数量增加。

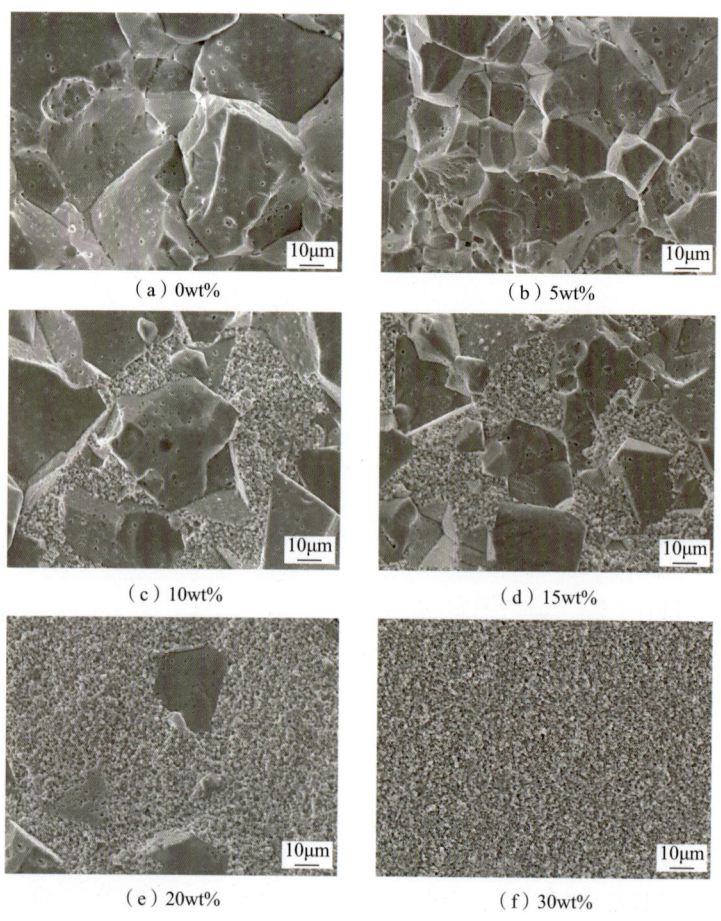

图 10-56　900℃烧结的不同纳米晶含量 LiZnTi 铁氧体的 SEM 图

4. 旋磁性能与介电性能研究

图 10-57（a）显示了 900℃烧结的 LiZnTi 铁氧体密度 d 和孔隙率 P 随纳米晶含量的变化曲线。从图中可以看到，样品密度呈现先小幅上升后逐渐下降的趋势，在 $x=5wt\%$ 处获取最大值（$4.72g/cm^3$）。孔隙率的变化规律正好与密度的变化规律相反，在 $x=5wt\%$ 处获得最低孔隙率 2.79%。这一变化规律与 SEM 图中观测到的微结构变化吻合良好。采用自蔓延溶胶-凝胶法制备的纳米晶具有纳米量级的晶粒尺寸，比表面积大，晶粒活性高，能够在烧结过程中促进固相反应的进行。少量添加纳米晶时，能有效改善微结构均匀性，增加致密度，降低孔隙率，但是添加量过多时，纳米晶会弱化烧结助剂的助烧作用，使样品的平均晶粒尺寸减小，导致样品密度降低，孔隙率增加。

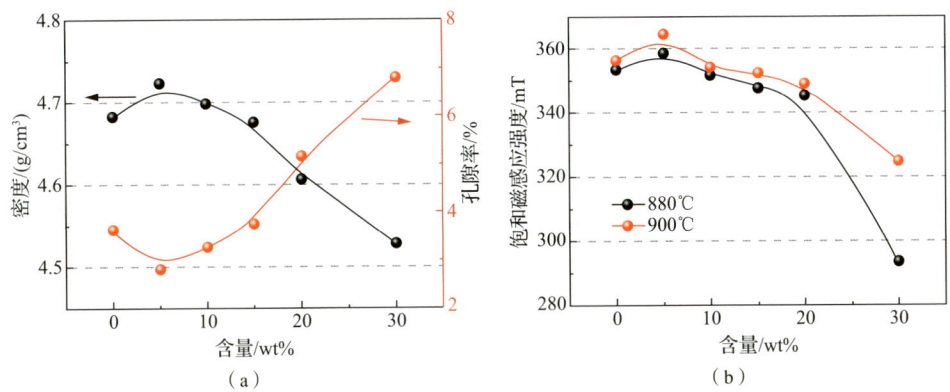

图 10-57　（a）900℃烧结的不同纳米晶含量 LiZnTi 铁氧体密度 d 及孔隙率 P 的变化曲线；（b）饱和磁感应强度 B_s 的变化曲线

LiZnTi 铁氧体饱和磁感应强度随纳米晶含量及烧结温度的变化曲线如图 10-57（b）所示。由于 LiZnTi 纳米晶与 LiZnTi 预烧料为相同配方，在铁氧体分子磁矩确定的情况下，材料的饱和磁感应强度主要取决于密度，因此饱和磁感应强度和密度的变化规律基本相同。当烧结温度为 880℃时，饱和磁感应强度从 353mT 增加至 358mT，然后降低至 293mT；当烧结温度为 900℃时，饱和磁感应强度从 356mT 增加至 364mT，然后降低至 325mT。饱和磁感应强度开始的上升来源于纳米晶对微观结构均匀性的促进及孔隙率的降低，后来的大幅下降归因于晶粒的过度细化和孔隙率的增加。

图 10-58（a）是 LiZnTi 铁氧体矫顽力随纳米晶含量及烧结温度的变化曲线。从图中可以看出，样品的矫顽力呈逐渐上升的趋势。当纳米晶含量从 0wt%增加到 10wt%时，矫顽力基本保持不变；当纳米晶含量从 10wt%增加到 30wt%时，矫顽力逐渐增加。样品矫顽力的增加主要是因为纳米晶的加入降低了材料整体的晶粒尺寸，样品的平均晶粒尺寸随着纳米晶含量的增加而逐渐减小，因此矫顽力增

加。图 10-58（b）是 LiZnTi 铁氧体剩磁比 B_r/B_s 随纳米晶含量及烧结温度的变化曲线。不同烧结温度下铁氧体剩磁比的变化趋势基本相同：剩磁比随着纳米晶含量的增加表现出先上升后下降的趋势。当在 880℃烧结时，剩磁比约由 0.89 增加至 0.91（x=5wt%），然后下降至 0.87；当在 900℃烧结时，剩磁比约由 0.88 增加至 0.9（x=10wt%），然后下降至 0.88。剩磁比的增加主要源于纳米晶的添加促使样品微观结构趋于均匀，孔隙率降低，减少了反磁化核的生成。随后，纳米晶的过量添加导致微观结构均匀性逐渐恶化，晶界处气孔增加，使杂散磁场增多，材料内部静磁能减小，因此剩磁比下降。

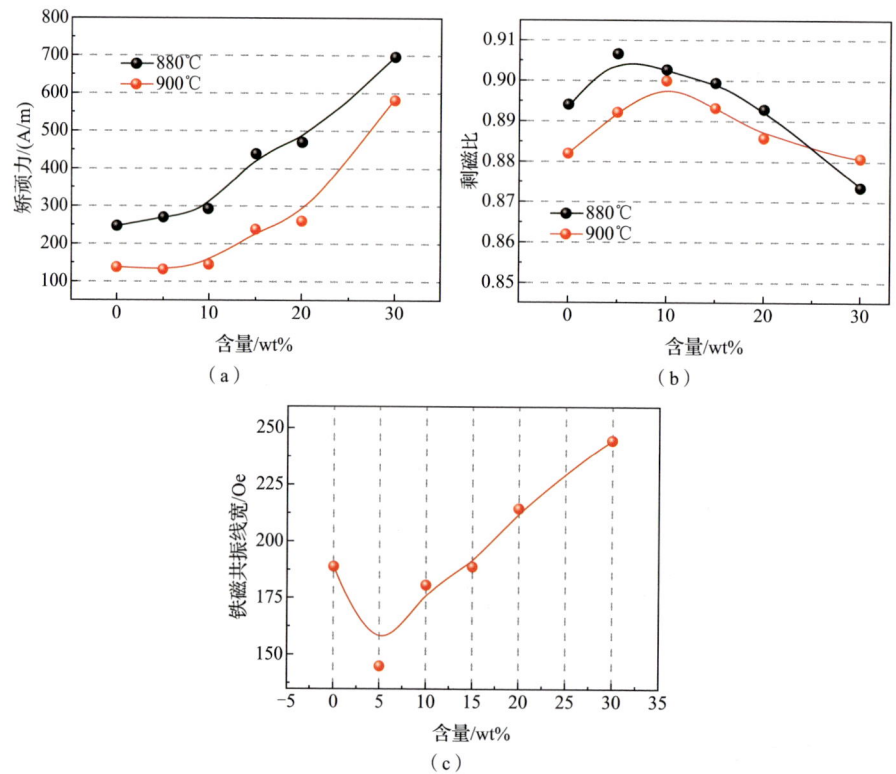

图 10-58　880℃和 900℃烧结的不同纳米晶含量 LiZnTi 铁氧体矫顽力 H_c（a）和剩磁比 B_r/B_s（b）的变化曲线；（c）900℃烧结的不同纳米晶含量 LiZnTi 铁氧体铁磁共振线宽 ΔH 的变化曲线

图 10-58（c）为 900℃烧结的不同纳米晶含量 LiZnTi 铁氧体铁磁共振线宽的变化曲线。如图中所示，随着纳米晶含量从 0wt%增加到 5wt%，铁氧体样品的铁磁共振线宽从 189Oe 降低至 145Oe；继续添加纳米晶至 10wt%、15wt%、20wt%、30wt%，铁磁共振线宽增加至 181Oe、189Oe、215Oe、245Oe。在主配方未发生变化且固相反应基本完成的情况下，铁氧体材料的铁磁共振线宽主要受到气孔致宽 ΔH_p 的影响，即：

$$\Delta H_p = 1.5(4\pi M_s)P \tag{10-30}$$

其中，P 为孔隙率；M_s 为饱和磁化强度。未添加纳米晶时，样品微观结构不均匀，晶粒尺寸较大，晶粒内气孔较多，因此铁磁共振线宽较大；当添加 5wt%纳米晶后，样品的微观结构逐渐均匀、致密，孔隙率明显减小，因此铁磁共振线宽降低；随着纳米晶的继续添加，样品的平均晶粒尺寸快速减小，晶界处气孔增加，因此铁磁共振线宽快速上升。

图 10-59 给出了 900℃烧结的不同纳米晶含量 LiZnTi 铁氧体的介电常数 ε_r 和介电损耗角正切 $\tan\delta_\varepsilon$ 的变化曲线。明显地，介电常数随着纳米晶含量的增加表现出先略微上升后线性下降的趋势，介电常数的整体变化不大，基本在 14～15 之间。介电常数的变化主要受样品孔隙率的影响。介电损耗角正切 $\tan\delta_\varepsilon$ 随着纳米晶含量的增加呈现出先降低后增加的趋势，在 x=0.5wt%处取得最小值（2.45×10^{-4}）。介电损耗的降低主要得益于纳米晶对材料微观结构的优化，适量的纳米晶植入能有效促进晶粒均匀、致密，降低样品的孔隙率。

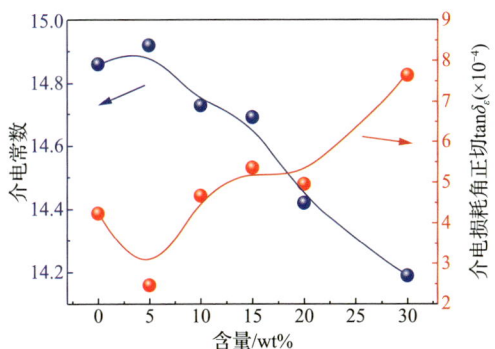

图 10-59　900℃烧结的不同纳米晶含量样品的介电常数 ε_r 和介电损耗角正切 $\tan\delta_\varepsilon$ 的变化曲线

10.5.3　不同预烧温度 LiZnTiMn 铁氧体的性能研究

1. 材料制备及表征

本小节实验采用固相反应法合成 LiZnTiMn 铁氧体材料。以高纯度 Li_2CO_3、ZnO、Fe_2O_3、TiO_2、Mn_3O_4 为原材料，按照化学配比 $Li_{0.42}Zn_{0.27}Ti_{0.11}Mn_{0.1}Fe_{2.1}O_4$ 进行配料。以去离子水和钢球分别为球磨介质和磨球，按照原料∶去离子水∶磨球=2∶3∶5 的比例在行星式球磨机中球磨 4h。将球磨后的粉料烘干并过 40 目筛，在气氛炉中分别升温至 700℃、750℃、800℃、850℃、900℃、950℃、1000℃预烧并保温 2h。将预烧粉料与 0.25wt% Bi_2O_3 在行星式球磨机中混合球磨 6h，烘干并过 80 目筛。加入 10wt%～12wt%聚乙烯醇（PVA）黏合剂造粒、过筛，在 8MPa 压强条件下制成环形生坯（18mm×8mm×3mm，$\Phi\times\Phi\times h$），然后在马弗炉中分别升温至 900℃烧结并保温 2h。

样品密度采用阿基米德排水法测量（煤油介质）。晶体结构采用 DX-2700 型 X 射线衍射仪测定，具体条件为 40kV，40mA，Cu K$_α$ 辐射，步长 0.03°，扫描范围 10°≤2θ≤70°。饱和磁感应强度（B_s）、剩磁比（B_r/B_s）和矫顽力（H_c）在 H=1600A/m、频率 f=1kHz 条件下采用 B-H 分析仪（SY-8232）表征。铁磁共振线宽是将直径为 0.6mm 的小球放入 TE$_{106}$ 谐振腔中，在 9.3GHz 频率下通过微扰法测试。微观形貌是通过扫描电镜（JEOL JSM-6490LV）对铁氧体环形样品断面进行观测表征。

2. 物相与微观结构分析

图 10-60 为不同预烧温度的 LiZnTiMn 铁氧体预烧料的 XRD 图谱。可以看出，预烧料样品的主晶相为尖晶石相，同时，随着预烧温度的升高，衍射峰强度逐渐增强，说明样品在预烧过程已开始发生固相反应并逐渐增加。在 700℃和 750℃预烧时，XRD 图谱中探测到了 Fe$_2$O$_3$ 衍射峰。有研究表明，生成尖晶石相的反应温度约从 550℃开始，在 800℃前基本完成。因此在 700℃和 750℃预烧时，会存在未参与固相反应的 Fe$_2$O$_3$ 相。当预烧温度超过 800℃时，固相反应已基本完成，粉料中的 Fe$_2$O$_3$ 已全部参加固相反应，生成单一的尖晶石相。

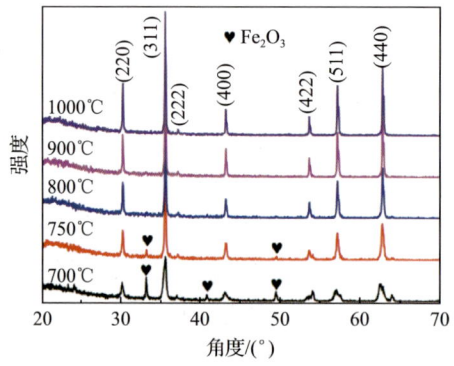

图 10-60　不同预烧温度的 LiZnTiMn 铁氧体预烧粉的 XRD 图谱

图 10-61 分别给出了预烧温度为 700℃、800℃及 1000℃的铁氧体样品截面的 SEM 图。当预烧温度为 700℃时，样品平均晶粒尺寸约为 4μm，晶粒均匀性较差，大晶粒中夹杂着小晶粒［图 10-61（a）］。这是由于预烧温度过低时，固相反应程度低，预烧粉料晶粒较小、活性较高，在烧结过程中，高活性的预烧粉料容易出现晶粒生长速度过快的现象，使晶粒发生二次生长，因此样品晶粒尺寸差异较大。当预烧温度为 800℃时，平均晶粒尺寸增大到约 8μm，样品微观结构均匀、致密，晶界处气孔较少［图 10-61（b）］。其原因为适中的预烧温度能有效控制晶粒活性，抑制烧结过程中晶粒的二次生长，使晶粒生长均匀、致密。当预烧温度进一步增加至 1000℃时，样品平均晶粒尺寸减小，微观结构均匀性较差，气孔增多［图 10-61（c）］。这种微观结构源于预烧粉料的活性大幅降低，影响了烧结过程中晶粒生长的连续性，使晶粒均匀性下降，晶粒内及晶界处气孔增多。

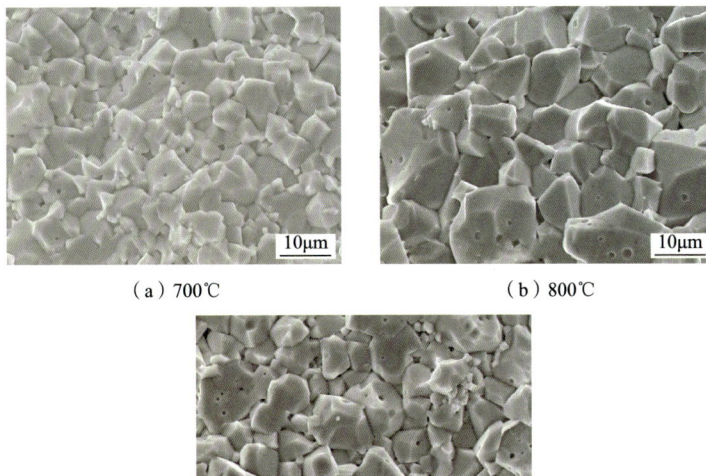

图 10-61　不同预烧温度的 LiZnTiMn 铁氧体的 SEM 图

不同预烧温度的 LiZnTiMn 铁氧体的密度曲线如图 10-62 所示。铁氧体密度的变化趋势主要受预烧粉料活性的影响，随着预烧温度的升高，样品的密度呈现先小幅增加后大幅降低的趋势。当预烧温度为 700℃时，密度较低，约为 4.59g/cm³；随着预烧温度升高，密度增加至 4.63g/cm³（750℃），当烧结温度增至 800℃时，样品密度取得最大值（4.65g/cm³），随着预烧温度进一步增加至 850℃、900℃、950℃和 1000℃时，密度逐渐降低至 4.62g/cm³、4.58g/cm³、4.52g/cm³ 和 4.39g/cm³。

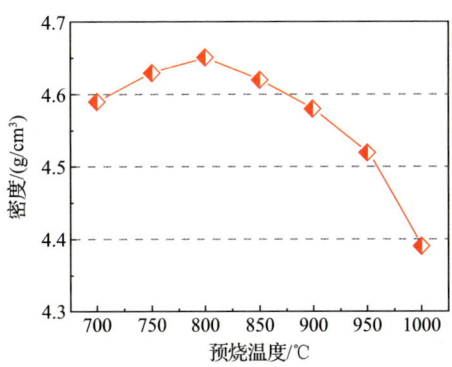

图 10-62　不同预烧温度的 LiZnTiMn 铁氧体密度的变化曲线

3. 旋磁性能研究

不同预烧温度的 LiZnTiMn 铁氧体的饱和磁感应强度 B_s 变化曲线如图 10-63（a）所示。随着预烧温度从 700℃升至 1000℃，铁氧体材料的饱和磁感应强度先升高后下降,从336mT增加到352mT,然后下降至312mT,在预烧温度为800℃时取得最大值。饱和磁感应强度主要受密度变化的影响,所以其曲线变化趋势与密度曲线变化趋势相同。通常较小的粉体粒度会拥有较大的比表面积,使表面能增加。粉料的表面能是材料在固相反应过程中主要的驱动力之一,所以较低的预烧温度能为烧结过程提供更高的反应活性,促进晶粒的生长及微观结构的致密。但是当预烧温度过低时易导致晶粒的二次生长,使气孔数量增加,故饱和磁感应强度较低。

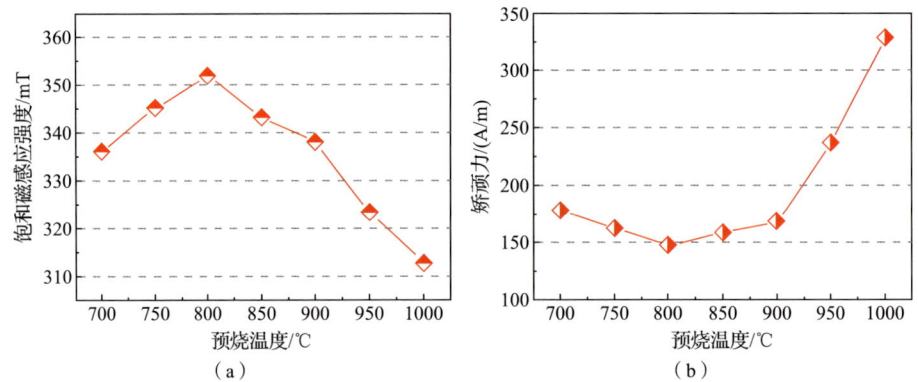

图 10-63 不同预烧温度的 LiZnTiMn 铁氧体饱和磁感应强度 B_s(a)和矫顽力 H_c(b)的变化曲线

图 10-63(b)为不同预烧温度的 LiZnTiMn 铁氧体的矫顽力变化曲线。如图所示,当预烧温度从 700℃ 升高至 800℃ 时,矫顽力由 178A/m 降低到 147A/m。这是由于 700℃ 烧结时样品晶粒较小,微观均匀性较差,因此矫顽力较大;在 800℃ 预烧时,材料平均晶粒尺寸较大,微观结构均匀、致密,气孔较少,因此矫顽力较低。随着预烧温度增加到 1000℃,较低的粉体活性导致晶粒生长不连续,晶粒尺寸减小,气孔数量增多,气孔钉扎使反磁化过程中畴壁位移困难,因此矫顽力升高。

样品的剩磁比 B_r/B_s 随预烧温度的变化曲线如图 10-64(a)所示。随着预烧温度升高,材料的剩磁比呈现出先升高后降低的趋势,剩磁比由 0.83 升高至 0.85,随后降低至 0.84。从整体上看,样品剩磁比变化并不大,基本在 0.83~0.85 之间。剩磁比的主要差异来源于微观结构均匀性及气孔含量的变化,样品具有致密、紧凑、气孔数量少的微观结构能够获得更高的剩磁比。

图 10-64(b)给出了不同预烧温度的 LiZnTiMn 铁氧体铁磁共振线宽的变化曲线。由图可知,随着预烧温度升高,铁磁共振线宽呈先降低后增加的变化趋势。当样品其他变量不变,只有预烧温度改变时,样品的磁晶各向异性致宽 ΔH_a 基本不变,因此样品铁磁共振线宽的变化主要是由气孔线宽 ΔH_p 的变化所致。当预烧

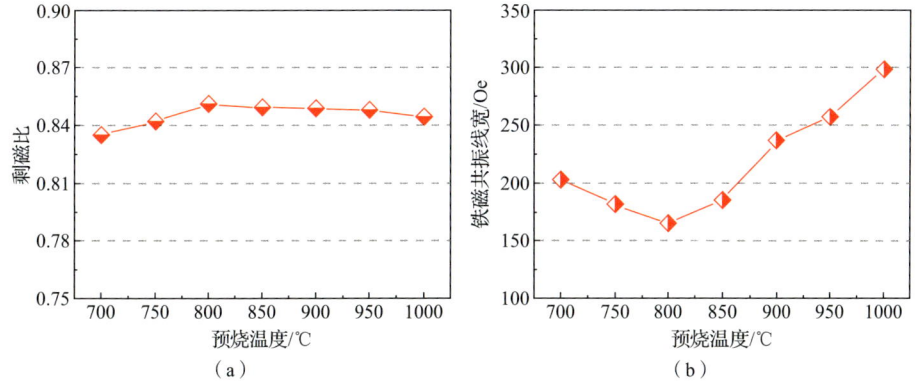

图 10-64　不同预烧温度的 LiZnTiMn 铁氧体剩磁比 B_r/B_s（a）和铁磁共振线宽 ΔH（b）的变化曲线

温度为 700℃时，预烧粉料的活性较高，在烧结过程中，粉料较高的活性导致晶粒生长过快，并出现二次生长，因此样品微观结构不均匀，气孔较多，对应的铁磁共振线宽较大；当预烧温度增加到 800℃时，样品活性适中，晶粒生长均匀、致密，晶界处气孔较少，因此铁磁共振线宽较小；当预烧温度进一步升高时，微观结构的恶化和气孔含量的增加导致铁磁共振线宽增大。

10.5.4　不同烧结保温时间 LiZnTiMn 铁氧体的性能研究

1. 材料制备及表征

本小节实验采用固相反应法合成 LiZnTiMn 铁氧体材料。以高纯度 Li_2CO_3、ZnO、Fe_2O_3、TiO_2、Mn_3O_4 为原料，按照化学配比 $Li_{0.42}Zn_{0.27}Ti_{0.11}Mn_{0.1}Fe_{2.1}O_4$ 进行配料。以去离子水和钢球分别为球磨介质和磨球，按照原料：去离子水：磨球=2：3：5 的比例在行星式球磨机中球磨 4h。将球磨后的粉料烘干并过 40 目筛，在气氛炉中升温至 800℃预烧并保温 2h。将预烧粉料与 0.25wt% Bi_2O_3 在行星式球磨机中混合球磨 6h，烘干并过 80 目筛，加入 10wt%～12wt%聚乙烯醇（PVA）黏合剂造粒、过筛，在 8MPa 压强条件下制成环形生坯（18mm×8mm×3mm，$\Phi \times \Phi \times h$）。然后在马弗炉中升温至 900℃烧结并分别保温 1h、2h、3h、5h、7h、10h。

样品密度采用阿基米德排水法测量（煤油介质）。饱和磁感应强度（B_s）、剩磁比（B_r/B_s）和矫顽力（H_c）在 H=1600A/m、频率 f=1kHz 条件下采用 B-H 分析仪（SY-8232）表征。微观形貌是通过扫描电镜（JEOL JSM-6490LV）对铁氧体环形样品断面进行观测表征。

2. 微观结构分析

图 10-65 是保温时间为 1h、2h、5h 和 10h 的 LiZnTiMn 铁氧体的 SEM 图。如图中所示，当保温时间为 1h 时，微观结构均匀性较差，部分晶粒较小，样品平

均晶粒尺寸约为 4μm；当保温时间为 2h 时，晶粒继续生长，微观结构更加均匀，平均晶粒尺寸约为 8μm；当保温时间增加至 5h 时，样品晶粒尺寸继续增加，平均晶粒尺寸约为 12μm，微观结构均匀、致密；当保温时间增加到 10h 时，样品的平均晶粒尺寸进一步增加到约 20μm，微观结构均匀性下降，晶粒内气孔增加。可以看出，样品的平均晶粒尺寸随着保温时间的增加而逐渐增大。保温时间对晶粒尺寸的影响可以采用式（10-33）表示：

$$D^n - D_0^n = K_0 t \exp\left(-\frac{Q}{RT}\right) \tag{10-31}$$

其中，D^n 为时间 t 时的平均晶粒尺寸；D_0^n 为原始平均晶粒尺寸；n 为晶粒生长指数；Q 为激活能；T 为热力学温度；K_0 为常数；R 为摩尔气体常数。由式（10-31）可以看出，增加保温时间能够有效促进铁氧体的晶粒生长。

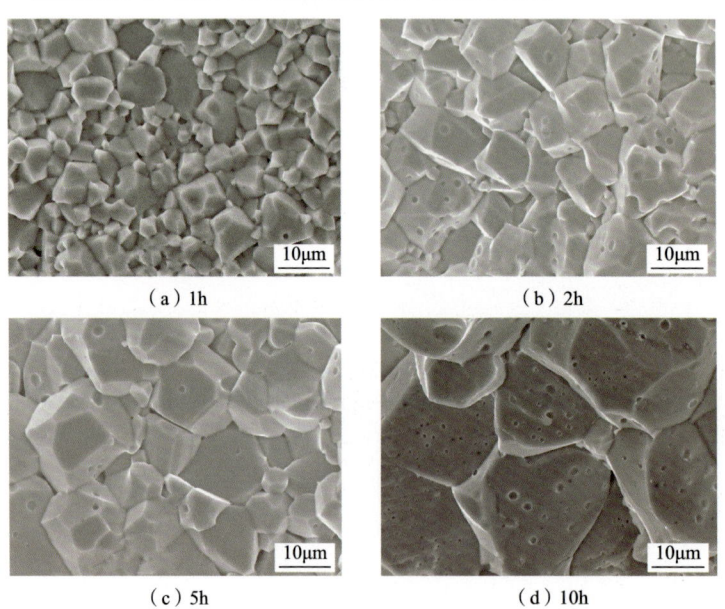

图 10-65 不同保温时间的 LiZnTiMn 铁氧体的 SEM 图

3. 旋磁性能研究

图 10-66（a）是不同保温时间的 LiZnTiMn 铁氧体的密度变化曲线。材料的密度随保温时间的增加呈现先升高后下降的趋势，当保温时间为 5h 时，样品密度获得最大值（4.72g/cm³）。增加保温时间能有效促进固相反应的进行，使晶粒尺寸增加，有利于气孔沿晶界排出。当保温时间过长时，晶粒进一步生长，微观结构均匀性下降，晶粒内气孔增加，从而使密度下降。样品的饱和磁感应强度 B_s 如图 10-66（b）所示，B_s 的变化趋势与密度曲线的变化趋势相似，先升高后降低，在保温时间为 5h 时取得最大值（357mT）。

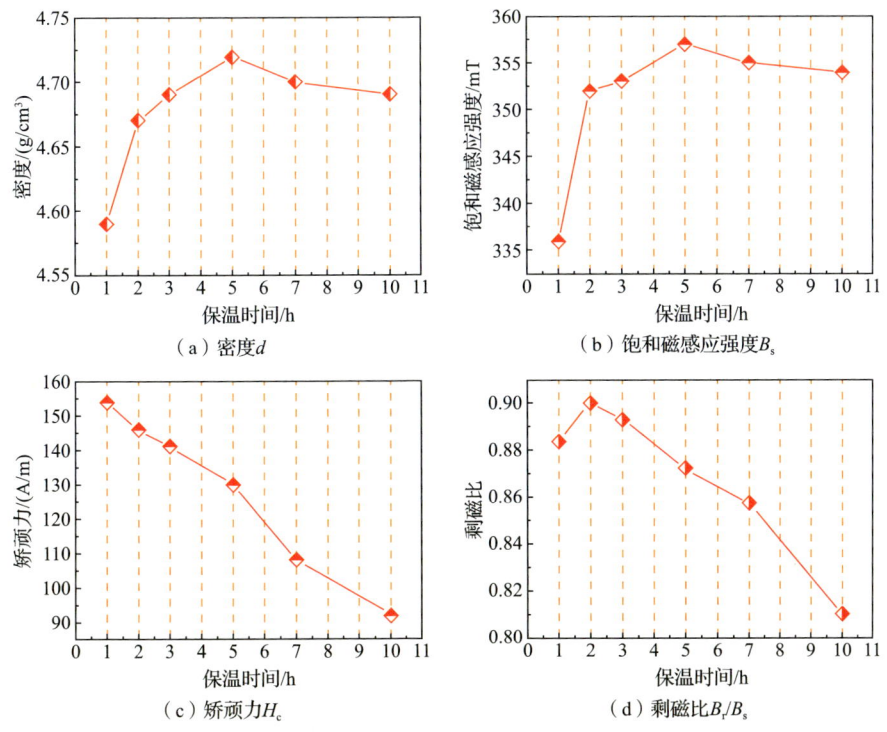

图 10-66 不同保温时间的 LiZnTiMn 铁氧体的密度及旋磁特性参数

不同保温时间的 LiZnTiMn 铁氧体的矫顽力 H_c 和剩磁比 B_r/B_s 的变化曲线分别如图 10-66（c）和（d）所示。随着保温时间的增加，矫顽力呈线性降低，从最大时的 155A/m 降低到最小时的 90A/m。保温时间的增加能有效促进晶粒尺寸增加，在保温时间为 10h 时，样品具有最大的平均晶粒尺寸，当平均晶粒尺寸较大时，晶界体积较小，畴壁位移较为容易，在反磁化过程中只需要较小的外磁场就能使样品回到磁化状态为零的状态，故矫顽力较小。LiZnTiMn 铁氧体的剩磁比随保温时间增加呈现出先小幅上升后大幅下降的趋势，在保温时间为 2h 时，获得最大剩磁比 0.905。当保温时间为 1h 时，样品的晶格缺陷较少，因此剩磁比较大；当保温时间增加到 2h 时，样品的微观结构均匀、致密，晶格缺陷继续减少，因此剩磁比增加至最大；当继续增加保温时间，进一步增大的平均晶粒尺寸导致晶格缺陷增多，使剩磁比减小。

10.6 旋磁生瓷料带的工艺制备及LTCF移相器的设计与实现

10.6.1 LTCF移相器的设计

铁氧体移相器以损耗低、移相量大、可承载功率高等特点被广泛应用于相控阵雷达系统中。常规铁氧体移相器采用传统烧结工艺方法制备，只能设计成表面型或波导型移相器，无法实现三维高集成度器件，通常应用于地基、车载等相控阵雷达中。然而，随着科学技术的蓬勃发展，特别是探测范围向太空延伸，相控阵雷达逐渐由地基、陆载发展到机载、星载，这就促使相控阵雷达向小型化、集成化和高可靠性方向发展。因此，作为相控阵雷达系统的重要器件之一，铁氧体移相器也必须向小型化、高频化、高性能方向发展。如何在保证器件小型化同时，又保证器件的高性能，成为铁氧体移相器发展所面临的一大技术难题。LTCC（低温共烧陶瓷）技术被公认为结合了厚膜技术和HTCC（高温共烧陶瓷）技术的优点。作为一种优秀的多层陶瓷技术，LTCC技术可以将铁氧体制成厚度精确、致密的生瓷料带，通过打孔、丝网印刷、叠片、等静压、切割等工艺在900℃以下烧结制成器件。LTCC技术能将电感、电容、电阻、变压器等无源器件内置于材料基板中，将有源器件贴装在基板表面，因此在未来高频应用中，LTCC技术被认为是用作器件集成的先进技术。LTCC技术在EMI滤波器、片式电感、多层变压器上的应用已得到长足发展，但是应用于铁氧体移相器的报道却较少。

本节结合之前旋磁铁氧体的低温烧结研究成果，首先对LTCF工艺参数进行调整及优化，制备了性能优良的旋磁生瓷料带和铁氧体基片，然后基于铁氧体移相器的工作原理，采用ANSYS electronics 17.0设计仿真了微带线和带状线结构的LTCF移相器并实现了其中的微带线结构LTCF移相器。

10.6.2 旋磁生瓷料带及铁氧体基片工艺制备研究

1. LTCF工艺流程

低温共烧铁氧体（LTCF）技术的主要生产工序包括：铁氧体浆料准备、混合、流延、打孔、印刷、叠片、等静压和烧结，如图6-2所示。下面将对主要工序进行分别介绍。

1）浆料配方的组成及混合

铁氧体浆料由铁氧体粉料、溶剂、黏合剂、分散剂、可塑剂组成。①溶剂。有机溶剂的种类较多，常用的有醇类、酮类、酯类和苯类物质。溶剂的性能对浆料性能有较大影响,最关键的指标就是纯度。②黏合剂。黏合剂可以增加浆料的成型性并给予膜片一定的机械强度,确保流延过程中不会出现裂纹等缺陷。黏合剂种类较多,聚乙烯醇缩丁醛(PVB)体系和丙烯酸树脂体系常应用于工业化片式元件的生产。PVB体系的优点是流延过程易烘干,膜片韧性较大,排胶过程易排出,其缺点是溶解性较差。丙烯酸树脂体系具有最佳的热解性质,但易在分解过程造成材料的缺陷,影响产品性能。③分散剂。分散剂能控制浆料的颗粒表面电荷和pH,提供颗粒间的位阻,分散凝聚的颗粒。分散剂的分散效果取决于粉体颗粒表面的状态及存在的溶剂体系,通常有较强的针对性。常用的分散剂包括三油酸甘油酯、偶联剂及锂离子分散剂等。④可塑剂。可塑剂能够增加浆料的流变性,给予膜片一定的柔软性和可塑性。邻苯二甲酸二丁酯黏合剂有较好的兼容性,因此经常用在陶瓷或铁氧体材料中。浆料的混合采用球磨工艺。通过磨球的选取、球磨转速的调节、球磨时间的控制及球磨温度的确定,获取均匀的铁氧体浆料,确保浆料具有良好的流延质量。

2)流延

流延设备包括载片输送带、流延头、喂浆机、干燥区和收片单元。全自动流延机如图10-67所示。其中,流延头是流延机的核心。流延方法为刮刀法。流延的原理是把制备好的铁氧体浆料定量地提供给浆罐,随着载片输送带的运行,铁氧体浆料从头部挤出,形成薄片。在浆料液面高度所决定的压力作用下,随着载片输送带的运行,浆料从刀锋形成的缝隙中被挤出。这些因素之间的关系,可结合式(10-32)分析:

$$t = \alpha \left(\frac{\rho g H}{12 \mu l V_0} h^3 + \frac{h}{2} \right) \quad (10\text{-}32)$$

其中,l 为刀片厚度;α 为干燥收缩率;H 为浆料液面高度;V_0 为载片输送带速度;ρ 为密度;μ 为浆料黏度;h 为刀锋间隙;t 为生片厚度;g 为重力加速度。从式(10-32)中可以看出,通过对刀锋间隙,载片输送带运行速度以及浆罐液面高度的调整来达到对生片厚度的控制。

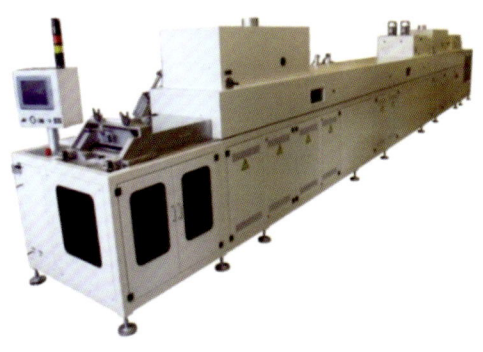

图10-67 全自动流延机

3）丝网印刷

丝网印刷机如图 10-68 所示。印刷方法采用的是间隙丝网印刷技术。间歇印刷的原理是在掩模与生片之间留有间隙，当刮刀推过掩模时，导电银浆被推过生片上的掩模空口，压力通过刮刀施加在导电银浆上，刮刀的端部会经受弹性变形，将导电油墨印在生片上，同时，丝网释放，脱离与油墨的接触。因此，适当控制刀头的变形量度和形状是保证印刷质量的关键。

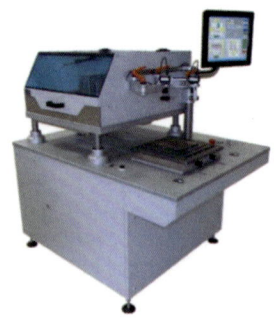

图 10-68　丝网印刷机

4）叠片

叠片机如图 10-69 所示。叠片的目的是将已经印刷好电路图形的铁氧体膜片按照顺序依次叠放在一起，并揭除 PET 膜。当流延生片的厚度确定后，一般根据需求来确定生片的层数。

图 10-69　叠片机

5）等静压与切割

等静压机和切割机如图 10-70 所示。等静压是在水域高压环境中对巴块进行全方位加压，使之黏结牢固，排出层与层之间的空气，保证样品表面平整。切割是将大面积的生瓷基板按照需求进行切割分离，形成便于烧结的铁氧体基片。

 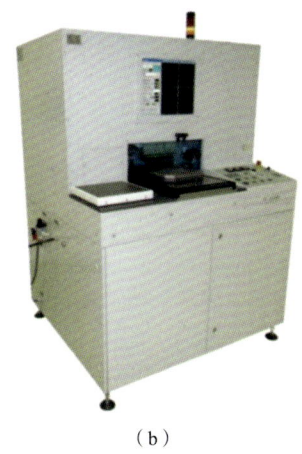

图 10-70　（a）等静压机；（b）切割机

6）烧结

烧结过程主要分为两个部分：第一个部分是有机溶剂的排出过程。为了使铁氧体材料能够顺利流延并具有一定的力学性能，铁氧体浆料中添加了一定量的有机溶剂，但是有机溶剂的添加会影响铁氧体基片的微观结构和磁介性能，因此需要在烧结过程中及时排出。第二个部分是铁氧体的烧结过程，主要是将铁氧体生坯通过一系列物理及化学反应烧结成铁氧体成品的过程。样品的烧结曲线直接影响基片的性能及平整度。不同烧结温度样品的收缩率按式（10-33）计算：

$$\delta = \frac{L_0 - L}{L} \times 100\% \tag{10-33}$$

其中，L_0 为铁氧体基片生坯长度；L 为烧结后铁氧体基片长度。

2. 毫米波旋磁 LiZn 生瓷料带的制备

LTCF 技术使无源器件的集成成为可能，是集无源器件、互联和封装于一体的多层结构制造技术。在 LTCF 的整个工艺流程中，生瓷料带的制备是最重要的环节之一，生瓷料带的质量优劣对材料的微观结构、致密度、旋磁性能和介电性能产生直接影响，更是后续器件、组件、模块、系统性能优劣的基础。不同的铁氧体生瓷料带都有其独特的浆料配方和生产工艺，国内外的厂商和研究机构对此高度保密，性能优良的生瓷料带是 LTCF 工艺的核心技术竞争力。铁氧体浆料由铁氧体二磨粉料和不同种类的有机溶剂组成。通常这些有机溶剂包括黏合剂、分散剂、增塑剂、溶剂。有机溶剂的种类和配比必须通过多次实验获得最优配比，而且有机溶剂的添加量必须控制在最低。增塑剂和黏合剂会直接影响生片的力学性能，适当比例的增塑剂和黏合剂能使生片具有良好的拉伸强度和一定的延展性。水分的混入会影响生片特性，在混合粉料前需要进行烘干，生片需要保存在恒温烘箱中。粉料的粒度也需要控制在一定范围内,过大时会降低生片强度,过小时会造成生片表面的不平整。浆料的混合采用铁氧体二磨料、分散剂、增塑剂、黏合剂和消泡剂在尼龙罐中球磨 24h。流延过程中生片的厚度主要通过刀锋间隙、载片输送带运行速度和浆罐液面高度的调整来控制。生瓷料带制备过程中遇到的问题及解决的方法如表 10-8 所示。

表 10-8　流延成型时遇到的问题及解决的方法

缺陷和问题	引发原因	解决方法
表面皱纹	干燥风量过大或干燥空气过热	降低干燥风量或空气温度
表面条纹	粉料球磨不均匀或流延刀口不平整	充分球磨,流延刀口平整
气泡	浆料中溶剂过多	减少溶剂,使用脱泡剂
断裂	黏合剂和增塑剂比例过小	调整黏合剂及增塑剂比例或种类
厚度不均匀	刀口间距不平行	调整刀口间距
边缘翘起	增塑剂比例过小或干燥空气过热	调整增塑剂比例或控制干燥空气温度

为了保证生瓷料带的质量和稳定性,采用以下指标来评价生片质量:①从宏观角度观测到的生片厚度应该均匀一致;②生片表面光滑平整,上下两面微观结构相同;③生片无明显伤痕、裂缝等缺陷;④具有一定的机械强度,可以适应后面的工艺操作;⑤具有一定的弹性和热塑性,可以很好地黏结在一起。

流延得到的单层生瓷料带如图 10-71 所示。可以看出,生瓷料带均匀致密,表面无明显缺陷或气泡。采用膜厚仪对生瓷料带进行测量,测得膜厚(40±1)μm,符合 LTCF 工艺要求。

3. 旋磁铁氧体基片的制备

前面制备出了膜厚约为 40μm,膜片均匀致密,表面无明显缺陷、气泡的生瓷料带,该生膜片符合 LTCF 的工艺要求。利用制备所得生片,叠片 40 层,在 80℃下采用分段加压的方式等静压 20min,随后将生坯基片放入烘箱中在 50℃下烘干 48h,随后切割成 13mm×10mm 的基片。

图 10-71　单层生瓷料带

相较于之前制备的环形铁氧体样品,生坯基片由于比表面积较大,需要制定新的烧结工艺曲线,否则会影响铁氧体基片的平整性、均匀性及致密性。同时,炉腔内的温度分布、盖板质量、升温速率等均对基片的成功烧结有影响,具体影响如表 10-9 所示。

表 10-9　铁氧体基片烧结影响因素

影响因素	对基片的影响
盖板质量	基片致密性
炉腔温度分布	基片平整性
升温速率	基片均匀性

经过反复的实验和改良，新的烧结工艺曲线如图 10-72（a）所示，在增加了 Al_2O_3 盖板并调整了盖板质量后，表面均匀、平整的旋磁铁氧体基片成功制备，如图 10-72（b）所示。对烧结前后的铁氧体基片进行测试，结果表明：生坯基片在 x、y、z 三个方向的收缩率分别为 15%、17%、10%。

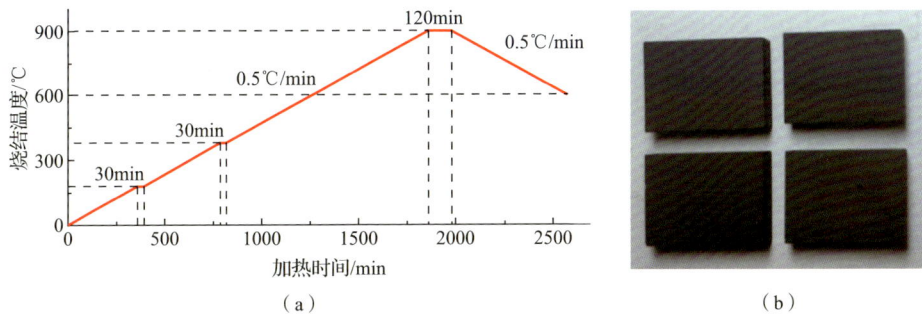

图 10-72　（a）铁氧体基片烧结曲线；（b）旋磁铁氧体基片实物

10.6.3　LTCF 铁氧体移相器设计原理及工艺实现

在不同铁氧体类型中，铁氧体移相器由于损耗小、品质因数高、可承受功率大等特点被大量应用于相控阵雷达中，而铁氧体移相器不需要连续的驱动电流，因此功耗很低。传统的铁氧体移相器很多都是基于波导型结构，体积大、质量高且不易与有源电路集成。因此，结合 LTCF 的技术特点，将设计制作一款小型化片式铁氧体移相器，以期探索一条解决铁氧体移相器面临兼顾小型化和高性能困境的途径。

1. 铁氧体移相器工作原理

微波铁氧体器件的工作原理主要基于铁氧体的张量磁导率和铁磁共振现象。铁氧体在受到微波磁场和恒稳磁场的共同作用时，自旋磁矩会绕着恒稳磁场不断进动，这种现象称为拉莫尔进动。宏观状态表现为张量磁导率形式，也就是旋磁性，这种特性使电磁波在铁氧体介质中产生特殊的传播效应。当铁氧体介质中的电磁波按照特定方向传播时，磁化方向的改变使磁导率不断发生变化，改变相位常数，促使铁氧体移相器发生相移。

2. 微带线铁氧体移相器设计

微带线是微波集成电路使用最多的一种平面型传输线。它可以用光刻程序制作，易与其他无源微波电路和有源微波器件集成，实现微波器件和系统的集成。基于微带线结构的微带线铁氧体移相器如图 10-73 所示。该结构由下层的铁氧体基片和上层的微带线、磁化电流导线组成。上下两条磁化电流导线通过施加驱动脉冲的方式磁化铁氧体基片。中间的微带线由三段耦合微带相移单元组成。

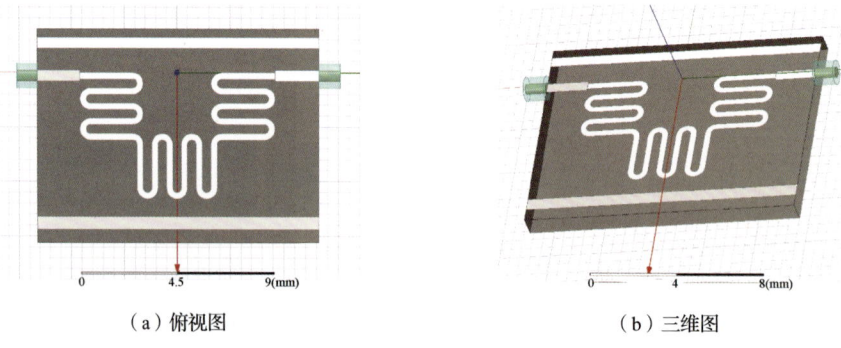

（a）俯视图　　　　　　　　　　　　（b）三维图

图 10-73　微带线结构移相器

关于材料的选择，基于前面对旋磁材料的研究，最终选择具有最小铁磁共振线宽和最低介电损耗的 5wt%纳米晶植入的 LiZnTi 铁氧体。其性能参数如表 10-10 所示。从表中可以看出，该材料具有高饱和磁化强度、高剩磁比、低介电损耗和窄铁磁共振线宽，适用于毫米波 LTCF 移相器。

表 10-10　5wt%纳米晶植入的 LiZnTi 铁氧体的特征参数

特征参数	测量结果	特征参数	测量结果
ε_r（f=9.3GHz）	14.92	$4\pi M_s$/Gs	4300
$\tan\delta_\varepsilon$（f=9.3GHz）	2.45×10^{-4}	B_r/B_s	0.892
ΔH/Oe（f=9.3GHz）	145	H_c/(A/m)	133

仿真采用 ANSYS electronics 17.0 软件。首先，对微带线结构铁氧体移相器进行结构建模。根据理论分析，以 31.2GHz 为中心频率，设置起始参数：微带线长度 l=2.25mm，微带线宽度 w=0.5mm，耦合微带线间距 s=0.3mm，基片厚度 h=1.0mm。然后，对铁氧体材料参数进行设置，参数见表 10-10。最后，设置常用的边界条件和激励端口。将铁氧体基片设置为磁激励，铁氧体基片和波端口激励不能直接接触。求解频率设置为 31.2GHz，扫频频率范围为 30.5～32GHz。

通过对微带线结构移相器仿真参数的优化，最终确定仿真参数为：微带线长度 l=2mm，微带线宽度 w=0.3mm，微带线间距 s=0.4mm，基片厚度 h=1.5mm，样品的尺寸为 13.2mm×10.8mm×1.5mm。最终仿真结果如图 10-74 所示，工作频率为 30.6～31.9GHz 时，插入损耗$|S_{21}|$<1.5dB，回波损耗$|S_{11}|$>10dB，驻波比

VSWR<3，相移量 Φ>293°。在中心频率 31.2GHz 处，插入损耗$|S_{21}|$为 0.89dB，回波损耗$|S_{11}|$为 12.8dB，相移量为 329°。

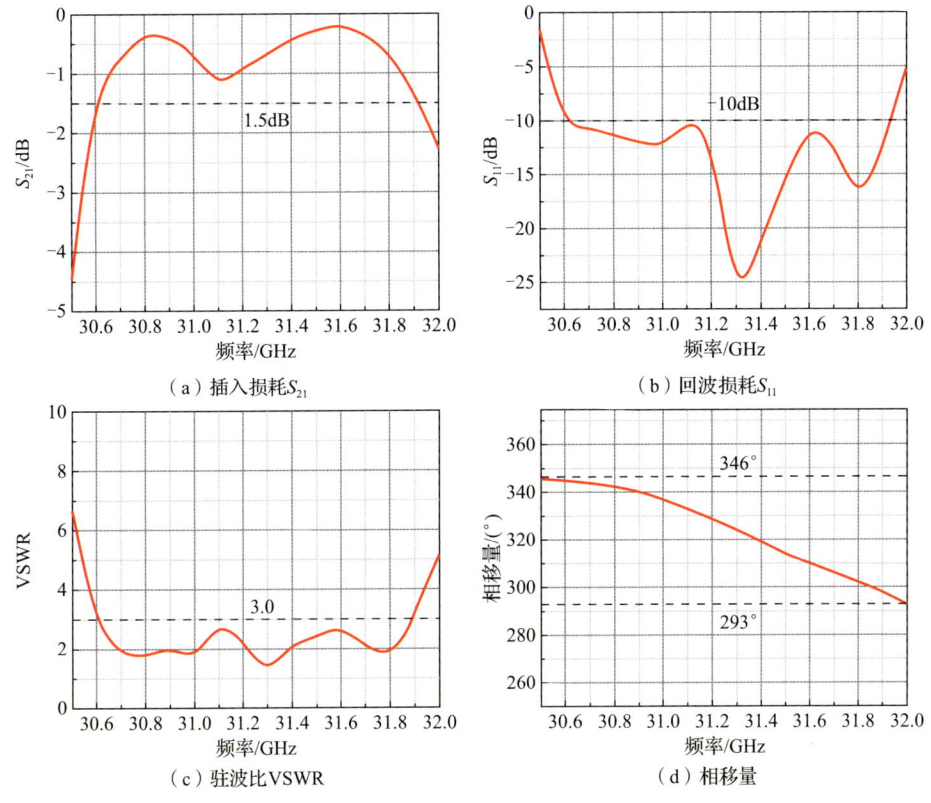

图 10-74　微带线移相器仿真结果

3. 带状线铁氧体移相器设计

微带线结构移相器的微带线裸露在外，易使电磁波在传输过程中受到外界因素干扰。相较而言，带状线存在于均匀的介质层中，可以将大部分磁场锁在介质中，减少相应的干扰和外界影响。带状线结构铁氧体移相器示意如图 10-75 所示。

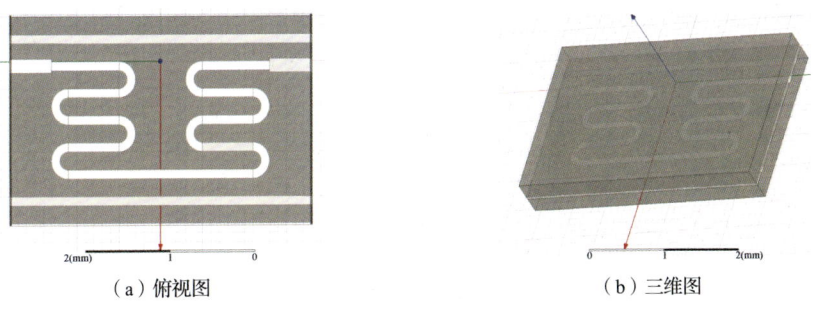

图 10-75　带状线结构移相器

该结构分为五层,自上而下分别为:第一层铁氧体基片,第二层阻断介质基片,第三层耦合带状线和磁化电极导线,第四层阻断介质基片,第五层铁氧体基片。其中,阻断介质基片的作用是阻止上下铁氧体基片的重合,使铁氧体基片形成闭合的磁化回路。

带状线结构 LTCF 移相器同样采用 ANSYS electronics 17.0 软件仿真。仿真的中心频率为 31GHz,扫频频率范围为 30~32GHz,分别设置起始仿真参数为:微带线长度 l=0.8mm,微带线宽度 w=0.2mm,耦合微带线间距 s=2.5mm,基片厚度 h=0.3mm。介质材料参数选择 Ferro 公司的 A6M-E,介电常数为 6,介电损耗为 0.0015。铁氧体材料参数设置如表 10-10 所示。通过对带状线移相器参数的优化,最终确定仿真参数为:带线长度 l=0.55mm,微带线宽度 w=0.11mm,耦合微带线间距 s=0.15mm,基片厚度 h=0.25mm,移相器尺寸为 3.44mm×1.68mm×0.54mm。最终仿真结果如图 10-76 所示,工作频率为 30~32GHz,插入损耗$|S_{21}|$<0.65dB,回波损耗$|S_{11}|$>10dB,驻波比 VSWR<1.9,相移量 Φ>310°。在中心频率 31GHz 处,插入损耗$|S_{21}|$为 0.29dB,回波损耗$|S_{11}|$为 17.37dB,相移量为 320°。

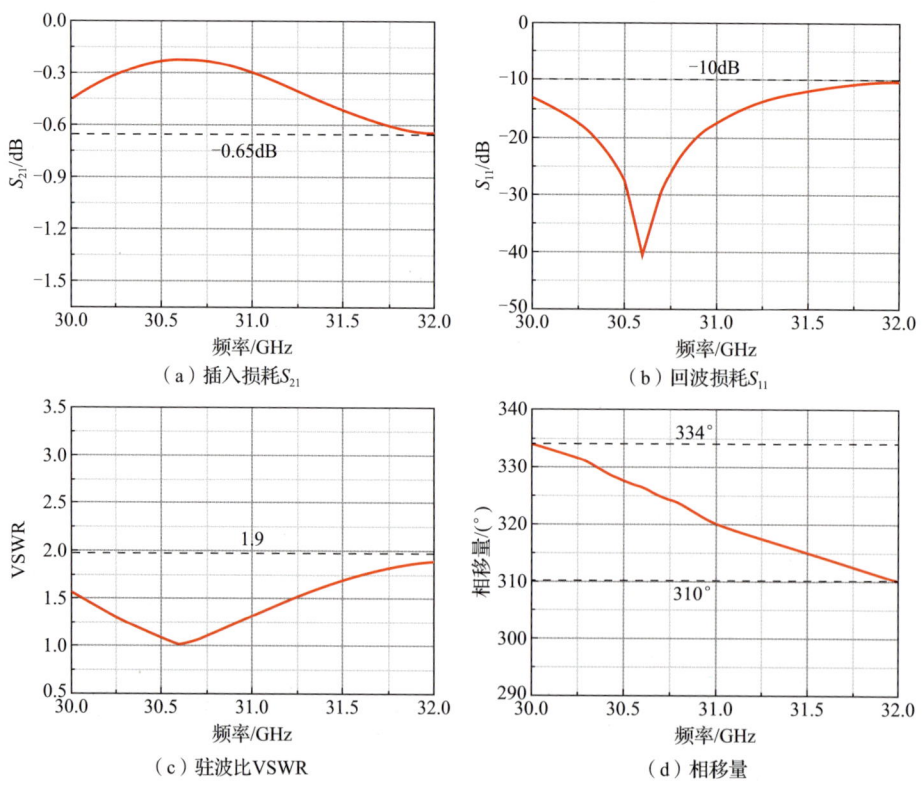

图 10-76 带状线移相器仿真结果

4. 毫米波 LTCF 移相器制备

微带线结构和带状线结构移相器均实现了移相器的小型轻量化和集成化特点。从仿真性能结果考虑，带状线结构明显优于微带线结构，其插入损耗更低，回波损耗更高；从尺寸角度考虑，带状线结构的尺寸较小，对加工精度和加工难度要求较高，增加实现难度，而微带线结构的尺寸大小适中，便于实现；从 LTCF 工艺考虑，带状线结构由 5 层结构组成，其中的铁氧体基片和阻断介质基片在共烧过程中存在很多不同的物理和化学反应，导致出现烧结不匹配现象，从而增加了移相器的实现难度，而微带线的结构相对简单，加工难度小。综合以上因素，最终决定加工并实现微带线移相器。

根据前面 LTCF 工艺的调整和优化，制备了厚度均匀一致、表面平整光滑的旋磁生瓷料带。为了通过 LTCF 工艺实现微带线移相器，需要在叠压好的铁氧体生片上印制电路。丝网图形的设计一般遵循合理、简单、准确的方式，丝网印刷所用的设备如图 10-77 所示。将印刷好电路图案的铁氧体基片放入马弗炉中按照优化后铁氧体基片的烧结曲线进行烧结，最终得到的微带线结构 LTCF 移相器实物如图 10-77（d）所示。

（a）设计图形

（b）网版

（c）印刷设备

（d）微带线结构 LTCF 移相器实物

图 10-77　丝网印刷

5. LTCF 移相器测试

为了对 LTCF 铁氧体移相器进行测试,加工了专用的测试腔体,如图 10-78 所示。使用实验研究自制的驱动电路,驱动电流为 2A,脉冲分辨率为 1μs。采用美国 Agilent N5230A 矢量网络分析仪在常温下对 LTCF 移相器进行测试,测试频率为 29~32GHz。

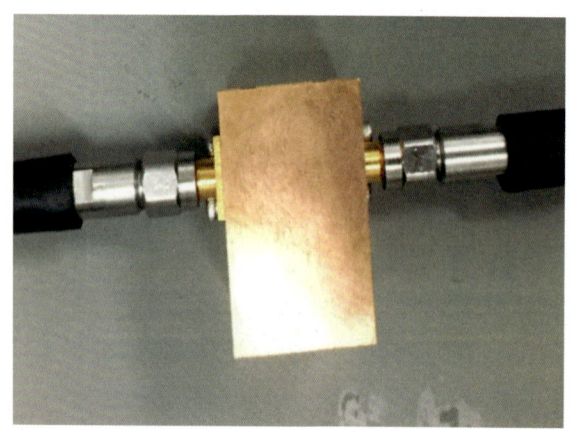

图 10-78 LTCF 移相器测试腔体

测试结果如图 10-79 所示,在频率为 30.9~31.7GHz 范围内,插入损耗$|S_{21}|<$4dB,回波损耗$|S_{11}|>$10dB。在中心频率 31.2GHz 处,插入损耗$|S_{21}|$为 3.22dB,回波损耗$|S_{11}|$为 12.57dB。同时,在中心频率 31.2GHz 处,利用驱动电路给 LTCF 移相器逐渐施加脉冲电流,其相位的变化如表 10-11 所示,最终可以得到最大差相移 $\Phi(S_{21})$ 为 243.7°。

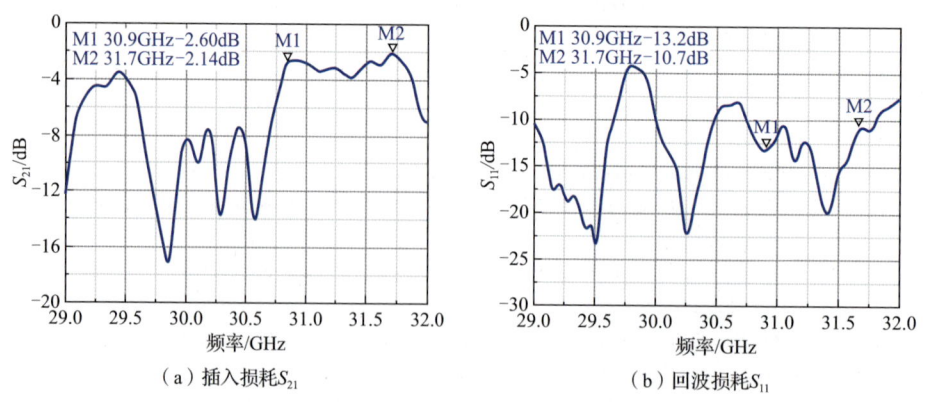

图 10-79 LTCF 移相器测试结果

表 10-11　LTCF 移相器差相移随脉冲电流的变化　　　　　（单位：°）

状态	差相移	状态	差相移
1	23.5	5	138.5
2	42.9	6	176.5
3	68.4	7	215.1
4	94.7	8	243.7

测试结果相较于仿真结果仍有一些差距，其中插入损耗相差较大，相移量和回波损耗相差较小。这一结果可能是由以下原因引起：①制备的 LTCF 铁氧体移相器的实际尺寸与仿真尺寸有偏差，导致阻抗不匹配；②SMA 接口没有和移相器的微带线良好连接；③银电极在铁氧体表面未能完美附着，使传输过程中的损耗增加；④组装工艺导致端口无法良好匹配。

参 考 文 献

[1] 解飞. 毫米波旋磁生瓷料带及 LTCF 移相器基础研究. 成都: 电子科技大学, 2018.

[2] Yue Y, Zhou J. A low cost and complexity multi-beam RF transim beam former for wideband LFM rader. IEEE Antenn Wirl Pr, 2016,15(99): 1.

[3] Heinselman P L, Ladue D S, Lazrus H. Exploring impacts of rapid-scan radar data on NWS warning decisions. Weather Forecast, 2012, 27(4): 1031-1044.

[4] Zhang H W, Zhong H, Liu B Y, et al. Electromagnetic properties of a new ferrite-ceramic low-temperature cocalcined (LTCC) composite materials. IEEE Trans Magn, 2005, 41(10): 3454-3456.

[5] Liu Y, Li Y, Xie Y, et al. The anti-pyramid distribution in SIP using LTCC technology. International Conference on Electronic Packaging Technology and High Density Packaging, Xi'an, 2010: 16-18.

[6] Fetisov Y K, Srinivasan G. Electric field tuning characteristics of a ferrite-piezoelectric microwave resonator. Appl Phys Lett, 2006, 88(14): 721.

[7] Chen Y, Sakai T, Chen T, et al. Oriented barium hexaferrite thick films with narrow ferromagnetic resonance linewidth. Appl Phys Lett, 2006, 88(6): 721.

[8] Dar M A, Majid K, Batoo K M, et al. Dielectric and impedance study of polycrystalline $Li_{0.35-0.5x}Cd_{0.3}Ni_xFe_{2.35-0.5x}O_4$ ferrites synthesized via a citrate-gel auto combustion method. J Alloys Compd, 2015, 632: 307-320.

[9] Su H, Zhang H, Tang X, et al. Influences of Ti^{4+} and Mg^{2+} substitutions on the properties of lithium ferrites. J Phys Conf Ser, 2009, 152(1): 012064.

[10] Shepherd P, Mallick K K, Green R J. Dielectric properties of cobalt substituted M-type barium hexaferrite prepared by co-precipitation. J Eur Ceram Soc, 2007, 27(4): 2045-2052.

[11] Zheng Z, Zhang H, Xiao J Q, et al. Low loss NiZn/Co_2Z composite ferrite with almost equal values of permeability and permittivity for antenna applications. IEEE Trans Magn, 2013, 49(7): 4214-4217.

[12] Watawe S C, Sarwade B D, Bellad S S, et al. Microstructure, frequency and temperature-dependent dielectric properties of cobalt-substituted lithium ferrites. J Magn Magn Mater, 2000, 214(1): 55-60.

[13] Zheng Z, Zhang H, Xiao J Q, et al. Introduction of NiZn-ferrite into Co_2Z-ferrite and effects on the magnetic and dielectric properties. IEEE Trans Magn, 2012, 48(11): 3618-3621.

[14] Chen Q, Tang C Y, Chan K C, et al. Viscous flow during spark plasma sintering of Ti-based metallic glassy powders. J Alloys Compd, 2013, 557(10): 98-101.

[15] Zhang T S, Kong L B, Song X C, et al. Densification behaviour and sintering mechanisms of Cu- or Co-doped SnO_2: a comparative study. Acta Mater, 2014, 62(1): 81-88.

[16] Kingery W D. Densification During Sintering in the Presence of a Liquid Phase. I. Theory. Netherlands: Springer, 1990.

[17] Xue W, Sales S, Capmany J, et al. Wideband 360 degrees microwave photonic phase shifter based on slow light in semiconductor optical amplifiers. Opt Express, 2010, 18(6): 6156-6163.

[18] Modi K B, Gajera J D, Chhantbar M C, et al. Structural properties of magnesium and aluminium co-substituted lithium ferrite. Mater Lett, 2003, 57(24): 4049-4053.

[19] Gupta N, Kashyap S C, Dube D C. Microwave behavior of substituted lithium ferrite composites in X-band. J Magn Magn Mater, 2005, 288: 307-314.

[20] Jiang X N, Lan Z W, Yu Z, et al. Effects of Mn_3O_4 on magnetic property, microstructure and resistivity of LiZn ferrites. J Inorg Mater, 2010, 25(1): 77-82.

[21] Kim C K, Lee J H, Katoh S, et al. Synthesis of Co-, Co-Zn and Ni-Zn ferrite powders by the microwave-hydrothermal method. Mater Res Bull, 2001, 36(12): 2241-2250.

[22] Nejati K, Zabihi R. Preparation and magnetic properties of nano size nickel ferrite particles using hydrothermal method. Chem Cent J, 2012, 6(1): 23.

[23] Xu W L, Chen X J, Yang J, et al. Effect of B_2O_3 on the microstructure and properties of YCaZrVIG ferrites. J Synth Cryst, 2013, 42(2): 340-344.

[24] Jean J H, Lee C H. Processing and properties of low-fire Ni-Cu-Zn ferrite with V_2O_5. Jap J Appl Phys, 2001, 40(40): 2232-2236.

[25] Choi Y J, Park J H, Park J H, et al. Middle and high-permittivity dielectric compositions for low-temperature co-fired ceramics. J Eur Ceram Soc, 2007, 27(4): 2017-2024.

[26] Yuan L, Liu B, Shen N, et al. Synthesis and properties of borosilicate/AlN composite for low temperature co-fired ceramics application. J Alloys Compd, 2014, 593(4): 34-40.

[27] Park J H, Choi Y J, Park J H, et al. Low-fire dielectric compositions with permittivity 20-60 for LTCC applications. Mater Chem Phys, 2004, 88(2): 308-312.

[28] Kaiser M. Influence of VO ion addition on the conductivity and grain growth of Ni-Zn-Cu ferrites. Curr Appl Phys, 2010, 10(4): 975-984.

[29] Huang C C, Jean J H. Low-fire processing of $CaTiO_3$ with $2ZnO-B_2O_3$ glass. Jap J Appl Phys, 2004, 43(6A): 3516-3520.

[30] Kavanloui M, Hashemi B. Effect of B_2O_3 on the densification and magnetic properties of Li-Zn ferrite. Mater Des, 2011, 32(8): 4257-4261.

[31] Su H, Tang X, Zhang H, et al. Influences of Fe-deficiency on electromagnetic properties of low-temperature-fired NiCuZn ferrites. J Magn Magn Mater, 2010, 322(13): 1779-1783.

[32] Matja V, Danilo S, Drago K. Role of Bi_2O_3 in optimizing the dielectric properties of $Ba_{4.5}Nd_9Ti_{18}O_{54}$ based microwave ceramics. J Mater Res, 1996, 11(4): 928-931.

[33] Yamamoto H, Koga A, Shibagaki S, et al. Low temperature firing of $MgTiO_3$-$CaTiO_3$ microwave dielectric ceramics modified with B_2O_3 or V_2O_5. J Ceram Soc Jpn, 1998, 106(1231): 339-343.

[34] Hong R L, Yoon K H, Kim E S, et al. Microwave dielectric properties of $BiNbO_4$ ceramics with CuO-V_2O_5 addition. Ceram Int, 2012, 38(1): S177-S181.

[35] Albuquerque A S, Ardisson J D, Macedo W A A, et al. Nanosized powders of NiZn ferrite: synthesis, structure, and magnetism. J Appl Phys, 2000, 87(9): 4352-4357.

[36] Zhou X, Shen L, Li L, et al. Microwave sintering carbon nanotube/$Ni_{0.5}Zn_{0.5}Fe_2O_4$ composites and their electromagnetic performance. J Eur Ceram Soc, 2013, 33(11): 2119-2126.

[37] Liu C, Zou B, Rondinone A J, et al. Reverse micelle synthesis and characterization of superparamagnetic $MnFe_2O_4$ spinel ferrite nanocrystallites. J Phys Chem B, 2000, 104(6): 1141-1145.

[38] Li Y, Zhao J, Han J. Self-propagating high temperature synthesis of $Ni_{0.35}Zn_{0.65}Fe_2O_4$ ferrite powders. Mater Res Bull, 2002, 37(3): 583-592.

[39] Che W, Yung K N, Wu K. Millimeter-wave ferrite phase shifter in substrate integrated waveguide (SIW). Antennas and Propagation Society International Symposium, Columbus, 2003: 887-890.

[40] Jian J B, Liang W. Glass-free LTCC microwave ceramic $(La_{0.5}Na_{0.5})_{1-x}(Li_{0.5}Nd_{0.5})_xWO_4$. J Am Ceram Soc, 2011, 94(10): 3188-3191.

关键词索引

C

超交换作用 411
磁滞回线 .... 406，467
磁导率 501
磁晶各向异性 .... 548，592
磁损耗 690

D

低温共烧陶瓷技术 401

F

分步烧结 461

G

固相反应法 .... 412，595，780

H

环形器 .... 581，659

J

介电常数 505
介电损耗 .... 593，691

L

拉莫进动 408

离子取代 .... 494，590

N

纳米晶植入 830

P

品质因数 633

S

瞬态烧结 .... 532，688

T

铁磁共振线宽 .... 407，437，507

W

微带线传输理论 564

Y

移相器 .... 559，849

其他

Goodenough-Kanamori-Anderson 规则 447
Ostwald 熟化模型 594